ANCIENT BEADS DICTIONARY

古珠詮釋

朱晓丽 著

广西美术出版社

◎ 前言 Preface

口袋书的想法来自读者的提议，原打算写一本容易检索、方便携带的词条书，随着临近完稿，发现内容超过预计，口袋书便成了《古珠诠释》。我之前的三本书，《中国古代珠子》《珠子的故事——从地中海到印度河谷文明的印章珠》《喜马拉雅天珠》基本涵盖现今可见的大部分古珠类型和相关珠饰，但是多数读者是从古玩市场的实物或博物馆展品入手而非美术考古或工艺美术史的角度，要在短期内读完并消化三本从美术史角度叙述古珠和古代珠饰及其文化背景的书并非易事。

大多数读者和古珠爱好者并非专业人士或资深藏家，尤其是初学者和入门级玩家，他们最需要的是基础信息，即“是什么”、“什么时候的”、“哪里的”、“什么人的”、“有什么说法”（象征意义），而不用涉及“为什么”、“怎么会”、“怎么做”和珠饰背后的工艺脉络、历史情境、与美术史关联的逻辑。即便是经验丰富的藏家和珠商，也会不断遇到新近面世的实物和资料，尤其是在资讯发达、经济飞速发展的今天，对古珠古物的认知和知识积累更需视野全面和不断更新。

今天的社会，科技发明和信息爆炸使得人类的物质生活极大地丰富，在古代只有帝王将相和社会精英可以掌控的资源和奢侈品，现在也能进入寻常富裕人家的生活。古珠在根本意义上是一种奢侈品和不可再生资源，古珠收藏和对其背景知识的学习给人带来愉悦和开拓眼界，应是有益身心的学习过程和审美训练。

古珠之外，近年又兴起文玩风潮，这本该是雅志，不幸的是一些玩家、藏家不惜越雷池、残忍猎奇。在这本书的写作过程中，一位学界前辈专门发给我一篇关于使用大象皮和犀牛角制作佛珠的文章，其场面触目惊心。一部分人的私欲和残忍已经给许多动物带来灭顶之灾，造成自然资源枯竭。如果不能善待与人类息息相关的动物和自然，人类如何善待自己？如果不能以克制的理性的温和的情感投入审美活动，何来对文化和传统的善加保存？如果搜珍猎奇只为一己私欲，我们的后人将再也没有机会像今天的我们这样仰望历史的浩瀚星辰。即便这是题外话，我也希望分享给我的读者。

珠子有一部完整的历史。人类最早将某个小东西当成珠子穿戴起来，并非出于灵光一现的想法，这种将没有实用功能的物质用于某种标识或象征的行为，即表明抽象思维的开始。从远古群落到文明社会，珠子的意义和象征不断被改变和丰富，制作工艺也经常更新和演变，数万年的传统、工艺沿革和文化象征构成了珠子本身的脉络。

珠子的制作工艺从简到繁，材料从随手可得到艰难开采，并不断有人工合成材料的发明和应用，随着更多更稀有的材料的应用，珠子背后的文化也与材料特性联系起来，就像特定的纹样和色彩具有特定的象征一样，特定的材料也被赋予了特殊的意义，珍稀材料即是珍稀资源，它们或者代表等级区分，或者代表财富和特权。这些珠子背后的意义经常被珠子的装饰性掩盖，即使撇开珠子背后的故事，珠子也以其外表美丽和可佩戴的特性，从远古存活到了今天。

珠子是这个世界上任何地域、任何族群、任何文化和任何信仰中都不会缺席的手工艺品，珠子采用过的材料种类是所有手工艺品中最丰富的。除了材料和工艺的物理属性，珠子似乎还有一颗“灵魂”——这听上去有点虚无缥缈，但是，当一颗珠子或者由“珠子们”构成的饰物被赋予意义和象征的时候，便有了物理特性之外的某种东西，对于某些族群，它是魔法，而在另外的文化语境中，它是与人的社会属性相关的象征物，有时候我们还会对某种材料本身并不昂贵的珠子情有独钟，因为它包含某种对个人而言的特殊意义，这便是珠子的“灵魂”。这或许就是我们喜爱珠子并一直试图保存它们的原因。

◎ 导读 Introduction

这本书按照一页一珠（或一类）的节奏编写，尽量涉及各个年代、地域、族群和文化背景的典型器，文字不再过多讨论和分析背景知识和美术史规律，而只给出珠子的基础信息，同时顾及知识点。每类珠子有编号和词条名、类型、品名、年代、地域、材质等几项基础信息。词条名跟随编号，名称以方便记忆为原则；类型，指文化类型或文化背景下的分类；品名，指物件名称，尽量沿用考古名称；年代，指考古编年，没有考古编年的标明历史年代；地域，指物品采集地，不一定是原产地；材质，指制作珠饰的材料，有时也标明与材料有关的工艺。

作者的写作，以美术考古的视角，将古珠、珠饰领域的文化类型和传统习惯作为脉络。由于历史上这些类型划分和习俗流传有很强的地缘性，故本书将按地理区域逐一叙述，在列举实例时兼顾由早至晚的时间顺序。需要说明的是，本书的地理分区，大部分体现当今世界行政区划的概念，有的地域与古代特定的文明和文化位置重叠，但不一定是一一对应的关系。按此思路，本书的主体内容分为十四个篇章：一、中国及周边地区珠饰；二、藏传珠饰；三、东亚珠饰；四、东南亚珠饰；五、印度、巴基斯坦等南亚次大陆珠饰；六、伊朗、阿富汗和中亚珠饰；七、西亚/中东其他地区珠饰；八、亚欧草原珠饰；九、希腊、罗马/拜占庭珠饰；十、欧洲其他地区珠饰；十一、古埃及珠饰；十二、非洲其他地区珠饰；十三、非洲贸易珠；十四、美洲、大洋洲珠饰。其中，伊朗的行政分区属西亚，但它的地理位置连接中亚，历史上无论文化还是族群，对中亚和阿富汗直至帕米尔高原的影响都很大，因而在本书中与阿富汗、中亚划分为一组。埃及珠饰因其特殊性从非洲部分独立成章。非洲一直延续了源自先人的珠饰样式和手工传统，作者在这一部分加入了近代乃至现代的珠子珠饰，它们的价值不仅在于手工技艺的延续，更多是涉及人类学、民族学意义的部落文化背景。

本书大部分词条中内容没有标注博物馆名称，只涉及考古遗址或出处，一些不太热门的博物馆专门标注了出处。鉴于该书为知识普及性读物，为避免个别读者对“功利性”的过度解读，书中由私人藏家提供的图片均未标明藏家信息，但请大家不要忘记他们对这本书的贡献，感谢他们鼎力支持。对于这些图片中藏品的周折和故事，同样予人深刻的启发，有些我会在《珠子的故事——从地中海到印度河谷文明的印章珠》扩展版中描述。

目录 Contents

一、中国及周边地区珠饰
Jewellery of China and Surrounding Areas

◉ 001—◉ 055

◉ 001 仰韶文化的珠子 Beads of Yangshao Culture
◉ 002 红山文化的珠子和玉玦 Beads and Jade Earrings of Hongshan Culture
◉ 003 良渚文化的珠子 Beads of Liangzhu Culture
◉ 004 齐家文化的珠子 Beads of Qijia Culture
◉ 005 夏家店下层文化的珠子 Beads of the Lower Layer of Xiajiadian Culture
◉ 006 殷墟的珠子 Beads of Yin Ruins
◉ 007 新干大洋洲商文化遗址的珠子 Beads from Xin'gan County, Jiangxi Province
◉ 008 三星堆和金沙遗址的珠子 Beads from Sanxingdui Ruins and Jinsha Ruins
◉ 009 金沙文化的金饰 Gold Ornaments of Jinsha Culture
◉ 010 西周贵族组佩 Combined Jade Articles of Nobilities of the Western Zhou Dynasty
◉ 011 西周贵族杂佩 Miscellaneous Jade Set of the Nobility of the Western Zhou Dynasty
◉ 012 西周红玛瑙珠 Carnelian Beads of the Western Zhou Dynasty
◉ 013 西周费昂斯珠 Faience Beads of the Western Zhou Dynasty
◉ 014 西周龟背珠和玉管 Jade Turtle-shells and Tubes of the Western Zhou Dynasty
◉ 015 西周组佩的玉坠饰 Jade Pendants of the Western Zhou Dynasty
◉ 016 西周金饰 Gold Ornaments of the Western Zhou Dynasty
◉ 017 春秋金饰 Gold Ornaments of the Spring and Autumn Period
◉ 018 战国西戎墓地的金饰和玛瑙珠 Gold Ornaments and Agate Beads of the Warring States
◉ 019 齐国水晶和玛瑙珠饰 Rock Crystal Beads and Agate Ornaments of Qi State
◉ 020 战国红缟玛瑙 Sard Onyx Ornaments of the Warring States Period
◉ 021 战国蜻蜓眼玻璃珠 Dragonfly Eye Glass Beads of the Warring States Period
◉ 022 夏家店上层文化的珠子 Beads of the Upper Layer of Xiajiadian Culture
◉ 023 西南边地文化的珠子 Beads of the Southwest Borderland Culture
◉ 024 汉代三大厌胜佩 Exorcism Ornaments of Han Dynasty
◉ 025 玉舞人 Jade Dancers
◉ 026 工字佩和双胜 H-shaped Amulets and Double-“Sheng”-shaped Amulets
◉ 027 汉代祥符题材的小兽和坠饰 Zoomorphic Pendants and Amulets of Han Dynasty
◉ 028 合浦港和海昏侯墓地的珠子 Beads Excavated from Hepu Port and Haihun Marquis Tomb
◉ 029 西域新疆的珠子 Beads from Xinjiang Uygur Autonomous Region, the Western Regions of China
◉ 030 新疆出土的蚀花玛瑙珠 Etched Agate Beads from Xinjiang Uygur Autonomous Region

◉ 001　仰韶文化的珠子

Beads of Yangshao Culture

类型：仰韶文化珠饰

Ornaments of Yangshao Culture

品名：陕西临潼姜寨少女墓出土骨珠、玉石坠

Bone Beads and Jade Pendants Excavated from a Young Female Tomb of Jiangzhai, Lintong, Shaanxi Province

地域：黄河中游地区

Middle Reaches of the Yellow River

年代：公元前5000—前3000年 新石器时期

5000—3000 BC, Neolithic

材质：地方玉料、绿松石、骨

Local Jade, Turquoise, Bone

仰韶文化是黄河中游地区重要的新石器时期文化，它的得名来源于第一个发掘地——河南省三门峡市渑池县仰韶村，地理范围包括整个黄河中游地区即现今的甘肃、陕西和河南。仰韶先民以制作色彩鲜艳的陶器闻名，擅长陶器上的图案设计。珠子以切片的骨珠为典型器，另有玉石坠和绿松石坠，多为女性随葬品。

◉ 001. 陕西临潼姜寨少女墓随葬品。出土有陶罐、骨珠串、石球、玉石坠和绿松石耳坠。珠子形制为切片的小圆片，外径3—7毫米，孔径1—2毫米，厚度1-2毫米。玉坠，从左至右分别长3.8厘米、3.5厘米、2.5厘米。从工艺的角度看，坠饰的形制加工和表面抛光都还不成熟。（陕西省历史博物馆藏）

◉002 红山文化的珠子和玉玦
Beads and Jade Earrings of Hongshan Culture

类型：红山文化玉珠饰
Jade Ornaments of Hongshan Culture

品名：红山文化玉珠、玉管、玉珏
Barrel and Tube Shaped Jade Beads of Hongshan Culture
地域：辽河流域
Liao River Basin
年代：公元前3500—前1500年 新石器时期
3500—1500 BC, Neolithic
材质：玉石、绿松石、叶蜡石
Jade, Turquoise, Pyrophyllite

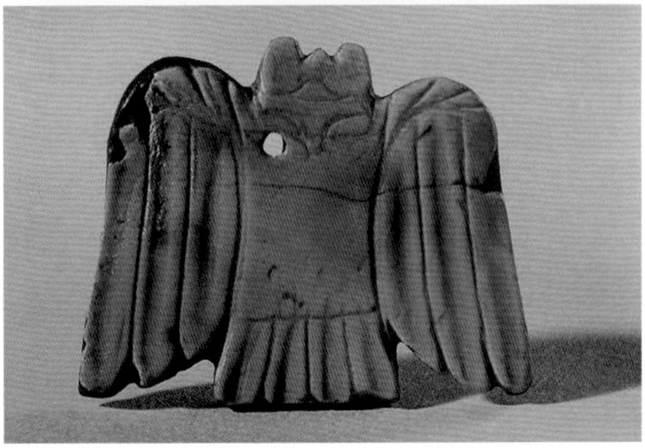

◉002. 红山文化的桶形玉珠和玉管。早年于内蒙古赤峰市内出土。玉珠高4.2厘米，有枣红色沁斑，半透明。玉管长3—4厘米，有些管子两端斜口，是为了使一定数量的管子穿系在一起时有转弯的角度，悬挂时管子跟管子之间合缝美观。这种在管子两端做出一定斜度的办法在后来的殷墟、三星堆文化遗址、云南的汉墓以及东南亚的史前文化中也能见到。

红山文化的玉玦。玉玦是红山文化典型器，玉质，出土时位于墓主耳边，判断为耳饰。玉玦在东亚和东南亚不同的史前文化都有出土，中国台湾岛卑南文化（见◉098），越南东山文化（见◉122）和菲律宾等南洋诸岛均有相同和不同形制的玉玦出土。

红山文化发源于内蒙古中南部至东北部，分布面积达20万平方千米，以辽河流域的支流西拉木伦河、大凌河为中心，地域包括今内蒙古中南部、河北北部、辽宁西部，是著名的新石器时期文化。红山文化出土的玉珠、玉管多为坊间称为“河磨料”的透闪石玉料，质地较细腻，出土物有时带有土壤环境造成的枣红色“沁斑”。红山文化比较典型的几种珠子形制有中段略鼓的管子、扁圆珠、中鼓的桶形珠子、束腰小管和背后有“牛鼻”穿孔的半球形珠。坠饰形制丰富，以动物形佩和抽象造型如勾云佩、梳形佩为典型器。

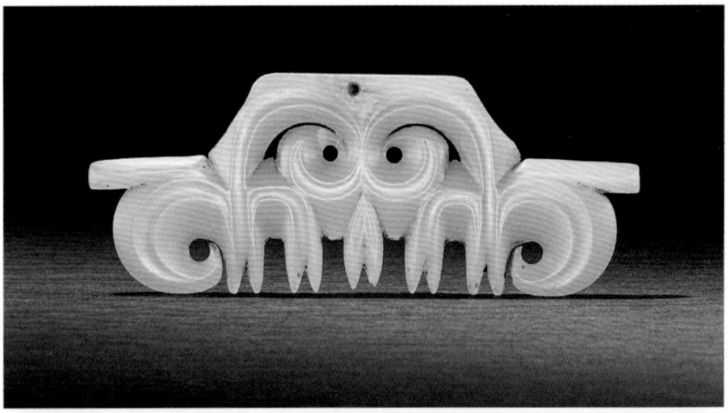

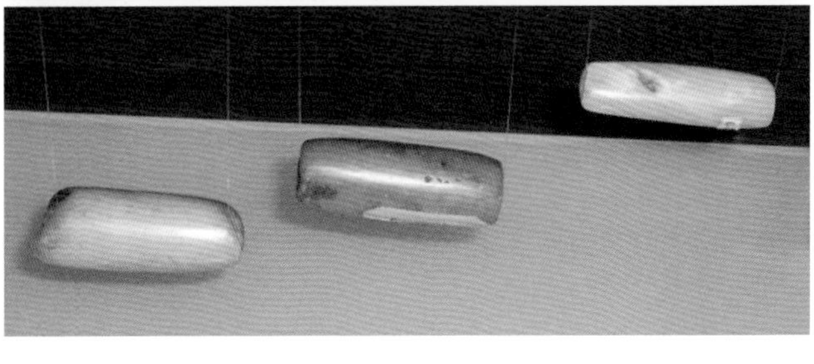

类型：良渚文化玉珠饰
Jade Ornaments of Liangzhu Culture

品名：良渚文化玉珠饰
Jade Ornaments of Liangzhu Culture
地域：长江下游地区
Lower Reaches of the Yangtze River
年代：公元前3300—前2300年 新石器时期
3300—2300 BC, Neolithic
材质：玉石
Jade

良渚文化是长江下游著名的史前文化，地域范围以环太湖地区为中心，北至黄河流域的苏北鲁南地区，南至浙江的宁绍平原，东及舟山群岛，西达皖赣境内。较为典型的遗址有浙江湖州市钱山漾，江苏草鞋山、张陵山，上海青浦区福泉山，江苏常州市武进区寺墩，浙江余杭反山、瑶山等。良渚文化出土的珠饰有玉珠、玉管和玉坠饰，经过刻意的设计和搭配穿缀而成，具有突出的形式美感，搭配组合的方式可能具有象征意义。

◉ 003. 良渚文化玉项饰，由十二颗玉管和一半圆形玉璜组成。玉管长2.7—3厘米，直径1—1.1厘米；玉坠宽4.2厘米。玉管呈鸡骨白，有茶褐色斑。玉璜正面微呈弧面，浅浮雕和阴刻线相结合雕琢出一神徽图像。神人头戴羽冠，有上肢，双手隐没，下肢省略，与兽面纹复合。玉璜背面平整，两上角钻孔，与玉管串联，组成项饰。1986年浙江余杭墓葬出土。（浙江省文物考古研究所藏）

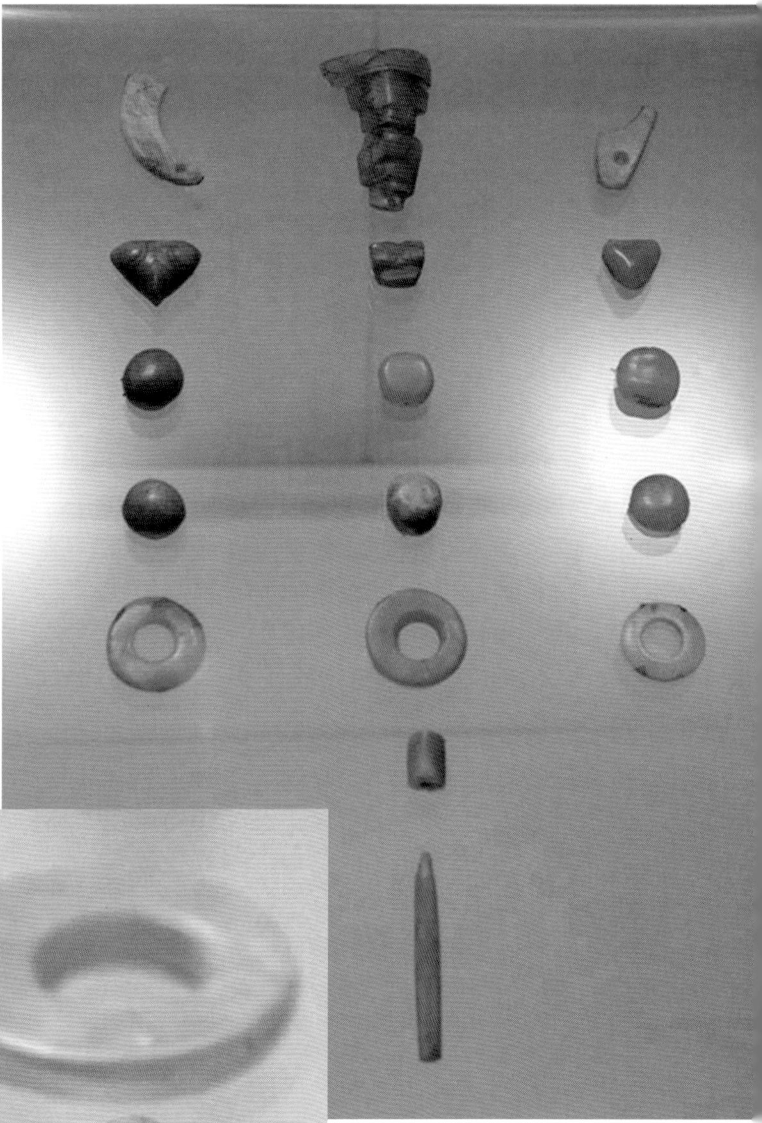

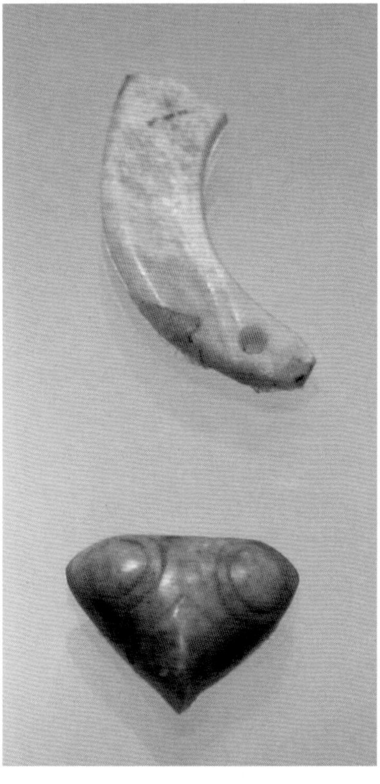

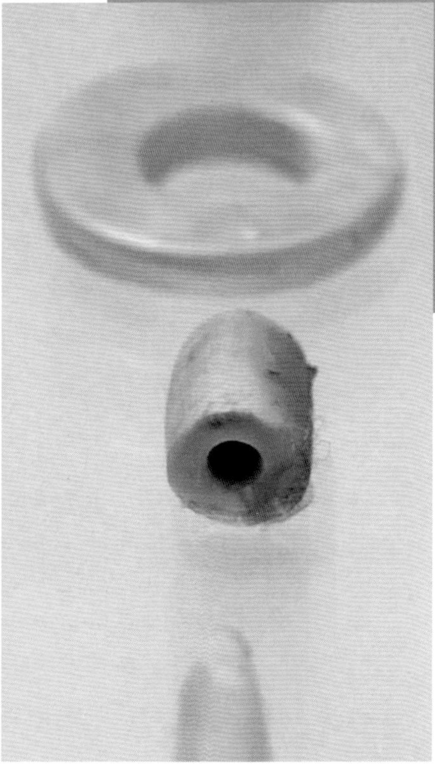

良渚文化的玉串饰，推测年代为公元前2500年，江苏省南京市高淳区朝墩头遗址出土。珠子有半球形和兽面等，多是背面牛鼻穿孔，与其他玉饰呈三列七排纵横排列，推测当时它们是缝缀在织物上，中间显要位置是一人形玉饰，高5.5厘米。这件珠饰很可能是巫师或聚落首领祭祀时戴在身上的饰物。（南京博物院藏）

◉ 004 齐家文化的珠子

Beads of Qijia Culture

类型：齐家文化珠饰
Ornaments of Qijia Culture

品名：齐家文化白玉珠、绿松石珠、天河石珠
Jade, Turquoise, Amazonite Beads of Qijia Culture
地域：黄河上游地区
Upper Reaches of the Yellow River
年代：公元前2200—前1600年 新石器晚期
2200—1600 BC, Late Neolithic
材质：地方玉料、绿松石、天河石
Local Jade, Turquoise, Amazonite

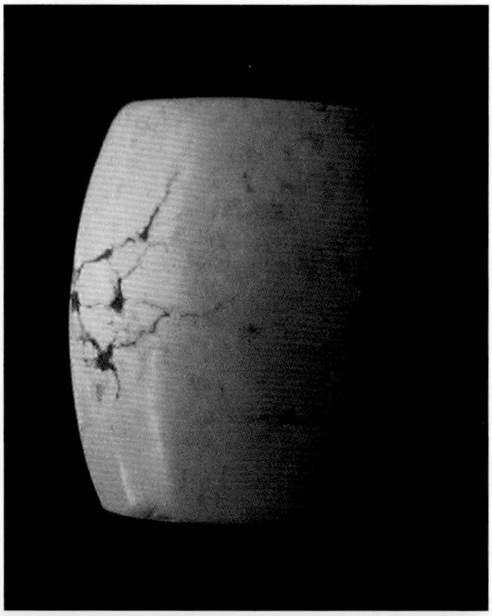

齐家文化是黄河上游甘青地区新石器晚期的青铜文化，分布范围东起渭河流域及泾水上游，西至湟水流域，南及白龙江流域，北至内蒙古阿拉善左旗附近。齐家文化已经将青铜合金用于广泛的制作，除了武器、工具，也用于装饰品制作，包括镜子、手镯、臂钏、臂筒、指环、耳环、发钗及各种泡饰，发展出了门类齐全的合金装饰用具。齐家文化也制作大量半宝石珠和坠饰，以一种白色地方玉料的切片小管珠和绿松石扁珠、坠饰为典型器，此外还出土水晶和天河石等其他材质的半宝石珠和坠饰。

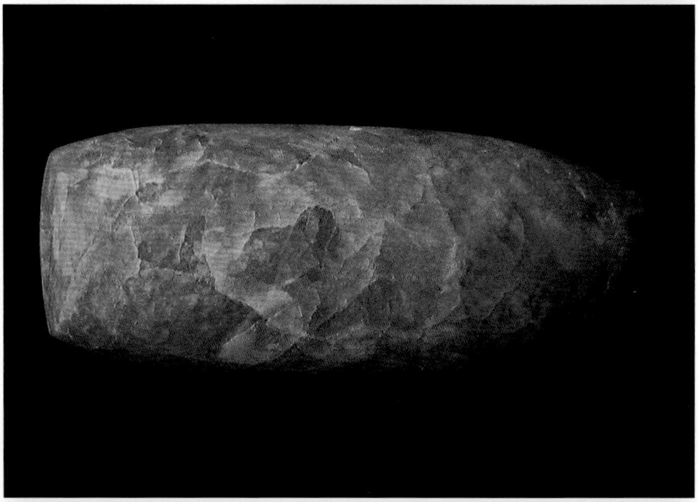

◉ 004. 齐家文化出土的绿松石和天河石珠子。绿松石珠长1.18厘米，宽0.95厘米，孔径0.22厘米，厚0.66厘米；对钻孔，孔内螺旋纹清晰；青海民和喇家遗址出土。天河石珠长3.7厘米，对钻孔，青海民和回族土族自治县出土。（青海文物考古所藏）

齐家文化的小管珠。由白色、褐色、灰色等不同颜色的地方玉料制作。出土时数量大，除了缠绕在墓主的颈项、腰部等部位，同坑的陶罐中也盛放大量珠串，推测这样的小管珠是专门为陪葬的目的制作的。

◉ 005　夏家店下层文化的珠子

Beads of the Lower Layer of Xiajiadian Culture

类型：夏家店下层文化的珠子

Beads of the Lower Layer of Xiajiadian Culture

品名：大甸子夏家店下层文化出土的珠子
Beads of the Lower Layer of Xiajiadian Culture Excavated from Dadianzi Site
地域：内蒙古赤峰市敖汉旗大甸子村
Dadianzi Village, Aohan County, Chifeng City, Inner Mongolia Autonomous Region
年代：公元前2000—前1500年
2000—1500 BC
材质：玉石、玛瑙、绿松石
Jade, Agate, Turquoise

夏家店下层文化分布在辽西、内蒙古东部和河北北部，大部分叠压在红山文化（见◉ 002）的上面，绝对编年约在公元前2000年至公元前1500年间，大致与成都平原的三星堆文化和黄河上游的齐家文化平行。夏家店人是从事耕营的农业民族，已经掌握了青铜铸造技术，并使用红玛瑙、绿松石和天河石一类的半宝石制作形制多样的珠子、管子和坠饰。

◉ 005. 夏家店下层文化出土的红色玛瑙珠和绿松石珠。赤峰市敖汉旗大甸子村出土。得本土周边天然材料之利，夏家店很可能有专门制作各种珠子的作坊或加工点和专门制作珠饰的专业工匠，产品贸易流通到各个地方。这种被坊间称为“磨盘珠”的红玛瑙珠一般呈扁圆形，中心研磨孔，绿松石珠子也多是两端对打孔。这两种珠子在殷墟商代墓葬（见◉ 006）和四川三星堆文化遗址（见◉ 008）都有出土。

类型：殷商的珠饰
Ornaments of Shang Dynasty

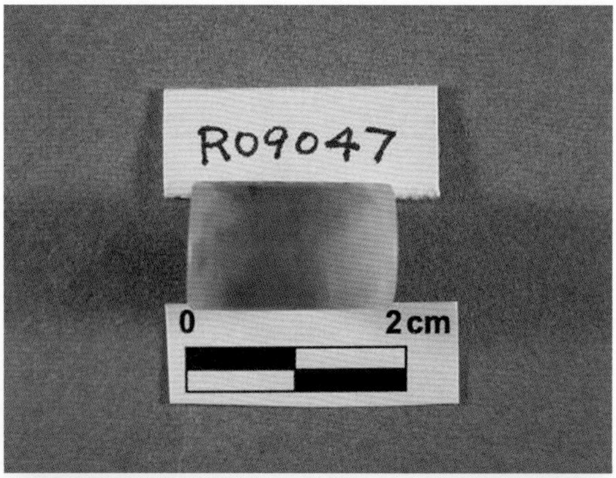

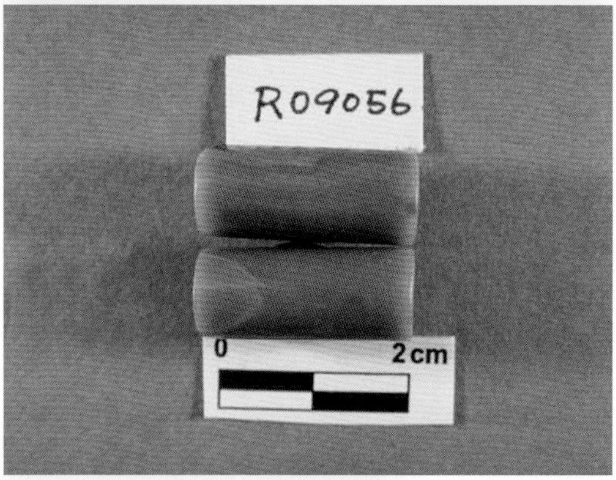

品名：殷墟出土的珠子和玉坠饰
Beads and Jade Pendants Excavated from Yin Ruins
地域：河南安阳殷墟和商文化遗址
Yin Ruins and Shang Dynasty Sites, Anyang City, Henan Province
年代：公元前1600—前1046年 商代
1600—1046 BC, Shang Dynasty
材质：玉、玛瑙、绿松石、天河石等
Jade, Agate, Turquoise, Amazonite, etc.

商代也称殷商，是中原文明第一个使用文字的朝代，商人可能是来自黄河下游沿海的东方部族，《诗经》中有“天命玄鸟，降而生商”，而鸟图腾正是东方部族共同的图腾。商人崇信祖先，使用龟甲兽骨占卜，甲骨文便是铭刻在这些龟甲兽骨上的文字，也就是我们今天还在使用的汉字的前身。1982年，河南安阳商代遗址的考古发掘揭示了这个伟大的文明。

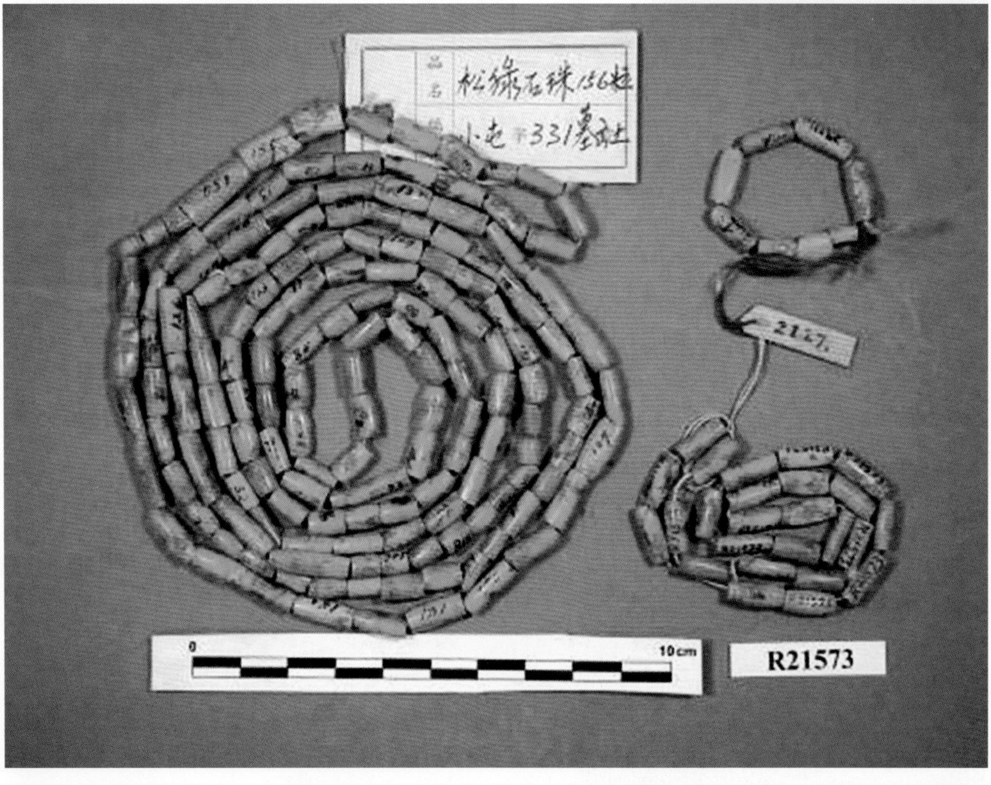

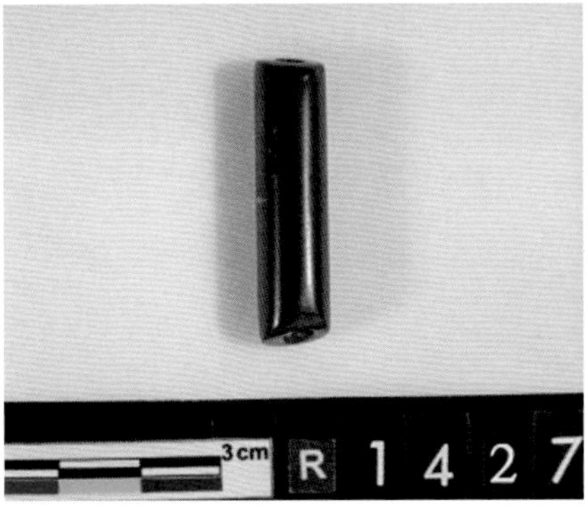

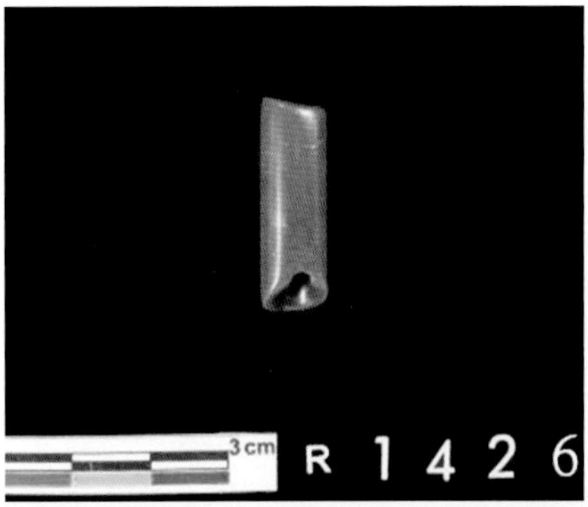

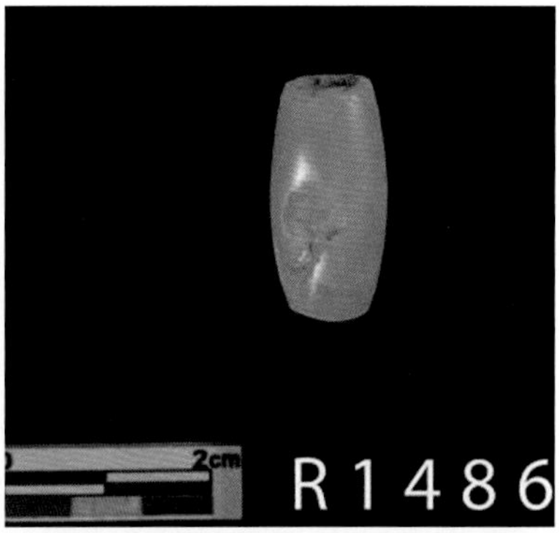

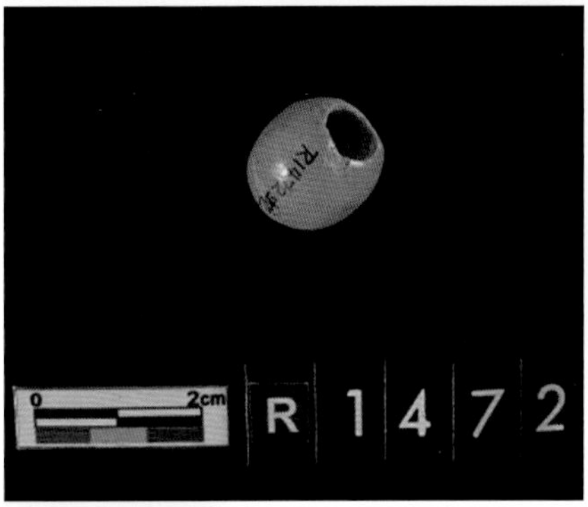

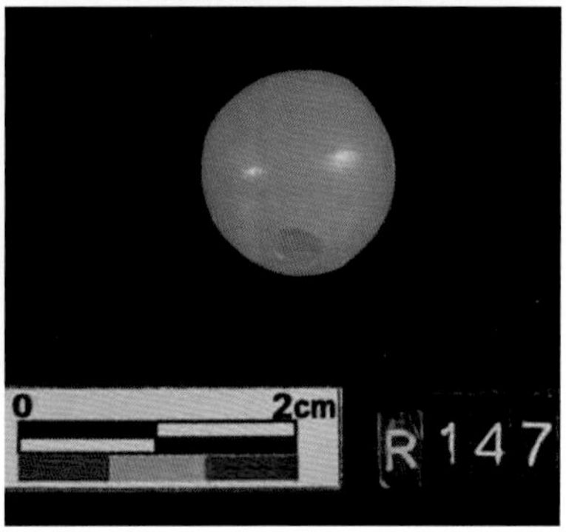

◉ 006. 河南安阳殷墟西北岗出土的红色玛瑙珠。珠子个体较大，打孔为“研磨孔”，即孔口为开阔的喇叭口，孔壁粗糙，表明钻具的“笨拙”和起研磨作用的介质（石英砂一类）颗粒比较大，这种打孔是比较早期的工艺，可能早于商代。同样形制和工艺的红玛瑙珠在夏家店下层文化（见◉ 005）有出土记录。

北京平谷刘家河商代墓葬出土的绿松石串饰。由十件管珠、一件弦纹勒子（扁管）和一件甲虫饰组成，可能是腕饰。（首都博物馆藏）

河南安阳殷墟西北岗出土的玉珠、玉管和其他材质的珠子。珠子的材质和形制都很丰富，形制有扁圆形、中鼓形、橄榄形、直管等，材质有透闪石玉、绿松石、天河石和一些地方玉料。这些珠子、管子在同时期的比较广泛的地域都出现过，除了殷墟遗址，北方夏家店下层文化、南方长江流域的几处商代遗址、西南的三星堆遗址也都出土过相同类型的珠子。（台北故宫博物院藏）

◉ 007　新干大洋洲商文化遗址的珠子

Beads from Xin'gan County, Jiangxi Province

类型：殷商的珠饰
Ornaments of Shang Dynasty

品名：新干大洋洲商文化遗址出土的珠子
Beads Excavated from Shang Dynasty Remain of Dayangzhou, Xin'gan County, Jiangxi Province
地域：江西新干大洋洲商代青铜遗址
Shang Dynasty Remain of Dayangzhou, Xin'gan County, Jiangxi Province
年代：公元前1600—前1046年 商代
1600—1046 BC, Shang Dynasty
材质：绿松石等
Turquoise, etc.

江西新干大洋洲和武汉盘龙城商墓是长江中下游重要的商文化遗址，出土相当数量的商文化形制和纹饰的青铜礼器，推测该城为商王国为了控制资源，派驻军队在这些地方而发展起来的商文化城址。除了青铜器，遗址还出土珠饰一类个人装饰品，而绿松石珠饰特别丰富，绿松石原料来自湖北十堰市郧阳区、竹山等地。这些绿松石有用作管子珠子穿缀的项链，有用于青铜器镶嵌的泡形饰，还有一种用于个体较大的方形扁珠穿成的腰带，这种用珠子穿成的腰带在同期的出土资料中仅见新干一例。

◉ 007. 江西新干大洋洲商代墓葬出土的绿松石珠子和绿松石腰带。珠子形体浑圆，中段略微鼓起呈鼓形，通体抛光细致，呈现出绿松石特有的油润光泽。这种绿松石珠子管子出现的地域较广，很可能是在当时某一制作中心制作，作为贸易品广泛流传。制作腰带的绿松石珠子长5到9.8厘米不等，个体较大，长方形扁珠，边缘方折，打磨出一道棱面；纵向直孔，孔径较大，孔的内部可见螺旋纹。（江西省博物馆藏）

类型：三星堆和金沙遗址的珠子
Beads from Sanxingdui Ruins and Jinsha Ruins

品名：三星堆和金沙遗址出土的珠子
Beads from Sanxingdui Ruins and Jinsha Ruins
地域：成都广汉三星堆遗址；成都金沙遗址
Sanxingdui Ruins, Guanghan City, Chengdu City, Sichuan Province
Jinsha Ruins, Chengdu City, Sichuan Province
年代：公元前2800—前800年 三星堆；公元前1500—前500年 金沙
Sanxingdui: 2800—800 BC
Jinsha: 1500—500 BC
材质：地方玉料、绿松石、玛瑙、天河石等
Local Jade , Turquoise, Agate, Amazonite, etc.

三星堆和金沙文化是成都平原上的区域性青铜文化，三星堆的绝对编年距今4800年至2800年，金沙遗址的出土器物则大多属于商代晚期和西周，下限可以到中原的春秋时期，与三星堆有明显的继承关系。遗址以造型奇特、工艺精湛的青铜器、金器和玉礼器闻名，与同时期其他青铜文化的美术形式迥然有别。

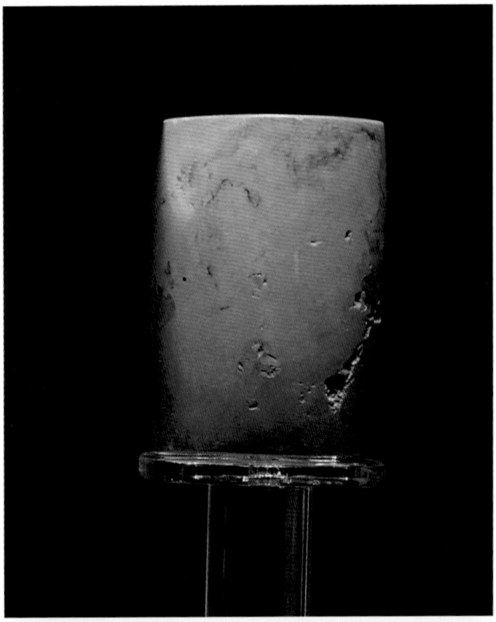

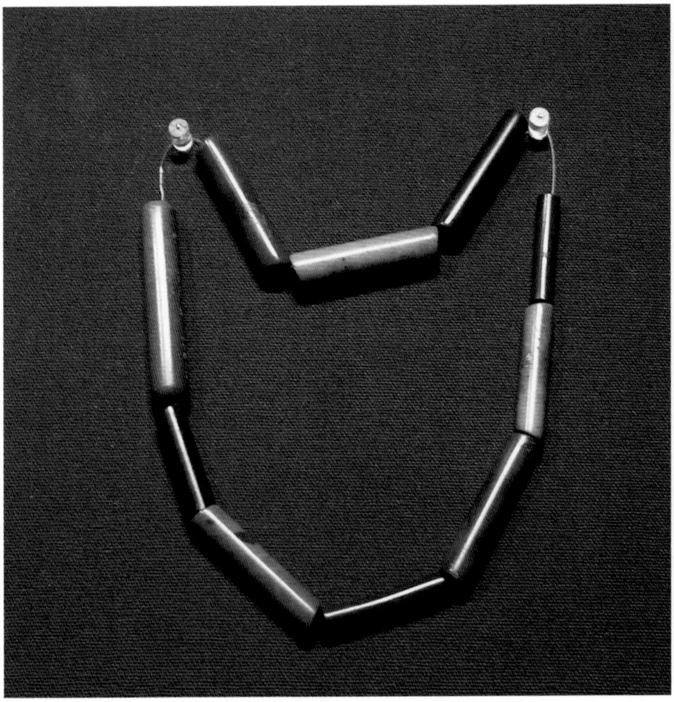

◉ 008　三星堆和金沙遗址的珠子

Beads from Sanxingdui Ruins and Jinsha Ruins

◉ 008. 三星堆遗址出土的天河石管和玉管。管子长3—6厘米，直径1厘米左右。这种天河石珠管和玉管也出现在与三星堆大致同期的北方夏家店下层文化和西北齐家文化遗址中，推测三星堆的天河石管子是来自北方的贸易品。（四川广汉三星堆博物馆藏）

金沙遗址出土的绿松石珠和红玛瑙珠。绿松石珠有长方形扁珠和多边形扁珠的不同的形制，个体较大；红玛瑙珠的形制和制作工艺与中原地区和北方夏家店下层文化出土的红玛瑙珠相同，可能是贸易品。（成都金沙遗址博物馆藏）

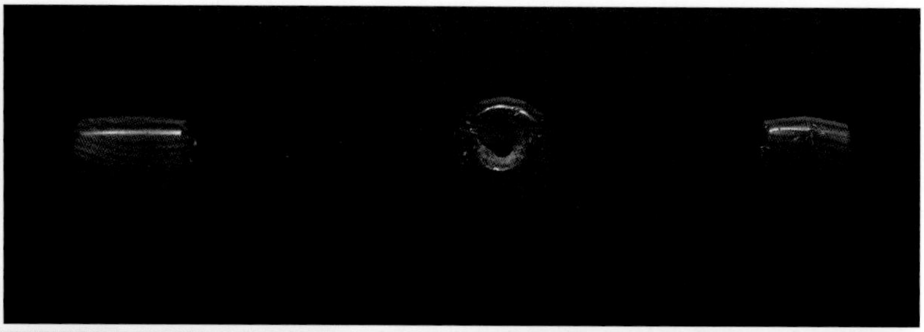

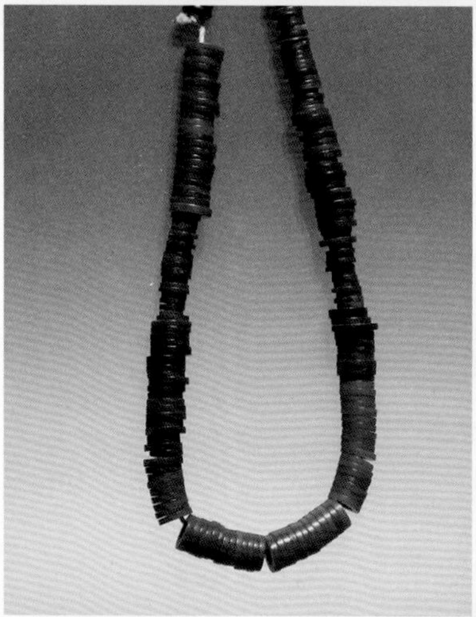

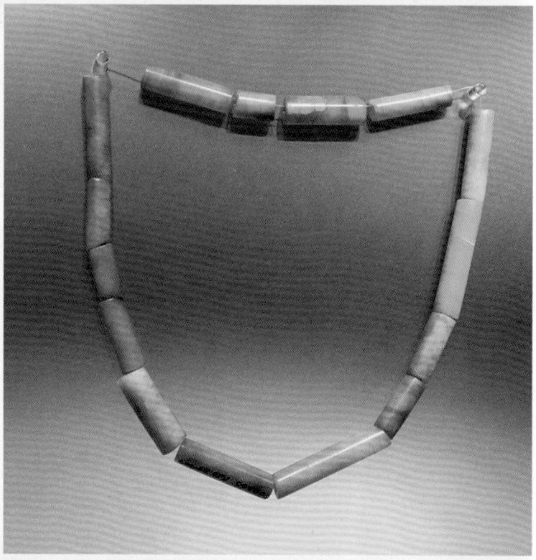

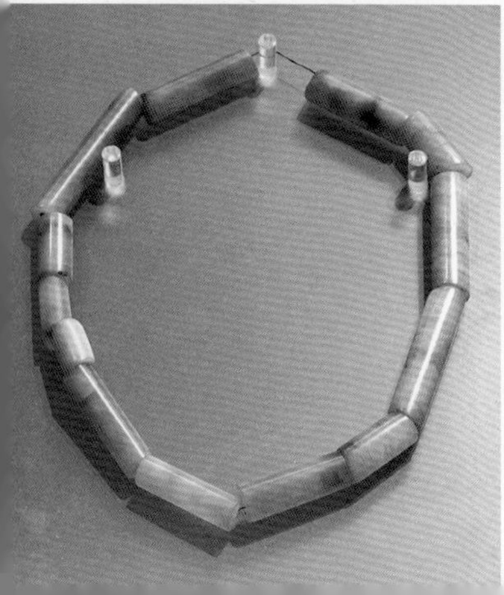

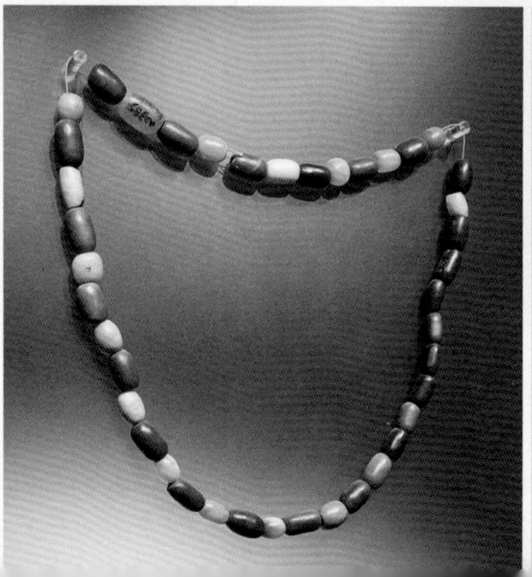

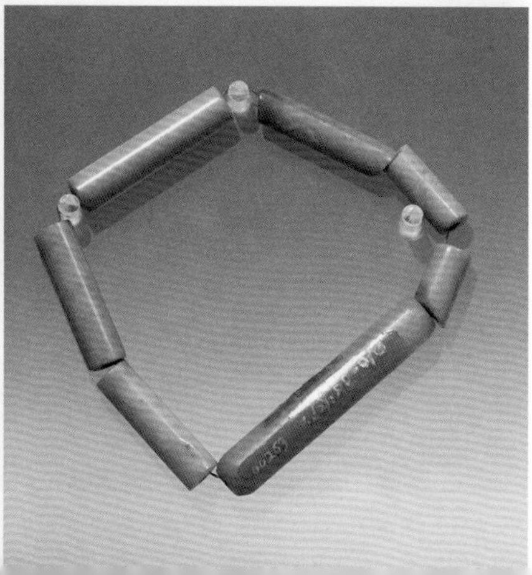

类型：金沙文化金饰
Gold Ornaments of Jinsha Culture

品名：金沙遗址金饰
Gold Ornaments Excavated from Jinsha Ruins
地域：成都金沙遗址
Jinsha Ruins, Chengdu City, Sichuan Province
年代：公元前1500—前500年
1500—500 BC
材质：黄金
Gold

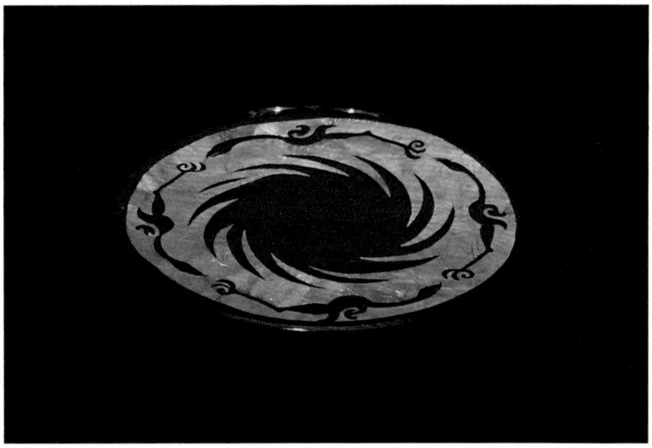

◉ 009. 金沙遗址位于四川省成都市青羊区，金沙文化与四川广汉三星堆文化为承继关系，遗址和出土文物反映了古蜀国的物质文化。金沙出土数量可观的金器、玉器、青铜器、漆器、陶器和石器，这些器物的造型和纹饰与中原及其他区域文化迥然不同，由于没有文字资料，至今对三星堆、金沙出土器物背后的文化、信仰和象征仍无法确切解读。金沙遗址出土的金面具、太阳鸟金饰、金珠，造型和纹饰都是金沙文化所独有的。

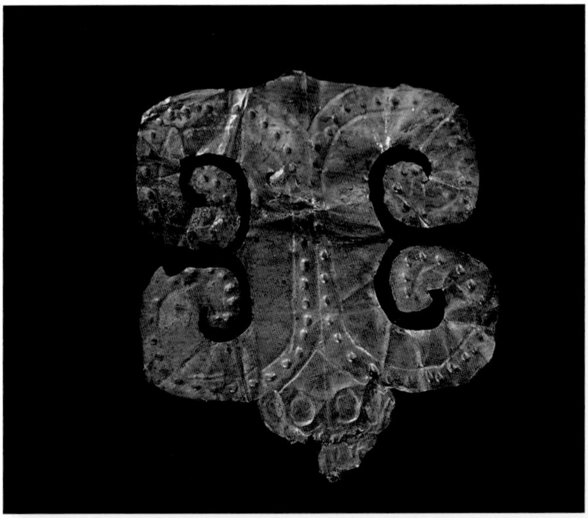

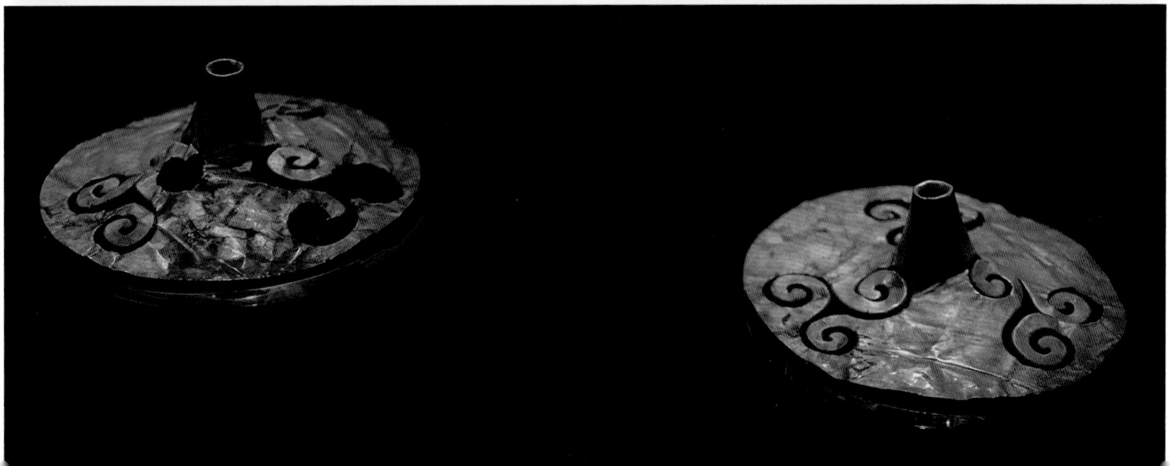

类型：西周贵族组佩
Combined Jade Articles of Nobilities of the Western Zhou Dynasty

品名：西周贵族墓地出土的珠饰
Ornaments Excavated from Noble Cemeteries of Western Zhou Dynasty
地域：陕西扶风县、山西曲沃县、河南平顶山
Fufeng County, Shaanxi Province
Quwo County, Shanxi Province
Pingdingshan City, Henan Province
年代：公元前1046—前771年 西周
1046—771 BC, The Western Zhou Dynasty
材质：地方玉料、软玉、玛瑙、红玉髓等
Local Jade, Nephrite, Agate, Carnelian, etc.

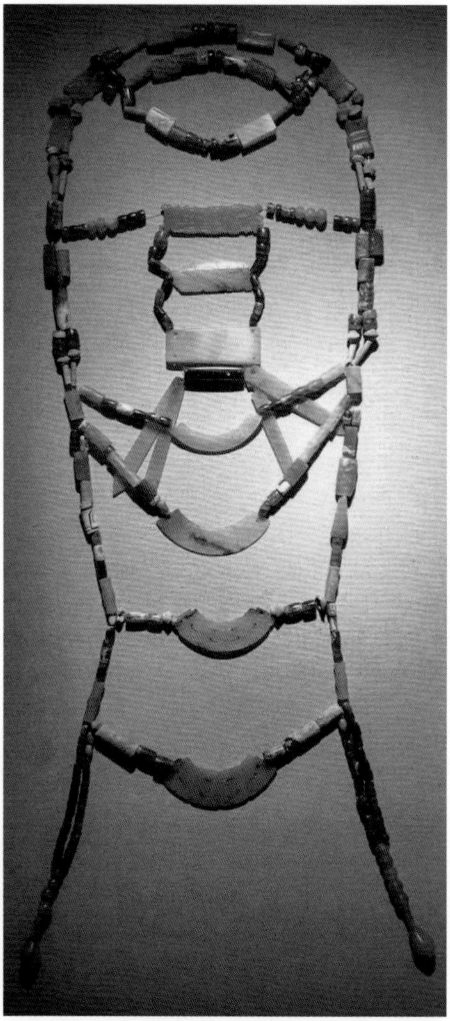

公元前1046年，周武王灭商，建立西周。为了有效地控制广大的地缘，周武王实行了诸侯分封制度，这意味着王室和贵族阶层内部的等级尊卑的进一步划分。以嫡长子为宗子、以血缘亲疏划分等级地位的宗法制是西周礼乐制度的中心内容，而周人最重要的礼制表现在青铜“列鼎”的数量和组合方式的规定，“组佩”则成了贵族等级的个人标识，实际上也是西周礼乐制度的组成之一。

◉ 010. 陕西扶风县强家村出土的玉组佩。长约80厘米。组佩由玉璜、人龙鸟兽纹佩、兽面、凤鸟纹佩以及其他抽象纹饰的玉件组成，由红色玛瑙珠、玛瑙管和黄色的萤石珠连接在一起，穿缀方式十分复杂，但井然有序，是西周组佩中样式活泼的一类。

山西曲沃县西周晋侯墓地出土的玉组佩。组佩为项饰，所使用的形制和材质十分丰富，有玉璜、玉圭形佩、束绢形佩、玉贝、玉珩、玉管和各种珠子、管子，材质包括透闪石玉、地方玉料、红色玛瑙、萤石和人工烧造的费昂斯珠。曲沃晋侯墓地是西周早期晋国王侯贵族家族墓地，埋葬时代几乎贯穿整个西周时期。

河南平顶山市应国墓地出土的西周组佩。组佩使用多种材质和形制的构件穿缀而成，包括梯形玉牌、玉柄形饰、玉棒、玉珠、玉竹节形管、红色玛瑙珠、红色玛瑙管和蓝色费昂斯管，后由于费昂斯管腐朽难存，展示时被去掉。中间的四龙首纹梯形牌作为挈领；玉牌两侧有柄形饰、玉棒等串联；玉牌下端悬垂四列珠串，材质和色彩搭配有序，典雅庄严。

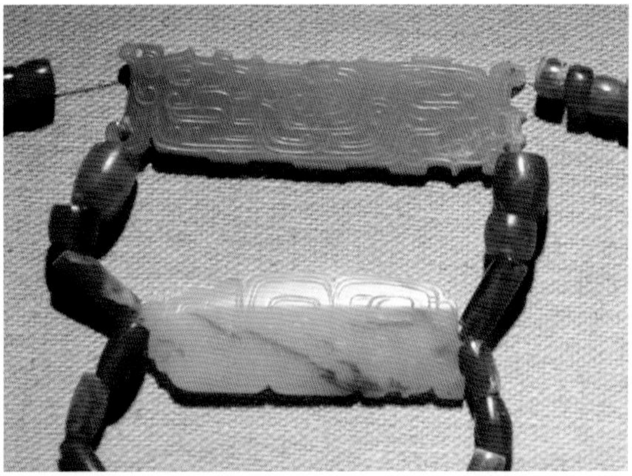

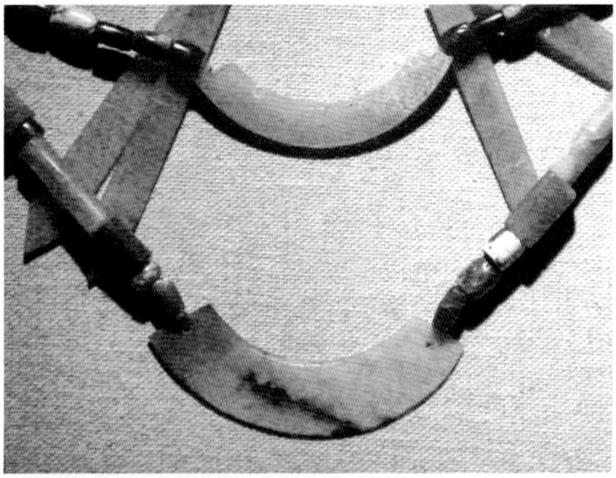

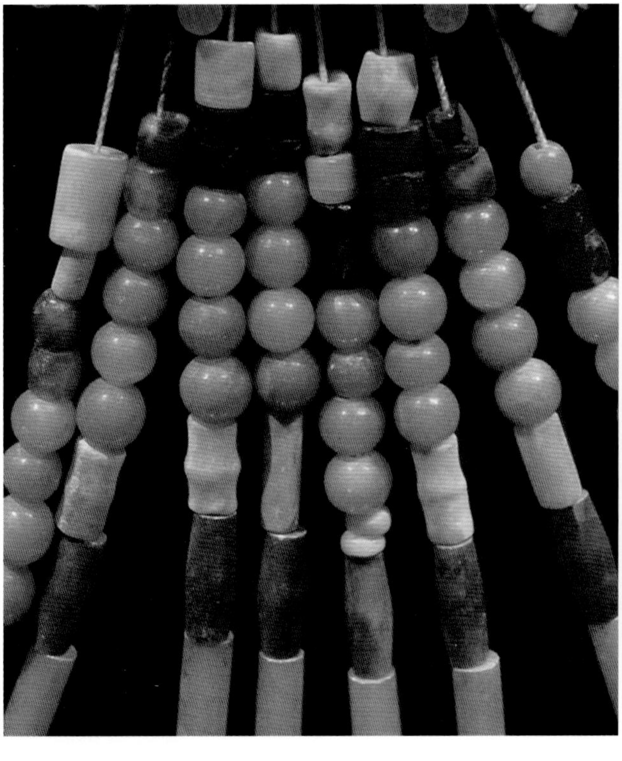

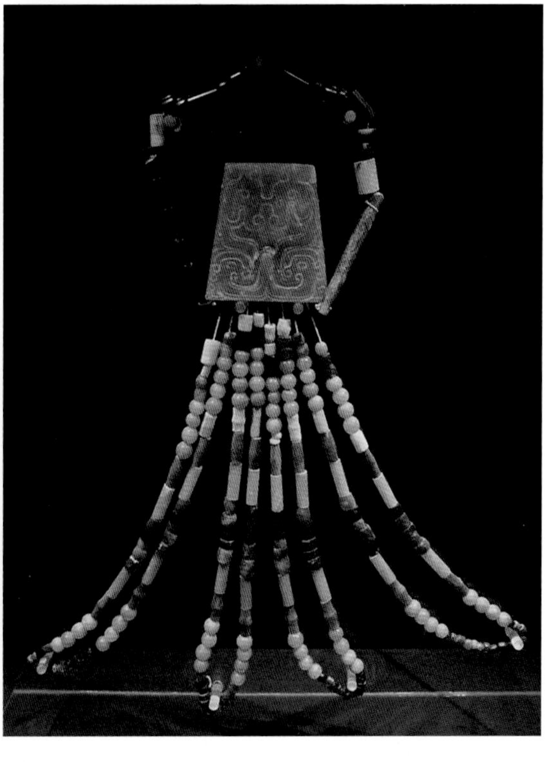

◉011　西周贵族杂佩

Miscellaneous Jade Set of the Nobility of the Western Zhou Dynasty

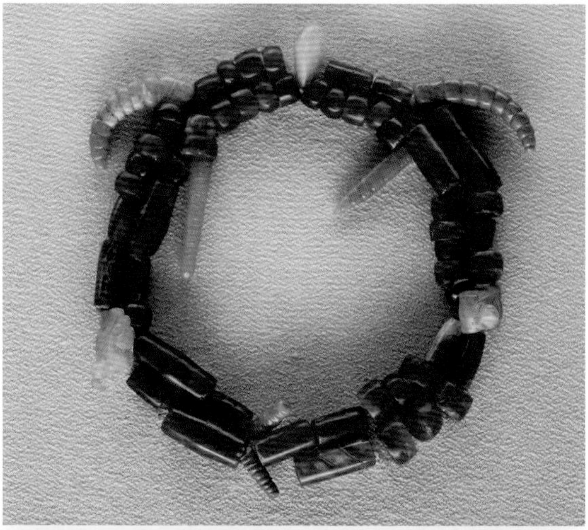

类型：西周贵族杂佩

Miscellaneous Jade Set of the Nobility of the Western Zhou Dynasty

品名：西周贵族腕饰

Wristlet of the Nobility of the Western Zhou Dynasty

地域：陕西韩城

Hancheng City, Shaanxi Province

年代：公元前1046—前771年 西周

1046—771 BC, The Western Zhou Dynasty

材质：地方玉料、软玉、玛瑙等

Local Jade, Nephrite, Agate, etc.

《诗经》中的《郑风》有一首《女曰鸡鸣》："知子之来之，杂佩以赠之；知子之顺之，杂佩以问之；知子之好之，杂佩以报之。"描写的是男女互相爱慕，并以杂佩相赠表达爱意的情景。《诗经》中多处提到"杂佩"，大多是男女互悦的信物，这应该是平常生活中的佩戴之物，不同于庙堂之上庄严正式的组佩。这也解释了出土资料中那些材质丰富、形制多样、搭配随意、式样活泼的珠串。

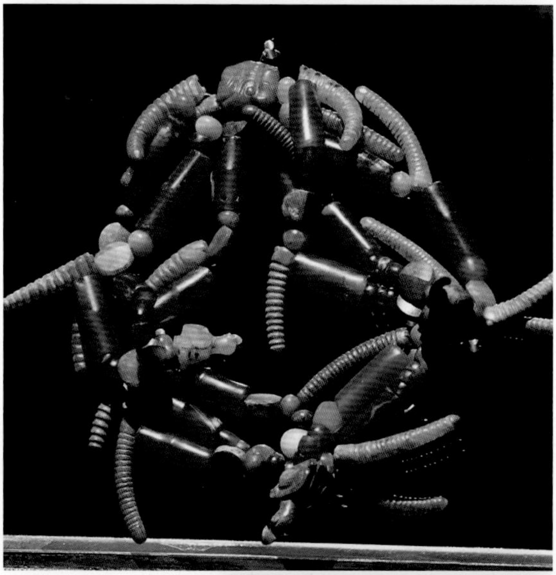

◉011. 陕西韩城梁带村出土的西周腕饰。现已探明陕西省韩城市梁带村两周墓地共有西周至汉代墓葬1200余座。2005年发掘的M19、M26、M27出土文物相当丰富，年代主要为商、西周和春秋，个别玉器可能早到新石器时代。这件腕饰由红色玛瑙珠、红色竹节形玛瑙管、玉蚕、玉鸟、玉贝串联，玉蚕、玉鸟精致小巧，生动传神，与红色玛瑙珠搭配在一起，活泼可爱，充满生活情趣。

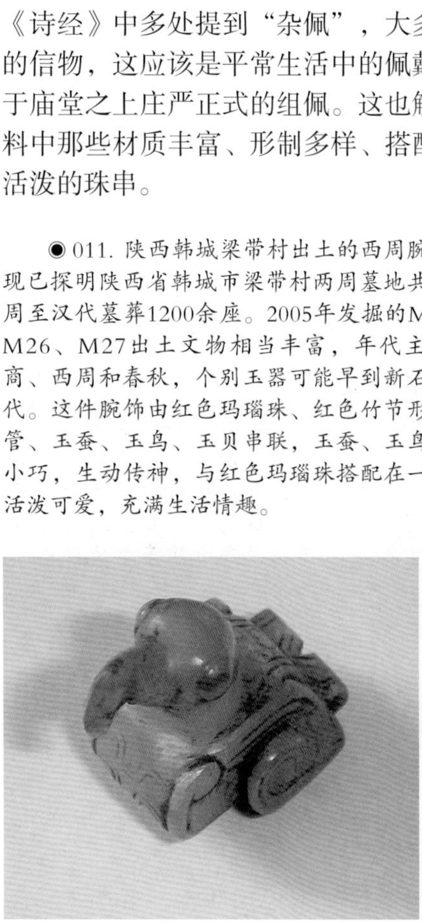

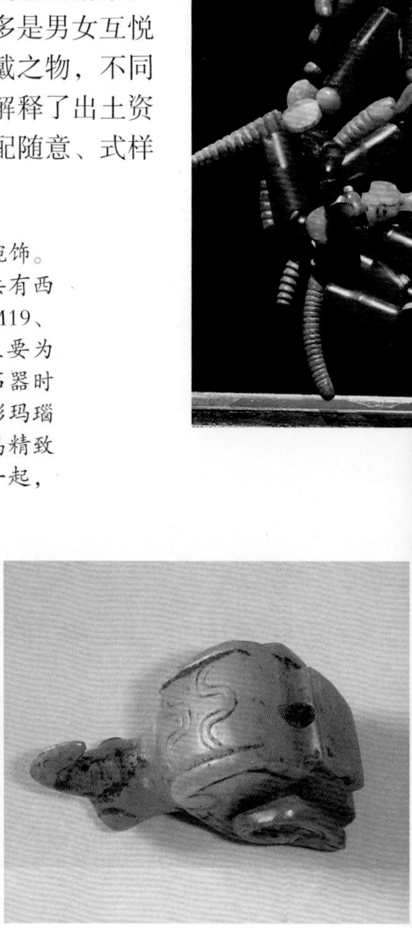

◉012 西周红玛瑙珠

Carnelian Beads of the Western Zhou Dynasty

类型：西周贵族组佩

Combined Jade Articles of the Nobility of the Western Zhou Dynasty

品名：西周红玛瑙珠

Carnelian Beads of the Western Zhou Dynasty

地域：中原及周边

Central Plains and Surrounding Areas of China

年代：公元前1046—前771年 西周

1046—771 BC, The Western Zhou Dynasty

材质：红玉髓

Carnelian

西周时期，玉组佩中用于连接玉璜和其他玉件的红色玛瑙珠在中原大量出现，这是它在坊间得名“西周玛瑙”的由来。这种珠子在从西周到战国的时间跨度内，出现的地域范围很广，从夏家店文化到中原腹地，经甘陕一直到四川西北部高原，沿河谷南下到云南。西周时期它主要出现在中原，周王室衰微以后的春秋，它开始出现在学习了中原礼仪文化的秦国贵族组佩和西北的犬戎贵族墓中，战国时期出现在整个西南边地。不同时期的珠子有各自的工艺特征。

◉012. 西周玛瑙珠。坊间称为“西玛”的西周红玛瑙珠，由于色泽红润和特有的贵族组佩构件的背景而受人喜爱，是高古珠子中的经典。西周玛瑙珠表面光泽红润，材料可能经过加热、人工加色。孔壁呈现“玻璃光”，民间称为“水亮孔”，孔壁可见螺旋纹。这种形制的玛瑙珠延续了相当长的时间，直到战国末年，夏家店上层文化（见◉022）和西南边地仍在制作这种珠子，不过，工艺特别是打孔方式和表面抛光效果均有差异。

◉013 西周费昂斯珠

Faience Beads of the Western Zhou Dynasty

类型：西周贵族组佩

Combined Jade Articles of the Nobility of the Western Zhou Dynasty

品名：西周费昂斯珠
Faience Beads of the Western Zhou Dynasty
地域：中原及周边
Central Plains and Surrounding Areas of China
年代：公元前1046—前771年 西周
1046—771 BC, The Western Zhou Dynasty
材质：费昂斯（彩陶）
Faience

◉013. 西周贵族组佩中经常与红色玛瑙珠搭配在一起的还有一种蓝色或者绿色的费昂斯珠，珠子一般呈菱形，也有管状，表面釉光，不透明。这种珠子的材质是被西方学者称为“费昂斯”的人工合成材料，一般认为它是玻璃的前身。西周费昂斯珠是中国最早的玻璃质即石英砂材质的珠子，相同形制和材质的珠子在古代埃及、西亚和印度河谷都能见到。在西周时期是黄河流域各诸侯国的贵族组佩上的构件，当周王室东迁洛邑并逐渐衰微后，这种珠子也随之在关东地区消失，随着战国时期边地民族的活跃，这种珠子大量出现在川西北沿三江流域南下的石棺葬中。

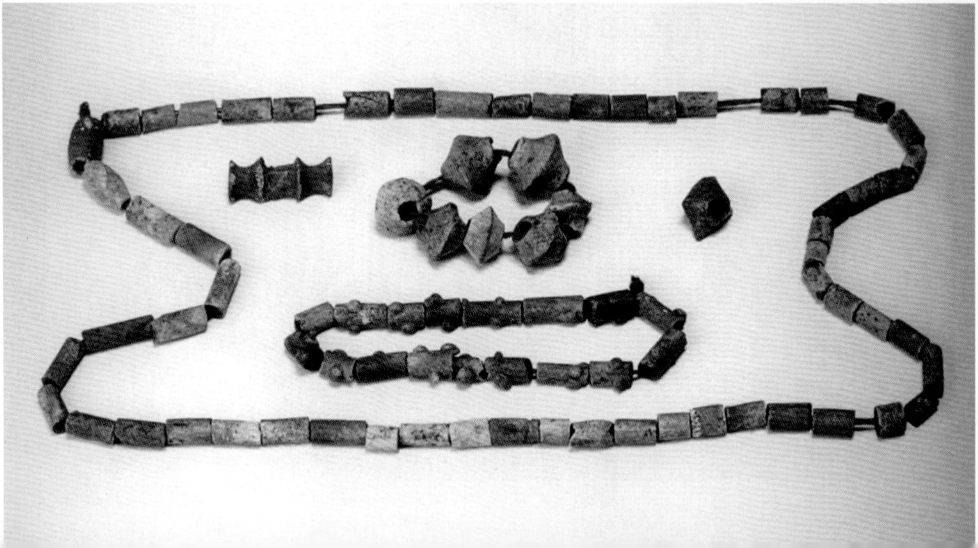

◉014 西周龟背珠和玉管
Jade Turtle-shells and Tubes of the Western Zhou Dynasty

类型：西周贵族组佩
Combined Jade Articles of the Nobility of the Western Zhou Dynasty

品名：西周玉坠饰
Jade Pendants of the Western Zhou Dynasty
地域：中原及周边
Central Plains and Surrounding Areas of China
年代：公元前1046—前771年 西周
1046—771 BC, The Western Zhou Dynasty
材质：玉石、萤石等
Jade, Fluorite, etc.

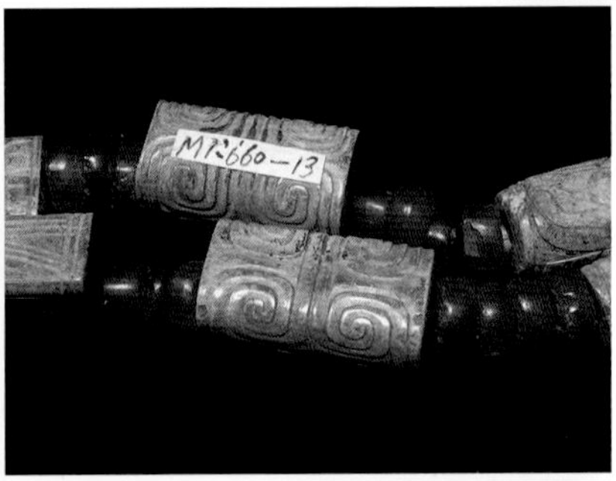

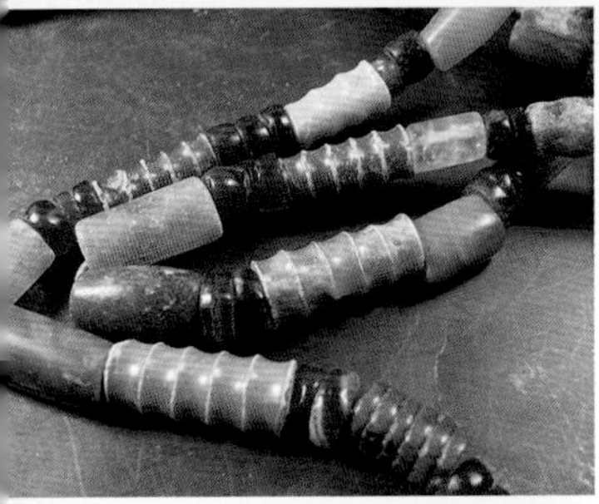

西周组佩上的“龟背”珠。乌龟的题材出现得很早，最早的实物资料可追溯到红山文化，良渚文化也有出土记录。龟背形珠大致在西周到春秋时期流行过，一般作为节珠穿系在组佩上，使用的材质有玉、煤精、绿松石等，以及人工合成材料费昂斯。同样形制的费昂斯珠在埃及和印度河谷都出现过。图中龟背珠分别来自不同墓葬，煤精龟背珠和地方玉料龟背珠出自陕西韩城梁带村，绿松石龟背珠出自河南三门峡虢国墓地等。

◉014. 西周组佩中常见的几种管子。它们有用硬度很高的红色玛瑙制作，也有用透闪石玉、蛇纹石玉和一些硬度不太高的地方玉料制作。天河石、绿松石和萤石制作的珠子和管子也经常见到。表面有纹饰的玉管多是抽象图案，一般为西周特有的“一面坡”斜刀工艺，无论是图案构成还是工艺制作都堪称经典。管子也有素面无纹的，横截面或方形或圆形或椭圆形。陕西韩城梁带村两周墓地出土。

类型：西周贵族组佩
Combined Jade Articles of the Nobility of the Western Zhou Dynasty

品名：西周玉坠饰
Jade Pendants of the Western Zhou Dynasty
地域：中原及周边
Central Plains and Surrounding Areas of China
年代：公元前1046—前771年 西周
1046—771 BC, The Western Zhou Dynasty
材质：玉
Jade

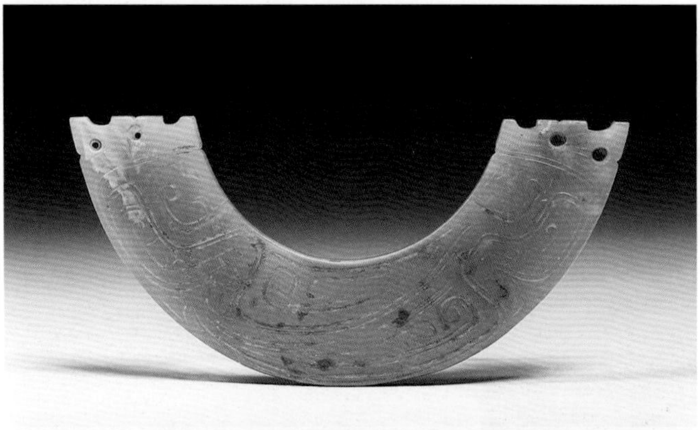

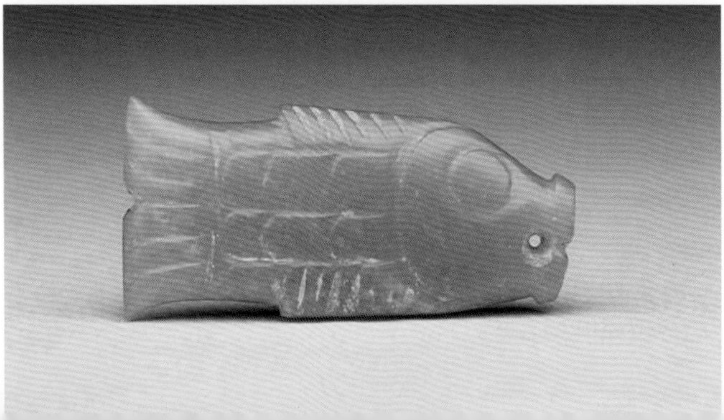

西周组佩由各种坠饰和珠子串联构成。坠饰是装饰品分类中造型特殊的珠子，材质多样、形制丰富、工艺精美。坠饰比较常见的形制：璜、珩、觿、玦、环、束绢形佩、盾形佩、龙佩、兽面、梯形牌、贝，还常见蚕、蝉、鸟、兔、鱼、龟背等动物和各种抽象或变形的坠饰。这些坠饰大多用透闪石玉制作，也常见各种地方性的蛇纹石玉料和其他半宝石。组佩中的管子有素面无纹的玉管、龙纹玉管、弦纹玉管、束腰形玉管、竹节形玛瑙管、几何纹管、萤石管、蓝色费昂斯管等。珠子比较常见的是红色玛瑙珠、萤石珠、玉珠、蓝色费昂斯珠和绿松石珠。

◉ 015. 西周组佩上常见的各种形制的坠饰。束佩、盾形佩和蚕蛹等几种坠饰流行的时间大致只在西周，春秋时期基本衰落。束佩是刻意模仿束绢形状也就是我们通常所谓的“蝴蝶结”。与束绢形佩一样，盾形佩背面一般有四组对钻的隧孔。这些形制和纹饰的意义很难推测，可能与西周时期的某种制度或宗教有关。而周人对小蚕的喜爱无疑来自他们擅长的家蚕养殖和丝绸纺织，《诗经》中多有周人采桑养蚕的描写。（台北故宫博物院藏）

◉016　西周金饰

Gold Ornaments of the Western Zhou Dynasty

类型：西周金饰

Gold Ornaments of the Western Zhou Dynasty

品名：西周金带饰
Gold Belt of the Western Zhou Dynasty
地域：中原及周边
Central Plains and Surrounding Areas of China
年代：公元前1046—前771年 西周
1046—771 BC, The Western Zhou Dynasty
材质：黄金
Gold

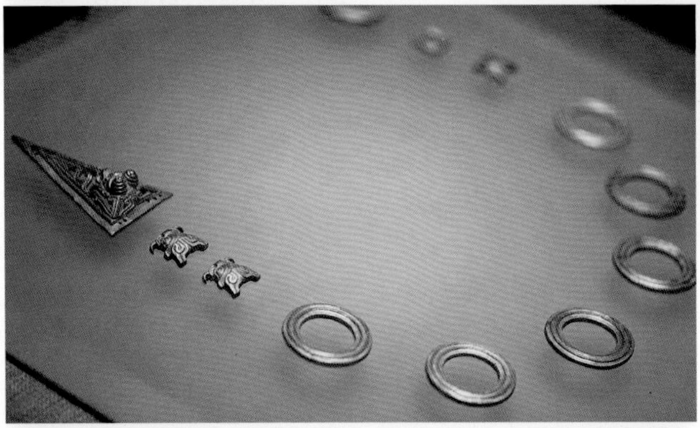

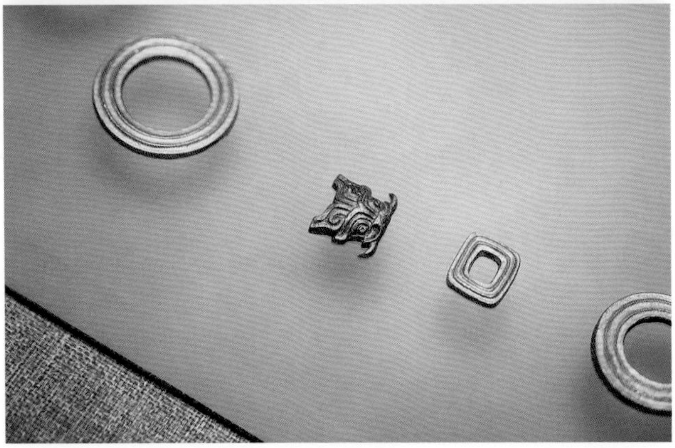

◉016. 西周时期，黄金饰品的制作工艺和美术造型已经很成熟。与玉器一样，很多黄金饰品的造型来自对青铜纹样的解构，工艺则已经运用范铸、锤鍱、锻打、镂空、錾刻和剪切等。西周时期的黄金制品主要集中在西北、中原和西南，并有南北风格差异。由于材料稀有和等级制度，中原的黄金饰品一般只出现在贵族大墓中。左边的组图是河南三门峡虢国墓地出土的黄金带饰，共12件饰牌，不同形制，均有纹饰，其中兽面和弦纹为西周典型美术造型。右边下图为陕西梁带村芮国墓地西周晚期金饰。右边上图为弗利尔美术馆收藏的西周镶玉璜金兽面。

◉ 017 春秋金饰
Gold Ornaments of the Spring and Autumn Period

类型：春秋金饰
Gold Ornaments of the Spring and Autumn Period

品名：春秋金饰
Gold Ornaments of the Spring and Autumn Period
地域：中原及周边
Central Plains and Surrounding Areas of China
年代：公元前770—前476年 春秋时期
770—476 BC, The Spring and Autumn Period
材质：黄金
Gold

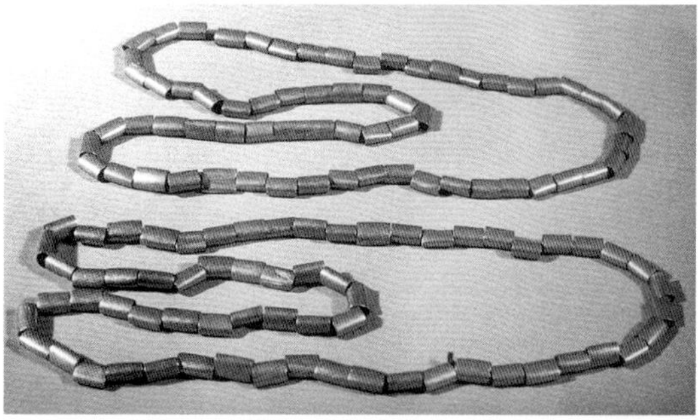

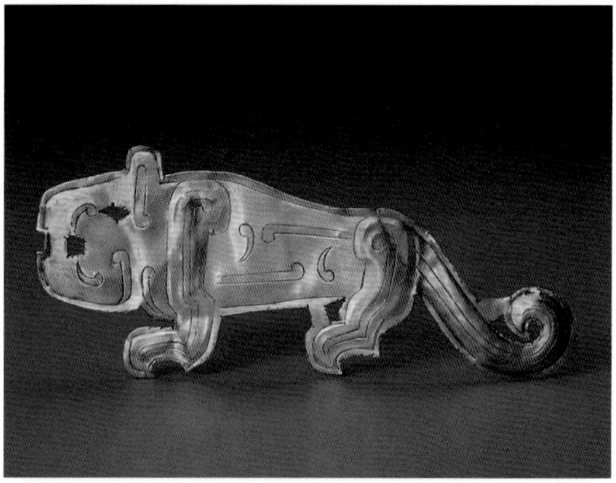

◉ 017. 春秋时期，秦人在周王室东迁洛邑以后填补了周人发祥地——关中的空白。无论玉饰、金饰，包括珠子，秦国地区都有比较丰富的出土资料，并保留着这一地区从西周就开始的费昂斯原始玻璃珠和玉组佩的传统，直到“商鞅变法”，秦人才开始抛弃中原传统。秦国墓地经常出土草原风格的金器金饰，但金饰上保留了黄河流域从史前就偏爱和擅长的绿松石镶嵌工艺。中原诸国在西周时期较少使用黄金等贵重金属制作珠子和佩饰，春秋战国时期受西方和游牧民族冲击，黄金饰品明显增加。秦人的黄金珠串和金饰受到中亚和北方民族装饰的影响。图例为陕西宝鸡益门村春秋墓出土的黄金管子和兽面；陕西省凤翔区秦公一号大墓出土的动物形金饰；陕西渭南市澄城县刘家洼芮国墓地出土的金饰，包括黄金杖兽、金兽面和金饰片等。

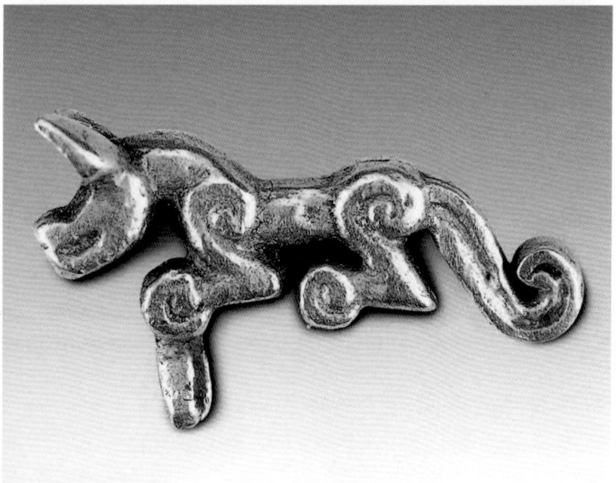

◉ 018 战国西戎墓地的金饰和玛瑙珠

Gold Ornaments and Agate Beads of the Warring States

类型：战国金饰

Gold Ornaments of the Warring States

品名：马家塬西戎墓地的金饰和玛瑙珠
Gold Ornaments and Agate Beads Excavated from Majiayuan Site
地域：中原及周边
Central Plains and Surrounding Areas of China
年代：公元前475—前221年 战国时期
475—221 BC, The Warring States
材质：黄金
Gold

春秋战国时期，西周贵族礼制"礼崩乐坏"，新兴权贵多采用不同于西周青铜列鼎和珠玉组佩的方式来标识地位和财富，北方游牧民族与中原交流频繁，或战争或贸易，他们的金饰传统和美术造型对中原及周边也产生了影响，动物题材和草原风格也出现在中原的黄金饰品中。这一时期的黄金制品有珠饰、佩饰、车马饰、兵器、货币以及黄金容器，加工工艺更加成熟多样，其中黄金镶嵌半宝石法和失蜡法的应用使得黄金制品呈现出前所未有的富丽华美。错金银则是战国时期最精致和极富美感的饰品工艺。

◉ 018. 马家塬出土的金饰。甘肃张家川马家塬战国墓地为西戎墓，出土大量珠饰和金饰，以及其他各类陪葬物。金饰的题材和装饰风格大多为西戎和草原民族风格，而大金璜等形制则是受中原礼制的影响。墓地还出土大量红玛瑙珠，形制多样，有瓜棱形珠、小短管和算盘子形制的珠子（坊间称为"飞碟珠"）。

"算盘子"大多出现在战国时期的西北地区，同期的夏家店上层文化和西南边地并不常见，原产地不明，很可能是西戎当地制作或来自中亚。两河流域和伊朗都出土过从青铜时代到铁器时代的这种算盘子形制的红玛瑙珠。短管大多薄壁大孔，表面有油脂光泽，质地较为通透，显示了高超的打孔和抛光技术。除了玛瑙珠，小颗粒的绿松石珠也是战国时期西北地区的特色珠饰，与红玛瑙珠和金珠、金饰件穿缀成西戎风格的项链和其他饰品。

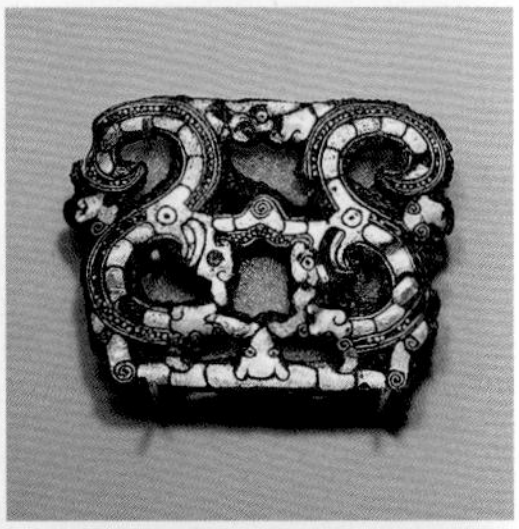

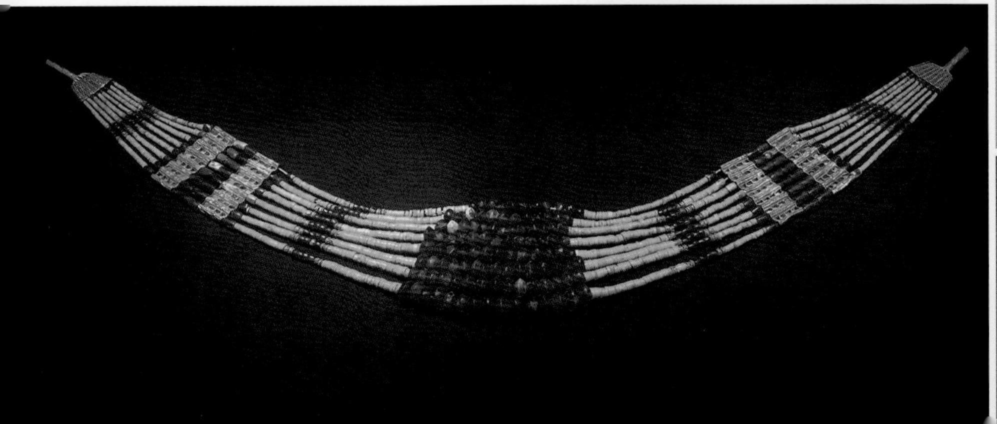

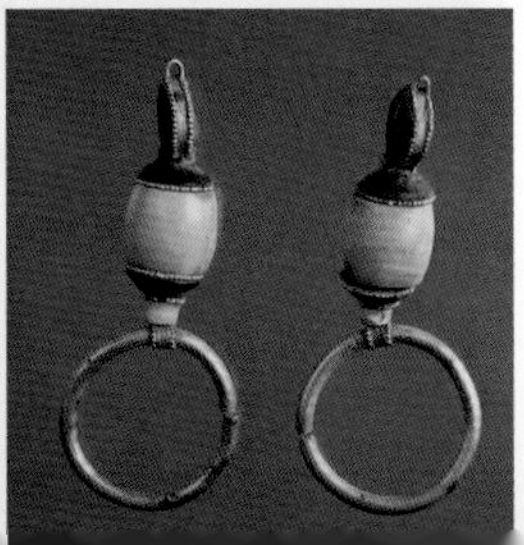

类型：齐国水晶、玛瑙珠饰
Rock Crystal Beads and Agate Ornaments of Qi State

品名：水晶珠、水晶管、水晶环、玛瑙珠、玛瑙环
Beads and Pendants of Rock Crystal and Agate
地域：山东
Shandong Province
年代：公元前770—前221年 春秋战国时期
770—221 BC, The Spring and Autumn and Warring States Period
材质：水晶、玛瑙、红玉髓等
Rock Crystal, Agate, Carnelian, etc.

齐国（今山东省东北部）盛产水晶和一种白色玛瑙，同时也发展出了特有的驾驭这种硬度极高的材料的工艺。齐人打破了西周组佩程式化的组合方式，把晶莹剔透的白水晶和色彩艳丽的紫水晶珠、管、环组合穿缀，较之中原传统的材质和款式显得更加冷艳迷离。这些珠子、管子的制作工艺一流，造型、抛光、打孔，每一个工序和细节都十分精湛，是水晶珠饰的精品之作，后世的水晶制作也很难超越齐人工艺。

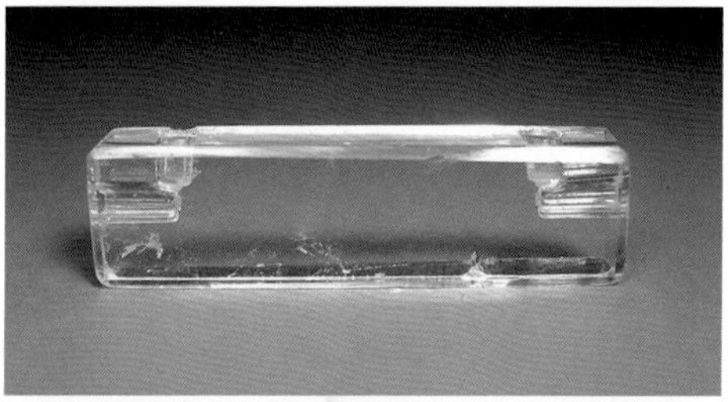

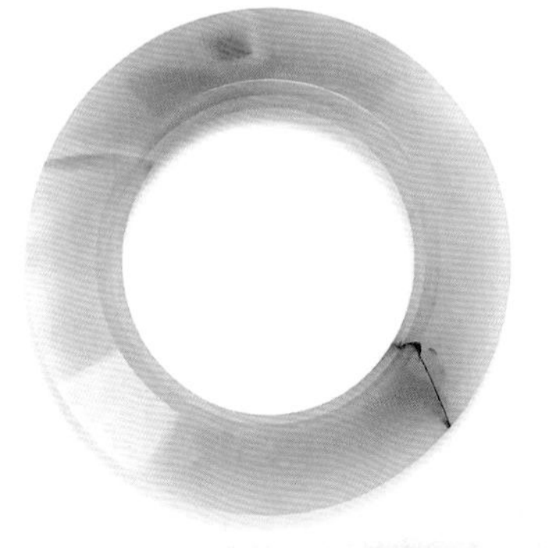

◉ 019　齐国水晶和玛瑙珠饰
Rock Crystal Beads and Agate Ornaments of Qi State

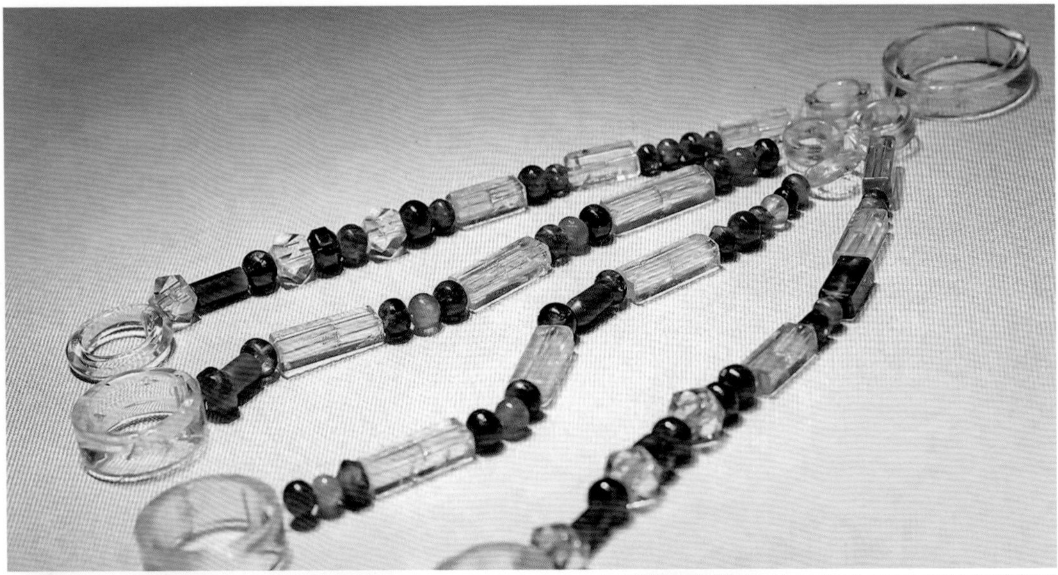

◉ 019. 春秋战国时期的齐国水晶组佩。该组佩为腰佩，由最大的水晶环作为挈领，悬挂四列由白色水晶和紫色水晶的珠管串成的珠串，穿缀形式简洁，整体光气硬朗，是齐国水晶组佩的代表作品。珠子和管子的形制有多面体水晶珠、方形水晶管、菱形水晶珠、竹节形水晶管、四通或三通隔珠等，也有不同形制的紫水晶珠。齐国水晶珠和水晶管有明显的工艺特征，孔径大，孔道透明，两端对钻孔，在珠子中间部分相互贯穿，一般稍有错位，孔底呈环底状，为实心钻头造成的痕迹。

齐国制作玛瑙珠饰的工艺如他们的水晶制作一样精湛，造型也独具一格。竹节玛瑙珠和玛瑙环是齐国玛瑙珠饰的典型器，玛瑙管一般薄壁大孔，中段起棱，表面呈玻璃光泽；玛瑙环的横切面为多边形，其工艺难度和精确度令人称道。除了玛瑙环，齐人还制作虎头珩、龙头觿等多种形制的珠饰构件。

◉ 020 战国红缟玛瑙

Sard Onyx Ornaments of the Warring States Period

类型：战国珠饰

Ornaments of the Warring States Period

品名：战国红缟玛瑙珠饰
Sard Onyx Beads and Pendants of the Warring States Period
地域：中原
Central Plains of China
年代：公元前475—前221年 战国时期
475—221 BC, The Warring States Period
材质：红缟玛瑙
Sard Onyx

◉ 020. 红缟玛瑙制作的珠子、组佩连接珠（三通）、玛瑙环和剑饰。红缟玛瑙珠和连接珠都区别于以往的形制，珠子一般稍呈扁圆形，即直径大于孔道长度，表面抛光细腻，有些呈玻璃光，孔口周围平台表面粗糙，珠子个体相对较大，最大直径可达2厘米。连接珠为扁珠，圆形，边缘有台，内部有三通或四通孔道（参照紫水晶三通孔道），用以连接组佩形式的项链或挂件。红缟玛瑙环作为组佩构件沿袭了战国玛瑙环常见的形制，表面一般呈现玻璃光。红缟玛瑙剑饰在西汉时期一度流行，剑格大多依据材料本身的纹样巧雕而成。红缟玛瑙珠饰流传的时间和地区有限，仅出现在中原腹地的战国和西汉早期，可能与原料的发现和开采有关。河北满城汉墓即西汉中山靖王刘胜及其妻窦绾之墓出土了红缟玛瑙珠穿缀的手串。

◉ 021 战国蜻蜓眼玻璃珠

Dragonfly Eye Glass Beads of the Warring States Period

类型：蜻蜓眼玻璃珠

Dragonfly Eye Glass Bead (Multilayer-complex Eye Glass Beads)

品名：战国蜻蜓眼玻璃珠
Dragonfly Eye Glass Beads of the Warring States Period
地域：中原及周边
Central Plains and Surrounding Areas of China
年代：公元前475—前221年 战国时期
475—221 BC, The Warring States Period
材质：玻璃
Glass

蜻蜓眼玻璃珠是根据珠子上面一圈套一圈，像蜻蜓复眼的眼圈纹命名的，称谓可能始于新中国成立前日本人在中国收集古代玻璃时的提法。眼睛纹样起源于中东，公元前8世纪，领航地中海海上贸易的腓尼基人最先制作有眼睛纹样的玻璃珠，并随着他们的海上贸易传遍地中海沿岸，并贩往东方。罗马帝国时期制作的眼圈纹样的玻璃珠更是在中亚和东南亚各国流传。中原战国蜻蜓眼的制作最先可能受到来自地中海的舶来品的启发，楚人得本土金属和矿藏之利，青铜、冶铁、金银、髹漆、织造、玻璃等工艺均技艺高超，他们的玻璃饰品以独特的装饰纹样和成熟的烧造工艺著称，即蜻蜓眼玻璃珠。蜻蜓眼玻璃珠代表了战国时期新兴的工艺制作和装饰风尚，并且只在战国时期的近三百年间流行过，它的兴起和消失与特定的文化和经济背景有关。

◉ 021. 湖北随州曾侯乙墓、湖北江陵雨台山楚墓出土的战国蜻蜓眼玻璃珠。这些蜻蜓眼玻璃珠形制多样、色彩鲜艳、图案华丽、工艺精致，经分析，一部分为本土工艺成分，另一部分则是西方舶来品。日本美秀博物馆的蜻蜓眼藏品也形制多样，其中陶胎玻璃釉珠子、陶胎镶玻璃纹饰珠子可能为中原独有。洛阳金村东周天子墓地出土的蜻蜓眼玻璃珠，现藏加拿大皇家安大略博物馆。另一些来自私人藏家的藏品均为战国蜻蜓眼玻璃珠的精品。

类型：夏家店上层文化珠饰
Ornaments of the Upper Layer of Xiajiadian Culture

品名：夏家店上层文化珠子、坠饰
Beads and Pendants of the Upper Layer of Xiajiadian Culture
地域：中原及周边
Central Plains and Surrounding Areas of China
年代：公元前1000—前300年
1000—300 BC
材质：玉石、红玉髓、天河石等
Jade, Carnelian, Amazonite, etc.

公元前1000年，在夏家店下层文化的地层上面，另一个族群兴起。一些学者认为他们是文献中提到的“东胡”，而另一些人则把他们想象成“山戎”，认为《史记》和《左传》中记载的春秋五霸之首——齐桓公“北伐山戎”就是跟夏家店上层文化时期的人作战。夏家店上层文化出土了大量青铜兵器、马具和草原风格的、实用价值不明显的青铜牌饰，这些东西看上去的确像是好战民族的遗存，但也有另一种可能——商业贸易，大量出土的珠子、管子和各种坠饰正是绝佳的贸易品。其中红色玛瑙珠、黑白切片珠、多孔隔珠和形制多样活泼的坠饰是夏家店上层文化的珠饰典型器。

◉ 022. 夏家店上层文化出土了玉石珠、红玉髓珠、天河石珠、绿松石珠和地方材料制作的珠子。双孔和三孔的珠子是用作佩饰的提领或者节珠，这种形制和用法在辽宁省博物馆收藏的高句丽组佩上可见。一种地方材料制作的小颗粒的黑色和白色珠子出土量很大，这种使用软料制作的切片形制的小珠子在史前的中亚和伊朗地区也很常见。

夏家店下层文化的珠子（见◉ 005）曾出现在殷墟（见◉ 006）和商代其他遗址中。西周贵族组佩中可能仍保有商代遗物。春秋时期的中原“礼崩乐坏”，组佩制度逐渐萎缩，到战国时期，各边地民族中也兴起大量佩戴红色玛瑙珠的风气。在上千年的时间跨度内，这种红色玛瑙珠有过几次工艺沿革，以打孔技艺最为明显，从早期的研磨孔到西周时期的对钻孔（采用直钻或对钻取决于珠子孔隧的长度），再到春秋战国时期夏家店下层文化的直钻孔，珠子保持了西周以来“水亮孔”的特征，但不同时期的形制变化和工艺手段区别明显。

类型：西南边地文化珠饰
Ornaments of the Southwest Borderland Culture

品名：西南边地文化珠饰
Ornaments of the Southwest Borderland Culture
地域：西南地区
Southwest China
年代：公元前800—前300年
800—300 BC
材质：地方玉料、红玉髓、费昂斯、玻璃等
Local Jade, Carnelian, Faience, Glass, etc.

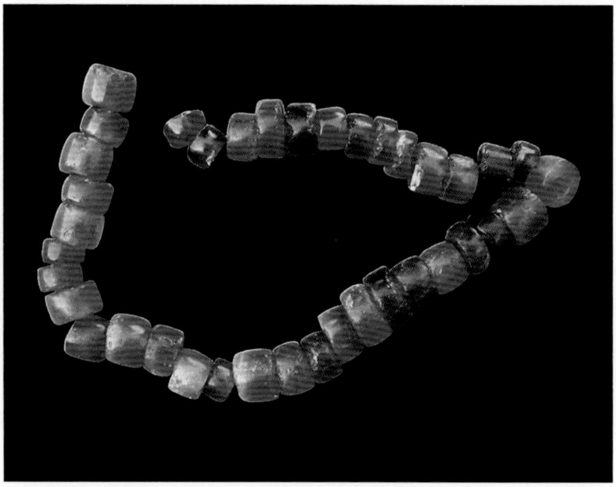

“边地半月形文化传播带”是四川大学童恩正教授基于人类学和考古学方法在20世纪70年代提出的概念。童恩正教授认为，中国古代从东北经内蒙古、甘肃、青海到西南，存在着一条边地半月形文化传播带，在这一传播带上，存在着若干内涵大体相同的文化。在这条传播带上广泛流传的是红色玛瑙珠、地方玉料制作的白色小管珠、蓝色费昂斯管珠、蜻蜓眼玻璃珠、单色玻璃珠和白色的砗磲管子。它们或者穿系在一起，用于物主人生前佩戴；或者订缝在织物上，作为“珠襦”覆盖在棺椁上。

◉ 023. 战国时期的“边地半月形传播带”上的珠子。四川西北汶川一带出土。有红色玛瑙珠、地方玉料小管珠、蓝色费昂斯管珠、蜻蜓眼玻璃珠、单色的玻璃珠、砗磲管子。这些珠子有些是本地制作，有些可能来自北方夏家店。

沿“边地半月形文化传播带”南下直到西昌，这里的战国石棺葬出土了相同的红色玛瑙珠。战国时期居留在现西昌一带的民族属邛都夷，他们是司马迁在《史记》中记载的梳着“魋结”的西南夷的一支，他们的居留地处于“民族走廊”的节点，其装饰品既受来自南面的古滇人的影响，也受来自北方民族的影响。除了玛瑙珠，他们也喜欢黄金饰品，这种装饰风尚与整个金沙江流域产金沙有关。

◉ 024 汉代三大厌胜佩

Exorcism Ornaments of Han Dynasty

类型：汉代珠饰

Ornaments of Han Dynasty

品名：汉代厌胜佩

Exorcism Ornaments of Han Dynasty

地域：中原及周边

Central Plains and Surrounding Areas of China

年代：公元前206—公元220年 汉代

206 BC—220 AD, Han Dynasty

材质：玉

Jade

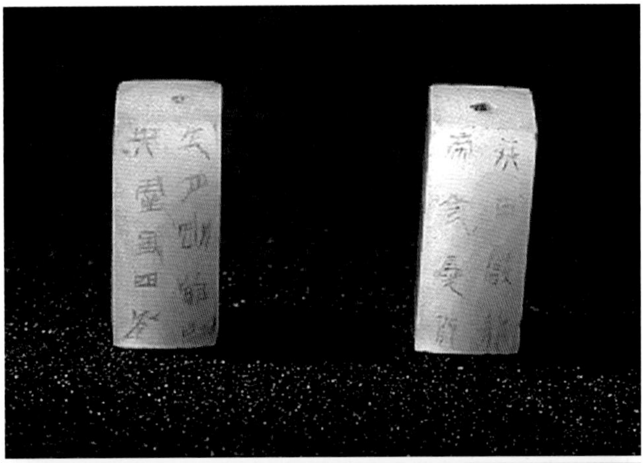

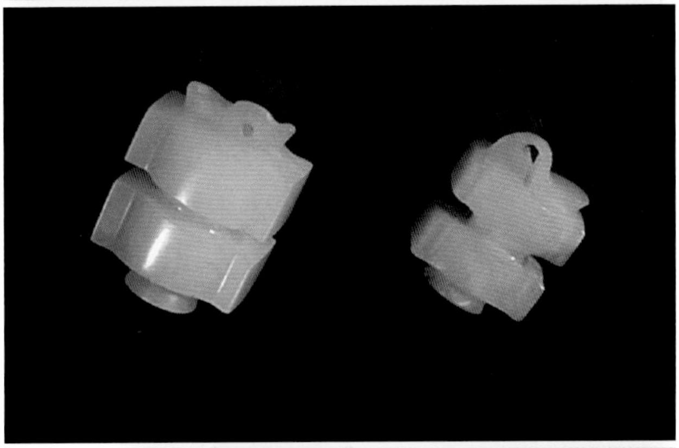

◉ 024. 东汉玉双卯，也称双印、刚卯。白玉质，由刚卯、严卯两件组成，各刻有铭文。高2.25厘米，宽1厘米，厚1厘米。安徽亳州凤凰台1号汉墓出土。（安徽省亳州博物馆藏）

东汉司南佩。两件，左长3厘米、宽2.3厘米，右长2.5厘米、宽2厘米。皆白玉质，两者形制略有差异。河北省定州43号墓出土。（河北省定州市博物馆藏）

东汉玉翁仲。白玉质，高4.1厘米，腰部横向穿孔。江苏扬州市邗江甘泉双山广陵王刘荆墓出土。（南京博物院藏）

“厌胜佩”是中原文化独有的装饰题材，其特殊造型和寓意是特定的文化和风俗的衍生物。它首先有“护身符”的功能，指向的是比较具体的寓意和内涵，如果这一文化背景中不具有相对应的邪恶概念，厌胜物是失效的，正如埃及的护身符和坠饰不会对中国中原文化背景下的邪恶观生效一样。与阴阳五行有关的仙道术具有操作性，由此产生了很多物化的形式，各种厌胜物是最常见的实物。厌胜佩也叫压胜佩，佩戴在身用以驱鬼辟邪保祥福。中原的厌胜物很多是南方楚人仙道巫风的产物，汉代盛行的民间仙道思想使得它们在朝野间流行开来，汉代三大厌胜佩指刚卯、司南佩、翁仲。

◉025 玉舞人

Jade Dancers

类型：战国汉代珠饰

Ornaments of Warring States to Han Dynasty

品名：战国汉代玉舞人坠饰

Jade Pendants with Jade Dancers of Warring States to Han Dynasty

地域：中原及周边

Central Plains and Surrounding Areas of China

年代：公元前475—公元220年 战国至汉代

475 BC—220 AD, Warring States to Han Dynasty

材质：玉

Jade

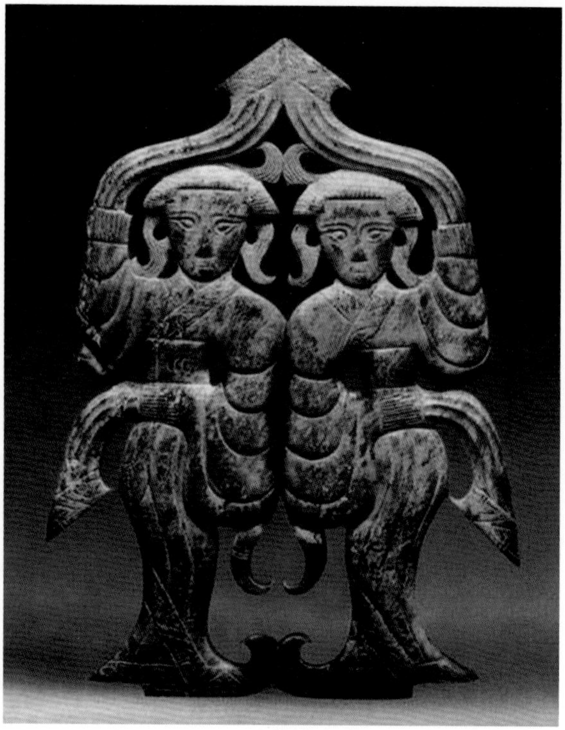

图①

玉舞人可能是古代中国最特殊的坠饰之一，它的题材仅限于舞蹈中的年轻女子，流行的时间仅在战国末期到汉代，与当时兴起的宫廷舞乐风气有关。玉舞人题材本身是世俗化的，造型具有世俗情调，这可能是古代中国玉器中出现得较早的世俗化题材之一，它既不像厌胜佩那样具有特殊的寓意，也不像西周组佩上的玉璜那样标志社会等级，它可能只是一种审美风尚，带有浓郁的世俗风情。

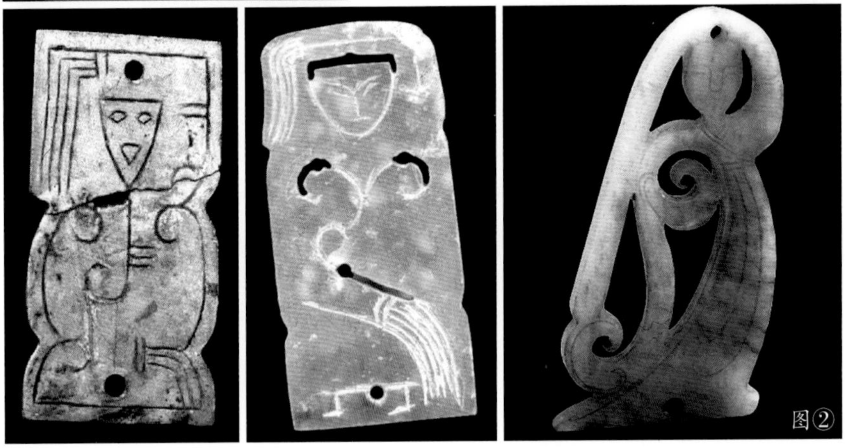

◉ 025. 图例来自不同地域的玉舞人，工艺水平和造型手法各不相同，其中南越王墓出土的圆雕玉舞人（图①）较为少见，跪姿，头顶有一孔贯穿到底部，高3.5厘米。扬州妾莫书汉墓出土的玉舞人（图②）造型最为优美，其姿态曼妙优雅、线条简练流畅，堪称汉代美术造型的经典。

类型：汉代至两晋珠饰
Ornaments of Han to Jin Dynasty

品名：汉代至两晋工字佩和双胜
H-shaped Amulets and Double- "Sheng" -shaped Amulets of Han to Jin Dynasty
地域：中原及周边
Central Plains and Surrounding Areas of China
年代：公元前206—公元420年 汉代至两晋
206 BC—420 AD, Han Dynasty to Jin Dynasty
材质：玉、红玉髓、煤精、琥珀、骨等
Jade, Carnelian, Jet, Amber, Bone, etc.

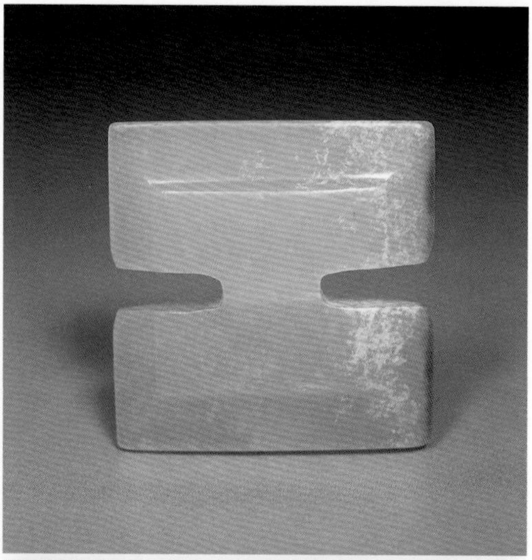

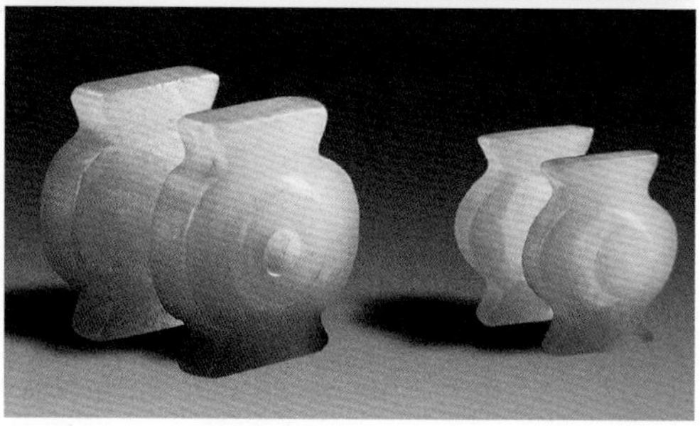

工字佩整体器型呈扁平状，是平面化了的司南佩，形制比司南佩更加简练硬朗，制作工艺也简单一些，因而有不少实物流传。工字佩常作为组件跟其他珠子、坠子一起穿系在腕饰和项饰中。除了玉质，工字佩还有用玛瑙、骨、煤精、琥珀等半宝石材料制作，比其他厌胜佩的材质丰富。另一种在形制上与司南佩相关的厌胜佩是双胜，出土资料早可追溯到西汉，晚可到两晋时期。"胜"的意义和形制的来源均与传说中的西王母有关，《山海经·西次三经》描绘西王母"蓬发戴胜"，她头部两侧都戴有"胜"的形象也大量出现在汉代的画像石和画像砖上。"胜"这种装饰品成了识别西王母图像的标志物。

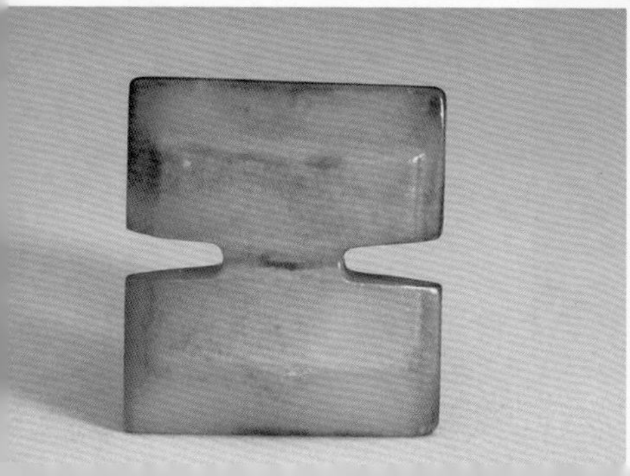

◉ 026. 西汉串饰。其中琥珀质工字佩高0.7厘米，工法规矩，小巧精致，"工"字中部凹细处横向穿孔。江苏扬州市邗江甘泉桃庄101号墓出土。（扬州博物馆藏）

西汉双胜佩。白玉质，两件，分别高0.8和1.2厘米。中部凹细处横向穿孔。造型精巧，工艺精湛。江苏扬州市邗江甘泉桃庄101号墓出土。（扬州博物馆藏）

南京郭家山东晋温氏家族墓地出土的金胜。金胜是两晋时期流行的材质，形制由汉代的玉双胜演变而来。《宋书·符瑞志》将金胜列为"符瑞"，是祥瑞的象征，同时具有辟邪的作用。（南京市博物馆藏）

◉027 汉代祥符题材的小兽和坠饰
Zoomorphic Pendants and Amulets of Han Dynasty

类型：汉代珠饰
Ornaments of Han Dynasty

品名：汉代祥符题材的小兽和坠饰
Zoomorphic Pendants and Amulets of Han Dynasty
地域：中原及周边
Central Plains and Surrounding Areas of China
年代：公元前206—公元220年 汉代
206 BC—220 AD, Han Dynasty
材质：玉、红玉髓、水晶、琥珀、煤精、玳瑁等
Jade, Carnelian, Rock Crystal, Amber, Jet, Tortoise Shell, etc.

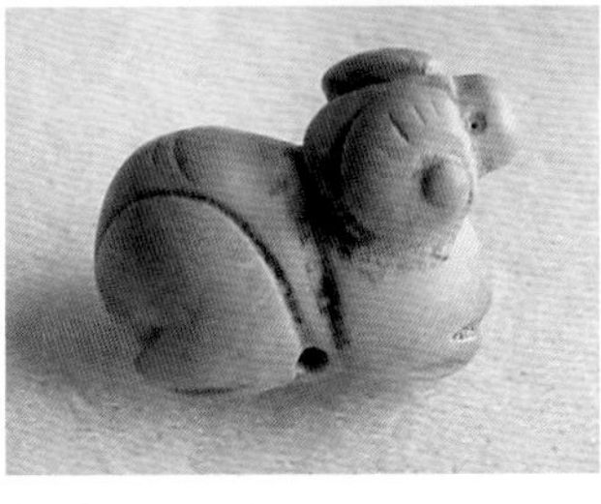

◉ 027. 汉代的个人装饰品与先秦的最大不同是大量祥符题材的出现，除了我们在前面叙述过的厌胜佩，各种有祥符寓意的小兽和坠饰也十分流行。这些小饰件一般个体都很小，制作精美，题材丰富，材质除了玉，还有玛瑙、水晶、青金石、琥珀、煤精、玳瑁等半宝石和有机宝石，以及玻璃和金银，多是腰部横向穿孔。常见的题材有辟邪、羊、鸟、鸡、鸭、龟等，这些具象的小动物与形制抽象的工字佩、双胜、其他坠饰以及珠子搭配在一起，穿系在腕饰和项饰中，色彩丰富跳跃，富于节奏变化，充满世俗情调。

图例中的项饰出土时置于墓主人（女性）胸前，江苏扬州邗江西湖胡场14号墓出土。项饰由28件坠饰和珠子构成，最大者1厘米左右，材质有金、玉、玛瑙、琥珀、玳瑁等，形制有珠、管和双胜、辟邪、鸡、鸭、壶等坠饰。其中金质小壶有宝石镶嵌，工艺和造型具有罗马金器风格。

◉ 028 合浦港和海昏侯墓地的珠子

Beads Excavated from Hepu Port and Haihun Marquis Tomb

类型：汉代珠饰
Ornaments of Han Dynasty

品名：合浦出土的珠子
Bead Pendants Excavated from Hepu County
地域：广西合浦，江西南昌
Hepu County, Guangxi Zhuang Autonomous Region
Nanchang City, Jiangxi Province
年代：公元前206—公元220年 汉代
206 BC—220 AD, Han Dynasty
材质：玛瑙、红玉髓、水晶、玻璃、玉、黄金等
Agate, Carnelian, Rock Crystal, Glass, Jade, Gold, etc.

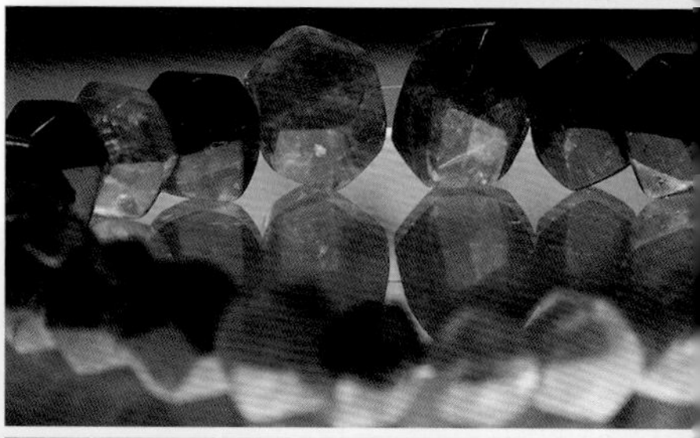

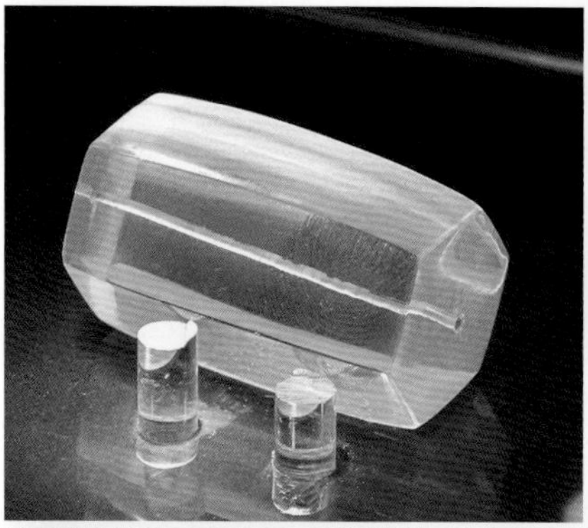

◉ 028. 在汉代，世界海运的发达程度可能超出我们基于文献和出土资料的认识，出土可见的资料只说明当时海运景象的冰山一角。合浦是汉代最为兴盛的港口之一，富商巨贾云集，外国商旅之多甚至形成了各自的社区，他们的墓葬为后世留下诸多遗存，尤其以珠子最为丰富。这些珠子形制多样、材质丰富，其中深蓝色的所谓钾玻璃珠曾广泛流传于南方各地，除了合浦汉墓，云南李家山滇国墓葬、广东南越王墓，以及高句丽的贵族组佩中都能见到这种珠子。此外，合浦汉墓还出土了印度红色玛瑙管、水晶珠，中亚的缠丝玛瑙珠等不同材质和形制的珠子。合浦九只岭汉代墓地甚至出土了来自罗马帝国的金珠子。

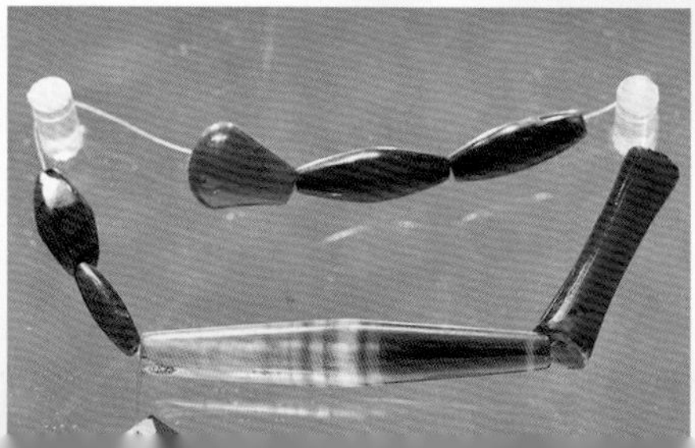

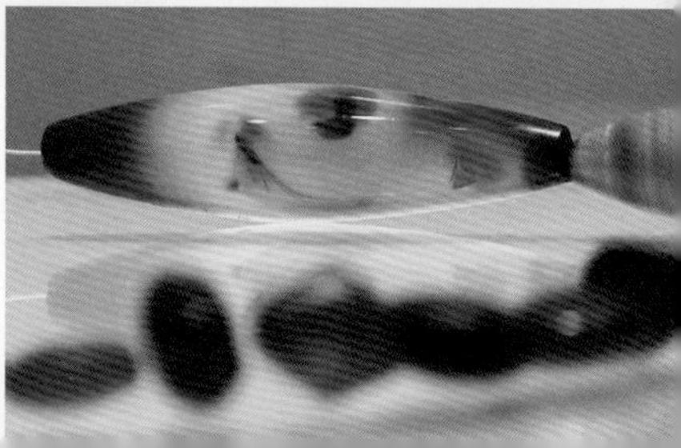

海昏侯墓是近年发掘的另一座汉代大墓，出土了可作为南亚和东南亚珠子断代标型器的珠子。海昏侯墓为汉废帝刘贺的墓葬，位于江西省南昌市新建区大塘坪乡观西村，是迄今中国发现的面积最大、保存最好、内容最丰富的汉代列侯等级墓葬。墓葬出土1万余件（套）文物，包括铜钱、金器、金饰、漆器、玉具剑、玉耳杯、韘形佩、玉印、玉饰和各种材质的珠子，一部分珠子为经由南方海上丝路进入的舶来品，形制和材质与合浦汉墓和东南亚特别是泰国、缅甸等地方出土的同时期的珠子相同。

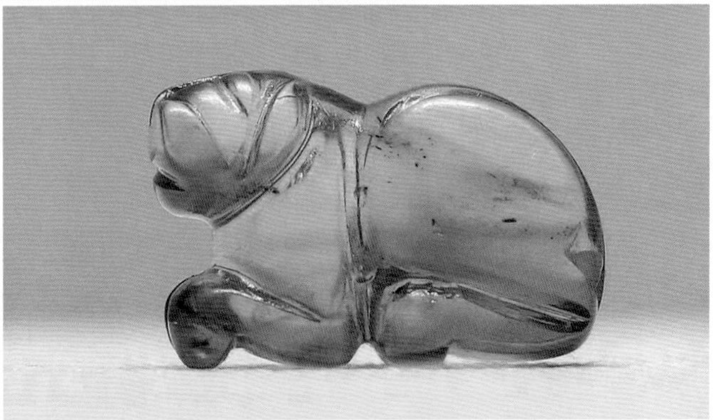

◉ 029　西域新疆的珠子

Beads from Xinjiang Uygur Autonomous Region, the Western Regions of China

类型：汉代珠饰

Ornaments of Han Dynasty

品名：西域新疆的珠子

Beads from Xinjiang Uygur Autonomous Region, the Western Regions of China

地域：西域新疆

Xinjiang Uygur Autonomous Region, the Western Regions of China

年代：公元前206—公元220年 汉代

206 BC—220 AD, Han Dynasty

材质：玛瑙、红玉髓、玻璃、水晶、煤精、砗磲等

Agate, Carnelian, Glass, Rock Crystal, Jet, Tridacna, etc.

“西域”一词最早见于《汉书·西域传》，汉代中原人称为“西域”的地方包括今天我国的新疆和中亚，是古代丝绸之路上最重要的一段。在当时，那里可能是全世界最吸引人的地方，因为那里充满未知和冒险、资源和机会。不同肤色的人说着不同的语言，怀着不同的目的来到这里，这些人中既有见多识广的商旅，也有身怀绝技的工匠，他们把各种各样的货品和可以用以维持生计甚或发家致富的技术和技艺带到这里来。新疆出土的珠子和坠子材质丰富、形制活泼多样，玻璃珠子的装饰风格和制作技艺大多呈罗马风格，与阿富汗出土同时期的玻璃珠类似。新疆小河文化出土的珠饰可作为新疆汉代珠饰的典型器。

◉ 029. 新疆出土的各种半宝石珠饰和玻璃珠。玻璃珠有些装饰有眼睛图案，有些装饰有随意的水波纹。在西亚和地中海沿岸有相同或相似类型的珠子出土。半宝石珠子、坠子的形制和材质更为丰富，形制为小拳头状的坠子来自罗马，有上釉的滑石珠，也有青金石和其他半宝石材质的珠子。玻璃珠，特别是泛五彩光的玻璃珠在阿富汗有大量出土（见◉ 168）。而滑石上釉的工艺在公元前2500年的埃及和印度河谷文明就开始使用，波斯高原也出土了公元前的釉面石珠，这种工艺一直延续到铁器时代。

◉ 030 新疆出土的蚀花玛瑙珠
Etched Agate Beads from Xinjiang Uygur Autonomous Region

类型：汉代珠饰
Ornaments of Han Dynasty

品名：新疆出土的蚀花玛瑙珠
Etched Agate Beads from Xinjiang Uygur Autonomous Region
地域：西域新疆
Xinjiang Uygur Autonomous Region, the Western Regions of China
年代：公元前206—公元220年 汉代
206 BC—220 AD, Han Dynasty
材质：玛瑙、红玉髓
Agate, Carnelian

◉ 030. 新疆出土的蚀花玛瑙珠。1900年至1931年间，英国人斯坦因先后四次前往中亚和我国新疆探险、调查和盗掘，在和田、楼兰等遗址发现各种珠子珠饰，包括蚀花玛瑙珠和罗马样式的尼科洛雕刻宝石（见◉ 264）。国内的考古发掘近年也出土了这种珠子。

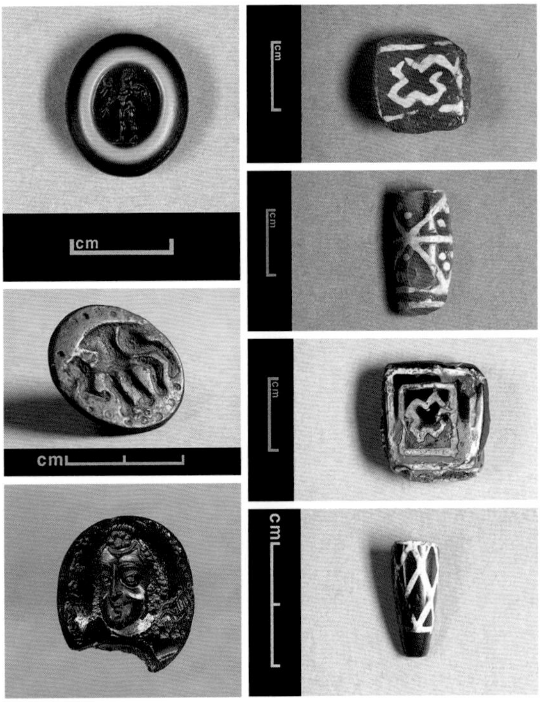

2013年，新疆喀什地区塔什库尔干塔吉克自治县提孜那甫乡曲曼墓地出土各种类型的蚀花玛瑙，其中包括红玉髓蚀花玛瑙珠、黑白蚀花珠和蚀花羊眼板珠等，还有来自地中海的玻璃珠，考古断代约为2500年前。

1985年，新疆温宿县出土一串蚀花珠，包括蚀花红玉髓和蚀花黑白珠，形制有直管和橄榄形珠，纹样风格与缅甸、泰国等东南亚地区出土的珠子类似，考古编年为东汉，现藏于新疆维吾尔自治区博物馆。这些珠子也为东南亚流传的部分珠子和藏传天珠系列中一些分类提供了年代依据，珠子的分期一般为蚀花玛瑙珠分期的第二期（见◉ 129）。

◉ 031 李家山的蚀花珠和半宝石珠

Etched Carnelian Beads and Semi-precious Stone Beads from Lijiashan

类型：滇文化珠饰
Ornaments of Dian Culture

品名：李家山的蚀花珠和半宝石珠
Etched Carnelian Beads and Semi-precious Stone Beads from Lijiashan
地域：云南滇文化
Dian Culture, Yunnan Province
年代：公元前475—公元25年 战国至西汉
475 BC—25 AD, Warring States to the Western Han Dynasty
材质：玉、绿松石、红玉髓、玛瑙、玻璃、贝壳等
Jade, Turquoise, Carnelian, Agate, Glass, Shell, etc.

滇文化是中国西南地区一支区域文化，文献中的古滇国地理范围大致围绕现在的昆明湖和紧邻的抚仙湖周边地带，其考古遗址也在这个地理范围之内。著名的考古遗址有晋宁石寨山、江川李家山、昆明羊甫头等。考古出土的青铜贮贝器以写实的手法铸造出古滇人集会、祭祀、战争、搏击、耕作、纺织和舞蹈等场景，描绘出古滇人不同于中原的社会生活。

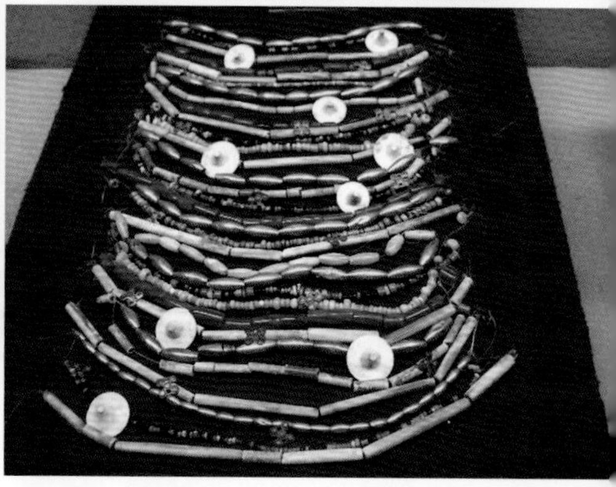

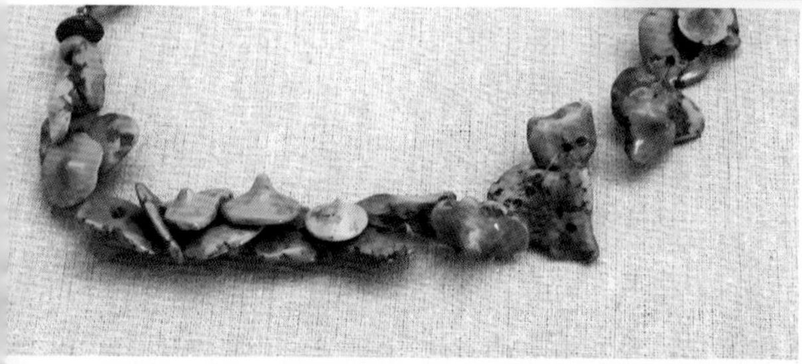

◉ 031. 滇文化的珠子形制多样、材质丰富，有玛瑙珠、玛瑙管、孔雀石珠、绿松石珠、绿松石兽头、金珠和各种金饰，其中手镯和金珠的样式在西昌邛都夷大石墓也可见到。云南江川李家山出土的珠襦则与伊拉克乌尔王墓的珠衣（见◉ 190）异曲同工。这种用数以千计的金、玉、玛瑙、绿松石、琉璃制作成的珠、管、扣等形制的装饰构件，缀成许多珠串，串串相连，订缝在织物上，大致呈长方形，覆盖在尸体敛衾上。李家山出土的蚀花红玉髓管，管子可能来自缅甸，泰国国家博物馆也有同期的考古出土标型器（见◉ 102）。

类型：滇文化珠饰
Ornaments of Dian Culture

品名：滇文化乳突扣
Papillate Button of Dian Culture
地域：云南滇文化
Dian Culture, Yunnan Province
年代：公元前475—公元25年 战国至西汉
475 BC—25 AD, Warring States to the Western Han Dynasty
材质：红玉髓、玛瑙、绿松石等
Carnelian, Agate, Turquoise, etc.

◉ 032. 玛瑙乳突扣是滇文化独有的珠饰形制，用于穿系佩戴，也用来镶嵌在皮带的牌饰（带扣）上。乳突扣一般直径2—5厘米，高2—4厘米；正面中心突起，表面有玻璃光泽，背面未经抛光打磨，背面中心位置有牛鼻穿孔，孔口径0.4厘米左右，孔底部一般有管钻留下的小乳突。这种在中间形成乳突的工艺是使用什么样的工具和装置制作的，目前没有能够提供线索的实物资料出土，但古滇人制作玛瑙珠和装饰件的技艺是高超的。与乳突扣一起镶嵌在带扣上的孔雀石珠细小精致，材质在其他文化中较为少见。滇文化的玉手镯、玛瑙和玉耳玦也形制独特、工艺精湛，耳玦的造型在东南亚许多文化背景中有类似形制。

◉033 滇文化的金饰

Gold Ornaments of Dian Culture

类型：滇文化金饰

Gold Ornaments of Dian Culture

品名：滇文化出土金镯、金饰件

Gold Bracelets and Decorations of Dian Culture

地域：云南滇文化

Dian Culture, Yunnan Province

年代：公元前475—公元25年 战国至西汉

475 BC—25 AD, Warring States to the Western Han Dynasty

材质：黄金

Gold

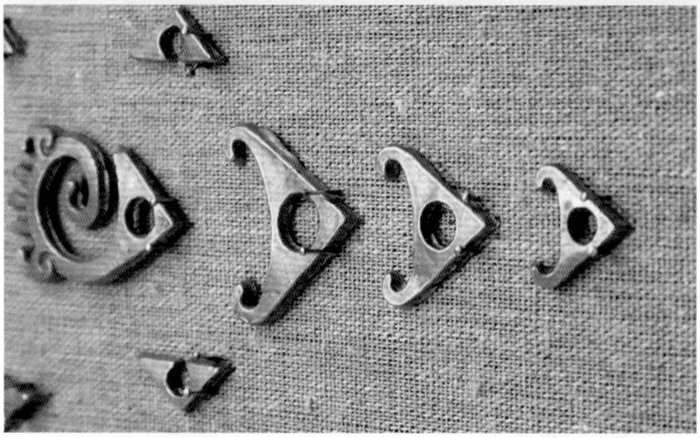

◉033. 滇文化的金饰片和金珠子。滇文化遗址出土大量金器，这与西南周边特别是金沙江流域产金沙有关，也与边地民族的传统装饰观念有关。金珠子由金片卷成，运用一种独特的工艺造成中间鼓而两端收缩的形制，这种珠子也出现在四川西昌境内的邛都夷石棺葬中。滇文化出土的金镯、带纹饰的金珠和金管、动物造型的金饰件和鎏金带扣，美术造型独具一格，具有强烈的本土风格。鎏金青铜带扣有场景式的美术表现，人物、动物和整体画面与贮贝器上的场景表现一样生动。

◉ 034　两晋的金胜和祥符坠饰

Amulets and Pendants of Jin Dynasty

类型：两晋珠饰
Ornaments of Jin Dynasty

品名：两晋的金胜和祥符坠饰
Amulets and Pendants of Jin Dynasty
地域：江苏南京
Nanjing City, Jiangsu Province
年代：公元265—420年 晋代
265—420 AD, Jin Dynasty
材质：玛瑙、水晶、玻璃、绿松石、煤精、黄金、银等
Agate, Rock Crystal, Glass, Turquoise, Jet, Gold, Silver, etc.

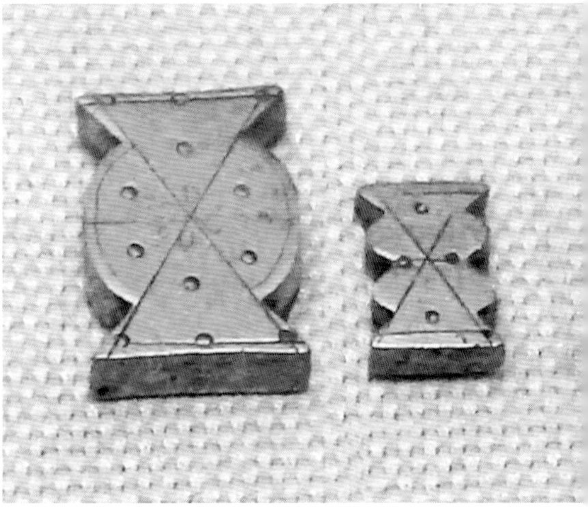

两晋时期延续了汉代以来制作祥符题材珠饰的传统。两晋时期有相当数量的金饰出土，可能与玉料难得有关，而南方的荆楚自古就有使用黄金制作饰品的传统。

◉ 034. 前文已述“胜”是传说中西王母头上的装饰。南京郭家山东晋温氏家族墓地出土的金胜，形制由汉代的玉双胜演变而来，《宋书·符瑞志》将金胜列为“符瑞”，是祥瑞的象征，具有辟邪的作用。

南京象山东晋王氏家族墓地出土的手串中有各种形制的红玛瑙珠、缠丝玛瑙珠、水晶珠、蓝色玻璃珠、绿松石小兽、煤精小兽和兽形珠，其中的水晶和玛瑙珠在合浦汉墓有出土记录，为舶来品。

南京仙鹤观东晋高崧家族墓地出土的小金羊、比翼鸟和金辟邪等，与金胜一样同属祥符题材金饰，这类小兽大多在1—2厘米的长度，工艺精致，造型可爱，腰部有横向穿孔，也有背部至腹部纵向穿孔的。

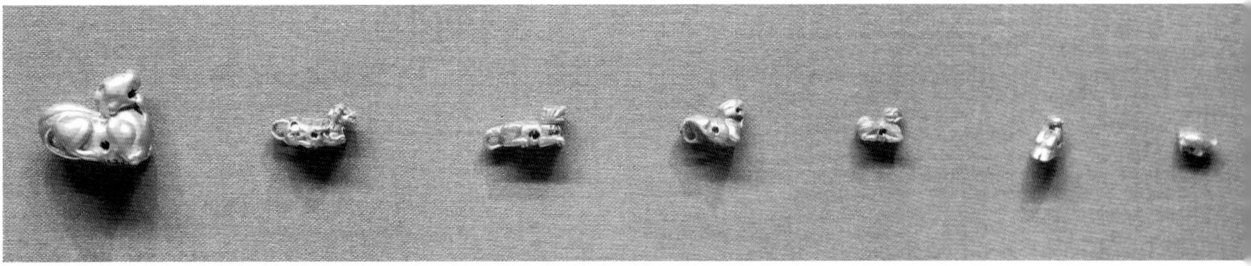

◉ 035　永宁寺出土的印度-太平洋珠

Indo-pacific Beads Excavated from the Yongning Temple

类型：北魏珠饰

Ornaments of the Northern Wei Dynasty

品名：永宁寺出土的印度-太平洋珠
Indo-pacific Beads Excavated from the Yongning Temple
地域：河南洛阳
Luoyang City, Henan Province
年代：公元386 —534年 北魏
386—534 AD, The Northern Wei Dynasty
材质：玻璃
Glass

印度-太平洋珠（Indo-pacific Beads）是指公元前3世纪到公元3世纪在印度南方沿海港口生产的单色玻璃珠（见◉ 143），经由海上贸易流传至世界各地，从非洲到中国，从太平洋诸岛到韩国。其制作时间延续了数百年，是著名的贸易珠品种之一。这种珠子色彩丰富，个体很小，有些外径甚至不足1毫米，显示出娴熟高超的制作技艺。这种珠子，战国时期出现在四川石棺葬和云南滇文化中，汉代出现在西北新疆和南方南越王墓等，北魏时期的洛阳永宁寺也有出土记录。

◉ 035. 北魏时期的洛阳永宁寺有印度-太平洋珠的出土记录，出土的珠子与北魏杨衒之《洛阳伽蓝记》中对“珠绣像”的记载相符，是从佛像绣像上散落下来的用于佛教题材的珠绣的珠子，现佛像不存，唯数以万计的珠子得以留存。

◉036 李静训墓的金项饰

Gold Necklace with Gem-setting from Li Jingxun's Tomb

类型：隋代珠饰

Ornaments of Sui Dynasty

品名：隋代李静训墓镶宝石金项链

Gold Necklace with Gem-setting Excavated from Li Jingxun's Tomb of Sui Dynasty

地域：陕西西安

Xi'an City, Shaanxi Province

年代：公元581—618年 隋代

581—618 AD, Sui Dynasty

材质：玛瑙、水晶、玻璃、黄金等

Agate, Rock Crystal, Glass, Gold, etc.

◉036. 隋代寿祚短暂，但珠玉装饰品可圈可点。隋大业四年（公元608年），贵为北周皇太后外孙女的李静训九岁夭亡，葬于西安玉祥门外，随葬器物共计230多件，大多精工细作，极其奢侈。其中一件金项链，用28粒镶嵌各色宝石的金珠连接而成，尾部的金扣镶有深蓝色玉髓，玉髓刻有鹿纹，实为波斯萨珊王朝的玛瑙印章。黄金镶嵌宝石的复合工艺和造型风格在西方自希腊时期就很成熟，罗马帝国时期大为流行，并广泛影响西亚和西欧，公元3世纪到6世纪的波斯萨珊王朝也擅长这种宝石精工，这串项链以及墓葬中出土的其他西方风格的奢侈品可能是来自萨珊王朝的舶来品。同出的绿松石镶金手镯具有草原游牧民族的萨尔马提亚风格（见◉230）。

◉037 隋代的玻璃珠
Glass Beads of Sui Dynasty

类型：隋代珠饰
Ornaments of Sui Dynasty

品名：西安东郊隋寺院出土珠饰
Beads Excavated from the Temple of Sui Dynasty, Eastern Suburbs of Xi' an City
地域：陕西西安
Xi' an City, Shaanxi Province
年代：公元581—618年 隋代
581—618 AD, Sui Dynasty
材质：玻璃
Glass

038 唐代的金花和步摇
（唐代周昉《簪花仕女图》局部）

◉037. 汉代中原曾大量制作玻璃装饰件，包括珠子、耳珰和环、璧一类的坠饰。三国两晋的动荡使得很多传统工艺消失，玻璃制作一度中断，来自西亚波斯的玻璃制品贵为皇家御用。1985年在西安东郊隋寺院出土了有眼圈纹样的彩色玻璃珠和玻璃棋子，珠子直径1—2.2厘米，西亚风格，应为舶来品，可能用于佛事供奉。同出寺院主持墓的还有玛瑙棋子。另外还有一些水晶珠子和坠饰。这些资料零星有限，却是唐代百年开放盛世的先声。

◉ 038 唐代的金花和步摇

Gold Decoration and Hair Ornaments of Tang Dynasty

类型：唐代珠饰

Ornaments of Tang Dynasty

品名：唐代金饰、头饰
Gold Decoration and Hair Ornaments of Tang Dynasty
地域：中原及周边
Central Plains and Surrounding Areas of China
年代：公元618—907年 唐代
618—907 AD, Tang Dynasty
材质：黄金、银、玛瑙、水晶、玻璃、绿松石、青金石等
Gold, Silver, Agate, Rock Crystal, Glass, Turquoise, Lapis Lazuli, etc.

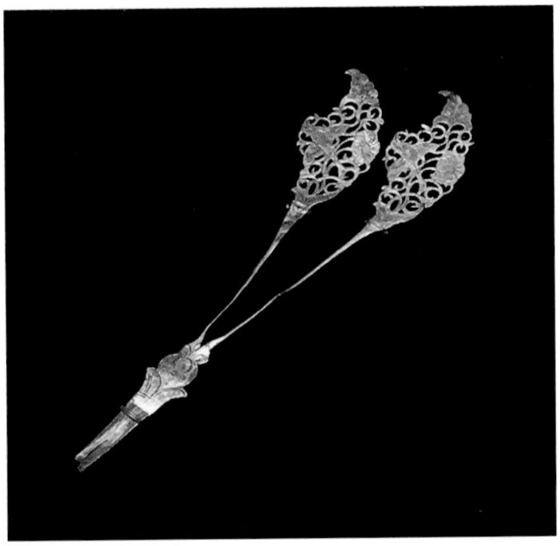

唐代是开放宽松的时代，与西方的贸易和文化交流频繁，特别是开元盛世。都城长安是当时的国际性大都市，身着各种服装、操不同语言的域外商人和使臣云集京城，兴贩物品、交流文化。《长安志》记录了当时外来人口最多的“崇仁坊”一景就是长安盛景的写照，“工贾辐凑（集聚），遂倾（超过）两市，昼夜喧呼，灯火不绝，京中诸坊，莫之与比”。由于与西方交流频繁，唐代的审美风尚受西域影响，珠饰的装饰风格和技艺均有异域元素，是大唐画卷浓墨重彩的一笔。

唐代贵族妇女以金钗和步摇穿插发髻，珠翠、金银、梳栉、时令花朵等点缀其间，林林总总、不一而足，富丽华美，号称“百不知”。宋代王谠《唐语林》：“长庆中，京城妇人首饰，有以金碧珠翠，笄栉步摇，无不具美，谓之‘百不知’。”唐代的绘画作品和寺庙壁画保存了戴着头饰“百不知”的妇女形象，其中画家周昉的《簪花仕女图》和张萱的《捣练图》等均有生动的描绘。

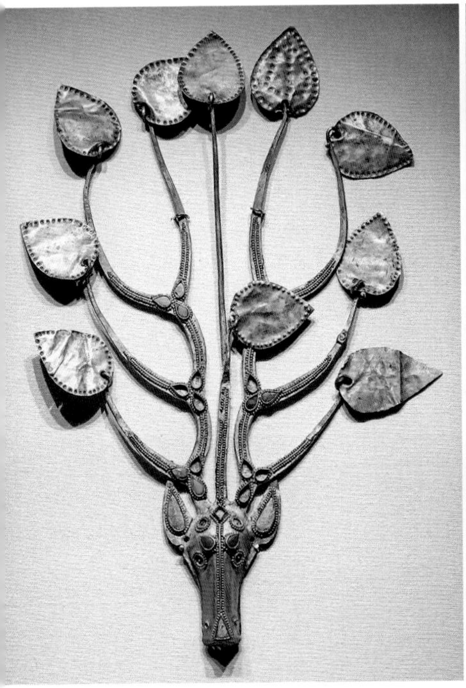

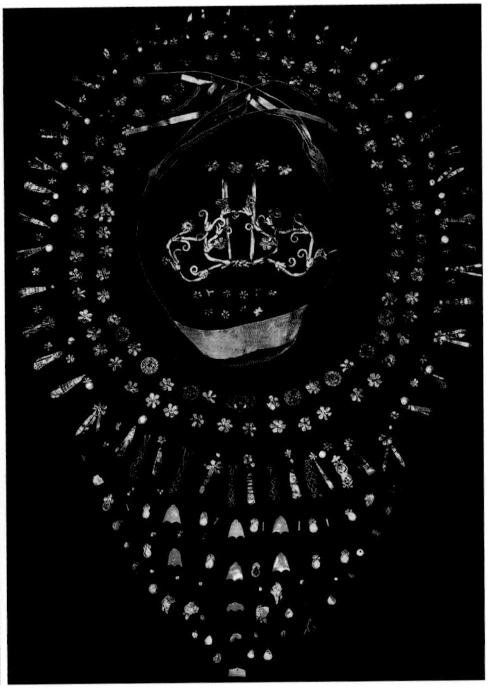

◉ 038. 唐代坠玉金头饰，陕西咸阳底张湾贺若氏墓出土。头饰以金圈作为中心，在丝绸织物上缝缀有金花钿、金花叶、金花蕊、珍珠、镶绿松石金花扣、玻璃坠、青金石坠、蝙蝠形玉佩、玉璜、云纹梯形玉佩等形制和工艺多样的小构件数百件。整件作品华美精致，工艺高超，反映了唐代工艺美术中西结合的特点。

类型：宋代珠饰
Ornaments of Song Dynasty

品名：宋代琉璃珠饰
Glass Ornaments of Song Dynasty
地域：中原及周边
Central Plains and Surrounding Areas of China
年代：公元960—1279年 宋代
960—1279 AD, Song Dynasty
材质: 玻璃
Glass

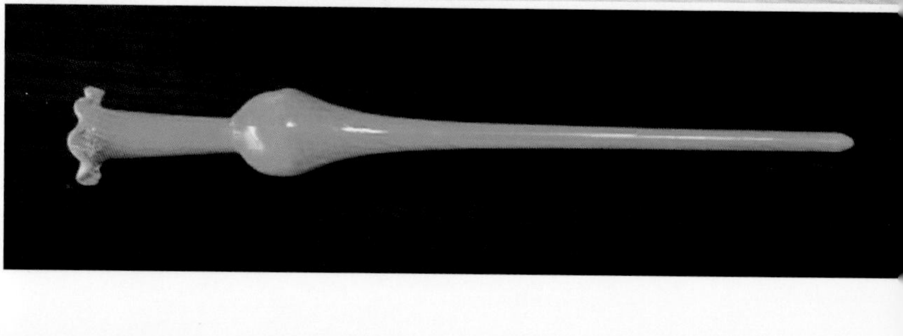

◉039. 宋代是文人文化和商品经济高度发展的时期，西方史学家甚至认为宋代是文雅社会的巅峰，其文明程度足以使世界其他地区皆为化外之邦。宋代因西域阻隔，玉料缺乏，《宋史·舆服志》中说：“今群臣之冕用药玉青珠。”“药玉”即是以“药”作珠的琉璃珠。文献和古代诗文中，宋代的琉璃制作很发达，宫中竞相簪戴琉璃花，以至于“都下人争效之”。临安（现杭州）有诗赋“京城禁珠翠，天下尽琉璃”。

宋代玻璃装饰件较普及，贵族妇女和里巷妇女都簪戴玻璃小装饰件，这些饰物多色彩淡雅、纹饰细腻。宋代的玻璃制造使用的是一种本土配方的低温玻璃工艺，当时成品称为“琉璃”，这种工艺生产的玻璃制品不如西方玻璃的透明度高，耐高温的性能也比不了，一般不能作为容器类的实用器，而多制成花灯、珠子和簪子一类的小装饰件。琉璃易碎，保存下来的实物并不多见，而大多留在了文人的诗词歌赋和札记闲文中。图例中蓝色琉璃龟为南京市博物馆藏。

◉ 040　宋代水晶珠饰

Rock Crystal Beads of Song Dynasty

类型：宋代珠饰
Ornaments of Song Dynasty

品名：宋代水晶珠饰
Rock Crystal Beads of Song Dynasty
地域：中原及周边
Central Plains and Surrounding Areas of China
年代：公元960—1279年 宋代
960—1279 AD, Song Dynasty
材质：水晶
Rock Crystal

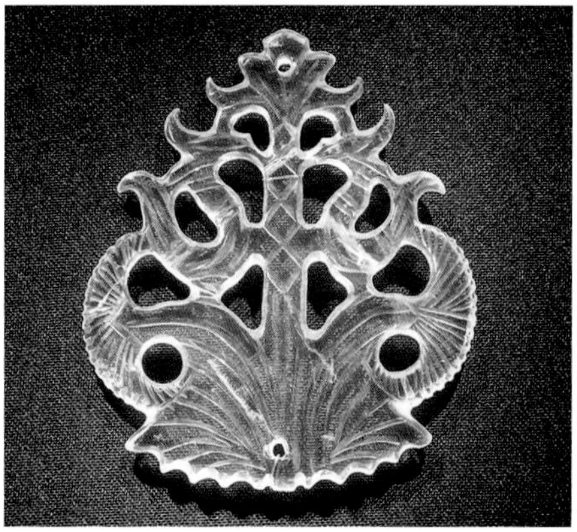

◉ 040. 南京江宁上坊宋墓出土的镂空凤鸟形水晶佩为宋代水晶精品，高约5厘米，双凤对称造型，镂空工艺，抛光细致，南京市博物馆藏。江西波阳宋墓出土的水晶珠串与水晶佩，珠子直径0.9—1.4厘米，江西省博物馆藏。安徽省青阳县滕子京家族墓出土的水晶珠和水晶小动物件，高2.3厘米，最大直径1.2厘米，安徽省青阳县博物馆藏。

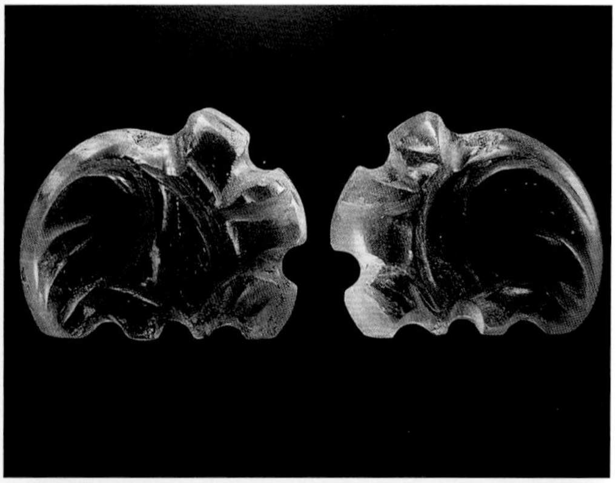

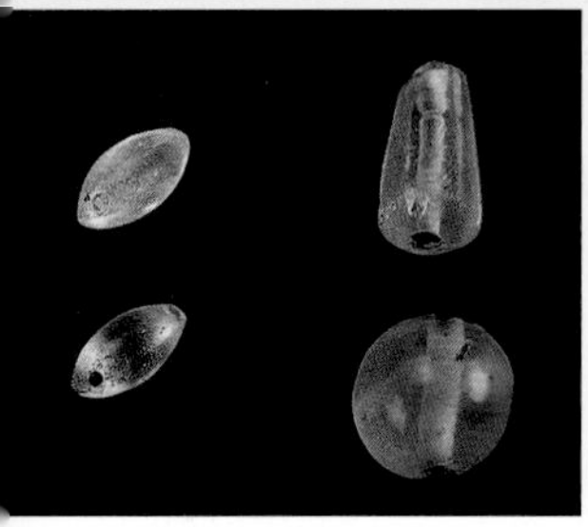

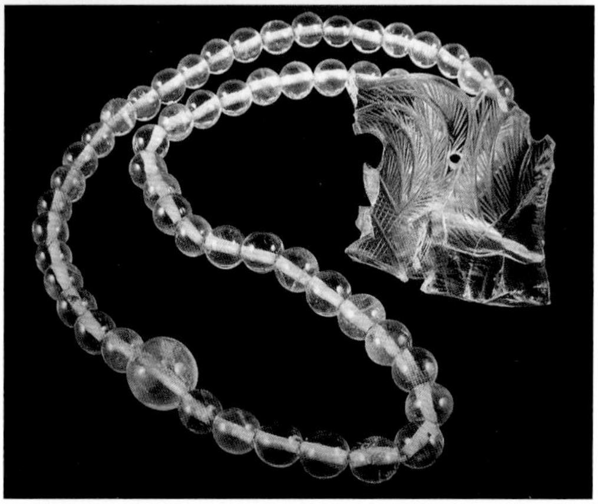

在佛教经典中，水晶珠也称“摩尼宝珠”，常有宋代用于地宫供奉的水晶珠的出土记录。水晶珠和水晶装饰件在皇室和民间也很流行，这种风气应该与宋代发达的海上贸易和西域陆上交通的阻断有关。由于玉料短缺，使得宋人通过贸易寻找其他珍贵材料来代替一直偏爱的玉，连皇太子的衮冕都是“前后白珠九旒，二纩贯水晶珠”。周密在《武林旧事》中记载宋朝皇家庆寿典礼中的仪仗用具有“水晶骨朵”，这是前朝未曾使用过的。

◉ 041　宋代的金饰
Gold Ornaments of Song Dynasty

类型：宋代珠饰
Ornaments of Song Dynasty

品名：宋代金饰
Gold Ornaments of Song Dynasty
地域：中原及周边
Central Plains and Surrounding Areas of China
年代：公元960—1279年 宋代
960—1279 AD, Song Dynasty
材质：黄金
Gold

◉ 041. 宋代的金饰造型和题材多世俗化，纹饰文雅精致，器型包括手镯、发簪、耳坠、缝缀在织物上的饰片和霞帔坠等，题材以花卉、瓜果、龙凤、双鱼、方胜等含吉祥寓意之物为尚。图中金饰片、金霞帔坠、花钗分别由四川博物院、南京博物院、湖北蕲春县博物馆收藏。

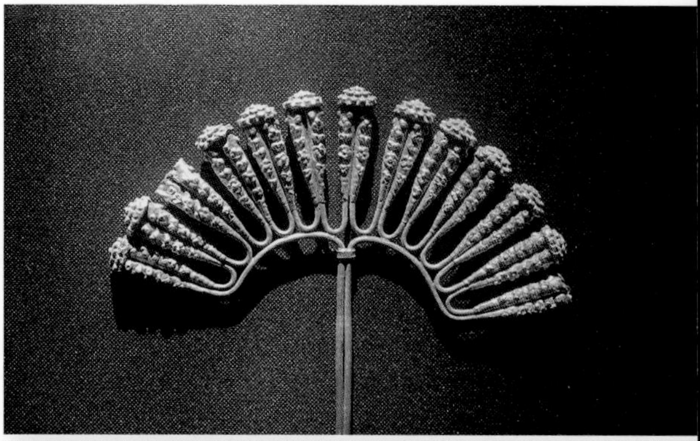

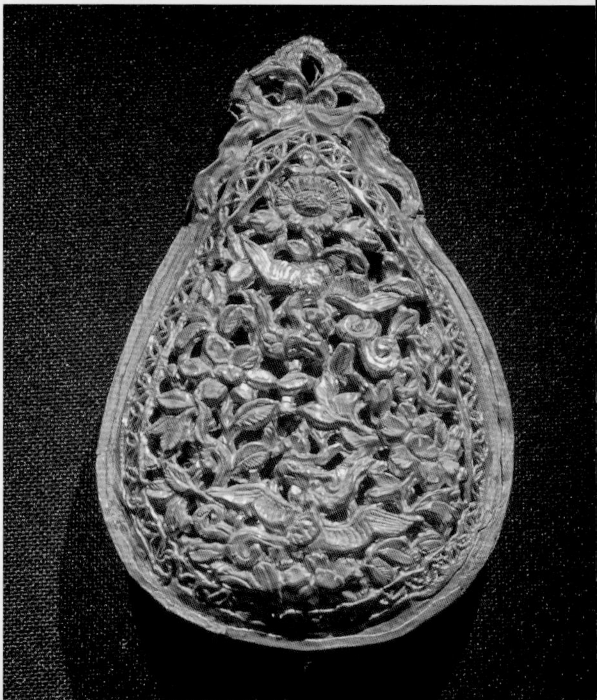

◉042 辽代贵族瓔珞

Nobility Necklace of Liao Dynasty

类型：辽代珠饰

Ornaments of Liao Dynasty

品名：辽代贵族瓔珞

Nobility Necklace of Liao Dynasty

地域：中原及周边

Central Plains and Surrounding Areas of China

年代：公元907 —1125年 辽代

907—1125 AD, Liao Dynasty

材质：黄金、玛瑙、红玉髓、水晶、琥珀等

Gold, Agate, Carnelian, Rock Crystal, Amber, etc.

辽代陈国公主墓出土的瓔珞为契丹人佩戴的瓔珞的典型器。辽代瓔珞有固定的穿缀方式，左右穿缀不对称的心形坠和“T”形坠为项饰典型样式，它们的形制和穿系方式所代表的意义，目前猜测与宗教有关，但无法确定其具体含义。这种不对称形制的坠饰除了用黄金等贵金属制作，还有用黄金镶嵌半宝石等材质来制作的例子。有机宝石类如琥珀、瓔珞也是契丹人喜爱的材质。

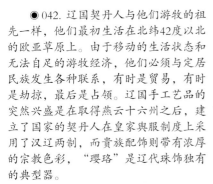

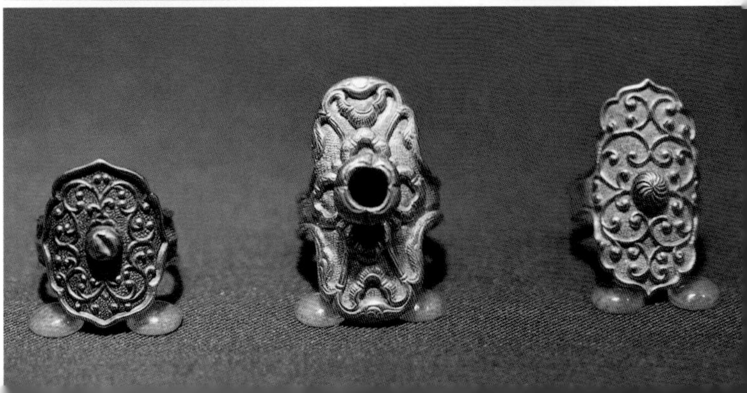

◉042. 辽国契丹人与他们游牧的祖先一样，他们最初生活在北纬42度以北的欧亚草原上。由于移动的生活状态和无法自足的游牧经济，他们必须与定居民族发生各种联系，有时是贸易，有时是劫掠，最后是占领。辽国手工艺品的突然兴盛是在取得燕云十六州之后，建立了国家的契丹人在皇家舆服制度上采用了汉辽两制，而贵族配饰则带有浓厚的宗教色彩，“瓔珞”是辽代珠饰独有的典型器。

◉ 043　辽代的水晶玛瑙珠饰

Rock Crystal and Agate Ornaments of Liao Dynasty

类型：辽代珠饰

Ornaments of Liao Dynasty

品名：辽代地宫水晶小兽和玛瑙多棱珠
Animal Morphic Amulets and Agate Polygonal Beads from Underground Palace
地域：中原及周边
Central Plains and Surrounding Areas of China
年代：公元907—1125年 辽代
907—1125 AD, Liao Dynasty
材质：玛瑙、红玉髓、水晶等
Agate, Carnelian, Rock Crystal, etc.

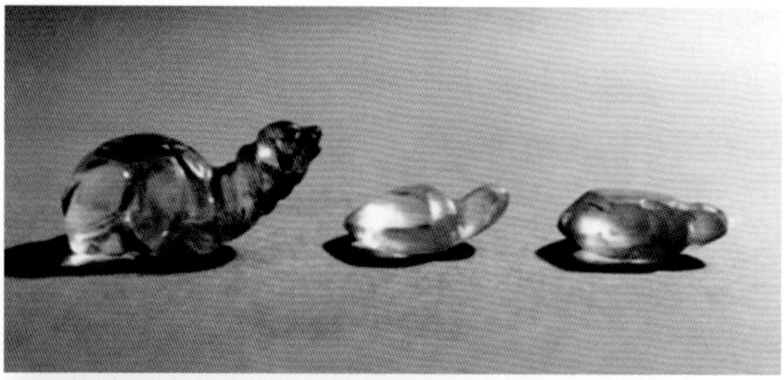

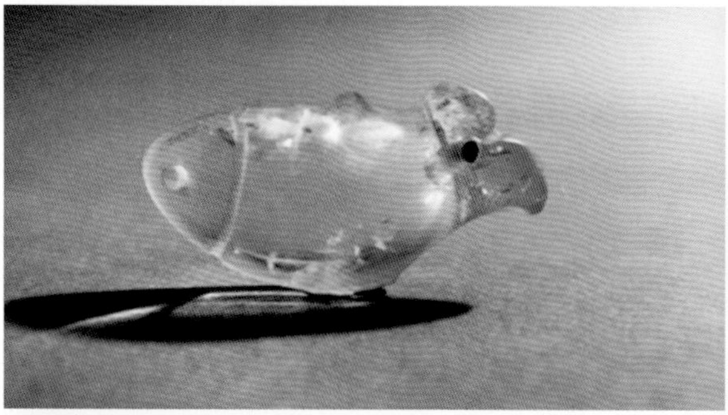

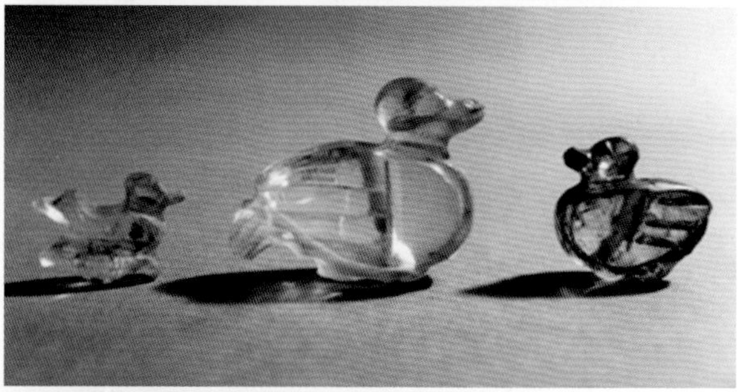

◉ 043. 辽宁省朝阳市朝阳北塔地宫出土的辽代水晶小兽。辽代佛教密宗兴盛，寺塔多以曼荼罗供养。20世纪80年代发现的朝阳北塔地宫便是一个完美的曼荼罗世界，出土各种珍宝供养物数以万计，这些供养物均有各自的意义。朝阳北塔被称为研究辽金时期佛教文化的标本。辽代珠饰形制多样，玛瑙管和多棱珠是半宝石珠子的典型器。辽代玛瑙管多为直管，多棱珠一般为六棱，色彩从红褐、橙褐到浅褐色，而非西周玛瑙珠（见◉ 012）那样的深红、酒红和橙红，可能与玛瑙的加色工艺有关。

◉ 044 大理国的珠子
Beads of Dali Kingdom

类型：大理国珠饰
Ornaments of Dali Kingdom

品名：云南省大理市三塔出土水晶、玛瑙珠串
Rock Crystal and Agate Bead Strings Excavated from the Three Pagodas of Dali, Yunnan Province
地域：云南及周边
Yunnan Province and Surrounding Areas
年代：公元937—1253年 大理国
937—1253 AD, Dali Kingdom
材质：水晶、玛瑙、红玉髓等
Rock Crystal, Agate, Carnelian, etc.

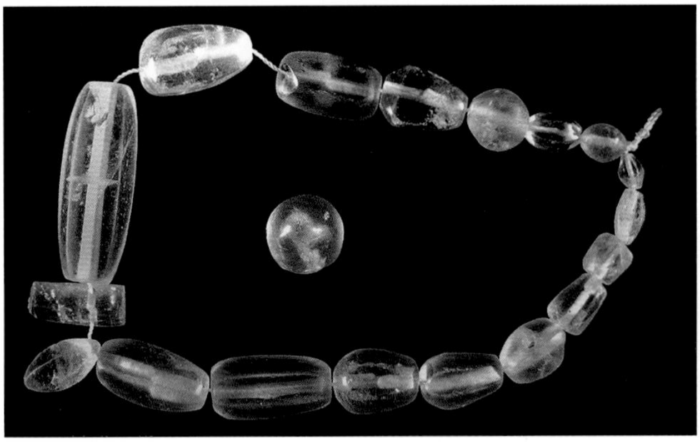

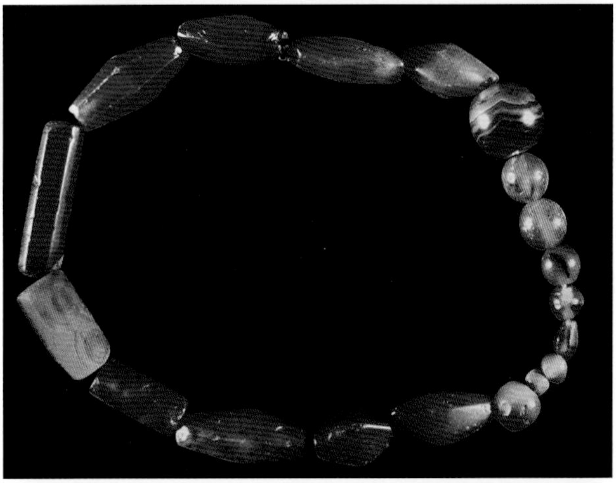

公元937年，南诏国武将后人段思平建大理国，其政治中心在洱海一带，都城大理，疆域大约领辖现在的云南、四川西南部等地。1253年，忽必烈“革囊渡江”出征云南，灭大理国。段家笃信佛教，几代帝王中不乏“逊位为僧”或“避位为僧”的，造就数座“皇家国寺”。在这样的宗教背景下，寺塔地宫便成了宝藏的富藏地，无论是王室捐赠还是商贾赞助，寺院成了保存文化、技艺和珍贵文物的地方。

◉ 044. 云南省大理市三塔出土的水晶、玛瑙珠串。水晶、玛瑙被佛家视为“七宝”之二，多用以供奉。从珠子的形制、材质和工艺特征来看，多是来自印度和东南亚的舶来品。这类珠子的制作延续时间很长，中亚、印度、东南亚在数百年的时间内一直在制作这类珠子。从汉代到宋元，中国境内各地不时有这些珠子的出土记录，分布的地域较广泛。

◉ 045 元代的金饰

Gold Ornaments of Yuan Dynasty

类型：元代珠饰

Ornaments of Yuan Dynasty

品名：元代的金饰

Gold Ornaments of Yuan Dynasty

地域：中原及周边

Central Plains and Surrounding Areas of China

年代：公元1206 —1368年 元代

1206—1368 AD, Yuan Dynasty

材质：黄金、绿松石、珍珠等

Gold, Turquoise, Pearl, etc.

元代崇信佛教，藏传佛教对元代的宗教和美术题材都产生了影响。保存下来的皇家贵族金饰，造型优美精巧，技艺繁复精致。河北石家庄后太保村元代墓葬出土的金饰有发钗、戒指、耳环等，镶嵌绿松石、孔雀石、玻璃、珍珠，是难得一见的元代金饰真品，同出的还有中原样式的玉带钩。内蒙古博物院和甘肃省博物馆藏有元代金饰和蓝色琉璃莲花碗，皆涉及佛教题材，为元代饰物精品。

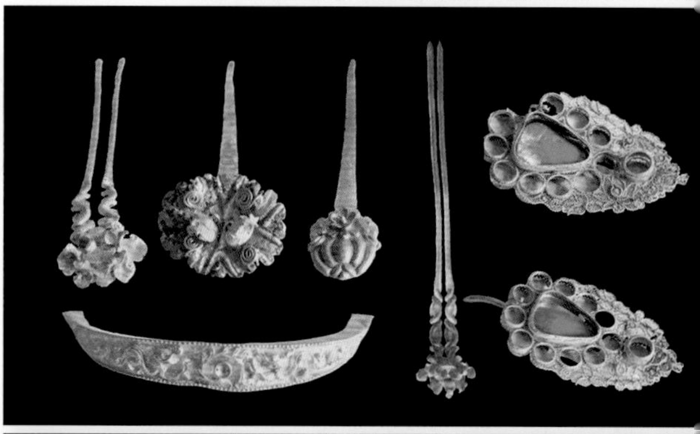

◉ 045. 元代是中国历史上首次由少数民族建立的大一统王朝，创始人为蒙古人孛儿只斤·铁木真，都城元大都（今北京）。《元史·舆服志》中提及元人是近取宋、金的制度，皇家贵族珠玉一类装饰应该是不少的，留存的实物资料却不算多。元代有“其墓无冢”的神秘葬法，不起坟茔，不设陵墓，元太祖成吉思汗的墓葬至今无法探明具体位置。

◉ 046　元代的玻璃珠和半宝石珠

Glass Beads and Semi-precious Stone Beads of Yuan Dynasty

类型：元代珠饰
Ornaments of Yuan Dynasty

品名：元代的玻璃珠和半宝石珠
Glass Beads and Semi-precious Stone Beads of Yuan Dynasty
地域：中原及周边
Central Plains and Surrounding Areas of China
年代：公元1206—1368年 元代
1206—1368 AD, Yuan Dynasty
材质：玻璃、绿玉髓等
Glass, Chrysoprase, etc.

◉ 046. 元代设有“瓘玉局”，是宫廷监制玻璃器的机构，瓘玉局制造的玻璃器称为瓘玉，可知元代的玻璃制作具有相当规模。1982年山东博山发现元代琉璃炉作坊遗址。元代的半宝石珠子则多是珍珠、珊瑚一类有机宝石，不易保存，另有绿玉髓一类珠子流传。图为南薰殿旧藏元文宗（公元1304—1332年）画像，悬挂于人物下颌的瓜棱形珠是北方草原民族偏爱的珠子形制，用质地坚硬的绿玉髓制作。甘肃省博物馆藏有一顶元代官帽，穿系有这种绿玉髓瓜棱珠。

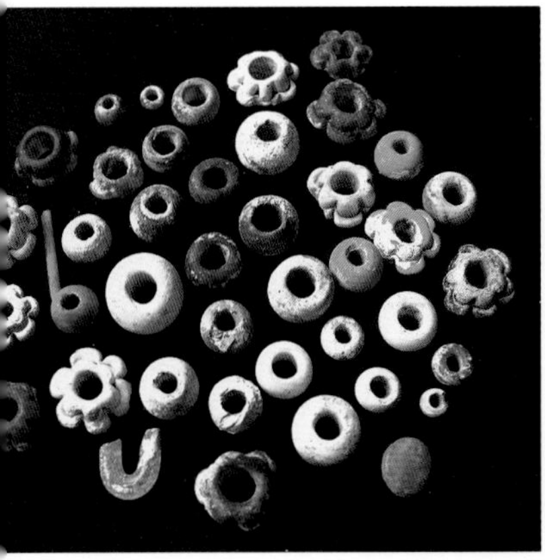

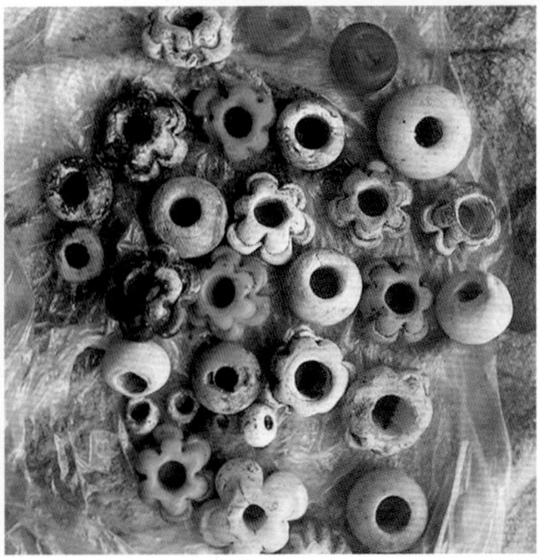

◉ 047 明代的复古组佩

Combined Jade Articles of Retro Style of Ming Dynasty

类型：明代珠饰
Ornaments of Ming Dynasty

品名：明代复古组佩
Combined Jade Articles of Retro Style of Ming Dynasty
地域：中原及周边
Central Plains and Surrounding Areas of China
年代：公元1368—1644年 明代
1368—1644 AD, Ming Dynasty
材质：玛瑙、红玉髓、玉等
Agate, Carnelian, Jade, etc.

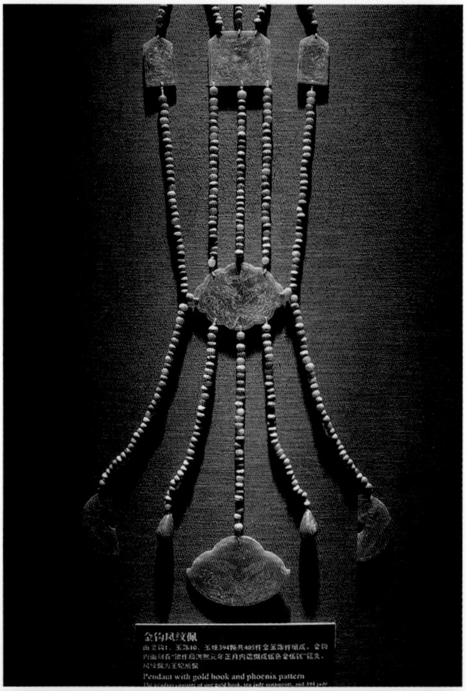

金钩凤纹佩
Pendant with gold hook and phoenix pattern

明代是中国古代珠饰制作的一个高峰期，特别是珠宝复合工艺精湛纯熟。明代宫廷组佩是复古风尚的产物，延续的是两晋的制度而并非西周的。从皇帝皇后到太子嫔妃，从文武百官到官亲命妇，不同场合的着装和佩饰都有具体而严格的规定，珠玑玉佩则按材质和工艺区分等级，从皇帝使用的白玉佩到进士所用的“药玉”佩（仿玉琉璃），等级不可僭越，甚至规定了庶人百姓的钗、镯等首饰不得使用金玉、珠翠，只能用银。

◉ 047. 湖北梁庄王墓和南京徐达家族墓地出土的玉组佩为明代组佩的经典样式。梁庄王墓位于湖北省钟祥市东南部瑜灵山，为明仁宗第九子朱瞻垍与其妻魏氏的合葬墓，墓葬出土金、银、玉、宝石、瓷器等5100余件，精美华丽、制作精良，反映了朱姓藩王生前享尽荣华、死后盛殓厚葬的尊贵。组佩以玉珠连接，有珩、瑀、琚、璜、冲牙、玉滴等构件，可能用于正式场合。另一组以玉花片和玛瑙小动物件等组成的挂件则显得更加自由活泼，充满世俗化的装饰情调。

南京徐达家族墓出土的玉组佩则为江南巧工，整件佩饰以黄金连接金镶宝石构件和白玉雕件，其中有双胜、宝相花、执荷童子、葫芦、玉钱、镂空如意牌等吉祥寓意的题材，精巧雅致。以贵重金属镶嵌宝石和半宝石的复合工艺的组佩样式不同于传统的穿坠方式，是明代流行的工艺制作和设计风格。

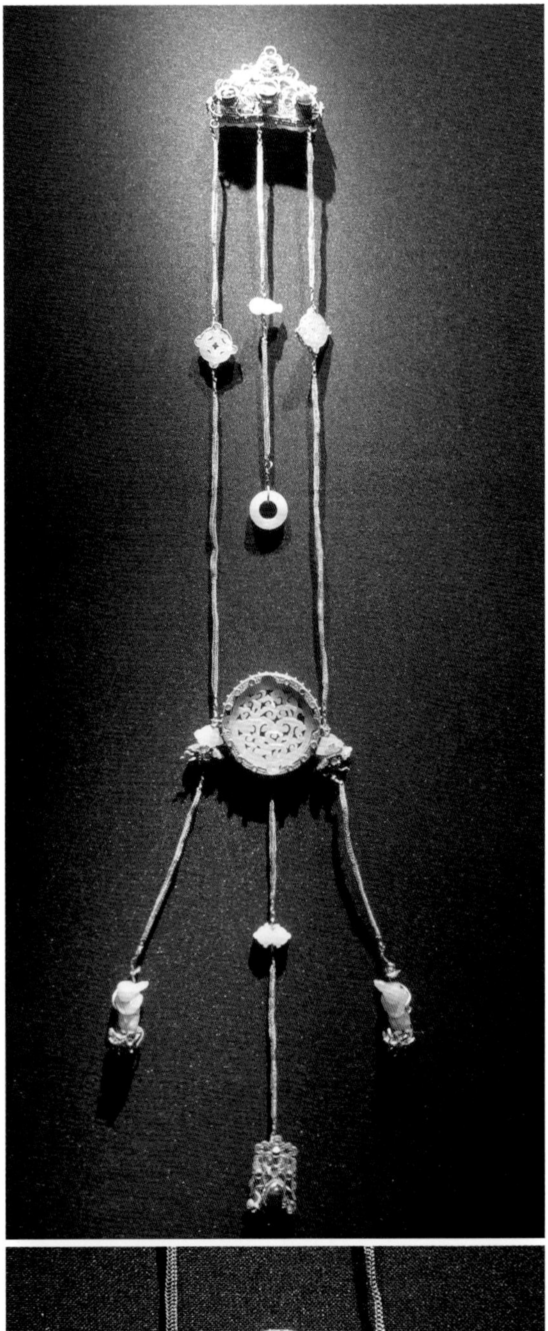

类型：明代珠饰
Ornaments of Ming Dynasty

品名：明代点翠龙凤冠
Phoenix Coronet Decorated with Pearls and Kingfisher Feather of Ming Dynasty
地域：中原及周边
Central Plains and Surrounding Areas of China
年代：公元1368—1644年 明代
1368—1644 AD, Ming Dynasty
材质：珍珠、黄金、白银、宝石、翠鸟的羽毛
Pearl, Gold, Silver, Gemstone, Kingfishers' Feather

点翠是金属工艺和羽毛工艺的结合，先用黄金或白银或鎏金金属做成底座，再把翠鸟的蓝色羽毛镶嵌在底座上，制成各种样式。用鸟类羽毛制作装饰品自古就有，汉代《舆服志》记载过皇后头饰上有“翡”和“翠”，应该就是翠鸟一类的羽毛而非清代才开始流行的宝石翡翠。点翠的工艺可能很早就有，但是保存完整的此前的实物很少，而明代留存下来的点翠首饰很丰富，从皇家凤冠到民间发钗都有。

◉ 048. 明代三龙二凤镶珍珠宝石冠。明十三陵定陵出土。定陵为明神宗朱翊钧的陵寝。明神宗年号万历，在位48年，是明代在位时间最长的一位皇帝。定陵出土了龙凤冠共9件，是迄今可见最早最完整的龙凤冠实物。冠上饰以金龙翠凤，金龙用金丝累丝工艺焊接，立体镂空；翠凤用点翠工艺即用翠鸟羽毛粘贴而成，色彩艳丽如新。其中孝靖皇后的三龙二凤冠，高26.5厘米，头围径23厘米，共用红、蓝宝石150余块，大小珍珠3500余颗，色彩富丽，工艺精湛，堪称珍宝。（明十三陵博物馆藏）

类型：明代金饰
Gold Ornaments of Ming Dynasty

品名：明代金镶宝石
Gold Articles with Gem-setting of Ming Dynasty
地域：中原及周边
Central Plains and Surrounding Areas of China
年代：公元1368—1644年 明代
1368—1644 AD, Ming Dynasty
材质：黄金、玉、红玉髓、红宝石等
Gold, Jade, Carnelian, Ruby, etc.

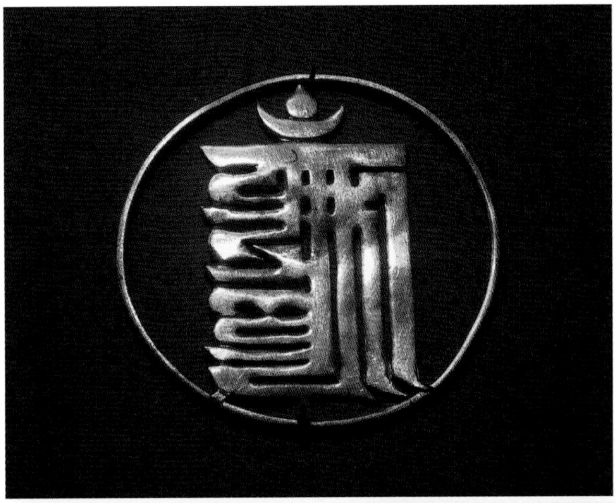

南京太平门外板仓村中山王徐达家族墓地和湖北梁庄王墓出土的金饰代表了明代金饰工艺的水准和审美风尚。

◉049. 明代的金银器制作机构设于内府，分工比前朝更加细致专业，民间的金银匠人则都行业化。明代的金饰工艺繁复多样，流行金镶宝石的工艺和生活化的吉祥题材，也多见与佛教相关的造型，或端庄或活泼，色彩丰富。采用的工艺有造模、锤鍱、镶嵌、錾花、掐花、填丝、累丝、焊接、抛光等，各种工艺的复合应用制作出繁复精细的金饰。

◉049 明代金饰

Gold Ornaments of Ming Dynasty

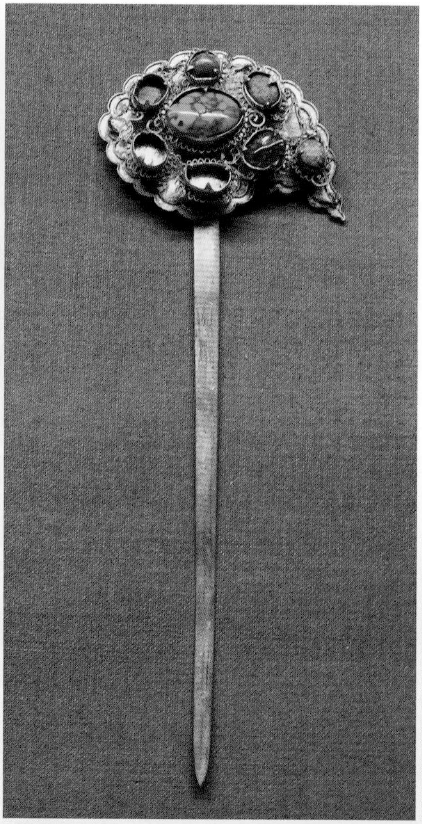

南京太平门外板仓村
中山王徐达家族墓地出土金饰

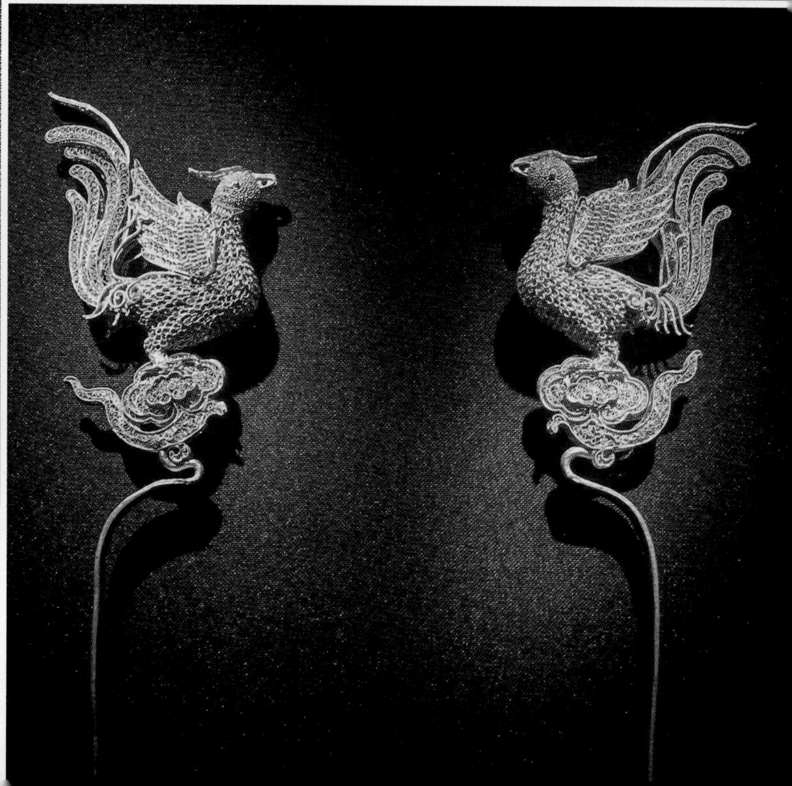

类型：明代珠饰
Ornaments of Ming Dynasty

品名：明代仿玉玻璃和博山琉璃
Glass Imitations of Jade of Ming Dynasty, Boshan Glassware
地域：中原及周边
Central Plains and Surrounding Areas of China
年代：公元1368—1644年 明代
1368—1644 AD, Ming Dynasty
材质：玻璃
Glass

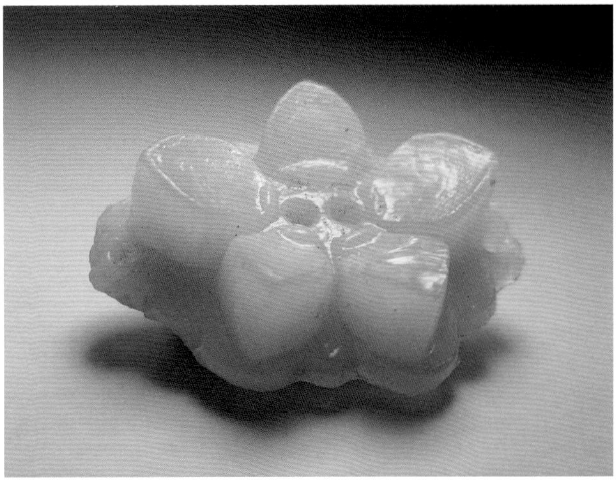

明代的琉璃珠和小饰件在坊间流传的不少，但出土标型器相对匮乏，因而很难比照。但仿玉带板和牌饰之类由于有题材参考，可明确其大致年代。明代琉璃仿玉的工艺很成熟，效果逼真，文献称为“药玉”是因其特殊的配方。

◉ 050. 明代把仿玉的琉璃称为“药玉”。明崇祯十年（公元1637年），宋应星刊行了著名的《天工开物》，其中《珠玉》卷记载“凡琉璃石，与中国水精、占城火齐，其类相同，同一精光明透之义，然不产中国，产于西域。其石五色皆具，中华人艳之，遂竭人巧以肖之”，并说“齐地人”擅制，故称为“火齐”。20世纪80年代，山东博山发现大型炉窑作坊遗址，证实了宋应星的记载。博山古称“颜神”，颜神镇境内煤炭资源丰富，并且多处出产琉璃所需的主要原料马牙石、紫石，使得这里的琉璃烧造一直很发达，从元代开始，至少持续了近700年。

类型：清代珠饰
Ornaments of Qing Dynasty

品名：清代朝珠和顶珠
Court Beads and the Topping Bead on Official Hats of Qing Dynasty
地域：中原及周边
Central Plains and Surrounding Areas of China
年代：公元1636—1911年 清代
1636—1911 AD, Qing Dynasty
材质：东珠（珍珠）、翡翠、玛瑙、琥珀、珊瑚、象牙、蜜蜡、水晶、青金石、玉、绿松石、碧玺、伽南香、芙蓉石、琉璃等
Eastern Pearl, Jadeite, Agate, Amber, Coral, Ivory, Amber, Rock Crystal, Lapis Lazuli, Jade, Turquoise, Tourmaline, Aloeswood, Rose Quartz, Glass, etc.

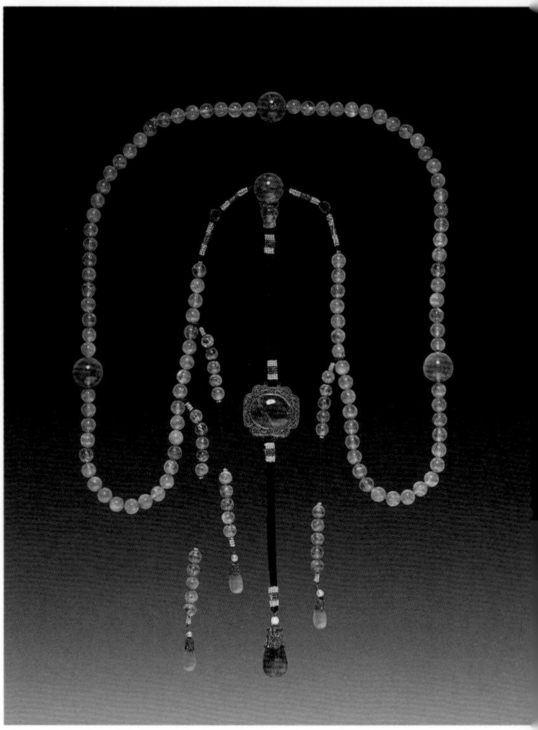

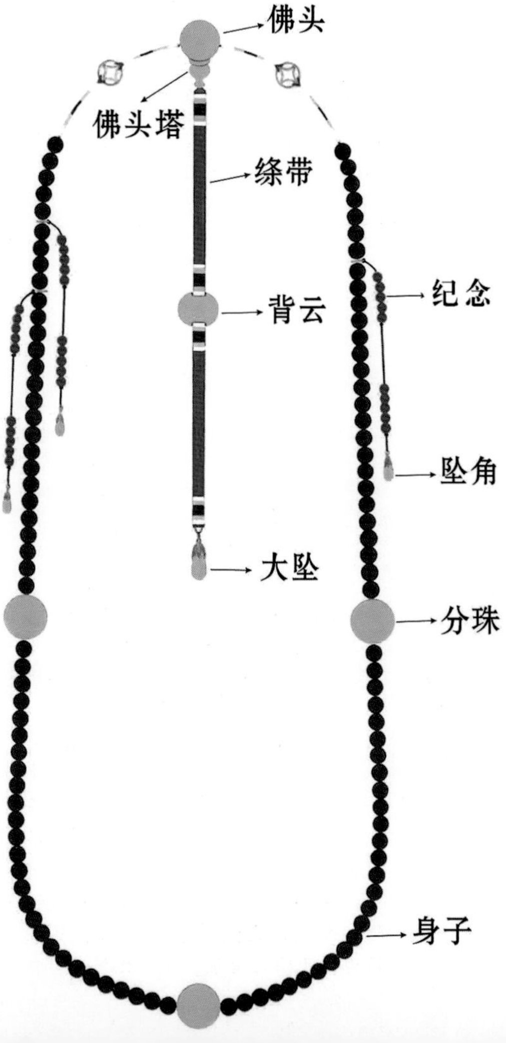

朝珠是清代宫廷独有的装饰，形式为前朝所无，按材质区分等级和身份，其功能与官服补子相同。用珠子来标识身份和事迹本就是满族人传统，朝珠则借用了佛教念珠的形式。朝珠由108颗珠子贯穿而成，由身子、佛头、背云、纪念、大坠、坠角六部分组成。材质有东珠（珍珠）、翡翠、玛瑙、琥珀、珊瑚、象牙、蜜蜡、水晶、青金石、玉、绿松石、碧玺、伽南香、芙蓉石等，以明黄、金黄、石青色等颜色绦带为饰，由项上垂挂于胸前，男性一盘，女性两盘左右交叉斜挂。

清代官员官帽上的顶珠同样以材质区分官阶，称为“帽顶”。顶珠并不是满族人的发明，《金史·舆服志》记：“贵显者于方顶，循十字缝饰以珠，其中必贯以大者，谓之顶珠。”顶珠可能是北方游牧民族惯有的传统，与满族先民有以“令珠计岁”，在头上悬挂珠子的风俗同渊源。

◉ 051. 清代朝珠。朝珠的主体部分称为“身子”，每隔27颗珠子加入一粒材质不同的大珠，即“分珠”“佛头”，将108颗朝珠分成四等份。“佛头”“分珠”共4颗，色泽大小一致，寓意四季。位于朝珠顶部的那颗佛头，连缀有一塔形“佛头塔”，朝珠系绳的两端通过佛头塔的孔中穿出，合二为一，由此延伸出绦带。绦带中段系缀有一块宝石，称为“背云”，背云以下的绦带末端坠有宝石“大坠”，佩挂朝珠时“背云”紧贴后背。佛头塔两侧又有三串小珠，每串10粒，称为“纪念”，末端坠有“坠角”，佩挂时一侧缀一串，另一侧缀两串——两串者，男在左，女在右。据说三串纪念又称“三台”，当时称尚书为中台、御史为宪台、谒者即言官为外台；又一说天子有三台，即观天象的灵台、观四时施化的时台、观鸟兽鱼龟的囿台，寓意圣明高贵。

顶珠的记录是据《大清会典》和《清史稿》记载。正、从一品为镂花金座，中饰东珠一颗，上衔红宝石；正、从二品为镂花金座，中饰小红宝石一颗，上衔珊瑚；正、从三品为镂花金座，中饰小红宝石一颗，上衔蓝宝石；正、从四品为镂花金座，中饰小蓝宝石一颗，上衔青金石；正、从五品为镂花金座，中饰小蓝宝石一颗，上衔水晶；正、从六品为镂花金座，中饰小蓝宝石一颗，上衔砗磲；正、从七品为镂花金座，中饰小水晶一颗，上衔素金；正、从八品为镂花阴文金顶，无其他装饰；正、从九品为镂花阳文金顶，无其他装饰。

◉ 052　清代的吉祥珠饰

Decorations with Auspicious Meaning of Qing Dynasty

类型：清代珠饰

Ornaments of Qing Dynasty

品名：清代的吉祥珠饰、配饰

Decorations and Beads with Auspicious Meaning of Qing Dynasty

地域：中原及周边

Central Plains and Surrounding Areas of China

年代：公元1636 —1911年 清代

1636—1911 AD, Qing Dynasty

材质：金、银、玉、玛瑙、水晶、青金石、绿松石、珍珠、珊瑚、象牙等

Gold, Silver, Jade, Agate, Rock Crystal, Lapis Lazuli, Turquoise, Pearl, Coral, Ivory, etc.

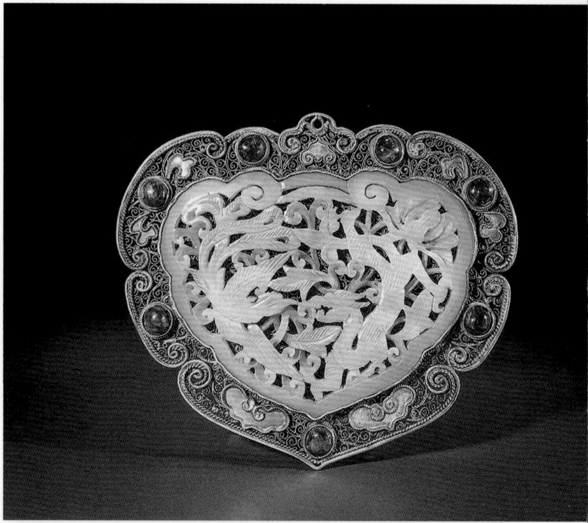

清代制作首饰的行业分工很细，匠人分工协作，在方寸之间就可能运用到鎏金、掐丝、填丝、錾花、烧蓝、嵌宝、炸珠等数十种工艺和金、银、玉、玛瑙、绿松石、珍珠、珊瑚、象牙等多种材质。没有哪个朝代像清朝这样，把重视好口彩和吉兆的传统尽心尽力地表现在工艺美术上，尤其是首饰制作，对各种造型均给予美好吉祥的寓意和说法。

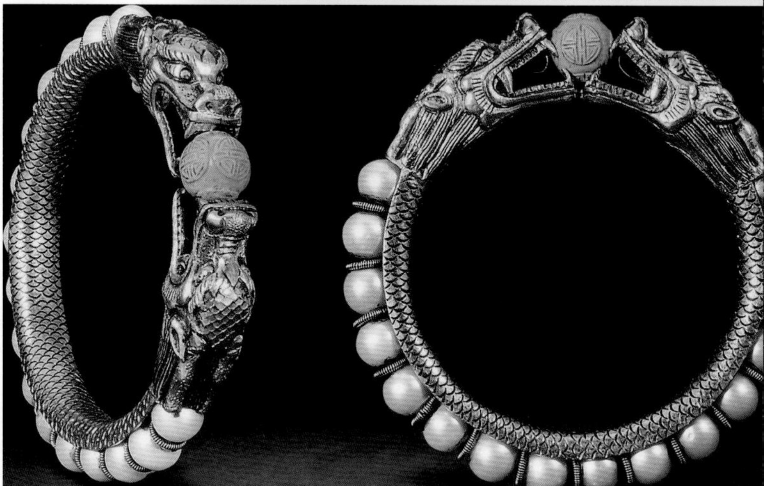

◉ 052. 在清代，无论宫廷或民间、汉人或旗人，各种小装饰都十分丰富，尤其是女子装饰，几乎是满身披挂，头饰、项饰、手镯、戒指、压襟、香囊、荷包不一而足。这些小装饰件制作精巧，材质多样，工艺精巧繁复，题材以吉祥如意、讨得好口彩取胜，如福寿双全、瓜瓞绵绵、少狮太狮等，即使个体很小的珠子，都会有吉祥纹样，如团寿、龙纹等。除了佩饰，个体的珠子工艺多样，瓷珠、画彩瓷珠、雕漆珠子、珐琅彩珠子、核雕珠子、刻花珠子等，个体虽小，但精巧可爱，已是完整小件。

类型：清代珠饰
Ornaments of Qing Dynasty

品名：清代辟邪珮
Ornaments with Talismanic Meanings of Qing Dynasty
地域：中原及周边
Central Plains and Surrounding Areas of China
年代：公元1636—1911年 清代
1636—1911 AD, Qing Dynasty
材质：金、银、玉、玛瑙、水晶、青金石、绿松石、珍珠、珊瑚、象牙、沉香木等
Gold, Silver, Jade, Agate, Rock Crystal, Lapis Lazuli, Turquoise, Pearl, Coral, Ivory, Eaglewood, etc.

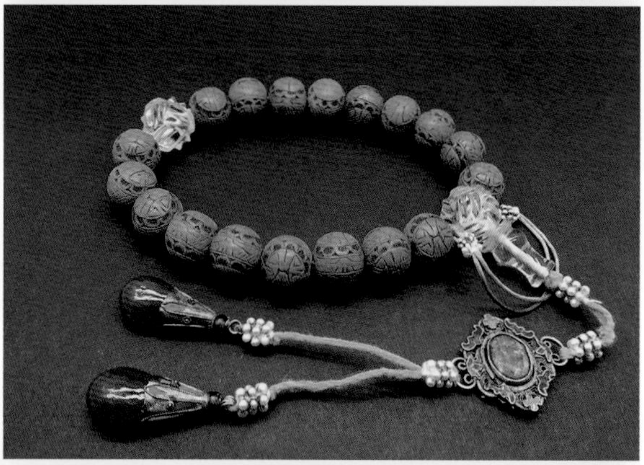

◉ 053. “十八子”是小型化的佛教念珠，因大多由18粒珠子穿成，故称十八子或手珠。一般认为18粒珠子与108颗佛教念珠的寓意相同，在民间，不少人即使不是佛教信徒，也喜欢佩戴手珠，取其祥符的意义。但十八子手珠并不是像手镯一样穿戴在手腕上，而是挂在衣襟上，清代时无论宫廷还是民间，无论男女，都是这样挂。

清代另一种可挂在前襟盘扣上的挂件称为“压襟”，形式可能从帝后皇妃在礼仪场合佩戴的“采帨”演变而来，民间赋予其辟邪的寓意，也称“五兵佩”。有些还兼有使用功能，比如等缀着小工具一类物件，如牙签、小铲、钩针、镊子、挖耳勺等，并坠有银铃、寿桃和平安扣等吉祥题材的小坠，民间也称“牙签吊”，皆有辟邪的寓意和实用的功能。

◉054 点翠和烧蓝
Ornaments Decorated with Kingfisher Feather and Blue Enamel

类型：清代珠饰
Ornaments of Qing Dynasty

品名：清代点翠和烧蓝首饰
Ornaments Decorated with Kingfisher Feather and Blue Enamel of Qing Dynasty
地域：中原及周边
Central Plains and Surrounding Areas of China
年代：公元1636—1911年 清代
1636—1911 AD, Qing Dynasty
材质：翠鸟的羽毛、黄金、白银、珍珠、染料等
Kingfishers’ Feather, Gold, Silver, Pearl, Dyestuff, etc.

◉054. 点翠工艺在清代很普及，用点翠制作的发饰华美富丽、光泽变幻，从宫廷到民间都喜爱这种装饰效果。由于点翠制作需猎杀大量翠鸟，取其羽毛，残忍而伤害物种，到清晚期，点翠被禁止而使用烧蓝工艺代替。

“烧蓝”是珐琅彩的一种，即银胎珐琅彩。“景泰蓝”则为铜胎珐琅彩。烧蓝是将整个胎体填满色釉后，高温炉烧，釉色凝结而成。烧蓝的效果富丽美艳，其中掐丝烧蓝的工艺较复杂，尽管不能烧出翠鸟羽毛色泽变幻的效果，但其仍是首饰工艺中色彩最丰富的。

◉ 055 清代的料珠料器

Glass Beads and Decorative Glasswares of Qing Dynasty

类型：清代珠饰
Ornaments of Qing Dynasty

品名：清代料珠与料器
Glass Beads and Decorative Glasswares of Qing Dynasty
地域：中原及周边
Central Plains and Surrounding Areas of China
年代：公元1636 —1911年 清代
1636—1911 AD, Qing Dynasty
材质：玻璃
Glass

雍正十二年（公元1734年）颜神镇设博山县治，此后所产玻璃史称博山琉璃。清初大学士孙廷铨所著的《颜山杂记》，详细记载了从明代到清初的博山琉璃制造工艺、原料、品种和出口地区，是目前为止对中国古代琉璃工艺最全面的记录。在博山和广州琉璃已经形成长期传统的基础上，清宫廷于康熙三十五年（公元1696年）由康熙皇帝敕命德国传教士纪里安（Kilian Stumpf）指导建立了皇家玻璃厂，地点设在老北京西安门的蚕池口，属内务府官办作坊——造办处玻璃厂。乾隆六年（公元1741年）造办处玻璃厂在西方传教士的指导下成功烧制出金星玻璃。由于制作这些琉璃的原料是玻璃料块，因而称“料器”，珠子称“料珠”。

◉ 055. 清代的玻璃珠（料珠）和小饰件（料器）的种类丰富，可保持玻璃特有的质感，也可仿制任何宝石和半宝石效果。料珠料器不仅皇室贵族和市民有需求，也如明代以来的传统一样供应海外市场，在民族地区和东南亚很受欢迎，至今东南亚各地仍有清代料珠和小饰件流传，研究中国低温玻璃的西方学者和藏家称其为“Peking Glass”。

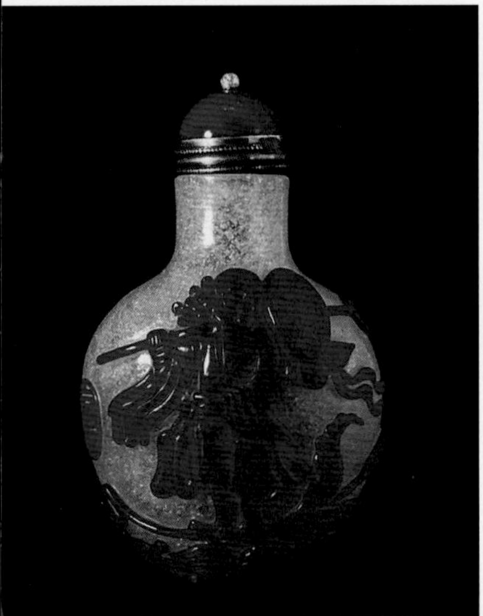

二、藏传珠饰
Tibetan Jewellery

◉ 056—◉ 090

◉ 056 天珠的谱系
Classification of dZi Beads

类型：西藏天珠
Tibetan dZi Beads

品名：天珠的谱系
Classification of dZi Beads
地域：西藏及周边
Tibet and Surrounding Areas
年代：公元前500—公元100年
500 BC—100 AD
材质：玛瑙
Agate

天珠是分布在喜马拉雅山两麓，主要流传在藏民族和藏文化中间，被称为“瑟”或者“思”的古代珠子，藏语发音“瑟”（dZi），中原古代文献和现代西方藏学家称为“瑟瑟”或“瑟珠”。从物理的角度，天珠是用玉髓的一种——缠丝玛瑙制作的；天珠的图案是人工施加的，这种工艺是蚀花玛瑙的一种工艺，也是最复杂、最成熟的一种工艺。从文化的角度看，天珠被赋予了宗教信仰，天珠的价值除了信徒心目中的宗教能量，还包含来自古代有关工艺和符号意义的信息，它的神秘起源隐藏在那些已经消失的远古文化中。

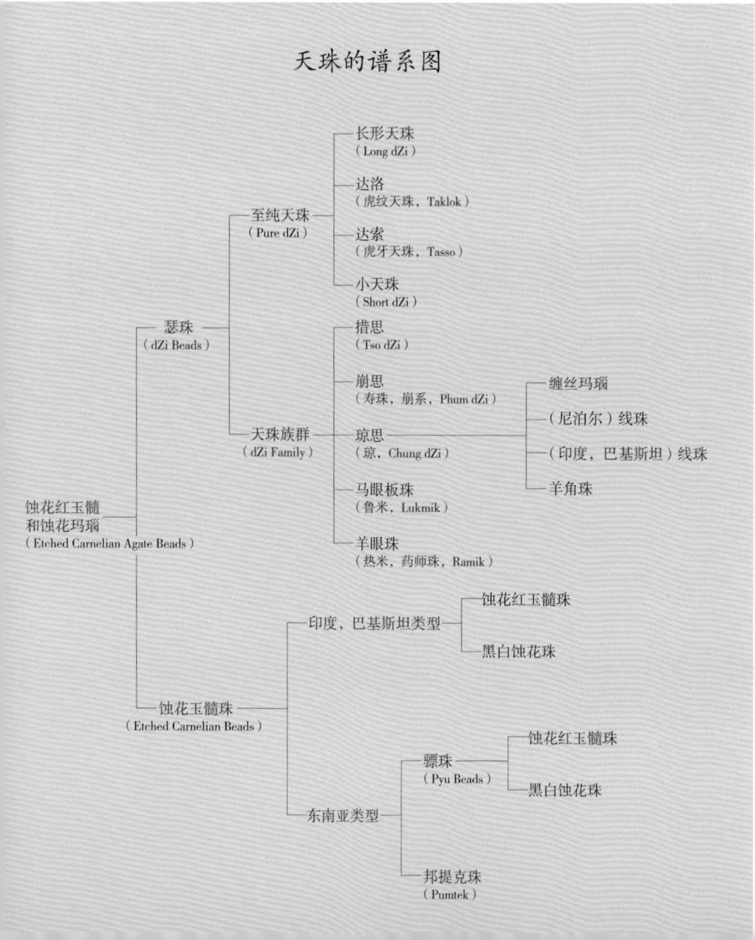

天珠的出现远远早于吐蕃王朝（中国古代藏族政权）的兴起，也远远早于藏传佛教。天珠最早出现时与吐蕃王朝和藏传佛教无关，最后却被这个民族赋予他们所信奉的宗教和法力意义并虔诚地继承下来，世代相传、珍爱和供奉，用于护身、辟邪、治病、装饰、交换、区分等级和象征财富。藏民族在长期的历史文化和宗教浸淫中形成了对几种特定材质的珠子的珍爱，比如珊瑚、绿松石、琥珀、砗磲和玛瑙，而西藏几乎不出产制作这些珠子的材料，在古代这里的人也很少自己制作这些珠子。但是由于文化的原因，我们仍然称那些经过藏民族长期穿戴的珊瑚珠为“西藏珊瑚”，将起源神秘的天珠称为“西藏天珠”。而天珠最初的背景，则隐藏在那些文字缺失、被人遗忘的隐秘之地，以及遥远的、难为人知的失落的文明里。

◉ 056. 天珠的谱系图

◉ 057　天珠的工艺

The Craft Technology of dZi Beads

类型：西藏天珠
Tibetan dZi Beads

品名：天珠的工艺
The Craft Technology of dZi Beads
地域：西藏及周边
Tibet and Surrounding Areas
年代：公元前500—公元100年
500 BC—100 AD
材质：玛瑙、玉髓等
Agate, Chalcedony, etc.

天珠是蚀花玛瑙珠的一种，其工艺非常复杂、精美。蚀花玛瑙工艺起源于公元前2600年的印度河谷文明，公元前1500年前后印度河谷文明衰落，之后蚀花工艺一度销声匿迹，几乎没有出现在考古资料中。直到公元前600年前后，铁器时代的到来和各个文明城邦的兴起，贸易繁荣，手工业兴盛，蚀花玛瑙工艺突然复兴，并衍生出新的工艺类型。

天珠最早就出现在这样的背景下。按照贝克和艾宾豪斯对蚀花玛瑙技术类型的分类，天珠的工艺技术应属型二，只有型二这种经过白化的珠子才符合藏族所谓至纯天珠的分类标准，目前的研究证实这个结论是正确的。这一工艺流程是除了至纯天珠、寿珠和部分措思珠，其他瑟珠类型所没有的。白化珠体不仅仅是为了给基底材料（缠丝玛瑙）改色，从珠体白化之后的质感看，白化工序一定程度改变了石头的质地，使其更加容易着色和施加图案。白化的效果取决于工艺水平、染色剂配方和工艺过程中的人工控制。

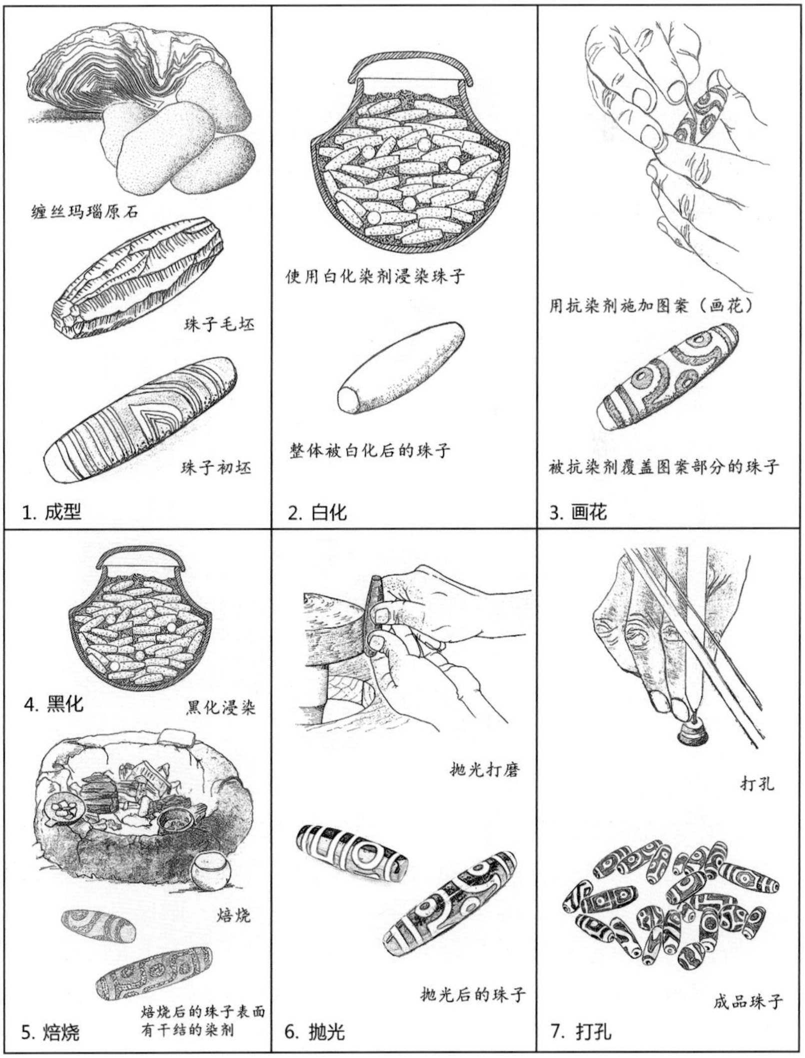

◉ 057. 天珠的工艺图解

◉ 058 至纯天珠——长形天珠

Pure dZi—Long dZi

类型：西藏天珠
Tibetan dZi Beads

品名：至纯天珠——长形天珠
Pure dZi—Long dZi
地域：西藏及周边
Tibet and Surrounding Areas
年代：公元前500—公元100年
500 BC—100 AD
材质：玛瑙
Agate

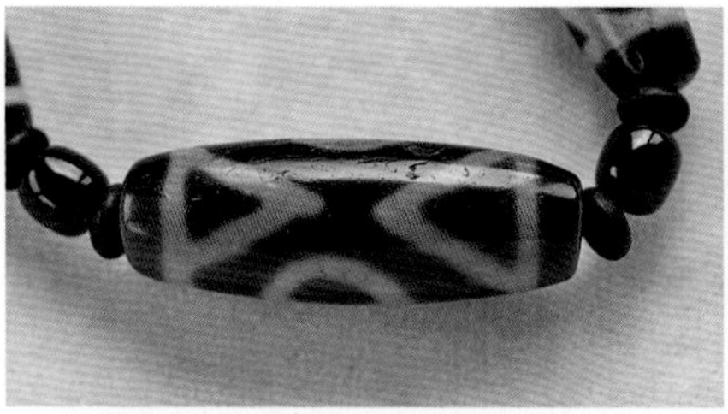

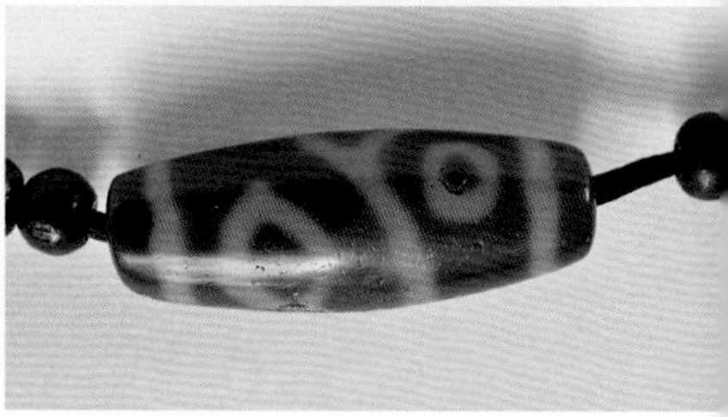

至纯天珠是天珠谱系中最受藏民族推崇的一种，至纯天珠的表面呈油脂光泽，图案大部分对称，不同图案有不同的寓意和象征，现今流传的说法不一定是最初的意义，但是一些名称仍是古老的孑遗。至纯天珠按照形制和装饰特点可大致分为四种类型，包括常见的长形天珠、达洛（圆珠）、达索（虎牙）和小天珠，此外未见其他形制和装饰类型。

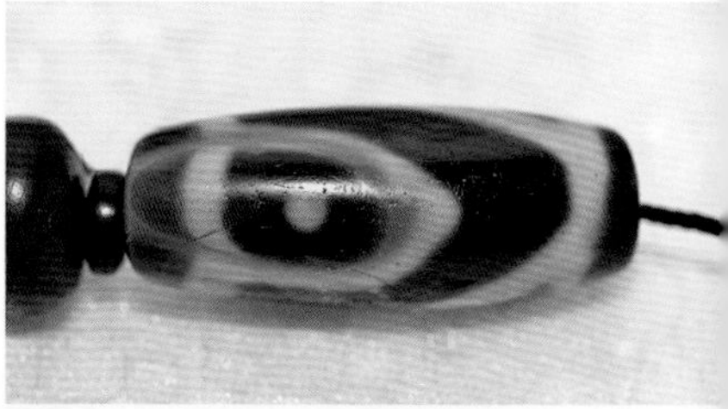

长形天珠是至纯天珠中最常见的形制，一般而言有以下特点：1.珠体经过白化处理，即采用型二工艺。2.形制为长形管状，孔道为长轴，即珠子的最大长度。3.装饰大多为对称图案，少见不对称的或随意的图案。4.大多带有“眼睛”图形，眼睛的数量有一眼、两眼、三眼、四眼、五眼、六眼、七眼、八眼、九眼、十二眼、十八眼，据传还有二十四眼天珠。5.除了眼睛纹样的图案设计，还有天地珠、双天地、日月星辰、菩提叶等特殊图案。6.除了至纯天珠类型，还有措思类型（见◉ 064）。

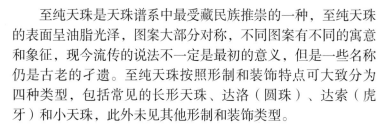

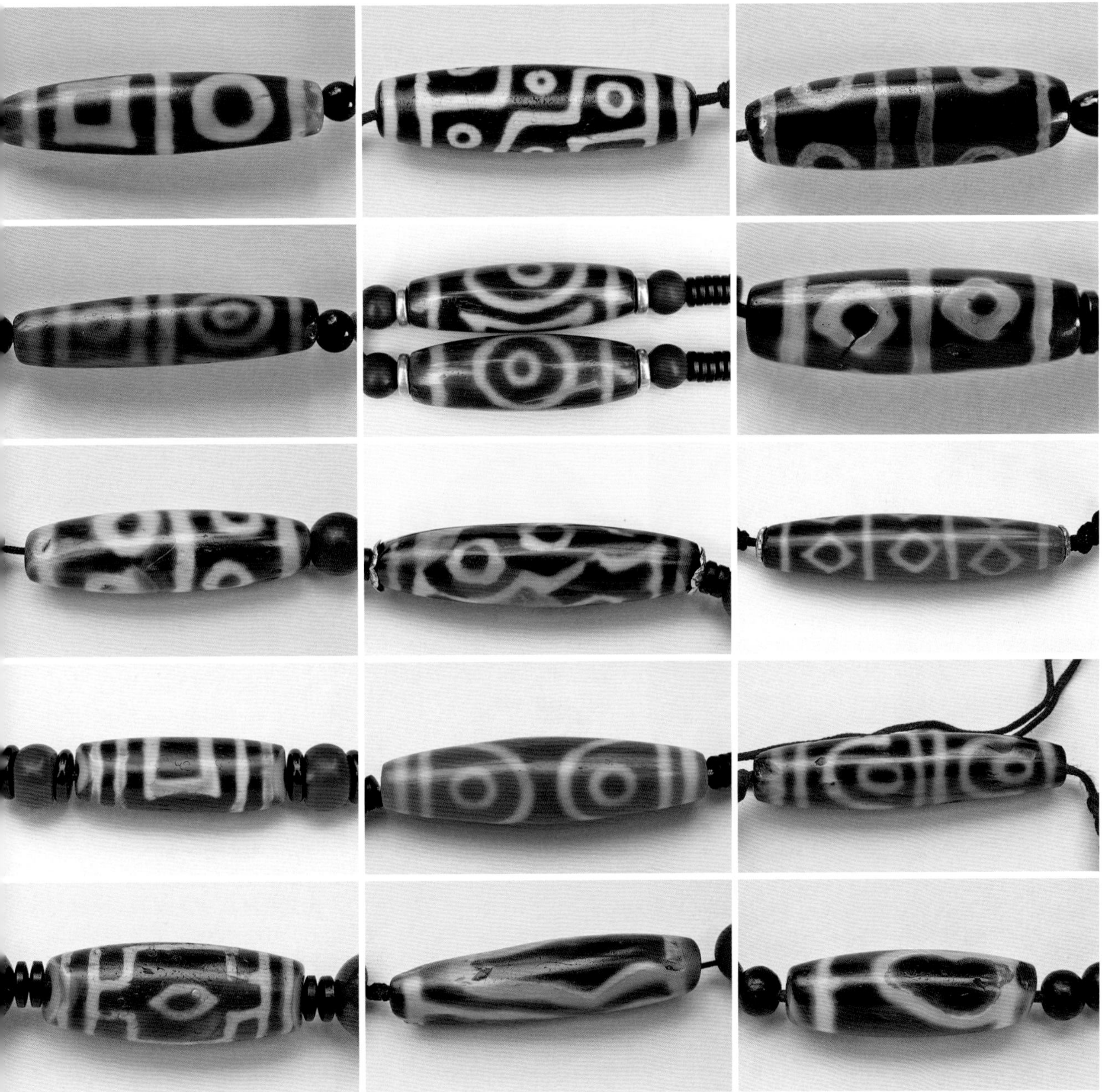

◉ 058. 至纯天珠之长形天珠。长形天珠一般指中段略鼓、两端略收缩的长管形天珠，是所有瑟珠类型中最常见的形制。长形天珠的图案设计分为三大类，一是带有眼睛纹样的图案设计，二是不带眼睛纹样的图案设计，三是不对称图案。前两类图案大多是对称图形，不对称图案的长形天珠在至纯天珠（型二工艺）中少见，而措思珠则很常见。珠子的图案类型与工艺类型相关联的情形不是偶然的，可以类比成瓷器中官窑与民窑的关系，不同的工艺类型和与此关联的图案设计最终与瑟珠使用者的社会等级或宗教寓意相关。

◉ 059　至纯天珠——达洛
Pure dZi—Taklok

类型：西藏天珠
Tibetan dZi Beads

品名：至纯天珠——达洛
Pure dZi—Taklok
地域：西藏及周边
Tibet and Surrounding Areas
年代：公元前500—公元100年
500 BC—100 AD
材质：玛瑙
Agate

◉ 059. 达洛（Taklok）在藏语中的意思是“有虎纹的圆珠”，通常指所有（椭）圆形的瑟珠。达洛是至纯天珠中不同于长形天珠的形制，一般包括如下特点：1.珠体都经过白化工艺，即采用型二工艺。2.形制为椭圆，孔道为长轴，即达洛珠的最大长度。3.只包含几种有限的图案设计，有宝瓶、莲花、水纹、彩虹、诛法（山形）、虎纹等，其中虎纹即是“达洛”，是达洛珠中最常见的图案。宝瓶天珠最受藏民族追捧，其次是莲花、彩虹、水纹（也有称其为闪电的）图案的天珠，另有山形（三角形）图案的天珠被称为“诛法”，名称很可能是后起的。4.达洛珠一般没有长形天珠（见◉ 058）那样的眼圈图案，带眼圈纹样的达洛珠非常少见。5.达洛没有措思类型的珠子，就是说，所有的达洛珠都是至纯天珠。6.达洛珠的存世量少于长形天珠，其价值因图案的象征意义有时高于长形天珠，在涉及交换流通时，这些珠子的市场价格则依赖珠子本身的品相，随颜色、形制、光泽、完整度等多种因素而变化。

◉ 060　至纯天珠——达索
Pure dZi-Tasso

类型：西藏天珠
Tibetan dZi Beads

品名：至纯天珠——达索
Pure dZi—Tasso
地域：西藏及周边
Tibet and Surrounding Areas
年代：公元前500—公元100年
500 BC—100 AD
材质：玛瑙
Agate

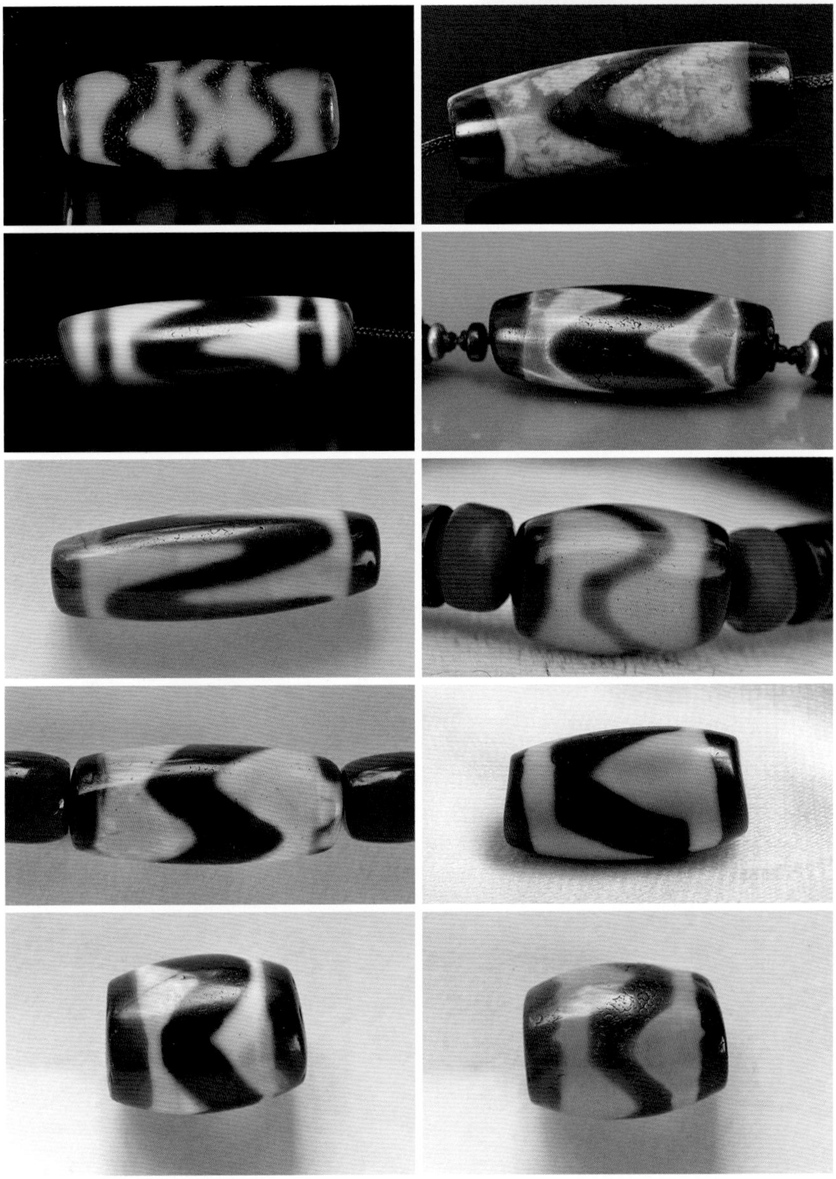

◉ 060. 至纯天珠之虎牙天珠。虎牙，藏语称为“达索”（Tasso），形制为管状，中段略鼓，尺寸一般稍小于长形天珠。达索一般有如下特点：1.与虎纹达洛珠的图案相比较，虎纹达洛一般至少有两条曲折线装饰，而虎牙达索则只有一条曲折线，双折线的虎牙少见。2.形制有长形管状，也有短形桶状（小虎牙）。孔道为长轴，即珠子的最大长度。3.有些虎牙天珠的两端分别有两道“口线”，这种图案珠子的价值在藏族人心目中高于一道口线的虎牙。4.虎牙有白化工艺（型二）的至纯天珠类型，也有措思工艺类型的，西藏阿里地区札达县曲塔墓地考古出土的虎牙天珠就是措思类型的。

◉ 061　至纯天珠——小天珠

Pure dZi —Short dZi

类型：西藏天珠
Tibetan dZi Beads

品名：至纯天珠——小天珠
Pure dZi—Short dZi
地域：西藏及周边
Tibet and Surrounding Areas
年代：公元前500—公元100年
500 BC—100 AD
材质：玛瑙
Agate

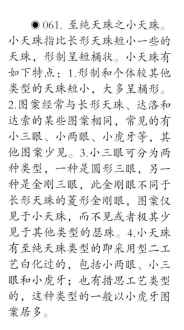

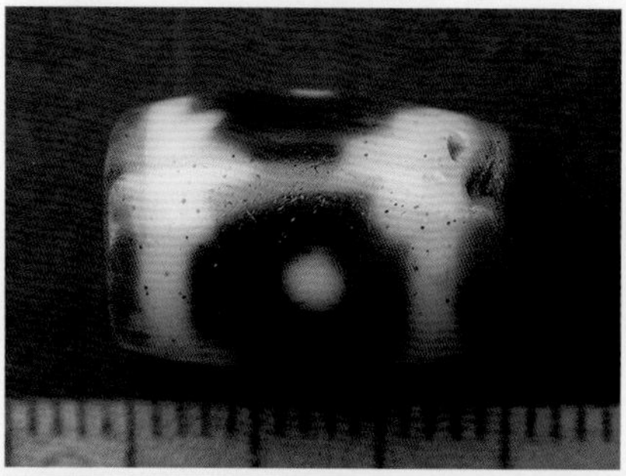

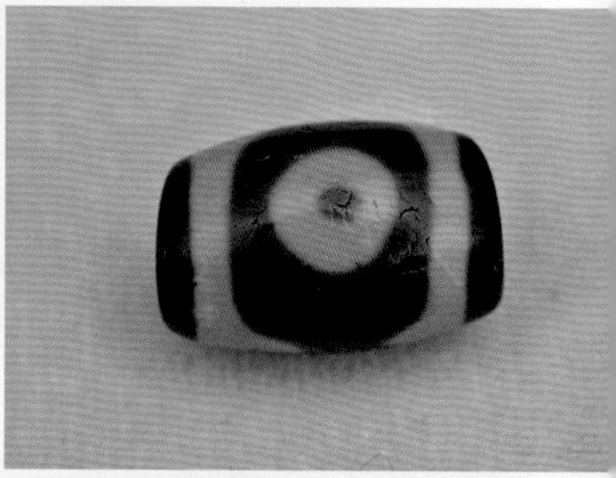

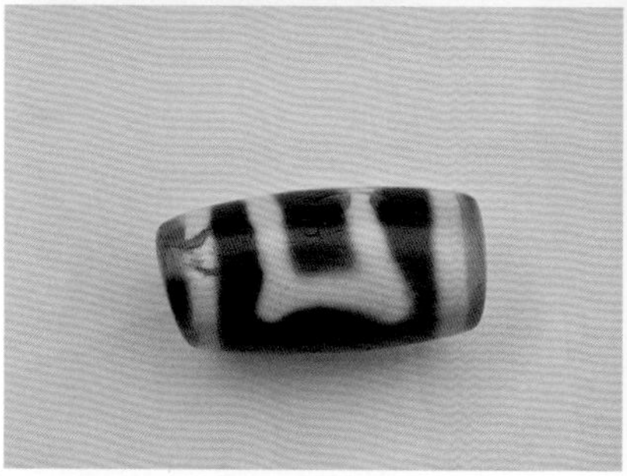

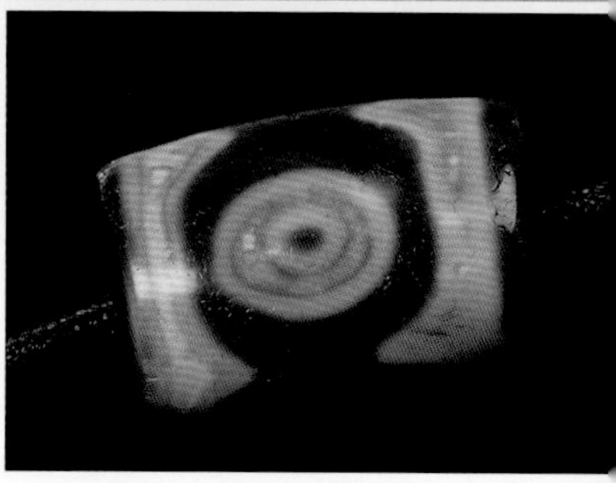

◉ 061. 至纯天珠之小天珠。小天珠指比长形天珠短小一些的天珠，形制呈短桶状。小天珠有如下特点：1.形制和个体较其他类型的天珠短小，大多呈桶形。2.图案经常与长形天珠、达洛和达索的某些图案相同，常见的有小三眼、小两眼、小虎牙等，其他图案少见。3.小三眼可分为两种类型，一种是圆形三眼，另一种是金刚三眼，此金刚眼不同于长形天珠的菱形金刚眼，图案仅见于小天珠，而不见或者极其少见于其他类型的瑟珠。4.小天珠有至纯天珠类型的即采用型二工艺白化过的，包括小两眼、小三眼和小虎牙；也有措思工艺类型的，这种类型的一般以小虎牙图案居多。

◉ 062 至纯天珠——特殊图案
Pure dZi with Special Patter

类型：西藏天珠
Tibetan dZi Beads

品名：特殊图案的至纯天珠
Pure dZi with Special Pattern
地域：西藏及周边
Tibet and Surrounding Areas
年代：公元前500—公元100年
500 BC—100 AD
材质：玛瑙
Agate

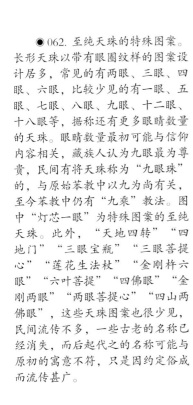

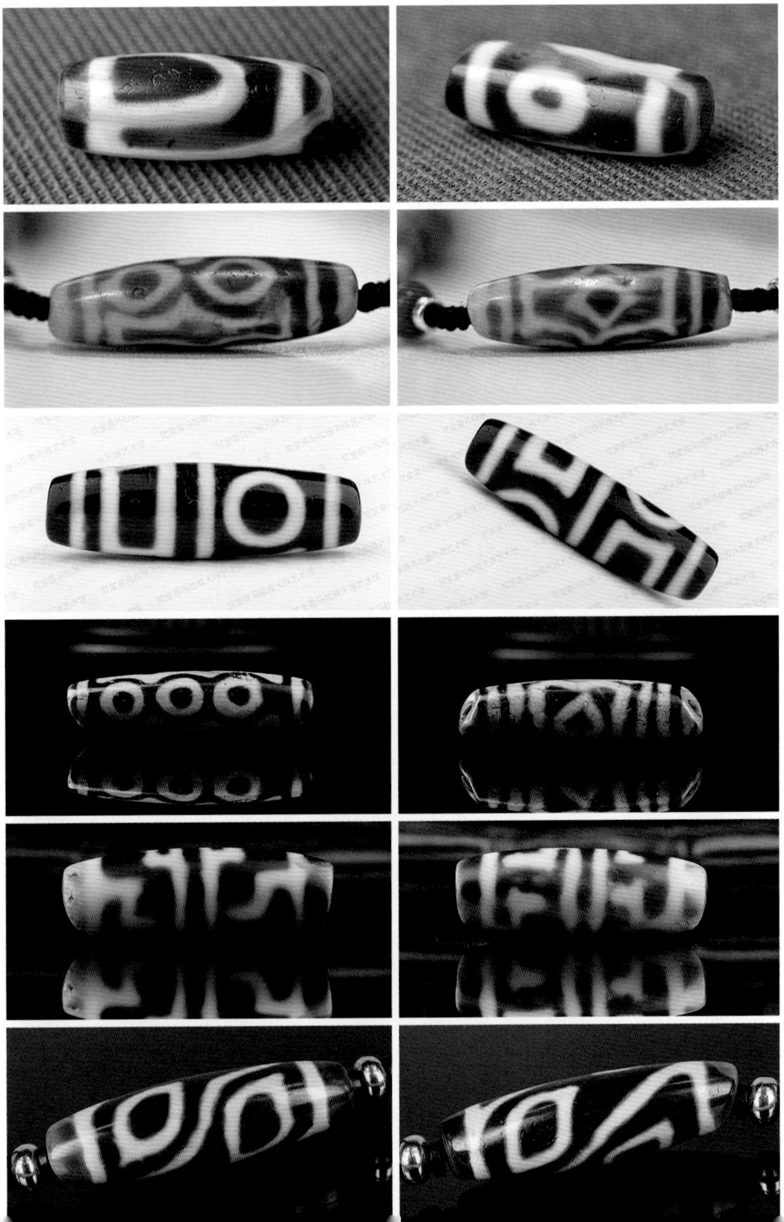

◉ 062. 至纯天珠的特殊图案。长形天珠以带有眼圈纹样的图案设计居多，常见的有两眼、三眼、四眼、六眼，比较少见的有一眼、五眼、七眼、八眼、九眼、十二眼、十八眼等，据称还有更多眼睛数量的天珠。眼睛数量最初可能与信仰内容相关，藏族人认为九眼最为尊贵，民间有将天珠称为“九眼珠”的，与原始苯教中以九为尚有关，至今苯教中仍有“九乘”教法。图中“灯芯一眼”为特殊图案的至纯天珠。此外，“天地四转”“四地门”“三眼宝瓶”“三眼菩提心”“莲花生法杖”“金刚杵六眼”“六叶菩提”“四佛眼”“金刚两眼”“两眼菩提心”“四山两佛眼”，这些天珠图案也很少见，民间流传不多，一些古老的名称已经消失，而后起代之的名称可能与原初的寓意不符，只是因约定俗成而流传甚广。

类型：西藏天珠
Tibetan dZi Beads

品名：不对称图案的至纯天珠
Pure dZi with Asymmetric Pattern
地域：西藏及周边
Tibet and Surrounding Areas
年代：公元前500—公元100年
500 BC—100 AD
材质：玛瑙
Agate

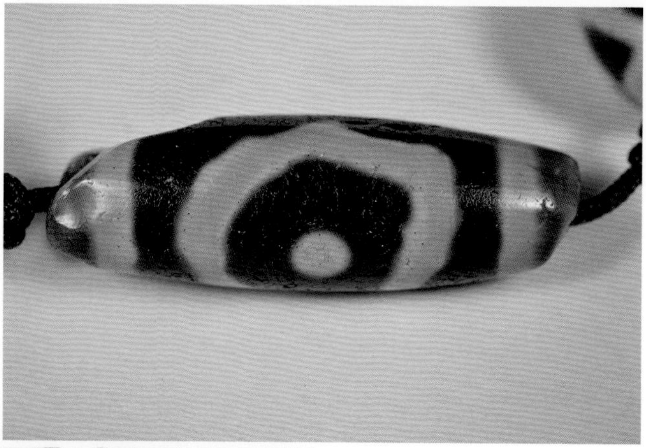

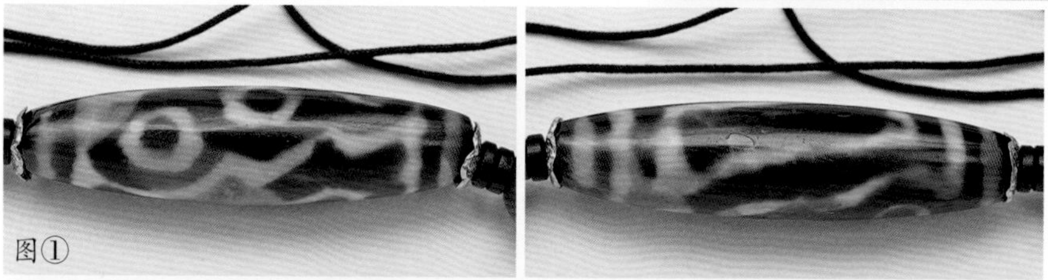

图①

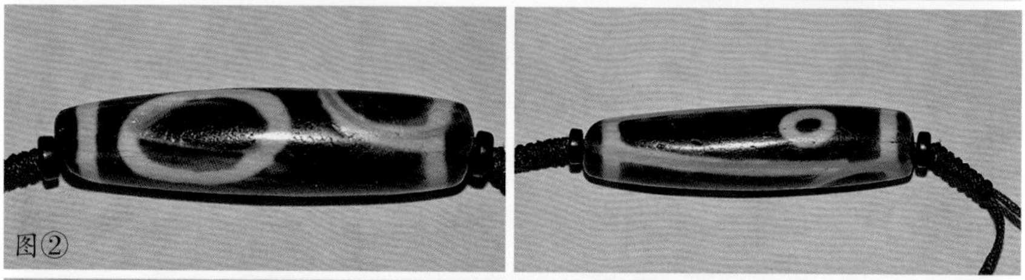

图②

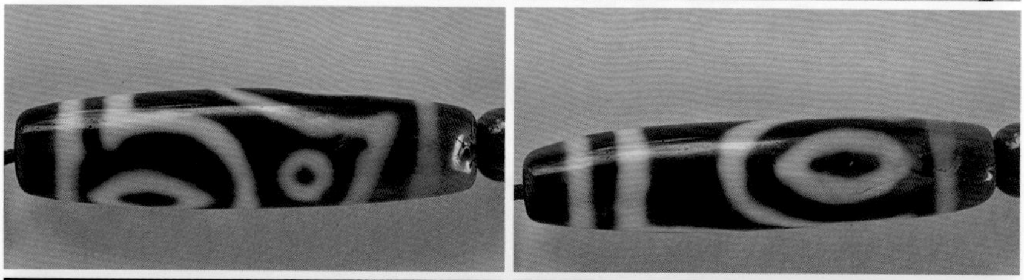

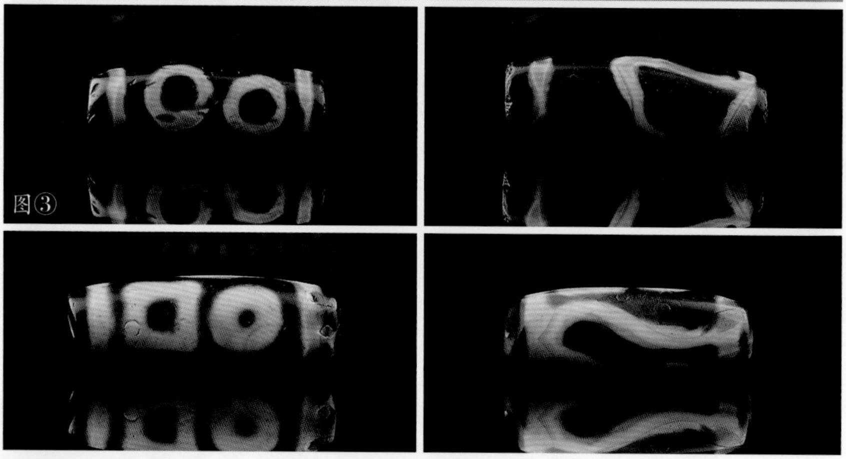

图③

◉ 063. 至纯天珠的不对称图案。不对称图案的至纯天珠相对少见，并且大多已经名称散佚，藏族民间流传的名称可能是后起的，但也流传了相当长的时间。图例中有被藏族称为“鸡嘴马眼”的珠子（图③），养鸡并非藏族传统，藏族人所谓的“鸡”并非指鸡，而是泛指鸟禽，“鸡嘴马眼”实际上是指图案像禽鸟的嘴和马的眼睛，生动形象。有两枚天珠（图①、图②）的实际尺寸较大，名称已经不可知，整体形制有别于普通天珠，图案设计独一无二。

◉ 064 措思
Tso dZi

类型：西藏天珠
Tibetan dZi Beads

品名：措思
Tso dZi
地域：西藏及周边
Tibet and Surrounding Areas
年代：公元前500—公元100年
500 BC—100 AD
材质：玛瑙
Agate

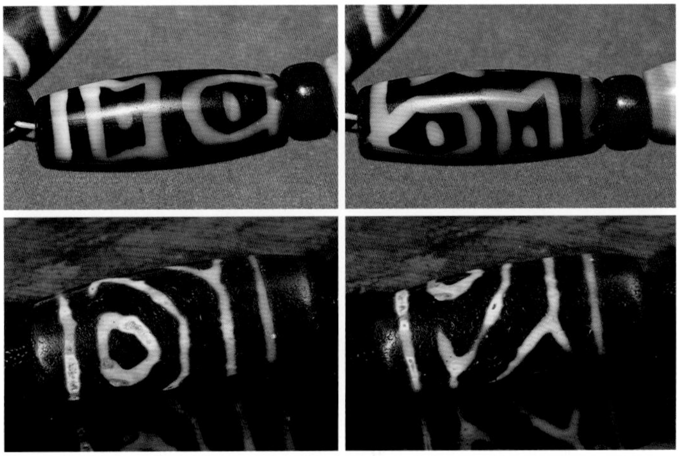

措思（Tso dZi）是藏语音译，意思是“湖珠”，“措”是湖或海子的意思（藏族称湖为海子），“思”即是“瑟”，同一发音的不同音译。措思实际上即瑟珠系列中的一种工艺类型，也是一种装饰类型。措思与至纯天珠表面效果的区别首先是制作工艺的不同，其次是图案装饰的不同。措思有很多图案是至纯天珠没有的，图案设计比至纯天珠更丰富，并且与至纯天珠大多呈对称图案的特点不同的是，措思多数图案是不对称的，图案设计也比较随意，独一无二。2014年西藏阿里地区札达县曲塔墓地考古出土了一枚虎牙图案的措思珠，为措思珠的断代提供了可靠的考古编年下限。

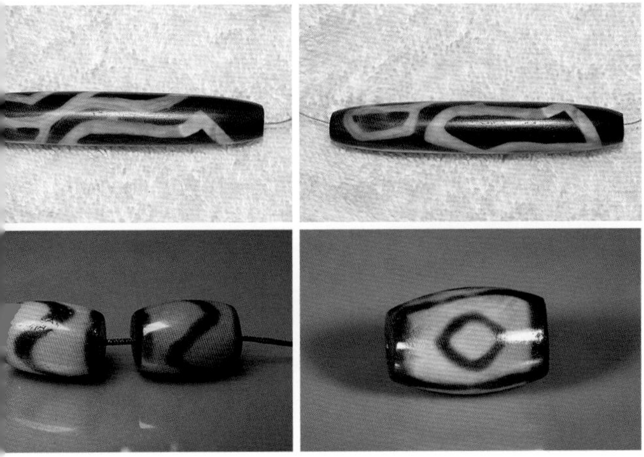

◉ 064. 措思珠。措思有以下特点：1.措思的形制都是中间略鼓、两端渐收的长管形，多数时候比（至纯）长形天珠略细长一些。2.措思的孔道为长轴，即珠子的最大长度。3.制作措思和制作至纯天珠的材料都是缠丝玛瑙。4.多数措思没有经过白化即型二工艺，因而质地呈半透明，但是有“糖化”和其他染色工艺的处理。5.措思与至纯天珠有共同的图案，一般为对称图案设计，比如两眼、金刚六眼、宝瓶四眼等，应该是代表同样的意义或象征。6.措思的图案设计比至纯天珠丰富，有大量至纯天珠所没有的不对称的、随意的图案设计。7.措思经常有水晶伴生。8.措思有小天珠，理论上没有达洛珠。近年有藏家偶见措思工艺的小圆珠孤例，个体较小，与大部分措思来源一样出自克什米尔。由此推测一些古代工匠除了遵守传统和规范，有时也愿意做新的尝试。

类型：西藏天珠
Tibetan dZi Beads

品名：特殊图案的措思
Tso dZi with Special Pattern
地域：西藏及周边
Tibet and Surrounding Areas
年代：公元前500—公元100年
500 BC—100 AD
材质：玛瑙
Agate

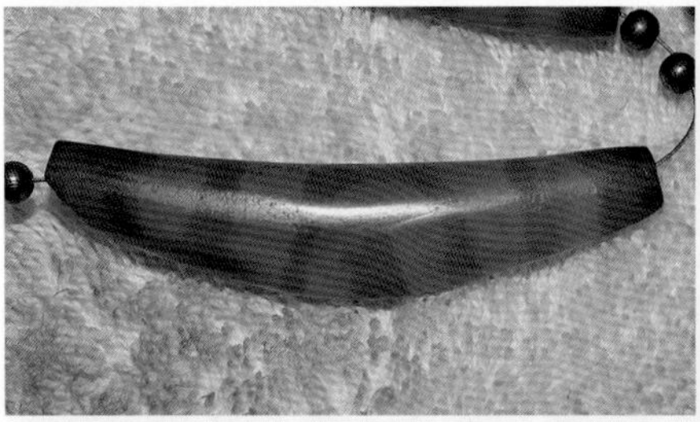

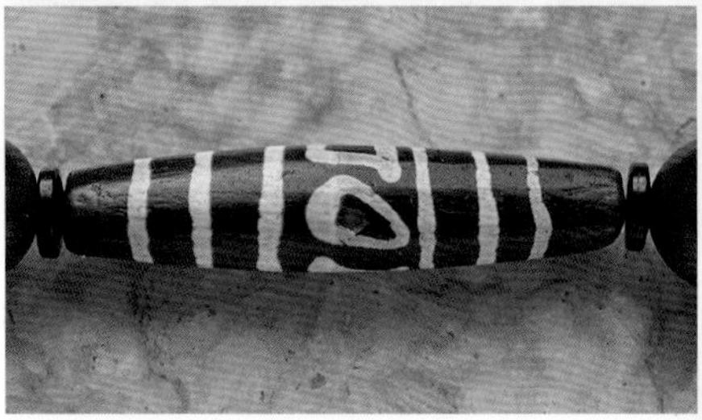

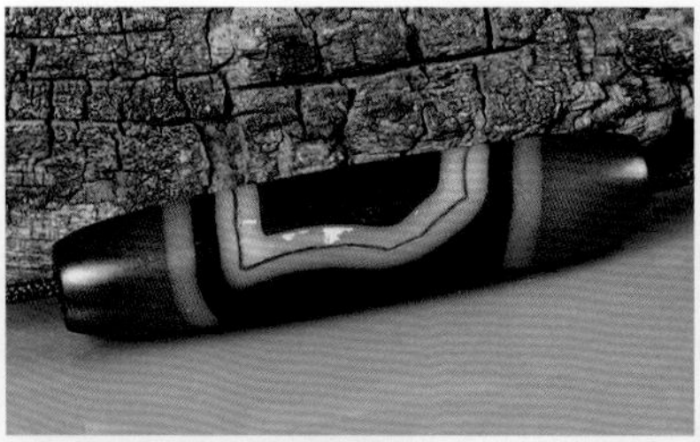

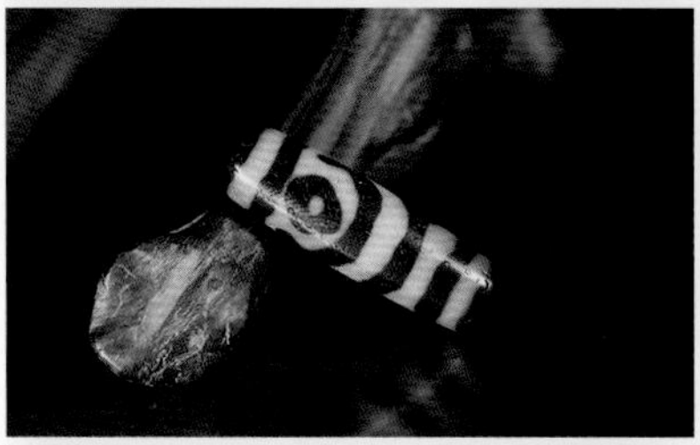

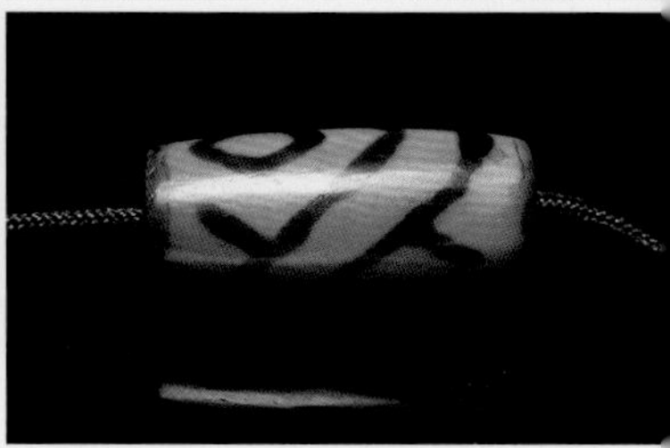

◉ 065. 特殊图案的措思。除了与天珠有共同的对称图案，几乎所有不对称的、随机设计的措思图案都可称为特殊图案，这些图案大多独一无二，很少重复出现。有些措思的图案似乎流传很广，在蚀花玛瑙和邦提克珠（见◉ 127）上都出现过，比如“之”字形图案，它们出现在不同工艺和不同地域的珠子装饰上，这些珠子年代大致平行，表明不同地域之间的交流。一些措思利用材料自带的伴生水晶设计成随机的图案，这些图案也都是独一无二的。措思的制作工艺不像至纯天珠那样比较单一，而是有不同变化，呈现更多样的色彩和装饰效果。

类型：西藏天珠
Tibetan dZi Beads

品名：三色措思
Tricolor Tso dZi
地域：西藏及周边
Tibet and Surrounding Areas
年代：公元前500—公元100年
500 BC—100 AD
材质：玛瑙
Agate

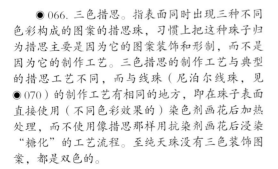

◉ 066. 三色措思。指表面同时出现三种不同色彩构成的图案的措思珠，习惯上把这种珠子归为措思主要是因为它的图案装饰和形制，而不是因为它的制作工艺。三色措思的制作工艺与典型的措思工艺不同，而与线珠（尼泊尔线珠，见◉ 070）的制作工艺有相同的地方，即在珠子表面直接使用（不同色彩效果的）染色剂画花后加热处理，而不使用像措思那样用抗染剂画花后浸染“糖化”的工艺流程。至纯天珠没有三色装饰图案，都是双色的。

◉ 067 崩思——型二寿珠

Phum dZi of Type 2

类型：西藏天珠
Tibetan dZi Beads

品名：型二寿珠
Phum dZi of Type 2
地域：西藏及周边
Tibet and Surrounding Areas
年代：公元前500—公元100年
500 BC—100 AD
材质：玛瑙
Agate

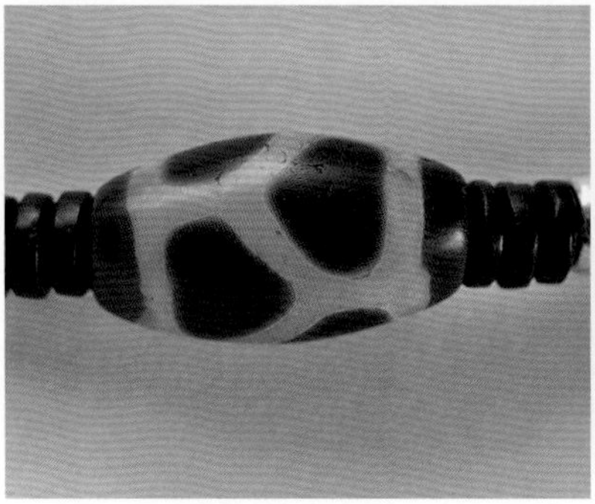
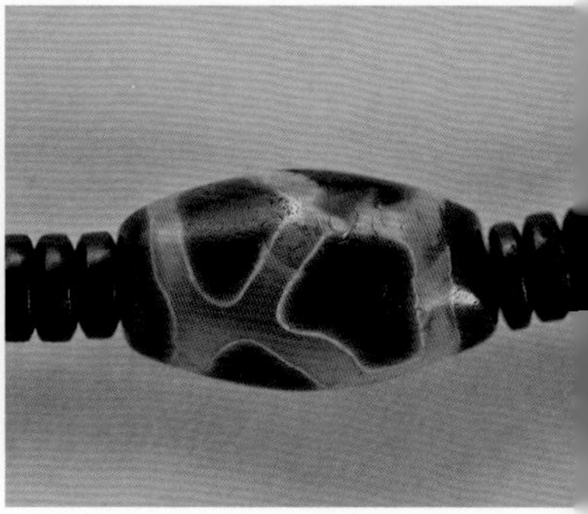

寿珠是瑟珠系列中从图案装饰到工艺类型都很独特的珠子，藏语发音“崩思”（Phum dZi）也音译成“崩瑟”。之前坊间所称的“崩系”天珠实际上是藏语“崩思”的转音，指的就是寿珠。“寿珠”的名称是后起的，可能得于珠子表面四方连续的五边形装饰图案，这种图案与乌龟背甲上的纹样类似，而乌龟在许多文化中都是长寿的象征，于是这种装饰图案的珠子得名“寿珠”。寿珠就工艺而言也可以分为两大类：按照艾宾豪斯的技术分类，可归为型二寿珠的一类，即整体白化后再施加图案；另一种是蚀花寿珠，即最常见的蚀花工艺——表面画花，但实际上蚀花寿珠在画花之前也都经过加色或染色处理。

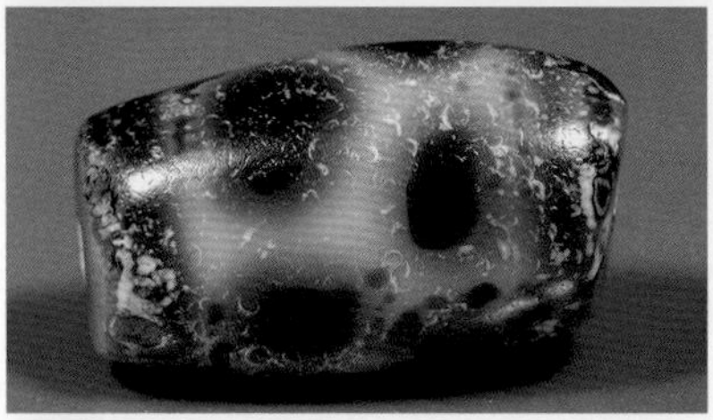

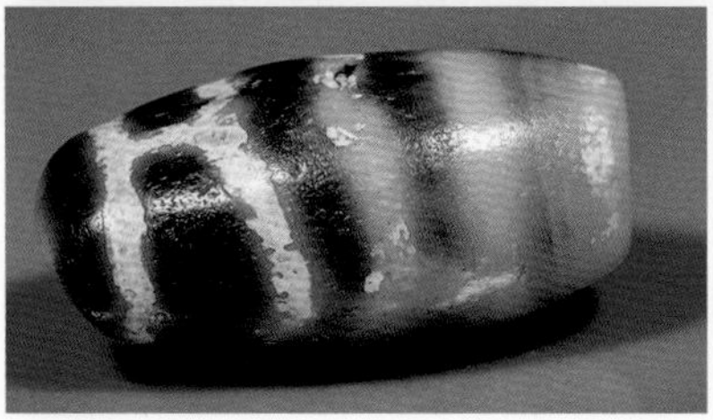
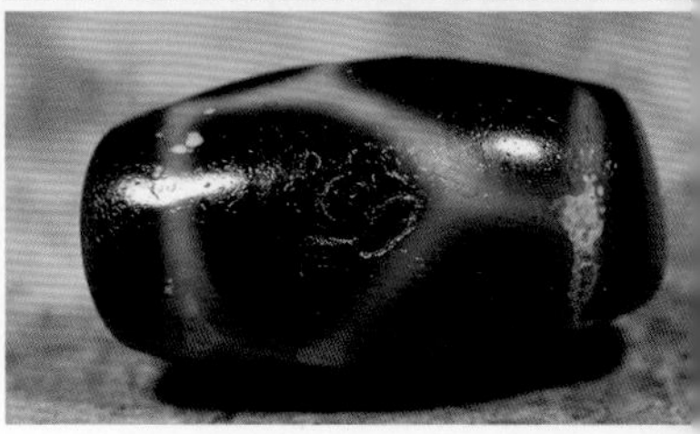

◉ 067. 型二寿珠。型二寿珠在公元前2600年的印度河谷文明时期就已经出现（见《喜马拉雅天珠》图029），因而也被认为早于其他瑟珠系列，流传下来的型二寿珠当中，有一部分可能是印度河谷文明时期的，大部分是铁器时代的寿珠。寿珠的图案大多为四方连续的五边形，这种图案是寿珠独有，此外也能见到其他较为特殊的图案，如“菩提叶”和“莲花”，以及其他更为少见的图案。型二寿珠的价值在藏民族的心目中高于其他工艺类型的蚀花寿珠，这可能与型二寿珠包含更多的工艺价值有关，也可能与其原产地所属文化和宗教有关。

◉ 068　崩思——蚀花寿珠

Phum dZi of Etched Beads

类型：西藏天珠
Tibetan dZi beads

品名：蚀花寿珠
Phum dZi of Etched Beads
地域：西藏及周边
Tibet and Surrounding Areas
年代：公元前500—公元100年
500 BC—100 AD
材质：玛瑙
Agate

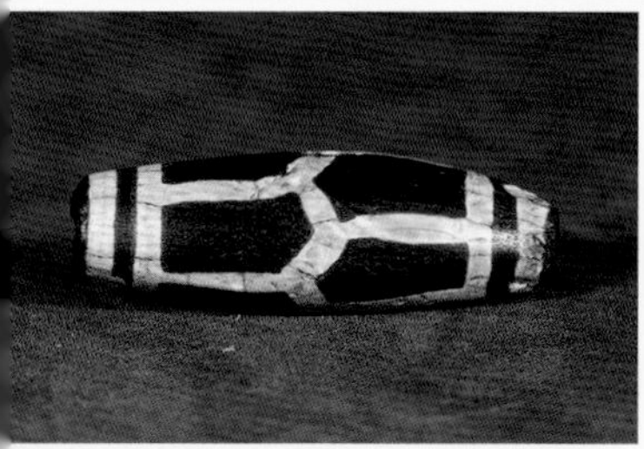

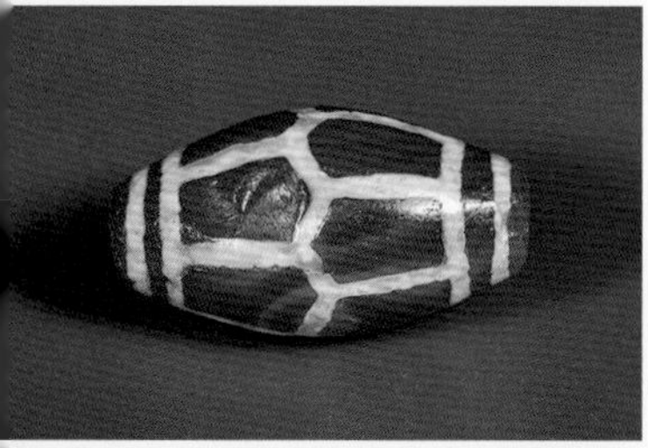

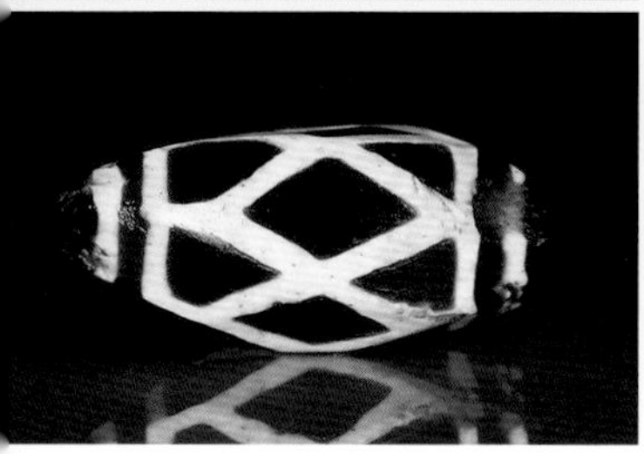

◉ 068. 蚀花寿珠。蚀花寿珠被归入瑟珠系列并非因为其工艺制作，而是因为装饰图案类型。就工艺而言，蚀花寿珠的工艺较型二寿珠的简化。这类珠子大多来自印度、巴基斯坦、缅甸和泰国，都没有使用过型二即整珠白化的工艺。蚀花寿珠除了有黑白装饰效果，还有蚀花红玉髓即红地白花的装饰效果。东南亚的黑白蚀花珠所使用的黑色染色剂的着色效果特别强烈，与他们使用的特有的染色剂配方和工艺控制有关，如尼泊尔线珠、缅甸骠珠和古代泰国制作的黑白蚀花珠。黑色和红色有“龟背”纹样（五边形四方连续图案）的寿珠在孟加拉国瓦里-贝特肖遗址出土的珠子（见◉ 141）中有标型器。

◉ 069 琼思——天然缠丝玛瑙
Chung dZi of Agate

类型：西藏天珠
Tibetan dZi Beads

品名：天然缠丝玛瑙珠
Chung dZi of Agate
地域：西藏及周边
Tibet and Surrounding Areas
年代：公元前500—公元100年
500 BC—100 AD
材质：玛瑙
Agate

“琼”或者“琼瑟”、“琼思”（Chung dZi），是藏族对所有带有缠丝纹样和线条（环线）装饰的瑟珠的称谓，包括天然缠丝玛瑙的琼思和人工蚀花的线珠两大类。天然缠丝玛瑙的琼思形制为其独有，既不同于天珠，也不同于措思或崩思以及其他所有类型的瑟珠，一般为中段略鼓、两端渐收的桶形，珠子表面尽可能保留了色彩和纹样俱佳的天然缠丝。有些缠丝玛瑙带有天然的眼睛纹样，这种琼珠在藏族心目中价值不菲。藏医药经典《晶珠本草》对天珠和其他瑟珠入药及其功效都有记载，其中有专门的缠丝玛瑙词条。

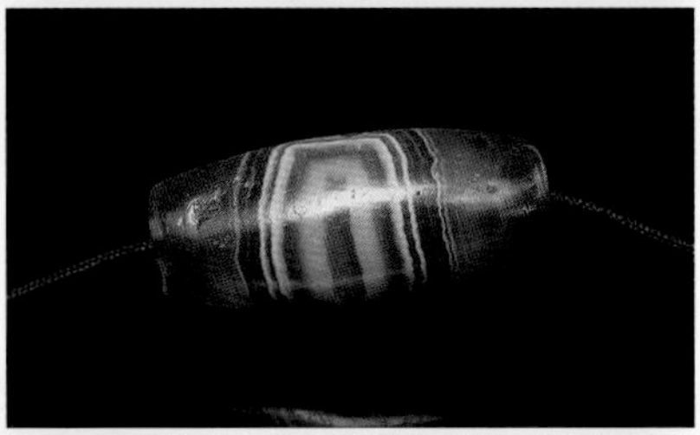
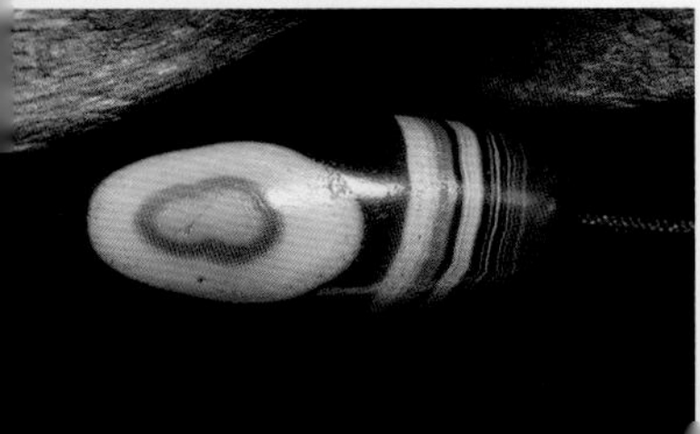

◉ 069. 天然缠丝玛瑙。天然缠丝玛瑙同样是藏民族十分珍爱的瑟珠，“琼”的读音很可能来自古代中亚波斯及克什米尔等地方，藏民族保留了这一古老的读音，而中原地区在先秦时期也称其为“琼”，直到东汉和魏晋之后才开始称为“玛瑙”。瑟珠系列在最近几十年被藏族地区之外的藏家认识后，坊间一度将“琼”一类的缠丝玛瑙和线珠称为“冲天珠”，实际上是“琼”的转音。

◉ 070 琼思——蚀花线珠（尼泊尔线珠）

Chung dZi of Etched Beads

类型：西藏天珠
Tibetan dZi Beads

品名：蚀花线珠
Chung dZi of Etched Beads
地域：西藏及周边
Tibet and Surrounding Areas
年代：公元前500—公元100年
500 BC—100 AD
材质：玛瑙
Agate

◉ 070. 线珠。线珠大多被认为出自尼泊尔。典型的尼泊尔线珠有相对固定的图案样式，珠子中段有黑白两色对比的图案装饰，一般呈一定角度的黑白条带，四条白线连同白线之间的黑色间隔部分一同算作七线，称为七线珠，也有五线装饰的，珠子两端未装饰的部分为余留的玉髓天然底色。孟加拉国瓦里-贝特肖遗址考古出土的珠子（见◉ 141）既有骠珠也有七线珠，为多类珠子提供了考古编年依据。另一些不同于尼泊尔线珠装饰效果的线珠则来自巴基斯坦即古代北印度。

◉ 071 羊角珠
Chung dZi of Arietiform

类型：西藏天珠
Tibetan dZi Beads

品名：羊角珠
Chung dZi of Arietiform
地域：西藏及周边
Tibet and Surrounding Areas
年代：公元前500—公元100年
500 BC—100 AD
材质：玛瑙
Agate

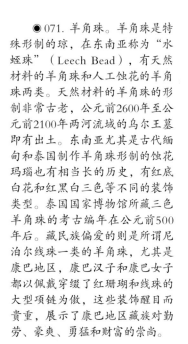

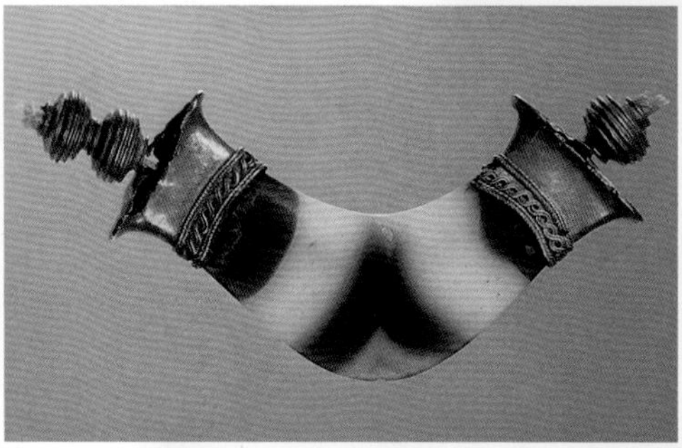

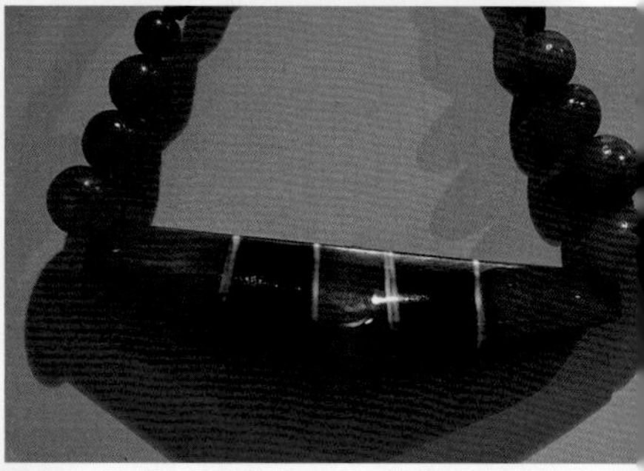

◉ 071. 羊角珠。羊角珠是特殊形制的琼，在东南亚称为“水蛭珠”（Leech Bead），有天然材料的羊角珠和人工蚀花的羊角珠两类。天然材料的羊角珠的形制非常古老，公元前2600年至公元前2100年两河流域的乌尔王墓即有出土。东南亚尤其是古代缅甸和泰国制作羊角珠形制的蚀花玛瑙也有相当长的历史，有红底白花和红黑白三色等不同的装饰类型。泰国国家博物馆所藏三色羊角珠的考古编年在公元前500年后。藏民族偏爱的则是所谓尼泊尔线珠一类的羊角珠，尤其是康巴地区，康巴汉子和康巴女子都以佩戴穿缀了红珊瑚和线珠的大型项链为傲，这些装饰醒目而贵重，展示了康巴地区藏族对勤劳、豪爽、勇猛和财富的崇尚。

◉ 072 黑白珠

Chung dZi with Black and White Strips

类型：西藏天珠
Tibetan dZi Beads

品名：黑白珠
Chung dZi with Black and White Strips
地域：西藏及周边
Tibet and Surrounding Areas
年代：公元前500—公元100年
500 BC—100 AD
材质：玛瑙
Agate

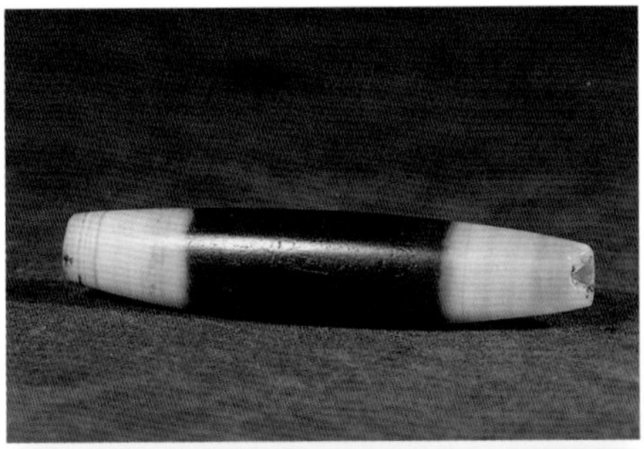

◉ 072. 黑白珠和黑白线珠。理论上这种黑白装饰的管状的珠子应归入线珠一类，藏族人大多称其为“琼”，但是有他们自己的限定词，以便在名称上与其他类型的琼珠区别开来。黑白珠的个体一般不大，偶见大尺寸黑白线珠的形制，一般为中断起鼓、两端明显收缩、形似橄榄，黑色底色，白色线圈装饰；另有中段黑色，两端呈白色或肉红玉髓本色的装饰效果。

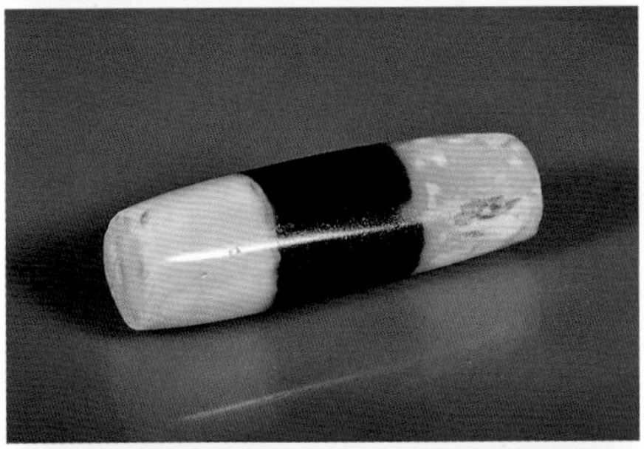

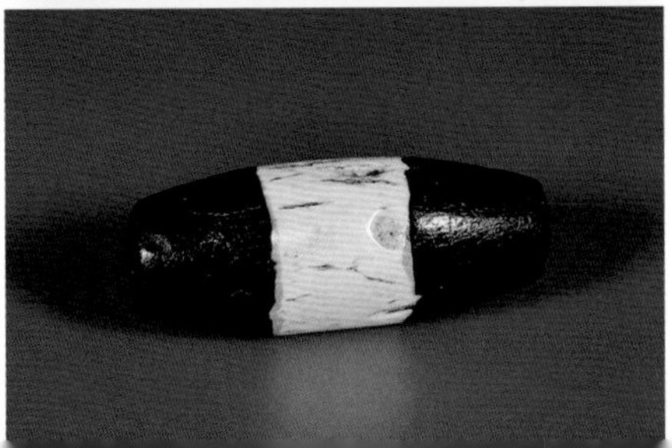

◉ 073　药师珠
Ramik

类型：西藏天珠
Tibetan dZi Beads

品名：药师珠
Ramik
地域：西藏及周边
Tibet and Surrounding Areas
年代：公元前500—公元100年
500 BC—100 AD
材质：玛瑙
Agate

藏语“热米”（Ramik）即是“羊眼”的意思，指利用缟玛瑙（Onyx，条纹玛瑙）的黑白条纹制作的圆珠，现在经常被称为“药师珠”，中亚伊朗和巴基斯坦及印度则称其为“苏莱曼尼”（Sulaimani），其名称可能是后起的。藏医药经典《晶珠本草》将其描述为“同心环状玛瑙”，又称“花斑瑙”。由于其入药的功效，被民间赋予更多想象和故事，诸如擅医术的僧人总是佩戴这种珠子的说法，因而得名“药师珠”。

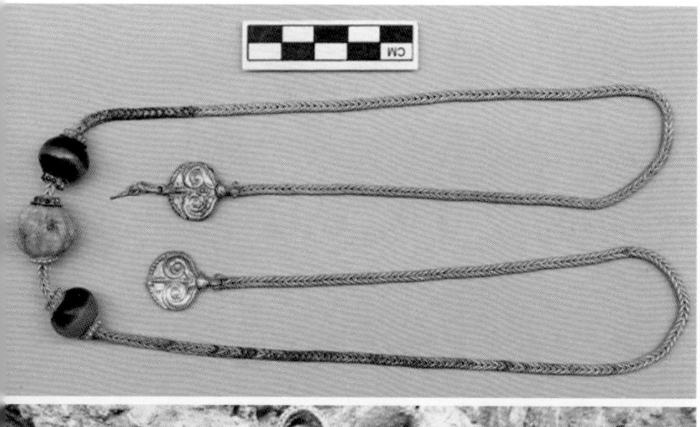

◉ 073. 药师珠。与其他类型的瑟珠一样，药师珠的原产地也不在西藏，并且早于古代吐蕃民族的兴起，《晶珠本草》也说热米（药师珠）有些为印度人制造，大多靠商人贸易交换而来，“热米”即羊眼的称谓可能是这种珠子进入吐蕃之后才有的，名称与吐蕃民族的生存环境和方式密切关联。在藏族心目中，圆珠最大直径处只有一条白色线圈的药师珠价值高于多条纹线的珠子，被称为“一线药师珠”。

2015年，希腊考古学家对位于希腊西南海岸的皮洛斯青铜时代的希腊战士墓葬进行了发掘，出土上千件陪葬品，其中包括穿缀有条纹玛瑙珠（即苏莱曼尼珠、药师珠）的金项链（见◉ 242）和印章一类私人物品，墓葬的考古编年为公元前1500年。

◉074 蚀花药师珠
Ramik of Etched Type

类型：西藏天珠
Tibetan dZi Beads

品名：蚀花药师珠
Ramik of Etched Type
地域：西藏及周边
Tibet and Surrounding Areas
年代：公元前500—公元100年
500 BC—100 AD
材质：玛瑙
Agate

◉074. 蚀花药师珠。制作人工蚀花药师珠的材料是缠丝玛瑙，珠子个体一般大于天然材质的药师珠，近年也有人称其为“一线天珠”，因其工艺和质地与至纯天珠类似。蚀花药师珠的色彩有黑白对比和所谓“糖色”，糖色的蚀花玛瑙珠经常出自孟加拉国（民间资料），形制丰富，图案多变，除了圆珠，还有纺锤形、扁平的橄榄形和坊间称为“飞碟”的珠子，以及其他更为奇特的形制和装饰图案。蚀花药师珠有不同的产地，古代波斯、孟加拉地区（见◉142）、也门（见◉215）和中东（见◉214）都有正式或非正式的资料。

◉ 075 马眼板珠
Lukmik

类型：西藏天珠
Tibetan dZi Beads

品名：马眼板珠
Lukmik
地域：西藏及周边
Tibet and Surrounding Areas
年代：公元前500—公元100年
500 BC—100 AD
材质：玛瑙
Agate

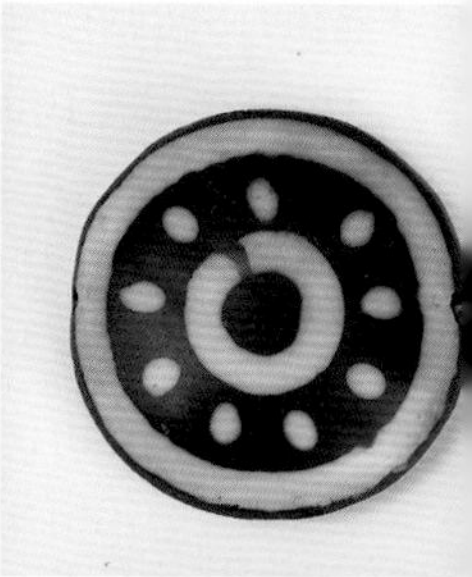

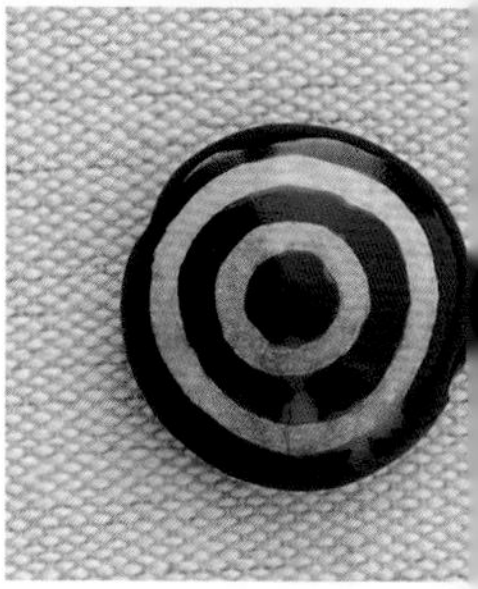

◉ 075. 蚀花马眼板珠。蚀花马眼板珠典型的形制为圆形板珠，而天然纹样的马眼板珠形制和图案丰富。蚀花马眼板珠除了最常见的一眼，还有“眼中眼”“日月星辰”等图案变化，这些图案的名称可能是后起的。蚀花肉红玉髓中有马眼板珠的形制和图案，一般个体较小，采用的是型一即表面画花的工艺，这种珠子在公元前2600年的印度河谷文明就已经出现，铁器时代从印度到东南亚都在制作，多数时候藏族不会将其视为真正的马眼板珠，而称其为“印度的红石头”。

马眼（Lukmik）是装饰有马眼纹样的圆形板珠，藏语称为“鲁米”，直译马眼。典型的马眼为一眼圆形板珠，此外还有其他特殊形制和图案。马眼板珠的形制非常古老，早在公元前2600年的印度河谷文明就出土这种形制和装饰的珠子，在两河流域也有数千年的传统，但是采用型二技术的人工蚀花的马眼板珠可能是铁器时代才出现的。“马眼”和“羊眼”并非珠子最初制作时的名称，这两种珠子（天然纹样）是同一种材料的不同制作方式。珠子进入吐蕃以后，藏民族在他们特殊的生存方式中撷取最容易观察到的形象，用来命名他们喜爱的珠子。马眼与羊眼（药师珠）以及线珠一样，都分为天然材料和人工蚀花的两类。

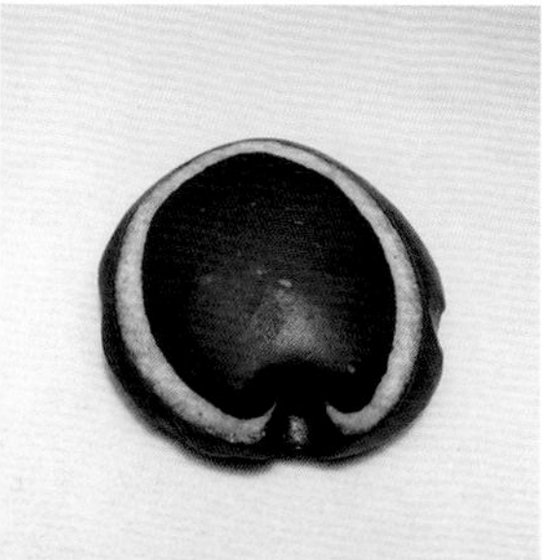

◉ 076　天然纹样的马眼板珠
Lukmik with Natural Design

类型：西藏天珠
Tibetan dZi Beads

品名：天然纹样的马眼板珠
Lukmik with Natural Design
地域：西藏及周边
Tibet and Surrounding Areas
年代：公元前500—公元100年
500 BC—100 AD
材质：玛瑙
Agate

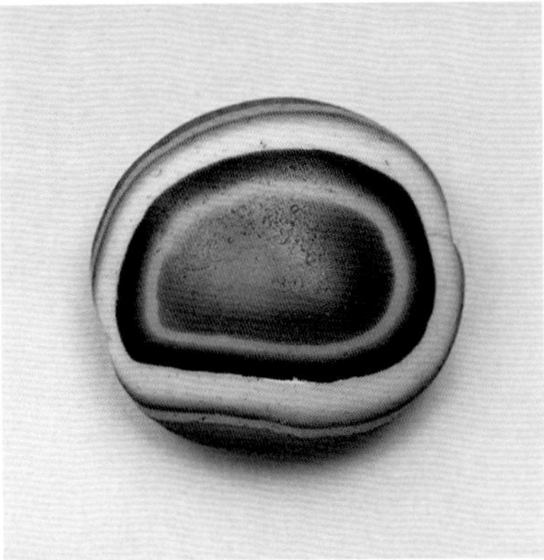

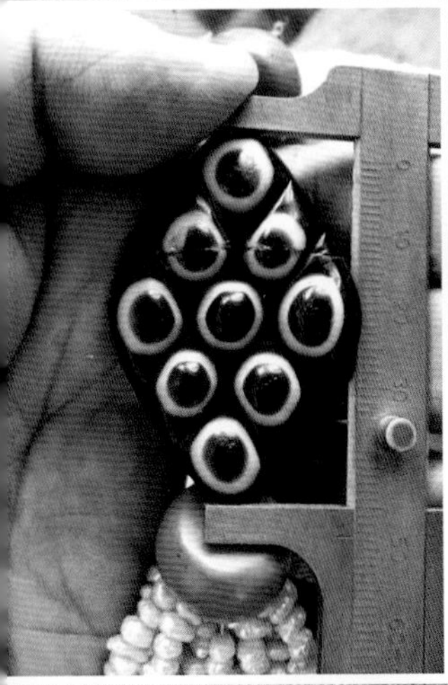

◉ 076. 天然纹样的马眼板珠。与人工蚀花的马眼板珠一样，天然纹样的马眼板珠最常见的图案是一眼，也有两眼、三眼、四眼等多种图案变化，理论上这种材料可以制作任何数量的眼睛；除了典型的圆形板珠，还有菱形、花瓣形、三角形等变化，一种带有双耳的“兽头”形也经常见到，但所有特殊形制的变化都是扁平的板珠状。图中菱形九眼板珠（断）是利用条纹玛瑙的三层色彩分层制作的。公元前2600年的乌尔古城还出土了双眼纹样的板珠，大多作为珠饰构件与其他珠子穿缀在一起，双孔的珠子用作隔珠。藏于卢浮宫的波斯帝国王族项链中的马眼板珠和藏于不列颠博物馆乌尔窖藏红玛瑙手串上的双眼板珠，均为天然纹样马眼板珠的标准器。

类型：西藏天珠
Tibetan dZi Beads

品名：白天珠
White Colored dZi
地域：西藏及周边
Tibet and Surrounding Areas
年代：公元前500—公元100年
500 BC—100 AD
材质：玛瑙
Agate

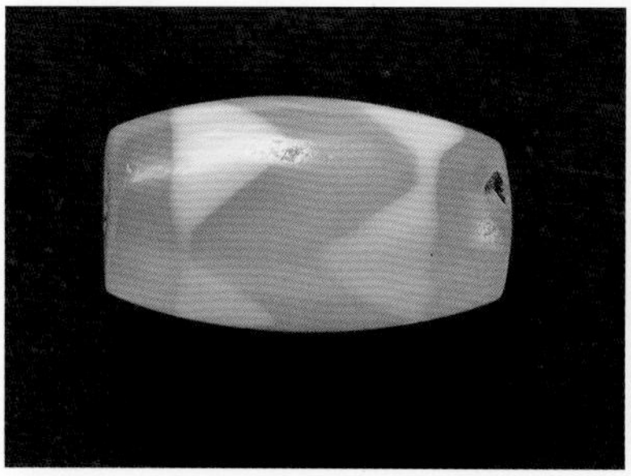
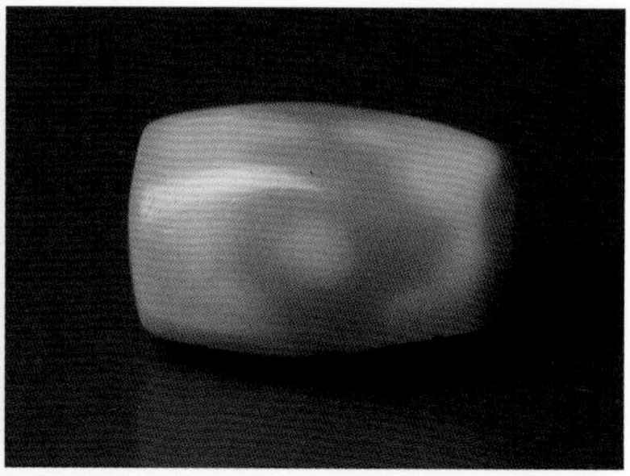

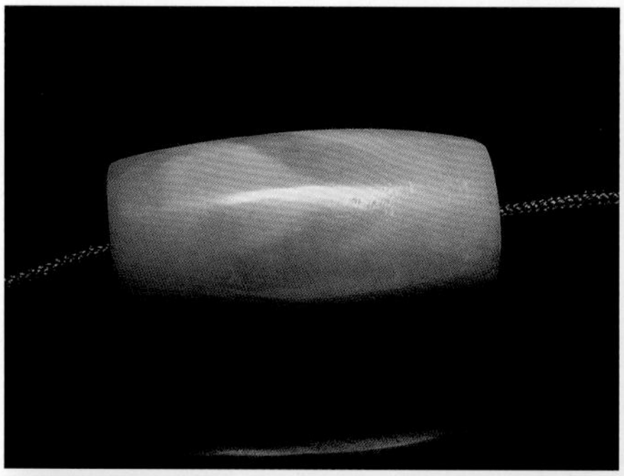
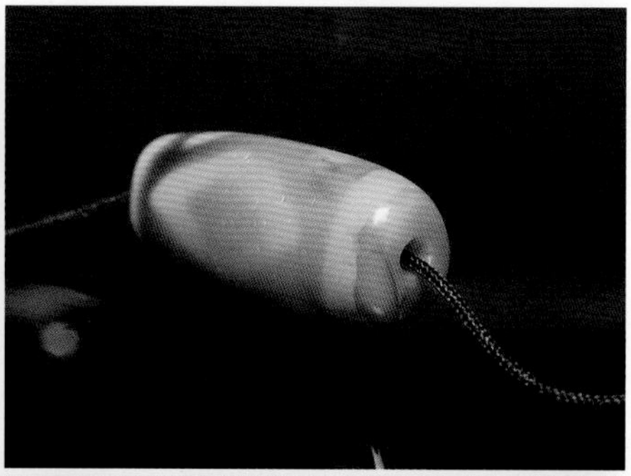

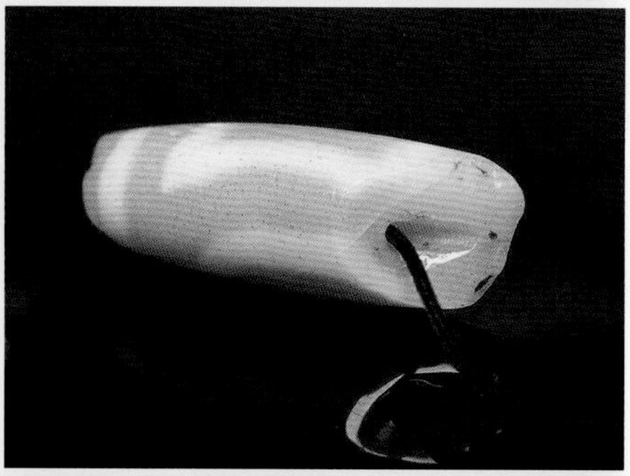
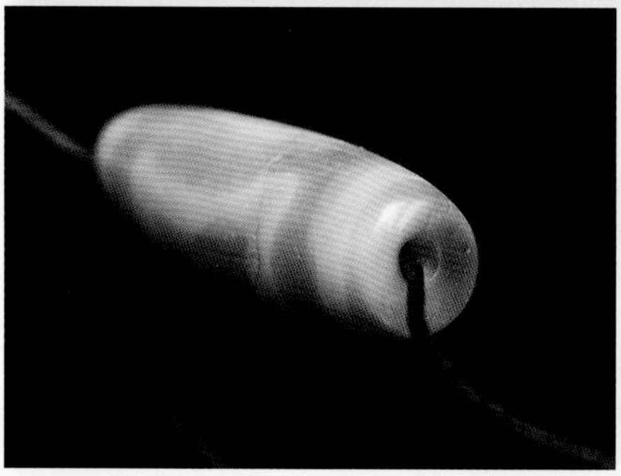
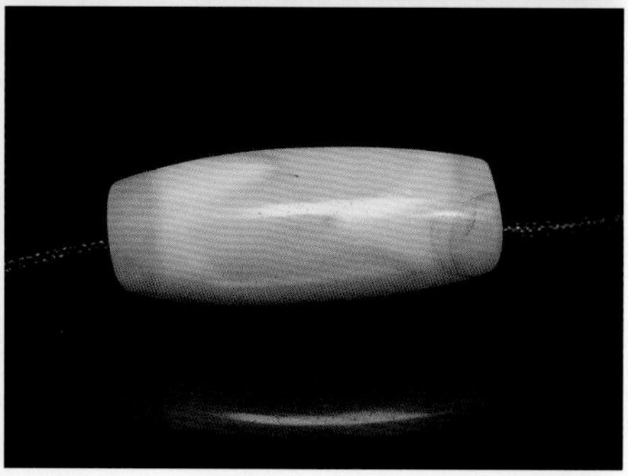

◉ 077. 白天珠及其表面细节。所谓白天珠是工艺不够完善造成的效果，根据对现有的样本观察，珠子已经过白化和使用抗染剂画花的工艺流程，但是在浸染黑化或糖化的工序中不够完善，使得珠子未能黑化或糖化，表面效果仍旧显现为第一道白化工序时的效果，这种情况的出现可能跟染色剂配方和工艺控制都有关系。意大利知名藏学家南喀诺布教授在他的书中将天珠分类时，提到过白天珠，言称藏族对这种珠子尤其珍爱，目前的资料和经验看，南喀诺布教授提到的白天珠应该不是这种工艺未经完善的珠子，但未见样本。

◉ 078 断珠和“取药”
Broken dZi and Defective dZi Beads

类型：西藏天珠
Tibetan dZi Beads

品名：断珠、不完整的天珠
Broken dZi and Defective dZi Beads
地域：西藏及周边
Tibet and Surrounding Areas
年代：公元前500—公元100年
500 BC—100 AD
材质：玛瑙
Agate

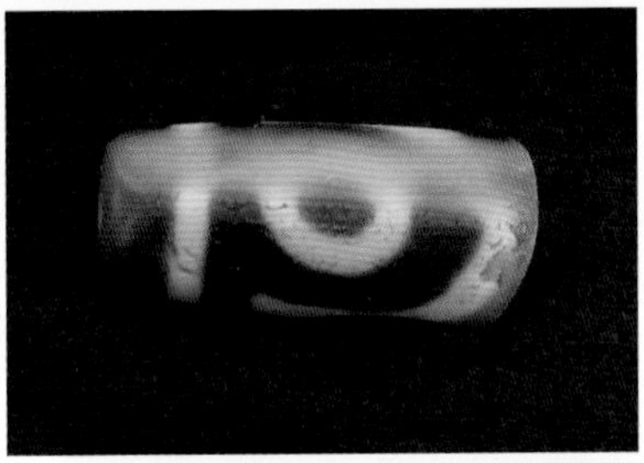

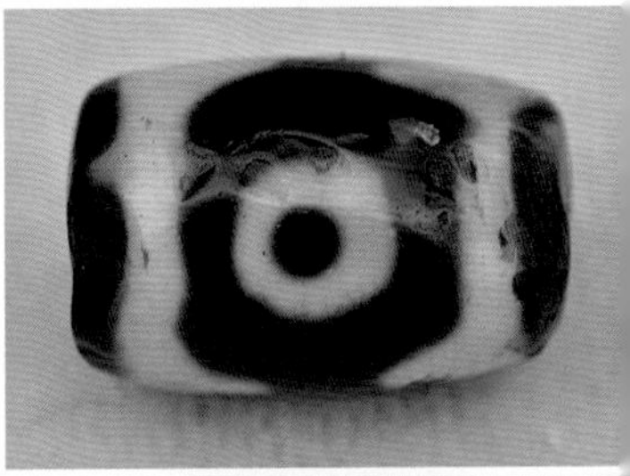

◉ 078-1. 断珠。断天珠一般是意外造成的。藏族民间普遍认为，天珠意外损坏，是珠子为了保护主人免遭不可见的邪恶攻击时，为主人挡灾辟邪而突然摔断的，之后珠子的法力消退。另外一种说法，当天珠佩戴在身上时突然破损或断裂，表明珠子吸走了主人身上的负能量或疾病。藏族人并没有因为这些说法而将断珠丢弃，尽管对于断天珠的“内在法力”是否还如完整的珠子一样有效的说法不一，藏族人仍旧相信断珠保有“法力”，而将其一直佩戴并世代相传，以至于那些断口都显现出油润的光泽来。另外，断天珠也用来入药，是藏医药传统药方中不可或缺的一味。

◉ 078-2. 天珠瑕疵。天珠大多在珠体表面有些瑕疵和人为损伤的痕迹，比如表面的小坑或一侧被磨平的现象，民间对这些人为痕迹有许多推测和想象，一般会认为小坑点是所谓“挖药”或“取药”造成，这种推测大多附会“天珠入药大多为断珠和过分残破的珠子”。对天珠瑕疵的解释，藏族自己的说法更为有趣，他们认为过分完美的天珠属于天神而不属于凡人，当有人得到一颗完美的天珠时就在珠子表面故意凿出小坑或瑕疵，珠子便会一直留在人间。而一些天珠的一侧有磨平的现象，通常的说法是“磨唐卡”，这种说法得到过证实，其使用或者与天珠的“法力”有关系。

◉ 079　朱砂和火供珠

dZi with Blood Spots and Burned dZi

类型：西藏天珠

Tibetan dZi Beads

品名：朱砂和火供珠

dZi with Blood Spots and Burned dZi

地域：西藏及周边

Tibet and Surrounding Areas

年代：公元前500—公元100年

500 BC—100 AD

材质：玛瑙

Agate

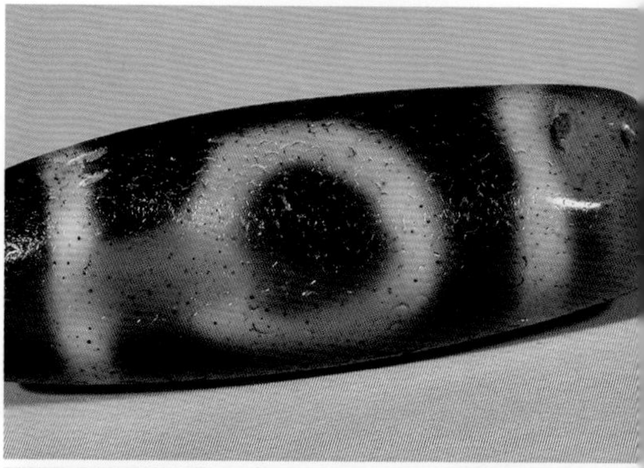

◉ 079-1. 有朱砂点的天珠。朱砂点是玛瑙和玉髓原矿自带的，目前没有正式的科学检验显示其为硫化汞或含铁元素。除了红色的朱砂点，一些天珠的珠体上还能观察到黑色或者暗色的微小斑点，如果朱砂点确为硫化汞而非铁元素，那么这些黑色斑点应为朱砂加热后生成的金属汞即水银。民间传说天珠的朱砂点是因功德者的佩戴所致，这种说法言过其实，但人体温度和皮肤分泌物可导致天珠的表面色彩更加鲜艳、光泽更加温润是事实，天珠所含朱砂点随之更加显现是可能的，这可以从物理角度得到解释而不必以功德论。

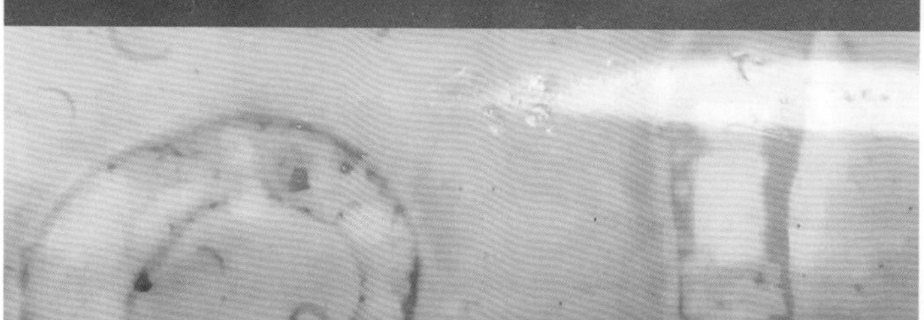

◉ 079-2. 土埋珠子和火供珠。天珠中经常可见被民间称为“火供珠”的珠子，从实际情况来看，火供珠是少见的，大多为土埋珠子。由于土壤环境的不同，土埋的珠子有受沁和钙化两种情况，受沁的珠子表面呈现一种灰白皮肤，这种珠子经过长期佩戴仍然能够一定程度恢复原有的质感和光泽度。而质地已钙化的珠子则与所谓火供珠的质地和表面特征一样干涩无光，这类珠子一般很难恢复原初面貌。

◉ 080　藏族贵族珠饰

Ornaments of Tibetan Nobility

类型：西藏天珠

Tibetan dZi Beads

品名：藏族贵族珠饰
Ornaments of Tibetan Nobility
地域：西藏及周边
Tibet and Surrounding Areas
年代：公元800年—近代
800 AD—Early Modern
材质：天珠、玛瑙、绿松石、珊瑚、琥珀、金、银等
dZi Beads, Agate, Turquoise, Coral, Amber, Gold, Silver, etc.

◉ 080-1. 塔波寺壁画和手稿中的吐蕃贵族妇女。塔波寺位于现印度北部喜马偕尔邦斯皮提河谷塔波村，这里公元前3世纪就存在一个信仰佛教的喜马拉雅库宁达王国，民间不断有非官方的瑟珠出土和秘密交易。吐蕃崛起之后，藏文化和藏传佛教就一直是这一区域的文化主体。塔波寺为藏传佛教寺庙，于公元996年由古格王朝始建，寺内至今留存大量古代壁画、唐卡、手稿和雕塑，最早可到10世纪和11世纪古格王朝的繁荣期。图中塔波寺壁画和手稿均为11世纪遗存，描绘的是古格贵族妇女礼佛听经的场面，她们脖子上均带有天珠项链，天珠既有“眼睛”图案也有“虎牙”图案。

《新五代史》对吐蕃官员按等级佩戴珠饰的制度都有记载，“（吐蕃）其官之章饰，最上瑟瑟，金次之，金涂银又次之，银次之，最下至铜止，差大小，缀臂前以辨贵贱”。吐蕃官员佩戴的珠饰也是以“瑟瑟”最尚，金银均在其下。《新唐书·吐蕃传》也说：“吐蕃男子冠中国帽，妇人辫发，戴瑟瑟珠，云珠之好者，一珠易一良马。”这里的“瑟瑟”就是藏族所称的“瑟”珠，现在所谓的天珠。古代西藏与现在一样，吐蕃男女都佩戴珠饰，是社会地位和财富的双重象征。吐蕃民族佩戴瑟珠的形象还在古代寺庙壁画中得以表现，位于印度喜马偕尔邦的塔波寺（Tabo Monastery）所存11世纪壁画和手稿均有礼佛的吐蕃贵族女子佩戴瑟珠和其他珠饰的图像。

◉ 080-2. 西藏旧时的贵族妇女像及其珠饰。旧时西藏贵族妇女佩戴的首饰有一定传统规范，穿缀有天珠和珊瑚的“噶乌项链”是装饰主件，噶乌盒内装各种圣物和具有“法力”的咒符。藏民族对随身佩戴噶乌盒作为护身符的“法力”深信不疑。由于旧时与清朝廷密切的关系，西藏贵族妇女的珠饰样式也受到清宫廷的影响，中原的装饰元素比如清廷钟爱的翡翠和玉件也被引入作为装饰构件，一些新的穿缀样式富于变化而活泼多样，这些珠饰至今保存在位于拉萨西郊的藏式园林宫殿罗布林卡中。

◉ 081　天珠替代品和仿品

Replicas and Imitation of dZi Beads

类型：仿品
Imitation Beads

品名：天珠替代品和仿品
Replicas and Imitation of dZi Beads
地域：西藏及周边
Tibet and Surrounding Areas
年代：近代、现代
Early Modern and Contemporary
材质：琉璃、蛇纹石、玛瑙、塑胶等
Glass, Serpentine, Agate, Plastic, etc.

由于老天珠的稀有和珍贵以及藏族人珍爱天珠的传统，仿制天珠已经有一段历史，但从目前的资料看，上限不会超过清代。在藏族聚居区，将天珠作为护身符佩戴是上千年的传统，但并非所有的藏族人都有条件佩戴天珠，于是，就像南红玛瑙珠最初只是珊瑚的替代品一样，仿制天珠最初的目的是制作天珠替代品，受众都是藏族人。这时出现的仿品天珠用意并非造假，无论是琉璃制品还是其他材料如蛇纹石一类的仿品，制作者并没有刻意混淆仿品与真品老天珠的表面效果，我们把这类天珠称为天珠替代品。而始于20世纪60年代的玛瑙仿品，从质地到工艺再到表面抛光都力求复制真品天珠的效果，这类珠子在藏族聚居区也有知情的藏族人接受，在市场没有天珠知识和经验的情况下，很可能混淆视听。

◉ 081-1. 琉璃天珠。琉璃天珠作为天珠替代品，在藏族中的使用已经有一定历史，普通藏族群众对用这种珠子来替代老天珠是认同的，称其为“谢思”（Shel-dZi），意即琉璃天珠。老琉璃天珠的年代上限不会早于清代对藏传密宗的大力推崇，主要产地在山东博山，而印度和尼泊尔同时也制作琉璃天珠。新中国成立后，博山仍在制作琉璃天珠。

◉ 081-3. 塑料天珠。坊间将塑胶天珠称为“料器天珠”，实则塑料。塑料的历史并不长，这种人工合成材料的发明只是一个世纪前的事情，直到20世纪40年代，当塑料的主要原料由煤转向石油后，新的塑料品种出现，产量猛增，塑料才开始应用于民用日常产品的制造。藏族聚居区民间制作塑料天珠始于20世纪80年代，由于装饰效果好而价格低廉，所以形成专门产业，产品在市场广泛流通。

◉ 081-4. 仿品天珠。最早能够做到一定程度混淆真伪的仿品天珠据传出自台湾，大多出现在20世纪90年代前后。这类仿品的目的取决于贩售者的良心和购买者的眼力。生活在藏族聚居区的藏民族在知情的情况下仍然接受替代品和仿品，材质精良、工艺上乘、色彩漂亮的仿品天珠同样可能以较高的价格售出，普通藏族群众将其搭配色彩艳丽、个体硕大的真品珊瑚珠，节日期间佩戴仍不失体面和骄傲。

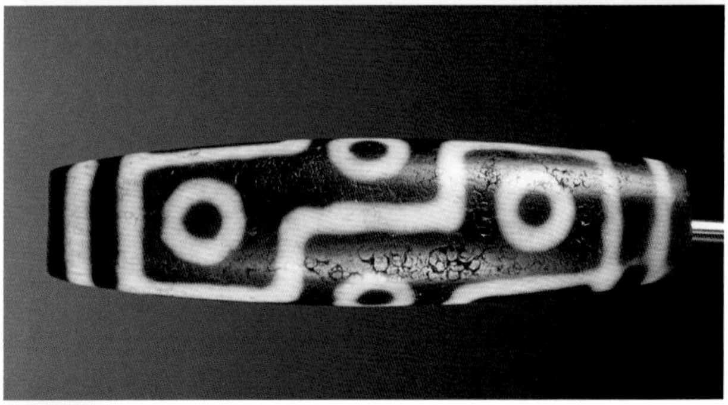

◉ 081-2. 蛇纹石天珠。有把这类表面效果的蛇纹石天珠当成措思的，作为替代品，我们仍然把这类天珠视为仿品，而非措思或任何瑟珠类古珠。区别蛇纹石天珠与措思首先是材质，前者的材料是蛇纹石，背光下透光；其次是工艺，蛇纹石天珠均未经白化处理，都是使用抗染剂在珠体上画出图案后染色，材质的原因，蛇纹石着色较弱，图案与底色没有措思珠一类老珠子强烈的对比效果。

类型：西藏珠饰
Tibetan dZi Beads

品名：珊瑚、蜜蜡、绿松石珠
Coral, Amber and Turquoise Beads
地域：西藏及周边
Tibet and Surrounding Areas
年代：公元600年—近代
600 AD—Early Modern
材质：珊瑚、蜜蜡、绿松石、砗磲、象牙等
Coral, Amber, Turquoise, Tridacna, Ivory, etc.

藏族群众偏爱有机宝石和色彩具有象征意义的半宝石，他们对切割宝石和宝石精工毫不在意，因为那些过分细腻精致的奢侈品只代表多余的奢侈而不具备色彩的象征和艰难环境中必需的意义。他们更喜欢与他们生存环境联系紧密的色彩和周边所无的美好材质，如红色的珊瑚、白色的砗磲和象牙、绿色或蓝色的绿松石、黄色的蜜蜡（琥珀）等。西藏地区几乎不出产制作这些珠子的材料和工艺，珠子大都是贸易品，如蜜蜡（琥珀）来自波罗的海，珊瑚来自地中海，半宝石珠子则大多来自中亚、印度等。此外，砗磲和象牙以及牛骨一类有机材质也深受藏族人喜爱。

◉ 082. 藏族人珍爱的半宝石珠饰。藏族珍视珊瑚、蜜蜡、绿松石、砗磲和象牙几种半宝石，不仅仅因为材质的珍贵，这些半宝石的色彩在藏传佛教中均有各自的意义和象征。白色是神的代表，也代表白云，象征纯洁、美好和正义；蓝色是天空和空气的象征；红色象征火焰和太阳；绿色是水的象征；黄色象征大地，也是教法的象征色。这些珠子一直穿戴在身上，有些经过几代人的传承，珠子表面光泽油润，传递出被珍爱和被崇尚的信息。

◉ 083　南红玛瑙和糖色玛瑙珠

Agate and Camel Color Beads

类型：西藏珠饰

Tibetan dZi Beads

品名：南红玛瑙和糖色玛瑙珠
Agate and Camel Color Beads
地域：西藏及周边
Tibet and Surrounding Areas
年代：公元600—近代
600 AD—Early Modern
材质：玛瑙
Agate

◉ 083-1. 南红玛瑙珠。南红玛瑙著名的产地是云南保山、四川凉山和甘肃迭部。“南红玛瑙”名称起于何时已经很难考证，应该是近年才开始在民间流行起来的，但使用南红玛瑙制作的珠子的历史很长，并一直受藏族人喜爱。藏族聚居区输入南红玛瑙（珠子）可能始于公元680年，吐蕃攻入洱海，设置官员，正式开通滇藏线茶马古道。南红玛瑙最初只是珊瑚的替代品，就材质而言，珊瑚这类有机宝石在藏族聚居区比半宝石类的玛瑙更加珍贵难得。近年由于藏家介入，经过藏族佩戴、世代相传的老南红珠成为古珠爱好者的热门之物。

◉ 083-2. 糖色玛瑙珠。糖色玛瑙珠在藏族聚居区也深得喜爱，民间称为“糖球”“唐球”“唐八棱”，珠子的形制有圆珠和多棱面珠，色彩呈深棕色到棕黄色的各种变化。糖色玛瑙珠实际上是用缠丝玛瑙制作的，色彩为人工染色，质地经过优化，呈半透明的、黏稠感的糖色。公元1世纪罗马博物学家老普林尼就在他的《自然史》中记载了玛瑙的染色和加色工艺，这种工艺在中世纪失传。现代方法的玛瑙染色工艺于1819年在德国伊达尔-奥伯施泰因试验成功。

◉ 084 马拉念珠

Malas

类型：西藏珠饰

Tibetan dZi Beads

品名：马拉念珠

Malas

地域：西藏及周边

Tibet and Surrounding Areas

年代：公元600—现代

600 AD—Early Modern

材质：金、银、琉璃、砗磲、玛瑙、琥珀、珊瑚、玉石、果核、象牙、牛骨、犀牛角、人头骨、陶瓷、水晶、竹、木、玻璃、塑胶、合金等

Gold, Silver, Glass, Tridacna, Agate, Amber, Coral, Jade, Seeds, Ivory, Ox Bone, Rhinoceros Horn, Human Skull, Ceramics, Rock Crystal, Bamboo, Wood, Plastics, Alloy, etc.

念珠在梵语中称为马拉（Malas），意思是“花鬘”，源于古印度贵族璎珞缠身的装饰风俗。公元7世纪佛教传入西藏，入藏传教的印度僧人和中原僧人都持带念珠，念珠在西藏与本土文化和珠饰传统结合，形成浓郁的藏式风格。藏传佛教通常使用108颗念珠，在冥想伏拜中也使用21或28颗念珠。掐捻念珠的同时唱诵经文，产生诸种功德。

念珠常附加有母珠、数取、记子、记子留等，以配合掐念时计数。以108颗念珠为例，附加的母珠有一颗及两颗两种，母珠又称达摩珠，即民间称为“佛头”和“佛头塔”的珠子；数取又称四天珠，是按等距附加于108颗珠子中间的4颗隔珠；密宗念珠通常在第7颗（自母珠开始算）与第21颗之后插入数取；记子又称弟子珠，藏族人称为计数器，一般有10颗、20颗、40颗，串于母珠的另一端，以10颗为一小串，表示十波罗蜜，捻珠念佛满108遍时即拨动一记子以为计数；记子留是指每串记子末端所附的珠子，藏传佛教使用铃铛和金刚杵作为记子留，铃铛示警醒，金刚杵示法力。据《金刚顶瑜伽念珠经》记载，108颗诸珠表示观音菩萨，母珠（佛头）表示无量寿佛或修行成满之佛果，故捻珠到母珠时，不得越过，须逆向而还，否则不合仪轨，被视为越法。

◉ 084. 藏传佛教念珠。佛教念珠无论派别，一般都以108颗最为常见。念珠的穿缀形式有宗教规范，但是藏族人会把他们喜爱或珍视的任何小东西穿挂在随身携带的念珠上，包括求来的符咒，某件自己相信的幸运物，日常使用的钥匙，或者家传的、被认为具有法力的某位高祖的牙齿，以及得之因缘的高僧遗物。

◉ 085 嘎巴拉念珠

Kapala Prayer Beads

类型：西藏珠饰

Tibetan dZi Beads

品名：嘎巴拉念珠

Kapala Prayer Beads

地域：西藏及周边

Tibet and Surrounding Areas

年代：公元600—近代

600 AD—Early Modern

材质：人骨

Human Skull

嘎巴拉（Kapala）是梵语“头盖骨”的意思，指专门用于密宗仪式的用人头骨制作的碗，印度教坦特罗（Tantra）和佛教金刚乘（Vajrayana）都有使用嘎巴拉作为仪式法器的仪轨。在藏传佛教中，嘎巴拉碗既是密宗仪式中的法器，又是僧人进行密修的用具，大成就者、空行母和护法神都持有嘎巴拉碗，被视为大悲与空性的象征。西藏一直有使用人骨制作法器的传统，旨在令人常念生死无常，勿执念有形的存在。嘎巴拉碗、人腿骨制作的胫骨号和头盖骨制作的手鼓均是密宗仪式和修法的法器，通常在特定的密宗仪式中配合使用。对嘎巴拉的信仰衍生了嘎巴拉念珠的使用，用人头骨制作的嘎巴拉念珠被视为具有强大的加持力。

骨佛珠
由“二珠式”金镶宝佛头1、骨数珠108、小金轮（“隔轮”）
109件组成。
Bone rosary
The rosary consists of one 'double-bead' Buddha head made of gold-mounte
gem, 108 bone beads, and 109 'small gold wheels'.

◉ 085. 嘎巴拉念珠。2001年，湖北荆州钟祥市明代梁庄王墓出土了108颗嘎巴拉念珠，同出的还有金轮等其他藏传佛教法器。现藏武汉博物馆。流传于汉地民间有关嘎巴拉念珠须由高僧头骨制作的说法多出于想象，对密宗仪式的不解及宗教法力的敬畏使其以讹传讹。制作嘎巴拉念珠和其他密宗法器的人骨通常得之于天葬仪式。事实上，罪人和凶死之人的头骨通常是制作嘎巴拉念珠的首选，一串嘎巴拉念珠可能由多名不祥之人的头骨制成，修法者掐捻念珠即是超度不洁的亡灵，使其免于堕入恶道。

类型：西藏珠饰
Tibetan dZi Beads

品名：托甲/天铁
Thogchag
地域：西藏及周边
Tibet and Surrounding Areas
年代：史前—近代
Prehistoric－Early Modern
材质：陨铁石、铜合金
Coahuilite, Copper Alloy

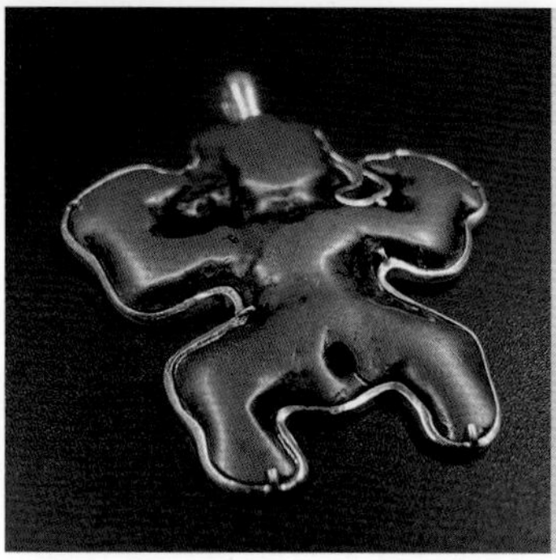

托甲（Thogchag）是藏语“天铁”的音译，thog是雷电，chag是铁，托甲意即来自天空的铁。天铁是流行在藏族聚居区的小金属件，多为具有护身符意义的小装饰件、实用器、武器构件和小型法器。天铁与西藏所有的珠饰坠饰一样，既是随身佩戴的装饰品，又是与信仰和意义关联的护身符。“天铁”的称谓不仅仅是一个宗教隐喻，也包含了对天铁材质的物理属性的解释和古老起源的暗示。早期的托甲可以追溯到史前，有用陨铁石制作的，之后也有各种合金制作的。“天铁”的说法与“天珠”一样是信仰的物化，藏族人相信天铁是从天空坠落，具有神力、可辟邪的护身符。由于藏族人偶尔会在农事劳作的田野和放牧的牧场上拾到托甲，这一事实导致他们相信托甲不是人力所为，而是经过雷劈电闪后从天而降。

◉ 086. 西藏天铁。与天珠的起源并非吐蕃一样，天铁最早的来源也非藏族（吐蕃）。天铁的题材很丰富，早期的题材和造型大多与中亚青铜时代的金属题材有关，有些是装饰件如镂空牌饰；有些是实用件如皮带扣、铠甲片等；另一类则与苯教信仰有关，最初是带有巫术性质的避邪物。公元7世纪佛教传入吐蕃之后，与佛教信仰有关的题材兴起，如佛像菩萨像、法器金刚杵、金翅鸟和雪狮等，这些题材一直在制作。天铁的材质有陨铁石和铜合金两类，前者为打制件，后者多为铸件，两种工艺和两种材质都一直在使用，不以编年为限。

◉087 不丹天珠

dZi Beads from Bhutan

类型：藏传珠饰
Tibetan dZi Beads

品名：不丹天珠
dZi Beads from Bhutan
地域：西藏及周边
Tibet and Surrounding Areas
年代：公元前500—公元100年
500 BC—100 AD
材质：玛瑙
Agate

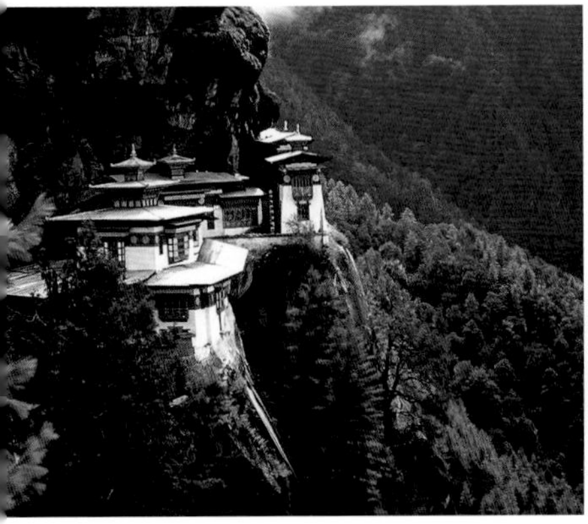

◉ 087. 不丹第五任国王晋美·凯萨尔·旺楚克于2006年登基，2011年国王大婚，婚礼上王后吉增·佩玛身着不丹传统服装，胸前戴着天珠与珊瑚穿缀的项链，艳丽夺目。参加婚礼的王室贵族也大多佩戴天珠，尤其是国王的父亲（第四任不丹国王）携四位妻子及几位公主，皆佩戴珍贵完美的天珠项链。下图为不丹第一任国王乌颜·旺楚克和他的妻子们。

不丹被称为“雷龙之域”（Land of the Thunder Dragon），在世人眼里一直是遥远神秘的国度。藏学家内贝斯基在他的《来自西藏史前的珠子》中提到，不丹出最好的天珠。不丹出好天珠的事实与17世纪帕竹噶举派领袖阿旺·朗吉（阿旺·南嘉）带领信徒远走不丹有关。1616年，西藏江孜竹巴噶举热龙寺住持阿旺·朗吉在法王转世的认证中处于劣势并受到被拘禁的威胁，传说是夜他在梦中得到护法神大黑天的指点，大黑天化作一只渡鸦，指引他前往喜马拉雅山南麓的福地，阿旺·朗吉审时度势，带领帕竹噶举信徒远走不丹。渡鸦的形象后来被固定在不丹的王冠上，成为维护神圣信仰的象征，阿旺·朗吉至今仍被不丹人民尊为国家的缔造者。阿旺·朗吉携信徒和贵族追随者前往不丹，跟随他们的还有经书、造像和天珠这类方便携带的珍宝，这便是不丹天珠流传的肇始，之后的数个世纪这里不断有朝圣者和商人往来，为不丹天珠的美名添加了更多神秘的内容。

尼泊尔木斯塘的天珠
dZi Beads from Mustang, Nepal

类型：藏传珠饰
Tibetan dZi Beads

品名：尼泊尔木斯塘的天珠
dZi Beads from Mustang, Nepal
地域：西藏及周边
Tibet and Surrounding Areas
年代：公元前500—公元100年
500 BC—100 AD
材质：玛瑙、玉髓等
Agate, Chalcedony, etc.

◉ 088. 尼泊尔不是（至纯）天珠的原产地，但尼泊尔在公元7世纪吐蕃（西藏）松赞干布时代就是天珠和其他藏传珠饰的贸易集散地。尼泊尔出线珠（见◉ 070），应为古代的当地工艺和传统，不过目前没有正式的考古证据。尼泊尔大量天珠流传和交易，同样始于与吐蕃交好，千年来逐渐形成贸易通道和集散地。

木斯塘深藏于崇山峻岭之中，藏语意为“肥沃的平地”，位于尼泊尔西北部的迎风台地、卡利达基河上游。从我国的拉萨到日喀则仲巴县，经尼泊尔木斯塘到博克拉，最后可达加德满都。木斯塘遥远而孤独，在崇山之中的一小块河谷台地上艰苦耕耘了上千年，是联系中国西藏和南亚及外部世界的孔道上的庇护所，只有最勇敢的商人和无畏的探险家才能得见其芳容，当地仍流传莲花生大师入藏途中在此停留的故事。千百年来，木斯塘见证了世界上最艰难的商旅之路，目睹了无数天珠和其他珍宝经过，但是没有一件比得上木斯塘本身的存在更珍贵。

◉089 天珠相关的考古资料
Archaeological Data of dZi Beads

类型：藏传珠饰
Tibetan dZi Beads

品名：天珠相关的考古资料
Archaeological Data of dZi Beads
地域：西藏和中原
Tibet and Central Plains
年代：公元前500—公元100年
500 BC—100 AD
材质：玛瑙、玉髓
Agate, Chalcedony

◉089. 零星的天珠系考古资料。湖南长沙咸家湖西汉曹嫘墓出土的玛瑙印章和措思珠。曹嫘墓一共出土300余件随葬品，包括金属器、玉器、漆器和各种材质的珠饰。其中三枚印章由白玉和白玛瑙制成，印文“曹嫘”“妾嫘”，为墓主私印，之前推测为某诸侯王妃，后经考证，为西汉文景时代吴氏长沙王王妃。墓主拥有的珠串中，有水晶、玛瑙、琉璃等材质制作的珠子，仅见一粒措思（天珠），可见其珍贵。

新疆喀什地区塔什库尔干塔吉克自治县提孜那甫乡曲曼村的曲曼墓位于帕米尔高原东端，墓葬群内出土数十件不同类型的蚀花玛瑙珠，图中红地百花的蚀花玛瑙珠为蚀花珠分期的第二期（见◉ 129），铁器时代在中亚、南亚、东南亚被大量制作；黑白线珠为人工蚀花，这类珠子在中亚、西亚/中东都有流传，在藏文化背景中被视为瑟珠一类，称为“琼瑟”或“线珠”。值得注意的是曲曼村的地理位置，与之相邻的阿富汗瓦罕走廊，塔吉克斯坦的喷赤河（Panj River）支流，巴基斯坦的吉尔吉特河谷、罕萨河谷等几个地方都是民间出土（盗掘）天珠和各类瑟珠的地方。

◉ 090　阿里曲踏墓地考古出土的天珠
dZi Beads Excavated from Quta Graveyard in Ali, Tibet

类型：西藏珠饰
Tibetan dZi Beads

品名：阿里曲踏墓地考古出土的天珠
dZi Beads Excavated from Quta Graveyard in Ali, Tibet
地域：西藏及周边
Tibet and Surrounding Areas
年代：公元前500—公元100年
500 BC—100 AD
材质：玛瑙、玉髓
Agate, Chalcedony

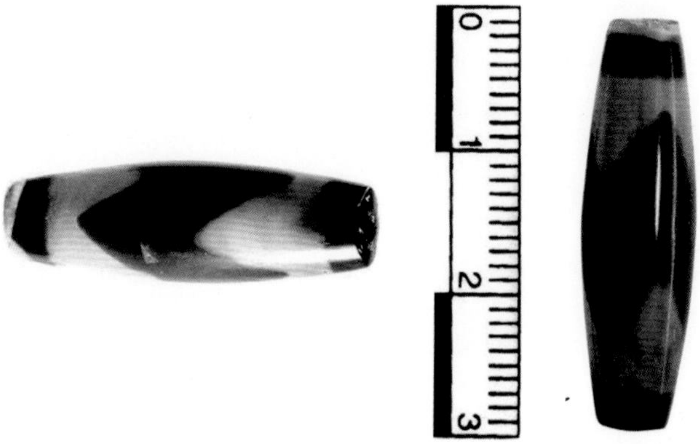

◉ 090. 西藏阿里地区曲踏墓地出土的虎牙天珠。曲踏墓地位于西藏阿里地区札达县西郊的象泉河南岸一级台地，2012年至2014年，中国社会科学院考古研究所与西藏自治区文物保护研究所对该墓地进行了发掘。除了出土一枚瑟珠（措思类型的虎牙天珠），墓地还出土了一颗人工蚀花的马眼板珠和一颗人工蚀花的黑白线珠（残珠），以及散落的红玛瑙珠和蓝色玻璃珠。那枚瑟珠为第一例西藏考古出土天珠，为天珠（瑟珠）的断代提供了可靠的依据。资料采自2015年第1期《文物天地》，《西藏首次考古出土的古象雄天珠》一文。

三、东亚珠饰
Jewellery of East Asia

◉ 091—◉ 098

◉ 091　勾玉
Magatama

类型：日本珠饰
Ornaments of Japan

品名：勾玉
Magatama
地域：日本诸岛
The Japanese Islands
年代：公元前1000—公元600年
1000 BC—600 AD
材质：陶土、石、玉、水晶、玛瑙、玻璃、黄金等
Clay, Stone, Jade, Rock Crystal, Agate, Glass, Gold, etc.

勾玉（Magatama），也称曲玉，是公元前1000年出现在日本的一种逗号形珠子，从日本史前绳纹时代（Jōmon Period）开始制作，经过弥生时代（Yayoi Period）直到公元6世纪古坟时代（Kofun Period）晚期结束。早期的勾玉多是石和陶土制成，到古坟时代末期，几乎完全由玉制成，也有玻璃材质的勾玉。这种形制独特的珠子最初可能装饰功用多于信仰，后来被赋予了明确的宗教意义并用于宗教仪式。弥生时代的“三神器”便包括草薙剑、八咫镜和八咫琼勾玉。考古证据表明，勾玉原产于日本某特定区域，通过贸易路线广泛散布在日本列岛乃至朝鲜半岛。古代朝鲜半岛的百济和新罗都将勾玉作为王冠上悬挂的装饰物，代表权力和至尊。

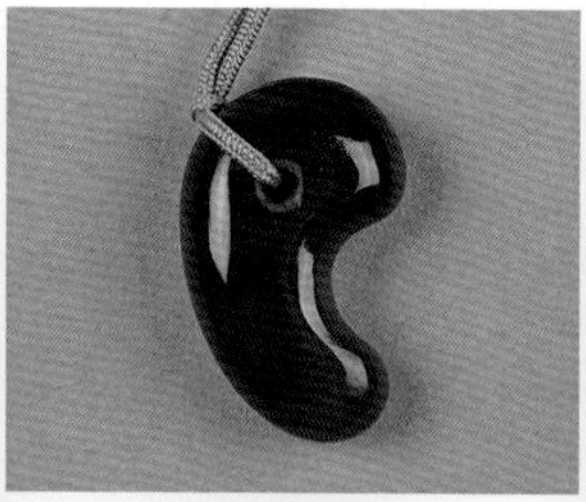

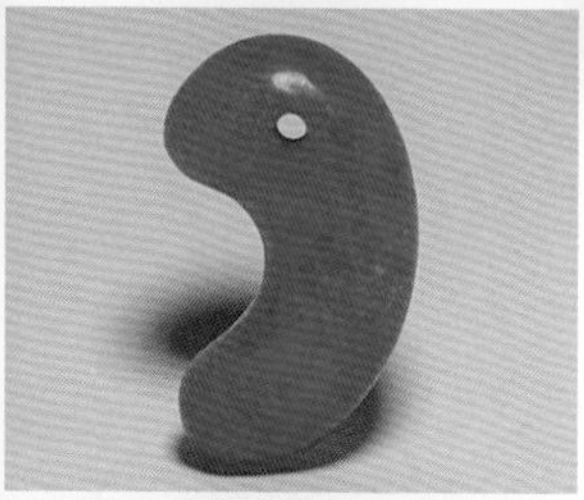

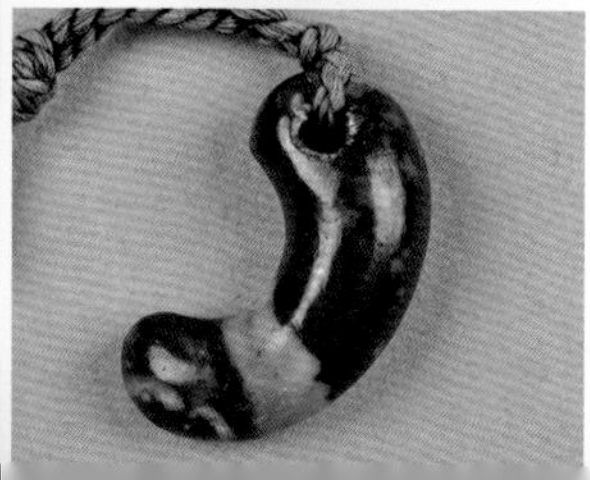

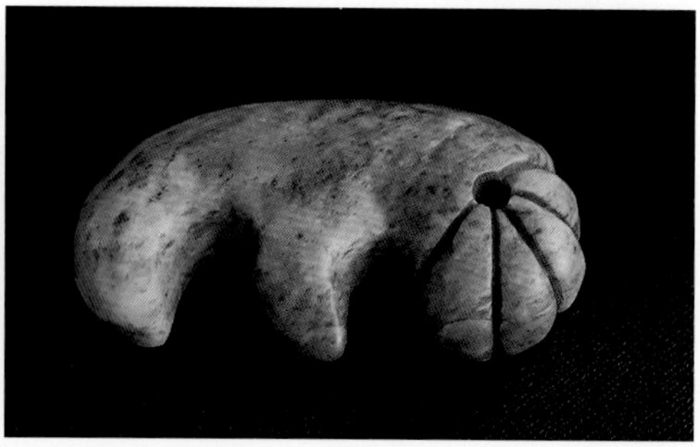

◉ 091. 日本勾玉。勾玉在日本有很多出土记录，一般与一种地方玉料制作的长管穿搭在一起作为项饰，玉管从浅绿到墨绿色，工艺很精细，表面抛光细腻。与勾玉同时出土的还有蓝色的钾硅玻璃，这种玻璃珠在广西合浦汉墓和东南亚其他地方都有出土。日本人至今对勾玉仍很珍爱，就像中国人珍爱古玉，现在仍有匠人在制作勾玉。

◉ 092 印笼
Inrō

类型：日本珠饰
Ornaments of Japan

品名：印笼
Inrō
地域：日本诸岛
The Japanese Islands
年代：公元1603—1868年
1603—1868 AD
材质：木、象牙、贝壳、黄金、白银等
Wood, Ivory, Shell, Gold, Silver, etc.

◉ 092. 印笼。印笼（Inrō）是传统上日本武士悬挂在腰间的收纳盒，最早的功能是收纳印章和其他小物件，到江户时代（公元1603年—1868年）成为武士必不可少的装饰件，同时有弥补传统和服没有口袋携带物件的功能。印笼的材料一般是漆盒，使用各种材料施加装饰图案，如螺钿（贝壳镶嵌）、莳绘（贴涂金粉）等精细工艺，题材多是花鸟草虫和故事人物。印笼一般四到五格，格子重叠由锦绳穿系在一起，绳子由绪缔珠（见◉ 094）收拢在一起，绳子顶部是根付（见◉ 093），用于悬挂在腰带上。除了刀鞘，印笼是日本武士随身携带的最精致的装饰件。

◉093　根付

Netsuke

类型：日本珠饰
Ornaments of Japan

品名：根付
Netsuke
地域：日本诸岛
The Japanese Islands
年代：公元1603—公元1868年
1603—1868 AD
材质：木、象牙、贝壳、牙角、骨、果核、黄金、白银、合金等
Wood ,Ivory, Shell, Tooth and Horn, Bone, Seeds, Gold, Silver, Alloy, etc.

◉ 093. 根付（Netsuke）是系于印笼收纳绳末端的卡子，用于将印笼悬挂在腰带上。根付是精巧细致的微雕作品，常使用质地细腻、可精细雕刻的材质，如象牙、角、骨，题材多是花鸟草虫、故事人物、可爱的小动物等，并施以精细的描绘，造型生动，精巧有趣，是最具日本美术风格的手工艺品之一。

类型：日本珠饰
Ornaments of Japan

品名：绪缔珠
Ojime
地域：日本诸岛
The Japanese Islands
年代：公元1603—1868年
1603—1868 AD
材质：木、象牙、贝壳、牙角、骨、果核、黄金、白银、合金等
Wood, Ivory, Shell, Tooth and Horn ,Bone, Seeds, Gold, Silver, Alloy, etc.

◉ 094. 绪缔珠（Ojime）和根付一样，是印笼的组件，也是精巧细致的微雕作品，被藏家认为是可以独立存在的收藏品。绪缔珠一般个体比根付更加小巧，珠子形制、题材大多与根付呼应，相得益彰，刻画生动有趣，是最具日本美术风格的手工艺品之一。

◉ 095　布目象嵌
Nunome Zogan

类型：日本珠饰
Ornaments of Japan

品名：布目象嵌
Nunome Zogan
地域：日本诸岛
The Japanese Islands
年代：公元794—近现代
794 AD－Early Modern
材质：木、陶瓷、黄金、白银、合金等
Wood, Ceramics, Gold, Silver, Alloy etc.

◉ 095. 布目象嵌（Nunome Zogan）是日本传统的金属镶嵌工艺，最初用于武器和器物装饰。不同的镶嵌工艺取决于基底材料的属性，如金属、木头和陶瓷，在材质表面的阴刻中嵌入金银箔片，造成大量纵横交错的细线。据传这种工艺起源于叙利亚的大马士革，在飞鸟时代（Asuka Period，公元592—710年）通过丝绸之路传入日本，持续兴盛并形成日本本土风格，历史上不乏制作布目象嵌的名品家族。明治时期（公元1868—1912年），日本政府禁止公开佩剑，结束了布目象嵌的主要制作项目，布目象嵌工艺衰落，一些匠人转而开始制作首饰一类小件，而历史上的刀剑及剑鞘、器物成为西方人热衷的收藏品。布目象嵌的刀剑、器物精细雅致，首饰则沿袭了布目象嵌在刀剑和器物装饰上精巧的工艺和描绘细致的特征，除了女性使用的项链、手链、耳环、胸针等，也常见男性使用的皮带扣、袖扣和其他小型物件。

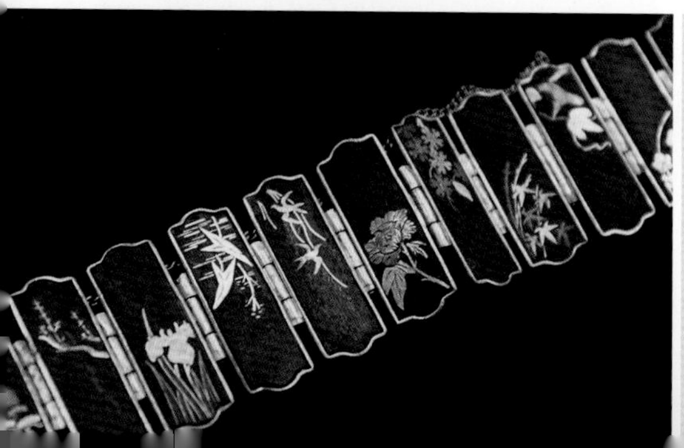

◉ 096　赤铜嵌
Shakudo

类型：日本珠饰
Ornaments of Japan

品名：赤铜嵌
Shakudo
地域：日本诸岛
The Japanese Islands
年代：公元794—近现代
794 AD – Early Modern
材质：黄铜、红铜等
Brass, Copper etc.

◉ 096. 赤铜嵌（Shakudo）是一种铜合金，通常比例为4%—10%黄金和90%—96%铜，根据不同的工艺处理可得到黑色、蓝色、赤红和其他色彩。据日本文献，赤铜嵌在奈良时代（公元710—784年）已经出现，现存最早的实物可追溯到12世纪。早期多用来装饰刀剑和器物，与布目象嵌（见◉ 095）的命运一样，日本禁止佩剑以后，匠人转而制作各种小首饰。与布目象嵌相比较，赤铜嵌的表面有凸雕效果，而布目象嵌表面平整，更像是错金银的效果。

◉ 097 朝鲜半岛的珠饰

Ornaments of the Korean Peninsula

类型：朝鲜半岛的珠饰
Ornaments of the Korean Peninsula

品名：朝鲜半岛三国时期珠饰
The Three Kingdoms Period of the Korean Peninsula
地域：朝鲜半岛
The Korean Peninsula
年代：公元57—668年
57—668 AD
材质：黄金、玉、玻璃等
Gold, Jade, Glass etc.

朝鲜半岛先后发掘出土了几批称为国家宝藏的皇家珠饰，以缀有勾玉的金冠、金腰带、金首饰为典型器，造型和工艺都独具本土特点。另出土蓝色钾硅玻璃和其他半宝石，多为舶来品。图中为百济和新罗王国的王室珠饰。（韩国国家博物馆藏）

◉ 097. 朝鲜半岛的三国时期（Three Kingdoms Period，约公元4世纪到7世纪中叶）是高句丽（Goguryeo）、百济（Baekje）和新罗（Silla）三个王国争夺朝鲜半岛控制权的几百年，王国虽然对立，但文化和珠饰风格趋同，并形成朝鲜半岛的特色。朝鲜半岛出土的勾玉，形制和用料与日本的（见◉ 091）相同，另出土东南亚和广西合浦都能见到的蓝色钾硅玻璃珠，以及其他半宝石珠子。中国境内曾出土高句丽的珠饰，造型和珠饰构件均受中国影响。朝鲜半岛进入高丽王朝（Goryeo Dynasty，公元918—1392年）之后，手工艺品的美术风格明显受中国影响或即由中国输入。

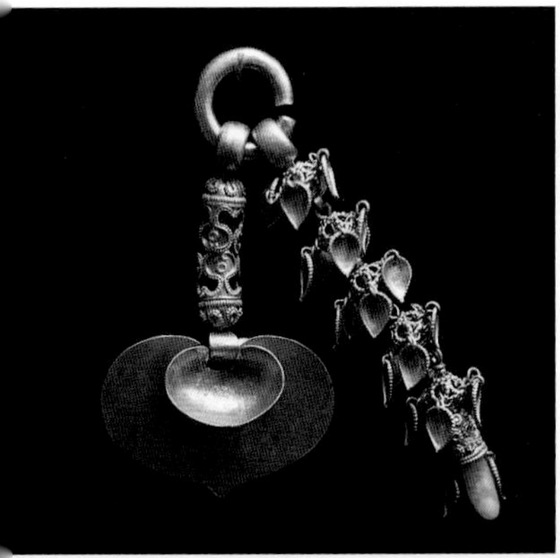
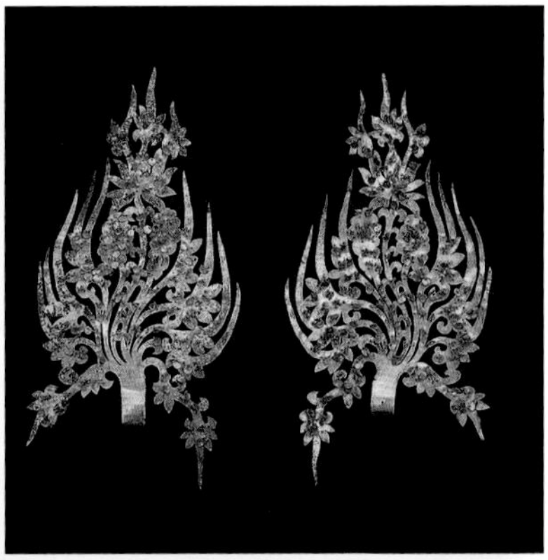

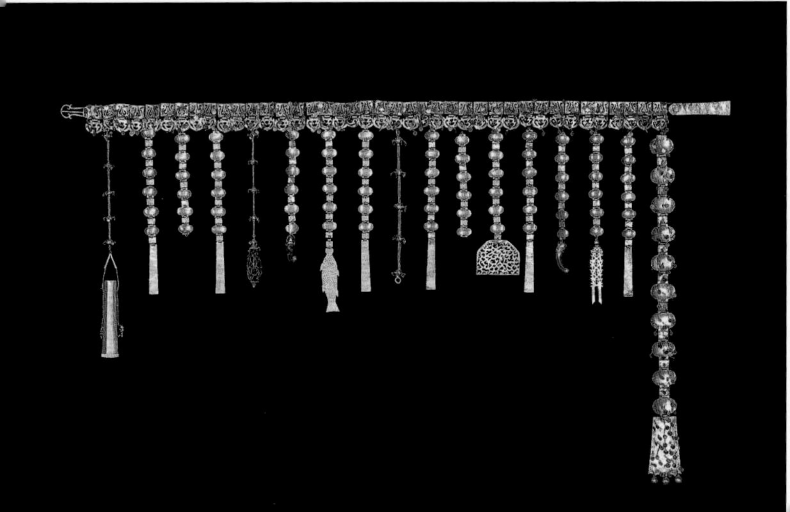
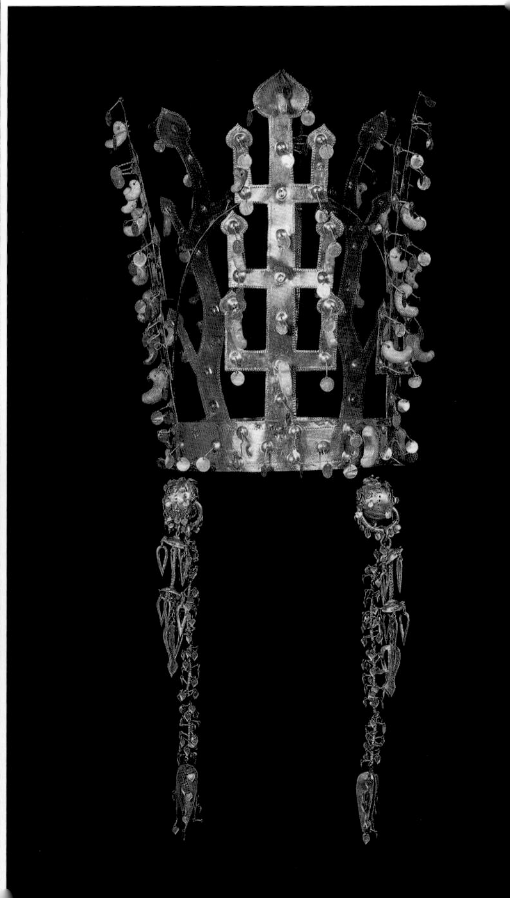

◉ 098 中国台湾岛卑南文化的珠饰
Ornaments of Beinan Culture, Taiwan Island of China

类型：中国台湾岛珠饰
Ornaments of Taiwan Island of China

品名：中国台湾岛卑南文化耳玦
Earrings of Beinan Culture, Taiwan Island of China
地域：中国台湾岛
Taiwan Island of China
年代：公元前3300—公元300年
3300 BC—300 AD
材质：软玉
Nephrite

中国台湾古代原生文化跟东亚、东南亚某些地方一样受到中原文化影响，它与东亚、东南亚等地岛屿文化也有密切联系，所以将中国台湾岛卑南文化的珠饰归入此章。

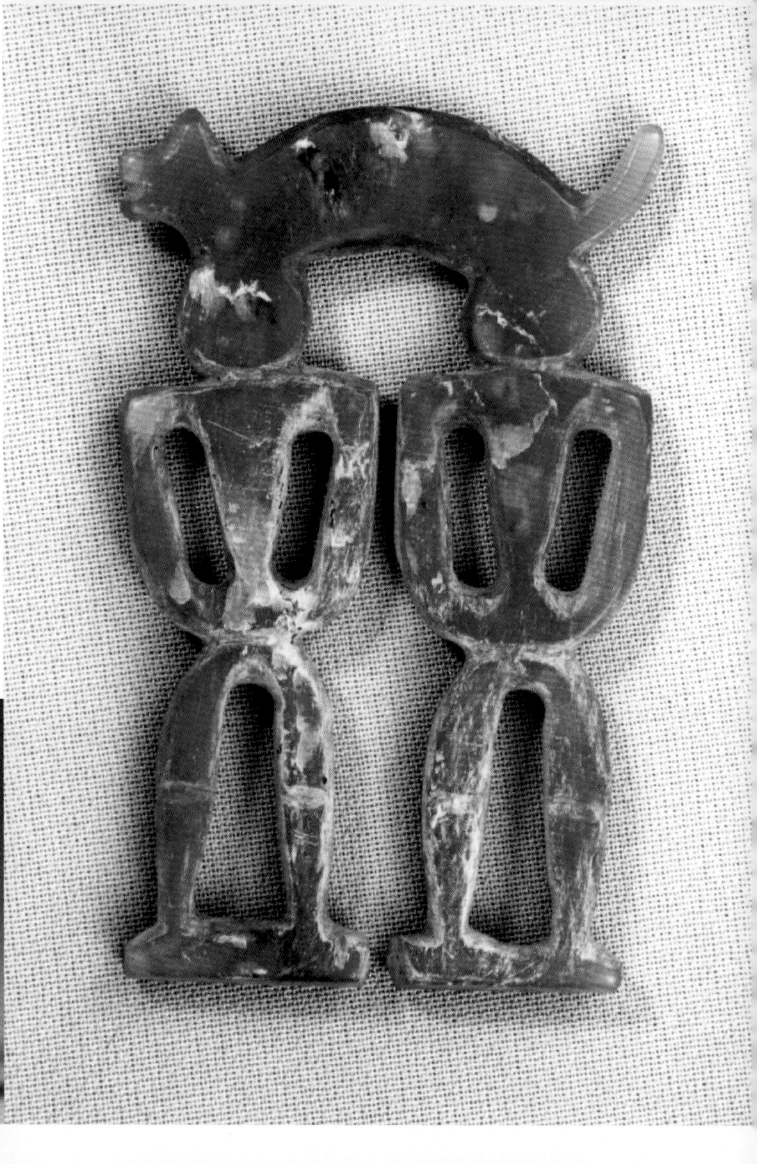

◉ 098. 卑南文化约为公元前3300至2300年，为新石器晚期文化，分布在中国台湾东海岸南段的山谷平原，以台东市的卑南考古遗址命名。卑南遗址包含庞大的聚落，以生态农业为主，兼有渔猎。除了生产工具，遗址出土的装饰品以形制独特的耳玦为典型器，制作耳玦的玉料呈浅绿至绿色，半透明，为当地产的软玉。玉料经由海上贸易路线贩往东南亚岛屿和大陆。越南沙黄文化和东山文化都有用此种玉料制作的耳玦出土，卑南文化遗址也出土了越南沙黄文化形制的耳玦（见◉ 123）。卑南文化遗址还出土长度超过20厘米的玉管，其价值体现在高超的打孔技术上。

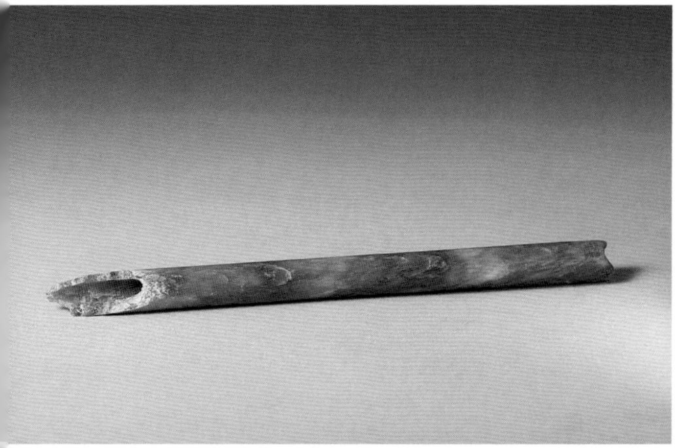

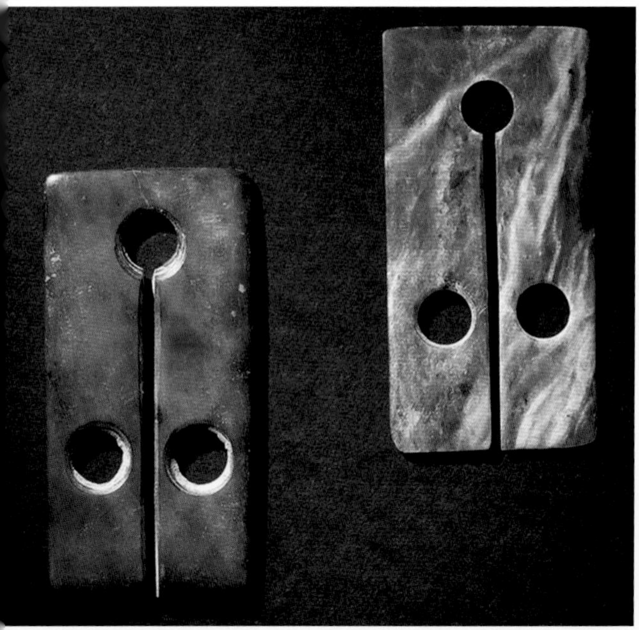

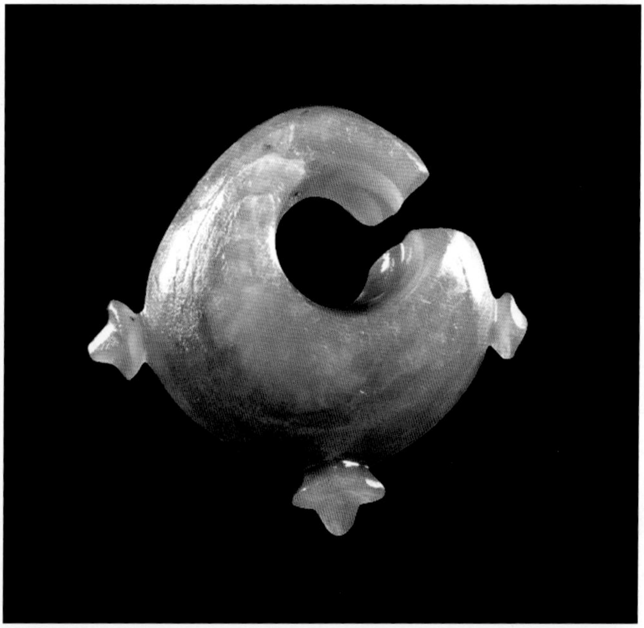

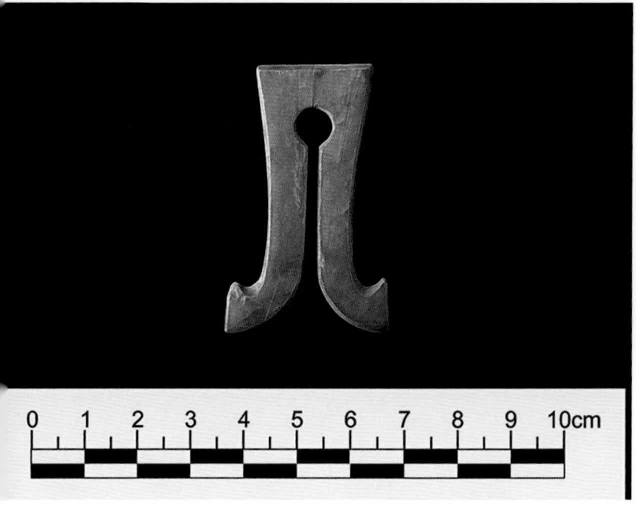
0 1 2 3 4 5 6 7 8 9 10cm

0 1 2 3 4 5 6 7 8 9 10cm

四、东南亚珠饰
Jewellery of Southeast Asia

◉ 099—◉ 128

◉ 099　班清文化的琉璃

Glass Beads of Ban Chiang Culture

类型：东南亚珠饰
Ornaments of Southeast Asia

品名：泰国班清文化的琉璃和玉饰
Glass Beads and Jade Ornaments from Ban Chiang Culture
地域：泰国
Thailand
年代：公元前4000—公元200年
4000 BC—200 AD
材质：玻璃、玉
Glass, Jade

◉ 099. 班清文化（Ban Chiang Culture）是东南亚著名的青铜文化，以泰国东北部的乌隆府依汉区班清村考古遗址命名。班清文化是世界上最早开始制作青铜器和青铜饰品的史前文化，从早期青铜时代到铁器时代，时间跨度超过3500年。班清居民以农耕为生，工艺制作则擅长青铜工具和饰品、纹样漂亮的陶器、单色玻璃饰品和珠子。形制独特的玻璃耳珏，大孔道双锥形的蓝色和绿色玻璃珠子、管子为典型器。图片中的玻璃器和玻璃珠制作于公元前400年至公元200年这600多年间，有玻璃珠、玻璃长管、玻璃耳玦等。另外，班清也出土造型独特的玉手镯、有领玉璧和长玉管。

◉ 100　班清文化的陶质滚印和平印

Clay Cylinder Seals and Stamps of Ban Chiang Culture

类型：东南亚珠饰

Ornaments of Southeast Asia

品名：班清文化的陶质滚印和平印
Clay Cylinder Seals and Stamps of Ban Chiang Culture
地域：泰国
Thailand
年代：公元前4000—公元200年
4000 BC—200 AD
材质：陶土
Clay

◉ 100. 班清文化遗址出土数量可观的陶质印，有滚筒和平印两种形制，一般个体不大，大部分为线性或简单的几何纹。陶质滚印在许多古代文化中都能见到，如美洲的前哥伦比亚文化（见◉ 409和◉ 410）、西班牙加那利群岛的史前文化。与两河流域的半宝石滚印已知用途不同的是，陶质滚印至今没有破解其用途，对这类印章用途的推测：用于陶器纹饰印压，用于织物图案印压，用于人体彩绘等。

◉ 101　班清文化的青铜小饰品
Bronze Ornaments of Ban Chiang Culture

类型：东南亚珠饰
Ornaments of Southeast Asia

品名：泰国班清文化的青铜饰品
Bronze Ornaments of Ban Chiang Culture
地域：泰国
Thailand
年代：公元前4000—公元200年
4000 BC —200 AD
材质：青铜
Bronze

◉ 101. 班清文化是世界上最早的青铜文化之一，在超过3000年的时间跨度内制作各种青铜器和青铜小饰品。遗址出土的青铜饰品包括手镯、戒指、珠子、带扣和各种坠饰，造型夸张而独特，美术风格与中国西南地区史前文化特别是云南滇文化有相似之处。

◉ 102 泰国班东湾遗址的珠子标型器

Beads Excavated from Ban Don Ta Phet, Thailand

类型：东南亚珠饰
Ornaments of Southeast Asia

品名：泰国班东湾遗址的珠饰
Beads Excavated from Ban Don Ta Phet, Thailand
地域：泰国西南
Southwest Thailand
年代：公元前700—公元前后
700 BC—Before and After AD
材质：玛瑙、玉髓、水晶、玻璃、硅化木等
Agate, Chalcedony, Rock Crystal, Glass, Petrified wood, etc.

◉ 102. 班东湾（Ban Don Ta Phet）是泰国西南部铁器时代的考古遗址，所在地与现缅甸相邻，目前的考古研究证明该地可能是最早与印度发生贸易往来的节点，考古编年可对应孟人建立的陀罗钵地王国（公元前5世纪—公元13世纪）。出土器物特别是珠饰，很多与缅甸境内铁器时代遗址所出类似。泰国国家博物馆陈列的班东湾遗址出土的红玉髓圆珠、红玉髓虎形饰、黑白蚀花圆珠、黑白蚀花管、蚀花红玉髓、三色羊角形蚀花珠、天然缠丝橄榄形珠、水晶珠、玻璃珠、玻璃耳珏等，均可作为泰国、缅甸及东南亚其他地方同类珠饰的断代标型器。同出的还有可能来自古代越南的玻璃耳珏和班清的陶质滚印。

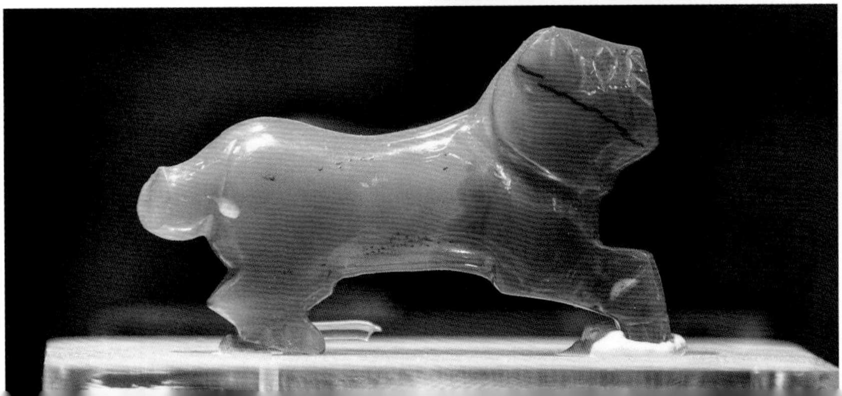

◉ 102　泰国班东湾遗址的珠子标型器

Beads Excavated from Ban Don Ta Phet, Thailand

◉ 103　洛布里的珠子

Various Beads from Lopburi

类型：东南亚珠饰

Ornaments of Southeast Asia

品名：洛布里的珠子

Beads from Lopburi

地域：泰国中南部

South-central Thailand

年代：公元前700—公元前后

700 BC—Before and After AD

材质：玛瑙、水晶、玻璃、硅化木、软玉、贝壳、玉髓等

Agate, Rock Crystal, Glass, Petrified Wood, Nephrite, Shell, Chalcedony,etc.

铁器时代的泰国中部有几处大型聚居地，洛布里、乌通（现素攀府）和佛统，以及班东湾遗址（见◉ 102）所在的北碧府，它们与印度等周边国家的贸易交流频繁，在印度、中国乃至希腊和罗马古代文献中都被提及。这一区域留存大量珠子珠饰。事实上，铁器时代的整个泰国中南部都在制作相同和相似的珠子珠饰，这些珠子的形制和所使用的材料丰富，工艺和造型风格具有很高的辨识度，现在坊间大量流传，泰国人将其笼统称为“素万那普珠”（Suvarnabhumi Beads）。“素万那普”是古代印度文献（如《罗摩衍那》等）对泰国中部和中南部那些古代城邦的称谓，意为“黄金国度”。

◉ 103. 洛布里的珠子珠饰。洛布里早期中文译名为华富里，位于泰国中部的洛布里河岸（湄南河支流），是泰人（现在的泰国主体民族）兴起之前由孟人控辖的城邦。洛布里制作珠子的年代大致与缅甸萨孟河谷（见◉ 111）平行或者稍晚，也对应泰国国家博物馆收藏的班东湾珠饰标型器（见◉ 102）的考古编年。实际上，泰国中部在铁器时代有多处城邦式的聚居地都制作这类珠子，由于考古资料缺乏，因而将泰国部分的词条基本上以洛布里为例，洛布里的这些珠子形制丰富、工艺精致、选材精良，代表了泰国中部至南部在铁器时代制作珠子的最高水平和繁荣程度。

◉ 104　洛布里的天然缠丝玛瑙珠

Agate Beads from Lopburi

类型：东南亚珠饰

Ornaments of Southeast Asia

品名：洛布里的天然缠丝玛瑙珠
Agate Beads from Lopburi
地域：泰国中部
Central Thailand
年代：公元前700—公元前后
700 BC—Before and After AD
材质：缠丝玛瑙
Agate

◉ 104. 洛布里的缠丝玛瑙大多是褐色的、红褐色的、黑色与白色线条对比的，也有带天然眼圈纹样的材料。珠子的形制多样，包括长管、短管、羊角形珠、圆珠、方形扁珠、圆形扁珠、橄榄形珠、多棱珠、斧形坠、（抽象的）大象、随形坠和其他抽象形制的珠子。有些随形坠饰的个体非常大，可能是为了保留材料本身的天然纹样，也可能是为特殊的目的制作的。洛布里缠丝玛瑙珠比较明显的工艺特征是表面抛光，呈现玻璃光泽，珠子的选材精细，造型规矩，管子和个体较大的珠子为两端对打孔，有些珠子的打孔比较细。长管和橄榄形珠是洛布里缠丝玛瑙珠的典型器，制作和选料尤其精细。

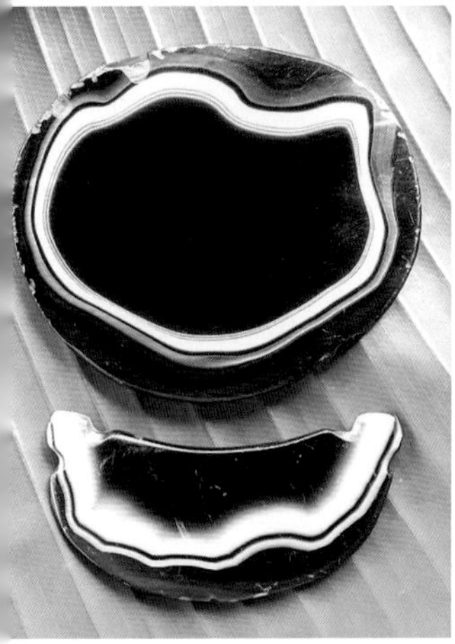

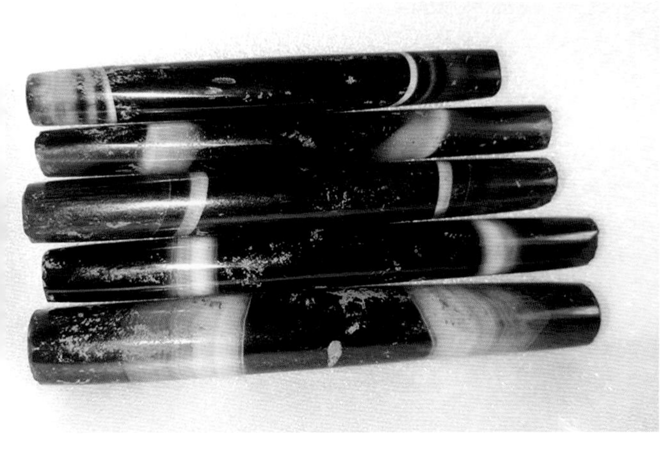

◉ 105 洛布里的红玉髓珠和三色珠

Carnelian Beads and Tricolor Etched Beads from Lopburi

类型：东南亚珠饰

Ornaments of Southeast Asia

品名：洛布里的红玉髓珠
Carnelian Beads and Tricolor Etched Beads from Lopburi
地域：泰国中部
Central Thailand
年代：公元前700—公元前后
700 BC—Before and After AD
材质：红玉髓
Carnelian

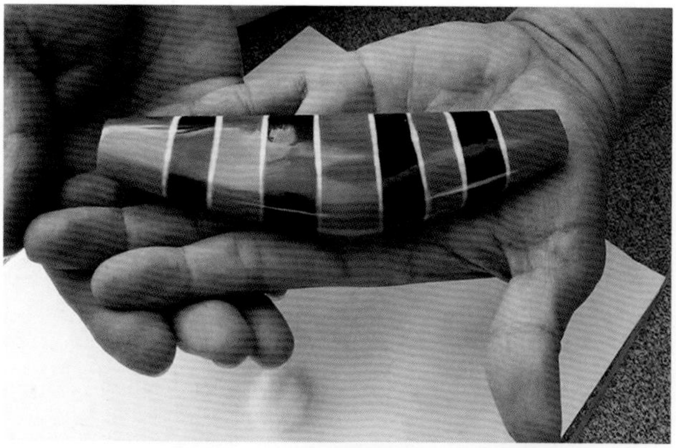

◉ 105. 洛布里出土的红玉髓制作的圆珠、蚀花红玉髓珠和三色珠。洛布里出土大量的红玛瑙圆珠和其他材质的珠饰。蚀花红玉髓的装饰类型、工艺制作与缅甸萨孟河谷的类似，但珠子表面呈现光泽不同，这种表面抛光技术使用了自己独特的工艺手段和抛光介质，呈玻璃光泽。目前所见古代玛瑙抛光呈现玻璃光泽的有中原战国玛瑙环及其他玛瑙饰品（见◉ 019）和滇文化玛瑙珠饰（见◉ 032）。三色珠相对稀有，选材精良，画线规矩，表面呈现玻璃光泽，这类珠子可比照班东湾的出土标型器（见◉ 102）。

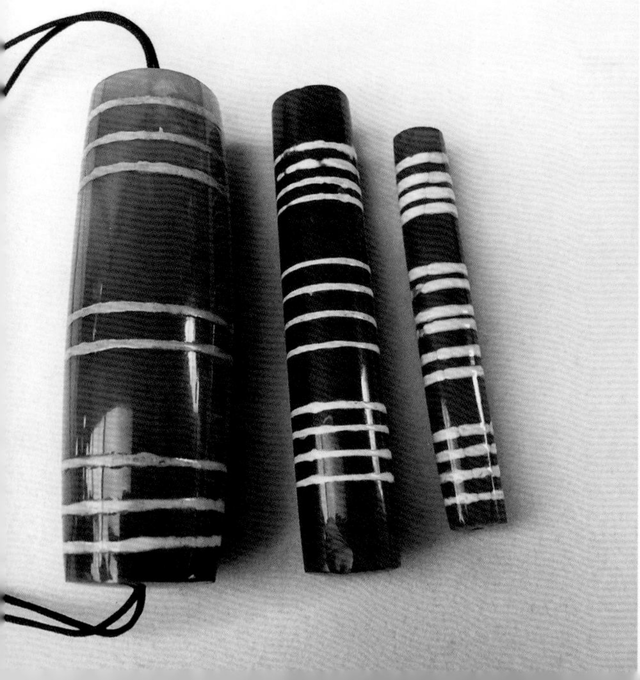

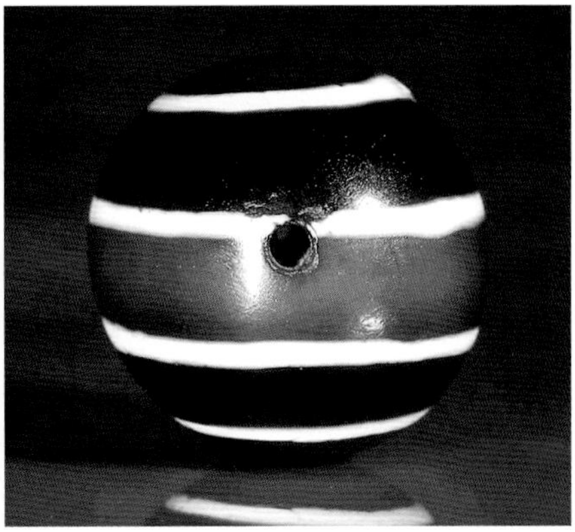

◉ 106　洛布里的黑白蚀花珠

Etched Carnelian Beads with Black and White Pattern from Lopburi

类型：东南亚珠饰
Ornaments of Southeast Asia

品名：洛布里的黑白蚀花珠
Etched Carnelian Beads with Black and White Pattern from Lopburi
地域：泰国中部
Central Thailand
年代：公元前700—公元前后
700 BC—Before and After AD
材质：红玉髓、玛瑙
Carnelian, Agate

◉ 106. 洛布里的黑白蚀花珠常见的形制有圆珠、长管、短管、橄榄形珠，常见的图案有折线、寿纹图案（四方连续的五边形图案）、弦纹（平行线）、眼圈纹（单眼圈），其中比较独特的形制是角锥眼黑白蚀花珠和桶形的黑白蚀花珠，后者与天珠分类中的小天珠形制类似，装饰图案一般是三眼。洛布里的黑白蚀花珠的表面装饰和抛光效果都比较独特，装饰线画得规矩，表面经过精细抛光，呈现玻璃光泽。洛布里的黑白珠是这类珠子的典型案例。泰国其他地方有同样典型的珠子出土。

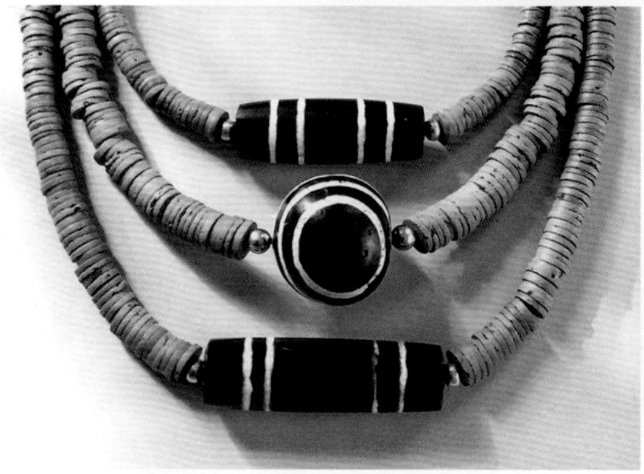

◉ 107　洛布里的动物形珠和异形珠

Zoomorphic Beads and Amulets from Lopburi

类型：东南亚珠饰

Ornaments of Southeast Asia

品名：洛布里的动物形珠和异形珠
Zoomorphic Beads and Amulets from Lopburi
地域：泰国中部
Central Thailand
年代：公元前700—公元前后
700 BC—Before and After AD
材质：玛瑙、红玉髓、水晶、玻璃、软玉、贝壳、黄金等
Agate, Carnelian, Rock Crystal, Glass, Nephrite, Shell, Gold, etc.

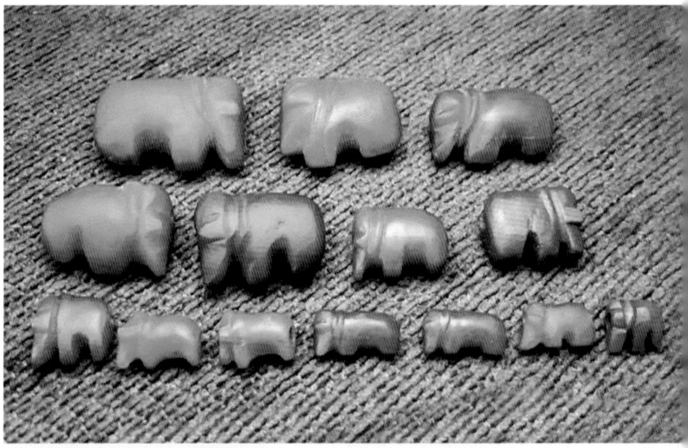

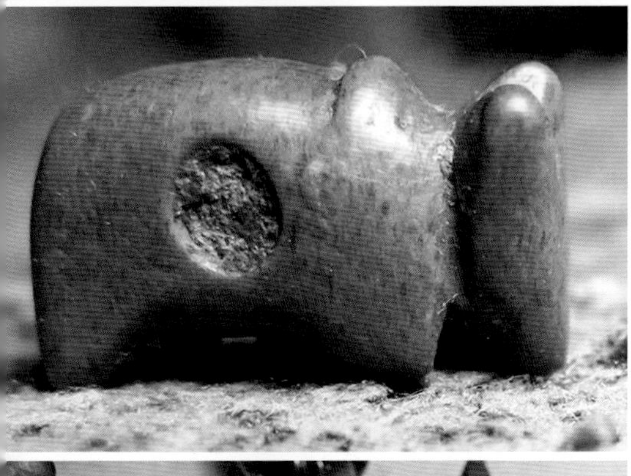

◉ 107. 洛布里制作各种动物形珠子与坠子，也制作其他几何形制的珠子和坠子。大象和乌龟是洛布里动物形珠比较常见的题材，其他题材还有鸟、鱼、青蛙、蟾蜍、猴子、牛、虎等。与佛教或本土信仰有关的题材包括海螺、狮子、万字符、三宝（triratna）等，还有一种坊间称为“合抱莲花”的特殊形制。制作这些珠子的材料有红玉髓、缠丝玛瑙、碧玉、水晶、玻璃、软玉、黄金等，珠子的造型较简洁生动，有明显的风格特征。异形珠指不常见的珠子形制，形制或抽象或具象，这类珠子大部分造型在泰国和缅甸都可见。

◉ 107　洛布里的动物形珠和异形珠

Zoomorphic Beads and Amulets from Lopburi

◉ 108　洛布里的碧玉珠饰

Nephrite Beads and Pendants from Lopburi

类型：东南亚珠饰

Ornaments of Southeast Asia

品名：洛布里的碧玉珠饰
Nephrite Beads and Pendants from Lopburi
地域：泰国中部
Central Thailand
年代：公元前700—公元前后
700 BC—Before and After AD
材质：软玉
Nephrite

◉ 108. 洛布里的碧玉和其他地方玉料制作的珠子和小饰品，形制丰富多样，包括圆珠、多棱珠、长管、动物形珠、各式坠饰、耳玦、手镯等，其中有领璧的造型与中国西南三星堆和金沙文化遗址出土的同类器型造型相似，耳玦的形制在东南亚其他地方也有相同或相似的造型。材料除了碧玉，还有红玉髓、水晶制作的耳玦，白色砗磲制作的珠子、手镯等饰品。有资料表明，洛布里制作珠子的玛瑙、红玉髓原料来自邻近的缅甸和印度，而碧玉料可能来自中国台湾（见◉ 098）。

◉ 109　洛布里的玻璃珠饰

Glass Beads and Ornaments from Lopburi

类型：东南亚珠饰
Ornaments of Southeast Asia

品名：洛布里的玻璃珠饰
Glass Beads and Ornaments from Lopburi
地域：泰国中部
Central Thailand
年代：公元前700—公元前后
700 BC—Before and After AD
材质：玻璃
Glass

◉ 109. 洛布里出土的玻璃珠饰包括仿宝石玻璃珠、玻璃小饰件尤其是形制奇特的耳饰和印度–太平洋玻璃珠。仿宝石玻璃珠可以模仿几种宝石珠子的形制和色彩，以棱面的珠子和“糖果”造型的珠子最多见。玻璃耳饰大多造型奇特，由于玻璃的材料特性和工艺的可能性，很多玻璃耳饰在其他材料中没有同类造型。洛布里及周边出土大量单色玻璃珠，个体较大的班清类型的珠子可能由班清输入；个体较小，色彩多样的“印度–太平洋玻璃珠”（见◉ 143）是在当地生产，工艺来自印度南方港口，当地人称其为“陀罗钵地”玻璃珠，沿用了这一区域古代佛教王国的名字。另外，洛布里及周边出土了罗马风格的马赛克玻璃珠，早期的为地中海的舶来品，年代晚一些的很可能由印度尼西亚输入，印度尼西亚的杰廷从中世纪开始自己制作马赛克玻璃珠（见◉ 126）。

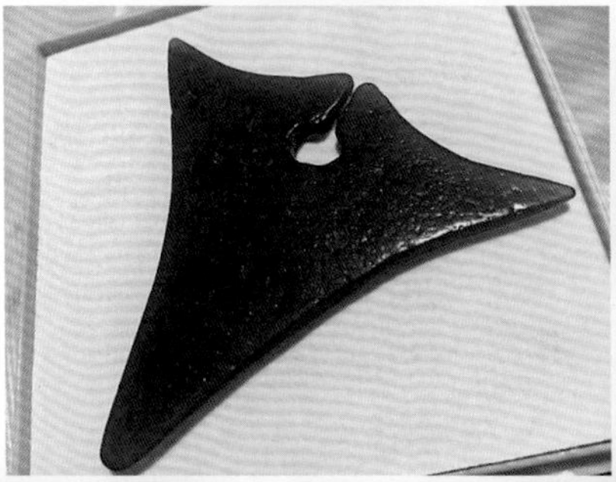

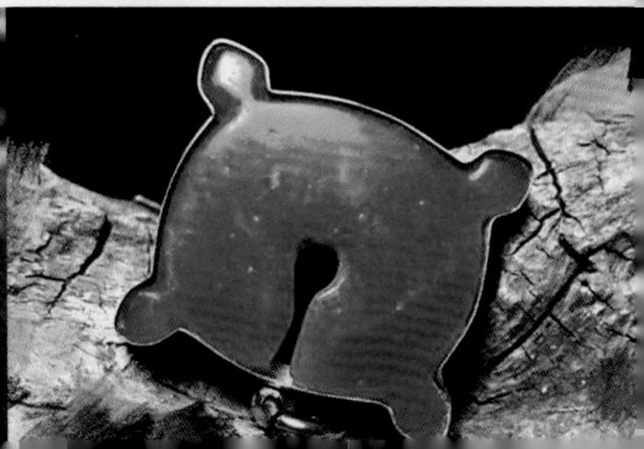

◉ 110　柬埔寨糖色管

Caramel Color Tube from Cambodia

类型：东南亚珠饰
Ornaments of Southeast Asia

品名：柬埔寨糖色管
Caramel Color Tube from Cambodia
地域：柬埔寨和泰国
Cambodia and Thailand
年代：公元前500—公元前后
500 BC—Before and After AD
材质：玛瑙
Agate

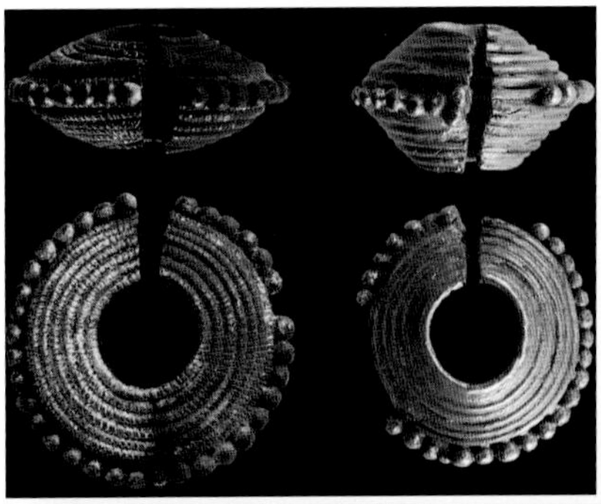

◉ 110. 柬埔寨（非正式考古）出土的褐色玛瑙管材质为缠丝玛瑙，有些可能做过糖色处理，原装状态大多两端有黄金帽，这种镶黄金帽的装饰办法在西亚伊朗有相当长的历史。柬埔寨毗邻泰国和越南，这种管子也经常出现在泰国和越南等地，从史前这里就已经形成区域性的贸易网络，泰国洛布里（见◉ 103）还一度为高棉帝国（现柬埔寨）控制。除了糖色管，柬埔寨还出土与泰国洛布里和越南沙黄文化（见◉ 123）类似或相同的珠子和金饰，有限的考古资料提供其考古编年为公元前200年前后。

柬埔寨的考古发掘有限，地表大量留存的“圆形土方工程”表明其史前有过密集的大型聚居地。铁器时代的柬埔寨可能已经存在城邦式的聚落，大致对应中国文献中记载的“扶南国”。2008年，柬埔寨文化和美术部在德国考古机构的协助下，对东南部铁器时代的墓葬进行了考古发掘，出土各种金银器、青铜武器和珠子。其中大部分珠子形制与东南亚其他地方特别是泰国和越南的珠子相似或相同。

◉ 111　萨孟河谷珠饰

Various Beads from Samon Valley

类型：东南亚珠饰

Ornaments of Southeast Asia

品名：萨孟河谷珠饰

Various Beads from Samon Valley

地域：缅甸萨孟河谷

Samon Valley, Myanmar

年代：公元前1000—公元前后

1000 BC—Before and After AD

材质：玉髓、玛瑙、硅化木、软玉、砗磲、玻璃等

Chalcedony, Agate, Petrified Wood, Nephrite, Tridacna, Glass, etc.

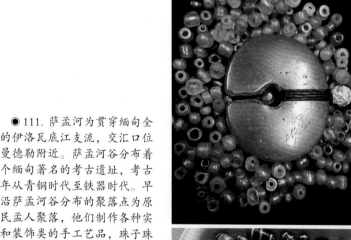

◉ 111. 萨孟河为贯穿缅甸全境的伊洛瓦底江支流，交汇口位于曼德勒附近。萨孟河谷分布着数个缅甸著名的考古遗址，考古编年从青铜时代至铁器时代。早期沿萨孟河谷分布的聚落点为原住民孟人聚落，他们制作各种实用和装饰类的手工艺品，珠子珠饰包括几种不同材质和工艺的大类：1.玛瑙玉髓珠子管子，包括使用缅甸特有的硅化木，这类珠子以蚀花类最为技艺精湛，装饰纹样丰富，形制变化多样，包括蚀花红玉髓、黑白蚀花珠和三色珠；2.其他半宝石珠，最常见的材料是绿色的地方玉（软玉）和白色的砗磲；3.玻璃珠饰，除了玻璃珠子和小坠饰，还制作个体较大的玻璃环、玻璃镯等，色彩有蓝色、浅绿和酒红等，造型和题材区别于泰国班清琉璃（见◉ 099）和洛布里的仿宝石玻璃。另有少量金属珠饰，包括黄金和青铜材质。

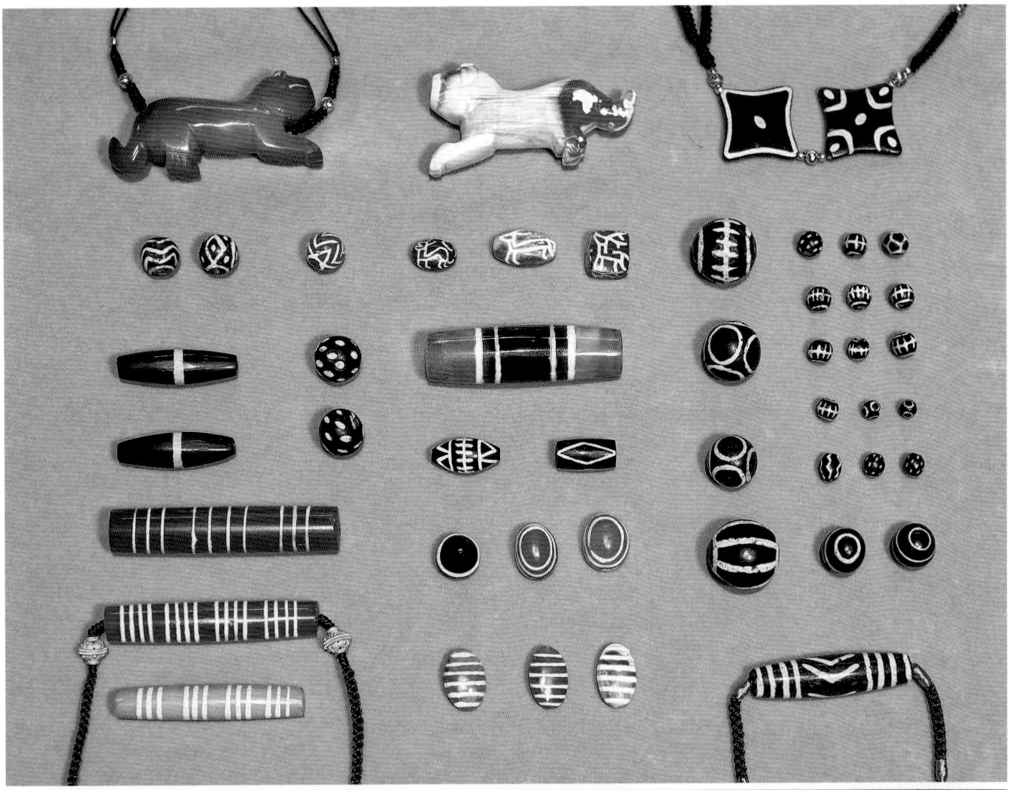

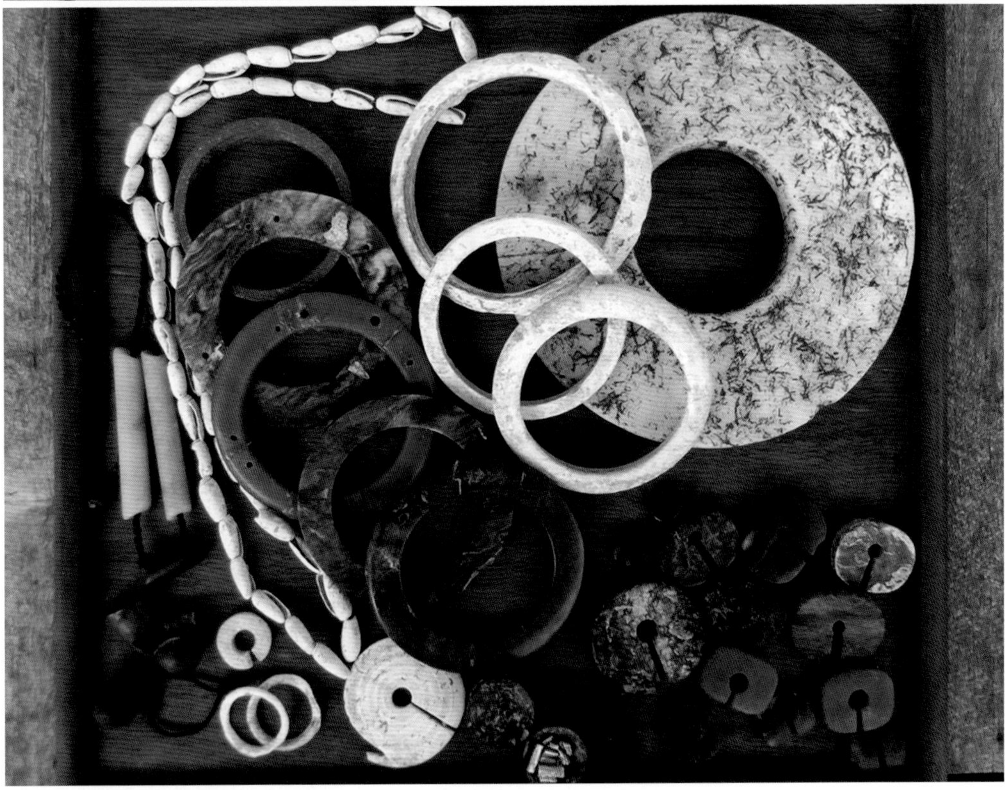

◉112　萨孟蚀花红玉髓珠

Etched Carnelian Beads from Samon Valley

类型：东南亚珠饰

Ornaments of Southeast Asia

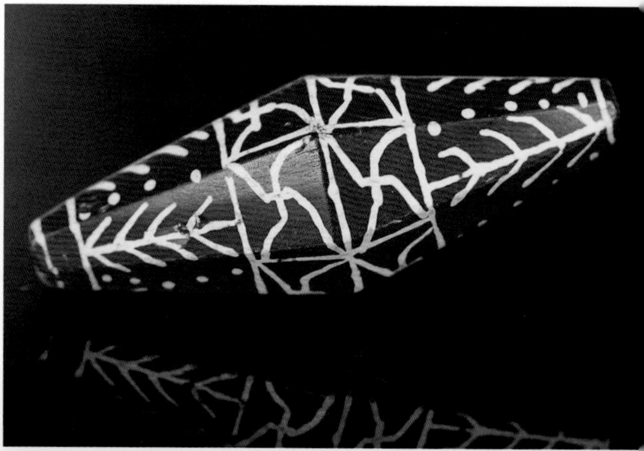

品名：萨孟河谷的蚀花红玉髓珠

Etched Carnelian Beads from Samon Valley

地域：缅甸萨孟河谷

Samon Valley, Myanmar

年代：公元前700—公元前后

700 BC—Before and After AD

材质：红玉髓

Carnelian

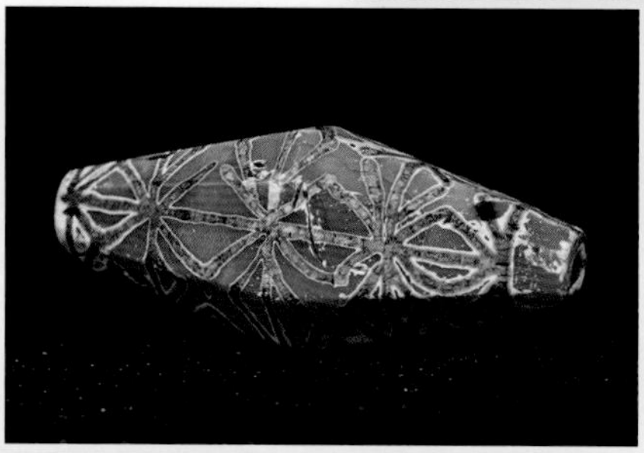

◉ 112. 考古发掘表明萨孟河谷在铁器时代曾是制作珠子珠饰的中心，制作技艺高超，造型和装饰手段丰富多样。公元前200年骠人沿伊洛瓦底江一路南下，建立缅甸历史上第一批有确切记载的城邦，他们带来了自己的文化和审美观念，开始制作和萨孟河谷一样的珠饰。（非正式的）出土资料表明，萨孟类型的珠子既出现在孟人的土坑葬中，也出现在骠人的瓮棺葬中，表明两种文化和族群相互交流和融合的过程。

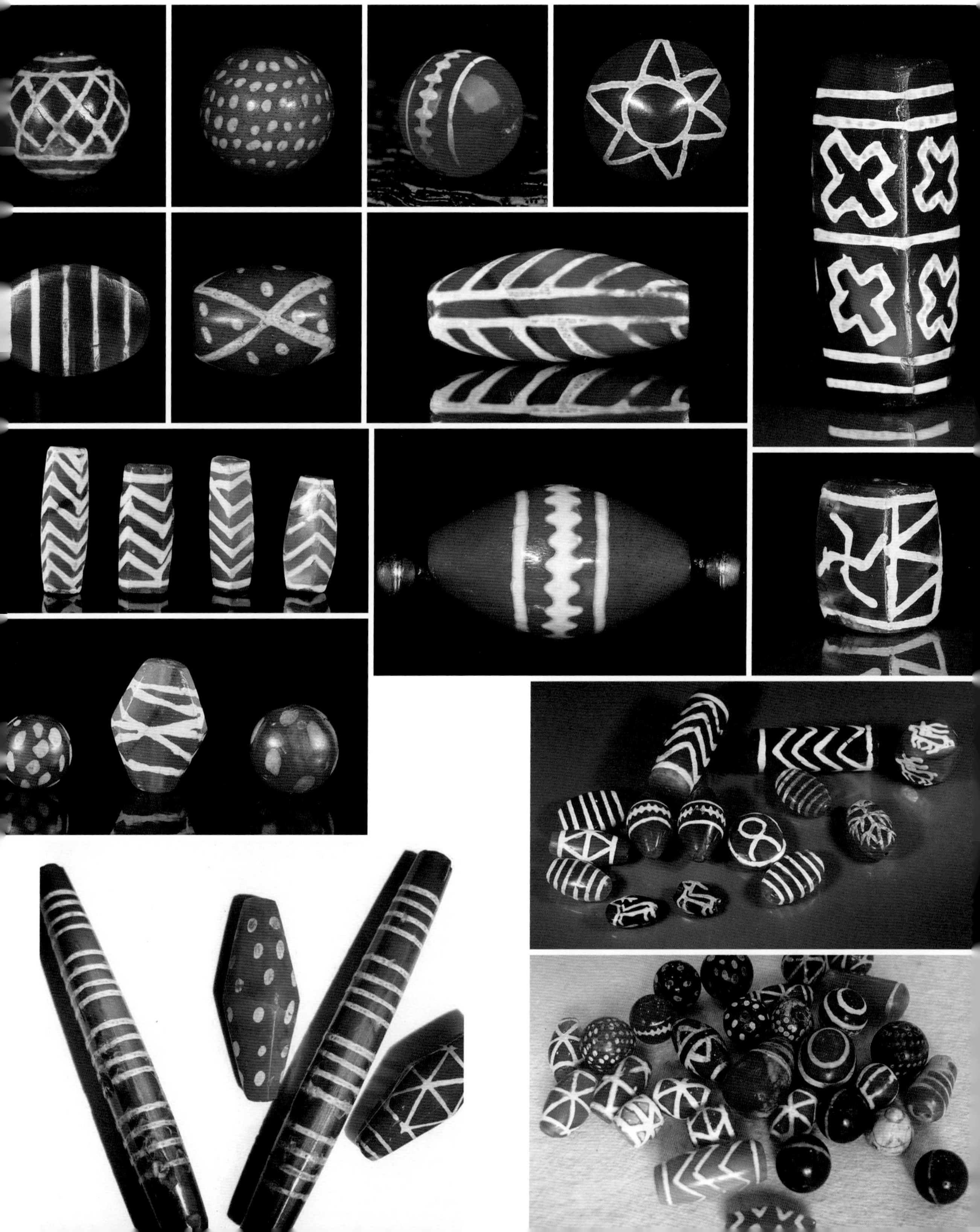

类型：东南亚珠饰
Ornaments of Southeast Asia

品名：萨孟河谷的黑白蚀花珠
Etched Beads with Black and White Pattern from Samon Valley
地域：缅甸萨孟河谷
Samon Valley, Myanmar
年代：公元前700—公元前后
700 BC—Before and After AD
材质：玉髓、玛瑙、硅化木
Chalcedony, Agate, Petrified Wood

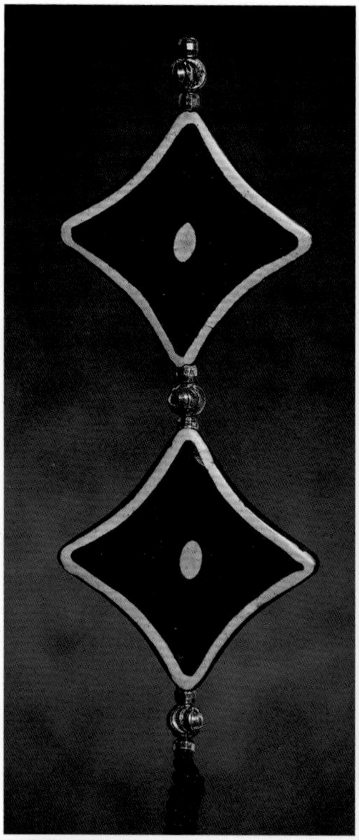

◉ 113. 萨孟黑白蚀花珠的形制和纹饰与萨孟蚀花红玉髓一样多样丰富，工艺制作同样精致。萨孟黑白蚀花珠有黑地白花和白地黑花两种工艺和装饰办法，后者较前者少见一些，材质有玛瑙、玉髓，还有缅甸特有的硅化木。装饰图案以折线和眼圈纹样为典型纹样，另有圆点、空心十字、弦纹、菱形和其他特殊图案，其中折线、眼纹和菱形纹样延续了相当长时间。

◉ 114　萨孟三色珠

Tricolor Etched Beads from Samon Valley

类型：东南亚珠饰
Ornaments of Southeast Asia

品名：萨孟三色珠
Tricolor Etched Beads from Samon Valley
地域：缅甸萨孟河谷
Samon Valley, Myanmar
年代：公元前700—公元前后
700 BC—Before and After AD
材质：玉髓、玛瑙
Chalcedony, Agate

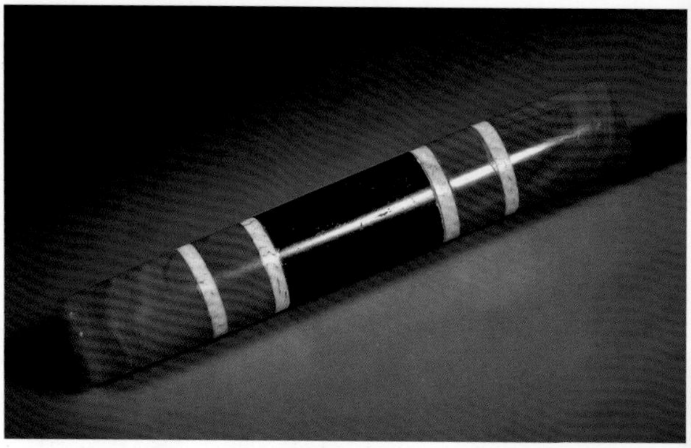

◉ 114. 萨孟的三色珠有羊角和长管两种典型形制，三色圆珠罕见，泰国南部偶见同时期的三色圆珠。萨孟三色珠的个体较大，工艺制作和材料选择都更精致精良，有些大尺寸珠子明显不方便佩戴，推测这类珠子可能用于仪式场合，但目前没有文献资料解释缅甸在佛教传入之前的史前信仰和仪式。

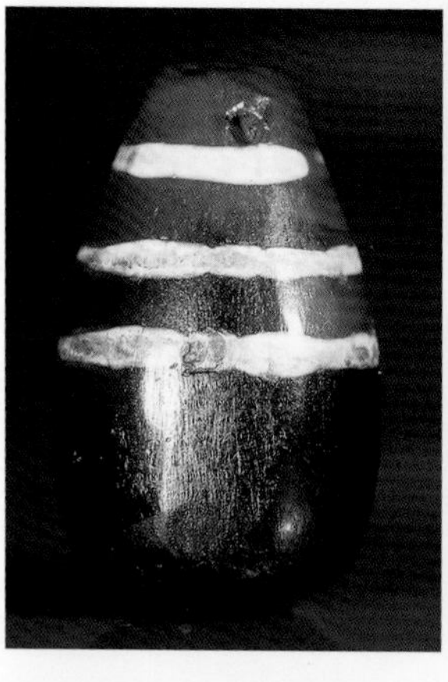

萨孟独特的三色珠工艺是分段式三色珠，即红色、黑色和白色部分是使用不同色彩的材料分开制作，最后黏结在一起，有些还使用中空的青铜管贯穿珠子将各段连接起来。这类珠子相对少见，直管和羊角形都有，工艺十分精细独特。

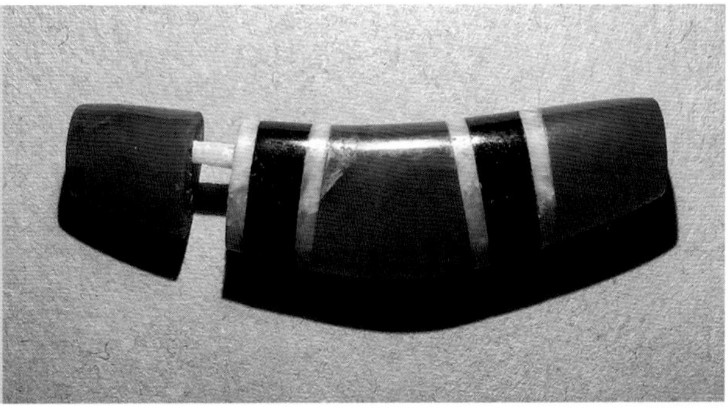

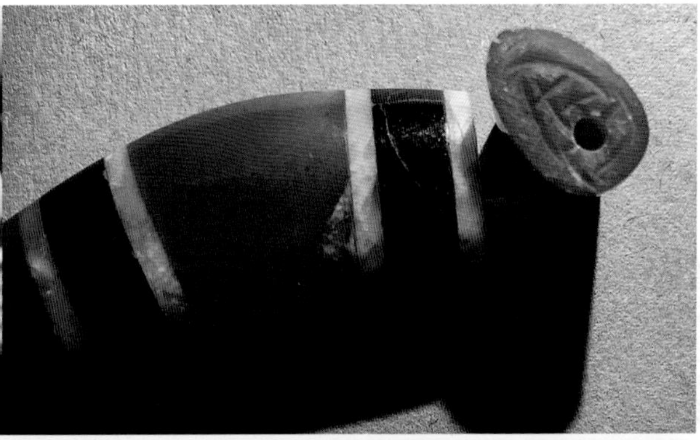
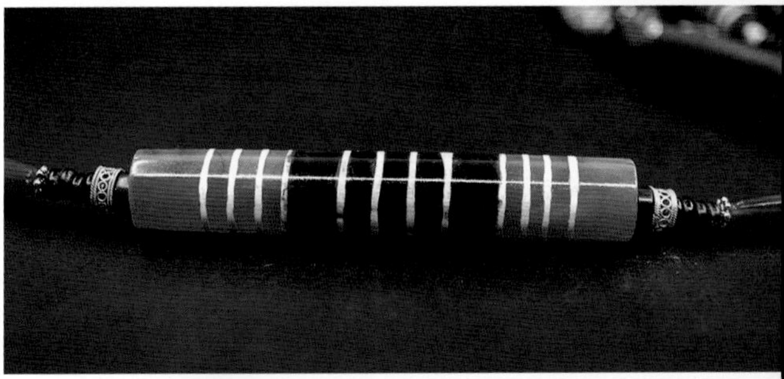

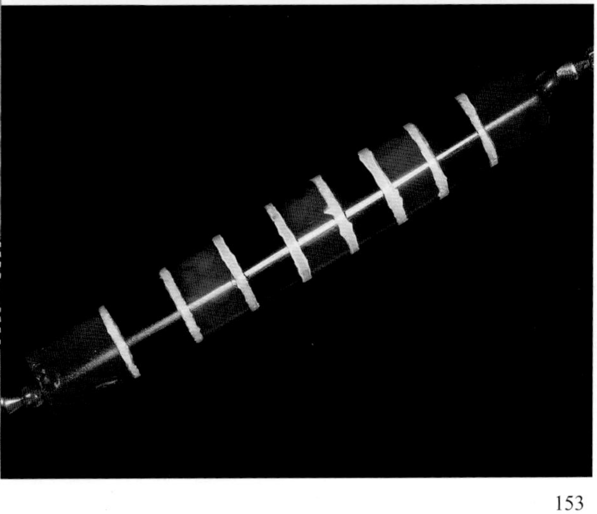

◉ 115　萨孟蚀花小鹿和其他纹样

Etched Carnelian Beads with Fawn and Other Motifs from Samon Valley

类型：东南亚珠饰

Ornaments of Southeast Asia

品名：萨孟蚀花小鹿

Etched Carnelian Beads with Fawn and Other Motifs from Samon Valley

地域：缅甸萨孟河谷

Samon Valley, Myanmar

年代：公元前700—公元前

700 BC—Before and After AD

材质：红玉髓

Carnelian

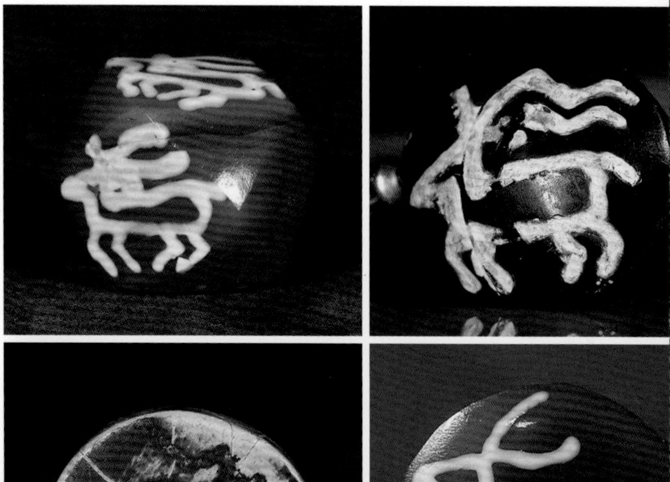

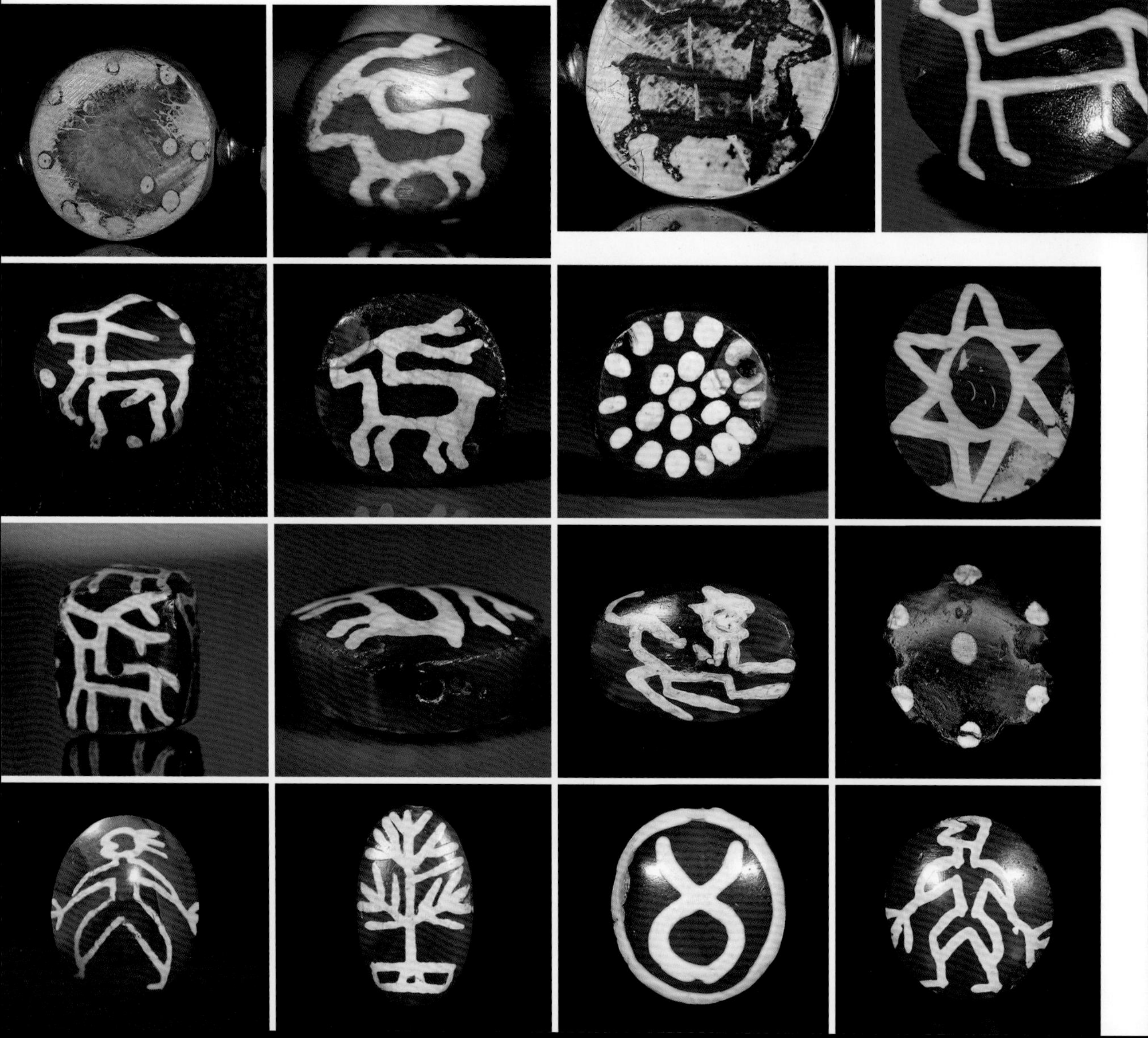

◉116 萨孟虎形珠和蚀花虎

Tiger Shape Beads from Samon Valley

类型：东南亚珠饰

Ornaments of Southeast Asia

品名：萨孟虎形珠和蚀花虎
Tiger Shape Beads from Samon Valley
地域：缅甸萨孟河谷
Samon Valley, Myanmar
年代：公元前700—公元前后
700 BC—Before and After AD
材质：红玉髓、玛瑙、软玉、水晶、玻璃、黄金等
Carnelian, Agate, Nephrite, Rock Crystal, Glass, Gold, etc.

◉116. 虎形珠是缅甸、泰国独有的古代珠饰题材，个体比一般珠子大，最长的超过15厘米，类似小型圆雕，班东湾有出土标型器（见◉102），西方学者有时称其为“狮虎”（ligers），与波斯和中亚的狮子不同。虎形珠造型有程式化的模式，辨识度高，材质包括红玉髓、缠丝玛瑙和地方玉料等。工艺的原因，蚀花虎比较稀有，纹饰不是虎纹，而是斑点状的纹样，有的在老虎身体左右两侧画有小鹿，不知寓意为何。

◀◉115. 小鹿是萨孟河谷蚀花珠装饰的典型题材，这与缅甸对鹿的信仰有关。缅甸收藏家、作家Tan在他的《缅甸古代珠饰》中说，蚀花珠子上的小鹿象征幸运和财富，因为小鹿会找到盐泽，而盐既是生活必需品也是重要的贸易品。鹿和野牛等许多动物都会找到自然中盐分重的泽地，舔食泽地中的盐分补充微量元素，人们循着小鹿的踪迹即可找到盐泽，这便是财富和幸运。历史上，盐和青铜原料是古缅甸的大宗贸易商品，小鹿的形象便成了幸运的象征。小鹿蚀花珠的反面一般是小圆点装饰，色彩有红玉髓，也有黑白蚀花珠，形制有扁珠，也有多棱珠，偶见管子。除小鹿外，萨孟蚀花珠还有人形图案、植物等自然题材和抽象图案。

虎形珠一般都有打孔，大多沿虎形身长纵向打孔，也有腰部横向打孔的，后者不常见。虎形珠的题材有单只虎，也有母子虎，后者常表现为一只成年虎嘴里衔着一只幼虎。与萨孟早期虎形珠的打孔比较，母子虎大多打孔细小，这种打孔技术稍晚。缅甸学者认为母子虎题材可能受骠人南下带来的文化和传说的影响。

◉116 萨孟虎形珠和蚀花虎

Tiger Shape Beads from Samon Valley

蚀花虎形珠

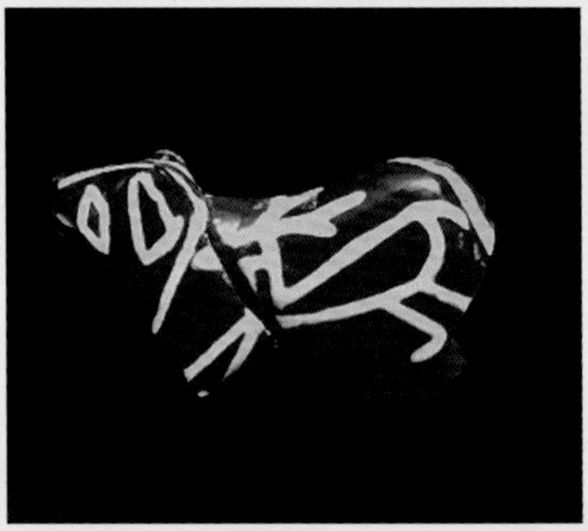

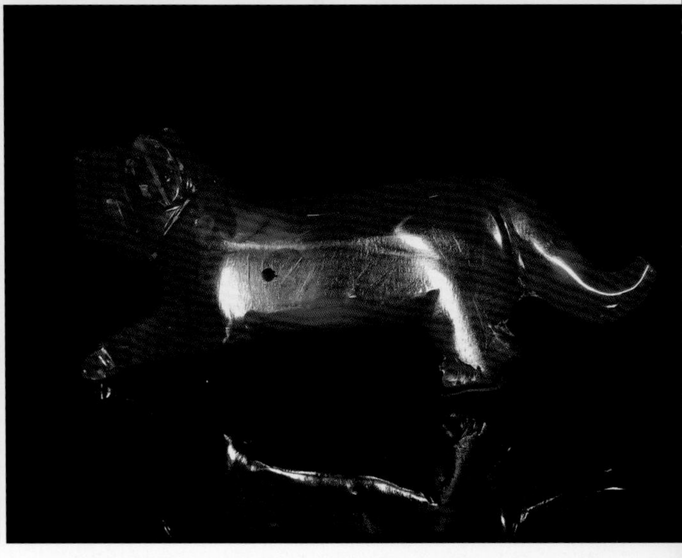

类型：东南亚珠饰
Ornaments of Southeast Asia

品名：萨孟人形珠、动物形珠和异形珠
Human Figure, Zoomorphic Beads and Amulets from Samon Valley
地域：缅甸萨孟河谷
Samon Valley, Myanmar
年代：公元前700—公元前后
700 BC—Before and After AD
材质：玛瑙、红玉髓、水晶、玻璃、硅化木、软玉、贝壳、黄金等
Agate, Carnelian, Rock Crystal, Glass, Petrified Wood, Nephrite, Shell, Gold, etc.

◉117. 人形用于珠饰上的表现。萨孟珠既有立雕的人形坠饰，也有用蚀花工艺描绘在珠子表面的人形纹样（见◉115），两种工艺塑造的人形可能代表不同的信仰或象征内容，一般认为人形题材所包含的信仰的内容大于装饰。萨孟河谷的人形珠使用红玉髓和绿色软玉的较多，打孔一般在上臂位置，两端对打孔，也有从头顶贯穿底部的通天孔。除了萨孟河谷，泰国南部乌通及周边同样出土人形珠饰，造型与萨孟的类似，但个体偏小，年代可能稍晚。

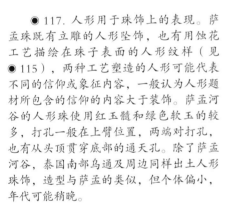

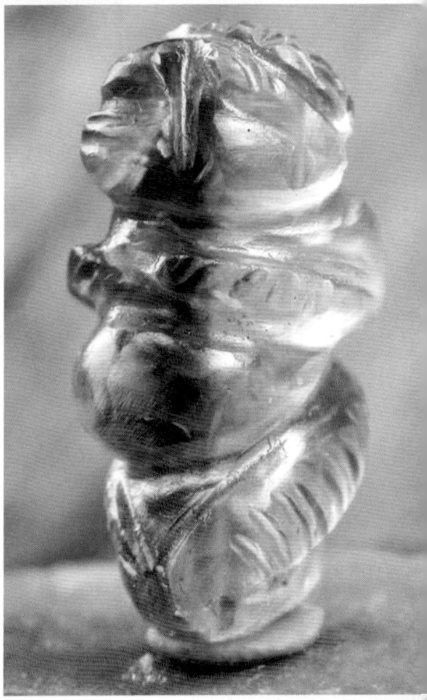

◉117 萨孟人形珠、动物形珠和异形珠

Human Figure, Zoomorphic Beads and Amulets from Samon Valley

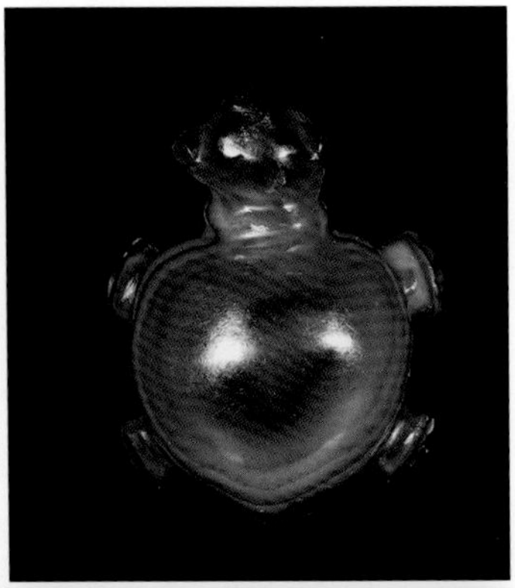

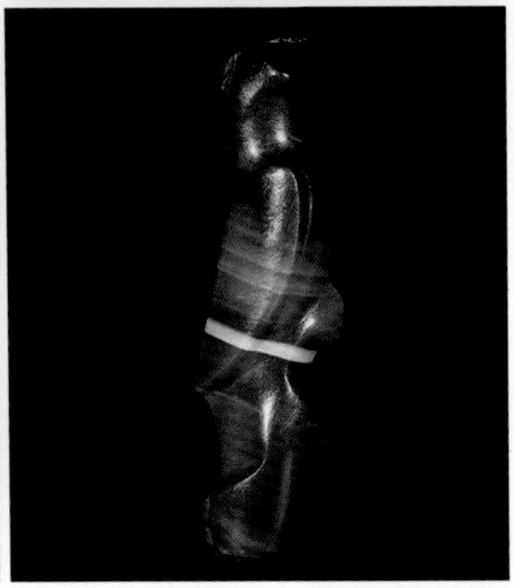

除了人形珠，萨孟也制作各种动物形珠和不同于常见形制的异形珠子和坠子，如小鸟、乌龟等，其他题材还有鱼、青蛙、蟾蜍、猴子、牛、大象等。至少从公元前200年，缅甸在与印度的贸易往来中就开始吸收佛教或印度教的美术题材，比如大象。与佛教或缅甸本土信仰有关的题材还包括海螺、狮子、万字符、三宝等，还有一种坊间称为“合抱莲花”的特殊形制。制作这些珠子的材料十分丰富，形制或抽象或具象，这类珠子大部分造型在泰国和缅甸都同时可见。

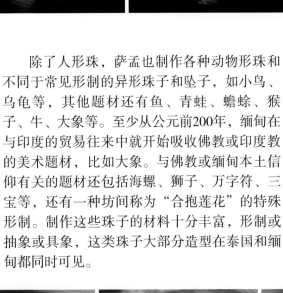

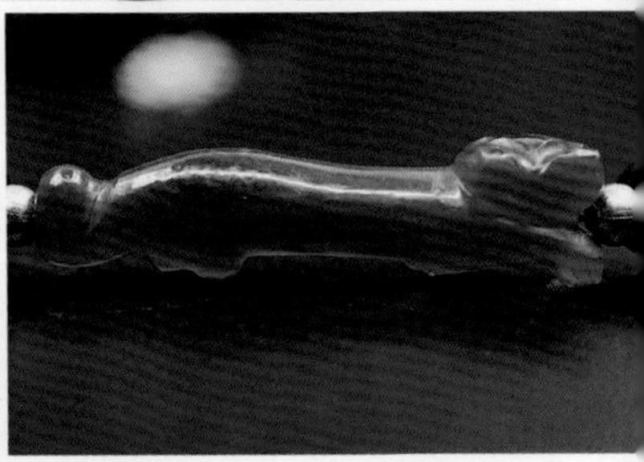

◉ 118　骠系蚀花珠

Etched Beads of Pyu Type

类型：东南亚珠饰

Ornaments of Southeast Asia

品名：骠系蚀花珠

Etched Beads of Pyu Type

地域：缅甸古骠国

Pyu City-states, Myanmar

年代：公元前200—公元900年

200 BC—900 AD

材质：红玉髓、玛瑙、硅化木

Carnelian, Agate, Petrified Wood

骠人大量制作黄金珠饰（见◉ 119），这与资源的发现和开采技术有关。骠系珠子的形制、题材和纹样十分丰富。骠人墓葬中仍然有不少萨孟时期的半宝石珠饰出土，2014年在美国纽约公开展出的古骠国“骠珠”，很多仍旧是萨孟时期的珠子，缅甸学者称为“过渡期”珠饰，实际上是在无法做出具体编年和分类的情况下，相对折中的说法。

◉ 118. 骠人沿伊洛瓦底江南下，早期在上缅甸和萨孟河谷都有聚居点，逐渐形成城邦，沿伊洛瓦底江分散至缅甸全境。骠人很可能是在萨孟河谷与孟人混居的时期，学会了萨孟的蚀花技术和其他工艺，并沿用了一部分萨孟珠饰的题材和形制。骠人的蚀花珠制作延续了几个世纪，但工艺和装饰手法都逐渐萎缩，不再制作萨孟时期那种个体硕大的管子、羊角形珠等，黑白蚀花珠纹样大多为折线和直线，红玉髓珠上出现文字装饰，材质以硅化木和一种石质较重的硅酸盐类矿石为多，玛瑙的使用较萨孟时期少一些。

◉ 119　骠系金珠
Gold Beads of Pyu Type

类型：东南亚珠饰
Ornaments of Southeast Asia

品名：骠系金珠和英瓦小金佛
Gold Beads of Pyu Type and Gold Consecrate Beads of Inwa Period
地域：缅甸古骠国
Pyu City-states, Myanmar
年代：公元前200—公元900年
200 BC—900 AD
材质：黄金
Gold

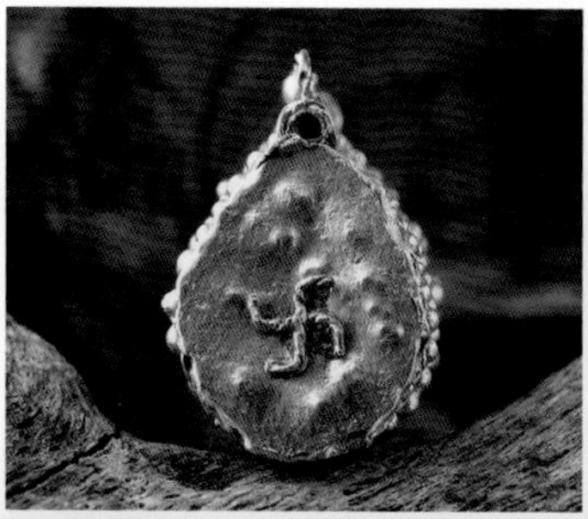

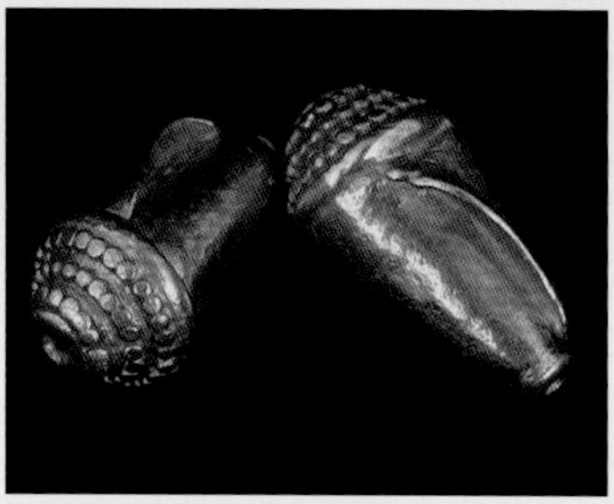

◉ 119. 骠人大量制作金珠金饰，这可能与资源的发现和开采技术的革新有关，也与古骠国城邦的兴起和繁荣有关。黄金材料的特性和工艺的可能性，使得骠系金珠金饰的形制非常丰富。骠国是缅甸历史上佛教王朝的开端，金珠金饰也大多使用佛教符号和表现佛教题材，或用于供奉，或用于佩戴，或用于交换，工艺采用模铸、錾刻、锤鍱、花丝、焊接等。骠国金饰的制作、风格和题材延续了一千年，公元9世纪骠国灭于南诏，黄金制作仍旧延续。

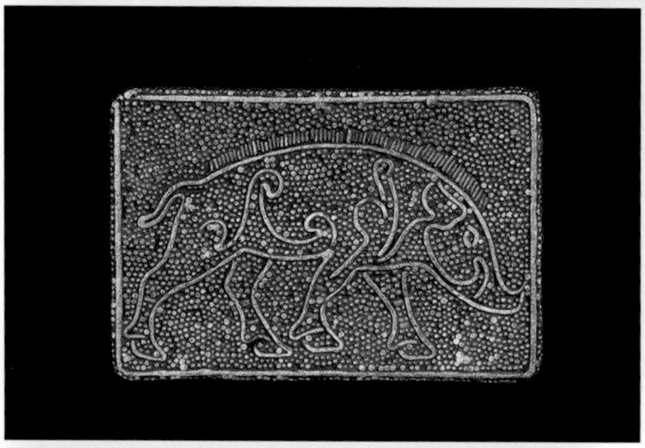

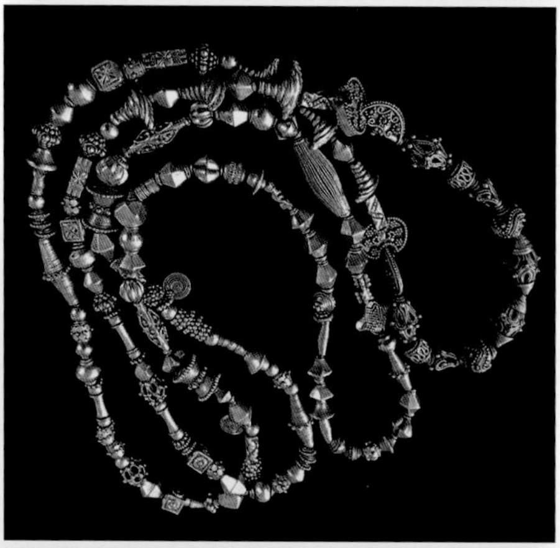

英瓦王朝（Inwa，又称Awa，公元1364—1555年）是掸族人在伊洛瓦底江中下游地区建立的王朝，公元1555年灭于缅族的东吁王朝。英瓦时期延续了骠人制作小金佛的传统，曾流行制作专门用于供奉的微型金佛、菩萨、供养人像和狮子以及其他小动物。这些微型小金佛从3厘米到几毫米不等，最小者不足0.2克，但人物造型、开脸一丝不苟，动物刻画纤毫毕现，显示了高超的制作技艺。

◉ 120　骠系印珠印戒
Seal Rings and Beads of Pyu Type

类型：东南亚珠饰
Ornaments of Southeast Asia

品名：骠系印珠印戒
Seal Rings and Beads of Pyu Type
地域：缅甸古骠国
Pyu City-states, Myanmar
年代：公元前200—公元900年
200 BC—900 AD
材质：黄金、银、半宝石、骨、牙角类等
Gold, Silver, Semi-precious Stone, Bone, Tooth and Horn, etc.

◉ 120. 骠人大量制作黄金和白银的印章戒指，题材大多是佛教象征符号、图案、文字，镶嵌宝石、蚀花珠、刻有铭文或图案的半宝石戒面。非金属类的印章和印珠多使用玉髓包括蚀花红玉髓、条纹玛瑙材料，有机质的材料则包括骨和牙角类。早期的骠人墓葬也出现萨孟河谷的珠子珠饰，应为前朝遗物，另还有舶来品，包括罗马的尼科洛戒面（见◉ 264）和马眼板珠。

◉ 121　骠系宝石珠和仿宝石玻璃

Gemstone Beads and Imitation Stone Glass of Pyu Type

类型：东南亚珠饰

Ornaments of Southeast Asia

品名：宝石珠和仿宝石玻璃
Gemstone Beads and Imitation Stone Glass
地域：东南亚、南亚
Southeast Asia, South Asia
年代：公元前300—公元900年
300 BC—900 AD
材质：宝石、玻璃
Gemstone, Glass

◉ 121. 东南亚和南亚产宝石，铁器时代已经开始使用硬度极高的宝石如海蓝宝、石榴石、尖晶石等制作珠子和珠饰。汉代合浦已有水晶、紫水晶和海蓝宝珠子的舶来品（见◉ 028）。塔克西拉也出土了形制和材质与东南亚类似的水晶珠和宝石珠子，最著名的用于供奉的宝石珠是印度的比普罗瓦（见◉ 137），实物包括几种硬度极高的宝石制作的珠子和花饰。塔克西拉的宝石原料可能来自阿富汗山区，珠子一般制作成有棱面的形制，材料允许的情况下，尽可能制作成个体较大的管子或坠饰。

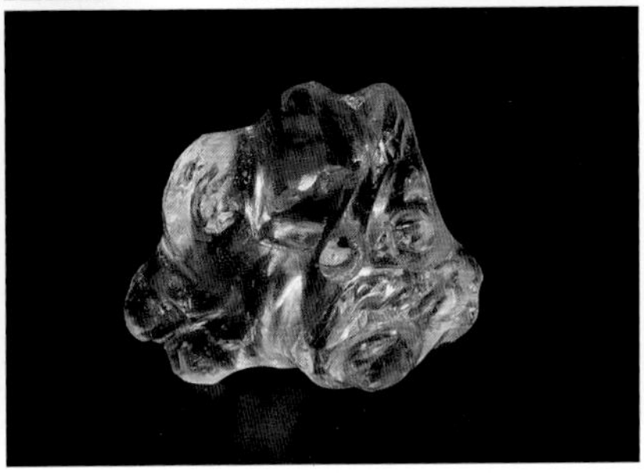

缅甸同样盛产宝石，著名的宝石品种是红宝石、海蓝宝和翡翠。这类珠子没有玉髓玛瑙类的珠子多见，与材料稀有和加工难度有关，也启发了仿宝石玻璃的出现。泰国和缅甸均有仿宝石玻璃珠出土，尤其是泰国洛布里周边，带棱面的仿宝石玻璃珠质地和色泽几可乱真，显示了高超的玻璃制作技术水平。

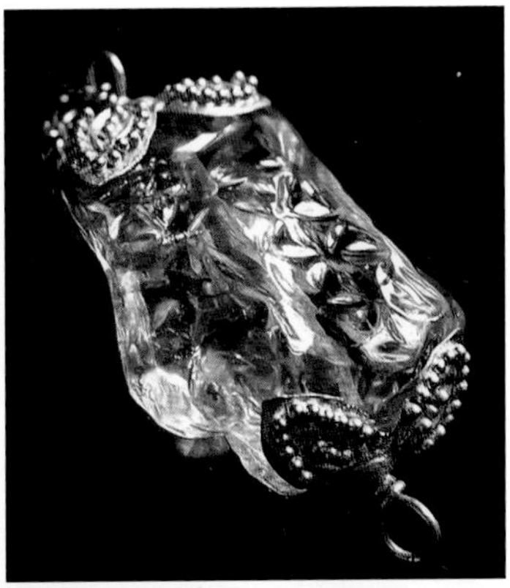

随着开采技术和加工手段的改进，骠时期开始出现硬度更高的宝石珠子和坠子，如红宝石和蓝宝石，或打孔佩戴，或用于镶嵌。这一时期的宝石珠子经常制作成随形的样式，也用于镶嵌，或雕刻成坠饰，题材多与佛教有关，如海螺或佛陀本身。但很少像之前那样制作成棱面的珠子，这或与印度文化的影响有关。印度对宝石的概念是神赐之物，不应过多打磨切割，这种传统一直保持到莫卧儿王朝时期，王室的珠宝也都使用随形的宝石（见◉ 145）。

◉ 122　越南东山文化的珠饰

Beads from Đông Sơn Culture

类型：东南亚珠饰
Ornaments of Southeast Asia

品名：越南东山文化的珠饰
Beads from Đông Sơn Culture
地域：越南北部
Northern Vietnam
年代：公元前100 —公元100年
100 BC—100 AD
材质：软玉、玻璃、红玉髓、贝壳等
Nephrite, Glass, Carnelian, Shell, etc.

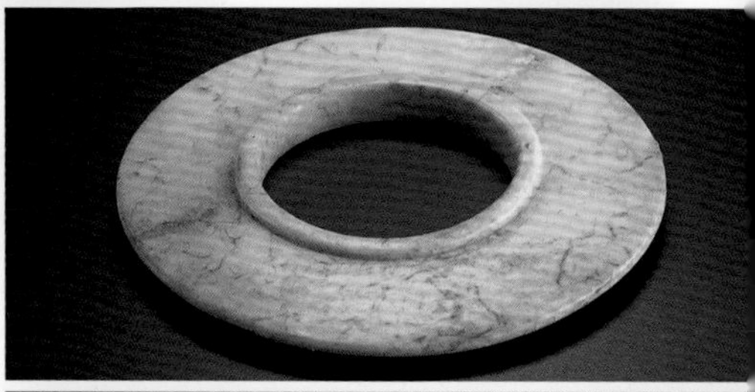

◉ 122. 东山文化遗址位于越南北部红河谷，考古编年为公元前2世纪至公元1世纪。遗址出土的铜鼓和武器为典型器，并有各种形制的青铜小饰品。半宝石珠子和玻璃珠饰大部分形制和材料都能在东南亚其他地区见到。玉质和玻璃耳玦的形制和装饰风格最为独特，双头形玉耳珏可以证明东山文化珠饰与南部的沙黄文化（见◉ 123）有关联，玻璃器则很可能由沙黄文化和班清等地方输入。

◉ 123 越南沙黄文化的珠饰

Beads from Sa Huỳnh Culture

类型：东南亚珠饰

Ornaments of Southeast Asia

品名：越南沙黄文化的珠饰
Beads from Sa Huỳnh Culture
地域：越南中南部
South-central Vietnam
年代：公元前1000—公元200年
1000 BC—200 AD
材质：软玉、玻璃、红玉髓、贝壳等
Nephrite, Glass, Carnelian, Shell, etc.

◉ 123. 越南沙黄文化遗址位于越南中部至南部，可对应中国古代文献记载的林邑国（后称占城、占婆），考古遗址沿湄公河三角洲至广平省，兴盛于公元前1000年至公元200年，是占族的前身。中国文献曾记载占城人擅长玻璃制作，也得到考古实物的证实。各种形制的玻璃耳珏是沙黄文化珠饰的典型器，一些耳环样式也出现在泰国中南部、菲律宾及我国台湾、南海诸岛的考古遗址中。双头型玉耳珏在东山文化也有出土，各种造型变化均由玉石和玻璃两种材料制作。此外，沙黄文化出土大量珠子，材料丰富，包括玉、玉髓、玛瑙、橄榄石、锆石、石榴石、黄金和其他材质，这些制作珠饰和装饰品的原材料大多依靠贸易输入。沙黄文化实行火葬，骨灰装入盖罐后入土，罐内除了各种珠子，大多伴有故意折断的耳饰，可能是与葬俗有关的某种仪式。

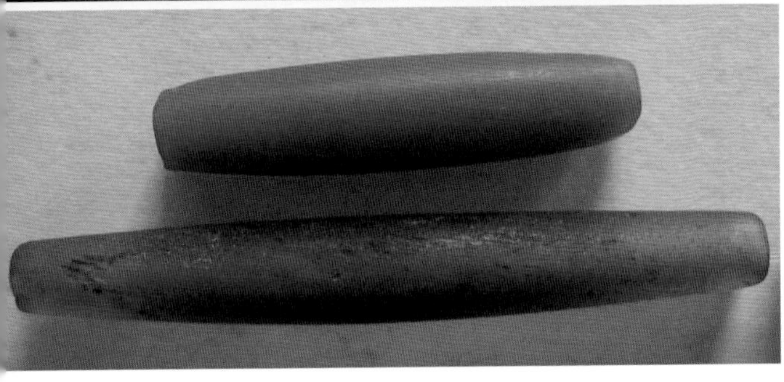

◉124 菲律宾的玲玲欧

LingLing O Earrings and Pendants of Philippine

类型：东南亚珠饰

Ornaments of Southeast Asia

品名：菲律宾玲玲欧

LingLing O Earrings and Pendants of Philippine

地域：菲律宾

Philippine

年代：公元前2000—近代

2000 BC—Early Modern

材质：半宝石、金属

Semi-precious Stone, Metal

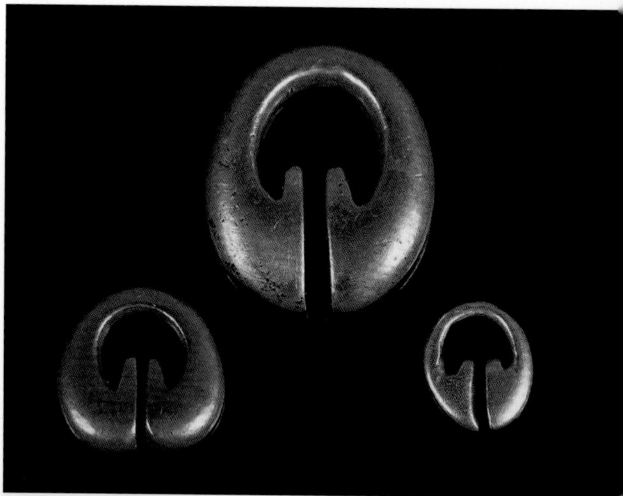

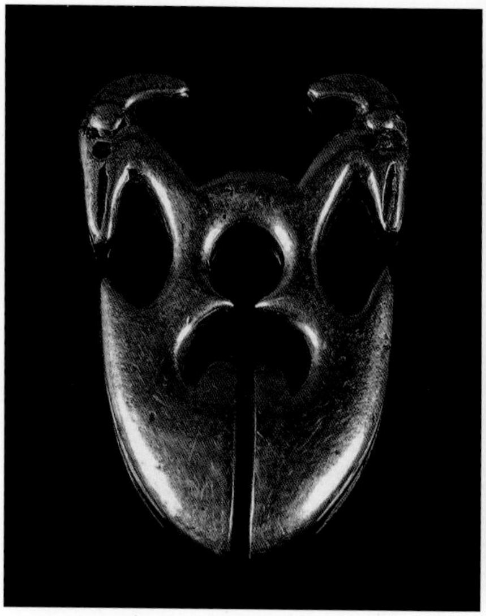

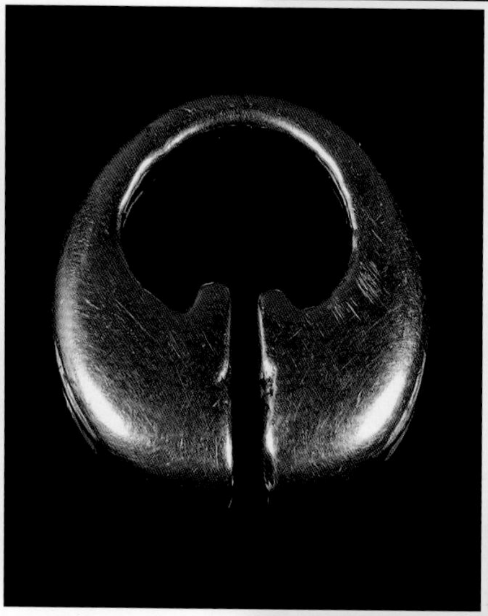

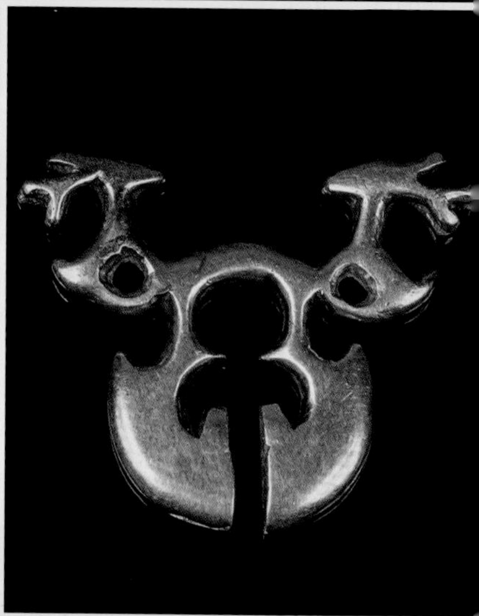

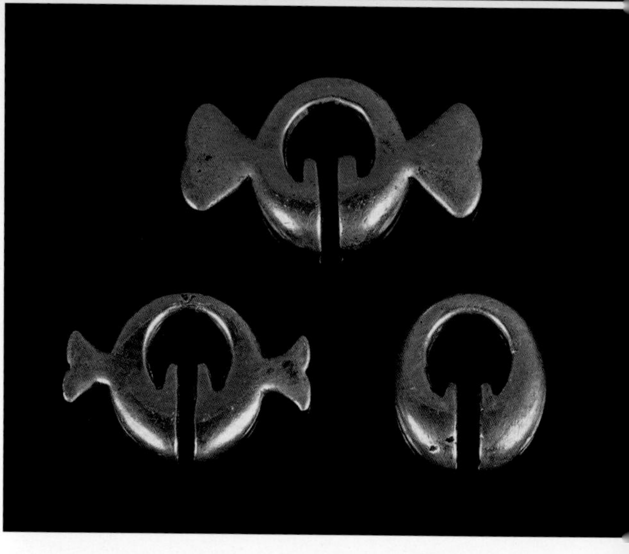

◉124. 早在公元前2000至前1500年，菲律宾就开始使用软玉制作珠饰，包括珠子、手镯和一种被当地人称为“玲玲欧”的双头型耳玨。这类相关形制的耳玨是史前至铁器时代南岛（包括中国台湾岛、马来半岛、东南亚诸岛、西太平洋群岛、新几内亚岛等）诸族的典型饰品，在南岛各个地方均能见到相关联的形制（见◉098、◉122、◉123）。该形制经过时间和空间的流传，有丰富的变化，最后形成各个地方特有的造型风格。菲律宾一些岛屿民族至今还佩戴玲玲欧，大多用金属制作，当作坠饰或串成项链佩戴在胸前，民间信仰认为佩戴玲玲欧可使女人丰产。在古代，玲玲欧及相关形制的耳玨实际上反映了古代南岛诸岛之间海上贸易和文化交流的持续和相互影响。

◉ 125　印度尼西亚金饰

Gold Ornaments of Indonesia

类型：东南亚珠饰
Ornaments of Southeast Asia

品名：印度尼西亚金饰
Gold Ornaments of Indonesia
地域：爪哇及印度尼西亚诸岛
Java Island and the Indonesian Islands
年代：公元8世纪—近代
800 AD—Early Modern
材质：黄金、合金
Gold, Alloy

◉ 125. 爪哇岛是印度尼西亚群岛第五大岛，也是人口最多最密集的岛屿，印度尼西亚首都雅加达位于岛屿西部。公元1世纪，信仰印度教的印度商人曾在该岛发展势力，并带来印度文化。公元8世纪，爪哇岛中南部诸王国开始接受佛教，公元9世纪，大型佛教建筑在全岛各个地方建立。爪哇制作金饰的风气在这一时期突然兴盛，题材大多与佛教有关，美术造型具有明显的爪哇风格，造型夸张，纹饰繁复。

◉ 125　印度尼西亚金饰

Gold Ornaments of Indonesia

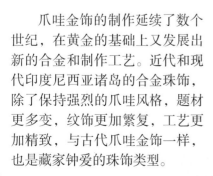

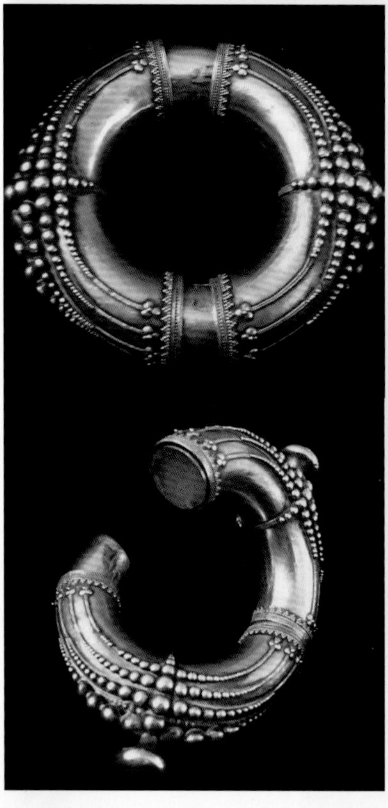

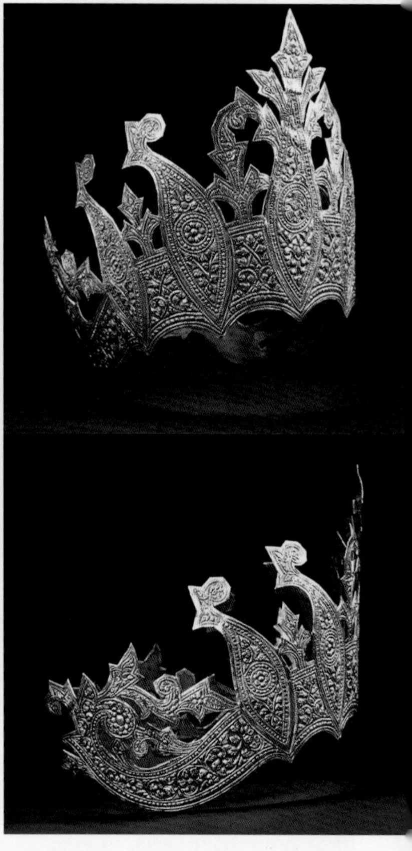

爪哇金饰的制作延续了数个世纪，在黄金的基础上又发展出新的合金和制作工艺。近代和现代印度尼西亚诸岛的合金珠饰，除了保持强烈的爪哇风格，题材更多变，纹饰更加繁复，工艺更加精致，与古代爪哇金饰一样，也是藏家钟爱的珠饰类型。

◉ 126　爪哇马赛克玻璃珠

Mosaic Glass Beads from Java Island

类型：东南亚珠饰
Ornaments of Southeast Asia

品名：爪哇的马赛克珠
Mosaic Glass Beads from Java Island
地域：爪哇
Java Island
年代：公元前200—公元900年
200BC—900 AD
材质：玻璃
Glass

◉ 126. 爪哇玻璃珠是指多色装饰的马赛克珠，大多来自爪哇东部的亚廷（Jatim），藏家也称其为“亚廷珠”。一般认为这类珠子的年代至少可以追溯到玛迦帕夷王朝（公元1293—1527年），但东亚韩国等地方出土的亚廷珠表明其制作年代可能始于更早。玻璃马赛克珠（见◉ 259）体现古代罗马和地中海流行的玻璃工艺和装饰风格，后由拜占庭和伊斯兰工匠继承，经由海上贸易传入爪哇，并持续制作了数个世纪。除马赛克珠，印度尼西亚还制作单色的圆珠和多棱面玻璃珠，色彩以蓝色、绿色、红色为主；也有不少所谓“金箔”玻璃珠，年代早于亚廷马赛克珠。这类珠子在周边诸岛均能见到，泰国和缅甸南部出土的玻璃珠，有一些可能由印度尼西亚输入。

◉ 127 邦提克珠
Pumtek Beads

类型：东南亚珠饰
Ornaments of Southeast Asia

品名：邦提克珠
Pumtek Beads
地域：缅甸钦邦
Chin State, Myanmar
年代：公元1000—近代
1000 AD—Early Modern
材质：硅化木
Petrified Wood

PAMTEK NECKLACE BELONGING TO RACHI, CHIEF OF CHAPI

The beads in the *pumtek* necklaces all have their own special names. Rachis necklace, illustrated opposite, consists of the following beads: (1) *Thingapa*; (2) *thikhongphiapa* (a flat bead); (3) *kiamei* (this is a very old bead indeed); (4) *thikhongphiapa*; (5) *paripilu* (a snake's head); (6) *thikhongphiapa*; (7) *thivakawngapa*; (8) *laikhaichanongpa*; (9) *kiamei*; (10) *thikhongphiapa*; (11) *paripilu*; (12) *paripilu*; (13) *thivakawngapa*; (14) *thikhongphiapa*; (15) *paripilu*; (16) *thikhongphiapa*; (17) *kiamei* (also a very old bead); (18) *thikhongphiapa*; (19) *laikhaichapawpa*. The round beads are called *Sisa*. Lakhers know every little mark on their old beads, and can identify them unfailingly.

◉ 127. “邦提克”意为传家宝，是缅甸钦族人佩戴的传统珠饰。邦提克珠作为传家宝，由父母传给子女，一代代传下去，而不用于葬礼陪葬之类的仪式。在钦邦（包括印度和缅甸境内的钦族部落），邦提克珠通常会作为男方向女方求婚的聘礼呈献给女方的家长。邦提克传家宝项链上经常能看到古骠珠，钦族人珍爱黑白装饰的珠子，这些古骠珠得于早期挖掘骠人的墓葬。钦族对古骠珠的喜爱，启发了邦提克珠子的制作。最早的邦提克珠起于何时已经很难确定，坊间根据珠子的使用和磨损、表面氧化程度，将最早的邦提克珠称为“一代邦提克”，其中不乏材质优良、工艺精致、图案优美的珠子。经过钦族人世代传承，珠子本身的价值和岁月的痕迹使得藏家对其倍加喜爱。

◉ 128　邦提克珠的图案
The Patterns of Pumtek Beads

类型：东南亚珠饰
Ornaments of Southeast Asia

品名：邦提克珠的图案
The Patterns of Pumtek Beads
地域：缅甸钦邦
Chin State, Myanmar
年代：公元1000—近代
1000 AD—Early Modern
材质：硅化木
Petrified Wood

◉ 128. 从工艺的角度，邦提克珠是蚀花玛瑙珠的一种，也可能是古老的蚀花工艺在时间线上延续的最后的演绎。邦提克珠的形制仅限几种几何造型，有圆珠、扁珠、管珠、橄榄形珠等，特殊的形制偶有见到，比如梳形、心形和纺锤形制的坠子等。虽然形制有限，但邦提克珠的图案变化十分丰富，据藏家不完全统计，邦提克图案至少超过数百种。这些图案大多是线条装饰和线条组成的几何图形，早期的传统图案大多模仿古瑟珠，与古老的文化和信仰仍保有某种关联，但是随着珠子工艺的流传，以及无数代工匠制作邦提克珠的过程中对图案组合的创新和变化，原初的意义已经流失，现今对邦提克珠的命名大多是按图案组合的形式约定俗成。

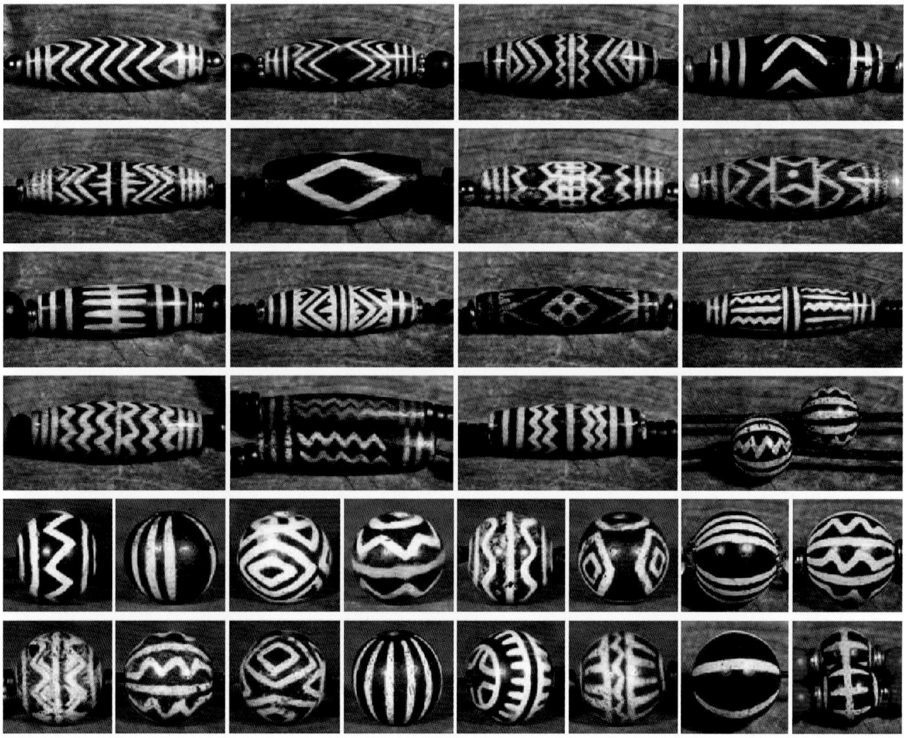

五、印度、巴基斯坦等南亚次大陆珠饰
Jewellery of India, Pakistan and Other Region of South Asian Subcontinent

◉ 129—◉ 152

◉129 蚀花红玉髓的分期

Archaeological Periodization of Etched Carnelian Beads

类型：蚀花红玉髓

Etched Carnelian Beads

品名：蚀花红玉髓的分期

Archaeological Periodization of Etched Carnelian Beads

地域：印度、巴基斯坦、西亚、中亚、东南亚

India, Pakistan, West Asia, Central Asia, Southeast Asia

年代：公元前2600—700年

2600 BC—700 AD

材质：红玉髓、玛瑙

Carnelian, Agate

珠饰研究的先驱贝克先生最早对蚀花玛瑙进行了分期，他的分期至今仍然是对大部分蚀花玛瑙断代的依据。贝克的分期理论共有三期。第一期，早期，即印度河谷文明时期，包括两河流域的乌尔王墓和基什出土的蚀花玛瑙珠，编年最早的可到公元前2600年甚至更早。第二期，中期，大致相当于铁器时代的繁荣期，贝克将这一期的编年范围限定在公元前300年至公元200年这五百年之间。第三期，晚期，大致始于公元7世纪伊斯兰文明崛起前后的几百年，贝克将这一期的编年限定在公元600年至公元1000年之间，实物资料大多来自中亚和萨珊波斯。

◉129. 随着新资料的出现，一些前人未见的资料弥补了以前对蚀花玛瑙分期年代的不确定，现将贝克的分期表中的编年信息进行调整。第一期，早期，大致应为公元前2600年至公元前1500年；第二期，中期，上限至少可以提前到公元前500年，这一时期为铁器时代繁荣期，整个印度、伊朗和东南亚都在制作蚀花玛瑙珠，编年范围为公元前500年至公元200年；第三期，晚期，上限可提前到萨珊王朝肇始，直至萨珊灭于阿拉伯王朝，即公元300年至700年之间。此外，根据现今更丰富的资料，蚀花玛瑙珠的分期应该还有一个“第四期”（此图表暂不涉及），即公元7世纪阿拉伯崛起之后，伊斯兰工匠延续了蚀花工艺，用于宗教箴言的表达。贝克囿于当时有限的资料，没有将“第四期”纳入分期。

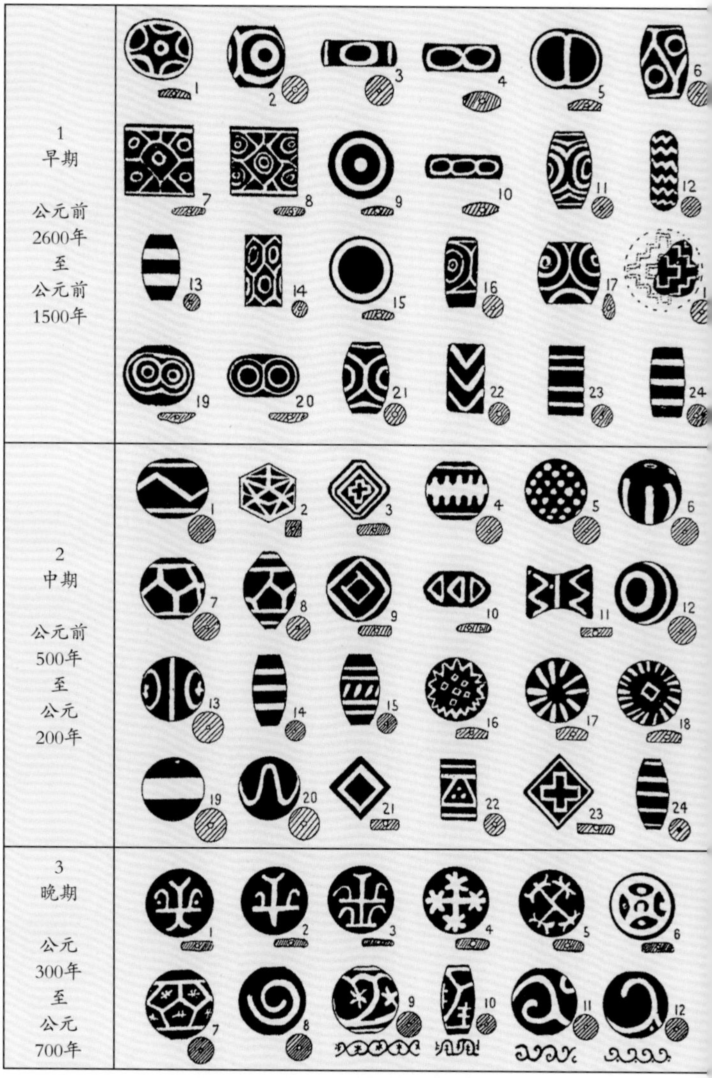

图129. 蚀花玛瑙分期表

◉ 130　印度河谷文明的蚀花珠

Etched Carnelian Beads of Indus Valley Civilization

类型：南亚珠饰

Ornaments of South Asia

品名：印度河谷文明的蚀花珠
Etched Carnelian Beads from Indus Valley Civilization

地域：巴基斯坦、印度
Pakistan and India

年代：公元前2600—前1500年
2600—1500 BC

材质：玛瑙、红玉髓
Agate, Carnelian

Fig. I. Etched carnelian beads from Ur, type I, A, B, C, Baghdad Museum; D, E, F, G, J, K, L, M, British Museum; H, I, N, O, P, Beck Collection.

◉ 130. 印度河谷文明是古代世界与埃及文明和美索不达米亚文明比肩的青铜文明，时间跨度从公元前2600年至公元前1500年。印度河谷文明是最早发明蚀花玛瑙工艺的地方，哈拉巴是蚀花玛瑙珠和其他珠子的制作中心，至少在公元前2600年，哈拉巴工匠就开始了对蚀花玛瑙工艺的实践。典型的蚀花玛瑙是红地白花的，也有黑白条纹的管子和黑地白色眼圈图案的珠子。

这一时期的蚀花装饰图案偏爱眼圈纹饰、折线和平行线圈，与后来铁器时代（第二期）兴起的蚀花玛瑙珠的装饰风格不同。图例和考古线图所示珠子类型，在世界多处博物馆都有馆藏记录，如苏萨的蚀花珠（见◉ 154），乌尔王墓（见◉ 191）和黎巴嫩国家博物馆的藏品（见◉ 197）等，这些珠子大部分来自考古遗址，有明确的地层断代。

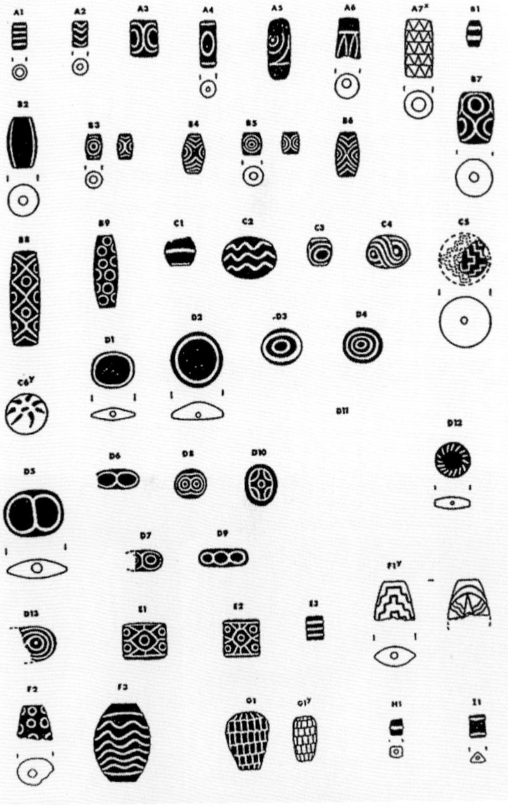

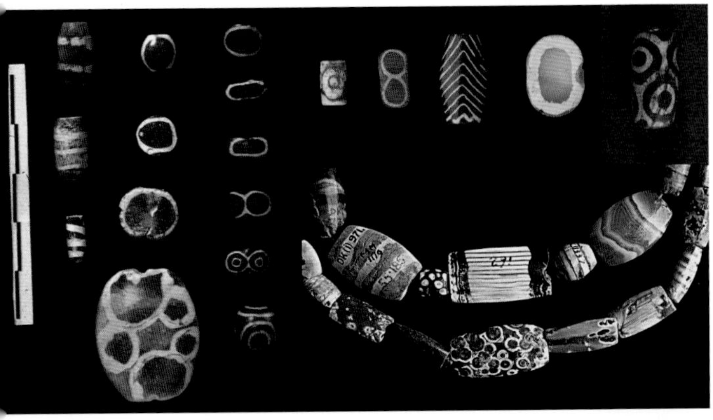

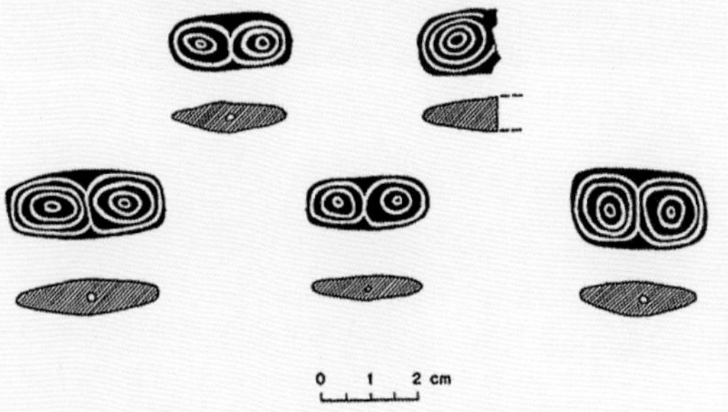

Figure 10 Etched carnelian beads from Rojdi; upper right from Gateway

◉ 131　印度河谷文明的平印

Stone Stamp Seals of Indus Valley Civilization

类型：南亚珠饰
Ornaments of South Asia

品名：印度河谷石质平印
Stone Seal Stamps from Indus Valley
地域：巴基斯坦、印度
Pakistan and India
年代：公元前2600—前1500年
2600—1500 BC
材质：滑石、费昂斯、黑色石料
Steatite, Faience, Black Stone

◉ 131. 印度河谷大量制作平印，而滚印少见，大多用滑石、费昂斯和一种黑色石材，滑石经过烧制以强化硬度。平印上面刻有造型奇异的神祇、瘤牛和独角兽一类的动物和古老的符号，这些符号也可能是文字，但由于缺乏像两河流域楔形文字那样的长篇铭文，文字个体很有限，所以至今不能释读。这些小印章出土数量大，一次发掘可出土上百枚，呈扁平的方形、长方形或圆形，个体一般2到3厘米，背面有印钮，可以穿系携带。与两河流域一样，这些印章是个人身份的记号，无论用于交易还是用于管理，都意味着信用、权威和所有权的确认。

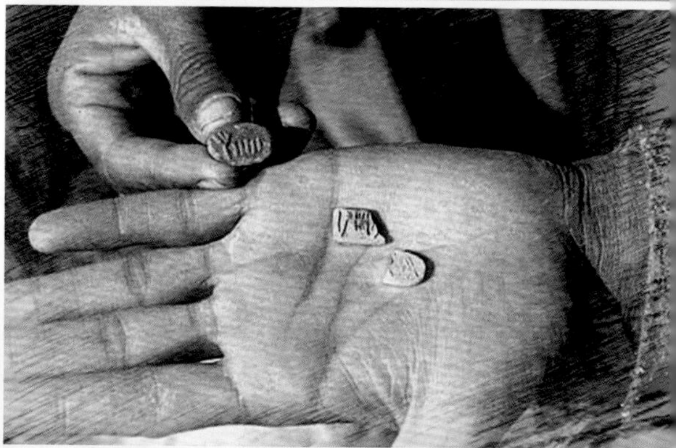

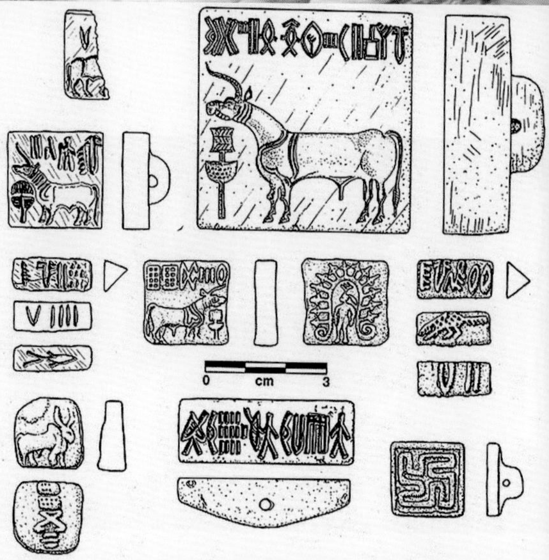

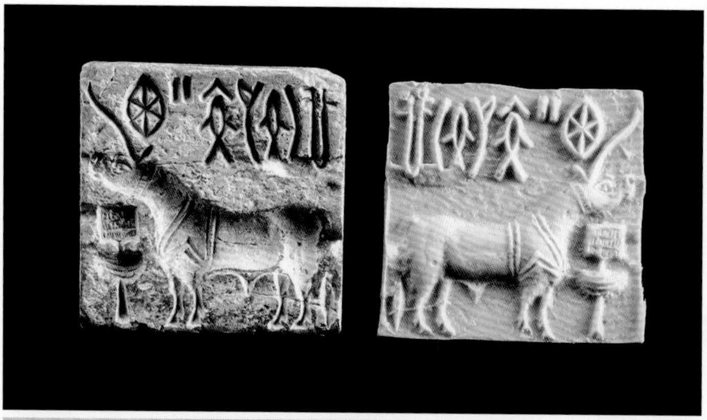

◉ 132 印度河谷文明的半宝石珠子

Semi-precious Stone Beads of Indus Valley Civilization

类型：南亚珠饰

Ornaments of South Asia

品名：印度河谷文明的半宝石珠子
Semi-precious Stone Beads from Indus Valley Civilization
地域：巴基斯坦、印度
Pakistan and India
年代：公元前2600—前1500年
2600—1500 BC
材质：玛瑙、红玉髓、黄金、青铜、贝壳、费昂斯、骨等
Agate, Carnelian, Gold, Bronze, Shell, Faience, Bone, etc.

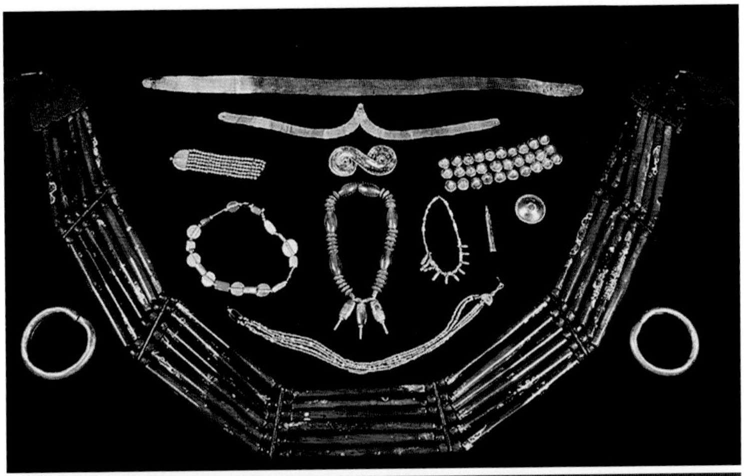

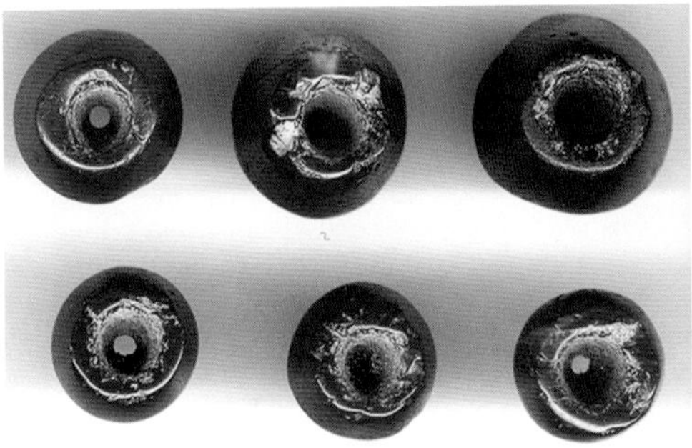

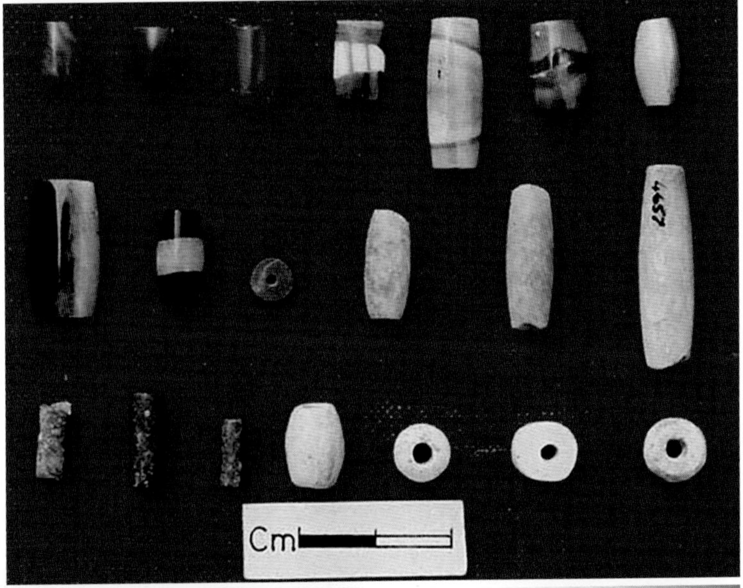

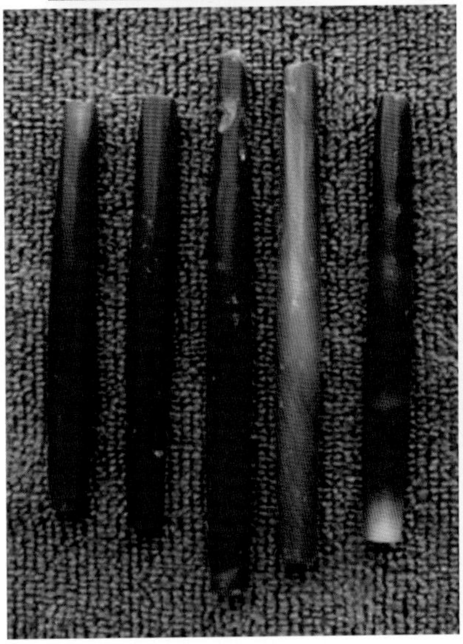

◉ 132. 除了蚀花珠，印度河谷还制作大量形制各异、材质丰富的半宝石珠子和珠饰。黄金和青铜大量用来制作珠子和珠饰构件，以及人工烧造的费昂斯珠，这种珠子从埃及到西亚，再到中原西周贵族墓地出土的玉组佩上都能见到。半宝石则从硬度极高的缠丝玛瑙到质地较软的贝壳和骨头，包括砗磲管、砗磲珠、缠丝玛瑙圆管、缠丝玛瑙大竹节管、鸡肝玛瑙珠、研磨孔红玉髓珠和一种加热烧制过的骨珠，这种珠子在中国齐家文化和战国时期的西南边地都能见到。打孔是古代珠子制作最关键的技艺，印度河谷制作的长管，其价值不仅体现在耗材和选材，也体现在精湛的打孔技术，其中竹节形长管的形制和选料都反映了印度河谷制作珠子的高水平。相同或相似形制的长管也出现在阿富汗（见◉ 157）和伊朗（见◉ 156）的青铜遗址，表明区域性的交流频繁。

◎ 132　印度河谷文明的半宝石珠子

Semi-precious Stone Beads of Indus Valley Civilization

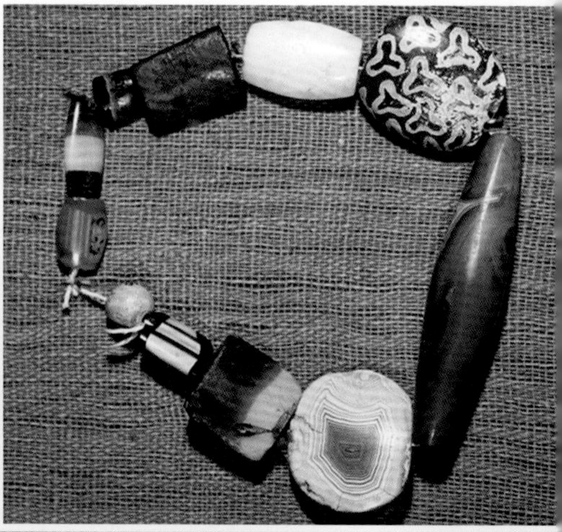

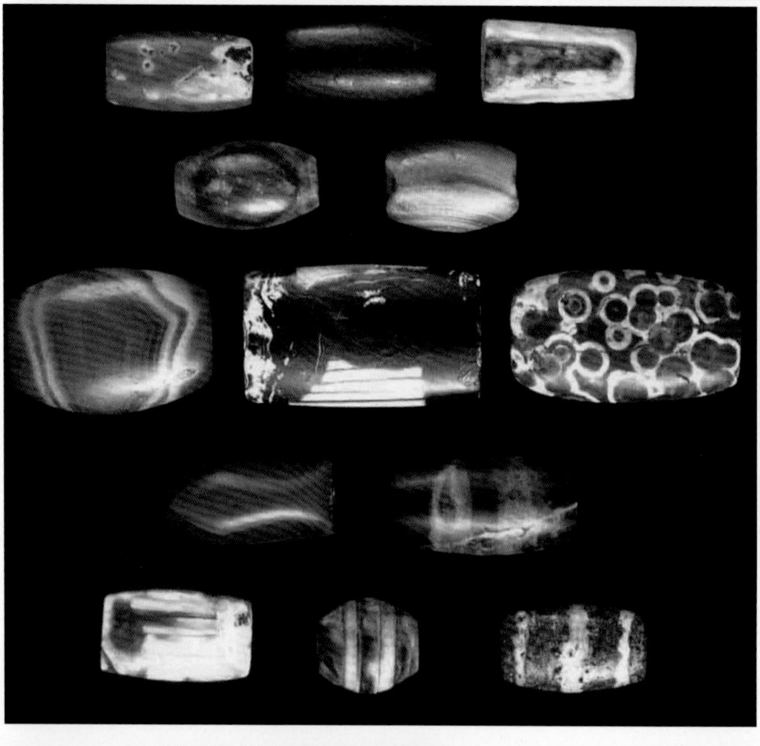

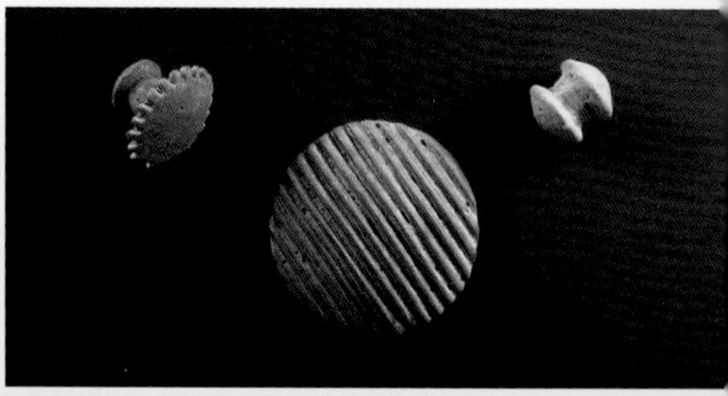

◉ 133 印度新德里国家博物馆所藏珠子
Beads of India National Museum, New Delhi

类型：南亚珠饰
Ornaments of South Asia

品名：印度新德里国家博物馆所藏珠子
Beads of India National Museum, New Delhi
地域：巴基斯坦、印度
Pakistan and India
年代：公元前2600年—前1500年
2600—1500 BC
材质：玛瑙、红玉髓、黄金、青铜、贝壳、费昂斯、骨等
Agate, Carnelian, Gold, Bronze, Shell, Faience, Bone, etc.

◉ 133. 印度新德里国家博物馆所藏印度河谷文明出土的珠子为印度河谷文明珠饰标型器，囊括大多数印度河谷珠子类型，包括各种典型图案的滑石平印。这些珠子得于“印巴分治”之前的考古发掘。蚀花珠是印度河谷珠子典型器，其中一枚“三叶草”图案的三色蚀花珠，工艺和图案类型相对少见，“三叶草”图案与印度河谷出土的陶质祭司像（或国王像）所穿的衣服纹饰相同。另有来自克什米尔高原的布尔扎霍姆文化（Burzahom Culture）遗址出土的鼓形红玉髓珠，考古编年为公元前3000至前1000年，反映了印度河谷文明对周边乃至遥远山区的文化辐射。

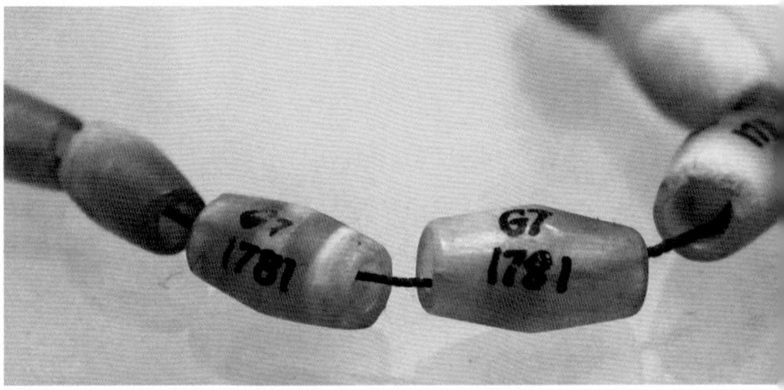

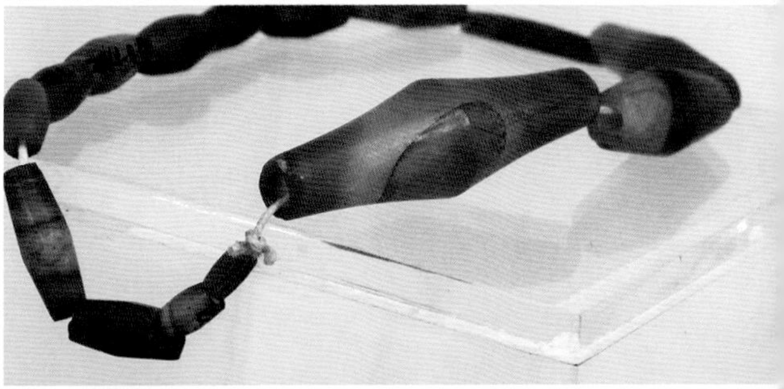

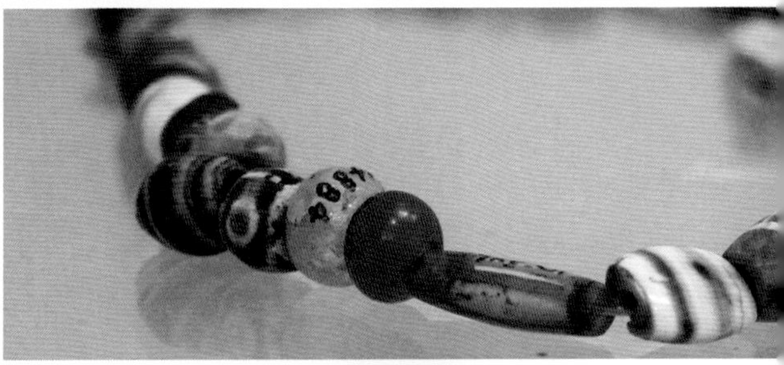

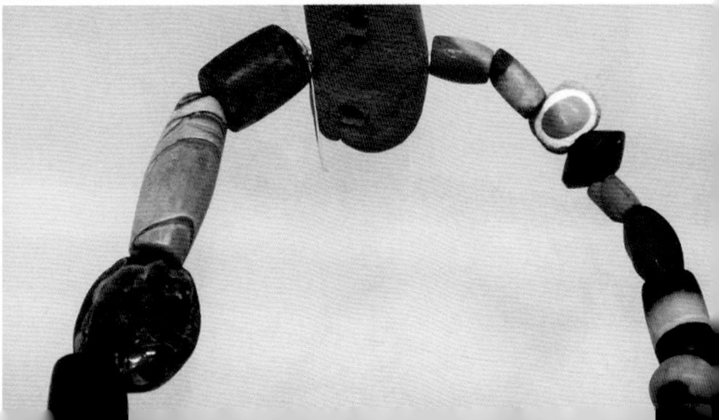

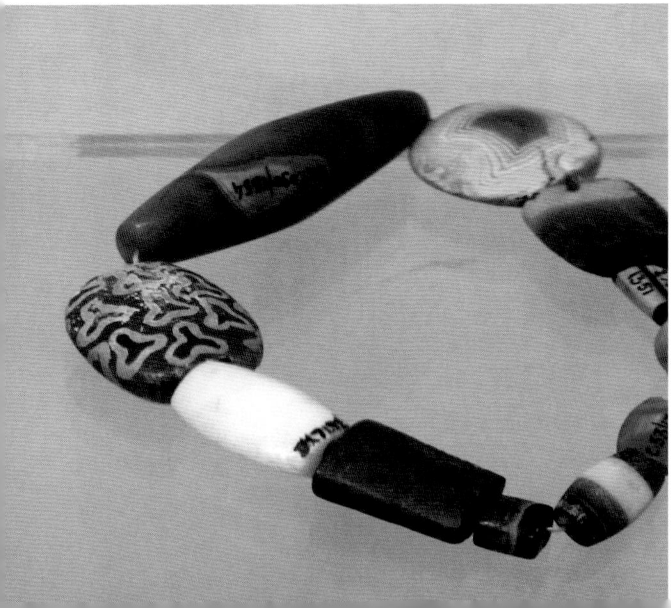

◉ 134　印度斯皮提河谷的蚀花珠

Etched Carnelian Beads from Spiti Valley, India

类型：南亚珠饰
Ornaments of South Asia

品名：印度斯皮提河谷的蚀花珠
Etched Carnelian Beads from Spiti Valley, India
地域：印度喜马偕尔邦
Himachal Pradesh, India
年代：公元前500—公元100年
500 BC—100 AD
材质：玛瑙、红玉髓
Agate, Carnelian

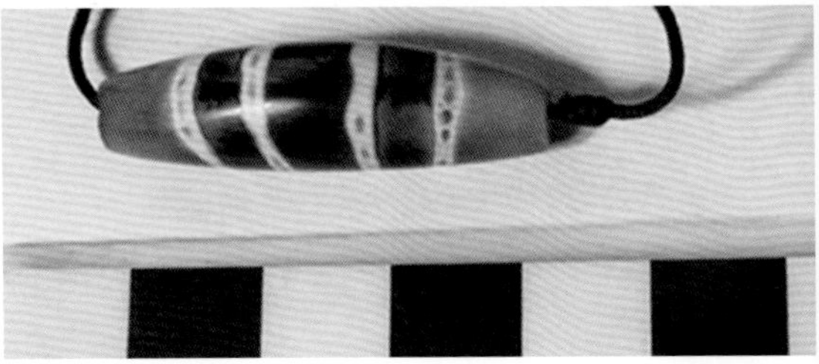

斯皮提河谷的古代墓地一般位于河谷台地的小块平地上，与现代民居处在同一地层，当地人在修建民居或学校时经常能挖出墓葬伴生物。珠子出土时大多盛于陶罐内，周边墓葬同出的还有尼泊尔线珠（见◉ 070）和坊间所谓“糖球”（见◉ 083），伴生物包括陶器和青铜制品。据传图中这些珠子原被该地区首府科努一位颇有名气的古董商人购得，其中一部分瑟珠已经售予中国、新加坡藏家。图中尼泊尔线珠为当地女尼前些年偶然所得，一直随身佩戴。

◉ 134. 印度喜马偕尔邦的斯皮提河谷（Spiti Valley）是一处有着诸多线索却从未有过正式发掘的瑟珠（包括纯天珠和措思珠）来源地。斯皮提河谷位于喜马拉雅山南麓的印度喜马偕尔邦东北部，北与拉达克相连，东与中国西藏接壤。美国藏学家约翰·贝雷扎于2016年发表了一篇在斯皮提河谷的调查日志，内容主要涉及近些年当地墓葬盗掘和出土的瑟珠。

◉ 135 吉尔吉特的蚀花珠

Etched Carnelian Beads from Gilgit

类型：南亚珠饰
Ornaments of South Asia

品名：吉尔吉特的蚀花珠
Etched Carnelian Beads from Gilgit
地域：巴基斯坦
Pakistan
年代：公元前500—公元100年
500 BC—100 AD
材质：玛瑙、红玉髓、黄金、青铜等
Agate, Carnelian, Gold, Bronze, etc.

◉ 135. 吉尔吉特的蚀花珠。吉尔吉特（Gilgit）位于克什米尔西北部，地处印度河上游支流吉尔吉特河南岸，东北沿罕萨河谷经明铁盖山口可入中国新疆；西南沿印度河谷进入南亚；东南溯印度河上游可到拉达克、中国西藏阿里地区。古代吉尔吉特很可能为象雄王国（吐蕃崛起之前的西藏本土文明）的一部分，或者保持着松散的附庸关系，如贸易、保护和贡赋。天珠为象雄苯教遗物，吉尔吉特可能是当时制作天珠（包括至纯天珠和措思类）的中心。吉尔吉特至今没有正式考古发掘，但是从20世纪初开始，这里就不断有民间（非法）挖掘的天珠和蚀花珠流入市场，至今仍不时有实物出土。

◉ 136 塔克西拉的珠子

Beads from Taxila

类型：南亚珠饰

Ornaments of South Asia

品名：塔克西拉的珠子

Beads from Taxila

地域：巴基斯坦

Pakistan

年代：公元前500 —公元300年

500 BC—300 AD

材质：玛瑙、红玉髓、玻璃、水晶、黄金、贝壳等

Agate, Carnelian, Glass, Rock Crystal, Gold, Shell, etc.

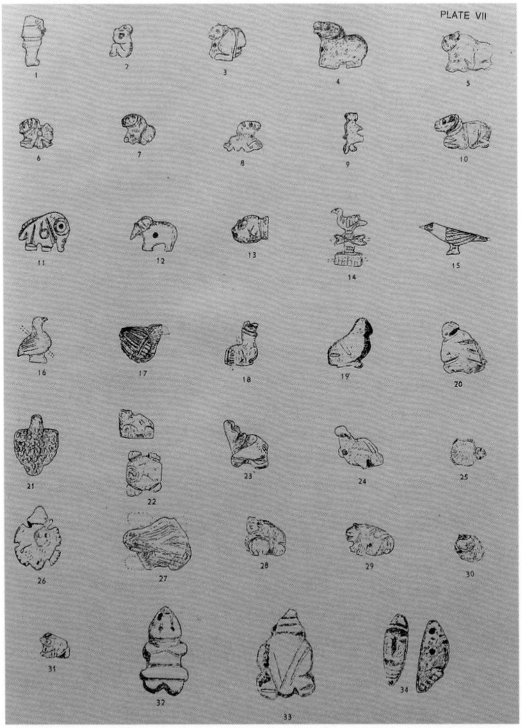

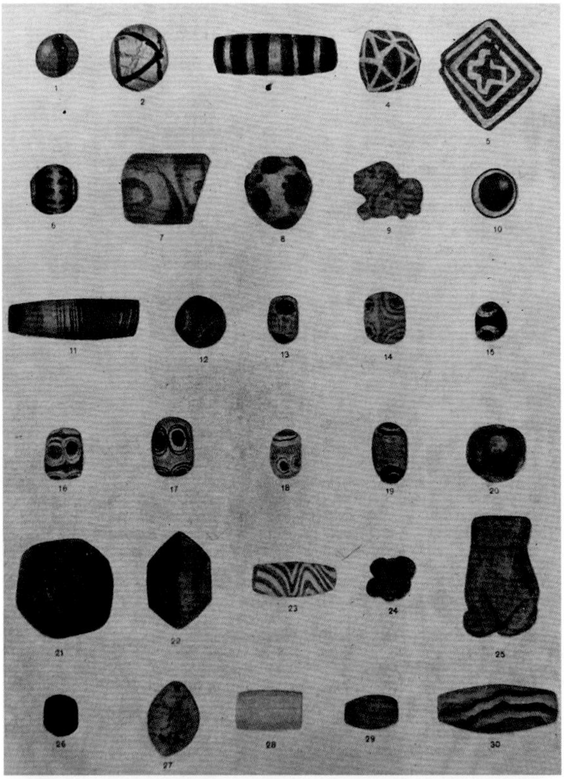

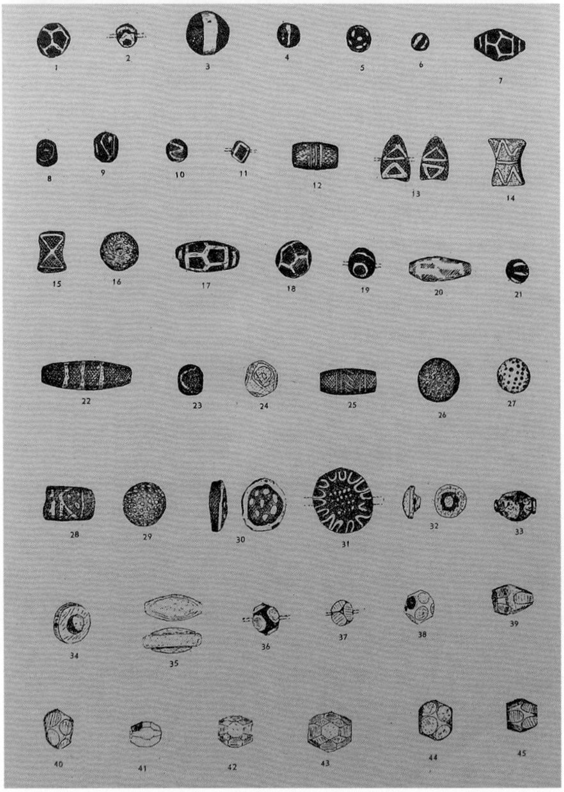

◉ 136. 塔克西拉出土的珠子囊括了铁器时代在印度以及周边地方出现的大部分珠子形制和装饰风格，由于塔克西拉特殊的文化背景而使得对珠子的研究更具价值。在公元前后的数个世纪，塔克西拉是宗教修习的汇集地，包括佛教和印度教，也是高等教育的知识领地。这些珠子大多出土于佛塔及周围附属建筑，分别出自三种不同的地方：佛堂、舍利塔、居住区（僧舍）。塔克西拉出土的珠子可作为大部分铁器时代印度周边珠子的标型器，其中一些可能是在本地制作的，而很多是从南亚其他地方和东南亚输入。

◉ 137　供奉珠
Consecrate Beads of Reliquary

类型：南亚珠饰
Ornaments of South Asia

品名：圣骨匣供奉珠
Consecrate Beads of Reliquary
地域：巴基斯坦、印度、阿富汗
Pakistan, India, Afghanistan
年代：公元前200—公元300年
200 BC—300 AD
材质：红玉髓、玛瑙、玻璃、水晶、黄金等
Carnelian, Agate, Glass, Rock Crystal, Gold, etc.

◉ 137. 所谓供奉珠并非一个珠子品种或分类，而是珠子作为符号象征的一种用途。珠子可作为多种用途，除了佩戴装饰、护身辟邪、标识身份和阶层，也可作为货币，以及用于宗教仪式和供奉。佛教盛期的塔克西拉流行珠饰供奉，巴基斯坦和阿富汗的佛塔基址大多有圣骨匣，即佛陀圣物或替代物，内存各种珠子珠饰。这些珠子被赋予了宗教信仰，在信徒心目中有特殊的意义。阿富汗著名佛教遗址梅斯埃纳克（Mes Aynak）不仅出土了大型寺庙遗址和佛造像，也包括用于供奉或贸易的各种珠子珠饰。

◉137 供奉珠
Consecrate Beads of Reliquary

最著名的供奉珠（圣骨匣）的发现是在印度北部的比普罗瓦（Piprahwa）。1897年，英国人佩普（William Claxton Peppé）在此地发现了古代窣堵坡（佛塔）遗址，出土包括五件圣骨匣和其中的宝石珠子、花饰。佩普让铭文专家解读了一件圣骨匣上的铭文，为“佛陀遗骨”，但其真伪引起争议。有关比普罗瓦的争论一直在进行，但圣骨匣中的供奉珠的确为宝石珠的流传、用途和年代提供了参照。

类型：南亚珠饰
Ornaments of South Asia

品名：印度南北两组装饰风格的蚀花珠
Two Groups of Etched Beads with Different Decorative Style from North and South India
地域：巴基斯坦、印度
Pakistan, India
年代：公元前500—公元300年
500 BC—300 AD
材质：红玉髓、玛瑙
Carnelian, Agate

印度蚀花玛瑙装饰图案的分组

北方组

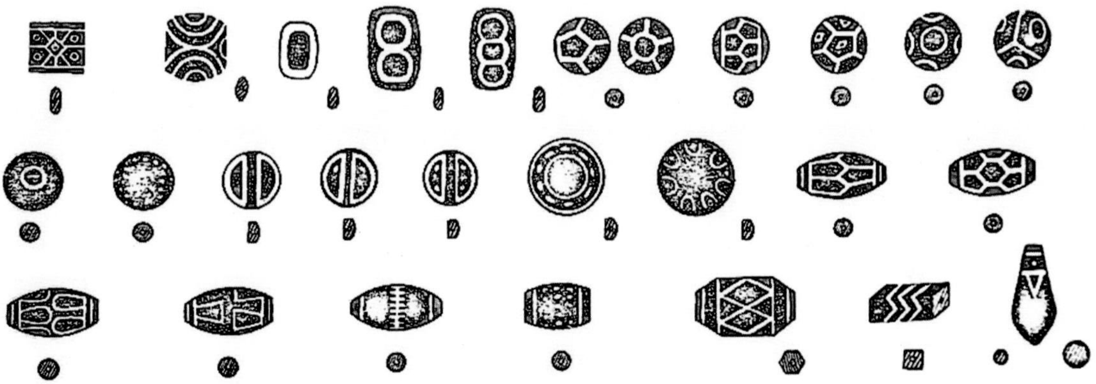

南方组

◉ 138. 铁器时代的整个印度、西亚、东南亚都在制作蚀花玛瑙，印度一直是各种珠子最大的出产地，包括蚀花玛瑙。除了印度北方和巴基斯坦（注意这一时期的“印度”区别于青铜时代的“印度河谷”。在1947年“印巴分治”之前，巴基斯坦属北印度），印度南方海岸几个重要的海港城市在铁器时代尤其活跃，它们是连接地中海和亚洲大陆的海上中转站，也是手工业发达的贸易集散地。迪克西特博士（Dr. Dickshit）曾专门对印度北部和南方的蚀花珠进行类型学分组，从纹饰和形制上将印度南北两组蚀花玛瑙加以区别和比较。

◉ 139　印度南方港口的蚀花珠

Etched Carnelian Beads from South Indian Ports

类型：南亚珠饰

Ornaments of South Asia

品名：印度南方港口的蚀花珠
Etched Carnelian Beads from South Indian Ports
地域：印度
India
年代：公元前500—公元300年
500 BC—300 AD
材质：玛瑙、红玉髓
Agate, Carnelian

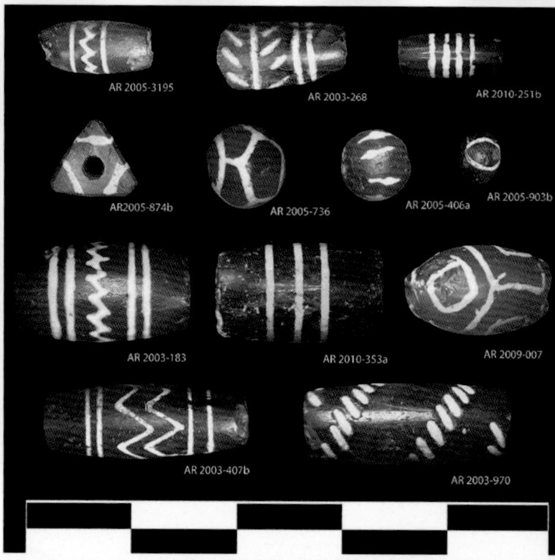

◉ 139. 印度南方多处港口城市在铁器时代因为海上贸易而兴盛起来，包括金奈（Chennai）这样的现在仍旧活跃的大城市。印度南方沿海盛行大石墓，地表有明显的大石遗存，石墓内有珠子珠饰随葬，蚀花珠一般出现在大石墓葬中，更多是出现在沿河的作坊遗址中。这些珠子的形制和装饰图案可作为印度南方蚀花玛瑙珠的典型器，制作于公元前500年前后铁器时代盛期。推测珠子一般由集中在村寨的手工作坊制作，除满足当地人需求，大多经由当时那些繁忙的海港贸易流通四方。阿里卡梅都（见◉ 143）是另一处与罗马帝国贸易关系紧密的港口，这里出土罗马珠饰金饰与罗马红色陶器，也出土本土制作的蚀花珠、玻璃珠和金珠。

类型：南亚珠饰
Ornaments of South Asia

品名：坎贝的珠子
Beads from Cambay
地域：印度
India
年代：公元前200—公元900年
200 BC—900 AD
材质：玛瑙、红玉髓、石英等
Agate, Carnelian, Quartz etc.

◉140. 坎贝（Cambay或Khambhat）位于印度西部古吉拉特海岸，是印度乃至全世界最重要的珠子产地之一，特别是玉髓玛瑙一类珠子。坎贝制作珠子的历史超过四千年，且从未中断，至今仍是珠饰研究者进行古代工艺调查的最完好的活例。数千年来，坎贝持续向全世界包括非洲输出他们的珠子，西非尤其是马里（非正式）出土的红玛瑙珠和其他一些半宝石材质的珠子（见◉337），大部分来自坎贝，直到德国伊达尔-奥伯施泰因（见◉387）成为玛瑙玉髓珠子的制作中心，一度取代坎贝。当西方殖民时期结束，欧洲大部分珠子制作工场关闭，而坎贝的珠子制造业至今存活。

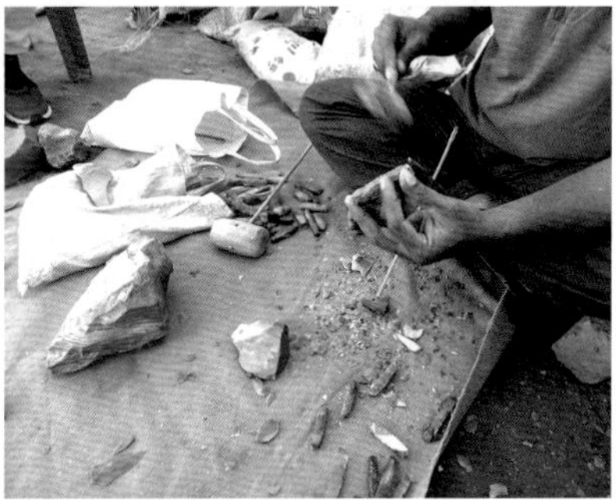

◉ 141　孟加拉国瓦里-贝特肖遗址的蚀花珠
Etched Beads Excavated from Wari-Bateshwar Site, Bangladesh

类型：南亚珠饰
Ornaments of South Asia

品名：孟加拉国瓦里-贝特肖遗址的蚀花珠
Etched Beads Excavated from Wari-Bateshwar Site, Bangladesh
地域：孟加拉国
Bangladesh
年代：公元前450—前300年
450—300 BC
材质：玛瑙、红玉髓
Agate, Carnelian

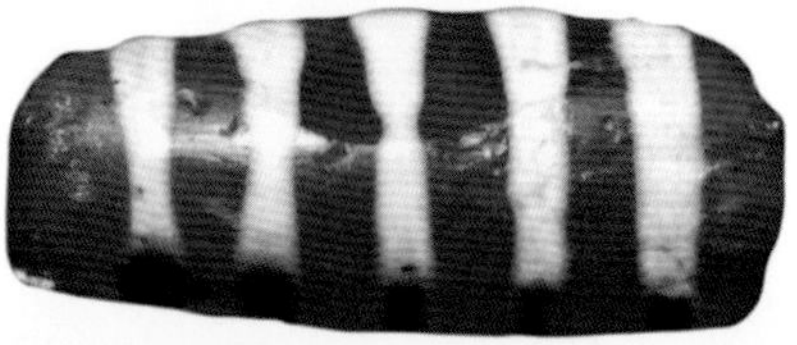

◉ 141. 孟加拉国与印度和缅甸接壤，位于富饶的恒河平原三角洲，由于地处东南亚与印度的中间通道，其手工制造和贸易流通发展很早。孟加拉国境内铁器时代的考古遗址，出土在工艺和装饰风格上与印度类似的陶器和珠子，瓦里-贝特肖（Wari-Bateshwar）的发掘，揭示了一个“印度化”的小型城邦。遗址出土了陶器、银币、金属制品、武器、半宝石珠子和玻璃珠，大部分可作为南亚和东南亚蚀花玛瑙珠和其他半宝石珠子的典型器，形制包括橄榄形珠、圆珠、长管和桶形珠，这些珠子有些来自缅甸，有些来自印度南方，而有些则是在本地生产。

◉ 142　孟加拉特殊类型蚀花珠
Special Type of Etched Beads from Bangla

类型：南亚珠饰
Ornaments of South Asia

品名：孟加拉特殊类型的蚀花珠
Special Type of Etched Beads from Bangla
地域：孟加拉地区、喜马拉雅山脉周边
Bangla, around the Himalayas
年代：公元前800—公元100年
800 BC—100 AD
材质：玛瑙、红玉髓
Agate, Carnelian

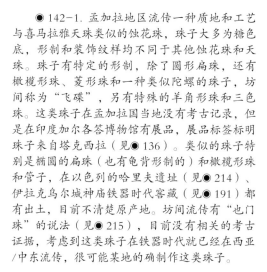

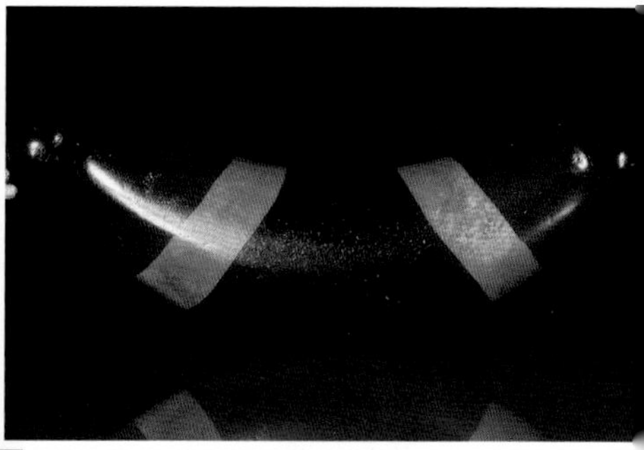

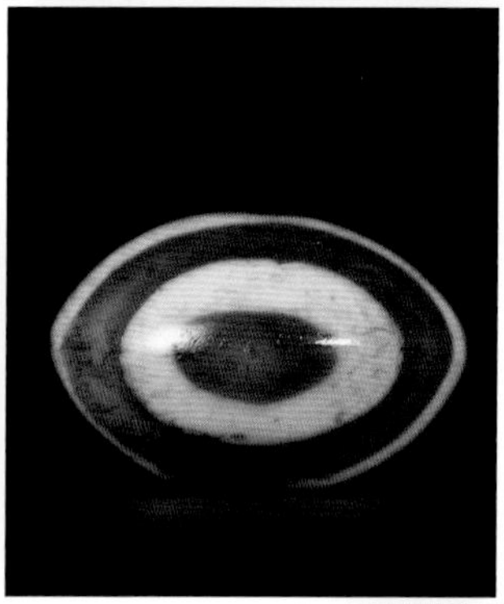

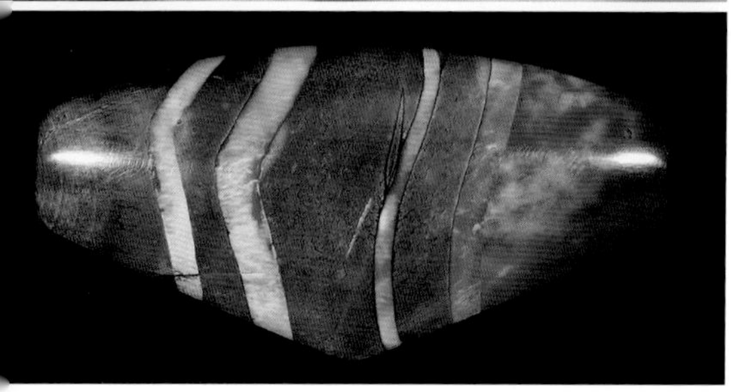

◉ 142-1. 孟加拉地区流传一种质地和工艺与喜马拉雅天珠类似的蚀花珠，珠子大多为糖色底，形制和装饰纹样均不同于其他蚀花珠和天珠。珠子有特定的形制，除了圆形扁珠，还有橄榄形珠、菱形珠和一种类似陀螺的珠子，坊间称为“飞碟”，另有特殊的羊角形珠和三色珠。这类珠子在孟加拉国当地没有考古记录，但是在印度加尔各答博物馆有展品，展品标签标明珠子来自塔克西拉（见◉ 136）。类似的珠子特别是椭圆的扁珠（也有龟背形制的）和橄榄形珠和管子，在以色列的哈里夫遗址（见◉ 214）、伊拉克乌尔城神庙铁器时代窖藏（见◉ 191）都有出土，目前不清楚原产地。坊间流传有“也门珠”的说法（见◉ 215），目前没有相关的考古证据，考虑到这类珠子在铁器时代就已经在西亚/中东流传，很可能某地的确制作这类珠子。

◉ 142　孟加拉特殊类型蚀花珠

Special Type of Etched Beads from Bangla

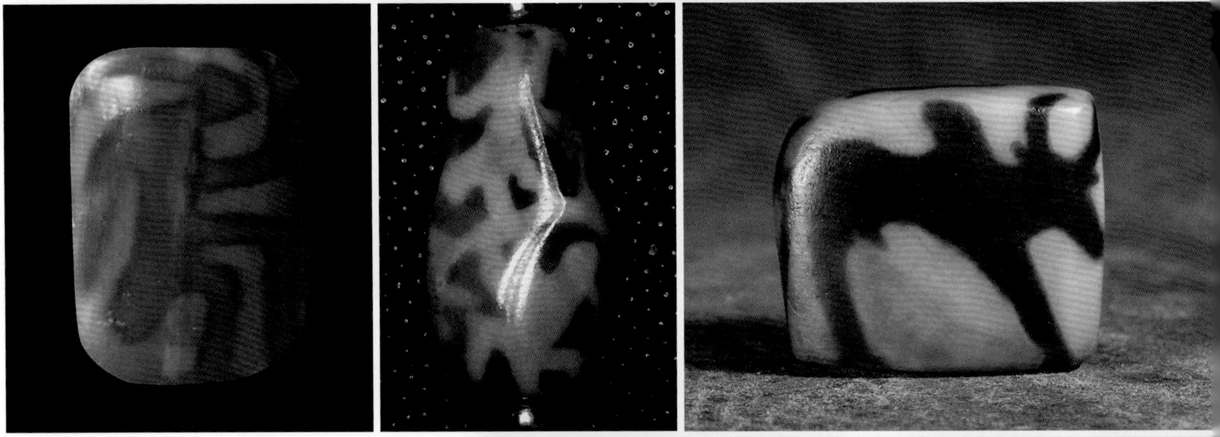

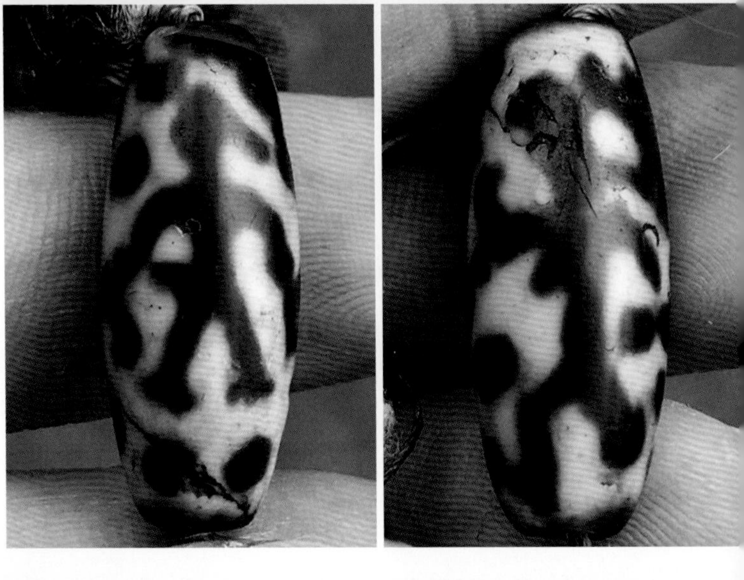

◉ 142-2. 另一类来自孟加拉地区的特殊蚀花珠没有考古地层，很难准确断代，坊间和藏家手里不时见到。珠子既不同于一期印度河谷文明的蚀花玛瑙，也不同于铁器时代的喜马拉雅天珠和遍布西亚、中亚、东南亚的蚀花玛瑙珠。珠子大多有具象的题材，如瘤牛和人形，几乎不使用抽象的几何纹样。这类珠子相对稀有，没有大量流传。

类型：南亚珠饰
Ornaments of South Asia

品名：印度-太平洋玻璃珠
Indo-Pacific Glass Beads
地域：印度、太平洋诸岛、欧亚大陆
India, Austronesia, Eurasian Continent
年代：公元前300—公元900年
300 BC—900 AD
材质：玻璃
Glass

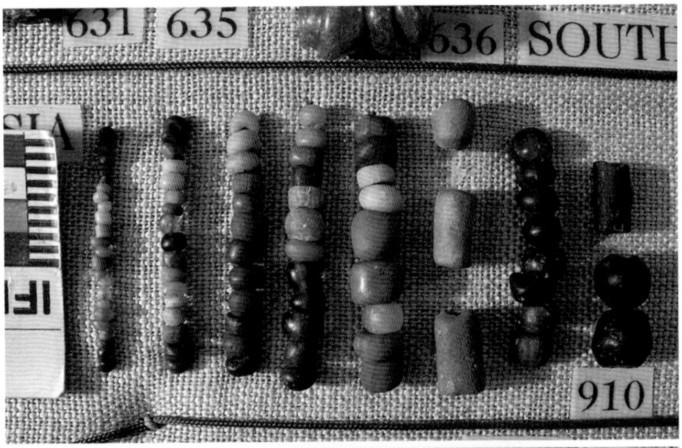

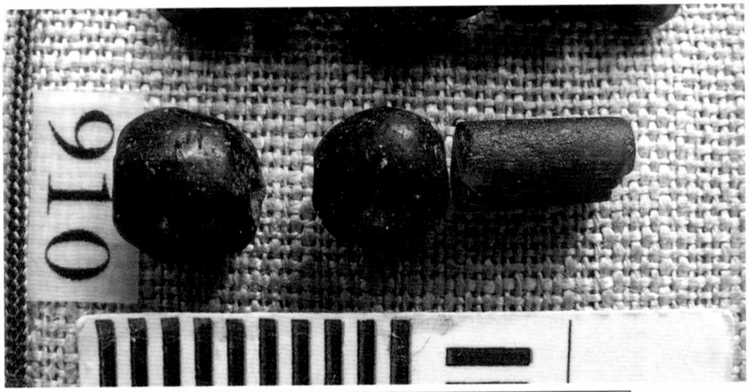

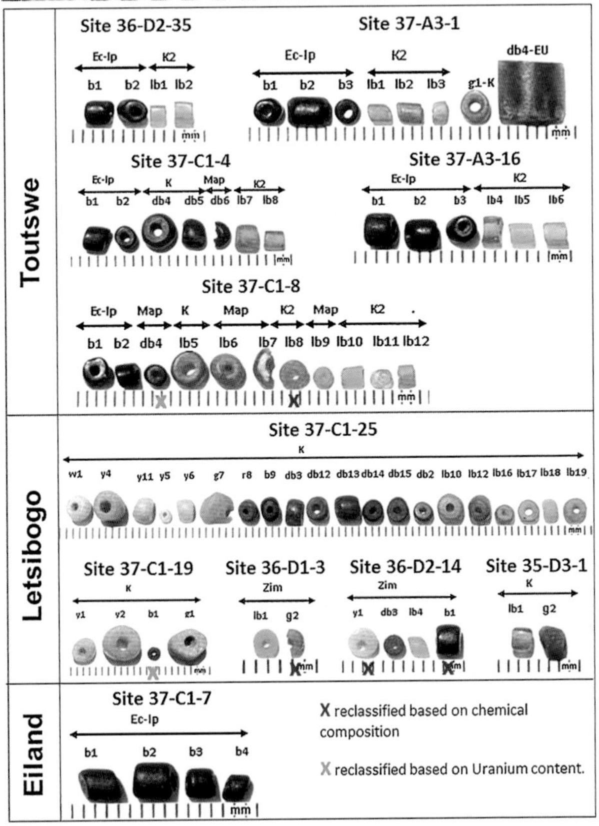

◉ 143. 阿里卡梅都（Arikamedu）是印度东南海岸的港口城市，从公元前3世纪至公元3世纪，这里是印度-太平洋玻璃珠最集中的生产地，珠子在数个世纪里流传至世界各地，从东南亚到西非，从中国内陆（见◉ 028和◉ 035）到北欧，到处可见这种单色玻璃珠。珠子有蓝、绿、黄、红色等色彩，个体一般在5毫米左右，最小的直径仅1毫米。阿里卡梅都也是金刚石双头钻的发明地，这里还出土大量蚀花珠和其他半宝石珠，罗马雕刻宝石和陶器的出土表明该地在全球海上贸易的重要地位。

◉ 144 印度的黄金珠饰
Gold Beads and Ornaments of India

类型：南亚珠饰
Ornaments of South Asia

品名：印度金珠金饰
Gold Beads and Ornaments of India
地域：印度
India
年代：公元前2600—近现代
2600 BC—Early Modern
材质：黄金、合金
Gold, Alloy

图②

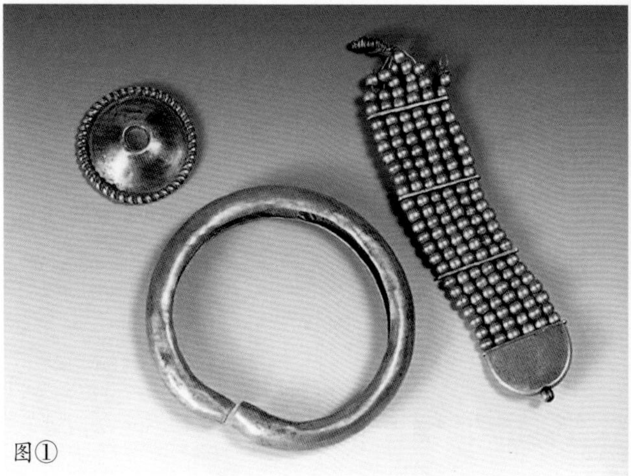
图①

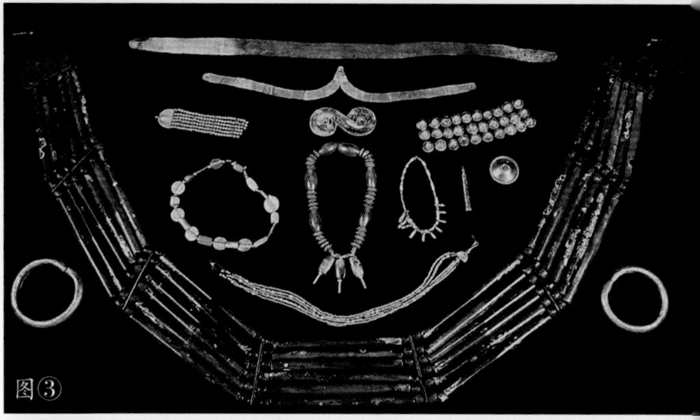
图③

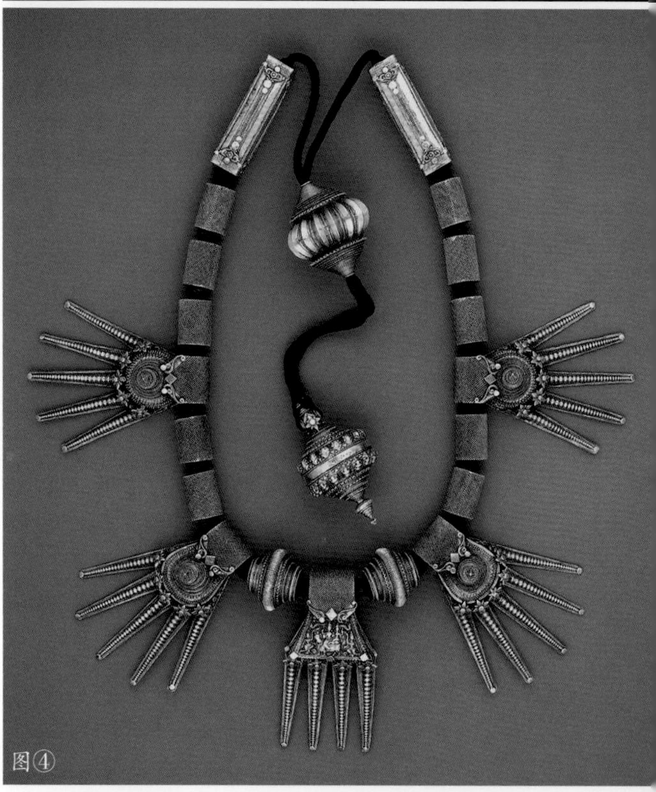
图④

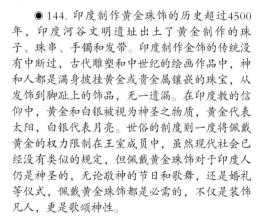

◉ 144. 印度制作黄金珠饰的历史超过4500年，印度河谷文明遗址出土了黄金制作的珠子、珠串、手镯和发带。印度制作金饰的传统没有中断过，古代雕塑和中世纪的绘画作品中，神和人都是满身披挂黄金或贵金属镶嵌的珠宝，从发饰到脚趾上的饰品，无一遗漏。在印度教的信仰中，黄金和白银被视为神圣之物质，黄金代表太阳，白银代表月亮。世俗的制度则一度将佩戴黄金的权力限制在王室成员中，虽然现代社会已经没有类似的规定，但佩戴黄金珠饰对于印度人仍是神圣的，无论敬神的节日和歌舞，还是婚礼等仪式，佩戴黄金珠饰都是必需的，不仅是装饰凡人，更是歌颂神性。

图⑤

图⑥

图⑦

图⑧

图例中的金饰有4500年前的印度河谷摩亨佐·达罗的黄金珠子珠饰（图①、图③），公元前1世纪的王室耳环（图②），印度南部泰米尔纳德邦的黄金婚庆项链（图④）和金皮虫胶珠子（图⑦），北方拉贾斯坦邦的护身符（图⑧），同样来自泰米尔纳德邦用于寺庙仪式的菩提子金坠项链（图⑥），以及印度部落民族的黄金珠饰。

◉ 145 莫卧儿珠饰
Mughal Jewelry

类型：南亚珠饰
Ornaments of South Asia

品名：莫卧儿珠饰
Mughal Jewelry
地域：印度
India
年代：公元1526—1858年
1526—1858 AD
材质：红宝石、祖母绿、钻石、石榴石、玉、玛瑙、水晶、珍珠、黄金、白银、合金等
Ruby, Emerald, Diamond, Garnet, Jade, Agate, Rock Crystal, Pearl, Gold, Silver, Alloy, etc.

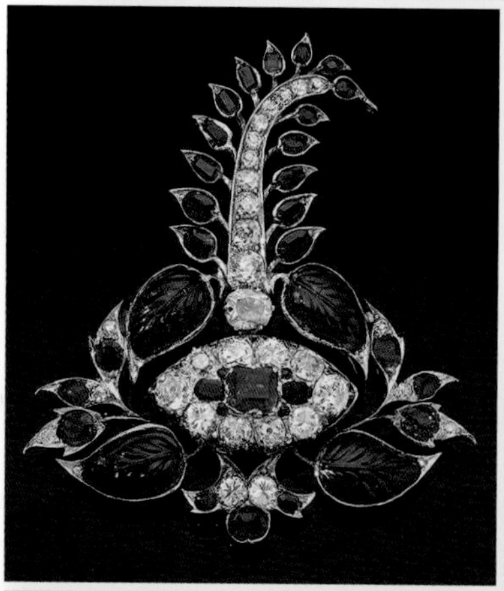

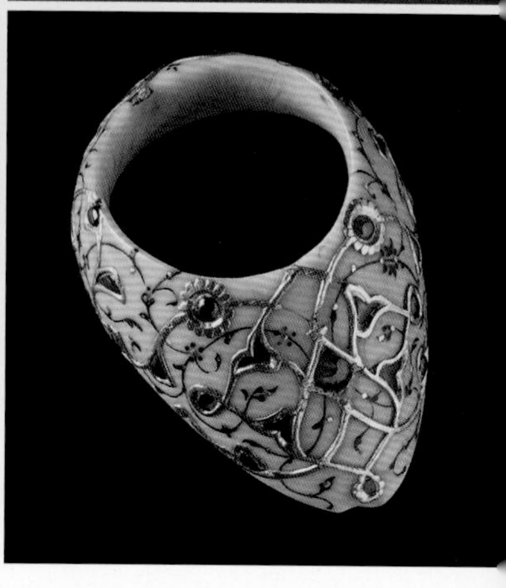

◉ 145. 印度莫卧儿王朝时期是印度精工珠饰珠宝的巅峰时期，莫卧儿王室对建筑、艺术、园林、服装、食物和珠宝有非凡的品位。莫卧儿珠饰融合了印度传统中繁复的贵金属工艺和中东伊斯兰珠宝优雅的花卉图案，以精雕宝石、宝石镶嵌、精细珐琅彩、坤丹宝石镶嵌（Kundan，合金底座上镶嵌切割宝石及半宝石）、波尔奇（Polki，合金底座上镶嵌未经切割的钻石）、西瓦（Thewa，描金图案熔入玻璃表面）、金银花丝等为主要工艺。金属材料有黄金、白银和合金，宝石和半宝石有钻石、红宝石、祖母绿、海蓝宝、尖晶石、碧玺、托帕石、珍珠、绿松石、玉和高质量的珠子，其他半宝石也经常被使用。

◉ 146 摩伽罗手镯
Makara Bracelets

类型：南亚珠饰
Ornaments of South Asia

品名：摩伽罗手镯
Makara Bracelets
地域：印度
India
年代：公元1526—1858年
1526—1858 AD
材质：红宝石、祖母绿、钻石、石榴石、玉、玛瑙、水晶、珍珠、黄金、白银、合金等
Ruby, Emerald, Diamond, Garnet, Jade, Agate, Rock Crystal, Pearl, Gold, Silver, Alloy, etc.

◉ 146. 摩伽罗是印度神话中的海洋生物，在印度占星术中对应摩羯座。摩伽罗以恒河女神伐坷拉和海洋神伐楼那的化身出现，也被认为是王室和寺庙的守护者，是印度教和佛教寺庙中最常见的幻生物，在中国和东南亚国家的寺庙建筑中常见。摩伽罗作为珠饰装饰母题，在莫卧儿王朝时期备受偏爱，成为开口手镯的固定样式，并作为传统在印度一直流行，至今仍是印度珠饰中最受喜爱的题材和样式。除了莫卧儿时期流行的珐琅彩工艺饰品，大量贵金属尤其是银质的摩伽罗手镯十分流行。

◉ 147 痕都斯坦工
Hindustan Crafts

类型：南亚珠饰
Ornaments of South Asia

品名：痕都斯坦工
Hindustan Crafts
地域：印度
India
年代：公元1526—1858年
1526—1858 AD
材质：玉、红宝石、祖母绿、钻石、石榴石、玛瑙、水晶等
Jade, Ruby, Emerald, Diamond, Garnet, Agate, Rock Crystal, etc.

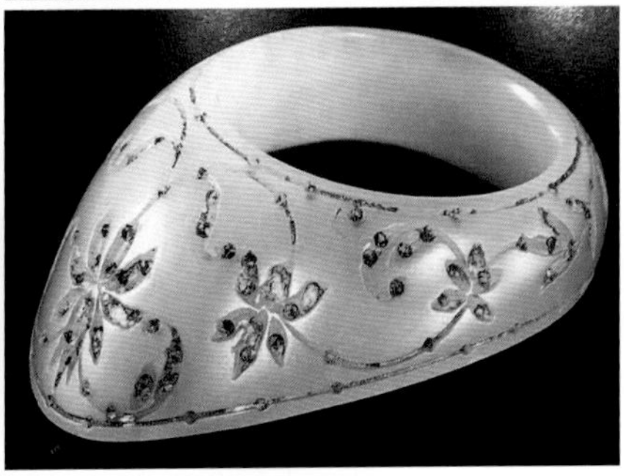

◉ 147. “痕都斯坦”是波斯语对印度的称谓，原指北印度和印度河流域平原地带，“印巴分治”后，继续用作印度共和国的历史名称。“痕都斯坦工”是清代宫廷，主要是乾隆皇帝时期对来自印度莫卧儿王朝的伊斯兰风格手工艺品和清宫廷内务府制作的仿制痕都斯坦风格的手工艺品的称谓，主要指镶嵌宝石和精工雕刻的玉器。在印度，莫卧儿王朝时期制作的伊斯兰风格的手工艺品中，最精细优美的代表是珠饰和武器装饰，尤其是刀剑饰。

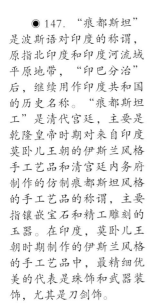

◉ 148 印度教镂空法印
Hindu Chhapa

类型：南亚珠饰
Ornaments of South Asia

品名：印度教寺庙法印
Hindu Chhapa
地域：印度
India
年代：公元1700—1900年
1700—1900 AD
材质：合金铜
Copper Alloy

◉ 148. 印度教寺庙法印（chhapa）用于宗教仪式中，在毗湿奴派信徒和其他教派信徒身体上加盖印记，这些印记表明神的仁慈和信徒的追随。法印在信徒沐浴净身后使用，一般用清水调和白檀香膏，将法印沾上膏泥后，盖在信徒的身体上，如前额、脸颊、肩膀、前臂和腹部。法印一般为镂空，每枚法印都有与神有关的符号或文字，通常是毗湿奴或湿婆海螺和莲花的符号。法印的背面都有一个支撑的印钮，印钮上有穿环，可将一系列相关的法印穿系在一起，供仪式时使用。

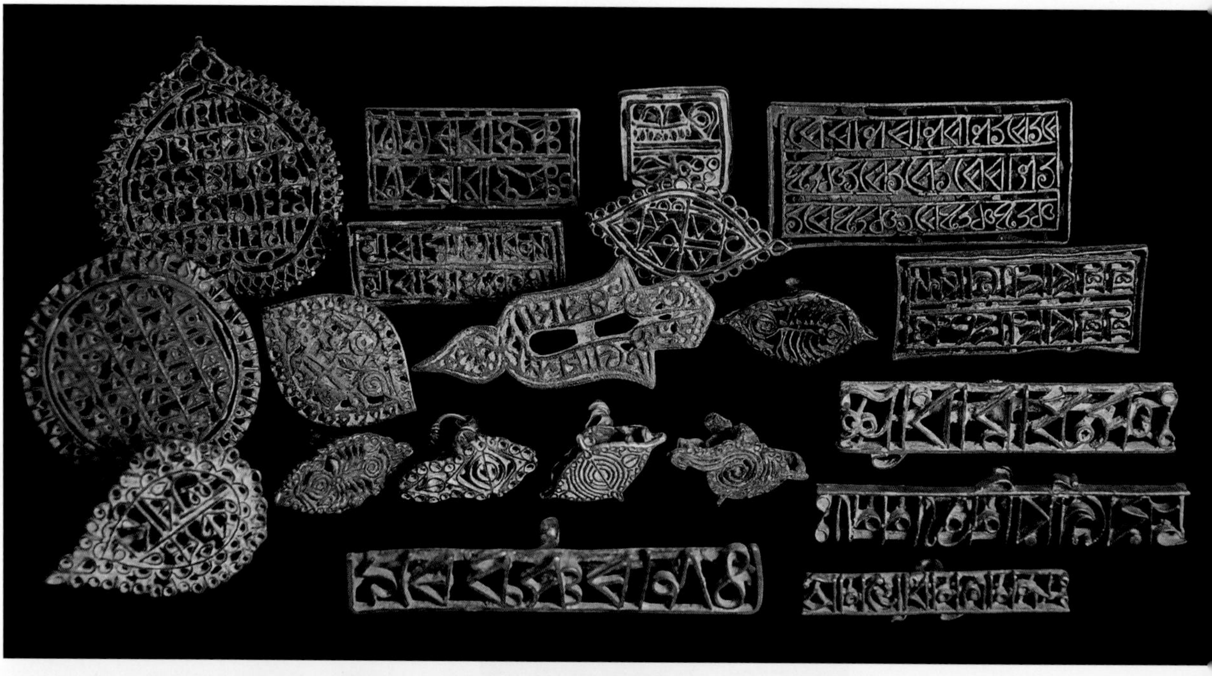

◉ 149 古吉拉特银饰
Silver Ornaments from Gujarat

类型：南亚珠饰
Ornaments of South Asia

品名：古吉拉特银饰
Silver Ornaments from Gujarat
地域：印度古吉拉特
Gujarat, India
年代：公元1500—近现代
1500 AD —Early Modern
材质：银、玻璃、半宝石等
Silver, Glass, Semi-precious Stone etc.

◉ 149. 印度的民间饰品和部落银饰非常丰富，工艺和款式设计从数百年前保存至今。古吉拉特的银饰只是众多印度民间银饰的样式之一，以传统手工闻名。银饰对于部落和村社的女人而言，不仅用于装饰，也能区别于其他部落和标识婚姻状况。此外还有实用功能，例如镶满尖钉的项链和手镯可以用来保护自己在野地和树林拾柴或放牛时，免受动物的攻击。这些银饰对每个部落来说都是一套完整的语言符号，人们只需通过银饰的纹饰、样式和装饰风格就能辨识佩戴者的所属部落、身份、社会地位和婚姻状况。

◉ 150 九宝珠饰

Navaratna

类型：南亚珠饰

Ornaments of South Asia

品名：九宝

Navaratna

地域：印度、东南亚

India, Southeast Asia

年代：公元1500—近现代

1500 AD — Early Modern

材质：钻石、珍珠、红宝石、海蓝宝、祖母绿、托帕石、猫眼石、珊瑚、红锆石等

Diamond, Pearl, Ruby, Aquamarine, Emerald, Topaz, Opal, Coral, Red Zircon, etc.

◉ 150. 九宝是梵语“九种宝石”的意思，是印度代表特权的王公贵族的珠饰，也是一种护身符。九宝包括钻石、珍珠、红宝石、海蓝宝、祖母绿、托帕石、猫眼石、珊瑚和红锆石，每种石头对应一位天神，当九种石头集合在一起时，代表印度教的宇宙天象。九宝珠饰传播很广，在不同的宗教和文化背景下被认同。印度至少从莫卧儿王朝（见◉ 145）就开始制作九宝珠饰，之后传入尼泊尔、斯里兰卡、新加坡、缅甸、泰国、印度尼西亚、马来西亚等南亚和东南亚国家，在不同的宗教和文化背景下，不同的宝石有特定的相关性，但九宝的特权意义是一样的。

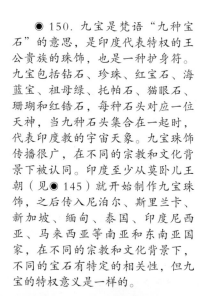

◉ 151 那加兰珠饰

Beads of Nagaland

类型：南亚珠饰

Ornaments of South Asia

品名：那加兰珠饰

Beads of Nagaland

地域：印度那加兰

Nagaland, India

年代：公元1500年—近现代

1500 AD — Early Modern

材质：玛瑙、红玉髓、贝壳、玻璃、合金

Agate, Carnelian, Shell, Glass, Alloy

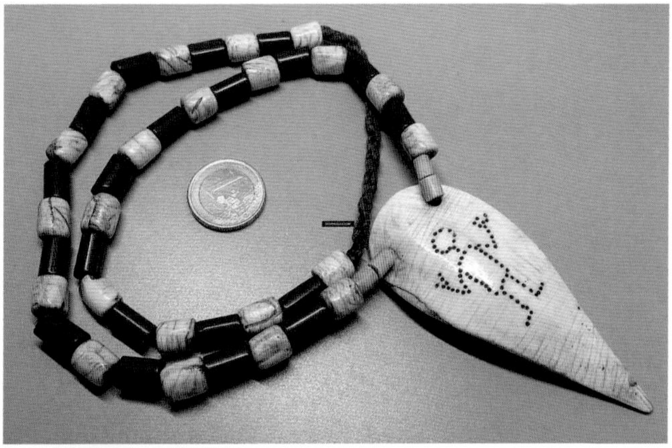

◉ 151. 那加兰位于印度东北，与缅甸接壤。生活在那加兰山区的那加部落以独特的风俗和珠饰著称。按照一定传统规范穿缀各种珠子的项链是那加部落最主要的饰品，珠子的材料大多是玛瑙、贝壳、玻璃和一些铜合金或银合金的构件。传统珠饰被认为是那加部落信仰的物化，有形的设计和珠饰是符号语言，无形的信仰则隐藏于珠饰之中。珠子既是讲述古老的故事，也是在表达那加部落平等主义、共同生存的理念。

类型：南亚珠饰
Ornaments of South Asia

品名：尼泊尔传统珠饰
Traditional Ornaments of Nepal
地域：尼泊尔
Nepal
年代：公元1500年—近代
1500 AD —Early Modern
材质：玛瑙、红玉髓、贝壳、玻璃、合金
Agate, Carnelian, Shell, Glass, Alloy

◉ 152. 尼泊尔有古老的珠饰传统，并擅长手工珠饰技艺。尼泊尔用于宗教仪式和敬神的珠饰多于俗世生活中的饰品，珠饰题材大多与宗教和传说有关。除了用于寺庙中神像佩戴的珠饰，尼泊尔王公贵族的首饰皆做工繁复、设计华美，在很大程度上受印度珠饰的影响。尼泊尔工匠擅长以复杂的细节表现人物（神祇）形象，能够在贵金属制作的基底上使用半宝石镶嵌繁复精细的细节。尼泊尔民族众多，均有各自的传统珠饰样式，他们与周边联系紧密，特别是与印度和中国西藏相互影响，形成了具有浓郁尼泊尔特色的珠饰风格。

六、伊朗、阿富汗和中亚珠饰
Jewellery of Iran, Afghanistan and Central Asia

◉ 153—◉ 184

◉ 153　埃兰王国的珠子和滚印

Beads and Cylinder Seals of Elam

类型：伊朗珠饰

Ornaments of Iran

品名：埃兰王国的珠子和滚印

Beads and Cylinder Seals of Elam

地域：伊朗西南部

Southwest Iran

年代：公元前3000 —前600年

3000—600 BC

材质：玛瑙、红玉髓、黄金、贝壳等

Agate, Carnelian, Gold, Shell, etc.

图③

埃兰人是古代西亚古老的民族，埃兰王朝是波斯人崛起之前占据伊朗南部的政治力量。埃兰王朝从公元前3000年兴起，经历了旧王朝、中王朝和新王朝时期，直到公元前6世纪被波斯阿契美尼德征服。埃兰地处富饶的山谷低地，历史上经常受到来自两河流域民族的入侵，埃兰强大时也同样劫掠两河流域，公元前12世纪埃兰国王征战巴比伦，从巴比伦城将《汉穆拉比法典》作为战利品掠回埃兰。和西亚其他民族一样，埃兰人喜欢黄金珠饰，也制作滚印用于泥版文书、信用和所有权的确认。无论珠饰还是滚印，其形制和题材均受两河流域影响，出土实物表明埃兰与印度河谷文明也有频繁的贸易。

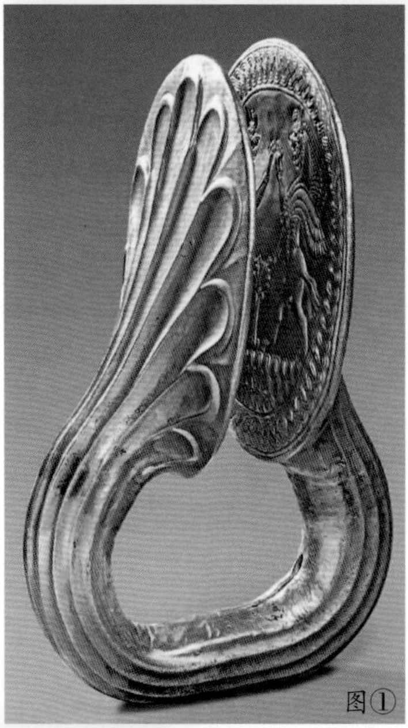

图①

◉ 153. 埃兰不同时期的珠饰和滚印。埃兰的装饰风格受两河流域影响，早期的项链一类饰品与两河流域风格趋同。埃兰崛起之初，曾直接从两河流域掠夺手工艺品和珠饰。黄金“权力之环”（图①）为新王朝时期（公元前1100—前540年），有明显的波斯高原风格特征。滚印同样有时期变化，早期都是动物题材，以植物图案和符号平衡构图；公元前2700年定都苏萨后，开始出现人物和场景题材。图例中，一枚滚印为一名拜神者正在敬献坐着的神祇，一名身穿长裙的女士坐在神祇背后的葡萄架下（图②）。另一些滚印为大英博物馆展品（图③）。

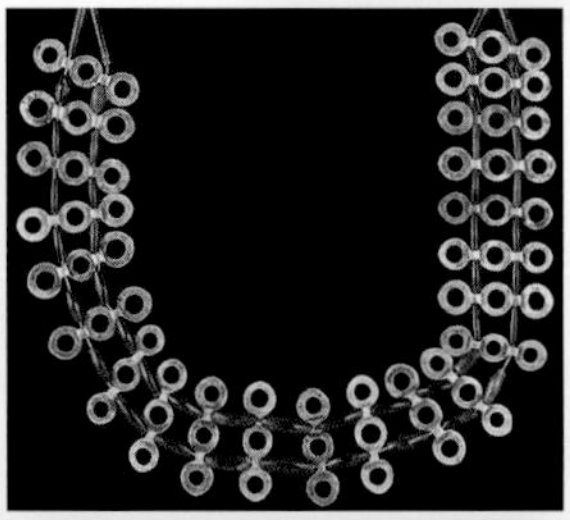

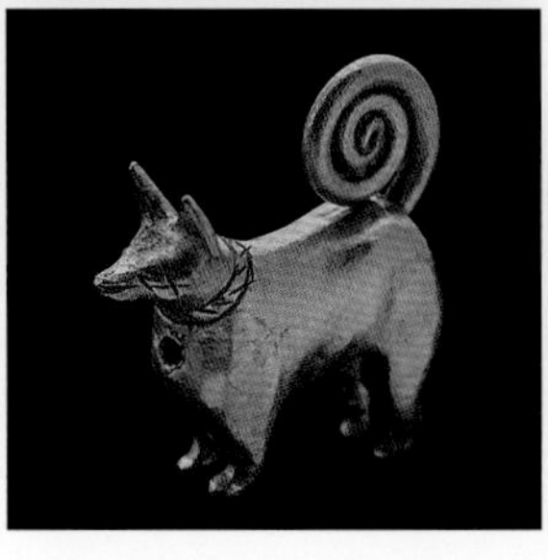

图②

◉ 154　苏萨的蚀花珠和滚印

Etched Carnelian Beads and Cylinder Seals from Susa

类型：伊朗珠饰

Ornaments of Iran

品名：苏萨的蚀花珠和滚印
Etched Carnelian Beads and Cylinder Seals from Susa
地域：伊朗西部
Western Iran
年代：公元前3100—前600年
3100—600 BC
材质：玛瑙、红玉髓、黄金等
Agate, Carnelian, Gold, etc.

◉ 154. 苏萨曾是埃兰王朝（见◉ 153）的首都，位于伊朗西部扎格罗斯山低地、底格里斯河以东。伊朗高原在公元前四千纪开始出现城市，苏萨是最早的城市之一，与吉罗夫特（见◉ 156）和文献中提到的扎耶德鲁德是伊朗早期的青铜文化发祥地，放射性碳测定其年代可追溯到公元前4395年。公元前2700年，苏萨成为埃兰王国的中心城市，各地的财富和能工巧匠均流往苏萨。从1836年始，苏萨经历数次发掘，出土从史前到埃兰王朝、波斯帝国到伊斯兰时期的各种实物，如珠子和金饰，其中包括考古编年距今4500年的蚀花红玉髓珠和滚印。

苏萨的滚印均来自苏萨三期，即公元前2700年被埃兰人作为首都之前的时期。滚印材质多为软石，美术风格和题材受苏美尔人（见◉ 189）影响，大多是早期的动物题材，以花草和符号平衡画面和构图。蚀花珠则为一期红玉髓（见◉ 129），即埃兰人入主苏萨之后。蚀花珠和红玉髓长管均为典型的印度河谷风格（见◉ 130），可能由印度河谷输入。

◉ 155 希萨尔的珠子

Beads of Tepe Hissar

类型：伊朗珠饰

Ornaments of Iran

品名：希萨尔的珠子
Beads of Tepe Hissar
地域：伊朗东北部
Northeast Iran
年代：公元前4000—前2000年
4000—2000 BC
材质：玛瑙、红玉髓、青金石、绿松石、雪花石、贝壳、黄金等
Agate, Carnelian, Lapis Lazuli, Turquoise, Alabaster, Shell, Gold, etc.

◉ 155. 希萨尔（Tepe Hissar）位于伊朗东北部，是伊朗高原早期的青铜文化遗址，出土物和丧葬习俗反映出该地为连接两河流域到中亚的文化桥梁。公元前三千纪，这里开始大量出现青金石珠、雪花膏石珠子和铜合金料块，这与两河流域苏美尔人城邦的繁荣有关，考古学家推测其为阿富汗青金石和其他半宝石、金属工艺品贩往两河流域、中东（如埃及）的重要中转地。

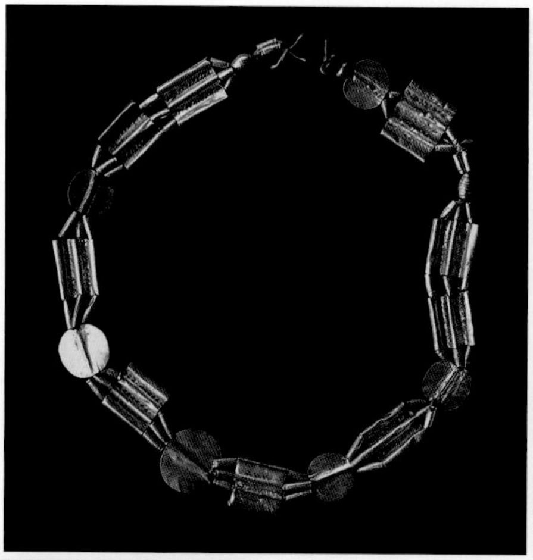

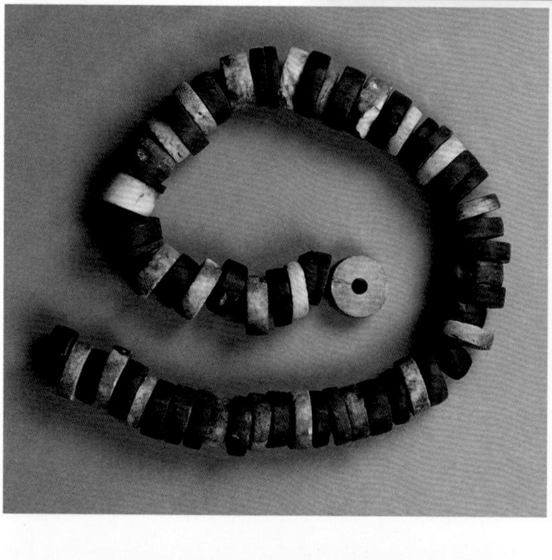

◉ 156　吉罗夫特文化的珠子

Beads of Jiroft Culture

类型：伊朗珠饰

Ornaments of Iran

品名：吉罗夫特文化的珠子
Beads of Jiroft Culture
地域：伊朗南部
Southern Iran
年代：公元前2500—前1900年
2500—1900 BC
材质：玛瑙、红玉髓、青金石、绿松石、黄金、贝壳等
Agate, Carnelian, Lapis Lazuli, Turquoise, Gold, Shell, etc.

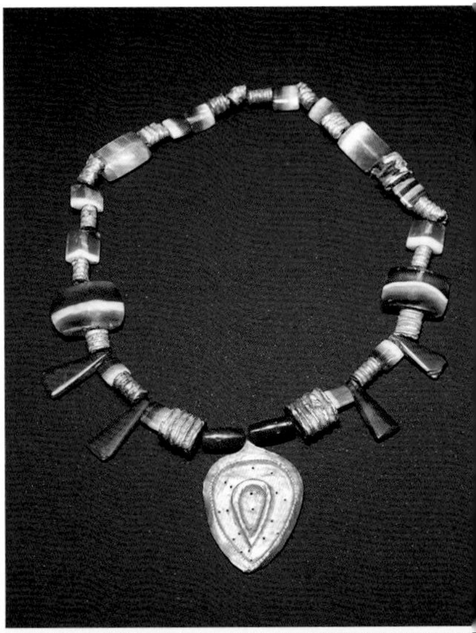

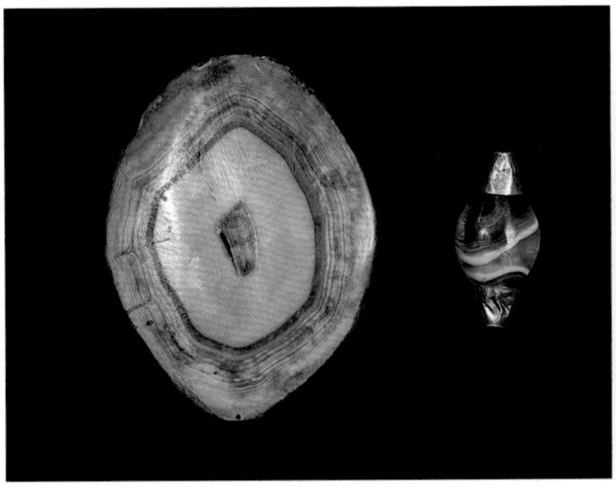

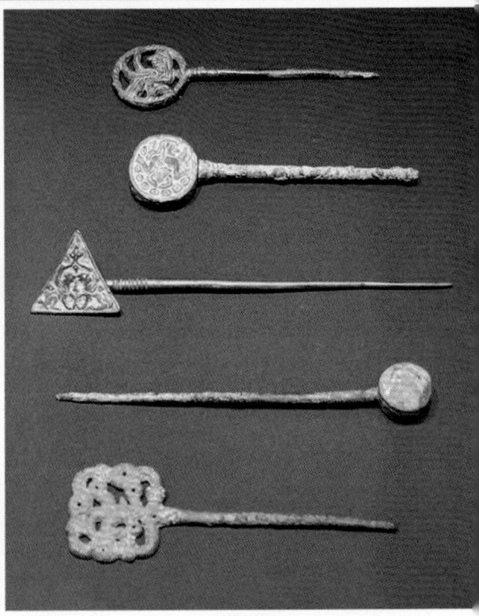

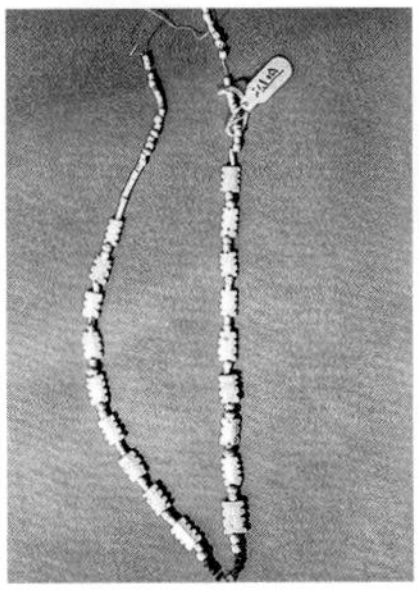

◉ 156. 吉罗夫特文化（Jiroft Culture）是公元前三千纪的青铜晚期文化，吉罗夫特位于现伊朗南部，古代俾路支斯坦（古代文化区域，包括现在伊朗的锡斯坦-俾路支斯坦省，巴基斯坦的俾路支省、阿富汗西南的坎大哈省和赫尔曼德省）的东部。吉罗夫特出土形制和纹饰独特的石器，目前不明其用途。珠子有红玉髓和缠丝玛瑙珠，蚀花红玉髓珠的图案装饰与印度河谷一期蚀花珠相似或相同，缠丝玛瑙珠的用料和形制则与俾路支其他地方和巴克特里亚相似，也可能是从巴克特里亚输入，珠子有时个体很大。金饰风格也与（巴基斯坦）俾路支的趋同。另还有青金石、绿松石和其他半宝石珠子出土。珠子的考古编年大多在4000年以上，与巴克特里亚的考古编年大致平行。考古学家认为吉罗夫特文化与阿富汗赫尔曼德青铜文化联系紧密，后者的编年可能更早。

◉ 157　巴克特里亚的珠子

Beads of Bactria

类型：中亚珠饰

Ornaments of Central Asia

品名：巴克特里亚的珠子

Beads of Bactria

地域：阿富汗、塔吉克斯坦、乌兹别克斯坦、土库曼斯坦、伊朗

Afghanistan, Tajikistan, Uzbekistan, Turkmenistan, Iran

年代：公元前2400—前1600年

2400—1600 BC

材质：玛瑙、红玉髓、青金石、绿松石、贝壳、黄金等

Agate, Carnelian, Lapis Lazuli, Turquoise, Shell, Gold, etc.

巴克特里亚是古代中亚使用伊朗语的地区，指兴都库什山以北至阿姆河南部、帕米尔高原以西的平坦区域，跨现在的阿富汗、塔吉克斯坦、乌兹别克斯坦、土库曼斯坦和伊朗东北部分，古波斯经典《阿维斯塔》称其为"以旗帜加冕"的美丽的巴克特里亚，现代考古学则将其纳入"巴克特里亚-马尔吉亚纳考古丛"，为中亚最著名的青铜文化地。巴克特里亚是后来希腊人对这一区域的称谓，名称来源于古城巴尔克（现阿富汗北部城市），中亚最早兴起的城邦。

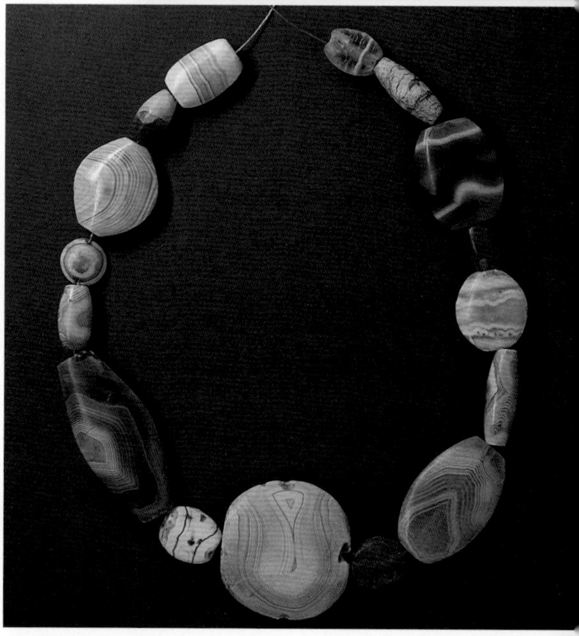

◉ 157. 巴克特里亚出土大量石质女性小雕像，也有男性雕像，具有独特的美术风格和工艺造型。得阿富汗山区富矿之利，巴克特里亚出土各种半宝石材料的珠子珠饰，是青铜时代除印度河谷之外最大的珠子和原料产地。缠丝玛瑙是常见的材质，珠子以扁珠居多，也有方形、菱形或橄榄形的珠子，管子有中段略鼓、两端略收的长管和竹节管，薄皮大孔，形制和工艺均有明显特征。乌尔王墓出土大量与巴克特里亚同类型的缠丝玛瑙扁珠（见◉ 192），一些珠子管子的形制在印度河谷文明的遗址也能见到。图例为洛杉矶县立美术博物馆藏品和佳士得拍品。

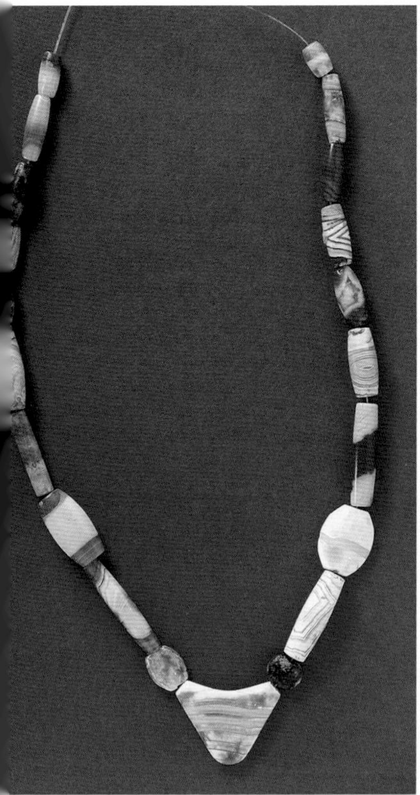

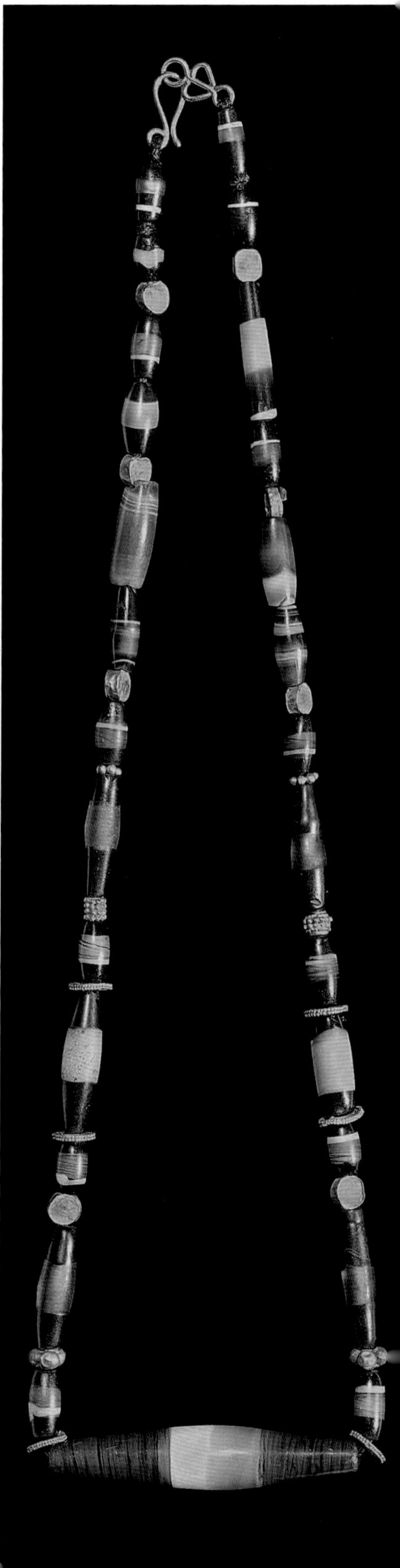
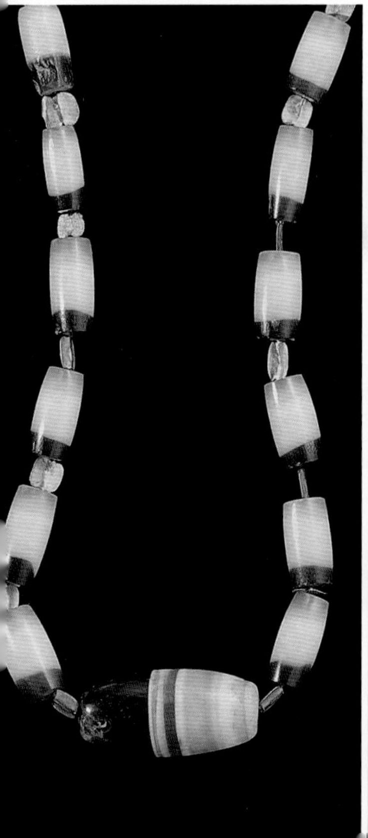
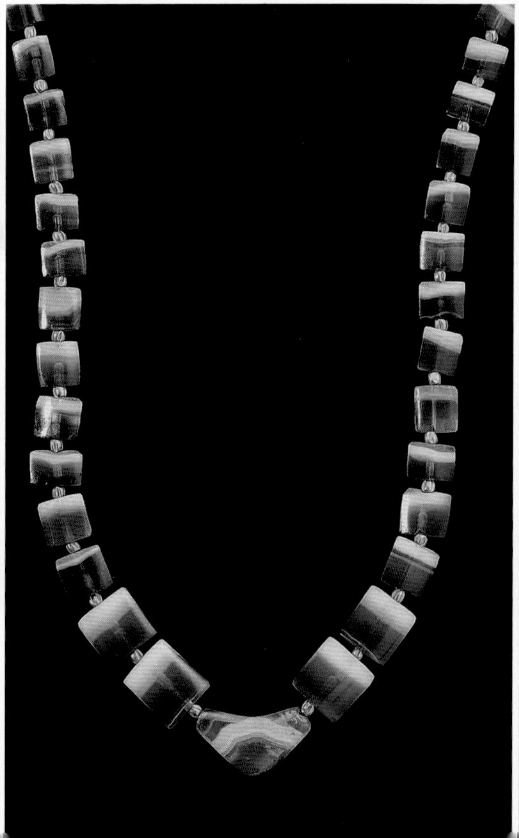

◉ 158　巴克特里亚的青铜镂空印
Bronze Compartmented Seals of Bactria

类型：伊朗珠饰
Ornaments of Iran

品名：巴克特里亚的青铜镂空印
Bronze Compartmented Seals of Bactria
地域：伊朗、阿富汗
Iran, Afghanistan
年代：公元前2400—前1600年
2400—1600 BC
材质：青铜、合金
Bronze, Alloy

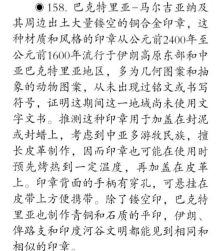

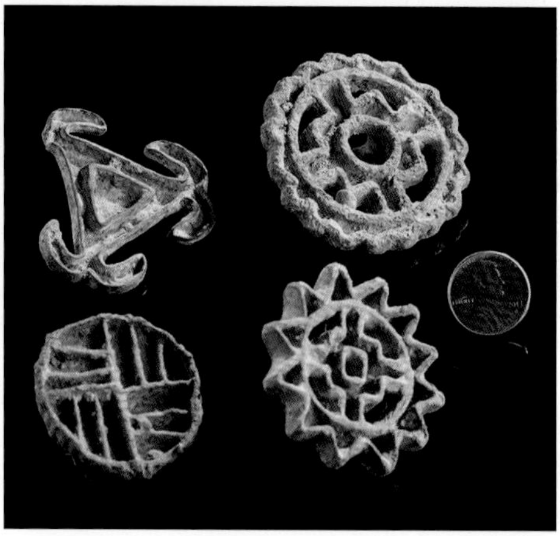

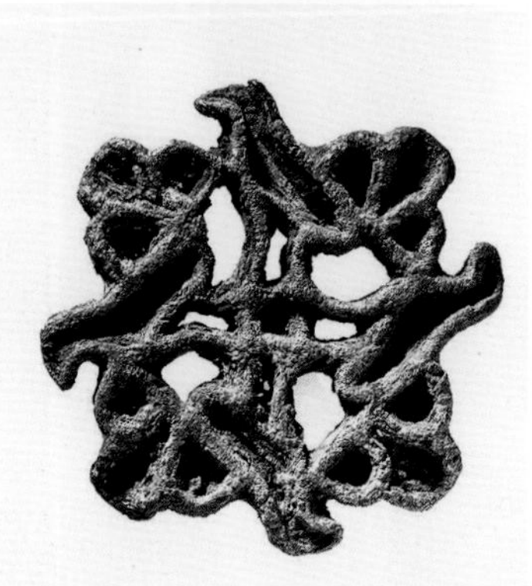

◉ 158. 巴克特里亚－马尔吉亚纳及其周边出土大量镂空的铜合金印章，这种材质和风格的印章从公元前2400年至公元前1600年流行于伊朗高原东部和中亚巴克特里亚地区，多为几何图案和抽象的动物图案，从未出现过铭文或书写符号，证明这期间这一地域尚未使用文字文书。推测这种印章用于加盖在封泥或封蜡上，考虑到中亚多游牧民族，擅长皮革制作，因而印章也可能在使用时预先烤热到一定温度，再加盖在皮革上。印章背面的手柄有穿孔，可悬挂在皮带上方便携带。除了镂空印，巴克特里亚也制作青铜和石质的平印，伊朗、俾路支和印度河谷文明都能见到相同和相似的印章。

◉ 159　马尔吉亚纳的珠子

Beads of Margiana

类型：中亚珠饰

Ornaments of Central Asia

品名：马尔吉亚纳的珠子

Beads of Margiana

地域：土库曼斯坦

Turkmenistan

年代：公元前2200—前1700年

2200—1700 BC

材质：玛瑙、红玉髓、青金石、绿松石、贝壳、黄金、银等

Agate, Carnelian, Lapis Lazuli, Turquoise, Shell, Gold, Silver, etc.

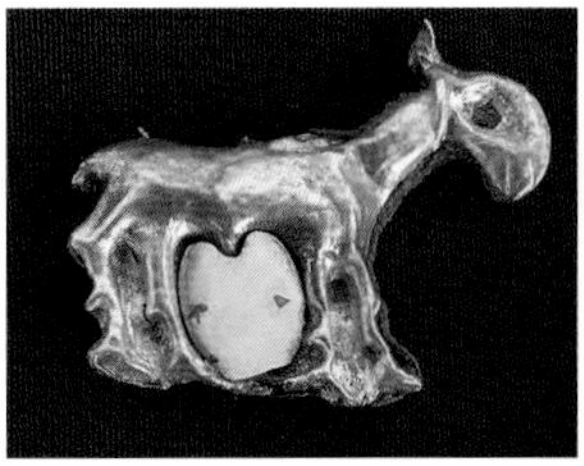

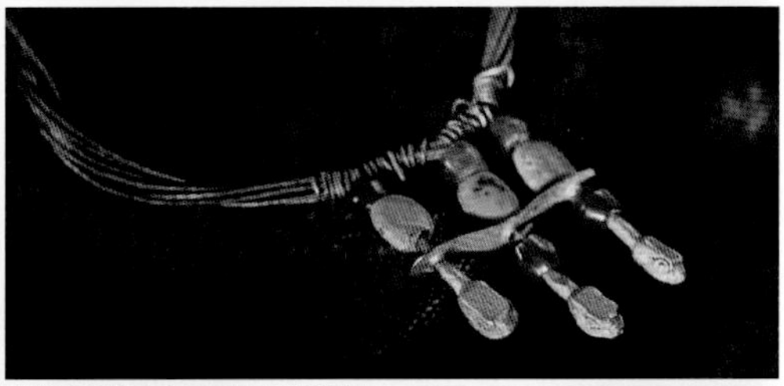

◉ 159. 马尔吉亚纳是古代中亚一个使用伊朗语的地区，位于以梅尔夫（Merv，旧译木鹿）绿洲为中心的土库曼斯坦沙漠平原上，在被波斯帝国征服以前的青铜时代就已经存在大型城邦。1970年发掘的贡努尔·德佩（Gonur Depe，意为灰色的山丘）位于梅尔夫以北60千米，为“巴克特里亚-马尔吉亚纳考古丛”重要的考古遗址。贡努尔·德佩出土大量陶器和中亚、伊朗高原青铜时代常见的镂空印，以及与巴克特里亚（见◉ 157）类似的珠子珠饰、贵金属饰品和石质小雕像。鉴于该城沙漠绿洲的地理环境，这些珠子可能由巴克特里亚输入。图例中一件青金石项链为佳士得拍品，来源于巴克特里亚-马尔吉亚纳。

◉ 160　伊朗的青铜滚印
Bronze Cylinder Seals of Iran

类型：伊朗珠饰
Ornaments of Iran

品名：伊朗的青铜滚印
Bronze Cylinder Seals of Iran
地域：伊朗
Iran
年代：公元前2000—前1000年
2000—1000 BC
材质：青铜、合金
Bronze, Alloy

◉ 160. 伊朗在公元前2000年停止了大型镂空平印的制作，转而开始制作青铜滚印。滚印以动物和线条装饰为题材，刻画一般较为简单。青铜材质的滚印几乎不会出现在两河流域的王国，但伊朗一直保持了使用青铜制作印章和珠饰的传统，直到铁器时代和中世纪的伊斯兰王朝，仍有各种青铜小装饰件，题材和形制随文化更迭而改变。

◉161　卢里斯坦的青铜小件
Bronze Ornaments of Luristan

类型：伊朗珠饰
Ornaments of Iran

品名：卢里斯坦的青铜小件
Bronze Ornaments of Luristan
地域：伊朗卢里斯坦省
Luristan Province, Iran
年代：公元前1000—前650年
1000—650 BC
材质：青铜、合金
Bronze, Alloy

◉161. 卢里斯坦青铜器来自伊朗西部卢里斯坦省，年代属早期铁器时代。器物大多为模铸的镂空件，对称构图，造型奇异，题材大量采用动物、异兽和西亚/中东、中亚流行的“驯兽大师”（Master of Animals），包括小饰品如发簪、别针、坠饰、手镯等，以及工具、武器、马具、容器，此外还有银饰。器物一般在墓葬中发现，造型大多趋于扁平，个体不大，可能是为了方便携带，推测这些青铜件的主人为经常迁徙的游牧民。

◉ 162　阿契美尼德的珠饰和金饰
Beads and Gold Ornaments of Achaemenid

类型：伊朗珠饰
Ornaments of Iran

品名：阿契美尼德的珠饰和金饰
Beads and Gold Ornaments of Achaemenid
地域：伊朗
Iran
年代：公元前550—前330年
550—330 BC
材质：玛瑙、红玉髓、青金石、绿松石、黄金、银等
Agate, Carnelian, Lapis Lazuli, Turquoise, Gold, Silver, etc.

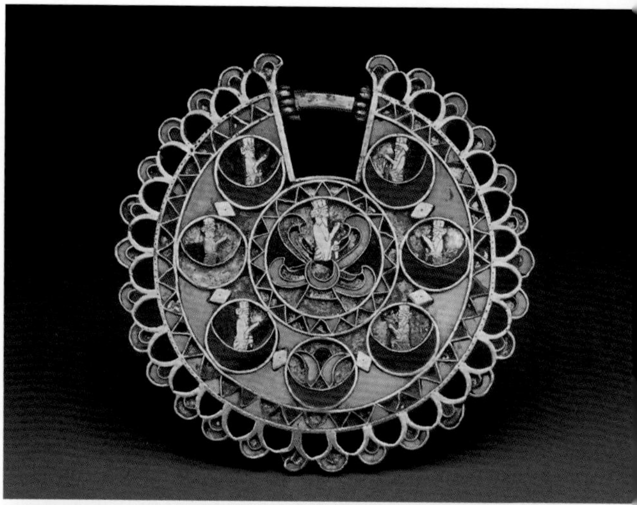

波斯阿契美尼德是世界上第一个跨欧、亚、非三洲的大帝国，在其鼎盛时期，全球44%的人口生活在波斯版图内。波斯之前占据伊朗高原南部的埃兰王国（见◉ 153）多受两河流域影响，其珠饰和其他器物的美术风格经常与两河流域趋同。而阿契美尼德的珠饰则有明显的波斯风格，建筑、艺术、手工艺品包括珠饰，更多采用猛兽、异兽、狩猎的题材，狮子和神兽格里芬的题材经常可见。珠饰流行使用黄金镶嵌材质不同的各色半宝石，造型风格就像是波斯人刚健有力的性格的写照。

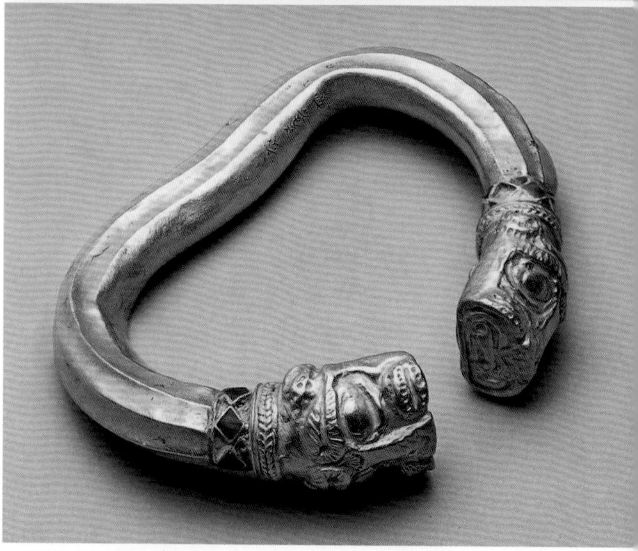

◉ 162. 阿契美尼德的珠饰和金饰。与两河流域精细的珠饰相比较，波斯珠饰更粗犷有力。眼纹板珠、缠丝玛瑙穿缀的项饰为波斯王室所珍视。缠丝珠子管子两端镶金的手法在巴克特里亚和乌尔（见◉ 190）时期就很流行，但这一时期镶嵌在缠丝大长管两端的金帽是以炸珠构成的三角图案装饰，这种珠子镶嵌的手法和风格影响了波斯帝国版图内的各个地方。波斯珠饰风格影响深远，后来的帕提亚、萨珊都沿袭了阿契美尼德波斯风格，直至阿拉伯帝国占领伊朗，特别是塞尔柱王朝（见◉ 173）时期，波斯美术趋于精巧化，但波斯帝国时期的珠饰风格仍能在中亚各个地方窥其踪影。来自卡塔尔皇室的藏品——黄金镶嵌半宝石饰板，其上所用月牙形红玉髓和“九眼”板珠（天然缠丝玛瑙制作），在巴基斯坦北部和吉尔吉特（见◉ 135）、俾路支都能见到，“九眼”板珠在藏族聚居区也有流传（见◉ 076）。

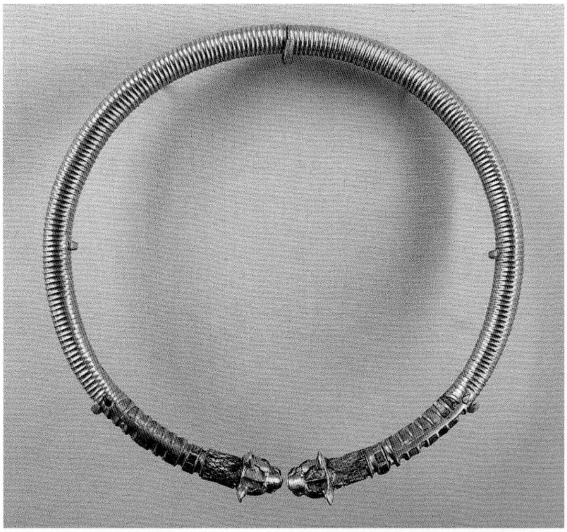

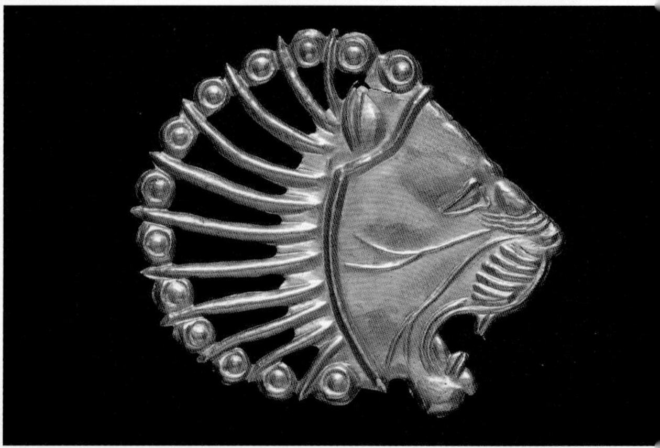

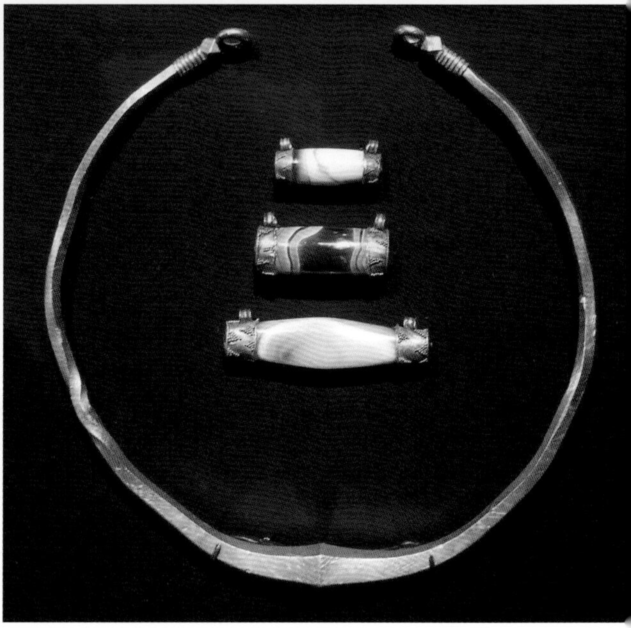

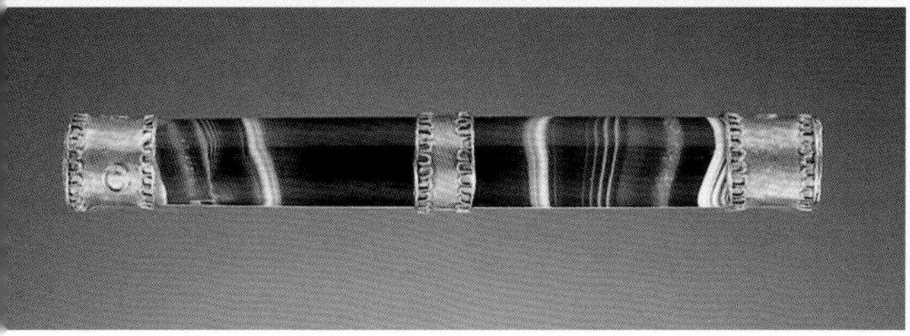

◉ 163　奥克萨斯河珍宝
Oxus River Treasure

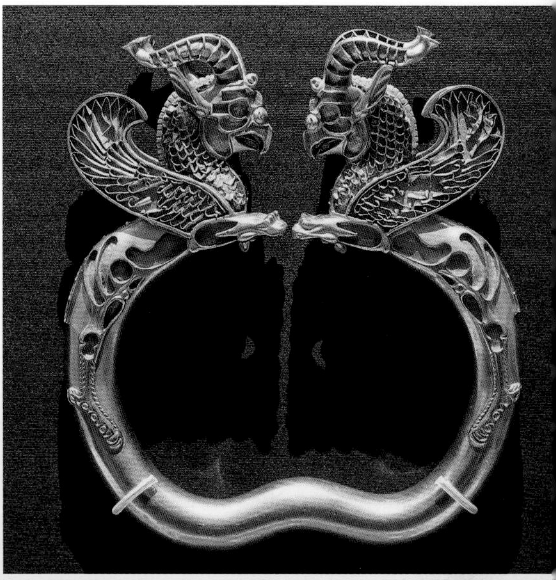

类型：中亚珠饰
Ornaments of Central Asia

品名：奥克萨斯河珍宝
Oxus River Treasure
地域：中亚奥克萨斯河
Oxus River, Central Asia
年代：公元前1000—前650年
1000—650 BC
材质：青铜、合金
Bronze, Alloy

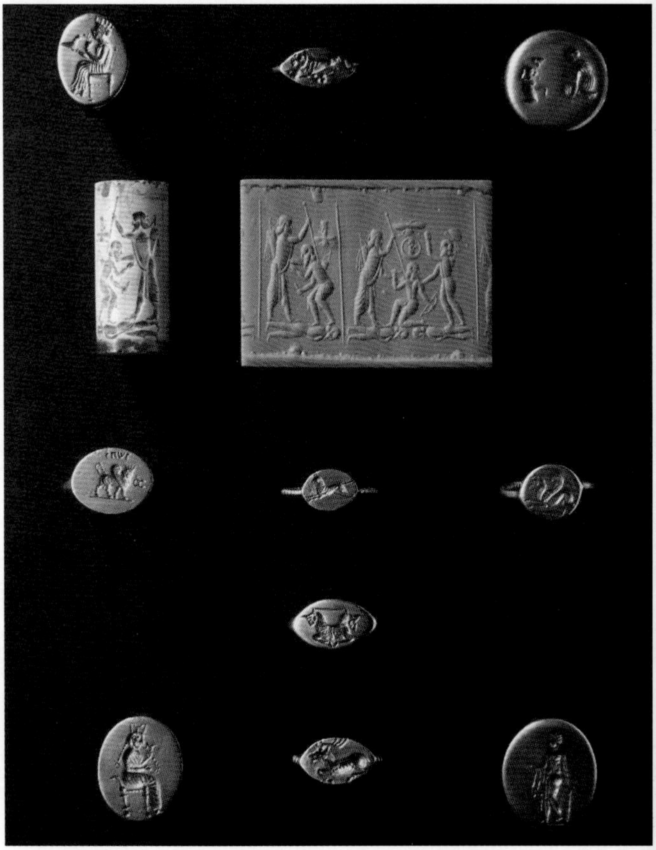

◉ 163. 奥克萨斯河珍宝中，一对格里芬金手镯最具波斯风格。格里芬为半狮半鹫的怪兽，原来自希腊神话，随着波斯对小亚细亚和希腊半岛部分地方的征服，这一题材逐渐成为公元前5世纪到公元前4世纪波斯宫廷最受欢迎的主题之一。写《居鲁士传》的希腊历史学家色诺芬曾记载，格里芬题材的护身符是当时波斯朝廷最荣耀的奖赏。手镯原本镶嵌有各种色彩的半宝石，现已脱落、遗失。

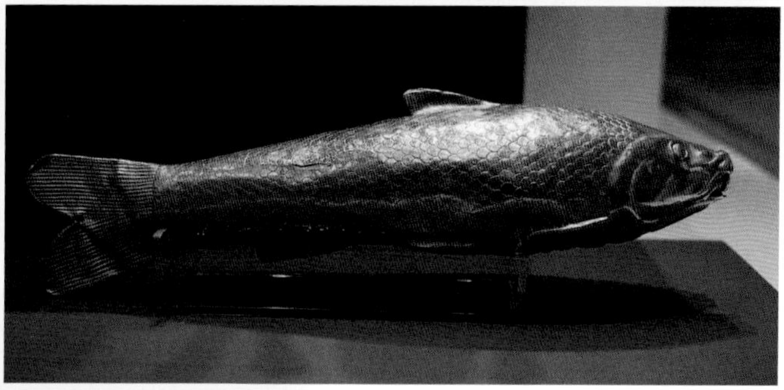

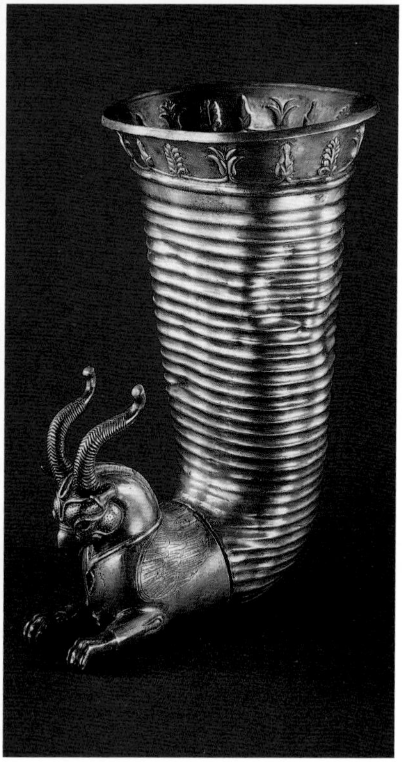

奥克萨斯河珍宝属于阿契美尼德王室，这批总共170件黄金珠宝发现于中亚的奥克萨斯河（阿姆河）附近，具体的出土地点不详。最初由几个古玩商人购得，在由阿富汗喀布尔去巴基斯坦白沙瓦的路上被土匪抢劫，一位驻阿富汗的英国中尉带人将其追回。作为回报，古玩商将一只格里芬黄金手镯低价卖给了这位英国人，其余珍宝则在巴基斯坦全部售出。不久这批珍宝出现在印度某古玩市场，经过漫长的旅程，几经周折最终落脚大英博物馆。

◉ 164　阿契美尼德的滚印和平印

Cylinder Seals and Stamp Seals of Achaemenid

类型：伊朗珠饰

Ornaments of Iran

品名：阿契美尼德的滚印和平印
Cylinder Seals and Stamp Seals of Achaemenid
地域：伊朗
Iran
年代：公元前550—前330年
550—330 BC
材质：青铜、合金
Bronze, Alloy

波斯阿契美尼德王朝征服两河流域时，正值新的书写材料开始应用，比如皮革，这些材料方便折叠和收卷，只需要将封口系上绳结，绳结上加盖有印纹的陶泥印垂（封泥）就可以将文书封存。新的书写材料的出现，使得平印又开始流行，而在泥版文书上使用的滚印则缓慢退出日常书写，但由于传统书写习惯而仍旧在正式场合和官方文书中使用，于是平印和滚印同时在波斯帝国内通行了相当长时间。

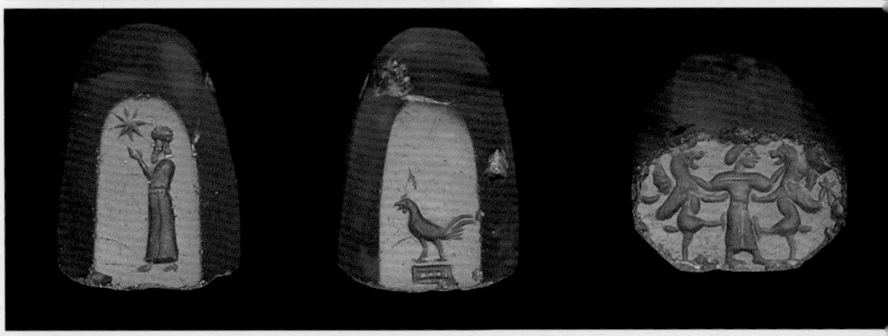

◉165 阿契美尼德的措思滚印
Etched Carnelian Cylinder Seals of Achaemenid

类型：伊朗珠饰
Ornaments of Iran

品名：阿契美尼德的措思滚印
Etched Carnelian Cylinder Seals of Achaemenid
地域：伊朗
Iran
年代：公元前550—前330年
550—330 BC
材质：玛瑙
Agate

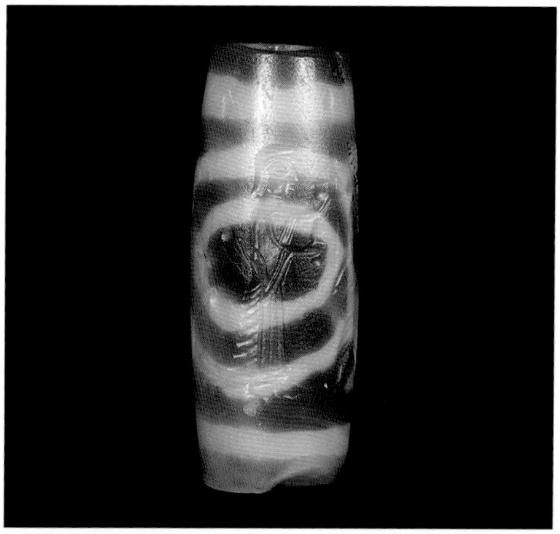

◉165. 波斯阿契美尼德的措思滚印，指使用措思珠（见◉064）即瑟珠类型的蚀花珠制作的滚印。这类滚印相对少见，挪威历史学家史格尹（Martin Schoyen）早期有珍藏，资料显示为公元前7世纪的亚述滚印。坊间个别藏家也有同类型藏品。推测波斯或两河流域使用了来自吉尔吉特（见◉135）的蚀花玛瑙管珠，即现今仍在藏族聚居区流传的措思天珠，之后于其上添加波斯阿契美尼德的美术题材。鉴于成品措思在当时就已经具有价值，这种做法可能代表某种权威或尊贵。波斯阿契美尼德也使用天然纹样的缠丝玛瑙制作滚印，这种材料为加工瑟珠的原料。

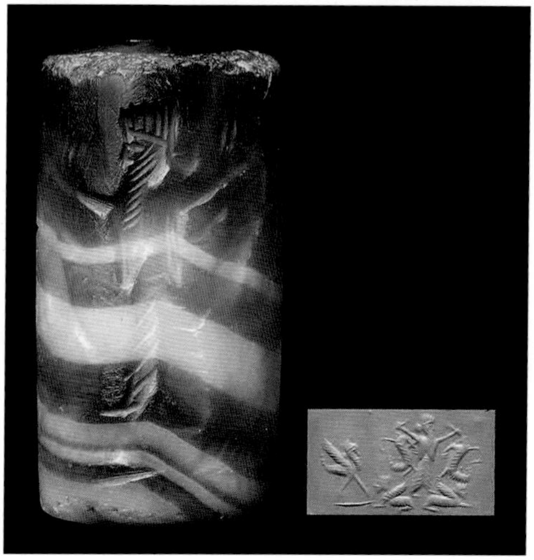

◀◉164. 波斯人制作的滚印，所使用的题材是他们自己的，比如狩猎和朝贡，同时也使用两河流域流传下来的古老滚印，直到公元前5世纪末基本停止制作滚印。平印也经常借用两河流域传统的题材，比如人兽相搏的英雄题材等。与滚印一样，最常见的是“驯兽大师”题材，即画面中心位置站立着英雄式人物，操控左右两只对称的猛兽。最具波斯文化意义的符号是一只张开双翼的鹰，代表居鲁士的统治，经常出现在与其他元素的组合中。锥体平印的珠体有两种形制，锥形体（Conical）和塔形体（Pyramidal），前者的横截面（印面）为圆形或椭圆形，后者的横截面为八边形。此外，阿契美尼德也制作形制简化的圣甲虫印珠和其他形制的珠印，圣甲虫不再表现身体细节，仅是背部有略微的弧面。

◉ 166　朱巴吉公主墓的板珠

Tablet Beads with Eyes from Princess Jubaji Tomb

类型：伊朗珠饰
Ornaments of Iran

品名：朱巴吉公主墓的金饰和板珠
Gold Jewelry and Tablet Beads with Eyes from Princess Jubaji Tomb
地域：伊朗西南
Southwest Iran
年代：公元前700—前300年
700—300 BC
材质：玛瑙、红玉髓、黄金
Agate, Carnelian, Gold

◉ 166. 朱巴吉遗址珠饰。朱巴吉村位于伊朗西南胡齐斯坦省的拉姆霍尔木兹，出土的器物大多为波斯阿契美尼德风格，黄金饰品包括一枚权力戒指、手镯、护腕、项链、手链、护身符、坠饰、扣饰、发簪和珠子，一些饰品镶嵌有半宝石珠饰；另还出土了剑首、人物和动物的青铜小雕像。

这批高品质的饰品和器物分属几个不同的历史时期，从埃兰（见 ◉ 153）到阿契美尼德王朝，推测其为家族世袭财产，已经传承了数个世纪。权力戒指表明家族成员担任阿契美尼德王朝政府官职。金饰大多属于家族内一位公主，镶嵌在黄金牌饰上的蚀花珠为一期红玉髓，这些珠子在被用于镶嵌之前就已经流传了千年。这批家族珍宝于公元前4世纪埋葬于地下，很可能是为了躲避亚历山大东征大军的劫掠。

◉ 167　巴克特里亚黄金宝藏

Gold Treasure of Bactria

类型：阿富汗珠饰

Ornaments of Afghanistan

品名：巴克特里亚黄金宝藏

Gold Treasure of Bactria

地域：阿富汗

Afghanistan

年代：公元前200—前100年

200—100 BC

材质：黄金、银、绿松石、青金石、玛瑙、红玉髓、水晶、玻璃等

Gold, Silver, Turquoise, Lapis Lazuli, Agate, Carnelian, Rock Crystal, Glass, etc.

◉ 167. 1978年，苏联和阿富汗联合考古队在阿富汗北部的地利亚丘地（Tillya Tepe）发现了希腊-巴克特里亚（公元前245年从塞琉古帝国独立出来的“希腊化”王国，占据青铜时代以来的巴克特里亚地区）的黄金墓葬。宝藏可能属于公元前1世纪在这一地域居留的斯基泰或帕提亚部落，也可能为征服巴克特里亚的大月氏王室所有。来自六座墓葬的20600件黄金饰品有浓郁的游牧风格，半宝石印章和印戒则多是希腊和波斯风格。

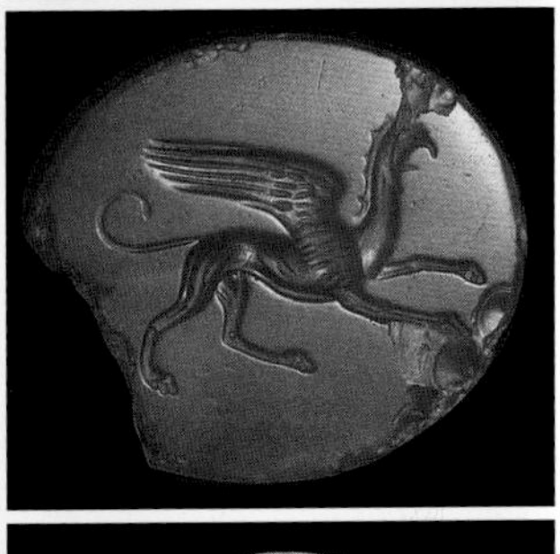

1979年时，苏联入侵阿富汗，考古工作被迫中断，这两万多件的黄金饰品随之消失，这批珍宝来自五座女性墓、一座男性墓，大多为黄金珠饰，镶有绿松石或青金石一类的半宝石，包括项链、腰带、牌饰、发冠和硬币，被称为“巴克特里亚黄金宝藏”或“大夏黄金”（Bactrian Gold）。2003年这批珍宝在喀布尔中央银行的地下室被重新发现，被视为阿富汗国家宝藏。随后，这批宝藏连同阿富汗铁器时代其他几个遗址的出土物一起，在世界各地巡回展出。

◉ 167 巴克特里亚黄金宝藏

Gold Treasure of Bactria

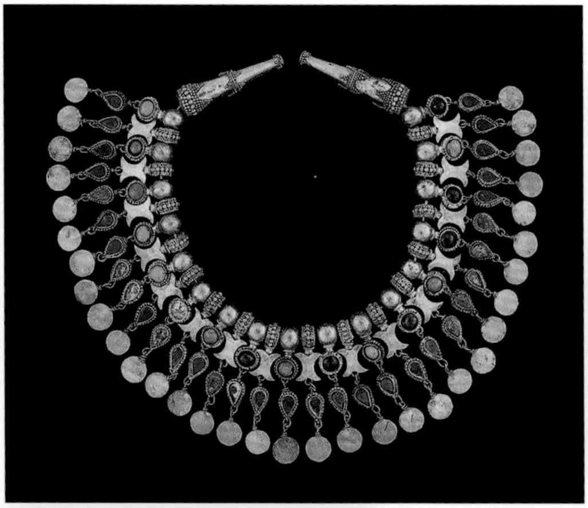

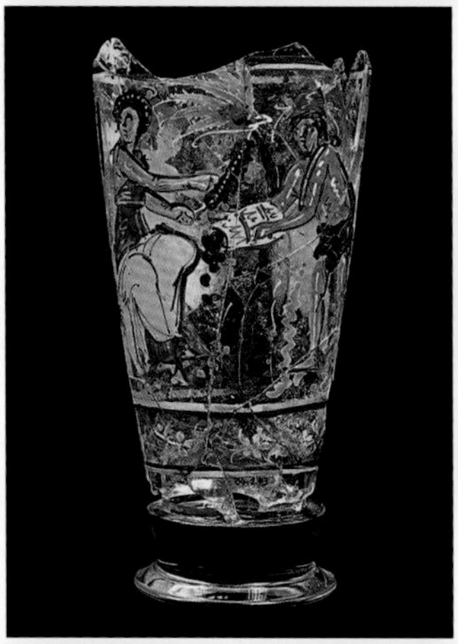

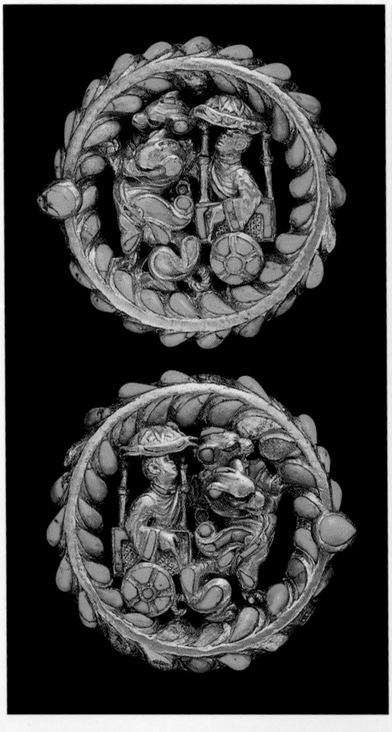

◉ 168 阿富汗的罗马玻璃珠

Roman Glass Beads from Afghanistan

类型：阿富汗珠饰
Ornaments of Afghanistan

品名：阿富汗的罗马玻璃珠
Roman Glass Beads from Afghanistan
地域：阿富汗
Afghanistan
年代：公元前200—公元300年
200 BC—300 AD
材质：玻璃
Glass

◉ 168. 除了地利亚丘地等考古遗址正式出土的罗马玻璃器皿（见◉ 167），阿富汗（非正式）出土数量可观的罗马玻璃容器、玻璃珠、形状不规则的玻璃碎片。容器为罗马吹制玻璃，碎片则为吹制玻璃的容器碎片，珠子为同样质地的玻璃珠，色彩有从绿色到蓝色的变化。这类玻璃一般表面泛五彩光，坊间称为“蛤蜊光”，为玻璃原料中的金属元素与土壤环境之间产生化学反应而形成的五彩光泽，是典型的罗马玻璃表面特征。

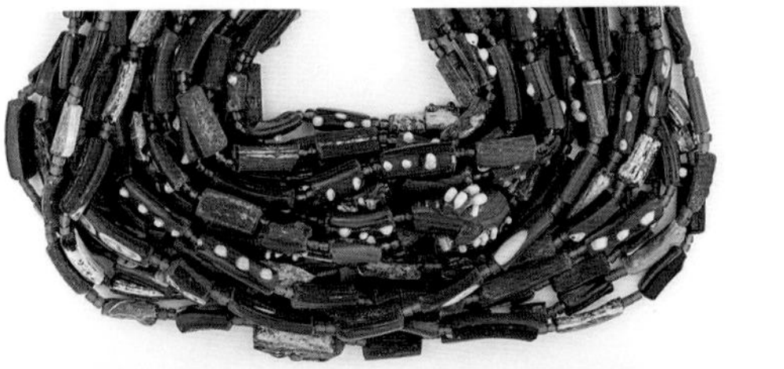

阿富汗的罗马玻璃。铁器时代繁荣期，陆路和海上丝路形成的贸易网络使罗马玻璃珠和玻璃制品得以贩往全世界。公元1世纪前后，亚欧大陆各个地方都有罗马玻璃的影子，但是很少地方能像阿富汗这样出土如此大批量、工艺和质地高度一致的罗马玻璃。阿富汗的赫拉特（阿富汗西北城市，曾为丝路重镇）现今仍有仅存的几个玻璃匠人家族在制作吹制玻璃器，他们只知道手艺是家族传统，不清楚技艺起于何时和来自哪里。图中的罗马玻璃珠可以在任何阿富汗古玩商人手里见到批量实物。

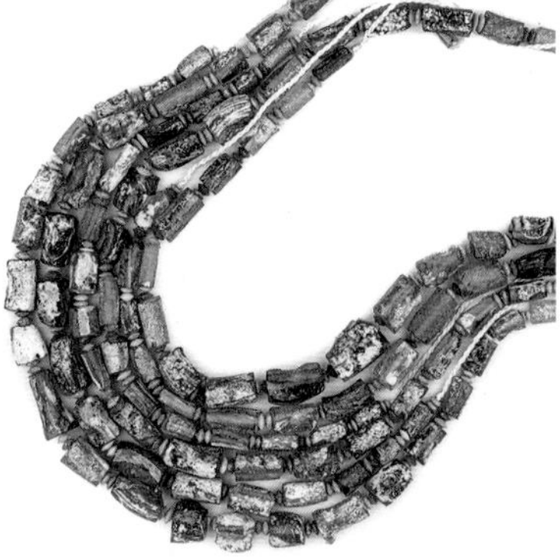

◉ 169　帕提亚珠饰和银币
Jewelry and Silver Coins of Parthia

类型：伊朗珠饰
Ornaments of Iran

品名：帕提亚珠饰和银币
Jewelry and Silver Coins of Parthia
地域：伊朗
Iran
年代：公元前247—公元224年
247 BC—224 AD
材质：黄金、银、绿松石、石榴石、玛瑙等
Gold, Silver, Turquoise, Garnet, Agate, etc.

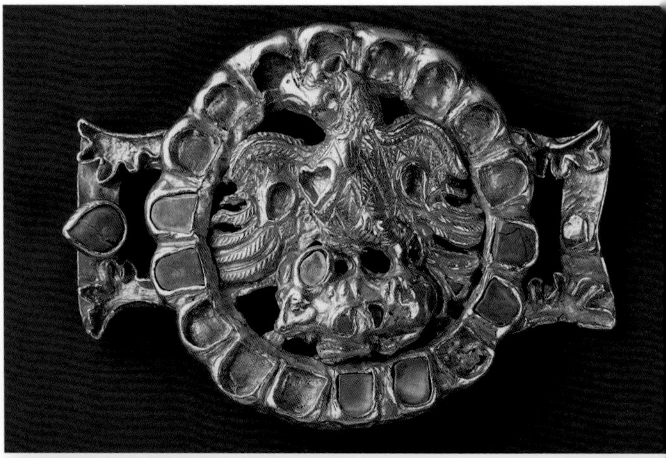

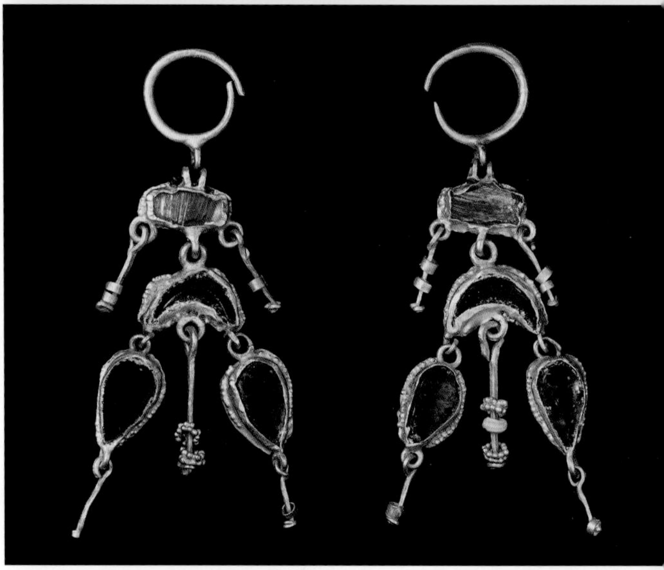

◉ 169. 帕提亚也称安息帝国（Arsacid Empire），帕提亚人为东伊朗语族，原生活在中亚阿姆河支流，他们在亚历山大灭波斯以后，从塞琉古帝国治下崛起，扩张成为继阿契美尼德之后的第二个波斯王朝，是与罗马帝国、汉朝时期的中国、疆域由里海延绵至印度河流域的贵霜帝国一起鼎立于欧亚大陆的四大帝国。帕提亚很少留下印章实物，但有大量编年完整的银币留存。

帕提亚在波斯帝国灭亡后，受治于希腊文化的塞琉古帝国，早期他们的银币上是希腊美术风格的国王头像、文字和神话人物，甚至有“希腊的爱人”这类亲希腊文化的铭文。但是帕提亚人一直视自己为波斯文化的继承人，扩张成功后，银币上的人物造型、文字均波斯化，珠子珠饰也体现了明显的波斯风格。

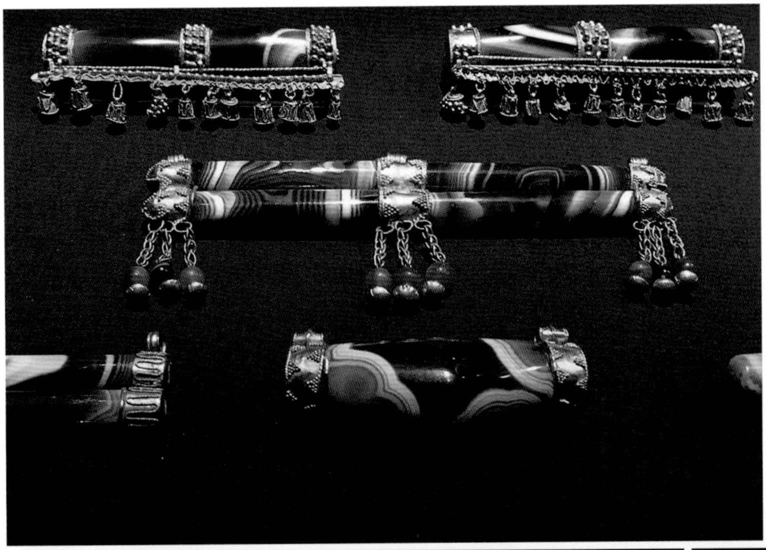

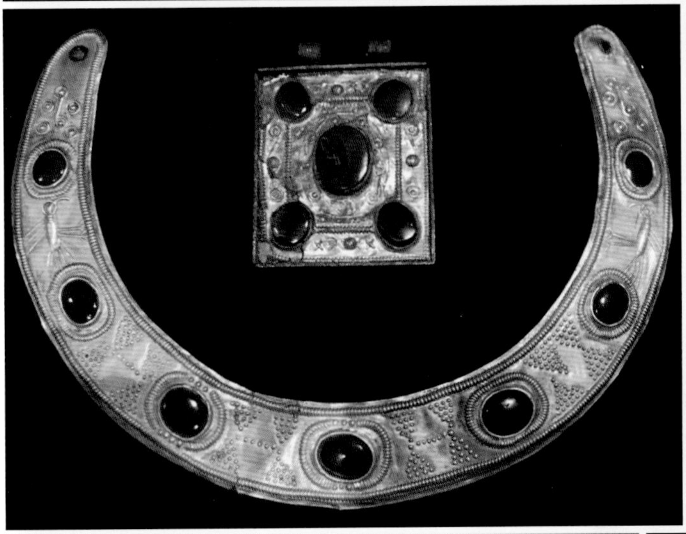

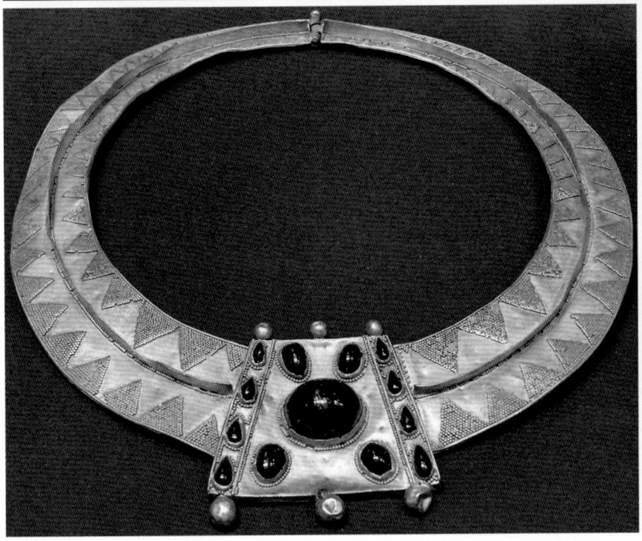
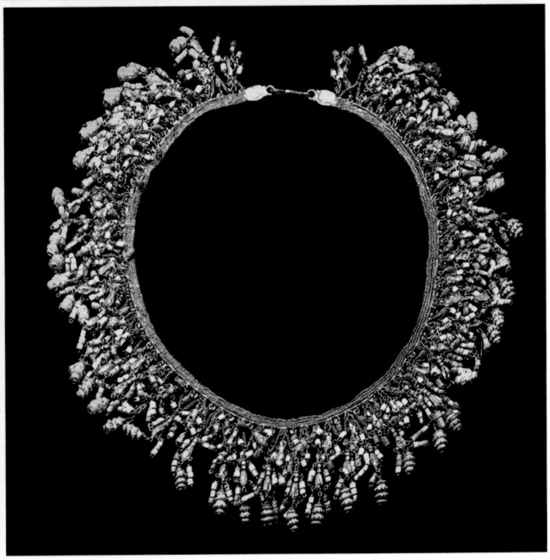

◉ 170　萨珊王朝的珠饰和金币
Jewelry and Gold Coins of Sassanid Empire

类型：伊朗珠饰
Ornaments of Iran

品名：萨珊王朝的珠饰和金币
Jewelry and Gold Coins of Sassanid Empire
地域：伊朗
Iran
年代：公元224—651年
224—651 AD
材质：黄金、银、绿松石、石榴石、青金石、玛瑙、玻璃等
Gold, Silver, Turquoise, Garnet, Lapis Lazuli, Agate, Glass, etc.

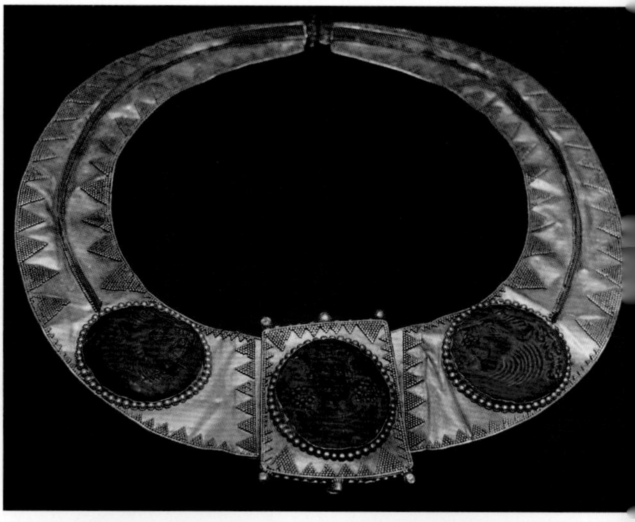

◉ 170. 萨珊王朝是继帕提亚之后最后一个波斯王朝，由伊朗贵族阿尔达希一世（Ardashir I）建立，地域从叙利亚延伸至巴基斯坦。在西边它伴随罗马和拜占庭；在东边伴随中国的魏晋南北朝直到唐初，一直与中国保持良好的贸易伙伴关系，共同享受丝绸之路带来的利益。《旧唐书》记载，公元661年阿拉伯人攻入萨珊波斯，萨珊王子卑路斯二世（Peroz II）逃往大唐长安避难。

萨珊延续了波斯的美术风格，并大量制作金饰、金器和金币。与波斯一样，萨珊珠饰大多以黄金镶嵌宝石、半宝石，造型同样粗犷有力。金器的典型器仍是“来通杯”、饰盘一类。金币则记录了萨珊国王完整的世系，人物造型是典型的萨珊波斯风格。以整块玛瑙雕刻的戒指独具特点，红玉髓和灰白色玛瑙较为多见，蓝玉髓戒指少见。萨珊时期仍在制作蚀花红玉髓珠，属于贝克蚀花珠分期（见◉ 129）的第三期，装饰风格与之前的分期略显不同，做工和画工都相对粗糙随意。

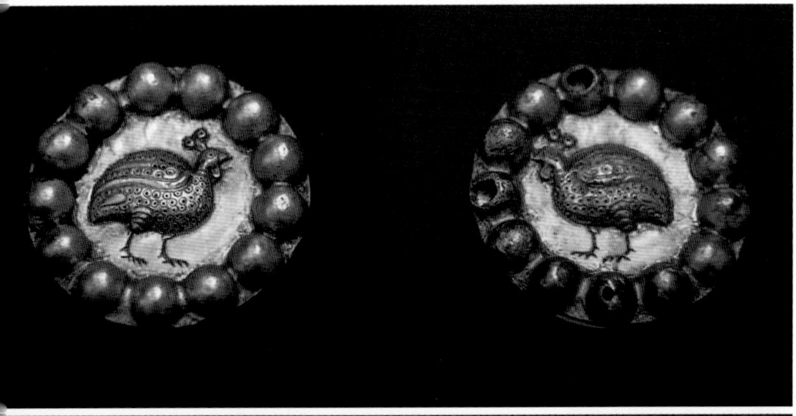

◉ 171 萨珊半球形珠印

Hemispheric Stamp Seals of Sassanid Empire

类型：伊朗珠饰

Ornaments of Iran

品名：萨珊王朝珠印

Stamp Seals of Sassanid Empire

地域：伊朗

Iran

年代：公元224—651年

224—651 AD

材质：玛瑙、红玉髓、绿松石、青金石、玻璃、赤铁矿、黄金、银等

Agate, Carnelian, Turquoise, Lapis Lazuli,Glass, Hematite, Gold, Silver, etc.

◉ 171. 萨珊半球形珠印。早在波斯阿契美尼德时期，伊朗和两河流域因为书写介质的改变而停止了制作滚印。萨珊王朝的印章形制以半球形为主，半球形珠印也是萨珊王朝独有，材料以棕色、灰色和红玉髓居多，蓝玉髓的原料相对稀有。缠丝玛瑙和青金石也不时可见，形制有个体较大的大孔珠印和个体较小的小孔珠印，可能用于不同的穿系方式。

盖约马德（Gayōmart）是印珠典型的题材之一，美术造型和雕工都极尽简约利落。盖约马德来自波斯琐罗亚斯德教经典文献《阿维斯陀》，是降生于地面的第一个人类，代表最初的正义和立法者，也是第一个王者。盖约马德的神话在伊朗、阿富汗和塔吉克斯坦等伊朗语族中都很流行。阿娜希塔（Anahita）是萨珊珠印中女性形象的题材，她是印度-伊朗语系中古老的女神，具有“水”的神性，有丰产、治愈和智慧的属性，大致可对应两河流域的“伊兰娜”。

新月和星星是琐罗亚斯德教（波斯古老的拜火教）的占星符号，萨珊印珠经常出现新月与其他符号如祭坛的组合，组合形式多变。这些符号和图像也经常出现在萨珊硬币上。除了人像肖像、人物故事，萨珊印珠的动物题材则有狮子、鹿、马、狗、牛、羊头、蝎子等多种选择，植物题材有玫瑰、郁金香和石榴，符号化的图案则有祭坛、新月等，经常与铭文组合。

◉ 172　萨珊的雕刻宝石

Engraved Gemstone of Sassanid Empire

类型：伊朗珠饰

Ornaments of Iran

品名：萨珊的雕刻宝石
Engraved Gemstone of Sassanid Empire
地域：伊朗
Iran
年代：公元224—651年
224—651 AD
材质：玛瑙、缟玛瑙、红玉髓、石榴石、绿松石、青金石等
Agate, Onyx, Carnelian, Garnet, Turquoise, Lapis Lazuli, etc.

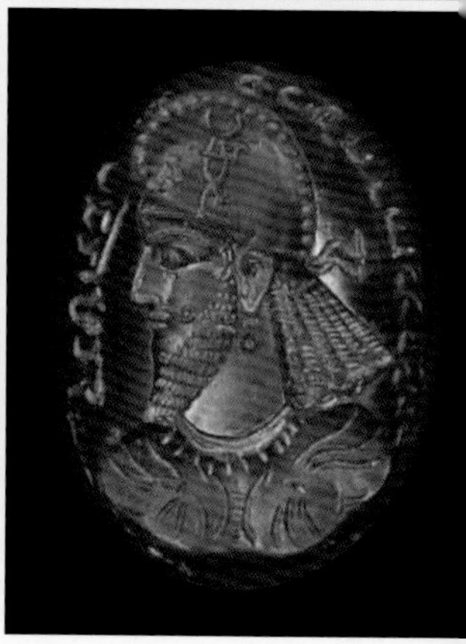

◉ 172. 萨珊宝石和半宝石戒面。伊朗高原在萨珊统治的四百年间垄断了这一区域的丝路贸易，由于更丰富的材料来源和技术工具的提高，萨珊不仅使用传统的玛瑙玉髓一类半宝石制作珠饰，也开始使用硬度更高的石榴石和其他宝石制作印章戒面，人物（国王和贵族）和文字的搭配是最常出现的题材，做工和造型都更加精细。此外萨珊还学习罗马人使用蓝黑条纹玛瑙分层雕刻的技术（尼科洛，见◉ 264），制作宝石戒面和大型浮雕宝石，记录萨珊的高贵王者和强盛繁荣，“沙普尔一世俘虏瓦勒良皇帝”便是其中的经典，很可能是由沙普尔一世俘虏和收编的罗马工匠制作。

◉ 173　塞尔柱王朝的珠饰
Ornaments of the Seljuk Dynasty

类型：伊朗珠饰
Ornaments of Iran

品名：塞尔柱王朝的珠饰
Ornaments of the Seljuk Dynasty
地域：伊朗及周边
Iran and Surrounding Areas
年代：公元950—1307年
950—1307 AD
材质：黄金、银、绿松石、玛瑙、红玉髓等
Gold, Silver, Turquoise, Agate, Carnelian, etc.

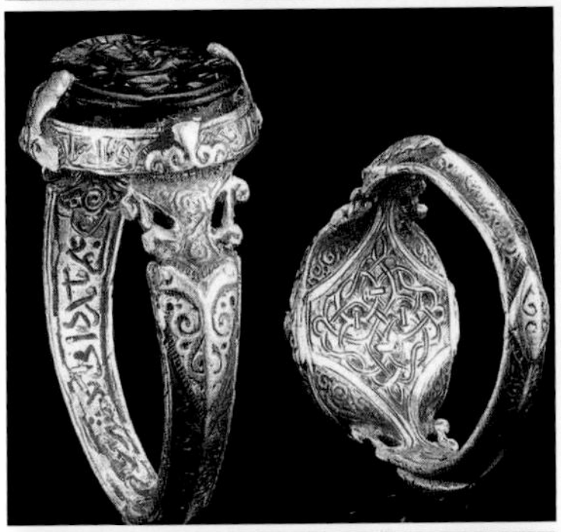

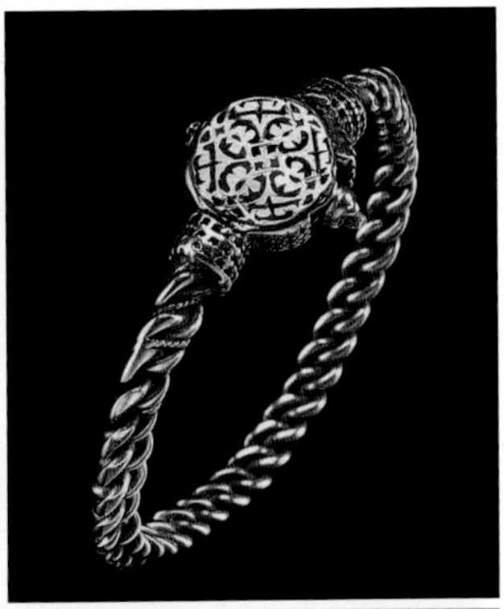

◉ 173. 塞尔柱（Seljuk）原为中亚突厥部落，最初在阿拉伯阿拔斯军队中充当奴隶战士，称为“马穆鲁克”，代替军队中的伊朗人和阿拉伯人。后来塞尔柱突厥人逐渐成长为强大的政治力量，10世纪开始统治伊朗、土耳其和中亚。这一时期塞尔柱人的文化和风俗被极大地“波斯化”，他们接受波斯文化习俗、艺术品位和行政管理方式。塞尔柱的珠饰以精巧繁复著称，黄金镶嵌半宝石是常见的装饰手法，擅长花丝、乌银和玻璃珐琅彩等精细工艺，尤其是黄金花丝珠饰，是中世纪和埃及法蒂玛王朝珠饰（见◉ 334）齐名的优秀作品。

类型：中亚珠饰
Ornaments of Central Asia

品名：帖木儿王朝的珠饰
Ornaments of Timurid Dynasty
地域：中亚、伊朗
Central Asia and Iran
年代：公元1370—1507年
1370—1507 AD
材质：黄金、银、绿松石、玉、玛瑙、宝石等
Gold, Silver, Turquoise, Jade, Agate,Gemstone, etc.

◉ 174. 帖木儿（公元1336–1405年）是突厥化的蒙古后裔，受波斯文化熏陶。帖木儿于1370年开创强大的帖木儿帝国，首都撒马尔罕（现乌兹别克斯坦），版图最大时，包括乌兹别克斯坦、伊朗、高加索南部、两河流域、阿富汗、印度部分、巴基斯坦、叙利亚和土耳其。帖木儿时期的艺术是伊斯兰历史上最优秀的艺术之一，帖木儿文化、艺术和政治对后来的土耳其奥斯曼帝国、伊朗萨法维王朝和印度莫卧儿王朝产生了深远的影响。珠饰珠宝以做工精致、造型优美见长，在塞尔柱王朝（见◉ 173）时期大为流行的花丝工艺并不太流行，而黄金镶嵌半宝石更受欢迎。帖木儿时期开始热衷硬度高的宝石，如尖晶石、祖母绿等，玉料制作的坠饰和牌饰也在这一时期开始出现，用玉的传统也影响了后来的印度莫卧儿珠饰（见◉ 145）。

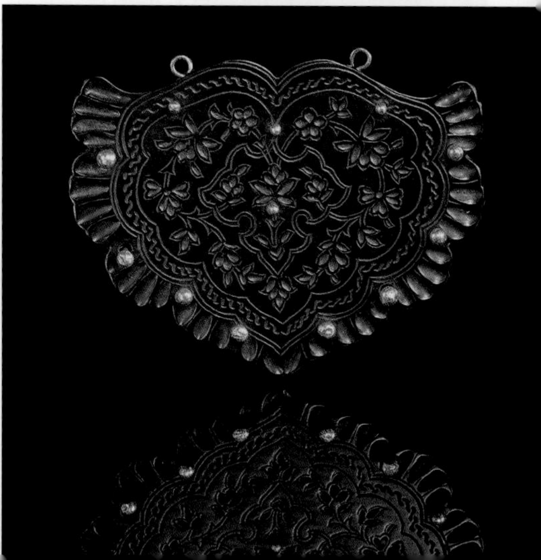

◉175 帖木儿红宝石

Timur Ruby

类型：中亚珠饰

Ornaments of Central Asia

品名：帖木儿红宝石

Timur Ruby

地域：中亚、伊朗

Central Asia and Iran

年代：公元1350—1400年

1370—1400 AD

材质：尖晶石

Spinel

◉175. 帖木儿红宝石最初为帖木儿皇帝所有，三百年后流入印度莫卧儿王室，之后在王室内历经数代传承。1849年，英国吞并旁遮普，从印度锡克王国最后一任君主手里夺走这枚宝石和另一枚钻石，这两颗宝石是1612年传入莫卧儿王室的。1851年，东印度公司将两枚宝石献给英国维多利亚女王，1853年被设计镶嵌成项链供女王佩戴，现为英国王室收藏。帖木儿红宝石以帖木儿皇帝的名字命名，未经切割，重361克拉，经过精细抛光，上有阿拉伯文铭刻的历代君王拥有者的名字，包括帖木儿皇帝、伊朗萨法维王朝国王和印度几代莫卧儿皇帝的名字。直到1851年，这枚宝石才被辨认为红色尖晶石。2011年，佳士得曾以CHF 4,579,000的成交价拍出一串来自印度莫卧儿王室的尖晶石项链，共计11枚尖晶石，其中三枚刻有莫卧儿皇帝名字。

◉ 176　萨法维王朝的珠饰

Jewelry of Safavid Dynasty

类型：伊朗珠饰

Ornaments of Iran

品名：萨法维王朝的珠饰
Jewelry of Safavid Dynasty
地域：伊朗、阿富汗、中东、高加索、中亚
Iran, Afghanistan, Middle East, Caucasus, Central Asia
年代：公元1501—1736年
1501—1736 AD
材质：黄金、银、绿松石、玉、玛瑙、宝石等
Gold, Silver, Turquoise, Jade, Agate, Gemstone, etc.

◉ 176. 萨法维王朝是继萨珊王朝之后第一个以伊朗本土身份认同建立的强大王朝，版图最大时，跨整个西亚、高加索、中亚和阿富汗。萨法维王朝的珠饰承袭了伊朗中世纪以来工艺精致、装饰繁复的风格，受帖木儿和印度莫卧儿王朝装饰艺术的影响，也使用质地细腻的玉料制作器物和牌饰、坠饰，上面刻有《古兰经》引文和箴言，以伊斯兰图案化风格的花草图案装饰。蚀花红玉髓的箴言坠饰和戒面（见◉ 178）至今仍然在制作。

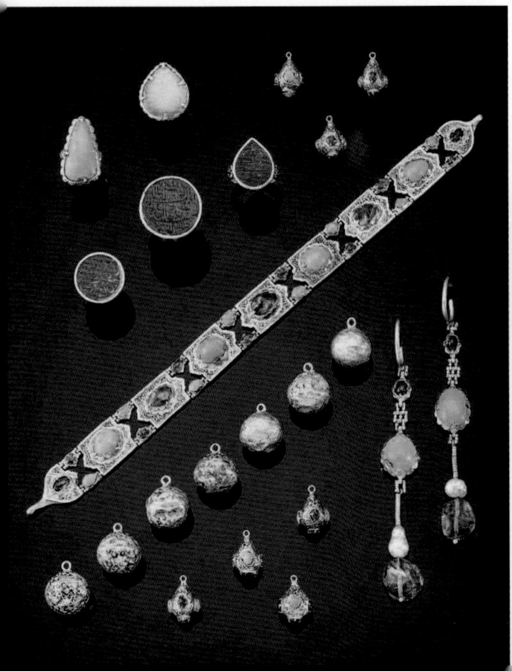

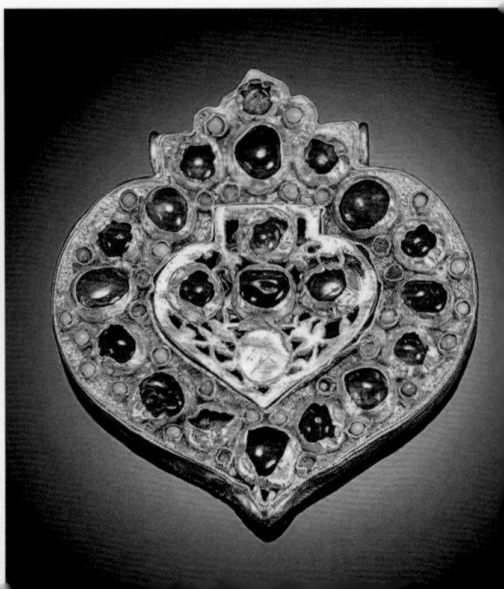

◉ 177　卡加王朝的珠饰

Jewelry of Qajar Dynasty

类型：伊朗珠饰

Ornaments of Iran

品名：卡加王朝的珠饰
Jewelry of Qajar Dynasty
地域：伊朗
Iran
年代：公元1789—1925年
1789—1925 AD
材质：黄金、银、绿松石、玛瑙、宝石等
Gold, Silver, Turquoise, Agate, Gemstone, etc.

◉ 177. 卡加尔王朝是突厥人起源的伊朗王朝，他们大力提倡艺术，特别是建筑、园林、绘画和书法，留下大批王室成员肖像的美术作品。卡加尔时期的珠宝珠饰承袭了伊朗传统和伊斯兰风格，但是有自己独特的品位，材料的选择不必是最稀有贵重的，偏重工艺和造型，特别是珐琅彩和手绘，色彩搭配艳丽多姿。传统的波斯细密画也用于首饰上的描绘，题材和装饰更具趣味性。卡加尔王朝对绿松石的钟爱和制作手法令人耳目一新，在绿松石上描金绘画，既掩盖了绿松石本身的铁线，又使得松石与描金的色彩对比清雅动人。

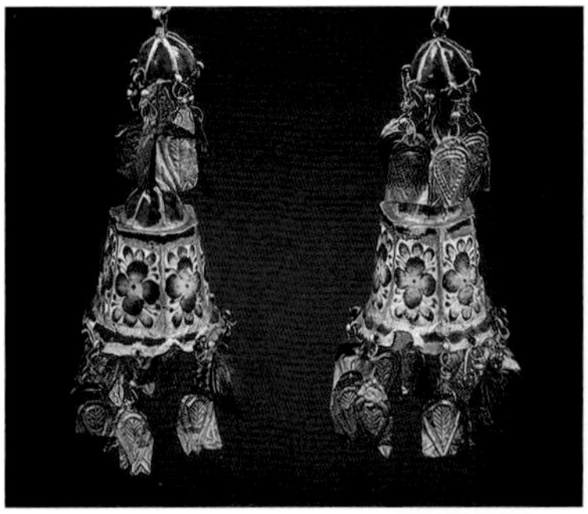

◉ 178 伊斯兰时期的蚀花珠和箴言宝石

Etched Beads and Talismans of Islamic Period

类型：伊朗珠饰

Ornaments of Iran

品名：伊斯兰时期的蚀花珠和箴言宝石

Etched Beads and Talismans of Islamic Period

地域：伊朗、阿富汗、印度

Iran, Afghanistan, India

年代：公元600—1700年

600—1700 AD

材质：红玉髓、玛瑙、绿松石、玉、石榴石等

Carnelian, Agate, Turquoise, Jade, Garnet, etc.

◉ 178. 公元7世纪，阿拉伯帝国击败萨珊王朝，占领伊朗全境。经过两个世纪阿拉伯人的统治，伊朗萨曼王朝在9世纪到10世纪的百年间，重新使伊朗获得了文化和疆域的独立，迎来了中世纪伊斯兰的黄金时代，文学、哲学、数学、医学、天文学和艺术都达到极高水准。蚀花珠的技艺并未随着萨珊的灭亡而消失，伊斯兰工匠将蚀花技艺用来制作宗教箴言的牌饰、坠饰和戒面，以优美的阿拉伯书法代替了蚀花珠的传统图案，并且这种蚀花的箴言宝石（也称祷告石）一直在制作。书法形式在半宝石上同样以阴刻手法呈现，有时在文字部分描金或描彩，或配以伊斯兰花卉图案，完成后作为坠饰、牌饰和戒面，这是伊斯兰珠饰特有的装饰手法。这些刻有《古兰经》经文和箴言以及先知穆罕默德及其家庭名字的宝石以及珠饰被视作可以抵御邪恶、引导光明的护身符。

◉ 179　伊斯兰时期的玻璃珠

Glass Beads of Islamic Period

类型：伊斯兰玻璃珠
Glass Beads of Islamic

品名：伊斯兰时期的玻璃珠
Glass Beads of Islamic Period
地域：伊朗、印度、西亚、北非、中亚、东南亚
Iran, India, West Asia, North Africa, Central Asia, Southeast Asia
年代：公元700—1700年
700—1700 AD
材质：玻璃
Glass

◉ 179. 伊斯兰玻璃珠是中世纪流传很广的玻璃珠品种。早期的伊斯兰手工从工艺到风格都很难与萨珊波斯和拜占庭艺术区分开来，当他们从拜占庭和波斯人那里学会了各种技艺之后便形成独特的伊斯兰风格。伊斯兰时期玻璃珠的制作技艺仍旧是罗马人发明的马赛克玻璃等多色玻璃工艺和其他传统技艺，采用的是伊斯兰美术风格，大多以曲线和圆圈装饰，其中以莫菲亚珠子（Morfia glass beads）为典型装饰风格。

地中海东岸从罗马时期就兴盛的玻璃制造经由拜占庭时期延续到很晚，叙利亚和土耳其一直保持了玻璃制作的传统。除了玻璃珠和其他小饰件如手镯、坠子，还制作铸有阿拉伯文的玻璃秤权，在贵金属和名贵香料的交易中心使用。此外，伊斯兰玻璃器皿以造型优美、装饰精致见长。阿拉伯商人将伊斯兰玻璃珠带到世界各地，它们的流传就像罗马鼎盛时期的罗马玻璃珠一样分布于全世界。

◉ 180 伊斯兰箴言印戒
Islamic Calligraphy Rings

类型：伊斯兰印章
Seals of Islamic

品名：伊斯兰箴言印戒
Islamic Calligraphy Rings
地域：伊朗、印度、西亚、北非、中亚
Iran, India, West Asia, North Africa, Central Asia,
年代：公元700—1700年
700—1700 AD
材质：合金、银、铜、黄金
Alloy, Silver, Copper, Gold

◉ 180. 无论印度和伊朗，还是土耳其和中东其他地区，伊斯兰时期都大量制作金属印章、印戒、坠饰和箴言牌饰，阿拉伯书法引用经文和箴言，意义非凡而又具有很强的装饰性。印戒有多种功能，选材和工艺也很多样，除了贵金属和合金，也多用宝石和半宝石镶嵌。箴言印戒的制作延续了数个世纪，在没有铭刻所有者名字的情况下，很难确定具体年代。印戒流传在整个伊斯兰世界，由于其优美庄严的装饰性，也历来是显贵和藏家的收藏品。无论年代和工艺制作水平如何不同，其基本形制和装饰手法都保持了比较一致的伊斯兰风格。

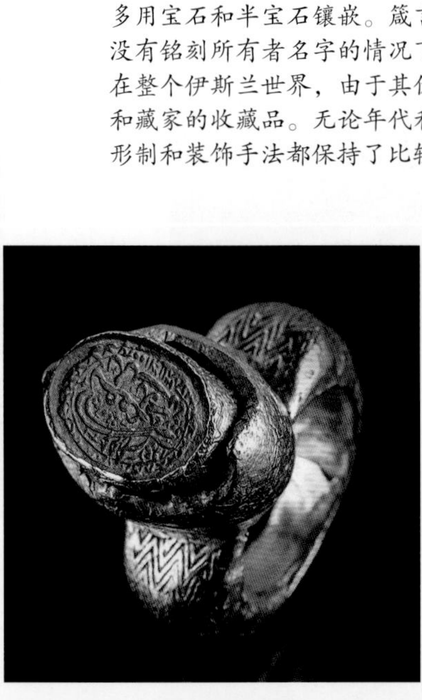

◉ 181　伊斯兰祈祷珠
Islamic Prayer Beads

类型：伊斯兰祈祷珠
Islamic Prayer Beads

品名：伊斯兰祈祷珠
Islamic Prayer Beads
地域：伊朗、土耳其、也门、埃及和中东其他地区
Iran, Turkey, Yemen, Egypt, Other Region of Middle East
年代：近现代
Early Modern
材质：有机宝石
Organic Gemstone

◉ 181. 伊斯兰祈祷珠以99粒或33粒珠子构成，每33颗之间由隔珠分隔，中间有一枚长形管珠收纳穿系珠子的绳子。伊斯兰祈祷珠的材质丰富，但一般不使用硬度高的宝石和半宝石，而多采用有机类材质。在珠子上镶银是经常采用的工艺，是将银丝和银点（银丝的截面）镶嵌在黑珊瑚（海柳）、可可树木、骨头、合成蜜蜡等较软的材质上，以点和线构成图案，精致而具有很强的装饰性。祈祷珠在土耳其和伊朗称为Misbaha或Tasbih，在也门和埃及称为Yusr，意即黑珊瑚。这类珠子由于精细的手工和丰富的装饰手法，也成为珠饰藏家的藏品。土耳其和其他一些地方有专门的伊斯兰祈祷珠博物馆，其中的藏品从工艺到装饰都可谓大观。

◉ 182 布哈拉珠饰
Bukhara Jewelry

类型：中亚珠饰
Ornaments of Central Asia

品名：布哈拉珠饰
Bukhara Jewelry
地域：乌兹别克斯坦
Uzebikistan
年代：公元1600—1900年
1600—1900 AD
材质：银、合金、绿松石、珊瑚、玛瑙、其他半宝石
Silver, Alloy, Turquoise, Coral, Agate, Other Semi-precious Stones

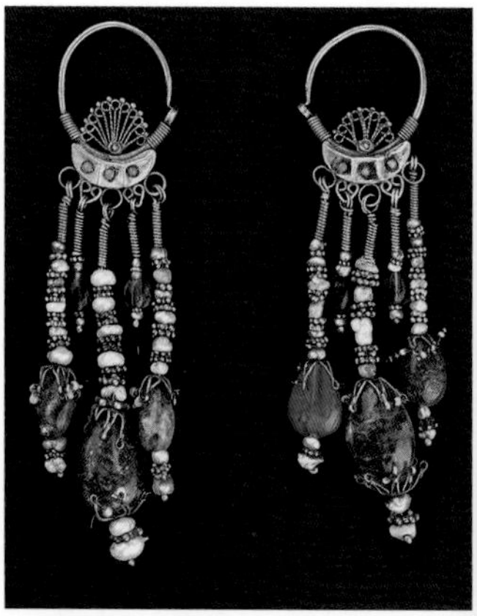

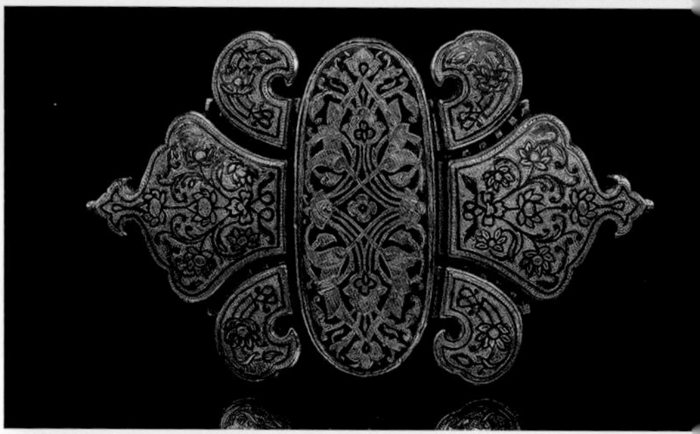

◉ 182. 布哈拉位于现乌兹别克斯坦东北，曾是中亚丝路上繁荣富裕的绿洲驿站和珠宝制作中心。布哈拉曾是文化多元、各种人群集聚的地方，阿拉伯人、犹太人、土库曼人、乌兹别克人和塔吉克人都在这里居住，他们的繁忙使得中亚丝路充满活力。在长期的多元文化交流中，布哈拉形成了标志性的珠饰风格和手工，其特点是纹样繁复、工艺复杂、制作精细和整体感隆重，镶嵌、珐琅彩、花丝、乌银等工艺复合运用，珠饰华丽夺目。黄金的使用相对较少，银合金是最普遍使用的材料。与在摩洛哥、西班牙、也门和其他地方的犹太人一样，布哈拉的犹太人也是最好的珠宝匠人，他们为不同族属和不同文化背景的顾客制作不同的珠饰，这些珠饰都有各自的符号语言，标识不同的人群、身份和宗教背景。

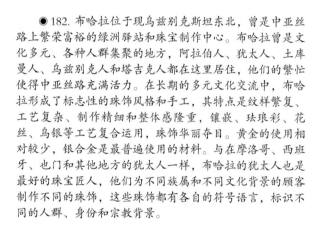

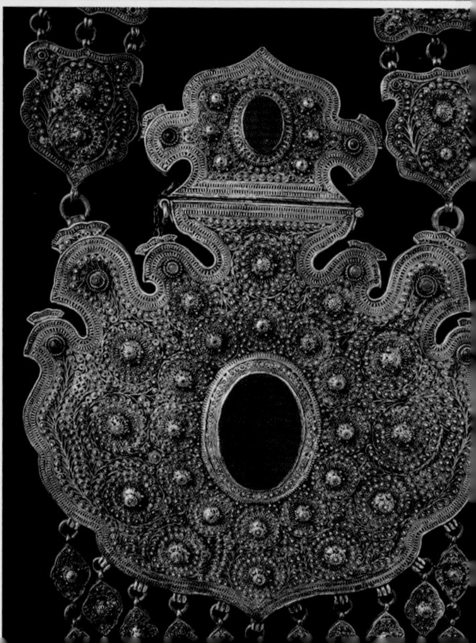

◉ 183　土库曼银饰
Turkmen Silver Ornaments

类型：中亚珠饰
Ornaments of Central Asia

品名：土库曼银饰
Turkmen Silver Ornaments
地域：土库曼斯坦、伊朗、阿富汗、高加索
Turkmenistan, Iran, Afghanistan, Caucasus
年代：公元1700年—近现代
1700 AD—Early Modern
材质：银、黄金、合金、红玉髓、绿松石等
Silver, Gold, Alloy, Carnelian, Turquoise, etc.

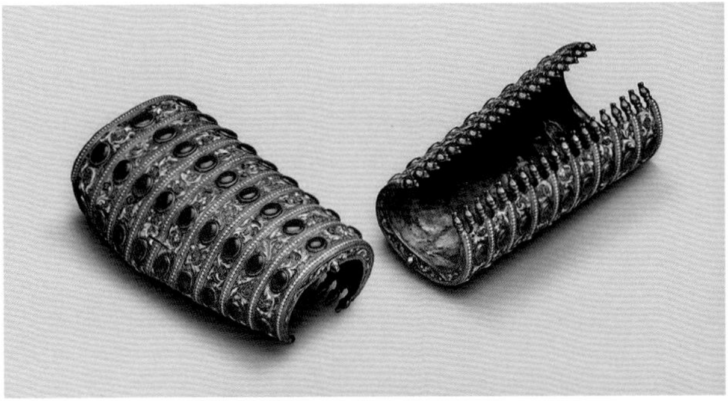

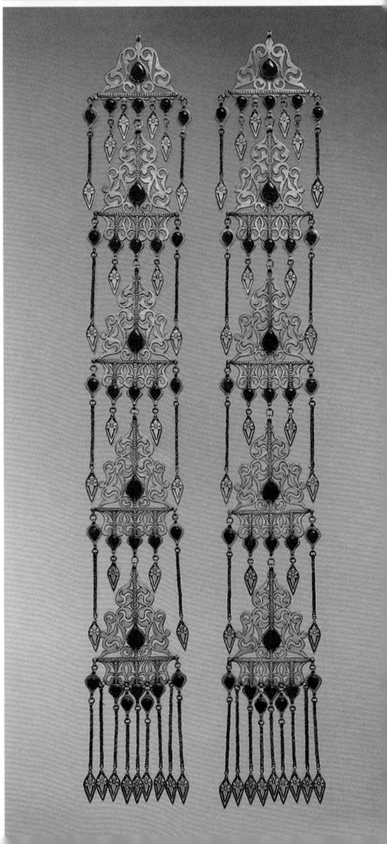

◉ 183. 土库曼银饰是一种起源于中亚和西亚的珠饰类型，以银镶红玛瑙的大型牌饰、坠饰组合连接，具有隆重的装饰性和视觉效果。土库曼人为中亚本土半游牧民族，分布在现土库曼斯坦、伊朗、阿富汗和高加索地区。土库曼银饰具有标识社会属性和身份的功能，制作这些珠饰是出于装饰和精神两方面的目的。银饰的纹饰大多是动物、植物和几何图案，这些图案和珠饰被认为会对人的健康产生影响，红色玛瑙可以抵御疾病，而绿松石象征纯洁，年轻女子通过佩戴大量银饰可以提高生育能力，生育过后则逐渐减少银饰的佩戴。中亚现在仍旧在制作土库曼银饰，它们依然是土库曼女子在节日庆典和各种纪念日必需的装饰。

◉ 184　阿富汗库奇人银饰

Kuchi Silver Ornaments

类型：中亚珠饰
Ornaments of Central Asia

品名：库奇人银饰
Kuchi Silver Ornaments
地域：阿富汗、巴基斯坦
Afghanistan, Pakistan
年代：近现代
Early Modern
材质：银、锡、镍、黄铜、玻璃等
Silver, Tin, Nickel, Brass, Glass, etc.

◉ 184. 库奇人是阿富汗古老的游牧部落，他们游牧在阿富汗和巴基斯坦边境，根据季节变化迁徙。和所有游牧部落一样，他们的美术风格受到不同文化的影响，融合了中亚、印度和波斯等不同民族的装饰元素。珠宝匠人使用硬币、小铃铛、长链和彩色玻璃来设计制作颈链、项链、手镯、吊坠、腰带、戒指、耳环、头饰等，依照传统样式完全以手工制作，有时还加入串珠和刺绣。除了银和银合金，库奇工匠也使用镍、锡、黄铜等普通金属制作珠饰。对库奇人而言，材料本身的贵贱并不重要，重要的是醒目的样式和艳丽的色彩，因为佩戴隆重的珠饰会给他们带来好运。随着现代生活方式的逐渐渗入，库奇人开始定居下来，佩戴传统珠饰的习惯也逐渐弱化。

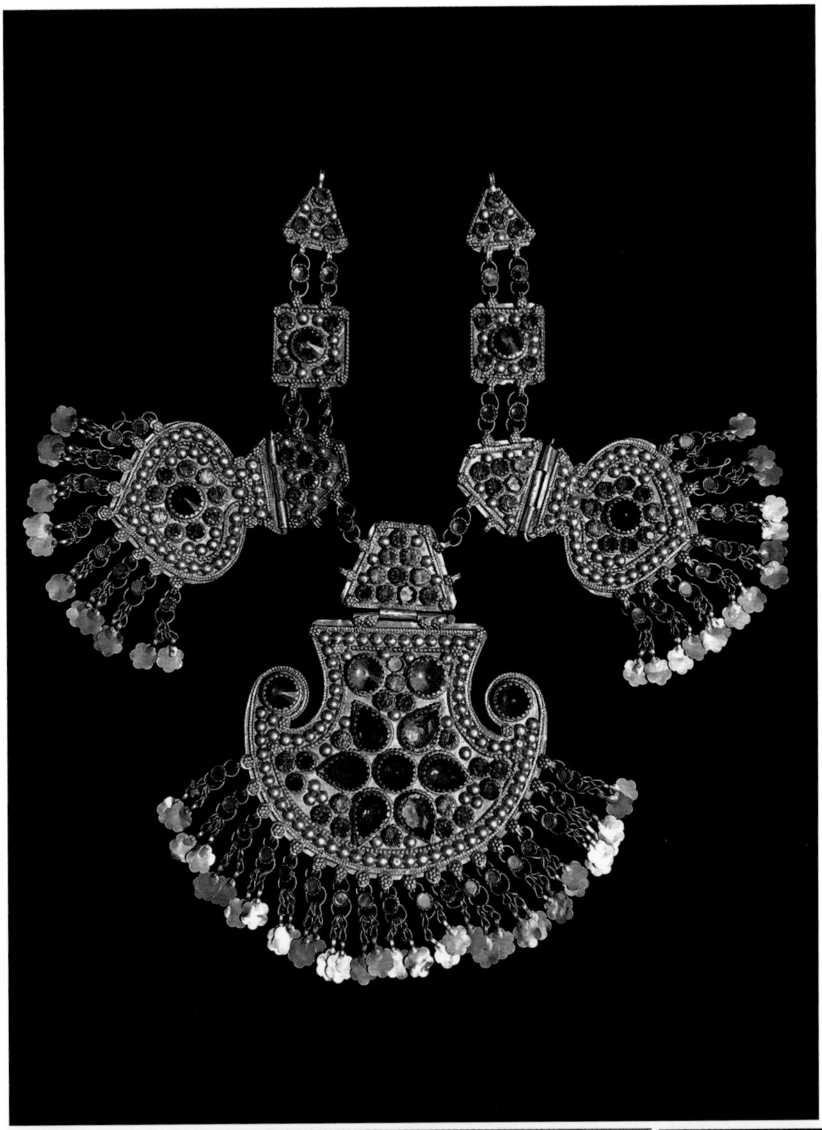

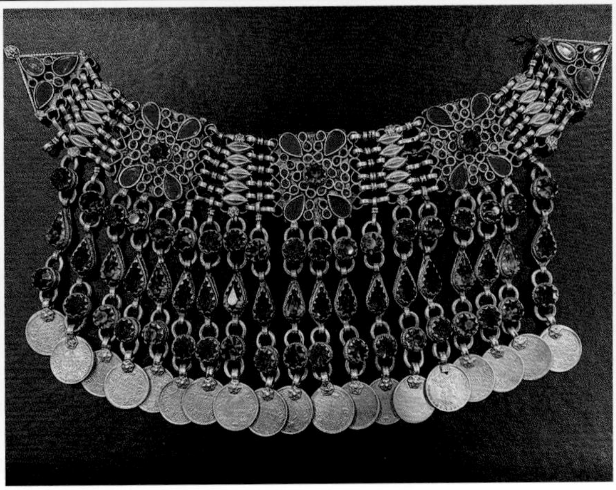

七、西亚/中东其他地区珠饰
Jewellery of West Asia/Middle East

◉ 185—◉ 217

◉ 185 史前的蝴蝶形珠 Butterfly Beads of Prehistoy
◉ 186 欧贝德时期的印珠和平印 Stamp Seals of Ubaid Period
◉ 187 乌鲁克晚期的滚印和平印 Cylinder Seals and Stamp Seals of Late Uruk Period
◉ 188 杰姆代特奈斯尔时期的滚印和平印 Cylinder Seals and Stamp Seals of Jemdet Nasr
◉ 189 早王朝时期的滚印 Cylinder Seals of Early Dynastic Period
◉ 190 乌尔王墓的珠饰 Beads from Royal Tombs of Ur
◉ 191 乌尔王墓的蚀花红玉髓珠 Etched Carnelian Beads from Royal Tombs of Ur
◉ 192 乌尔的青金石珠和缠丝玛瑙珠 Lapis Lazuli and Agate Beads from Royal Tombs of Ur
◉ 193 乌尔王墓的金饰 Gold Ornaments from Royal Tombs of Ur
◉ 194 乌尔王墓的滚印 Cylinder Seals from Royal Tombs of Ur
◉ 195 阿卡德帝国时期的滚印 Cylinder Seals of Akkadian Empire
◉ 196 乌尔第三王朝珠饰 Beads of Ur III Dynasty
◉ 197 黎巴嫩国家博物馆的蚀花红玉髓珠 Etched Carnelian Beads of National Museum of Lebanon
◉ 198 古巴比伦时期的滚印 Cylinder Seals of Old Babylonian Period
◉ 199 马里古国的滚印 Cylinder Seals of Mari
◉ 200 巴比伦加喜特王朝滚印 Cylinder Seals of Kassite Dynasty of Babylon
◉ 201 中亚述王朝的滚印 Cylinder Seals of Middle Assyrian Period
◉ 202 米坦尼的滚印 Cylinder Seals of Mitanni
◉ 203 赫梯珠饰和印珠 Beads and Seals of Hittites
◉ 204 新亚述王朝的滚印 Cylinder Seals of Neo–Assyrian Empire
◉ 205 亚述王后墓的珠饰 Beads from Tomb of the Assyrian Queen
◉ 206 莱亚德小姐的珠宝 Lady Layard's Jewelry
◉ 207 新巴比伦的滚印 Cylinder Seals of Neo–Babylonian Empire
◉ 208 巴比伦的铭文板珠 Tablet Eye Beads with Inscription of Babylonian
◉ 209 黎凡特的珠饰 Beads from Levant
◉ 210 腓尼基人的眼纹玻璃珠 Glass Eye Beads of Phoenician
◉ 211 腓尼基人的印戒 Seal Rings of Phoenician
◉ 212 普里阿摩斯珍宝 Priam's Treasure
◉ 213 吕底亚的金饰和印珠 Gold Ornaments of Lydia
◉ 214 哈里夫遗址的蚀花珠 Etched Beads from Tell Halif
◉ 215 也门蚀花珠 Etched Beads from Yemen
◉ 216 也门银饰 Silver Jewelry of Yemen
◉ 217 犹太人订婚戒指 Jewish Betrothal Rings

◉ 185　史前的蝴蝶形珠

Butterfly Beads of Prehistoy

类型：西亚珠饰
Ornaments of West Asia

品名：哈鲁拉丘地的蝴蝶形珠
Butterfly Beads from Tell Halula
地域：叙利亚
Syria
年代：公元前7750—前6780年
7750—6780 BC
材质：滑石、绿松石、紫水晶、黑曜石、红玉髓、蛇纹石、软玉等
Steatite, Turquoise, Amethyst, Obsidian, Carnelian, Serpentine, Nephrite, etc.

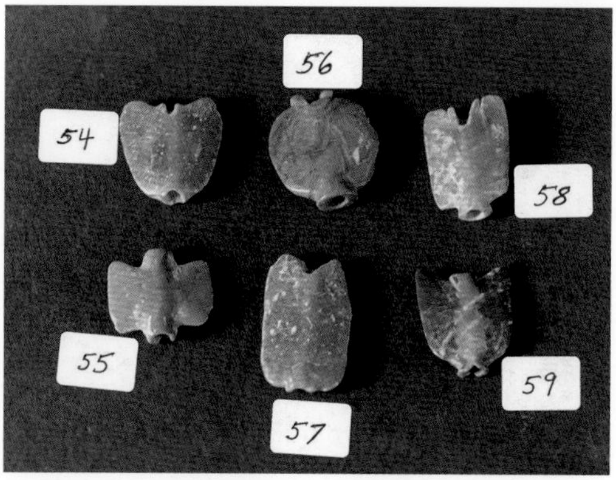

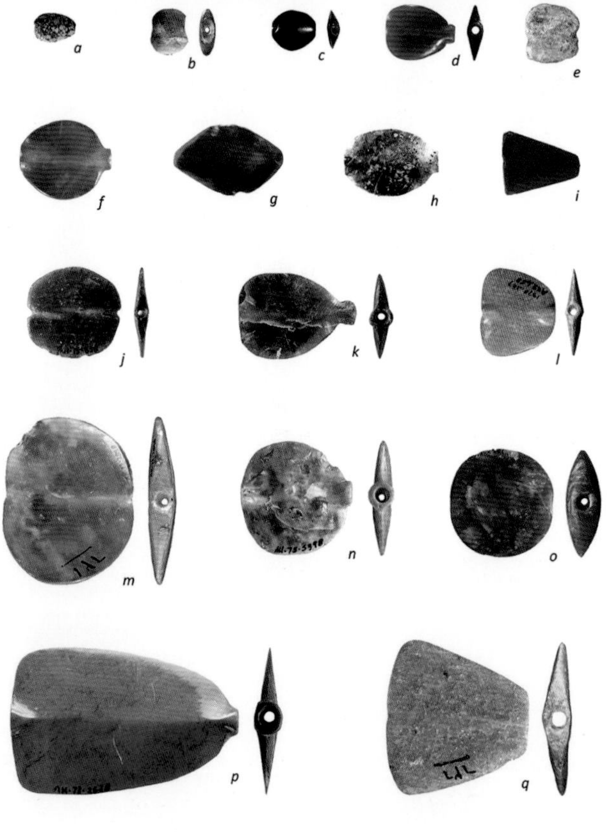

叙利亚有丰富的考古沉积，这里是“肥沃新月地带”的一部分，公元前1万年就开始了世界上最早的农业和畜牧实践。早期的农耕社会还没有形成大型城邦，但是每个聚居地都会制作珠子珠饰，有些地方已经有专门的工匠，从到处流传同一种形制和工艺的珠子可知，聚居地之间已经有了频繁的交流，成品珠子的贸易和工匠的流动都可能已经出现。

◉ 185. 哈鲁拉丘地的蝴蝶形珠。珠子来自叙利亚西北部新石器时代考古遗址哈鲁拉丘地（Tell Halula），考古学家将这种形制的珠子命名为“蝴蝶形珠”，材质包括质地较软的滑石和硬度极高的紫水晶等，那时的人们已经能够使用原始工具征服硬度很高的半宝石。公元前六千纪之后，人们停止制作蝴蝶形珠。

◉ 186 欧贝德时期的印珠和平印

Stamp Seals of Ubaid Period

类型：西亚珠饰

Ornaments of West Asia

品名：欧贝德早期的印珠

Stamp Seals of Early Ubaid Period

地域：伊拉克

Iraq

年代：公元前6500—前3800年

6500—3800 BC

材质：滑石、绿泥石、软石等

Steatite, Chlorite, Soft Stone, etc.

◉ 186. 早在公元前7000—前6000年，安纳托利亚（土耳其）高原的休于古城就已经烧制出世界上最早的陶印，上面有变化组合的几何图案，有可能是用于所有权的确认，也可能是用于在器物上压印纹样。公元前6500年，大批软石小印珠沿两河流域“新月形地带”出现，可以确定这时的小印珠是专门作为所有权的标志而制作的。这些小印珠大多使用质地较软的滑石、石灰石和一些软石，以简单的几何纹样为题材，即早期的平印，动物题材还很少出现，考古编年大致从公元前6500年到公元前4500年。欧贝德位于两河流域南部，这一时期周边地域出土同类型的印珠都以欧贝德印珠为标型器。这类小印珠是两河流域城市文明发生以前跟陶器一样广泛分布的手工艺品，它们用于表明物主对物品的所有权，同时兼有护身符的随身佩戴功能。

公元前4500年，在两河流域的苏美尔城邦国家即将兴起之初，从叙利亚到伊拉克（两河流域冲积平原），从安纳托利亚高原（土耳其）到伊朗高原，都开始使用硬度较高的材料制作形制更加规矩的平印，印章背面一般有印钮。题材除了几何纹样，动物形象开始出现，造型抽象简约，鹿是最流行的题材，整个西亚都有小鹿题材的平印出土。安纳托利亚高原富藏金属矿和黑曜石，人们于是开始使用硬度更高的黑曜石制作印章，也制作珠子。丰富的自然资源使该地区与周边的贸易越来越频繁，两河流域因此发展出与贸易相关的管理手段，在贸易流通中必不可少的便是使用印章确认物主身份。

◉ 187　乌鲁克晚期的滚印和平印

Cylinder Seals and Stamp Seals of Late Uruk Period

类型：西亚珠饰
Ornaments of West Asia

品名：乌鲁克时期的滚印和平印
Cylinder Seals and Stamp Seals of Uruk Period
地域：伊拉克、叙利亚、土耳其、伊朗
Iraq, Syria, Turkey, Iran
年代：公元前3300—前3100年
3300—3100 BC
材质：蛇纹石、黑曜石、软石等
Serpentine, Obsidian, Soft Stone, etc.

乌鲁克晚期的滚印从形制到做工都略显稚拙，构图和刻画也相对简约。早期的滚印并非沿着纵轴打孔，而是在顶端有可穿系的印钮，之后才有贯穿纵轴的打孔。滚印的形制相对短小，材质较软，图案大多是几何图形的二方连续，或单一形象的重复，还没有发展出后来的故事性场景。乌鲁克在制作滚印的同时也制作平印，最具特点的形制是动物和人形平印，印面以点状连接，构成图案。乌鲁克之后是杰姆代特奈斯尔时期（见◉ 188）。

◉ 187. 公元前4000年，苏美尔人在两河流域创造了世界上第一座真正的都市——乌鲁克（Uruk）。大约公元前3300年的乌鲁克晚期，文字出现在两河流域，几乎是在文字发明的同时，苏美尔人发明了滚印，用于在泥版文书上印压。滚印的影响力在两河流域大于平印，它伴随整个两河流域长达3000年用泥版书写的历史。公元前5世纪两河流域出现了新的书写材料——皮革和蜡版，滚印逐渐被平印取代。

◉ 188 杰姆代特奈斯尔时期的滚印和平印

Cylinder Seals and Stamp Seals of Jemdet Nasr

类型：西亚珠饰

Ornaments of West Asia

品名：杰姆代特奈斯尔时期的滚印和平印
Cylinder Seals and Stamp Seals of Jemdet Nasr
地域：伊拉克
Iraq
年代：公元前3100—前2900年
3100—2900 BC
材质：绿泥石、石灰石、蛇纹石、大理石、贝壳、软石等
Chlorite, Limestone, Serpentine, Marble, Shell, Soft Stone, etc.

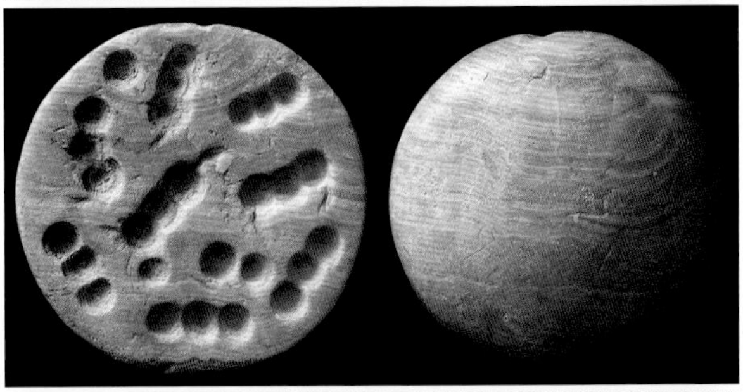

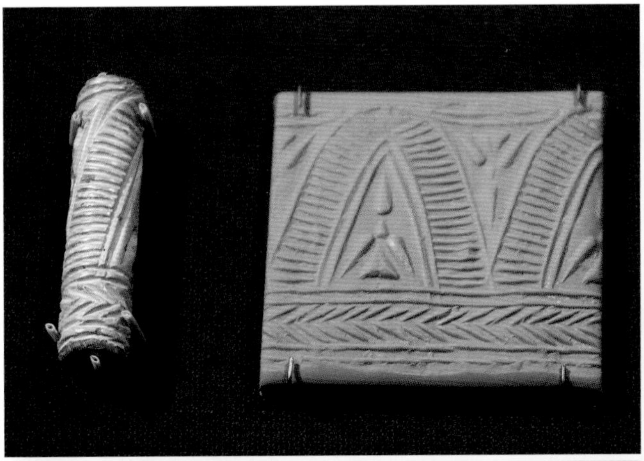

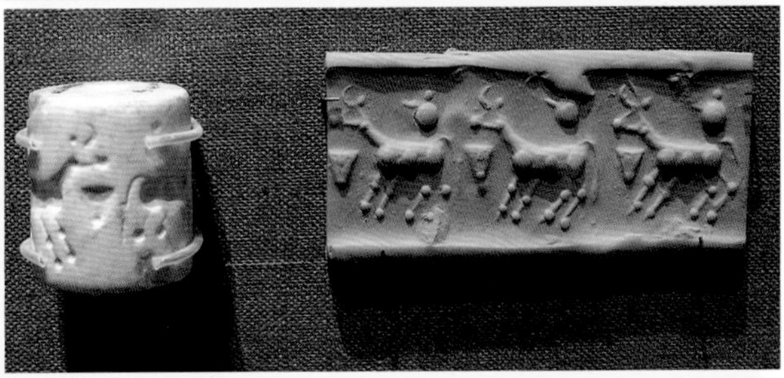

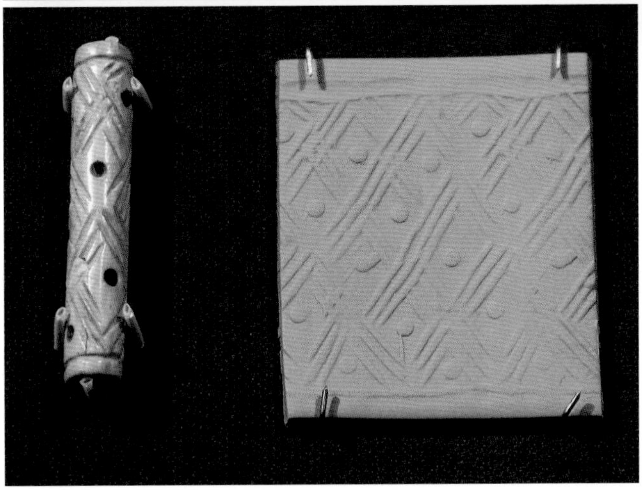

◉ 188. 杰姆代特奈斯尔（Jemdet Nasr）是继乌鲁克之后发展起来的，文化和美术受乌鲁克的强烈影响，其滚印和平印有时很难与乌鲁克晚期的区别开来。杰姆代特奈斯尔时期的动物形平印相对较少，印面仍旧以铝点纹连接成图案或题材。滚印则有短小的形制也有细长的形制，材质较软，图案大多是几何图形的二方连续，或单一形象的重复。直到苏美尔人早王朝时期（公元前2900—前2350年），滚印开始出现人物题材和场景刻画，制作技艺成熟。

类型：西亚珠饰

Ornaments of West Asia

品名：早王朝时期的滚印
Cylinder Seals of Early Dynastic Period
地域：两河流域
Mesopotamia
年代：公元前2600—前2300年
2600—2300 BC
材质：红玉髓、蛇纹石、绿泥石、青金石、石灰石、砗磲等
Carnelian, Serpentine, Chlorite, Lapis Lazuli, Limestone, Tridacna, etc.

从公元前3000年起，乌鲁克不再一枝独秀，两河流域南部相继崛起一系列苏美尔城市，伊利都、基什、拉伽什、乌尔、尼普尔等，其中一些都市在乌鲁克之前就已经是定居社会。这些城市因水权、贸易道路和游牧民族的进贡事务进行了上千年持续不断的战争，苏美尔城邦就这样在时而相互征战、时而互惠互利中主导了两河流域上千年的历史，直到公元前2300年被阿卡德人征服。我们把从公元前3000年到公元前2300年这段苏美尔人的黄金时代称为两河流域的早王朝时期（Early Dynastic Period）。

早期的石灰石仍旧在使用，硬度更高的半宝石比如绿玉髓和蛇纹石，特别是来自阿富汗山区的青金石备受青睐，不仅用于滚印雕刻，还用于珠子珠宝和其他奢侈品的制作。雕刻技艺更加细腻，构图更具设计感。这时的滚印不仅是功能性的符号和护身符，而且是艺术家们施展才华的媒介，无论是题材本身还是设计制作，都展现出艺术家们高超的技艺。

◉ 189. 两河流域早王朝时期的滚印。这一时期的两河流域仍然是苏美尔人的世界，滚印从材质到题材乃至雕刻技艺都极大地丰富起来，题材首次出现了片段式的宴饮情景（见◉ 194）和人兽搏斗场面，故事性的场景取代了以前单一的动植物形象和几何图形，装饰性线框的加入使得画面更加完整。人兽搏斗的题材是对英雄和神祇的赞美，他们在苏美尔人的宗教中有崇高的地位，是苏美尔文学诗歌中赞美和崇拜的对象。（大英博物馆藏）

◉190 乌尔王墓的珠饰

Beads from Royal Tombs of Ur

类型：西亚珠饰

Ornaments of West Asia

品名：乌尔王墓的珠饰
Beads from Royal Tombs of Ur
地域：伊位克乌尔遗址
Ur Archaeological Site, Iraq
年代：公元前2600—前2300年
2600—2300 BC
材质：黄金、银、玛瑙、红玉髓、青金石等
Gold, Silver, Agate, Carnelian, Lapis Lazuli, etc.

乌尔城紧邻乌鲁克，遗址距离今天伊拉克南部的纳西里耶市（Nasiriyah）16千米。乌尔的发掘之所以重要是因为它有从苏美尔文明发生之初到之后的各个时期连续的考古地层，另外，乌尔王墓数量巨大的考古实物为古代两河流域文明物质文化的研究提供了丰富的实物资料。乌尔城址的早期地层堆积分属欧贝德文化和乌鲁克文化，也就是两河流域都市文明的初始阶段；晚期地层堆积则属于苏美尔王朝时期的各个年代，即从苏美尔都市文明的黄金时期直至结束。实际上，乌尔是苏美尔人最早也是最后的都城。

◉190. 乌尔王墓和王后普比的珠饰。这些珠饰的年代在公元前2600年前后，珠饰的形制丰富、材质优良、制作精美。乌尔王墓的珠子从材质、形制到穿缀方式都丰富多样，最引人注目的是王后普比的“珠襦”，由上千颗不同材质的半宝石和黄金珠子、管子穿缀而成，另一件杰出的珠饰作品是王后的头饰，以隆重华美的造型和精细入微的金工著称。

◉190　乌尔王墓的珠饰

Beads from Royal Tombs of Ur

美索不达米亚平原（两河流域）几乎不出产任何一种制作珠宝的贵金属和半宝石，这些珠子大部分是原料或成品的舶来品。其中蚀花玛瑙珠和红玉髓管均来自两千多公里之外的印度河谷，青金石原料则来自更加遥远的阿富汗山区。这些珠子珠饰表明两河流域与印度河谷之间贸易频繁，正如泥版文书提到的苏美尔人的贸易伙伴有麦路哈人（Meluhha），一些学者推测其来自印度河谷；对乌尔长形红玉髓管的研究表明，它们中有一部分是在印度河流域生产的，作为成品被贩运到美索不达米亚，也有一部分可能是由移居到美索不达米亚南部的印度手工艺人在本地制造的，这些麦路哈人使用的是他们与众不同的工艺尤其是在坚硬材质上钻孔的技术。

◉ 191　乌尔王墓的蚀花红玉髓珠
Etched Carnelian Beads from Royal Tombs of Ur

类型：西亚珠饰
Ornaments of West Asia

品名：乌尔的蚀花珠
Etched Carnelian Beads from Ur
地域：伊拉克乌尔遗址
Ur Archaeological Site, Iraq
年代：公元前2600—前2300年
2600—2300 BC
材质：黄金、白银、玛瑙、红玉髓、青金石等
Gold, Silver, Agate, Carnelian, Lapis Lazuli, etc.

图①

图②

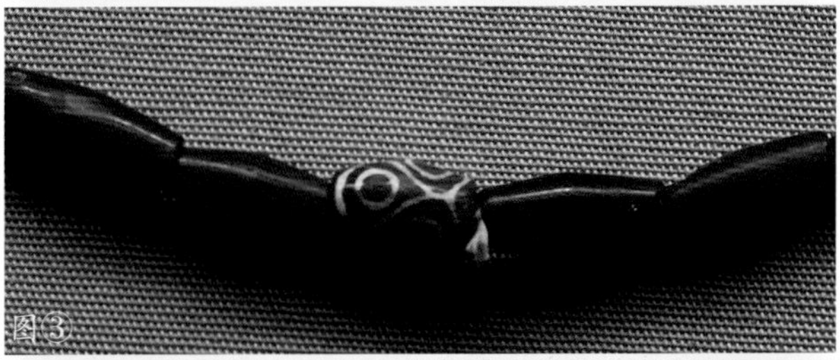
图③

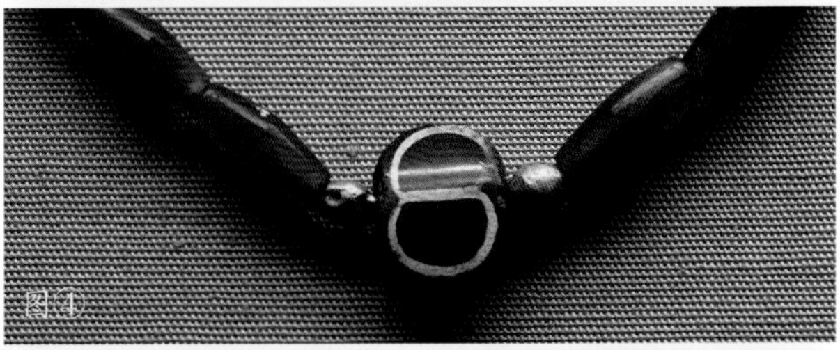
图④

黑白蚀花珠来自乌尔寺庙窖藏，考古编年较晚。该窖藏在公元前540年重修寺庙时被发现，窖藏珍宝包括金器和珠饰，大部分制作于公元前700年至公元前550年之间，少部分为青铜时代遗物。其中黑白蚀花珠为铁器时代珠饰，同类型的黑白蚀花珠在以色列哈里夫遗址（见◉ 214）和印度加尔各答博物馆（见◉ 142）有标型器，目前不清楚这种珠子是产自同一原产地，经由贸易流传，还是多地都有制作。孟加拉地区和也门都有超过其他地方数量的这类珠子流传，无正式考古发掘记录。

◉ 191. 乌尔的蚀花珠。该词条包括两种不同考古编年的蚀花珠，印度河谷一期蚀花红玉髓（图①、⑤、⑥），来自乌尔王墓；铁器时代的黑白蚀花珠（图②、③、④），来自乌尔寺庙窖藏。乌尔王墓的蚀花珠为印度河谷文明一期蚀花红玉髓珠，它们来自印度河谷，经过长途贩运，成为苏美尔人王室特权的象征物。蚀花珠的图案为一期典型的形制和纹样，包括三眼的桶形珠、两眼的扁珠、方格纹的锥体形珠等。

图⑤

图⑥

◉ 192 乌尔的青金石珠和缠丝玛瑙珠

Lapis Lazuli and Agate Beads from Royal Tombs of Ur

类型：西亚珠饰

Ornaments of West Asia

品名：乌尔的半宝石珠
Semi-precious Stone Beads from Ur
地域：伊拉克乌尔遗址
Ur Archaeological Site, Iraq
年代：公元前2600—前2300年
2600—2300 BC
材质：青金石、缠丝玛瑙、红玉髓、贝壳等
Lapis Lazuli, Agate, Carnelian, Shell, etc.

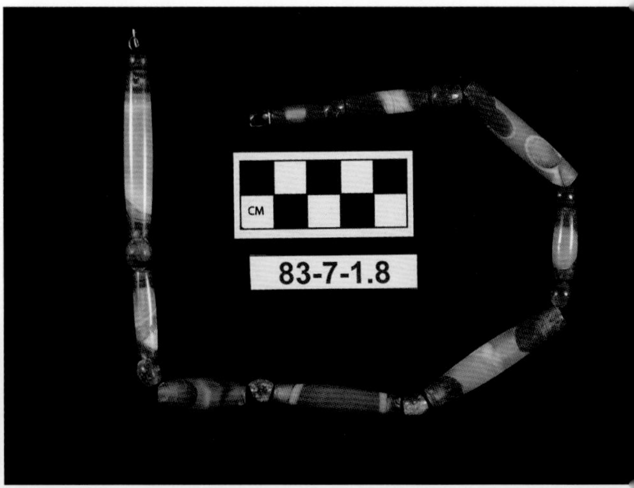

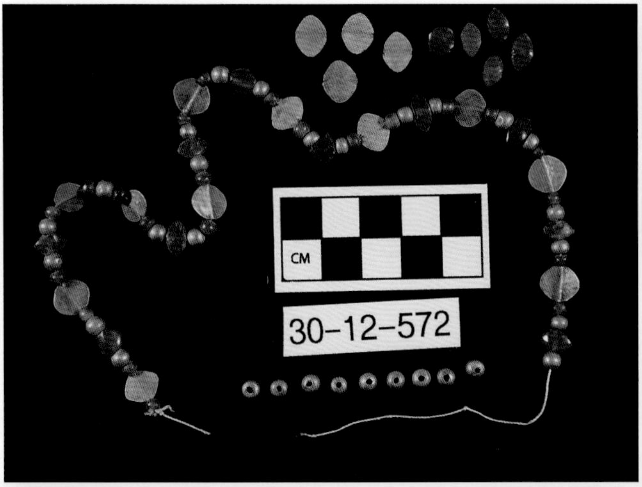

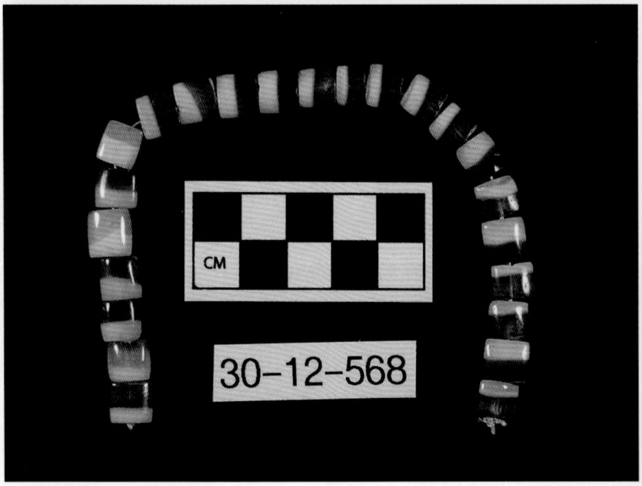

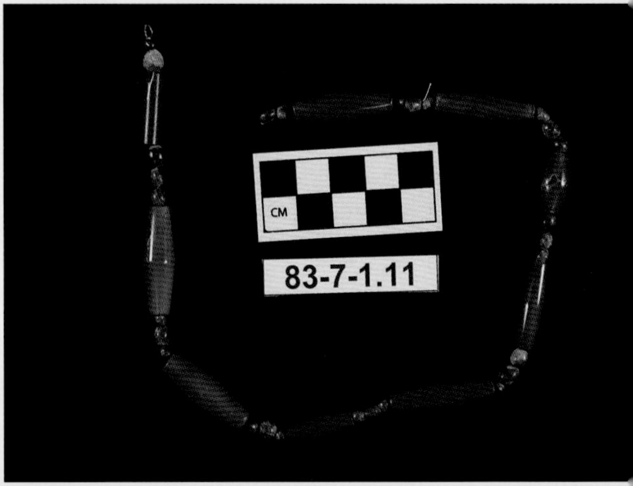

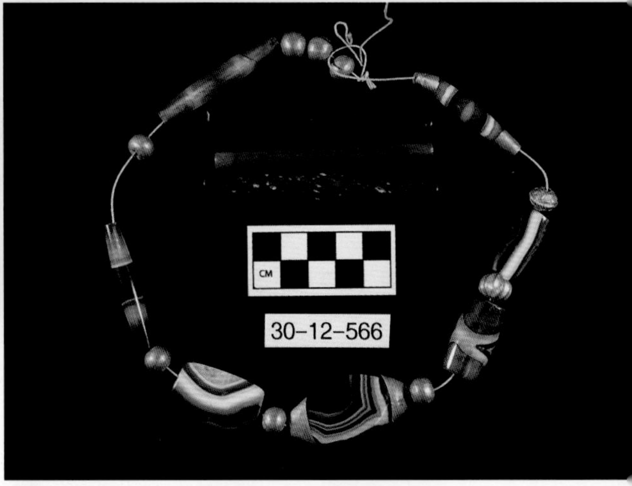

◉ 192. 乌尔古城遗址出土的半宝石珠。乌尔出土大量不同材质的半宝石珠子，包括青金石珠、缠丝玛瑙珠和其他材质的珠子和坠子。青金石为阿富汗巴达克山独有的矿产，原料或成品珠子均由阿富汗长途贩运而来，形制有桶形圆珠、双锥体珠、扁珠和长管等。缠丝玛瑙珠则是典型的巴克特里亚（见◉ 157）形制和用料，珠子可能是直接输入的成品，这种材料制作的珠子在同时期直至稍晚的伊朗、阿富汗、巴基斯坦等地都能见到。这些珠子的考古编年都在4000年以上，是青铜时代早期最具代表性的珠子。（大英博物馆和宾夕法尼亚大学考古与人类学博物馆藏）

◉ 192　乌尔的青金石珠和缠丝玛瑙珠
Lapis Lazuli and Agate Beads from Royal Tombs of Ur

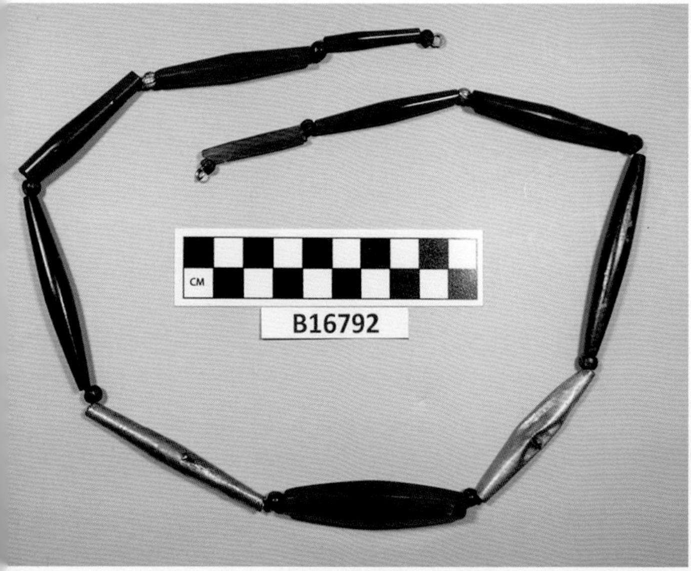

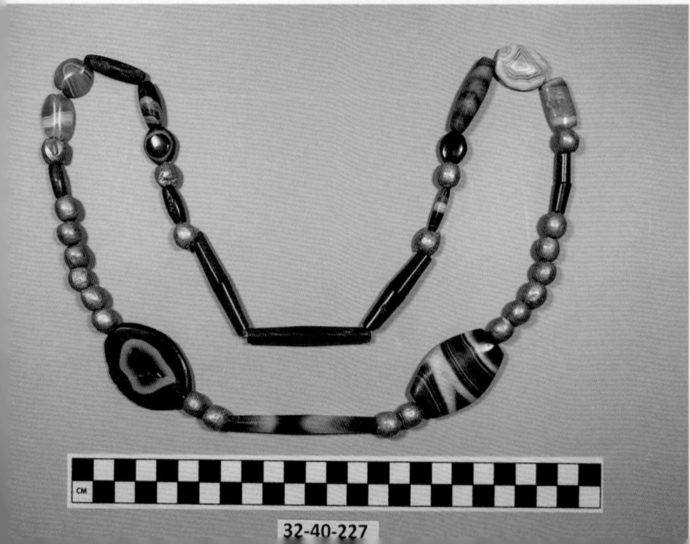

◉ 193 乌尔王墓的金饰
Gold Ornaments from Royal Tombs of Ur

类型：西亚珠饰
Ornaments of West Asia

品名：乌尔王墓的金饰
Gold Ornaments from Royal Tombs of Ur
地域：伊拉克乌尔遗址
Ur Archaeological Site, Iraq
年代：公元前2600—前2300年
2600—2300 BC
材质：黄金、银
Gold, Silver

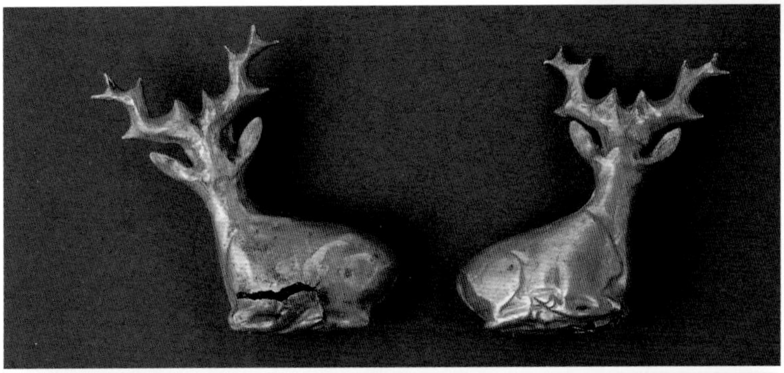

◉ 193. 乌尔王墓的金珠金饰。金珠金饰的制作技艺是苏美尔工匠擅长的，除了不同形制的珠子和管子，还有植物和动物造型的坠饰，包括花朵、小鹿、牛、羊等。两河流域的黄金制品并非纯金材质，而多是金银合金材质，它们通过复杂的工艺从原矿中提炼出来。乌尔的黄金原料来自安纳托利亚高原的山区，黄金的熔点比白银低，可塑性强，在本地经工匠加工，成为王室贵族特权的饰品，王后普比的黄金头饰（见◉ 190）便是本土工匠设计和制作的。（大英博物馆和宾夕法尼亚大学考古与人类学博物馆藏）

◉ 193　乌尔王墓的金饰

Gold Ornaments from Royal Tombs of Ur

类型：西亚珠饰
Ornaments of West Asia

品名：乌尔王墓的滚印
Cylinder Seals from Royal Tombs of Ur
地域：伊拉克乌尔遗址
Ur Archaeological Site, Iraq
年代：公元前2600—前2300年
2600—2300 BC
材质：青金石、蛇纹石等
Lapis Lazuli, Serpentine, etc.

◉ 194. 乌尔王后普比的青金石滚印。早王朝时期的滚印流行宴饮题材。两枚滚印均发现于王后的右手臂，其中一枚刻有王后的名字普比，题材为宴饮场面，其中坐着梳发髻的女性可能是王后本人。另一枚滚印是坐着的男女正在分别使用安插在一只大罐里的麦管，饮用大罐里的饮料。仔细观察滚印中的图像，这种使用长管及容器的方式倒是跟现今在伊朗和伊拉克仍然十分流行的吸水烟的方式类似。（大英博物馆藏）

◉ 195　阿卡德帝国时期的滚印

Cylinder Seals of Akkadian Empire

类型：西亚珠饰

Ornaments of West Asia

品名：阿卡德帝国时期的滚印
Cylinder Seals of Akkadian Empire
地域：伊拉克、叙利亚
Iraq, Syria
年代：公元前2334—前2154年
2334—2154 BC
材质：绿泥石、蛇纹石等
Chlorite, Serpentine, etc.

图⑤

阿卡德人是第一支登上两河流域舞台的闪米特人，他们最初生活在苏美尔城邦以北至今天的巴格达以南的区域，受到苏美尔文明的强烈影响。大致在公元前2400年左右，阿卡德语取代了苏美尔语成为两河流域通行的语言，随着阿卡德王萨尔贡的征服，阿卡德人结束了苏美尔人的王朝时代，政治影响达到巅峰。这一时期的滚印题材加入了叙事性的神话和风景山林等故事性元素，滚印上的神祇开始有标准化的图像，比如什么样的神祇有什么样的标志物，如持有某种特定法器，有些标准图式在这之后保持了上千年的图像学模式。

◉ 195. 阿卡德时期的滚印。阿卡德时期的滚印形制多在珠柱体的腰部有略微的内弧，喜用绿色和暗绿色的蛇纹矿，题材大多与神话和英雄有关，设计构图更加丰富，加入了风景山林等元素。从这一时期开始，各种神祇有了标准化的图像模式，并被后来相继崛起的闪米特人继承。

图①是属于一位名叫Adda的书记员的滚印，画面表现的是带着弓箭的狩猎神和丰产女神伊斯塔尔（Ishtar）。伊斯塔尔全副武装，手里拿着代表丰产的枣树枝。太阳神沙玛什(Shamash)正在劈开高山，给快要落山的太阳开道。水神埃阿（Ea）的双肩有水流涌出，鱼群在水流中漫游，水神的身边伴随着一只公牛和阿祖鸟（Anzu）以及他的双面随从Usmu。

图②中，水神埃阿同时也是工匠保护者，他坐在凳子上，水流正从他双肩流出，其他几位神祇正将阿祖鸟作为俘虏带到水神面前，因为阿祖鸟偷走了命运之书。

图③中表现的是滚印的主人跟在一列植物神的后面，向坐在草堆上的植物女神献礼，一位植物神手持一把田犁，其他两位抬着一支箱子，下面的蝎子象征丰产。

图④表现的是两位英雄正在与中间两只交叉站立的公牛搏斗，可能是史诗《吉尔伽美什》的故事。另一只公牛上方的铭文是滚印拥有者——阿卡德王纳那姆辛的儿子。

图⑤滚印属于一个名叫Baluili的宫廷司酒者，这种官阶在当时受人尊敬也充满危险，因为他要在国王的每顿饭前试吃。滚印为风景山林的狩猎题材，是两河流域最早开始尝试表现风景元素的艺术实践，这种对称的、装饰化的、僵硬而庄严的风格成为两河流域的艺术传统。（大英博物馆、纽约大都会艺术博物馆藏）

图①

图②

图③

图④

◉ 196　乌尔第三王朝珠饰

Beads of Ur III Dynasty

类型：西亚珠饰

Ornaments of West Asia

品名：乌尔第三王朝的铭文板珠和半宝石珠

Tablet Beads with Inscription and Semi-precious Stone Beads of Ur III Dynasty

地域：伊拉克南部

Southern Iraq

年代：公元前2112—前2004年

2112—2004 BC

材质：玛瑙、红玉髓、赤铁矿、青金石、蛇纹石、黄金等

Agate, Carnelian, Hematite, Lapis Lazuli, Serpentine, Gold, etc.

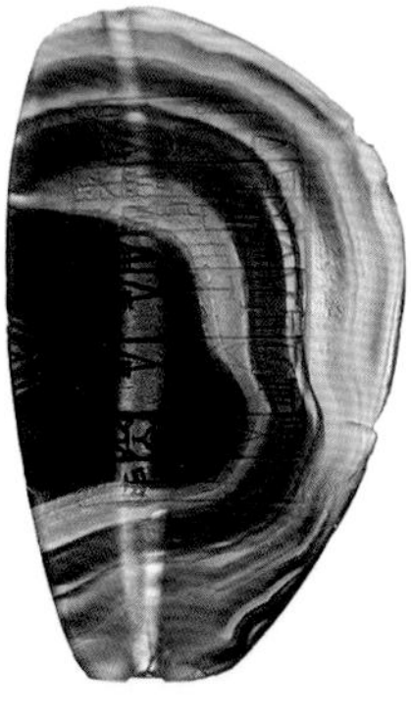

◉ 196. 乌尔第三王朝的铭文板珠和其他珠饰。乌尔第三王朝是苏美尔人在两河流域的绝唱。在阿卡德人的征服和控制之下，乌尔在公元前第二千纪末有过短暂的复兴，乌尔王乌尔纳姆重修了神庙，完善灌溉系统，并修订了一篇比《汉穆拉比法典》还早三百年的《乌尔纳姆法典》。乌尔三期开始出现有铭文的珠子，有材质为天然缠丝玛瑙的扁珠，也有印度河谷形制的红玉髓大长管。其中有铭文写道：“献给南纳（月神辛），我的主人，伊比辛，乌尔之主，强壮的王，四地之王，敬献这颗珠子。”除了缠丝板珠，乌尔三期还出土了印度河谷的蚀花珠、多种材质的滚印和其他半宝石珠子以及金珠金饰。（巴黎卢浮宫、沃尔特艺术博物馆藏）

◉ 197　黎巴嫩国家博物馆的蚀花红玉髓珠

Etched Carnelian Beads of National Museum of Lebanon

类型：西亚珠饰

Ornaments of West Asia

品名：黎巴嫩国家博物馆的蚀花红玉髓珠
Etched Carnelian Beads of National Museum of Lebanon
地域：黎巴嫩
Lebanon
年代：公元前2000—前1500年
2000—1500 BC
材质：红玉髓
Carnelian

◉ 197. 黎巴嫩国家博物馆的蚀花红玉髓珠。青铜时代晚期到铁器时代的黎巴嫩是腓尼基人（见◉ 210）的核心区域，这里先后被周边各大帝国控制，包括埃及、亚述、巴比伦、波斯、罗马等。黎巴嫩国家博物馆的蚀花珠于比布鲁斯（Byblos）出土，这里曾是腓尼基人的都城和最大的港口。珠子的形制和装饰风格不同于印度河谷一期蚀花珠，也不同于铁器时代遍布亚洲大陆的二期蚀花珠，形制扁圆或圆形，大孔，个体较大，表面蚀花有眼圈纹样和其他几何图案，装饰手法细致，考古编年与印度河谷一期大致平行或稍晚。这类蚀花珠流传较少，目前不清楚珠子是本土制作还是贸易舶来。（黎巴嫩国家博物馆藏，其中两枚为私人藏品）。

◉ 198　古巴比伦时期的滚印

Cylinder Seals of Old Babylonian Period

类型：西亚珠饰

Ornaments of West Asia

品名：古巴比伦时期的滚印
Cylinder Seals of Old Babylonian Period
地域：两河流域
Mesopotamia
年代：公元前1894—前1595年
1894—1595 BC
材质：玛瑙、红玉髓、赤铁矿、青金石、蛇纹石等
Agate, Carnelian, Hematite, Lapis Lazuli, Serpentine, etc.

古巴比伦王朝由亚摩利人（Amorite）建立，他们与北部兴起的亚述人和前朝阿卡德人一样都是闪米特人。最初的巴比伦王国围绕幼发拉底河的巴比伦城建立，势力范围基本上包括当初苏美尔人在两河流域南部的区域。居于巴比伦北方的是后来声名赫然的亚述人。由于外族入侵、相互征战和王朝自身的衰落，巴比伦和亚述都经历了所谓古王朝时期、中王朝时期和新王朝时期，在一千多年里时强时弱，此消彼长，交替主宰着两河流域，直到公元前6世纪来自伊朗高原的波斯人接管两河流域。

图①

图②

◉ 198. 巴比伦古王朝时期的滚印。这时的滚印大多高3厘米左右，截面直径0.8—1.4厘米之间。画面有两到三列以纵线分隔的楔形文字装饰，有些滚印形制延续了阿卡德时期在柱体腰部有略微的内弧的特征。蓝色青金石滚印（图①），描绘的是一位坐着的神灵面对他的崇拜者和前来求情或问询的神灵，在坐着的神灵和崇拜者之间是一些我们无法解读的符号，画面一侧有三列以纵线间隔的楔形文字。

黑色赤铁矿滚印（图②）的画面表现了三位人物形象，第一位穿着长袍戴着尖帽，他的下方有一只苍蝇，在古巴比伦神话中，苍蝇是瘟疫和死亡之神涅伽尔（Nergal）的象征，我们因此把这位人物看作是涅伽尔本人，他的形象在以后的巴比伦滚印上常常见到；第二位人物面对涅伽尔，穿着束腰短袍，这是当时的游牧民族的衣着，并手执牧羊杖，他很可能是前来朝谒（或者对抗）瘟疫之神的牧羊神阿姆茹（Amurru）；站在阿姆茹身后的是一位裸体女性，她是健康和医术的保护人古拉（Gula），她的标志物是紧随她的小狗，这只狗也被认为具有保护健康和祛除疾病的魔力。另一些象征符号环绕在这些人物形象的周围，两列分隔在纵线内的楔形文字装饰在这些场景的空白处，可能是印章所有者的名字和身份。（沃尔特艺术博物馆）

◉ 199　马里古国的滚印
Cylinder Seals of Mari

类型：西亚珠饰
Ornaments of West Asia

品名：马里古国的滚印
Cylinder Seals of Mari
地域：叙利亚
Syria
年代：公元前1850—前1650年
1850—1650 BC
材质：赤铁矿、蛇纹石等
Hematite, Serpentine, etc.

图①

图②

◉ 199. 闪米特人于公元前2900年，建立了贸易城邦马里（Mari）。马里位于今叙利亚西北幼发拉底河西岸，是连接苏美尔城邦和黎凡特地区（见◉ 209）的中间点。马里作为贸易集散地，持续兴盛了一千年，于公元前1761年被巴比伦吞并。马里滚印的题材受东面的两河流域和西面的埃及的影响，美术造型则受两河流域的影响。图例中的一枚滚印（图①）表现的是拜谒者正在向坐着的神祇敬献羚羊，神祇身着两河流域风格的长袍，手执埃及生命符号（Ankh），头上是悬挂眼镜蛇的有翼日轮，身后上方一列是山羊形魔鬼和有翼公牛形魔鬼抬着一头牡鹿，下方一列是两位随从抬着一头羚羊。另一枚滚印（图②）表现的是一位裸体女神正在打开披巾，一位提着野兔的敬献者站在一位坐于宝座上的男性面前，宝座背后有两位女性随从，滚印上方一列秃鹫。（摩根图书馆藏）

◉ 200 巴比伦加喜特王朝滚印

Cylinder Seals of Kassite Dynasty of Babylon

类型：西亚珠饰

Ornaments of West Asia

品名：巴比伦加喜特王朝滚印

Cylinder Seals of Kassite Dynasty of Babylon

地域：两河流域南部

South of Mesopotamia

年代：公元前1650—前1155年

1650—1155 BC

材质：玛瑙、红玉髓、赤铁矿、青金石、蛇纹石等

Agate, Carnelian, Hematite, Lapis Lazuli, Serpentine, etc.

中巴比伦时期由来自扎格罗斯山区的加喜特人统治，称为加喜特王朝（Kassite Dynasty），他们是闪米特化的雅利安人，与后来征服两河流域的伊朗人同宗，从公元前16世纪到公元前12世纪统治了两河流域南部四个世纪。这一时期的巴比伦和北方的亚述都使用硬度较高的半宝石制作滚印，比如玉髓、玛瑙和石英，但是滚印题材和风格各有不同，加喜特大量使用铭文和两河流域传统的谒神题材，而亚述则偏爱人兽搏击题材。

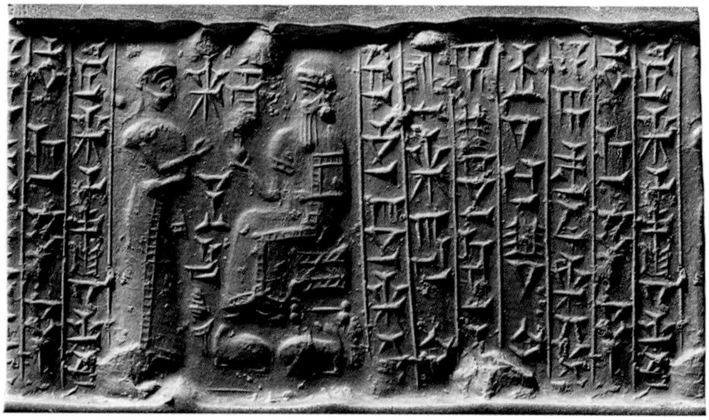

◉ 200. 加喜特人（中巴比伦）的滚印题材喜用铭文和谒神者。图例中，浅褐色玉髓滚印（上图）表现的是人物手执弯曲的军刀，他的肩上是一只象征涅伽尔的苍蝇，此时的涅伽尔被视为战争和瘟疫之神，他有时也被视为太阳神沙玛什，但只代表沙玛什特定的一段位相，即正午时间和夏至，这是美索不达米亚平原死亡率最高的时节。（摩根图书馆藏）

◉ 201　中亚述王朝的滚印
Cylinder Seals of Middle Assyrian Period

类型：西亚珠饰
Ornaments of West Asia

品名：中亚述王朝的滚印
Cylinder Seals of Middle Assyrian Period
地域：两河流域
Mesopotamia
年代：公元前1720—前1076年
1720—1076 BC
材质：红玛瑙、红玉髓、赤铁矿、青金石、蛇纹石等
Agate, Carnelian, Hematite, Lapis Lazuli, Serpentine, etc.

◉ 201. 中亚述时期始于公元前1720年，早期亚述人在两河流域南部建立殖民地，将亚摩利人和巴比伦人驱逐，逐步扩张，他们推翻了米坦尼（见◉ 202），吞并了赫梯（见203），洗劫了巴比伦，占领了伊朗、高加索、阿拉伯半岛和黎凡特（见◉ 209），直接面对埃及。中亚述的帝国霸权止于1076年提革拉毗列色一世的去世。中亚述的滚印偏爱神兽题材如有翼兽（格里芬），还有猎杀、搏击场面，画面风格硬朗，人物和动物造型都程式化，威严、对称、强悍，不啻亚述彪悍的帝国特性。（摩根图书馆藏）

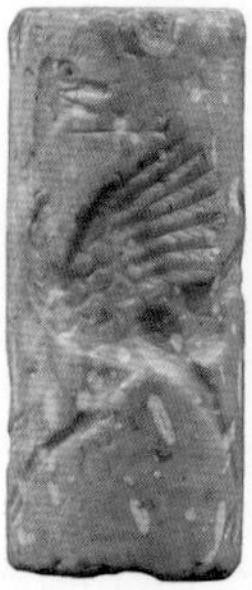

◉ 202 米坦尼的滚印
Cylinder Seals of Mitanni

类型：西亚珠饰
Ornaments of West Asia

品名：米坦尼滚印
Cylinder Seals of Mitanni
地域：叙利亚
Syria
年代：公元前1500—前1300年
1500—1300 BC
材质：费昂斯、赤铁矿、红玉髓、蛇纹石等
Faience, Hematite, Carnelian , Serpentine, etc.

◉ 202. 米坦尼是公元前1500年至公元前1300年存在于叙利亚和安纳托利亚东南部分的地方王国，他们与埃及第十八王朝（见◉ 324）保持了密切的联系，时而是对手，时而又联姻——为了对付共同的敌人赫梯（见◉ 203）。米坦尼一度成长为控制亚述等广大地域的帝国，彪悍、好战和战略性的地理位置使其成为当时最强大的军事力量，但最终沦为中亚述帝国的一个省。米坦尼的滚印题材相对混杂，来自埃及、两河流域、安纳托利亚高原甚至希腊的神话元素都有可能出现。与两河流域的王国喜欢半宝石材质不同，米坦尼经常采用费昂斯制作滚印，这项技术来自他们的对手和姻亲埃及第十八王朝。（沃尔特艺术博物馆藏）

◉ 203 赫梯珠饰和印珠

Beads and Seals of Hittites

类型：小亚细亚珠饰

Ornaments of Asia Minor

品名：赫梯珠饰和印珠

Beads and Seals of Hittites

地域：土耳其

Turkey（Anatolia）

年代：公元前1600—前650年

1600—650 BC

材质：赤铁矿、玛瑙、红玉髓、黄金、银等

Hematite, Agate, Carnelian, Gold, Silver, etc.

赫梯人是生活在小亚细亚（安纳托利亚高原）一支古老的民族，他们不同于两河流域的闪米特人，但他们的彪悍不亚于亚述人。他们是冶铁技术的发明者，这支生活在青铜时代的民族是铁器时代的奠基人。公元前1595年，手持铁兵器、站在马拉战车上的赫梯人远征两河流域，将巴比伦城洗劫一空，导致了古巴比伦王国的灭亡。在接下来的一个世纪里他们灭掉米坦尼，吞并叙利亚，挥师南下埃及。公元前1246年，埃及法老拉美西斯迎娶了赫梯国王哈图西里三世的一个女儿，埃及卡纳克神庙的一幅墙面浮雕描绘了当时埃及法老迎娶赫梯公主的情景。公元前12世纪“海上民族”席卷整个地中海东部地区，赫梯王国分崩离析。公元前8世纪，残存的赫梯王国被亚述帝国所灭。

◉ 203. 赫梯人的印章。赫梯人的印章最具特色的是双语印，另外就是他们不同于两河流域的滚印形制。赫梯人有自己的象形文字，同时也使用楔形文字，他们经常将两种文字都铭刻在印章上，形成他们独有的“双语印”风格。图中均为国王印章，其中银质印章使用了双语，印章最外一圈环绕楔形文字，中间的王者形象周围是至今没有解读的赫梯象形文字。印章制作于公元前14世纪或稍晚。他们的黄金和合金珠饰同样有自己的风格，半宝石珠子则大多为珠串。

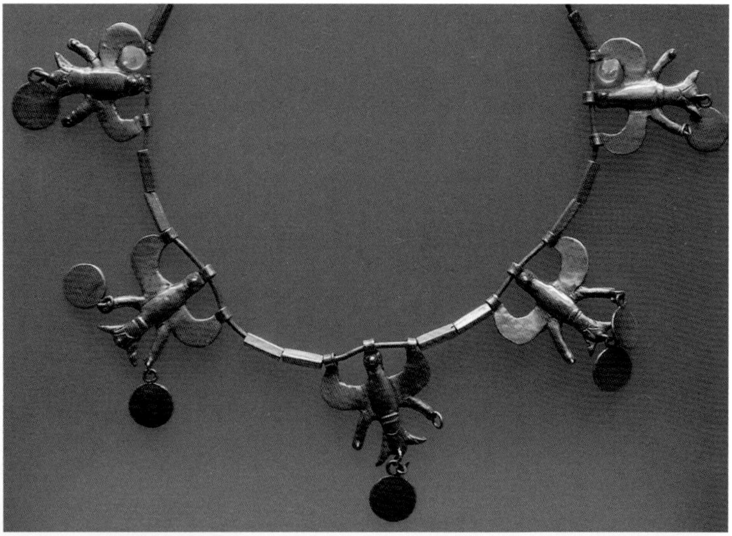

◉ 204　新亚述王朝的滚印

Cylinder Seals of Neo-Assyrian Empire

类型：西亚珠饰
Ornaments of West Asia

品名：新亚述王朝的滚印
Cylinder Seals of Neo-Assyrian Empire
地域：两河流域、中东
Mesopotamia, Middle East
年代：公元前911—前612年
911—612 BC
材质：玛瑙、红玉髓、赤铁矿、青金石、蛇纹石等
Agate, Carnelian, Hematite, Lapis lazuli, Serpentine, etc.

图①

公元前一千纪开始，新亚述帝国称霸两河流域和近东，巴比伦、安纳托利亚高原、地中海东岸、部分埃及和伊朗高原全部置于亚述的版图之内，直到公元前612年灭于来自伊朗高原的米底和波斯联军。这一时期的亚述滚印题材流行对猎杀和崇拜场面的刻画，这些场景也见于亚述宫殿的墙面浮雕。

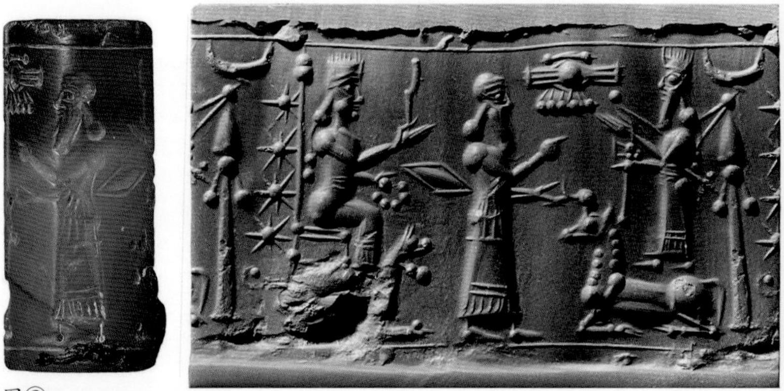
图②

◉ 204. 新亚述王朝的滚印。这一时期的亚述滚印在形制上变得更长，一般可到4厘米左右。题材偏爱猎杀和崇拜的场面，画面较对称，充满张力，与亚述宫殿的墙面浮雕题材和风格相同。图例中有一枚滚印（图②）表现的是丰产女神伊斯塔尔坐在狮子上，环绕她的八角星是伊斯塔尔的象征，画面右侧站在牛背上、头戴桂冠的是风暴之神阿达德（Adad），中间的人物可能是一位亚述统治者。

另一枚滚印（图①）同样表现的是对伊斯塔尔的崇拜，站在华盖下的伊斯塔尔面对她的朝拜者，周围是各种象征神圣的符号，两位有翼神灵提着仪式性的篮子分别立于华盖两旁，楔形文字标明了滚印所有者的名字和头衔；这枚滚印构图完美，工艺精细，可知其拥有者地位显赫。（沃尔特艺术博物馆藏）

◉ 205　亚述王后墓的珠饰

Beads from Tomb of the Assyrian Queen

类型：西亚珠饰

Ornaments of West Asia

品名：亚述王后墓的珠饰

Jewelry from Tomb of the Assyrian Queen

地域：伊拉克尼姆鲁德

Nimrud, Iraq

年代：公元前800—前700年

800—700 BC

材质：黄金、银、玛瑙、红玉髓、赤铁矿、青金石、蛇纹石等

Gold, Silver, Agate, Carnelian, Hematite, Lapis Lazuli, Serpentine, etc.

◉ 205. 亚述王后墓的珠饰。亚述考古最近的一次轰动事件是2003年伊拉克战争期间重新发现于巴格达一间银行地下室的亚述皇后珠宝，共有各种黄金首饰和其他宝石饰品613件，总重量超过100磅，被称为“尼姆鲁德的珍宝”（Treasure of Nimrud），其中包括一枚纯金的皇后印玺。这批皇家珠宝属于公元前8世纪的亚述王室，代表了当时两河流域珠饰制作的最高水平。珠宝最早由伊拉克考古队于1989年发掘于尼姆鲁德亚述王宫遗址，1990年海湾战争前被匿藏于巴格达，2003年在巴格达中心银行一间被炸毁的地下室被发现，但这批皇家珠宝毫发无损。（伊拉克国家博物馆藏）

◉ 205　亚述王后墓的珠饰

Beads from Tomb of the Assyrian Queen

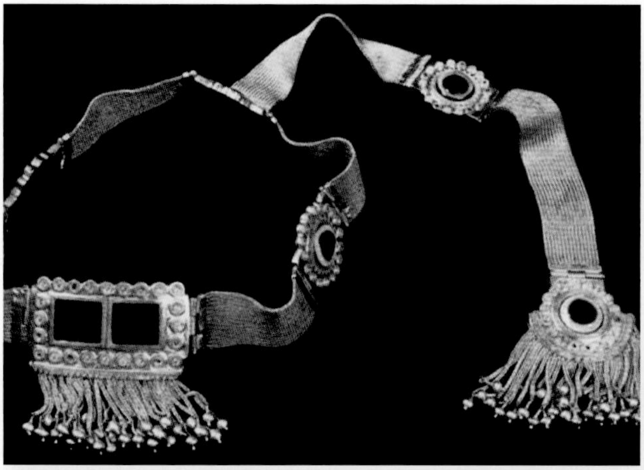

类型：西亚珠饰
Ornaments of West Asia

品名：莱亚德小姐的珠宝
Lady Layard's Jewelry
地域：英国伦敦
London, England
年代：公元前2000—前600年
2000—600 BC
材质：黄金、玛瑙、红玉髓、赤铁矿、蛇纹石等
Gold, Agate, Carnelian, Hematite, Serpentine, etc.

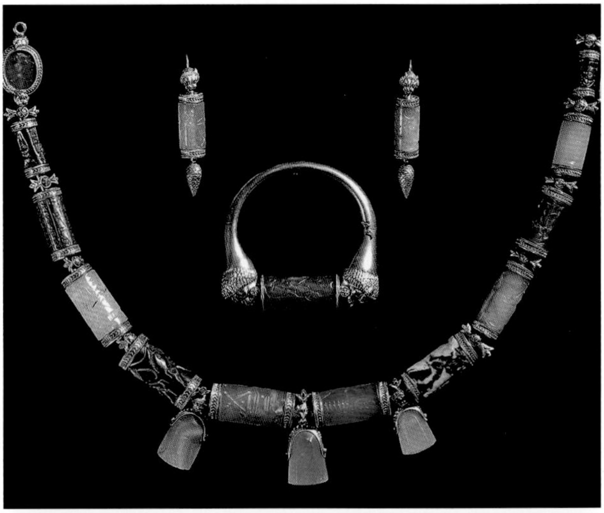

◉ 206. 莱亚德小姐的珠宝。曾为英国著名考古学家亨利·莱亚德的妻子易妮德所拥有。珠宝由项链一件、手镯一件、耳环一对组成，整套珠宝共使用14枚滚印和4枚平印，玛瑙质。其中一枚印属于早于公元前2000年的阿卡德王国，另有四枚印属于公元前12世纪，其他八枚滚印属于公元前1000年至公元前600年的亚述帝国，项链的挂钩部分则分别是一枚巴比伦滚印和波斯平印，项链中间三枚坠子为巴比伦和亚述锥体印。这些印章均是莱亚德在美索不达米亚旅行和考古中所得。它们使用黄金镶嵌连接，整体被设计成19世纪英国维多利亚风格。易妮德曾在她的日记中记录她1873年某日戴着这套珠宝参加维多利亚女王的晚宴，其间这套珠宝“备受羡慕”。（大英博物馆藏）

◉ 207　新巴比伦的滚印

Cylinder Seals of Neo-Babylonian Empire

类型：西亚珠饰

Ornaments of West Asia

品名：新巴比伦的滚印

Cylinder Seals of Neo-Babylonian Empire

地域：两河流域、近东、伊朗

Mesopotamia, Middle East, Iran

年代：公元前620—前539年

620—539 BC

材质：玛瑙、红玉髓、赤铁矿、青金石、蛇纹石等

Agate, Carnelian, Hematite, Lapis Lazuli, Serpentine, etc.

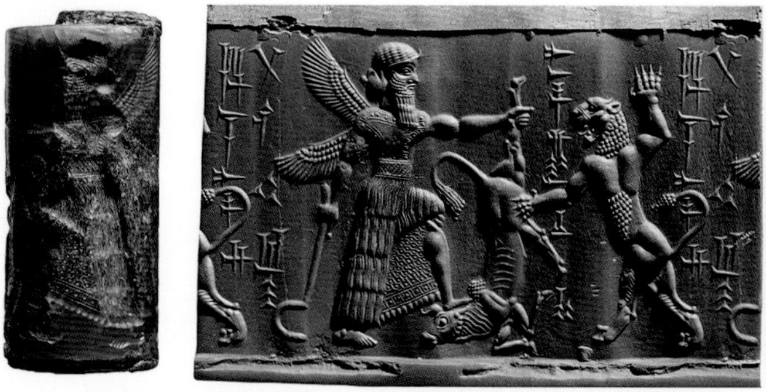

经过三个世纪亚述的控制，巴比伦于公元前620年重新成为两河流域最强大的帝国。这一时期巴比伦与亚述的滚印有时候很难区分，不仅因为巴比伦置于亚述统治之下的影响，还由于他们多数时候信奉共同的神祇，在他们的艺术中表现的是相同的神灵和传奇，同是闪米特人的他们都有着浓须美髯的面部特征，这些因素使得题材很难区分。

◉ 207. 新巴比伦滚印。右上图的滚印，艺术家在不到4厘米高、直径1.6厘米的圆柱体上创造了一幅充满细节的搏杀场面。史诗中的乌鲁克国王吉尔伽美什（Gilgamesh）作为两河流域最受爱戴的英雄形象流传了数千年。他是三分之二神和三分之一人的合体（画面中的吉尔伽美什是背上有翼的半神，有时他也以完全的人形出现），他智慧英武。女神伊斯塔尔向他求婚遭到拒绝，盛怒之下派来天牛危害人间，吉尔伽美什击败并杀死天牛而成为被永久传唱的英雄。画面中的吉尔伽美什不仅猎杀了天牛，还同时与一只雄狮搏斗。搏杀狮子是吉尔伽美什发生在另一时间地点的事迹，艺术家为了渲染吉尔伽美什的英雄气概，将两个故事同时呈现在一个场面里，使得画面效果更加有力。天牛已经被猎杀，在气绝之前保持着最后的挣扎，吉尔伽美什面对张牙舞爪的邪恶的狮子，冷峻的姿态表明他将是最终的胜利者。艺术家以高超的技艺表现了这位英雄有力的肌肉，华丽的衣服装饰纹样以及腰带、胸甲等各种细节，整个画面充满张力，艺术家将一幅力量对称、构图均衡的纪念性画面凝固在了一瞬间。（摩根图书馆藏）

◉ 208　巴比伦的铭文板珠

Tablet Eye Beads with Inscription of Babylonian

类型：西亚珠饰
Ornaments of West Asia

品名：巴比伦的铭文板珠
Tablet Eye Beads with Inscription of Babylonian
地域：伊拉克
Iraq
年代：公元前2500—前550年
2500—550 BC
材质：玛瑙、黄金
Agate, Gold

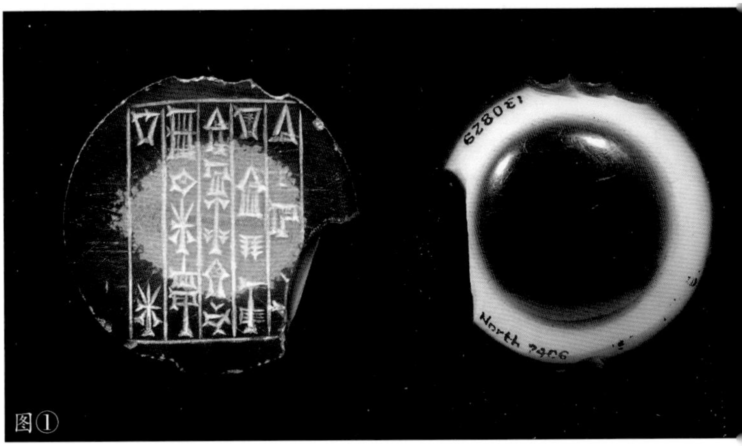

图①

眼睛崇拜是两河流域古老的信仰，用缟玛瑙制作的眼纹板珠在两河流域有5000年的历史。在眼纹板珠上镌刻铭文，敬献神祇，是从古巴比伦王朝就盛行的敬献方式。这一传统贯穿巴比伦各个时期，实际上也贯穿了两河流域的各个历史时期，乌尔三期（见◉ 196）也曾出现铭文板珠。到波斯帝国统治时期，阿契美尼德王朝仍旧珍爱眼纹板珠，但不再镌刻铭文敬献神祇，而是镶嵌牌饰，以代表权力，或作为随身佩戴的护身符。

图②

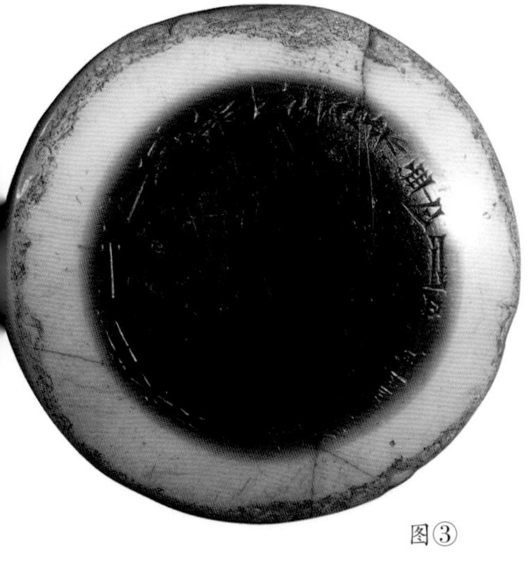

图③

◉ 208. 图①是巴比伦国王汉穆拉比敬献给太阳神沙玛什的眼纹玛瑙板珠。珠子正面利用条纹玛瑙的天然色彩分层制作成眼圈纹样，反面有楔形文字铭文“汉穆拉比敬献给沙玛什”。将国王自己的名字刻于眼纹板珠之上并敬献给主神的传统起于汉穆拉比之前，迄今为止还没有发现早于汉穆拉比有眼玛瑙板珠的实物。（大英博物馆藏）

图②是巴比伦加喜特王朝库里加祖一世献给风暴之神恩利尔（Enlil）的有眼板珠。珠子利用条纹玛瑙的天然色彩分层制作而成，正面刻有“将此（石头）献给我的主神恩利尔，库里加祖”。库里加祖一世（Kurigalzu I，公元前14世纪早期）为巴比伦加喜特王朝第三任国王，在他统治时期，建立了以他的名字命名的都城，并重建了尼普尔（Nippur）等几座已经废弃的古城，使之成为文化中心。这块被认为具有“内在法力”的有眼板珠发现于巴比伦，很可能来自古老的苏美尔城邦尼普尔城的恩利尔神庙，因为铭文是以楔形文字书写的苏美尔语，该神庙由乌尔第三王朝的奠基人乌尔纳姆（Ur-Nammu）修建。板珠原本有黄金镶嵌。（摩根图书馆藏）

图③是新巴比伦国王尼布甲尼撒二世献给主神马杜克（Marduk）的有眼板珠。板珠刻有铭文“献给我的主神马杜克，尼布甲尼撒，巴比伦之王，尼布波拉撒（Nabopolassar）之子，以我的生命”。（摩根图书馆藏）

◉ 209　黎凡特的珠饰

Beads from Levant

类型：西亚珠饰

Ornaments of West Asia

品名：黎凡特的珠饰

Beads from Levant

地域：叙利亚

Syria

年代：公元前1400—1300年

1400—1300 BC

材质：玛瑙、红玉髓、费昂斯、黄金、银等

Agate, Carnelian, Faience, Gold, Silver, etc.

◉ 209. 黎凡特的珠饰和印章。黎凡特（Levant）大致相当于现在的巴勒斯坦、以色列、约旦、黎巴嫩和叙利亚西部。这一区域是迦南人和亚摩利人（建立古巴比伦王朝的闪米特人）的故乡，是古代西亚和北非文明的交汇地，这里出现任何文明类型的艺术品都是可能的。古代黎凡特地区一直被他们的邻居主导，埃及、赫梯、亚述、巴比伦、波斯和罗马曾先后控制该地区。铁器时代的腓尼基人（闪米特人的一支，犹太人的祖先）是这里最声名显赫的航海家、商人和艺术家，来自这一区域铁器时代的玛瑙和费昂斯圣甲虫印以及其他珠饰，大部分出自他们之手。图中的珠子和印章均制作于公元前14世纪至铁器时代，圣甲虫和珠饰风格来自黎凡特以南的埃及，而滚印风格则来自以北的米坦尼（见◉ 202）。

◉ 210　腓尼基人的眼纹玻璃珠

Glass Eye Beads of Phoenician

类型：西亚珠饰

Ornaments of West Asia

品名：腓尼基人的眼纹玻璃珠
Glass Eye Beads of Phoenician
地域：环地中海
Mediterranean
年代：公元前800—前500年
800—500 BC
材质：玻璃
Glass

腓尼基人的眼纹玻璃珠是铁器时代著名的环地中海玻璃手工艺品，这种珠子及其装饰风格曾流传至欧亚非大陆的各个地方，中国战国时期的蜻蜓眼玻璃珠（见◉ 021）就是在远道贩运而来的腓尼基眼纹珠的装饰的启发下制作的。除了眼纹玻璃珠，腓尼基人的人像玻璃坠也风格独具，腓尼基之后，无人制作类似的玻璃珠。考古出土腓尼基眼纹玻璃珠的遗址很多，最近在北非马里的考古发掘中，出土的腓尼基眼纹珠考古编年为公元前7世纪到公元前5世纪，马里（见◉ 337）曾是撒哈拉沙漠以南至地中海盆地的贸易节点。

◉ 210. 从公元前1500年至公元前300年，腓尼基人（Phoenician）以今黎巴嫩和叙利亚沿海为核心区域，活跃在地中海，他们比希腊人更早开始贸易城邦的殖民，从北非迦太基到西班牙加迪斯，环地中海海岸遍布腓尼基殖民港口。从公元前6世纪，希腊人开始取代腓尼基人海上贸易和沿海殖民的优势，之后又遇罗马劲敌。公元前3世纪，腓尼基最后一个殖民城邦——北非迦太基灭于罗马。

类型：西亚珠饰
Ornaments of West Asia

品名：腓尼基人的印戒
Seal Rings of Phoenician
地域：环地中海
Mediterranean
年代：公元前800—前500年
800—500 BC
材质：黄金、合金、玛瑙、红玉髓、费昂斯等
Gold, Alloy, Agate, Carnelian, Faience, etc.

腓尼基人是出色的商人、手工艺人、水手和冒险家，商业的需要还促使他们发明了字母，这项发明永久改变了整个西方的书写方式。同样，商业的需要使得腓尼基人选择一种可随时携带、戒面可两面翻转的印戒，戒面有圆形或方形的扁珠，也有埃及圣甲虫。这种所谓“旋转戒指”原本是埃及人的发明，随着腓尼基人在地中海贸易的繁荣发展被传遍整个地中海。

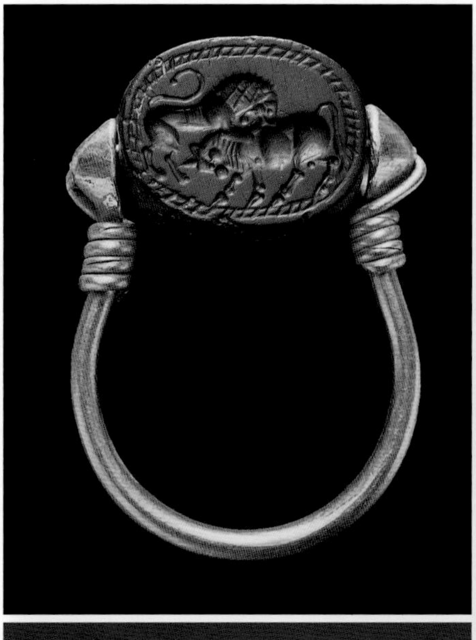

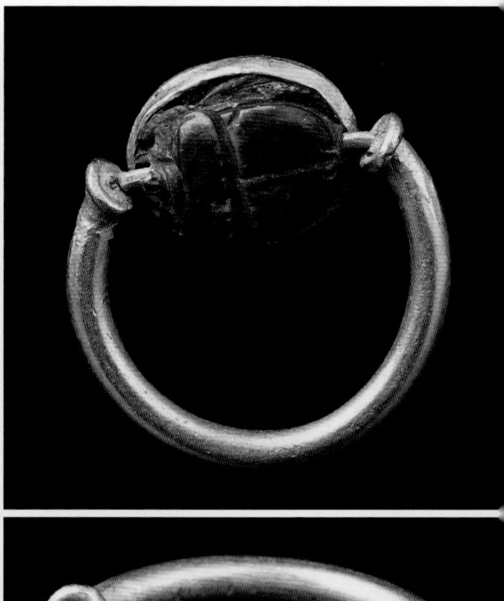

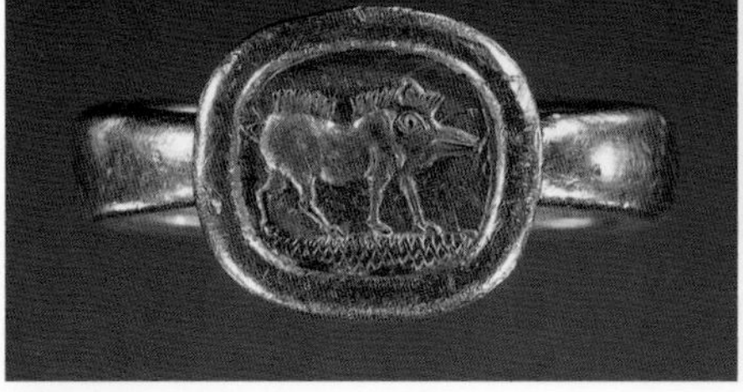

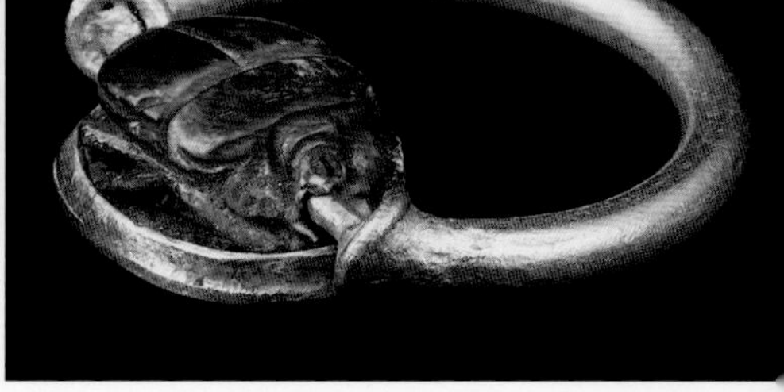

◉ 211. 这些戒指制作于公元前8世纪到公元前5世纪之间，它们可能是在埃及、希腊、塞浦路斯、腓尼基城市等任何地方制作的。制作这些戒指的材料包括黄金、青铜和银合金，戒面则用玛瑙玉髓一类的天然材质。此外，腓尼基人也大量制作费昂斯（见◉ 316）的扁珠形戒面，题材大多是神兽、动物、文字和几何纹样。一个腓尼基商人很可能戴着刻有埃及文字或希腊题材的印章戒指，在环地中海的贸易交流中，这是国际化的手工艺品形式，以方便贸易中的交流和合作。

◉ 212 普里阿摩斯珍宝

Priam's Treasure

类型：西亚珠饰

Ornaments of West Asia

品名：普里阿摩斯珍宝
Priam's Treasure
地域：土耳其
Turkey
年代：公元前1300—前1100年
1300—1100 BC
材质：黄金、半宝石等
Gold, Semi-precious Stone, etc.

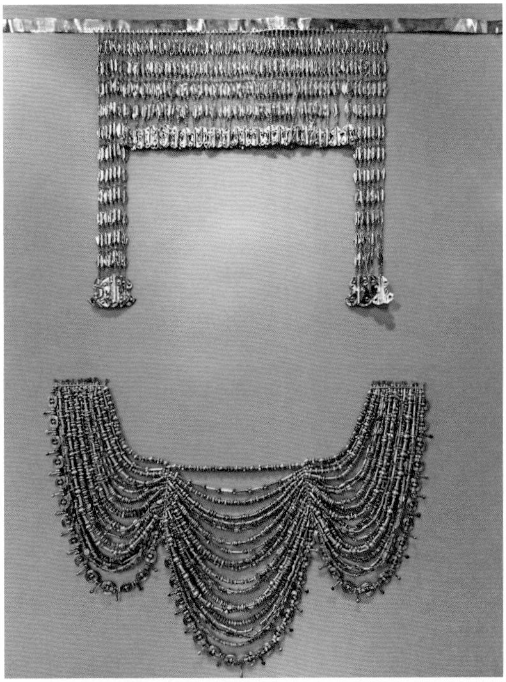

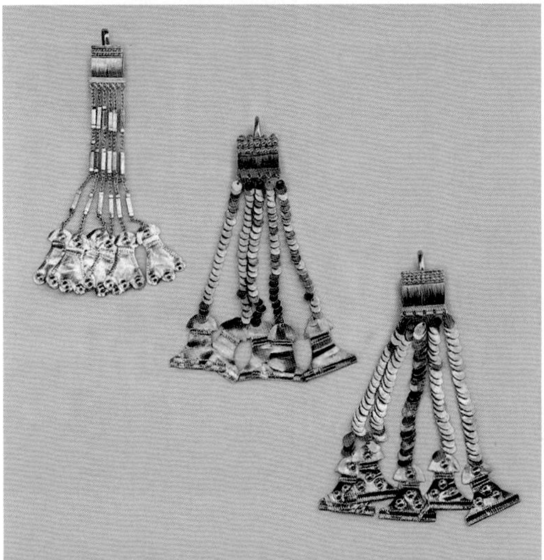

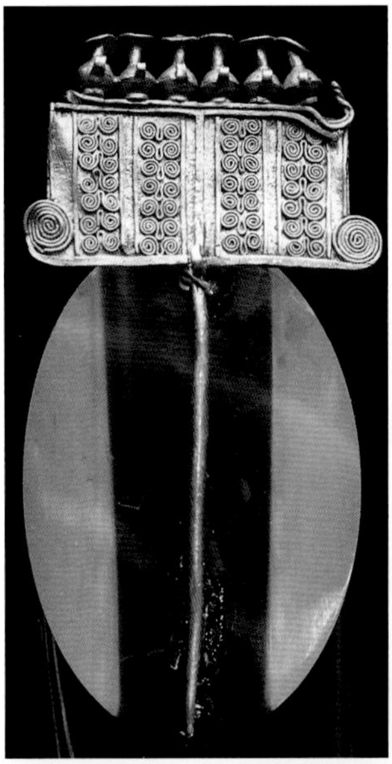

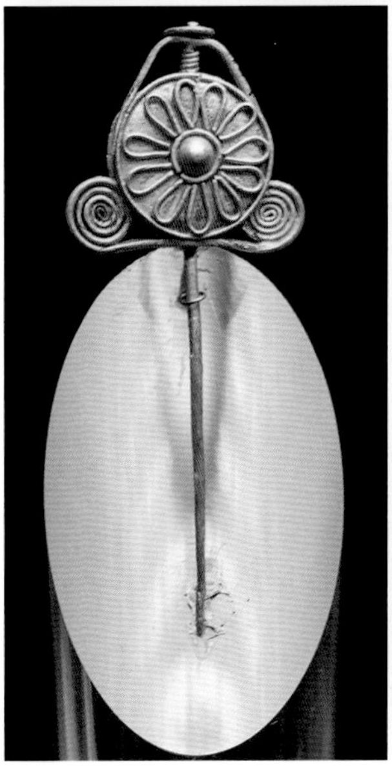

◉ 212. 普里阿摩斯珍宝，由德国考古学家谢里曼于1873年在土耳其北部发现，他声称该地即是《荷马史诗》中的特洛伊城。斯巴达王后海伦曾跟随特洛伊王子私奔至此，希腊人曾以夺回海伦的复仇行动为借口，发动了长达10年的特洛伊战争。谢里曼用特洛伊城国王普里阿摩斯的名字命名了这批珍宝，谢里曼的妻子索菲亚曾将这批黄金珠饰穿戴起来，称其为“海伦的珠宝”。后来的研究表明，这批珍宝的年代早于普里阿摩斯国王时期。经过辗转，它们最后落脚于莫斯科普希金博物馆。

◉213　吕底亚的金饰和印珠

Gold Ornaments of Lydia

类型：西亚珠饰

Ornaments of West Asia

品名：吕底亚的金饰和印珠
Gold Ornaments of Lydia
地域：土耳其西部
Western Turkey
年代：公元前800—前300年
800—300 BC
材质：玛瑙、红玉髓、水晶、黄金、银等
Agate, Carnelian, Rock Crystal, Gold, Silver, etc.

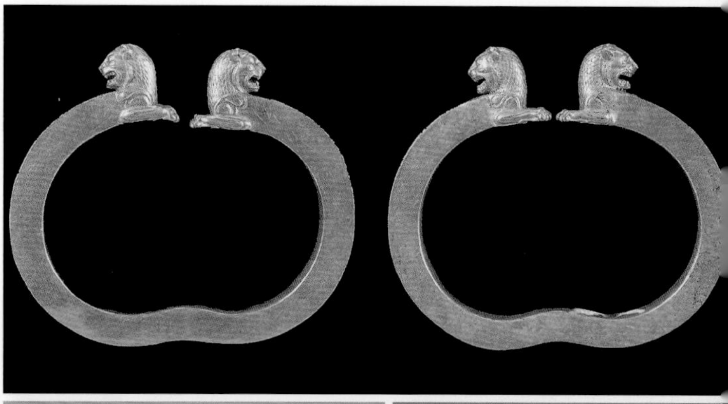

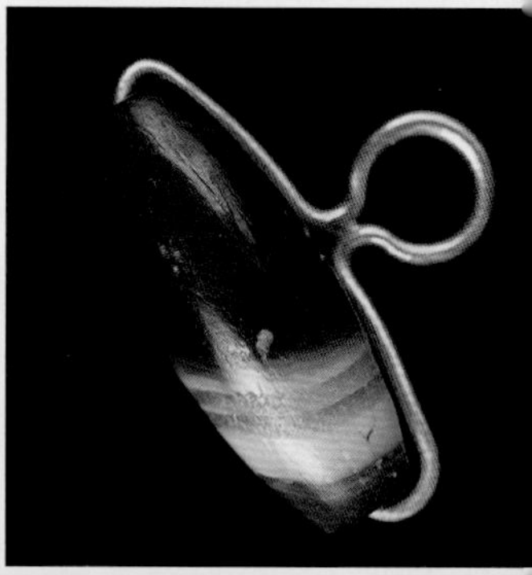

◉213. 吕底亚是铁器时代占据现土耳其西部的富裕的王国，首都萨迪斯（Sardis）。希腊文献对吕底亚有生动的记载，希腊神话中的酒神狄俄尼索斯在维持他人形伪装的时候便声称自己来自吕底亚。历史之父希罗多德在《历史》中说，吕底亚是最早使用黄金和白银制作硬币的地方。公元前546年，吕底亚沦为波斯帝国行省，公元前133年被罗马兼并。黄金曾是吕底亚财富的主要来源，萨迪斯考古发掘出土的这批珠子、金饰和印章大多有黄金镶嵌和搭配。处于贸易中心位置的吕底亚，其珠饰风格受到周边各个文化——包括腓尼基、埃及、亚述、希腊等文化的影响，甚或直接是舶来品。另外一批来自土耳其西部的“卡鲁恩宝藏”（Karun Treasure）的363件发掘物，考古编年为公元前700年，美术风格同样受到来自希腊、波斯和埃及的影响。

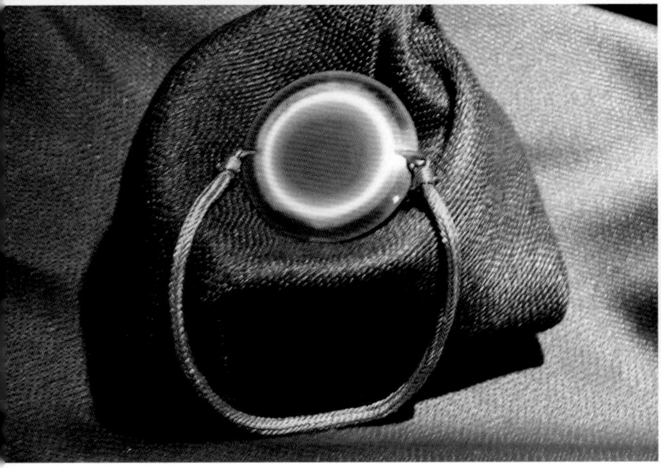

◉214 哈里夫遗址的蚀花珠

Etched Beads from Tell Halif

类型：西亚珠饰

Ornaments of West Asia

品名：哈里夫遗址的蚀花珠和半宝石珠
Etched Beads and Semi-precious Stone Beads from Tell Halif
地域：以色列
Isreal
年代：公元前800—前300年
800—300 BC
材质：玛瑙、红玉髓等
Agate, Carnelian, etc.

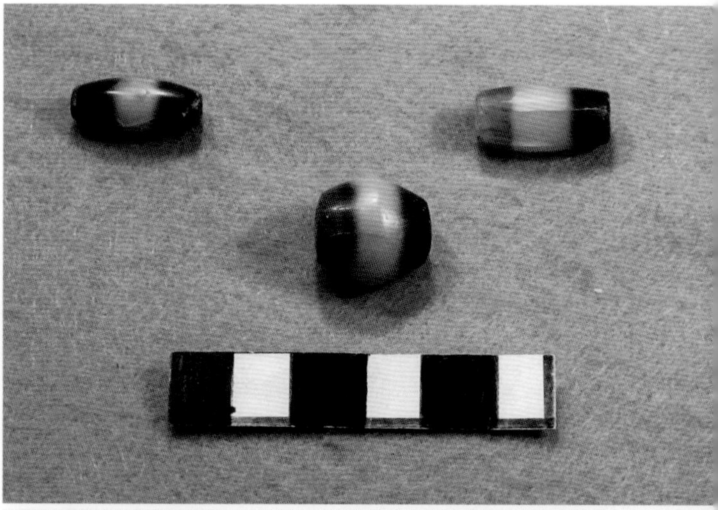

◉214. 哈里夫遗址（Tell Halif）位于以色列犹太山西南侧，是《圣经》中多次提到的“临门”（Rimmon）。这里在铜石并用时代就有人类聚居点，青铜时代曾被埃及和亚述占领，铁器时代则为波斯帝国版图一部分。出土的这批珠饰除了红玉髓和其他半宝石及金属饰品，还有特殊的黑白（糖色）蚀花珠，形制包括管子和珠子。这种蚀花珠在西亚、南亚和东南亚都有同时期的同类型的实物资料，目前不清楚珠子是在哈里夫本地制作还是舶来。大英博物馆所藏乌尔寺庙窖藏（见◉191）、印度加尔各答博物馆（见◉142）和芝加哥大学东方博物馆（伊朗发掘）都有同类型的黑白蚀花珠，并且都提供了珠子为铁器时代的地层断代。近来藏家和珠商不时在迪拜等地方购得同类型珠子，珠商称其为“也门蚀花珠”（见◉215），而来自孟加拉地区和印度的同类型珠子则被坊间称为“孟加拉蚀花珠”（见◉142）。

◉ 215　也门蚀花珠

Etched Beads from Yemen

类型：西亚珠饰
Ornaments of West Asia

品名：也门蚀花珠
Etched Beads from Yemen
地域：也门
Yemen
年代：公元前700—公元前后
700 BC—Before and after AD
材质：玛瑙、红玉髓等
Agate, Carnelian, etc.

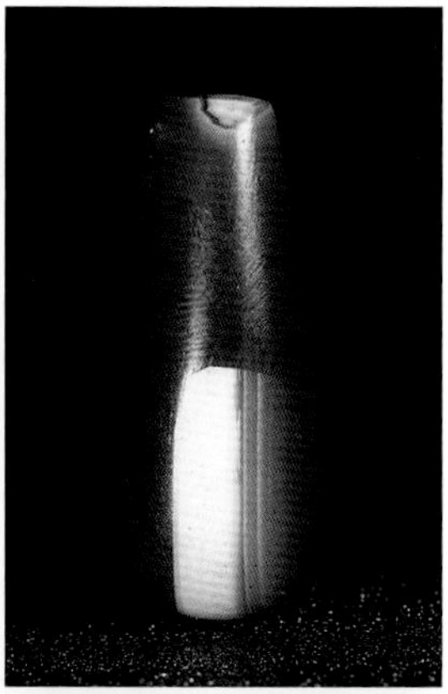

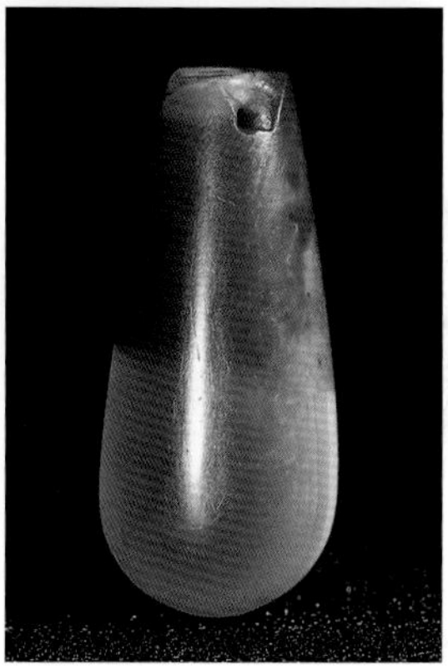

也门位于阿拉伯半岛的西南端，漫长的海岸线从红海延伸至亚丁湾，处于东西方海上贸易路线的战略位置。也门从公元前5000年就有人类聚居点，青铜时代开始成为海上贸易的中转站。这里是《圣经》和《古兰经》记述的“示巴女王”（Queen of Sheba）的故乡，从公元前11世纪开始出现地方王国，他们有时联盟，有时征战，直到公元630年被阿拉伯征服。

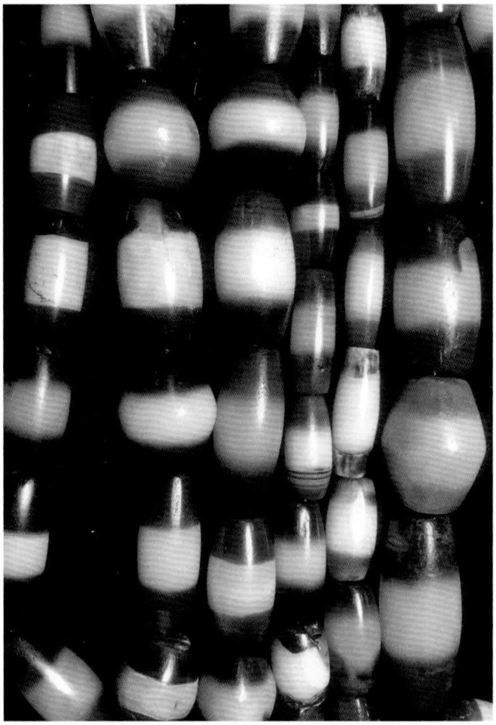

也门据地理优势，在铁器时代的海上贸易繁荣期曾大量制作珠子和其他手工艺品，坊间流传的所谓的“也门蚀花珠”是一种糖色底的黑白蚀花珠，其工艺来源目前不明，推测由印度工匠引入，他们专门制作既用作装饰又用作货币的蚀花类珠子。也门蚀花珠与坊间称为“孟加拉蚀花珠”的黑白珠子从形制到工艺都相似或相同，其中几种形制的珠子流传很广，从地中海东岸到两河流域，从伊朗到印度都有正式出土资料，但目前不清楚这些不同地方的同类型、同工艺的蚀花珠是单一来源还是有多个制作地。

◉ 215. 也门蚀花珠。虽然也门的考古发掘没有提供藏家称为“也门蚀花珠”的地层，但是大英博物馆所藏乌尔寺庙（铁器时代）窖藏和以色列哈里夫遗址（见◉ 214）等地方的出土实物都提供了此类珠子出于铁器时代的断代依据。这种珠子实际上是糖色的工艺品，即体现糖色与白色或奶油色的色彩对比，形制有椭圆形扁珠（龟背）、中段略鼓的管子、双锥形珠（橄榄形珠）、有眼板珠等。珠子流传很广，目前不确定珠子是本地生产还是贸易舶来品。

◉215 也门蚀花珠
Etched Beads from Yemen

（铁器时代的也门蚀花珠）

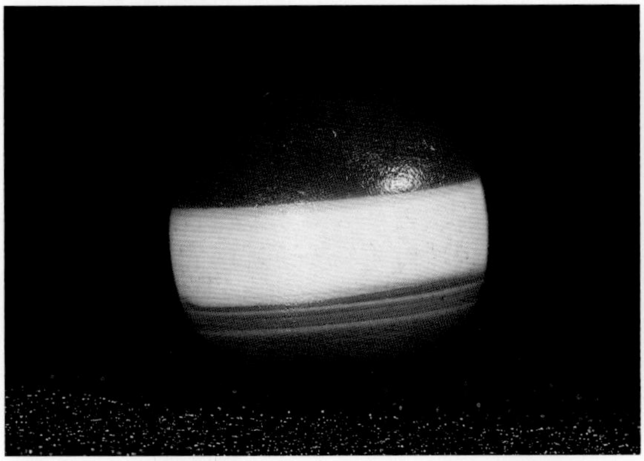

现今坊间仍然流传一种直筒形的扁珠，也被藏家和珠商笼统称为“也门珠”，珠子的直径从1.5到0.5厘米不等，珠商称其购自也门。有资料表明德国伊达尔–奥伯施泰因（见◉387）曾制作这类形制和工艺的珠子，19世纪到20世纪初专门针对东非和中东生产，由当时经手贸易珠的公司贩往麦加（位于沙特阿拉伯），再由麦加的阿拉伯商人贩往各处。

◉216 也门银饰

Silver Jewelry of Yemen

类型：西亚珠饰

Ornaments of West Asia

品名：也门银饰
Silver Jewelry of Yemen
地域：也门、阿拉伯半岛
Yemen and Arabian Peninsula
年代：公元1700—1900年
1700—1900 AD
材质：银、合金、银鎏金
Silver, Alloy, Gilding Silver

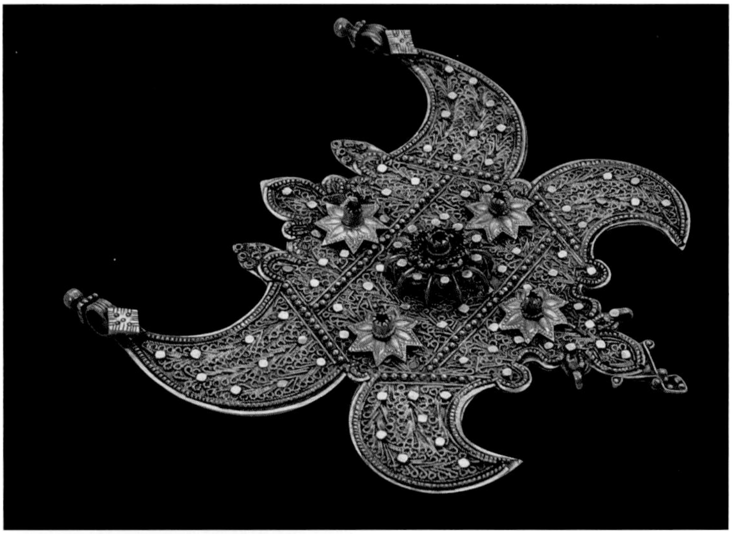

◉ 216. 也门传统银饰。也门银饰实际上是指也门的犹太银匠制作的银饰。从18世纪以来的三百多年，他们制作的银饰在阿拉伯半岛和北非广受赞誉。犹太银匠以擅长炸珠和花丝闻名，他们在也门有专门的社区和行会，并有专业的学校教授和实践银饰技艺。20世纪50年代，随着大批犹太工匠回归以色列，穆斯林工匠开始进入这一行业。20世纪后期，批量化银饰制作冲击也门传统银饰制作，手工银饰萎缩。与所有珠子珠饰最基本的功能一样，也门银饰是妇女身份和社会地位的标示，特别是新娘银饰，是最隆重而独特的生命历程的标志。

类型：犹太人珠饰
Ornaments of Jewish

品名：犹太人订婚戒指
Jewish Betrothal Rings
地域：犹太社区
Jewish Community
年代：公元1300—1900年
1300—1900 AD
材质：黄金、银、合金、银鎏金、半宝石等
Gold, Silver, Alloy, Gilding Silver, Semi-precious Stone, etc.

◉ 217. 犹太人订婚戒指的特点是戒指上有微型宫殿、城堡和庙宇，以精湛的贵金属珠宝工艺塑造，并镶有宝石或以珐琅彩等工艺描绘细节。订婚戒指上的建筑有些是代表和睦婚姻之家，有些是代表犹太古国所罗门王的神庙，每只婚戒都刻有希伯来文的祝福语。订婚戒指用于联姻关系的确定，而在婚礼上，新郎会将另一只朴素的戒指交给新娘，表明他没有用钱像买走一件物品一样买走新娘。希伯来婚戒首次出现在文献中是10世纪，最早的实物则出现在14世纪。犹太人至今保持订婚戒指的习俗，现代的犹太人订婚戒指上仍有微型宫殿或庙宇的装饰，但造型更加小巧和抽象，以符合现代人审美。

八、亚欧草原珠饰
Jewellery of Eurasian Steppe

◉ 218—◉ 233

◉218 亚欧草原上的库尔干古冢遗珍

Bequeathed Treasure from Kurgan Tumulus of Eurasian Steppes

类型：亚欧草原古冢
Tumulus of Eurasian Steppes

品名：库尔干
Kurgan
地域：亚欧草原
Eurasian Steppes
年代：公元前4000—公元500年
4000 BC—500 AD

◉218. 库尔干（Kurgan）原意“堡垒”，是亚欧草原地表可见的古冢类型，外观起土成茔，多以大石累积，内有棺椁，以武器和马匹殉葬，伴有珠饰金饰一类随葬品，是典型的草原民族墓葬类型。库尔干于公元前第四千纪起源于黑海北岸至里海，即地理上的东欧大草原，公元前第三千纪传遍中亚、东欧、西欧和北欧。库尔干与斯基泰-萨迦-西伯利亚墓葬类型相吻合，学者根据语言学重构和考古证据提出所谓“库尔干假设”，即原始印欧人（Proto-Indo-Europeans）为库尔干文化的承载者，这些人是青铜时代至铁器时代亚欧草原上最活跃的族群，他们的移动和传播对欧亚大陆早期的文明和文化造成巨大的影响，并留下大量库尔干地表遗存和地下宝藏。

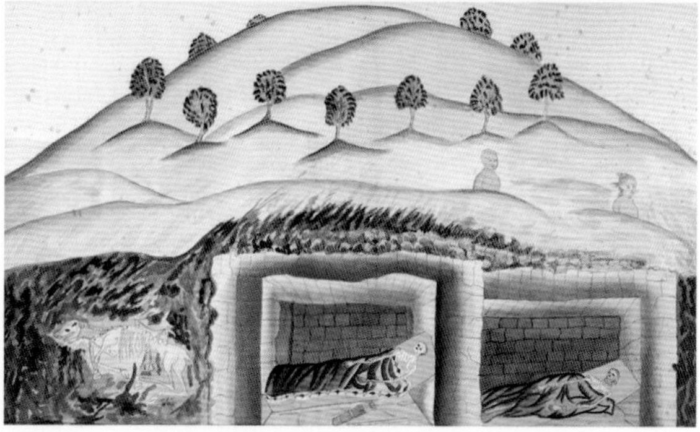

类型：亚欧草原珠饰
Ornaments of Eurasian Steppes

品名：迈科普文化的金饰
Gold Ornaments of Maykop Culture
地域：俄罗斯南部
Southern Russia
年代：公元前3700—前3000年
3700—3000 BC
材质：黄金、银、合金、红玉髓、绿松石、青金石、滑石上釉等
Gold, Silver, Alloy, Carnelian, Turquoise, Lapis Lazuli, Glazed Steatite, etc.

◉219. 迈科普文化（Maykop culture）是高加索地区的青铜文化，以俄罗斯南部的迈科普库尔干命名，是迄今发现的最早的库尔干文化。迈科普文化擅长贵金属制作，有立体造型的黄金饰品和白银质地的公牛，也有表面带纹饰的金珠和金饰片，半宝石类珠饰有红玉髓珠子、坠子以及绿松石珠。迈科普金饰具有不同于其他文化背景的美术造型，为本土制作，而半宝石珠子在同期的西亚和中亚也能见到，可能是成品输入。

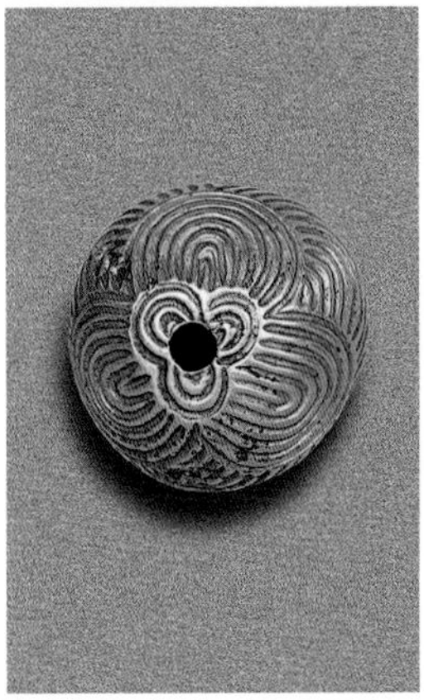

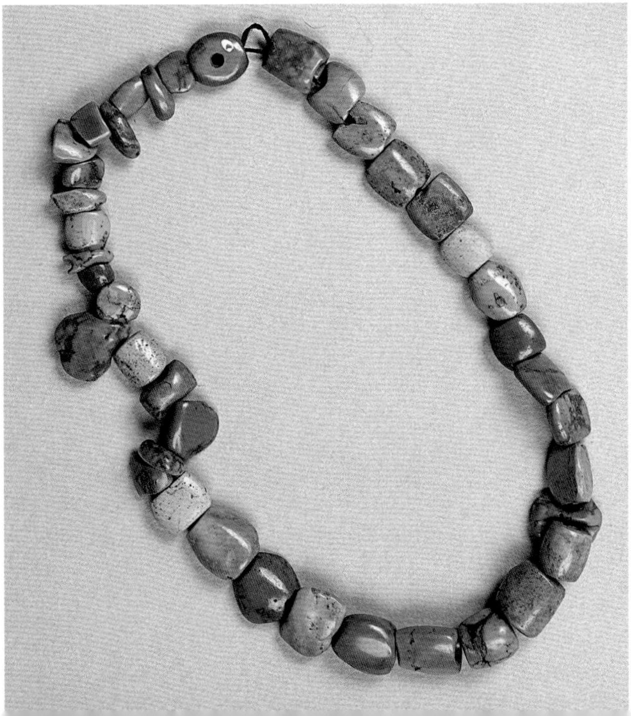

◉ 220　格鲁吉亚的库尔干墓葬金饰
Gold Ornaments from Kurgan Tumulus, Georgia

类型：亚欧草原珠饰
Ornaments of Eurasian Steppes

品名：特安利特文化的金饰
Gold Ornaments from Trialeti Culture
地域：格鲁吉亚、亚美尼亚
Georgia, Armenia
年代：公元前3000—前2000年
3000—2000 BC
材质：黄金、银、半宝石
Gold, silver, Semi-precious Stones

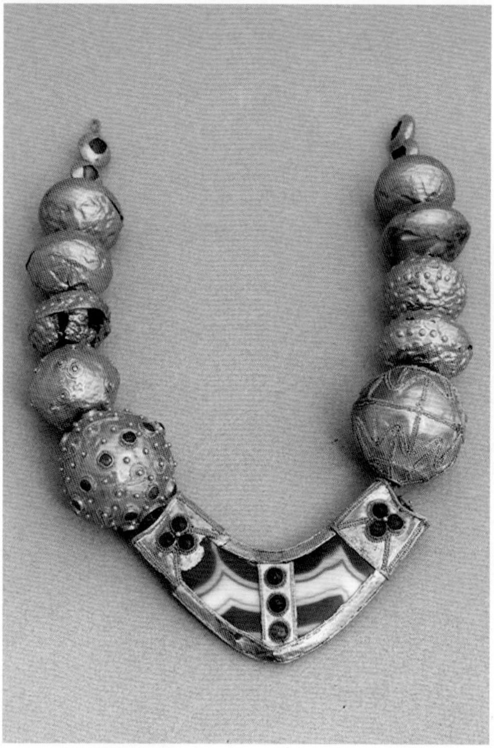

◉ 220. 特安利特文化（Trialeti culture）是高加索地区著名的青铜文化，以格鲁吉亚的特安利特遗址命名，文化影响覆盖现格鲁吉亚、亚美尼亚多处地方。特安利特文化以库尔干墓葬闻名，有独特的葬俗，即精英人物埋葬于大石之下并有四轮马车和金器金饰随葬，金饰与伊朗和两河流域金饰风格类似，表明该地域与周边甚至遥远的地域有贸易和文化交流。

类型：亚欧草原珠饰
Ornaments of Eurasian Steppes

品名：贝加尔湖古墓出土的玉环
Jade Rings Excavated from Tomb of Lake Baikal
地域：蒙古国
Mongolia
年代：公元前2000年
2000 BC

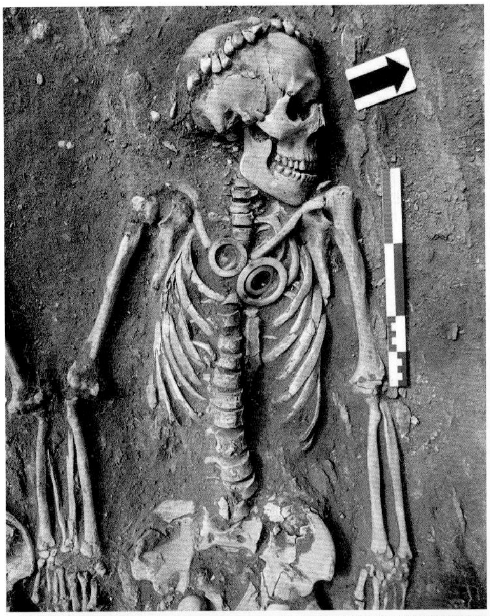

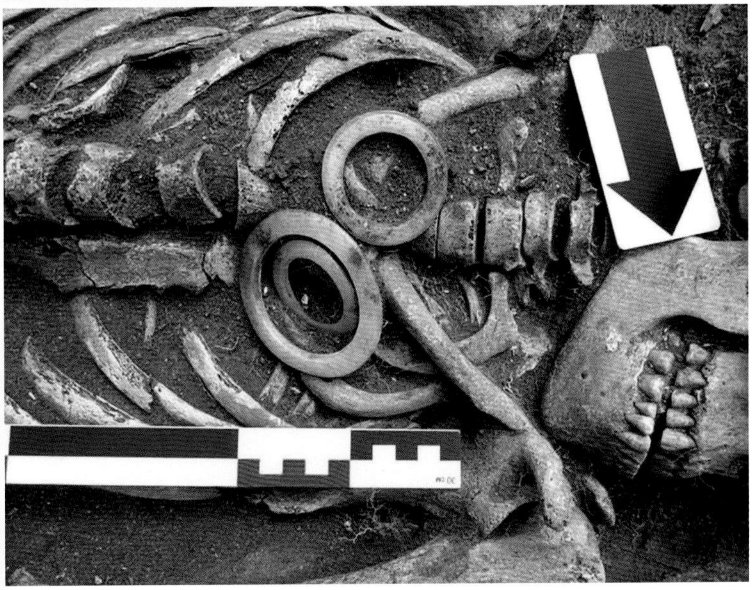

◉221. 俄罗斯考古队于2016年在西伯利亚南部的贝加尔湖附近的青铜时代遗址发掘出一座手牵手的男女合葬墓，推测女性死者是跟随男性死者殉葬。令人感兴趣的是男性死者佩戴的白玉环，一枚玉环嵌在死者左眼眶内，另三枚玉环放置在死者胸部。玉环为白色玉料，形制与中国新石器时代玉环相似或相同。该墓葬同时出土的还有青铜制品。这对夫妇被认为来自格拉兹科文化（Glazkov culture），青铜时代的通古斯语部落文化。蒙古人部落的入侵带来了一种圈石的库尔干墓葬形式，被认为产生了后来的西伯利亚斯基泰库尔干形式。

◉ 222 科尔基斯的金饰
Gold Ornaments of Colchis

类型：亚欧草原珠饰
Ornaments of Eurasian Steppes

品名：科尔基斯的金饰
Gold Ornaments of Colchis
地域：格鲁吉亚
Georgia
年代：公元前800—公元前后
800 BC—Before and after AD
材质：黄金、银、半宝石
Gold, silver, Semi-precious Stones

◉ 222. 科尔基斯（Colchis）是黑海东岸铁器时代的城邦国家，希腊神话传说中的“金羊毛之地”，被认为是最早的格鲁吉亚。这里盛产黄金、铁、木料和蜂蜜，原料主要出口给希腊城邦。瓦尼考古遗址（Vani archaeological site）出土的金饰代表了科尔基斯金饰的制作水平和整体风格，其技艺和装饰风格均受到希腊在黑海殖民的影响。

◉ 223 阿尔赞的金饰
Gold Ornaments from Arzan

类型：亚欧草原珠饰
Ornaments of Eurasian Steppes

品名：阿尔赞的金饰
Gold Ornaments from Arzan
地域：图瓦共和国
Arzan, Tyva Republic
年代：公元前900—前800年
900—800 BC
材质：黄金、银、半宝石
Gold, Silver, Semi-precious Stones

◉ 223. 阿尔赞（Arzan）是位于俄罗斯图瓦共和国境内、叶尼塞河支流附近的一座斯基泰库尔干，共有三个墓区，包括一个大型王室墓葬，有马匹殉葬，并出土数量可观的金饰。阿尔赞是典型的斯基泰库尔干，但与黑海北岸（考古编年稍晚的）斯基泰金饰不同，阿尔赞的黄金饰品被认为是斯基泰工匠所制而非希腊人，学者认为这一区域可能有斯基泰工匠定居在有沙金的山间溪流附近，专门从事金饰和金器的制作。

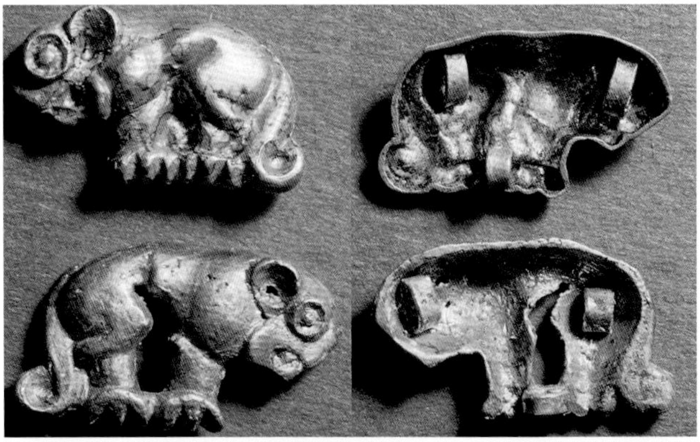

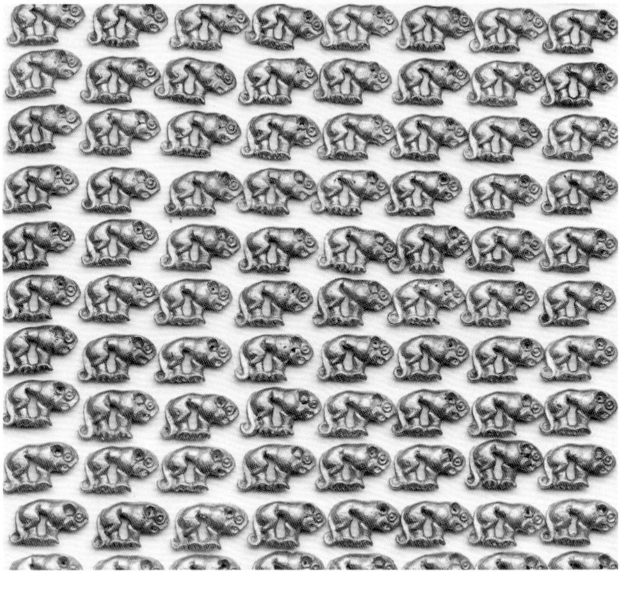

◉ 224　巴泽雷克金饰

Gold Ornaments of Pazyryk Culture

类型：亚欧草原珠饰

Ornaments of Eurasian Steppes

品名：巴泽雷克珍宝
Treasure of Pazyryk Culture
地域：俄罗斯西伯利亚
Siberia, Russia
年代：公元前600—前300年
600—300 BC
材质：黄金、银、半宝石
Gold, Silver, Semi-precious Stones

◉ 224. 巴泽雷克文化（Pazyryk culture）是斯基泰人铁器时代的文化，以位于俄罗斯境内西伯利亚阿尔泰山脉巴泽雷克村的斯基泰库尔干命名，遗址靠近中国新疆、哈萨克斯坦和蒙古国三方边境，蒙古国和哈萨克斯坦邻近地方均有类似墓葬发现。由于西伯利亚冻土层的保护，该墓葬出土了有动物文身“西伯利亚冰公主”的木乃伊，证实了历史之父希罗多德在《历史》中对斯基泰人文身的描写。墓葬伴有殉马和大量珠饰金饰、织物以及其他殉葬品，其中包括迄今发现的世界上最古老的地毯。

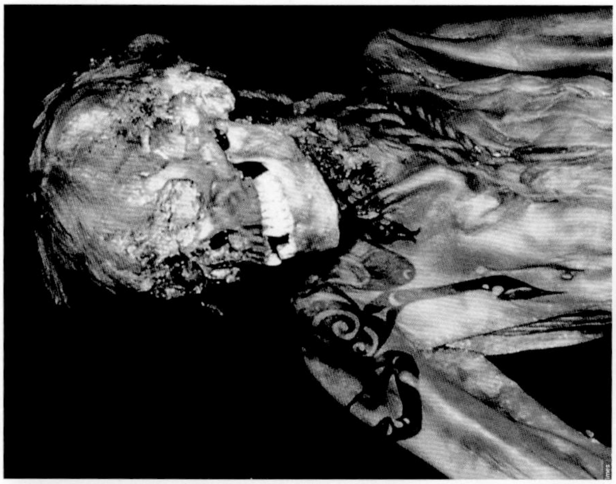

◉ 225 伊塞克库尔干的金饰

Gold Ornaments of Issyk Kurgan

类型：亚欧草原珠饰
Ornaments of Eurasian Steppes

品名：伊塞克库尔干的金饰
Gold Ornaments of Issyk Kurgan
地域：哈萨克斯坦
Kazakhstan
年代：公元前400—前300年
400—300 BC
材质：黄金、银、半宝石
Gold, Silver, Semi-precious Stone

◉ 225. 伊塞克库尔干（Issyk Kurgan）位于哈萨克斯坦东南部，为萨迦人（Saka）库尔干。萨迦人与斯基泰人一样，是操伊朗语的部落，游牧在亚欧草原的东部和天山盆地。伊塞克库尔干以出土了有铭文的银碗和满身披挂金饰片的“金王子”闻名，铭文内容为斯基泰方言，目前尚未破译。“金王子”身上有共计4000件金饰和织物饰片，金饰大多为典型的草原风格的动物题材，包括斯基泰人偏爱的格里芬。“金王子”的形象现已被哈萨克斯坦视为其古代文化的象征。

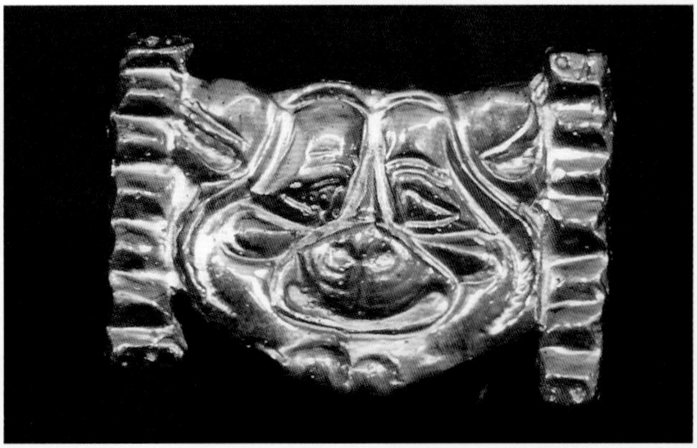

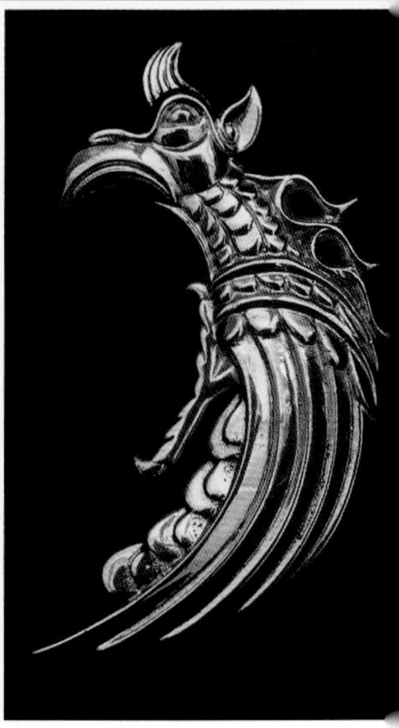

类型：亚欧草原珠饰
Ornaments of Eurasian Steppes

品名：斯基泰黄金战士
Scythian Gold Warriors
地域：乌克兰
Ukraine
年代：公元前400—前300年
400—300 BC
材质：黄金
Gold

希罗多德在他的《历史》中描写斯基泰人喜欢打仗、喝酒、文身和黄金，考古发掘证实了希罗多德的描写，他们都是“为生存而战，为战斗而生”的战士。斯基泰人的黄金财富的累积与希腊在黑海殖民同步，斯基泰人向希腊人输出他们的黄金原料、皮毛和奴隶，希腊人则给他们提供陶器、珠饰和美酒，包括提供最好的希腊工匠专门给斯基泰贵族制作黄金饰品。出现在斯基泰金饰中的那些“斯基泰黄金战士”，是希腊工匠的杰作，他们除了具有高超的制作工艺，还有出色的美术造型和构图设计能力。斯基泰黄金战士的形象和场景生动地再现了斯基泰人的生活、习俗和信仰，是宝贵的研究斯基泰人的第一手资料。

◉226. 斯基泰金饰中的黄金战士。现乌克兰是拥有斯基泰库尔干墓葬最多的地方，也拥有最丰富最耀眼的斯基泰黄金宝藏。斯基泰黄金战士的形象是研究斯基泰人的实物资料，也是黑海“希腊化”时期杰出的美术作品。图片中的斯基泰黄金战士形象采自不同的斯基泰库尔干，包括库尔-奥巴（Kul-Oba）的金罐，索罗克哈（Solokha）的金梳，托尔斯塔亚金胸牌（见◉228），潘提卡彭（Panticapeum）的弓箭手饰片，这些藏品均藏于俄罗斯东宫博物馆。

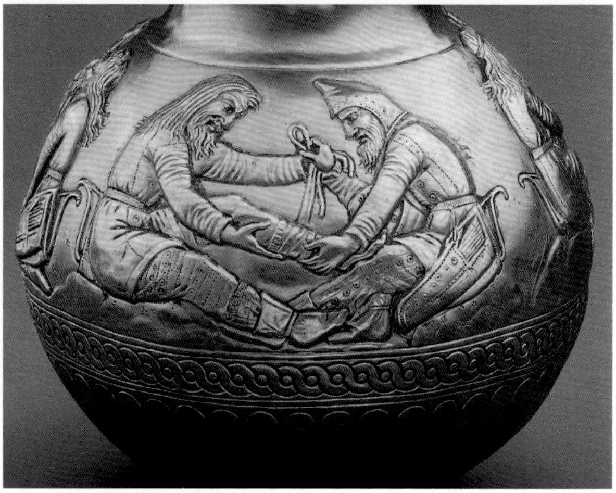

◉ 227 斯基泰动物金饰
Gold Zoomorphic Ornaments of Scythia

类型：亚欧草原珠饰
Ornaments of Eurasian Steppes

品名：斯基泰动物金饰
Gold Zoomorphic Ornaments of Scythia
地域：亚欧草原
Eurasian Steppes
年代：公元前700—前300年
700—300 BC
材质：黄金、半宝石等
Gold, Semi-precious Stone, etc.

◉ 227. 斯基泰金饰的题材和美术造型是典型的欧亚草原美术（Eurasian Steppes Art），风格化的动物造型和图案化的缠绕搏斗的场景表现，影响了整个亚欧草原以及后来的鄂尔多斯草原艺术（见◉ 231）、欧洲的凯尔特人艺术（见◉ 292）和中国战国时期西北地区的金饰（见◉ 018）。鹿、熊、狼和狮子等动物是斯基泰人偏爱的题材，这些动物题材和风格化造型延续了数个世纪，一直是亚欧草原和中国北方边境的游牧部落的美术传统。另外，黑海北岸的斯基泰墓葬也出土腓尼基眼纹玻璃珠（见◉ 210）、南亚的红玉髓珠和蚀花玛瑙珠，考古编年在公元前6世纪至公元前4世纪之间。

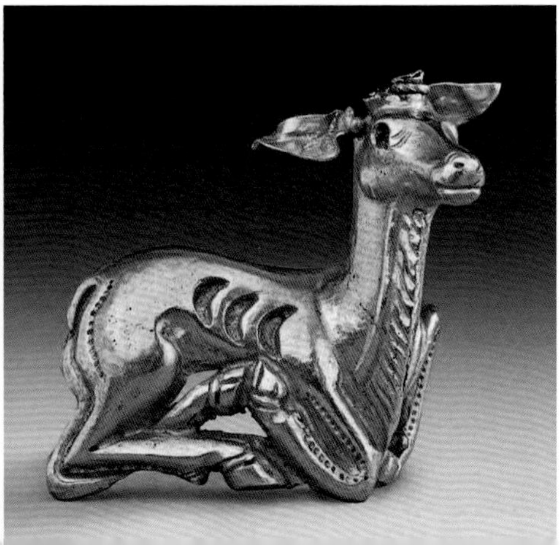

◉ 228　托尔斯塔亚金胸牌

Golden Pectoral of Tovsta

类型：亚欧草原珠饰

Ornaments of Eurasian Steppes

品名：托尔斯塔亚金胸牌
Golden Pectoral of Tovsta
地域：乌克兰
Ukraine
年代：公元前300年
300 BC
材质：黄金
Gold

◉ 228. 托尔斯塔亚金胸牌于1971年出土于乌克兰南部一个叫托尔斯塔亚·莫吉拉（Tolstaya Mogila）的斯基泰库尔干墓，该墓葬为典型的斯基泰贵族墓，有马匹和大量金饰殉葬。其中一件项圈样式的大型纯金胸牌，重1145克，宽30.5厘米，分三条区间表现斯基泰人的生活和神话场景，使用了超过160个主题元素，包括50个人物和动物、44朵金花和斯基泰箭筒一类的细节刻画。胸牌有明显的使用痕迹，应为墓主生前钟爱之物，一些小构件在墓主在世时已经脱落。胸牌的美术造型写实而细腻，细节元素有明显的希腊风格，为黑海殖民城邦的希腊工匠作品。此件大型金胸牌从美术造型到设计构成乃至工艺制作，均为斯基泰金饰杰作。

◉ 229　博斯普拉王国金饰
Gold Ornaments of Bosporan Kingdom

类型：亚欧草原珠饰
Ornaments of Eurasian Steppes

品名：博斯普拉王国金饰
Gold Ornaments of Bosporan Kingdom
地域：乌克兰克里米亚半岛
Crimean Peninsula, Ukraine
年代：公元前300年
300 BC
材质：黄金、半宝石等
Gold, Semi-precious Stone, etc.

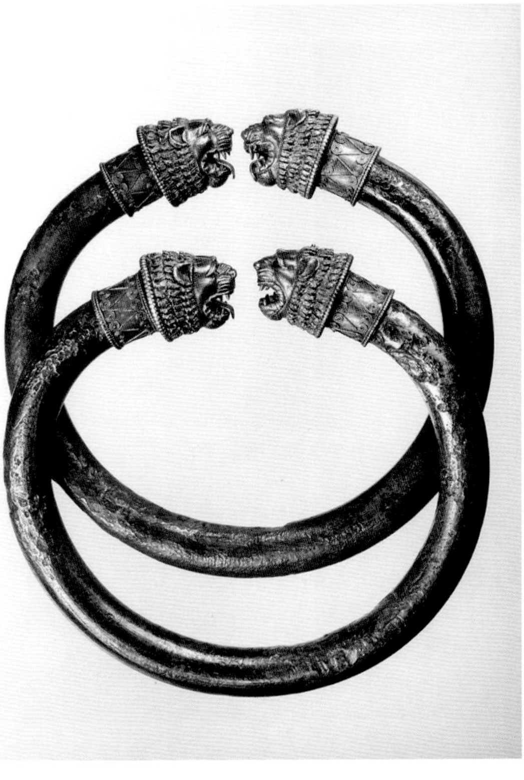

◉ 229. 博斯普拉王国（Bosporan Kingdom）是公元前438年到公元370年存在于黑海北岸克里米亚岛的希腊-斯基泰王国，是最早的“希腊化”（见◉ 245）城邦。博斯普拉的主体民族是斯基泰人，在希腊殖民期间他们接纳了希腊文化并说希腊语，但葬俗仍是草原库尔干形式。位于克里米亚半岛东部的刻赤（Kerch）有大约200多座库尔干，包括博斯普拉王室墓葬。这些墓葬出土的金饰珠饰几乎全部是“希腊化”的物品，从美术造型到工艺制作都是希腊风格和样式，题材则兼有斯基泰战士和希腊母题，反映了希腊在黑海殖民城邦的富裕繁荣。公元1世纪，博斯普拉沦为罗马行省，也是黑海周边存在时间最长的罗马附庸国。

◉ 230　萨尔马提亚的金饰
Gold Ornaments of Sarmatians

类型：亚欧草原珠饰
Ornaments of Eurasian Steppes

品名：萨尔马提亚的金饰
Gold Ornaments of Sarmatians
地域：俄罗斯
Russia
年代：公元前300—公元100年
300 BC—100 AD
材质：黄金、银、半宝石等
Gold, Silver, Semi-precious Stone, etc.

公元前2世纪，萨尔马提亚人控制了南俄到东欧的大片地区，取代了斯基泰人在亚欧草原的霸主地位。公元1世纪他们与日耳曼部落联盟，开始渗入罗马帝国，最终融入东欧斯拉夫人。与斯基泰人一样，萨尔马提亚人偏爱黄金和各种可携带的珠饰珠宝，墓葬中有大量金饰珠饰随葬。这些饰品为亚欧草原美术风格，与斯基泰金饰略有不同的是，萨尔马提亚人的金饰偏爱半宝石特别是绿松石镶嵌。萨尔马提亚武士的墓葬曾出土蚀花玛瑙珠，装饰风格与印度南方蚀花珠一致（见◉ 139）。著名的萨尔马提亚黄金墓葬均发现于俄罗斯西南，包括新克尔卡斯柯城的霍赫拉赫库尔干（Khokhlach Kurgan）和亚速城的达奇库尔干（Dachi Kurgan）。

◉ 230. 萨尔马提亚人（Sarmatians）是铁器时代的伊朗语族联盟，公元前5世纪到公元4世纪活跃在亚欧草原上，文化和习俗与斯基泰人的相近。希腊历史学家希罗多德描述他们是亚马孙女战士和斯基泰青年男子的后裔。目前发现的萨尔马提亚墓葬，女性随葬品也有武器、大马和黄金，仍是亚马孙女战士风尚。

◉231 鄂尔多斯青铜牌饰

Bronze Belt Ornaments of Ordos

类型：亚欧草原珠饰

Ornaments of Eurasian Steppes

品名：鄂尔多斯青铜牌饰
Bronze Belt Ornaments of Ordos
地域：亚欧草原东部
Eastern Region of Eurasian Steppes
年代：公元前500—100年
500 BC—100 AD
材质：黄金、半宝石等
Gold, Semi-precious Stone, etc.

◉231. 鄂尔多斯（Ordos）指中国内蒙古高原、黄河大河湾环绕的高原地区。鄂尔多斯草原美术被认为是斯基泰美术在亚欧草原东段的呈现，以“鄂尔多斯青铜器”著称，包括武器、马具、服饰配件等，其中青铜牌饰均以动物为题材，风格化的美术造型体现了混合斯基泰和中国美术元素的草原风格。一般认为鄂尔多斯美术的拥有者是亚欧草原最东端的伊朗语部落，如中国文献中的萨迦人和月氏人。

◉ 232　匈奴金饰
Gold Ornaments of Xiongnu

类型：亚欧草原珠饰
Ornaments of Eurasian Steppes

品名：匈奴金饰
Gold Ornaments of Xiongnu
地域：蒙古草原
Mongolia Prairie
年代：公元前300—前100年
300—100 BC
材质：黄金、银、半宝石等
Gold, Silver, Semi-precious Stone, etc.

◉ 232. 匈奴（Xiongnu）是游牧在蒙古草原的古代民族，先秦文献记载是中原王朝最强劲的北方敌人，对中原王朝北方边境造成的威胁持续数个世纪，中原王朝与他们保持着复杂的关系，贸易、战争或和亲（中原王朝公主嫁入匈奴王室）。匈奴与亚欧草原上所有的移动族群一样，偏爱黄金珠饰和各种合金小装饰件。内蒙古阿鲁柴登战国晚期匈奴墓出土的金饰件最为丰富，有金冠饰、虎咬牛纹金牌饰、镶宝石虎鸟纹金牌饰、虎形金饰片、羊形金饰片、嵌绿松石金耳坠、金项圈、金串珠、金锁链等200余件。匈奴金饰为典型的草原美术风格，由于与中原的关系密切，晚期（西汉时期）饰品也杂糅了中原元素，如玉雕件镶嵌和类似组佩的珠玉穿缀方式。

◉233 匈奴人金饰珠饰

Gold Ornaments of Huns

类型：亚欧草原珠饰

Ornaments of Eurasian Steppes

品名：匈奴人金饰珠饰
Gold Ornaments of Huns
地域：东欧、高加索、中亚
Eastern Europe, Caucasus, Central Asia
年代：公元400—600年
400—600 AD
材质：黄金、银、玛瑙、石榴石、其他半宝石等
Gold, Silver, Agate, Garnet, Other Semi-precious Stone, etc.

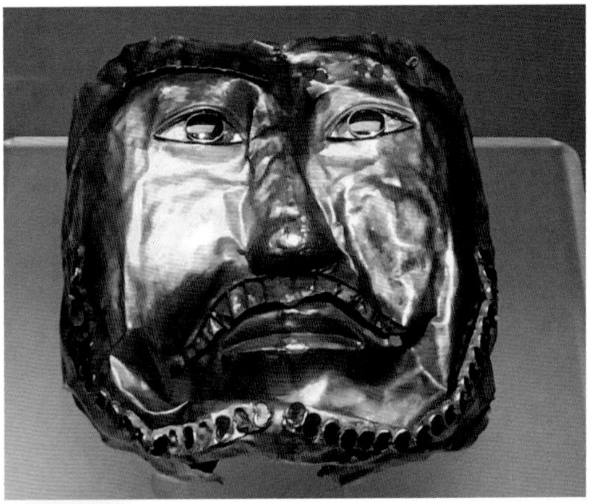

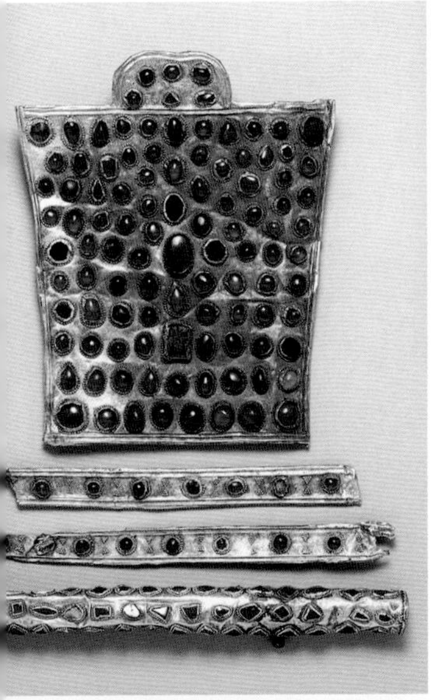

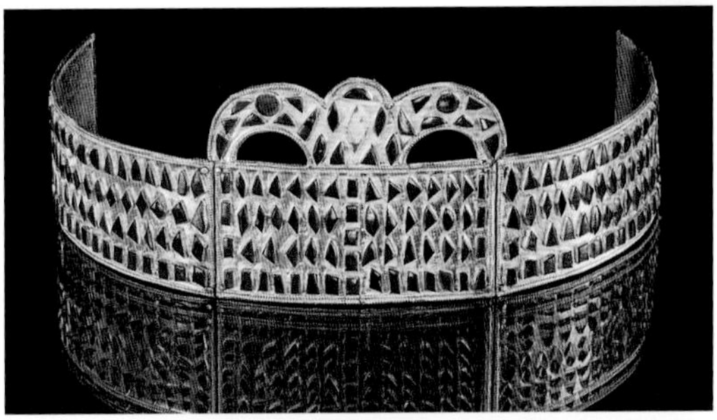

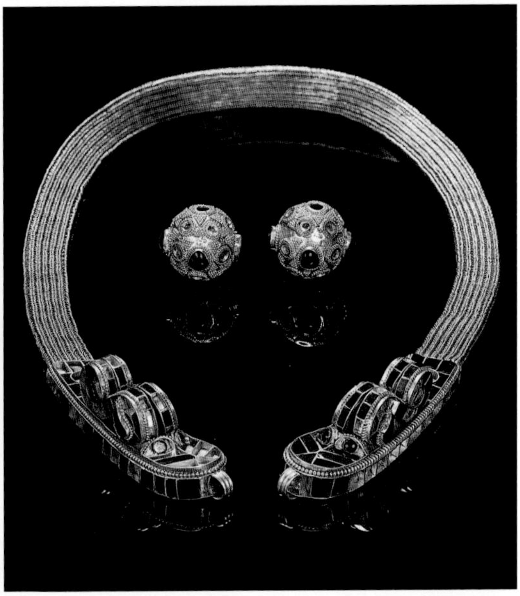

◉233. 匈奴人（Huns）早期游牧在伏尔加河附近，公元4世纪至公元6世纪横行高加索和东欧。他们擅长发动突袭，好战勇猛，在欧洲造成极大的动荡，加速了罗马帝国的灭亡和东欧中世纪格局的形成。匈奴人出现在伏尔加河时，伊朗语族的游牧部族如斯基泰人、萨尔马提亚人的鼎盛期已经过去，也带走了他们奢华的金饰。匈奴人占据了部分斯基泰故地，延续了马背民族耀眼夺目的金饰传统，但没有了斯基泰人和萨尔马提亚人对人物、动物和场景的表现，而是全部采用几何图案构成，并大量使用宝石镶嵌。匈人的起源和族属一直没有明确的结论，他们只留下不多的金饰和大量的战争传奇。

九、希腊、罗马/拜占庭珠饰
Jewellery of Greece, Rome/Byzantium

◉ 234—◉ 284

◉ 234 米诺安文明的滑石印珠 Steatite Seals of Minoan Civilization
◉ 235 米诺安文明的半宝石印珠 Semi-precious Stone Seals of Minoan Civilization
◉ 236 米诺安的黄金印戒和金饰 Gold Seal Rings and Ornaments of Minoan
◉ 237 米诺安的埃吉纳珍宝 Aegina Treasure of Minoan
◉ 238 迈锡尼珠饰 Beads of Mycenaean
◉ 239 迈锡尼的黄金印戒 Gold Seal Rings of Mycenaean
◉ 240 迈锡尼的玻璃珠饰 Glass Beads of Mycenaean
◉ 241 阿伽门农的金面具 The Golden Mask of Agamemnon
◉ 242 皮洛斯战斗玛瑙珠印 Pylos Combat Agate Seals
◉ 243 塞浦路斯的滚印 Cylinder Seals of Cyprus
◉ 244 塞浦路斯的金饰 Gold Ornaments of Cyprus
◉ 245 希腊和"希腊化"珠饰 Grecian and Hellenistic Ornaments
◉ 246 希腊的黄金花冠和发饰 Gold Wreath and Hair Accessories of Greece
◉ 247 希腊金项饰 Gold Necklace of Greece
◉ 248 希腊的金臂钏和金手镯 Gold Armbands and Bracelets of Greece
◉ 249 希腊的金耳环和坠饰 Gold Earrings and Pendants of Greece
◉ 250 希腊金币 Gold Coin of Greece
◉ 251 希腊圣甲虫印 Scarabs of Greece
◉ 252 希腊金属印戒 Metal Seal Rings of Greece
◉ 253 希腊宝石印戒 Seal Rings Inlaied Engraved Gem of Greece
◉ 254 希腊珠印 Stamp Seals of Greece
◉ 255 希腊雕刻宝石的众神题材 The Gods of Engraved Gem of Greece
◉ 256 希腊雕刻宝石的肖像题材 The Portraits of Engraved Gem of Greece
◉ 257 伊特拉斯坎人的金饰 Gold Jewelry of Etruscans
◉ 258 伊特拉斯坎人的圣甲虫印 Scarabs of Etruscans
◉ 259 罗马玻璃珠饰 Glass Beads of Rome
◉ 260 罗马玻璃印戒 Glass Seal Rings of Rome
◉ 261 罗马宝石印戒 Seal Rings with Engraved Gem of Rome
◉ 262 罗马凹雕宝石 Roman Intaglio Gems
◉ 263 卡里恩罗马军团戒面 Gems from Roman Legion in Caerleon
◉ 264 罗马尼科洛宝石 Roman Nicolo Gems
◉ 265 罗马浮雕宝石 Roman Cameo
◉ 266 罗马军功浮雕牌 Phalera of Roman Legion
◉ 267 法兰西大浮雕宝石 Great Cameo of France

◉ 234 米诺安文明的滑石印珠
Steatite Seals of Minoan Civilization

类型：希腊珠饰
Ornaments of Greece

品名：米诺安文明的滑石印珠
Steatite Seals of Minoan Civilization
地域：地中海克里特岛
Crete Island, Mediterranean
年代：公元前2200—前2000年
2200—2000 BC
材质：滑石
Steatite

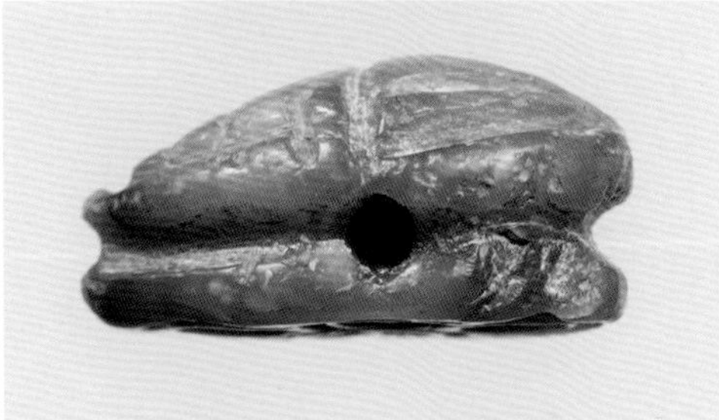

◉ 234. 米诺安文明（Minoan Civilization）发生在离希腊本土不远的克里特岛上，从公元前2700年持续到公元前1400年，被视为希腊的前文明，也是欧洲最早的文明，史学家威尔·杜兰特称她为“欧洲文明的第一环”。这些滑石印珠大约制作于公元前2200到公元前2000年之间，是米诺安人早期制作印章珠的实践。所用的材料多是硬度不高的滑石，珠子个体不大，一般不超过2厘米，图案是简单的几何图形组合，有打孔，方便穿戴，因此，除了具有印章的功能，还可作为装饰品。

◉ 235　米诺安文明的半宝石印珠

Semi-precious Stone Seals of Minoan Civilization

类型：希腊珠饰
Ornaments of Greece

品名：米诺安文明的半宝石印珠
Semi-precious Stone Seals of Minoan Civilization
地域：地中海克里特岛
Crete Island, Mediterranean
年代：公元前1900—前1500年
1900—1500 BC
材质：玛瑙、红玉髓等
Agate, Carnelian, etc.

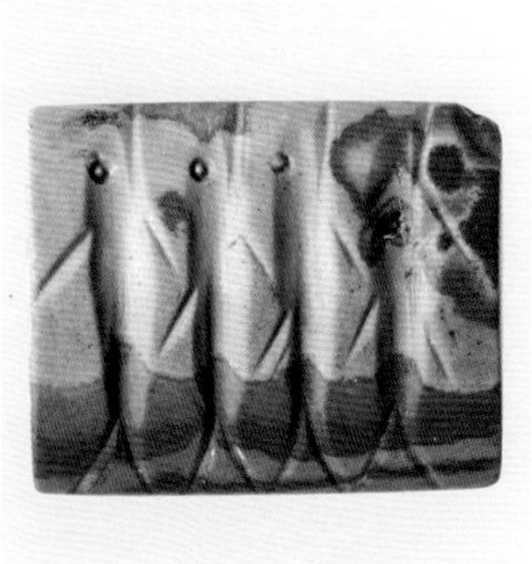

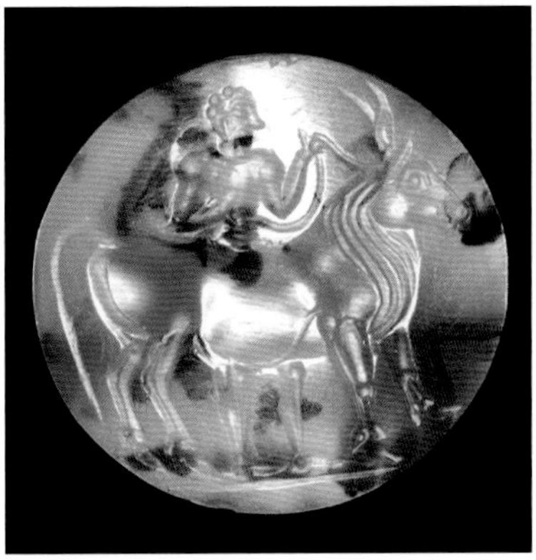

◉ 235. 米诺安文明的半宝石印珠。大约从公元前1900年开始，米诺安人懂得了如何使用硬度较高的玉髓和玛瑙制作他们的印珠。和早期的滑石印珠一样，珠子的个体大多不超过3厘米，题材大多是动物、植物和几何图案，美术造型简洁和凝练，珠子形制为圆形、方形和菱形等扁珠，沿珠子最大直径打孔。米诺安人不制作滚印，但是他们很善于利用珠子表面有限的空间尽可能多地组合出不同的印纹。

◉ 236 米诺安的黄金印戒和金饰

Gold Seal Rings and Ornaments of Minoan

类型：希腊珠饰
Ornaments of Greece

品名：米诺安文明黄金印戒和金饰
Gold Seal Rings and Ornaments of Minoan Civilization
地域：地中海克里特岛
Crete Island, Mediterranean
年代：公元前1600—前1400年
1600—1400 BC
材质：黄金、银、合金
Gold, Silver, Alloy

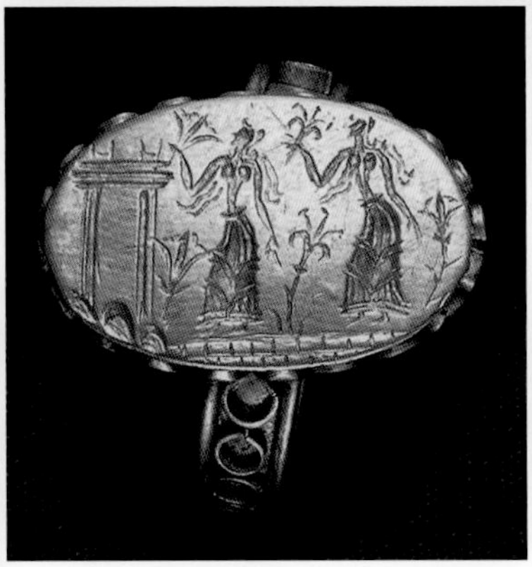

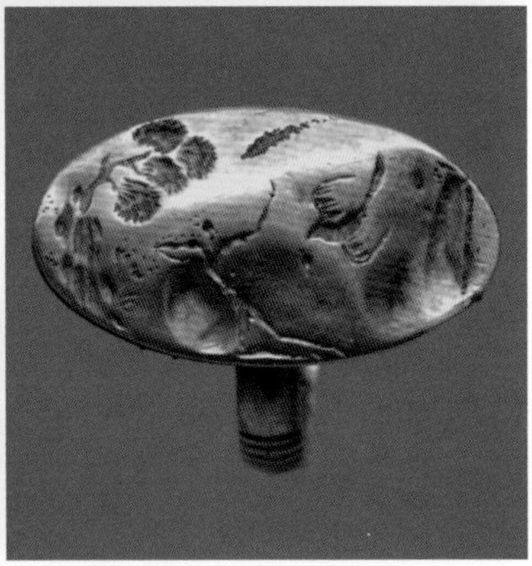

◉ 236. 米诺安文明的金属印章戒指和金饰。米诺安人从公元前1600年开始制作黄金和其他贵金属的印章戒指，这可能与原材料的来源和贵金属工艺的发展有关。戒指的戒面为模铸，指环焊接在戒面的背面。由于工艺的可能性，米诺安人抛弃了以前简单的几何图案和单独的动物形象，在大约长2厘米、宽1.5厘米的戒面上满是线条优美的人、神、动物、花草和故事性的道具，展示的是米诺安人的生活乐园和笃信的神话场景。其他金饰则包括项链、手镯、发饰和坠饰等，有的金饰使用最古老的黄金炸珠工艺。

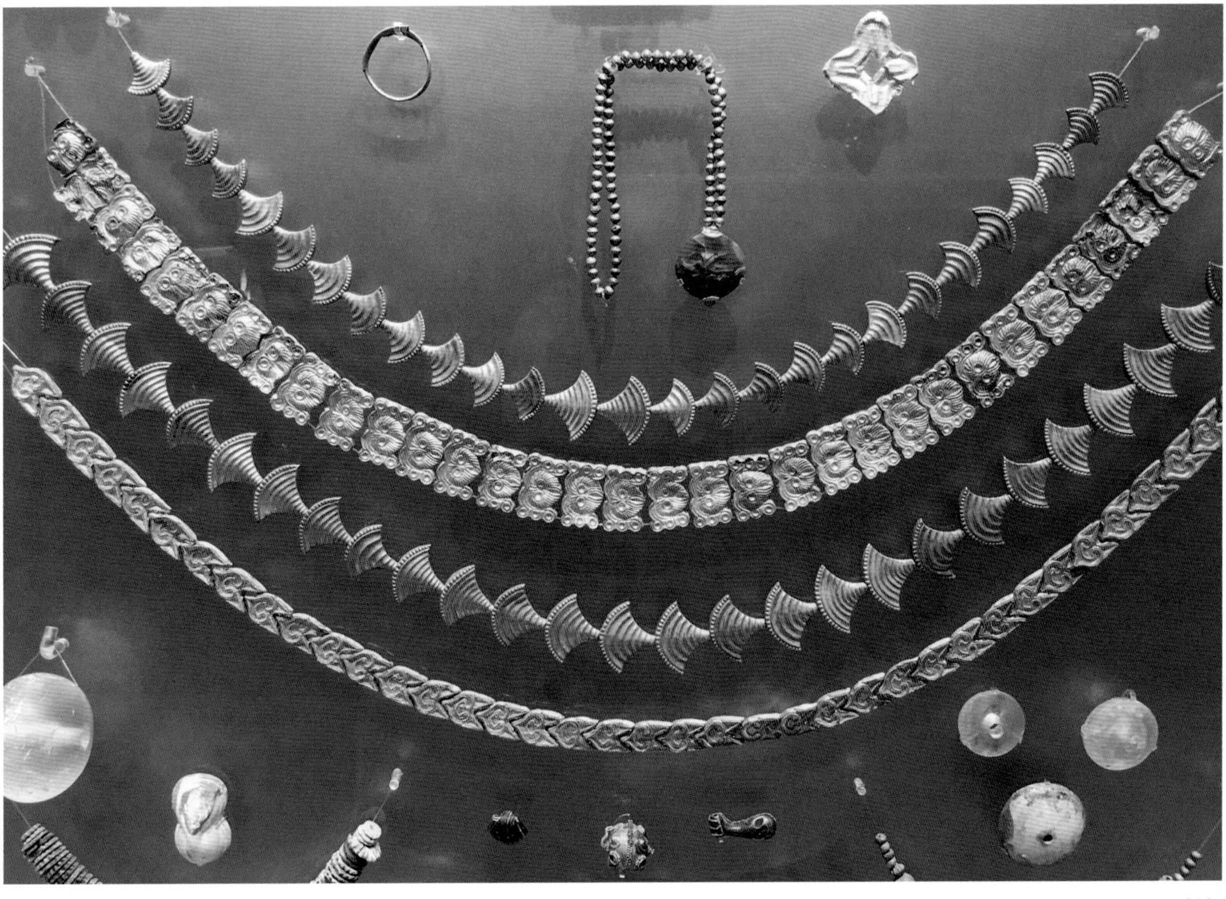

类型：希腊珠饰
Ornaments of Greece

品名：米诺安的埃吉纳珍宝
Aegina Treasure of Minoan
地域：地中海克里特岛
Crete Island, Mediterranean
年代：公元前1850—前1550年
1850—1550 BC
材质：红玉髓、绿玉髓、玛瑙、水晶、紫水晶、青金石、黄金等
Carnelian, Chalcedony, Agate, Rock Crystal, Amethyst, Lapis Lazuli, Gold, etc.

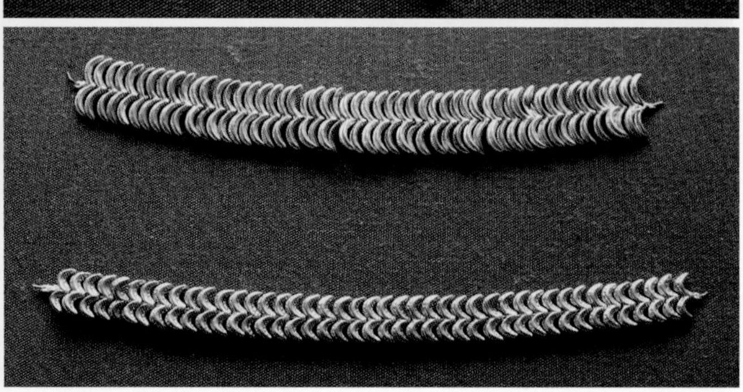

◉ 237. 埃吉纳珍宝（Aegina Treasure）是著名的米诺安珠宝窖藏，1891年发现于埃吉纳岛的米诺安墓葬中，墓葬未经正式考古发掘，至今不明该墓葬具体位置。埃吉纳珍宝包括项链、戒指、坠饰、手镯、腰带、发带和缝缀在织物上的饰片，集中体现了米诺安珠宝的制作工艺、材料应用、题材选择和风格样式，一直是大英博物馆展示米诺安珠宝艺术的最佳样本。这批珠宝的题材和纹饰受两河流域和中亚伊朗的影响，如“驯兽大师”，中心人物为米诺安神祇，动物则替换成了鹅和蛇（也有人认为是牛角或复合弓）。

类型：希腊珠饰
Ornaments of Greece

品名：迈锡尼珠饰
Beads of Mycenaean
地域：希腊伯罗奔尼撒半岛
Peloponnese, Greece
年代：公元前1900—前1100年
1900—1100 BC
材质：黄金、合金、象牙、玻璃、玛瑙、红玉髓、费昂斯、陶土等
Gold, Alloy, Ivory, Glass, Agate, Carnelian, Faience, Clay, etc.

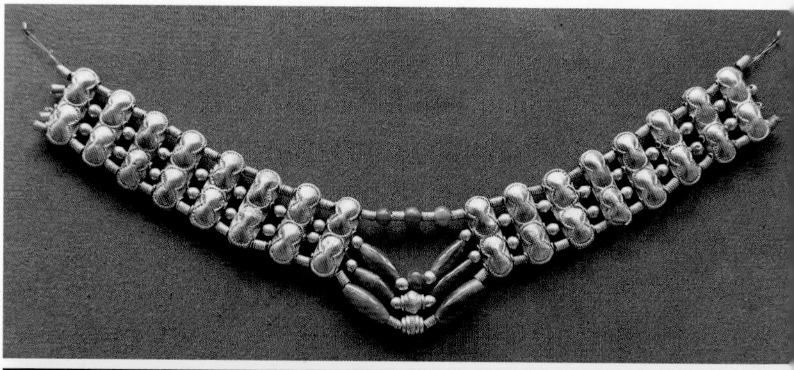

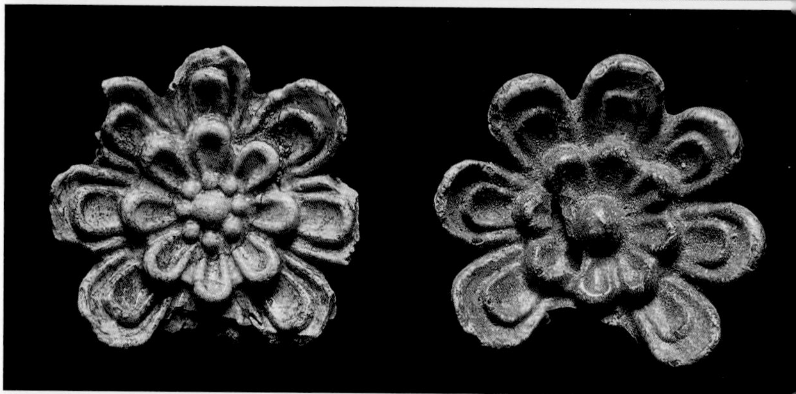

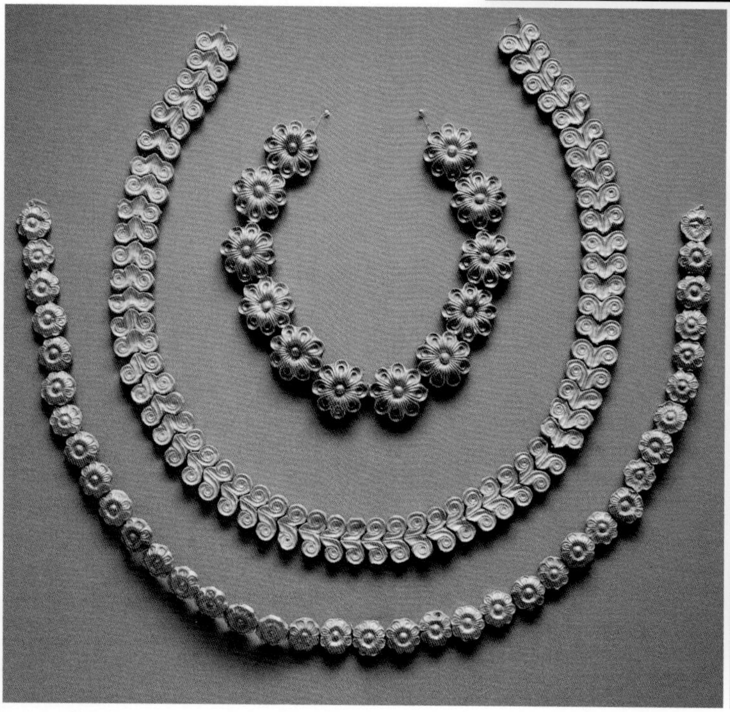

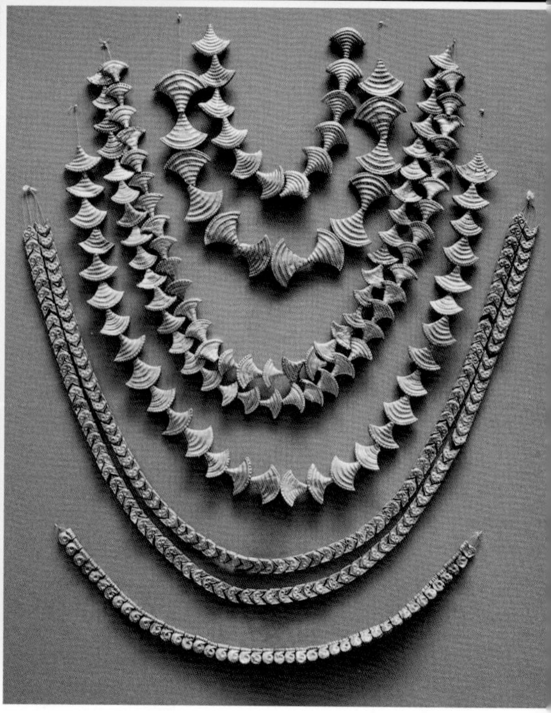

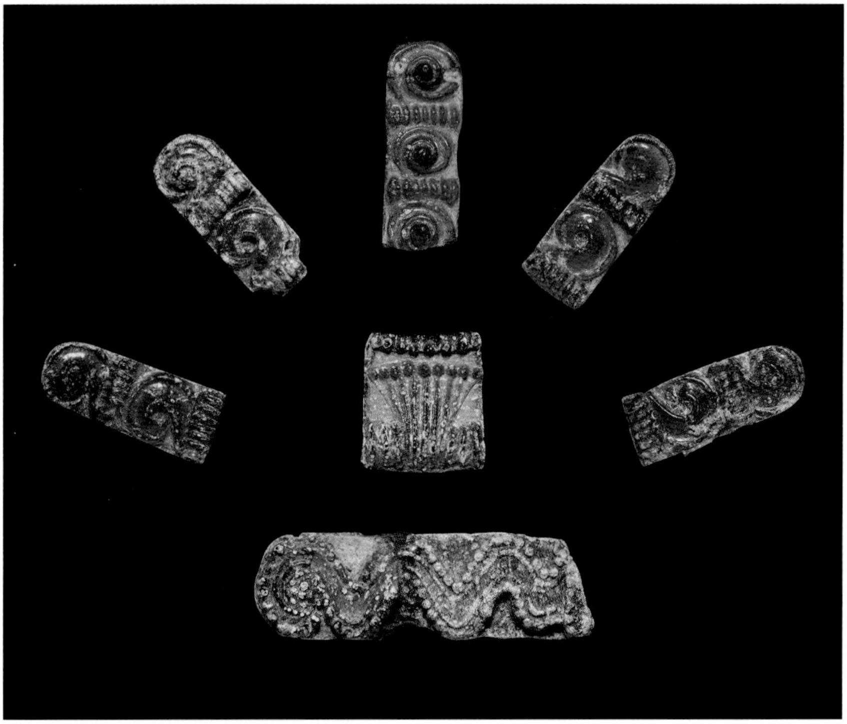

◉ 238. 迈锡尼文明（Mycenaean Greece）是希腊的晚期青铜文明，考古编年为公元前1900年至公元前1100年，以德国冒险家、考古学家海因里斯·谢里曼在希腊伯罗奔尼撒半岛发掘的迈锡尼城命名。迈锡尼人说希腊语，他们好战且擅长商业和手工制作，是《荷马史诗》中希腊联军的主力战士，在青铜晚期的几百年时间里一直主导希腊南部，贸易关系遍布地中海沿岸。迈锡尼珠饰的材料有多种选择，包括黄金（合金）、象牙、玻璃、半宝石、费昂斯和陶，珠饰的形制、题材和美术造型大多来自米诺安文明（见◉ 236）。

◉ 239　迈锡尼的黄金印戒
Gold Seal Rings of Mycenaean

类型：希腊珠饰
Ornaments of Greece

品名：迈锡尼的黄金印戒
Gold Seal Rings of Mycenaean
地域：希腊伯罗奔尼撒半岛
Peloponnese, Greece
年代：公元前1900—前1100年
1900—1100 BC
材质：黄金、合金
Gold, Alloy

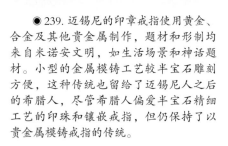

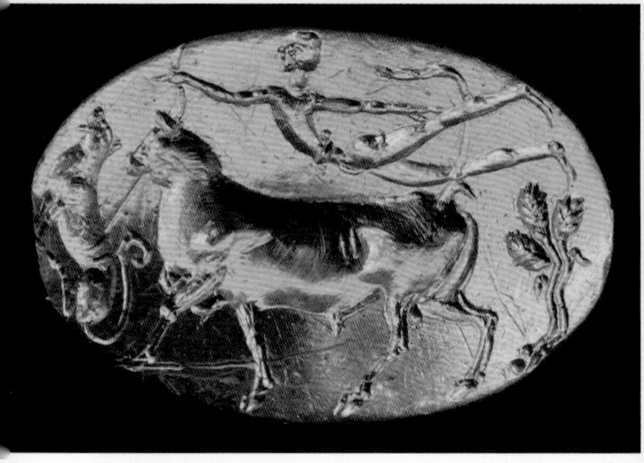

◉ 239. 迈锡尼的印章戒指使用黄金、合金及其他贵金属制作，题材和形制均来自米诺安文明，如生活场景和神话题材。小型的金属模铸工艺较半宝石雕刻方便，这种传统也留给了迈锡尼人之后的希腊人，尽管希腊人偏爱半宝石精细工艺的印珠和镶嵌戒指，但仍保持了以贵金属模铸戒指的传统。

◉ 240 迈锡尼的玻璃珠饰
Glass Beads of Mycenaean

类型：希腊珠饰
Ornaments of Greece

品名：迈锡尼的玻璃珠饰
Glass Beads of Mycenaean
地域：希腊伯罗奔尼撒半岛
Peloponnese, Greece
年代：公元前1370—前1200年
1370—1200 BC
材质：玻璃
Glass

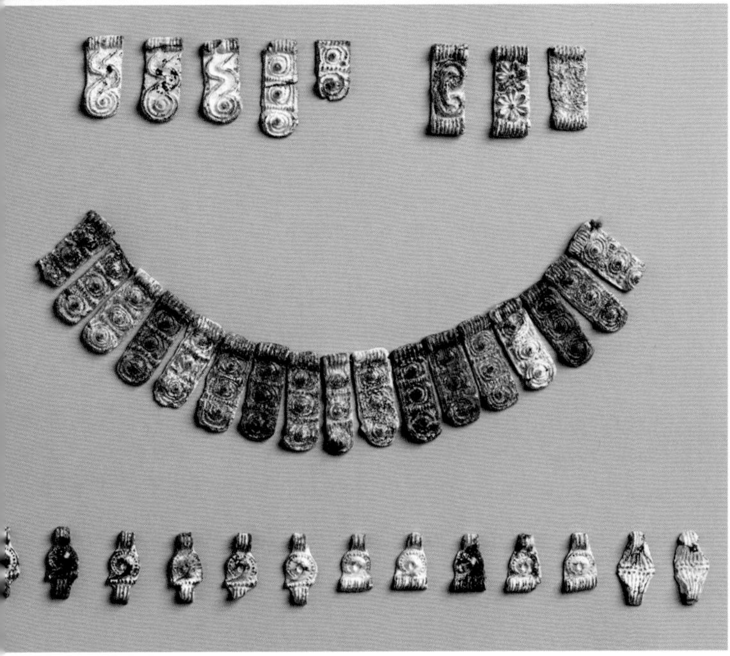

◉ 240. 迈锡尼玻璃珠饰用模铸玻璃制作，同一纹样的模范理论上可无限复制相同的饰片，但目前的实物资料表明，迈锡尼玻璃珠饰并未像罗马玻璃珠饰（见◉ 259）那样形成大批量生产。迈锡尼玻璃以饰片为特色，单个的玻璃饰片可穿缀成项饰或其他饰品，也可钉缝在织物上，与迈锡尼黄金饰片的功能相同。玻璃饰片多为半透明的蓝色或蓝绿色，纹样以常青藤等植物题材为主，形制多为片状，预留孔，用于穿缀或钉缝。图中玻璃珠饰制作于公元前1370年至公元前1200年之间，有风化和墓葬环境造成的蛤蜊光（金属元素氧化形成的五彩光）。迈锡尼玻璃工艺的来源暂时没有一致的结论。除了玻璃，迈锡尼人也制作模铸的陶土珠饰，并给陶质珠饰表面画彩和鎏金，这种工艺一直延续至“希腊化”时期。

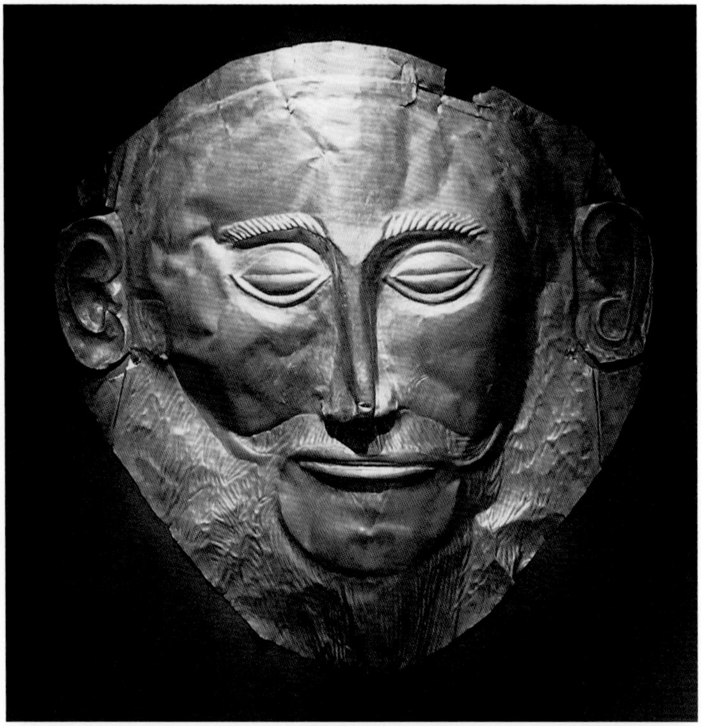

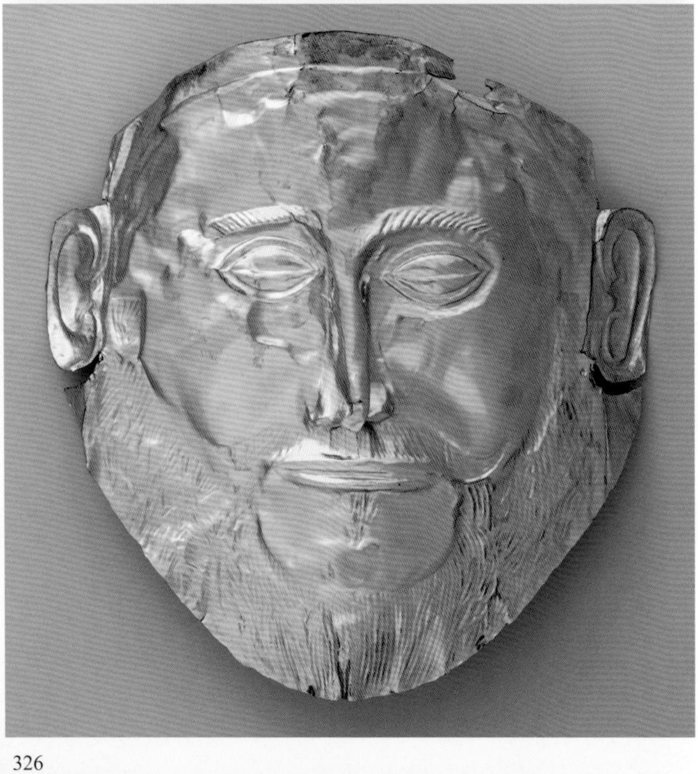

类型：希腊珠饰
Ornaments of Greece

品名：阿伽门农的金面具
The Golden Mask of Agamemnon
地域：希腊伯罗奔尼撒半岛
Peloponnese, Greece
年代：公元前1550—前1500年
1550—1500 BC
材质：黄金
Gold

◉ 241.阿伽门农的金面具，由德国人谢里曼于1876年在希腊迈锡尼城的王室墓地发现，他以为这就是《荷马史诗》中描写的希腊联军统帅阿伽门农的黄金面具而以此命名。后来的研究证明这只面具制作于公元前1550年至公元前1500年之间，比阿伽门农出征特洛伊早三百多年。随葬金面具或合金面具的葬俗遍布古代世界，在时间和空间两条线上都分布极广，希腊在青铜时代有为数不少的陪葬金面具，工艺和造型水平不一。上图面具为原件，下图为纽约大都会博物馆所藏复制品。

◉ 242. 皮洛斯战斗玛瑙珠印（Pylos Combat Agate Seals）于2015年发现于希腊古城皮洛斯城外的一处迈锡尼战士墓，墓主被称为“格里芬战士”。玛瑙珠印长3.6厘米，形制为菱形扁珠，是青铜时代从中亚至西亚/中东，再至地中海都比较常见的珠子形制。无名工匠以复杂缠绕的构图和细如纤毫的刻画，在方寸的玛瑙珠子上表现了迈锡尼战士在战斗中与敌人肉搏的场面，画面充满张力和紧张感，是希腊青铜时代精工宝石和工艺美术的经典作品。

皮洛斯墓主为迈锡尼一位拥有权力和地位的战士，其随葬品大多来自皮洛斯以南克里特岛的米诺安文明。除了这枚精工玛瑙珠印，还有四枚米诺安神话题材的黄金印戒和其他3500件随葬品，包括一根穿缀了缠丝玛瑙珠的金链子，这种黑白分层的缠丝玛瑙珠在中亚被称为“苏莱曼尼珠”，在藏传珠饰中被称为“药师珠”或“羊眼”（见◉ 073），此外还有武器、铠甲和其他金银手工艺品随葬。

◉242　皮洛斯战斗玛瑙珠印
Pylos Combat Agate Seals

类型：希腊珠饰
Ornaments of Greece

品名：皮洛斯战斗玛瑙珠印
Pylos Combat Agate Seals
地域：希腊皮洛斯
Pylos, Greece
年代：公元前1500—前1450年
1500—1450 BC
材质：玛瑙
Agate

◉ 243　塞浦路斯的滚印
Cylinder Seals of Cyprus

类型：塞浦路斯珠饰
Ornaments of Cyprus

品名：塞浦路斯的滚印
Cylinder Seals of Cyprus
地域：塞浦路斯岛
Cyprus Island
年代：公元前1600—前1100年
1600—1100 BC
材质：红玉髓、玛瑙、赤铁矿等
Carnelian, Agate, Tematite, etc.

◉ 243. 塞浦路斯岛（Cyprus Island）位于地中海东部，北面土耳其，东面叙利亚，西面希腊，是地中海第三大岛屿。塞浦路斯岛自史前就有人居住，在希腊人进入塞浦路斯岛定居以前，这里多受地中海东岸的中东和安纳托利亚高原赫梯王国的影响。当地的滚印和各种半宝石印章，风格和题材与中东的趋同，材料多使用来自临近的安纳托利亚的赤铁矿，也用玛瑙和玉髓。铁器时代的塞浦路斯的美术风格明显受"希腊化"影响，珠饰形制和题材大多为希腊样式。塞浦路斯的地理位置为地中海东部重要的海上贸易节点，和希腊一样，这里的航海和商业传统保持至今。

◉244 塞浦路斯的金饰
Gold Ornaments of Cyprus

类型：塞浦路斯珠饰
Ornaments of Cyprus

品名：塞浦路斯的金饰
Gold Ornaments of Cyprus
地域：塞浦路斯岛
Cyprus Island
年代：公元前700—前300年
700—300 BC
材质：黄金、合金、半宝石等
Gold, Alloy, Semi-precious Stone, etc.

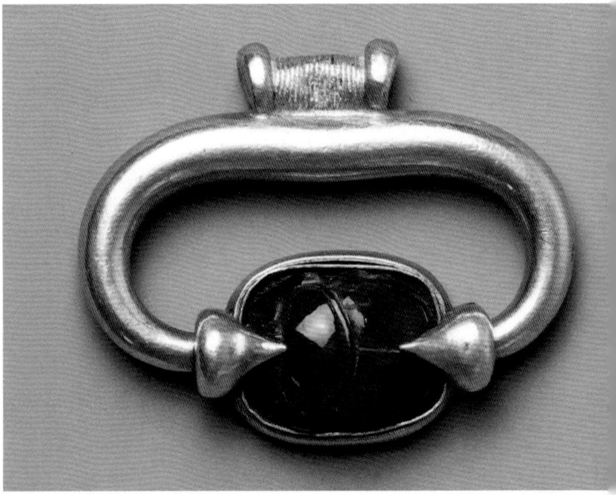

◉244. 公元前1400年来自希腊的迈锡尼人开始到塞浦路斯定居，塞浦路斯总体上“希腊化”了。但由于地理位置和小国孤岛的环境，这里一直受到周边各个时期各个帝国的侵扰。公元前8世纪，塞浦路斯一度成为腓尼基人的中转站，至今仍有腓尼基珠饰和印章出土，之后又被亚述和波斯占领，公元前3世纪属于“希腊化”的埃及托勒密王朝，公元前58年被罗马接手。塞浦路斯人在常年被侵略被占领的生活中却一直保持着自己“希腊化”的艺术特色，金饰珠饰大多是希腊样式，黄金印戒更是希腊的形制和题材，工艺水平和美术造型均保持了希腊式的高水准。

类型：希腊珠饰
Ornaments of Greece

品名：希腊和“希腊化”珠饰
Grecian and Hellenistic Ornaments
地域：希腊和希腊殖民城邦
Greece and Greek Colonial City-states
年代：公元前1100—前100年
1100—100 BC
材质：黄金、银、合金、红玉髓、玛瑙、水晶、玻璃等
Gold, Silver, Alloy, Carnelian, Agate, Rock Crystal, Glass, etc.

希腊人被认为是古典时代从审美到精工的最高成就者。古希腊指从公元前8世纪开始，在希腊半岛、爱琴海诸岛及小亚细亚西岸崛起的城邦国家的总称，历史跨度至公元前146年最后一个独立的希腊城邦柯林斯灭于罗马。这期间包括希腊最辉煌的“古典时期”和对欧亚非大陆影响巨大的“希腊化”时期。

古典时期的希腊人带着他们的哲学和技艺到处殖民，在地中海和黑海沿岸复制出一个个希腊式城邦。生活在希腊殖民和半殖民城邦里的不仅有工匠、商贩，还有希腊那些勤奋公正的学者们，他们秉信探索、四处游历，是最早的哲学家、博物学家、剧作家和诗人，为后世留下的思想瑰宝堪与希腊人最耀眼的珠饰金饰媲美。

“希腊化”时期则始于公元前323年，马其顿国王亚历山大东征。亚历山大是希腊文化最忠实的拥趸，他的军队所过之处都会留下希腊文化的种子，除了地中海沿岸，中亚一度有过几个“希腊化”城邦，而希腊美术则影响了后来的佛教造像，称为“犍陀罗”样式。这一时期的金饰金器体现了古希腊珠饰制作从形制审美到样式精工的高峰，不同地域形成各自的风格。随着罗马的征服和基督一神教国家地位的确立，希腊金饰早期那些天使爱神一类的题材消失，代之以罗马人更加世俗化的题材。

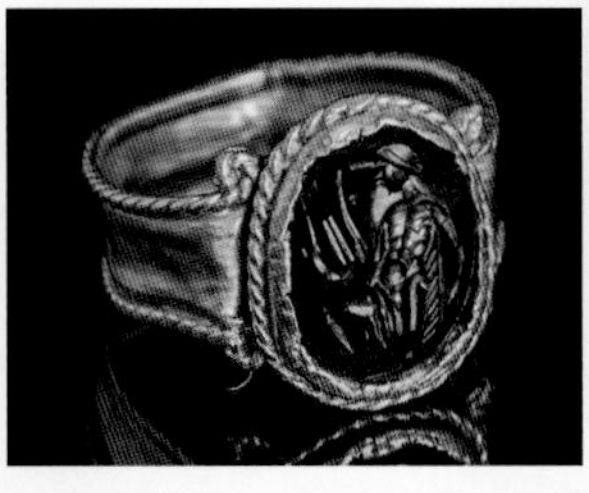

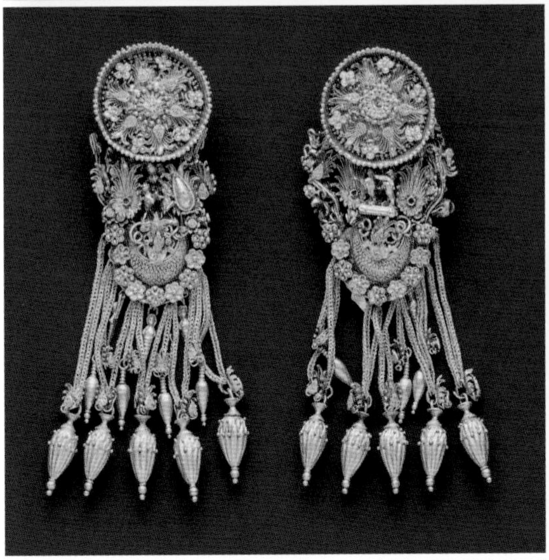

◉245. 希腊和“希腊化”珠饰概览。希腊珠饰金饰的制作高峰期始于希腊殖民时期，港口殖民地给希腊各城邦带来了巨大的繁荣。希腊人擅长金饰和精工宝石，珠饰样式和材质都很丰富多样，题材有花草、动物、神话人物和神话故事，工艺囊括了后世珠宝珠饰采用的绝大部分工艺手段，且希腊人最擅长的是自然主义的美术造型，他们可以在毫厘之间以最精准的工法表现生动的形象。希腊人在他们不算漫长的历史中创造的热爱智慧、崇尚思辨的哲学和自然优美、健康的艺术至今都是西方文化的典范。

类型：希腊珠饰
Ornaments of Greece

品名：希腊的黄金花冠和发饰
Gold Wreath and Hair Accessories of Greece
地域：希腊和希腊殖民城邦
Greece and Greek Colonial City-states
年代：公元前800—前100年
800—100 BC
材质：黄金、半宝石、陶土等
Gold, Semi-precious Stone, Clay, etc.

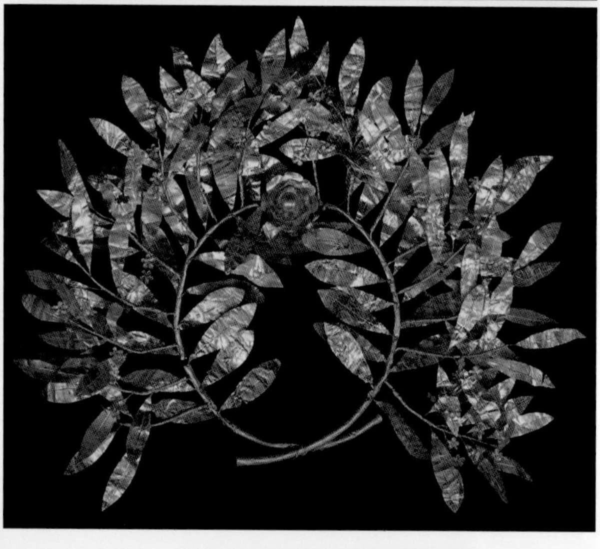

◉ 246. 花冠（wreath）是希腊人金器的典型器，用于仪式和庆典，如奥林匹克运动会和战士凯旋，男女皆可戴花冠。花冠不同于发带（diadem）和王冠（crown），花冠最初是以鲜花和月桂叶编织，米诺安文明的壁画就有戴花冠的人物形象。希腊人给他们的众神都戴上花冠，他们自己也戴，象征胜利和勇气。发带和王冠则是与权力和特权的概念关联，早在公元前2600年的印度河谷文明，祭司（或国王）就戴有以织物和半宝石珠饰制作的发带，出土的祭司陶土人像生动地记录了祭司的服饰样式。古代各个文明和文化都有戴发带和发冠的传统，这些装饰形式演变成王冠，成为王者和权力的标志和象征。用黄金和宝石或半宝石制作的王冠精致华丽，且永不凋谢。但是用鲜花和月桂或其他植物制作花冠的传统延续至今，并在各种民间节日和宗教仪式中作为象征。

类型：希腊珠饰
Ornaments of Greece

品名：希腊金项饰
Gold Necklace of Greece
地域：希腊和希腊殖民城邦
Greece and Greek Colonial City-states
年代：公元前800—前100年
800—100 BC
材质：黄金、半宝石等
Gold, Semi-precious Stone, etc.

◉ 247. 希腊金项饰有纯金和半宝石镶嵌、半宝石穿缀等不同样式，对称设计，款式多样。希腊人的项链也是做工最为复杂精致的一种工艺品，并有丰富的题材表达，如花蕾、动物和神祇头像，这些题材可作为主题，也可作为构件，即使是个体的珠子也是独立的小型手工艺品。希腊人的项饰样式直接影响了后来的罗马帝国和拜占庭珠饰风格。

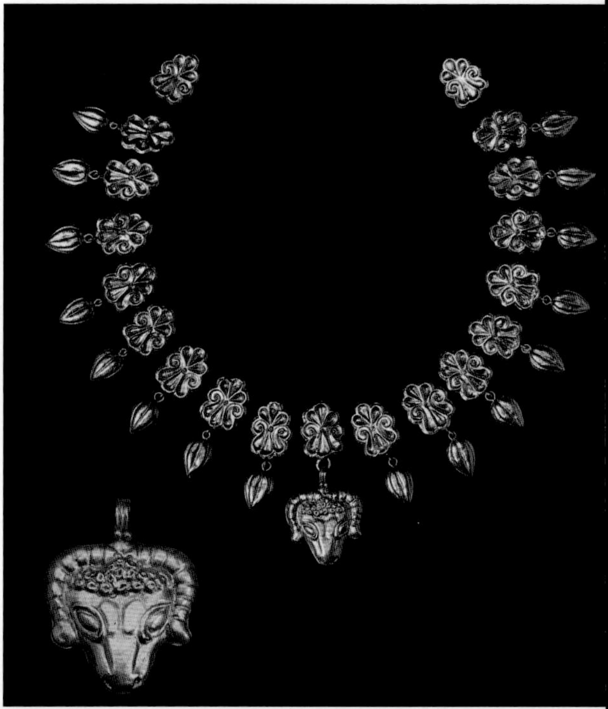

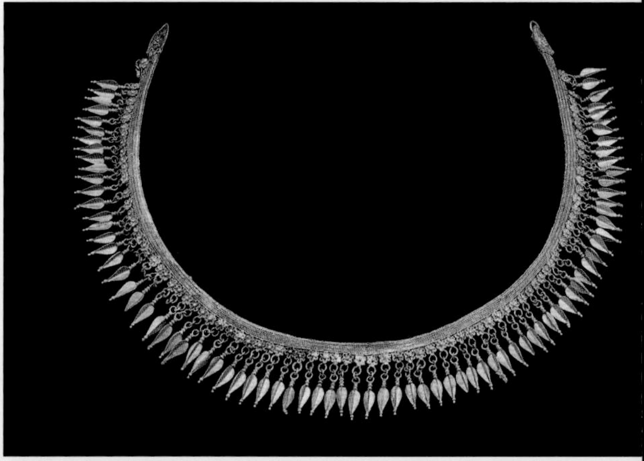

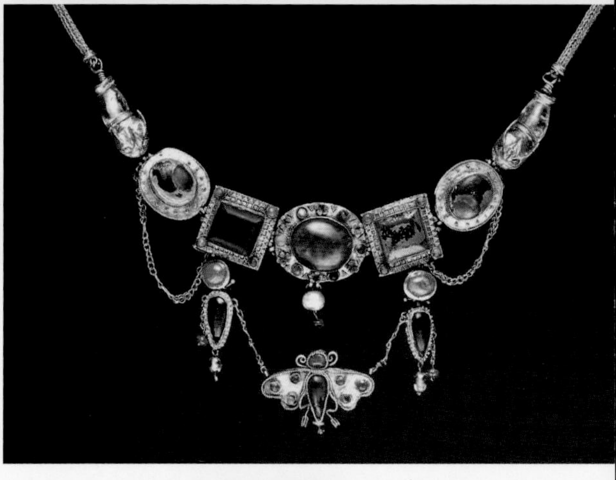

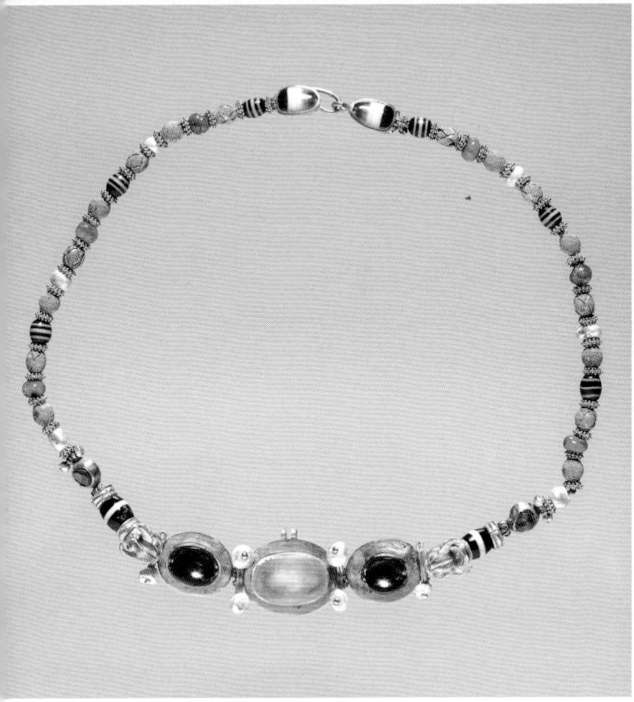

类型：希腊珠饰
Ornaments of Greece

品名：希腊的金臂钏和金手镯
Gold Armbands and Bracelets of Greece
地域：希腊和希腊殖民城邦
Greece and Greek Colonial City-states
年代：公元前800—前100年
800—100 BC
材质：黄金、合金、半宝石等
Gold, Alloy, Semi-precious Stone, etc.

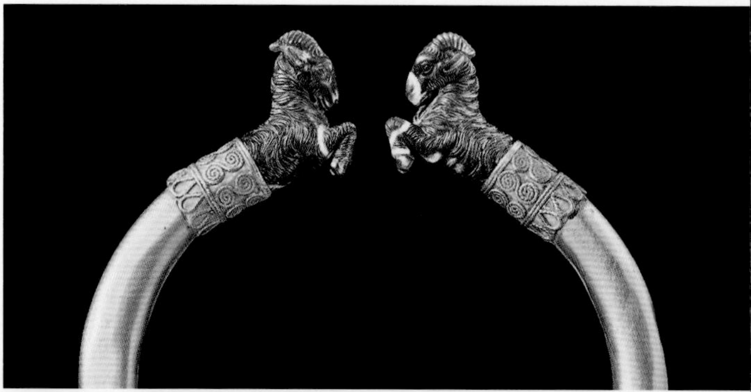

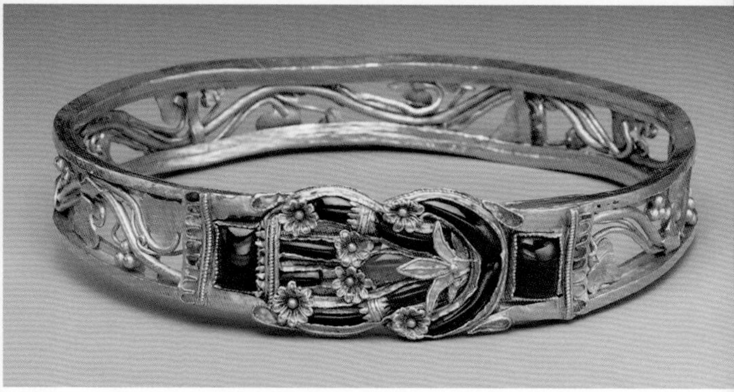

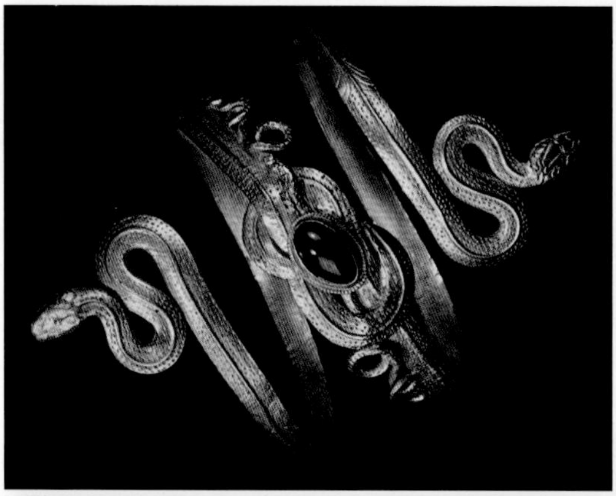

◉ 248. 希腊人大量制作戴在手臂上的臂钏和戴在手腕上的手镯，臂钏以盘曲的蛇形为典型题材，手镯则偏爱使用“赫拉克勒斯结”，也叫大力神结或婚礼结，题材从米诺安时期就开始出现在珠饰中，在古希腊和罗马十分流行。这种题材也用来制作金腰带。希腊人在日常生活中常使用大力神结，它结实牢固，具有很好的装饰性，同时又被赋予了美好的象征意义。

另一种手镯款式是兽首开口镯，这种样式最早出现在波斯阿契美尼德王朝，希腊人借鉴了开口镯的样式，但是采用了自己的工艺和题材。除了有以黄金镶嵌半宝石雕刻兽头的，也有以半宝石为镯圈镶嵌黄金兽头的，甚至还有用纯金、合金制作的。

◉ 249　希腊的金耳环和坠饰

Gold Earrings and Pendants of Greece

类型：希腊珠饰

Ornaments of Greece

品名：希腊的金耳环和坠饰

Gold Earrings and Pendants of Greece

地域：希腊和希腊殖民城邦

Greece and Greek Colonial City-states

年代：公元前800—前100年

800—100 BC

材质：黄金、红玉髓、玛瑙、玻璃、石榴石、绿松石等

Gold, Carnelian, Agate, Glass, Garnet, Turquoise, etc.

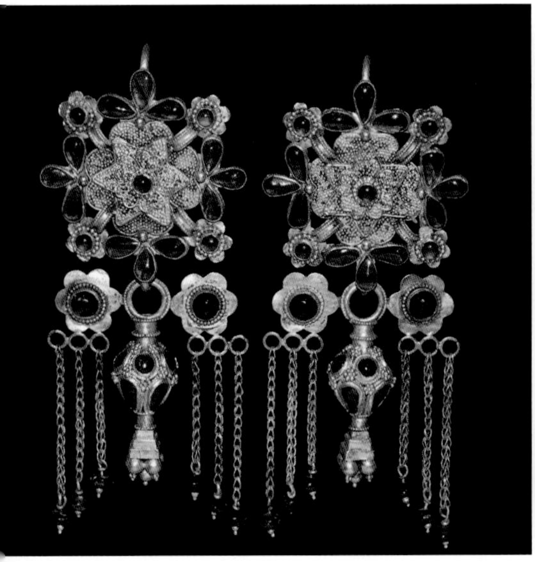

◉ 249. 希腊人制作的耳环有金耳环和金镶宝石耳环两种样式，题材以有翼的神祇（小爱神厄洛斯、神使赫尔墨斯、胜利女神等）、动物和几何图案为主。镶嵌的半宝石材料很丰富，有玛瑙、红玉髓、石榴石一类的天然宝石，也有人工合成材料玻璃。款式设计遵循对称原则，神祇或动物题材以几何纹样搭配，单独一件耳环已称得上独立的美术作品。坠饰一般是项链构件，有完整的题材，无论是神祇、动物、花草，还是具有符号意义的几何图形，工艺手段均繁复多样，与耳环一样，单独一件坠饰即是独立的手工艺美术作品。

◉ 250　希腊金币
Gold Coin of Greece

类型：希腊金币
Gold Coin of Greece

品名：希腊金币
Gold Coin of Greece
地域：希腊和希腊殖民城邦
Greece and Greek Colonial City-states
年代：公元前800—前100年
800—100 BC
材质：黄金、合金
Gold, Alloy

◉ 250. 最早的金币于公元前7世纪出现在小亚细亚的吕底亚（见◉ 213）和爱奥尼亚，是用琥珀金（electrum，也叫银金矿，一种天然的金银合金）制作。来自雅典和阿提卡的希腊殖民者沿小亚细亚海岸定居，殖民城邦一直延伸到黑海，那时希腊人便已开始制作金币和合金硬币。公元前4世纪亚历山大大帝推翻了波斯帝国阿契美尼德王朝，将希腊文化一路传播直至印度，这便是影响欧亚大陆大部分地方的“希腊化”时期。这一时期的希腊硬币是人类货币史上最赏心悦目的设计，金币和其他硬币都是设计和制作中的佼佼者。硬币是研究历史文化背景最可靠的编年资料，希腊金币和其他合金硬币不仅为历史提供编年资料，其题材和设计也是研究希腊美术的第一手资料。

◉ 251 希腊圣甲虫印
Scarabs of Greece

类型：希腊珠饰
Ornaments of Greece

品名：希腊圣甲虫印
Scarabs of Greece
地域：希腊和希腊殖民城邦
Greece and Greek Colonial City-states
年代：公元前600年—前400年
600—400 BC
材质：红玉髓、玛瑙
Carnelian, Agate

◉ 251. 希腊的圣甲虫印。公元前6世纪，希腊突然兴起制作埃及圣甲虫形制的印章（见◉ 319），这是希腊海外殖民和贸易带来的风气。最早的圣甲虫印题材都来自埃及，比如图例中有一枚印表现的便是埃及喜神贝斯（Bes）正抓住一只狮子的前爪，他自己也显身为狮头人形。其他常见的题材则多是动物，形制与埃及圣甲虫印一样，造型既有写实的和也有简练的。与埃及不同的是，希腊人不使用费昂斯制作印章，他们只喜欢半宝石材料，而且工艺和构图比埃及人更加精致和艺术化。希腊人很快就将希腊文化的题材运用到圣甲虫形制的印章上，如大力神赫拉克勒斯（Herakles）一手擒狮子一手挥舞着棍棒，造型优美的希腊战船，正在洗头的希腊少女等，这些题材都来自希腊本土。

◉ 252　希腊金属印戒
Metal Seal Rings of Greece

类型：希腊珠饰
Ornaments of Greece

品名：希腊黄金和合金印戒
Gold and Alloy Seal Rings of Greece
地域：希腊和希腊殖民城邦
Greece and Greek Colonial City-states
年代：公元前800—前100年
800—100 BC
材质：黄金、合金、银
Gold, Alloy, Sliver

印章戒指是希腊人重要的珠饰，男女皆可佩戴，不单具有装饰和印信的功能，也是身份标识，用于权力移交仪式。希腊神话诠释了戒指的起源，传说三万年前，普罗米修斯从天上偷得火种传递给人类，宙斯用铁链将他捆绑在高加索山的一块岩石上，后来普罗米修斯在一次神恩中得以释放。为了让他铭记自己的罪行，他被勒令在一根手指上戴上捆绑他的铁链中的一环，上面镶有那块岩石的碎片。希腊人制作和佩戴金属戒指便是对普罗米修斯的致敬。

图①

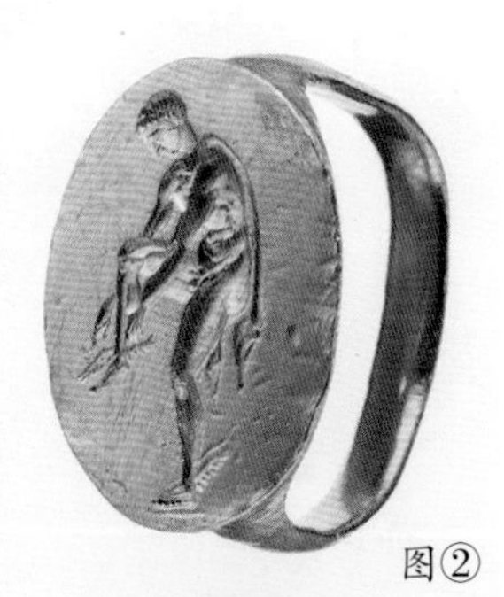
图②

图③

图④

图⑤

图⑥

◉ 252. 希腊人继承了自米诺安和迈锡尼时代就蔚然成风的黄金印戒的传统，但形制更多样、题材更丰富，并且不仅仅采用早期惯用的模铸工艺，也采用冷加工即錾刻一类的工艺。除了黄金，希腊人也使用银合金或其他合金制作戒指，金属的贵贱与戒指的功用有关。希腊人的黄金印戒题材从神话到世俗人物、从花草到动物，无一不展示希腊人准确写实的美术造型和高超的制作技艺。图例的印戒分别是扮成大力神赫拉克勒斯的亚历山大大帝（图①）；信使赫尔墨斯正在把翅膀系在自己的右脚上（图②）；智慧女神雅典娜头戴希腊式羽毛发冠正在迈步（图③）；酒神的女祭师梅娜德手执羊角杯和长剑，正在痴迷中舞蹈（图④）；胜利后的雅典娜坐像，她左手执盾牌，右手托着胜利女神耐克（图⑤）；希腊妇女头像（图⑥）。这些印章戒指制作于公元前5世纪到2世纪之间，材质有黄金、银和铜合金。

◉ 253　希腊宝石印戒
Seal Rings Inlaied Engraved Gem of Greece

类型：希腊珠饰
Ornaments of Greece

品名：希腊宝石印戒
Seal Rings Inlaied Engraved Gem of Greece
地域：希腊和希腊殖民城邦
Greece and Greek Colonial City-states
年代：公元前600—前100年
600—100 BC
材质：黄金、合金、银、铁、玛瑙、红玉髓、水晶、玻璃、象牙、琥珀等
Gold, Alloy, Silver, Iron, Agate, Carnelian, Rock Crystal, Glass, Ivory, Amber, etc.

◉ 253. 使用贵金属镶嵌宝石和半宝石，工艺更为复杂、材质更为考究，贵重材料和精细工艺的戒指最初都是权贵所有，既代表财富也作为权力的象征物。随着希腊民主思想的传播和社会财富的积累，普通公民佩戴戒指在希腊所有富裕的城邦都很流行，这使得工匠们更加专注于工艺、题材和美术造型，并留下为数可观的作品，其中不乏艺术审美和工艺制作均为上乘的作品。

◉254 希腊珠印
Stamp Seals of Greece

类型：希腊珠饰
Ornaments of Greece

品名：希腊珠印
Stamp Seals of Greece
地域：希腊和希腊殖民城邦
Greece and Greek Colonial City-states
年代：公元前500—前400年
500—400 BC
材质：玛瑙、红玉髓、水晶等
Aagate, Carnelian, Rock Crystal, etc.

◉254. 希腊珠印体现了米诺安的传统，与镶嵌宝石不同的是，其构件是有孔的扁珠而不是宝石雕件，珠子个体不大。把金属穿过珠子的孔道制作成戒指，这样可使得作为戒面的珠子两面翻转，以方便在不同场合使用。作为戒面的扁珠一般以单个的动物、花草为题材，戒面的动物形体优美，构图简洁，很少像宝石雕件和黄金印戒那样涉及神话和人物题材，可能与戒指的实际用途有关。

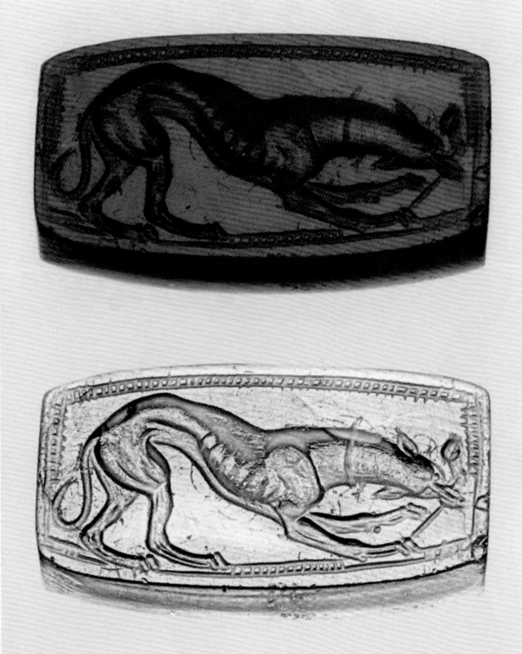

类型：希腊珠饰
Ornaments of Greece

品名：希腊雕刻宝石的众神题材
The Gods of Engraved Gem of Greece
地域：希腊和希腊殖民城邦
Greece and Greek Colonial City-states
年代：公元前400—前200年
400—200 BC
材质：红玉髓、玛瑙、水晶、玻璃等
Carnelian, Aagate, Crystal, Rock Glass, etc.

图①

图②

图③

◉ 255. 希腊雕刻宝石上的众神。希腊众神的谱系复杂，司职和掌管各有不同，神祇题材的美术造型大多有不同的图像学符号，可通过这些象征符号辨识不同的神祇，他们均对应各自在神话中的位置和关系。如图例中的一枚雕刻宝石（图①）酒神狄俄尼索斯（Dionysos）一手执生命之杖，一手拿着酒杯。酒神是希腊最受欢迎的神祇之一，受爱戴程度不亚于太阳神阿波罗，因为葡萄酒不仅是希腊人最喜欢的饮品，还包含多重与神祇关联的意义。另一枚雕刻宝石（图②）为爱神阿佛洛狄忒（Aphrodite），她手执节杖斜倚着石柱，一只鸽子栖歇在她手上。还有一枚雕刻宝石（图③）是月亮女神阿耳忒弥斯（Artemis），她手执象征丰饶的羊角杯和一只希腊式浅底碗。

◉ 256　希腊雕刻宝石的肖像题材
The Portraits of Engraved Gem of Greece

类型：希腊珠饰
Ornaments of Greece

品名：希腊雕刻宝石的肖像题材
The Portraits of Engraved Gem of Greece
地域：希腊和希腊殖民城邦
Greece and Greek Colonial City-states
年代：公元前300—前200年
300—200 BC
材质：红玉髓、水晶、海蓝宝等
Carnelian, Rock Crystal, Aquamarine, etc.

◉ 256. 人物肖像是希腊雕刻宝石的精品，这些雕刻宝石或半宝石大多是印章戒指的戒面，镶嵌在贵金属戒鞍上。希腊人是最早在硬度极高的宝石和半宝石上实施精细工艺的工匠，也最早在印章和印珠上刻画人物肖像，以希腊写实的自然主义表现手法将人物刻画得惟妙惟肖。与埃及和两河流域的程式化人物刻画不同，希腊人赋予他们刻画的人物形象以个性，那些细微到每一块肌肉、每一缕头发的刻画都恰到好处，既不过分夸张又不丢失特征。“希腊化”时期的人物肖像雕刻宝石，其美术造型最自然写实、工艺雕刻最精细准确。（纽约大都会博物馆藏）

◉ 257 伊特拉斯坎人的金饰
Gold Jewelry of Etruscans

类型：伊特拉斯坎珠饰
Ornaments of Etruscans

品名：伊特拉斯坎人的金饰
Gold Jewelry of Etruscans
地域：亚平宁半岛
Apennine Peninsula
年代：公元前600—前300年
600—300 BC
材质：黄金、合金、玛瑙、琥珀、其他半宝石等
Gold, Alloy, Agate, Amber, Other Semi-precious Stone, etc.

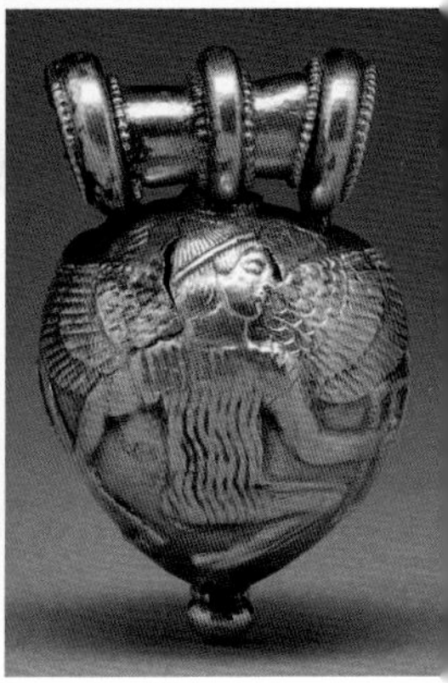

伊特拉斯地坎人（Etruscans）生活在意大利西北部的台伯河(Tiber)与亚诺河(Arno)之间，大致相当于现在的托斯卡纳地区。公元前800年，伊特拉斯坎人的城市兴起，类似于希腊城邦；公元前6世纪达到文明的高峰期；公元前3世纪被崛起的罗马人征服。伊特拉斯坎人的灌溉农业和畜牧业都很发达，他们擅长商业贸易和手工制作，尤其是青铜器、陶器和金饰珠饰。除了精致的金饰，他们也大量制作半宝石，包括有机类宝石琥珀等。伊特拉斯坎人实行厚葬，墓室壁画优美生动，殉葬品丰富多样，反映了富裕精致的生活图景。

◉ 257. 伊特拉斯坎人的金饰设计醒目、风格华美，形制简洁但纹样和做工精细。他们尤其擅长黄金工艺，可以在同一器物上糅合多种复杂的工艺，包括锤鍱、冲压、錾刻、花丝、炸珠、焊接等，这些工艺和理念至今仍是欧洲珠宝设计的传统和灵感。伊特拉斯坎人的黄金坠饰有相对程式化的造型，比如圆牌和心形，这些坠饰与珠子和其他构件一起穿缀成项链或耳环，其装饰效果华美。伊特拉斯坎人的陶塑人物生动地再现了他们珠饰金饰的穿戴方式和装饰效果。

类型：伊特拉斯坎珠饰
Ornaments of Etruscans

品名：伊特拉斯坎人的圣甲虫印
Scarabs of Etruscans
地域：亚平宁半岛
Apennine Peninsula
年代：公元前500—前400年
500—400 BC
材质：玛瑙、红玉髓等
Agate, Carnelian, etc.

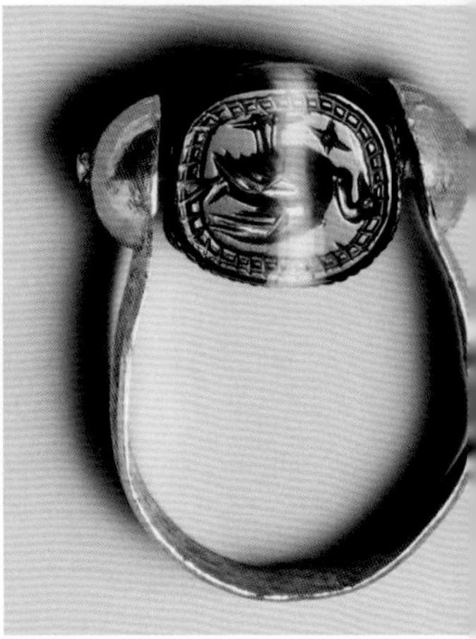

图①

图②

◉ 258. 伊特拉斯坎的半宝石印章戒面所用的工艺和题材大多来自希腊，跟希腊人一样，神话中的英雄也是他们喜欢的题材，这些题材对他们而言并非神话而是历史本身。图①的印章刻画的是希腊英雄门农（Memnon）在保卫特洛伊城的战斗中被阿喀琉斯（Achilles）杀死，他的母亲厄俄斯（Eos）为他哭泣的情景。门农是希腊殖民地埃塞俄比亚城的国王和黎明女神厄俄斯之子，厄俄斯为儿子哭泣的眼泪打动了宙斯，宙斯赐予门农永生。

图②的印章刻画的是坐着的大力神赫拉克勒斯正在做苦力。睡眠之神许普诺斯（Hypnos）对赫拉克勒斯的父亲宙斯施展催眠术，使宙斯失去对赫拉克勒斯的保护，然后用狂风将赫拉克勒斯吹走。宙斯意识到许普诺斯受黑暗女神的保护而最终放弃了惩罚许普诺斯。

图例中另外两枚印章戒指仍然完好地保存了当初的金属镶嵌，展示出古代伊特拉斯坎人是如何佩戴他们美丽的印章的。印章戒面均为玉髓玛瑙质，黄金镶嵌，形制为埃及圣甲虫。（纽约大都会博物馆藏）

◉ 259 罗马玻璃珠饰
Glass Beads of Rome

类型：罗马珠饰
Ornaments of Rome

品名：罗马玻璃珠饰
Glass Beads of Rome
地域：罗马及行省
Rome and Provinces
年代：公元前200—公元300年
200 BC—300 AD
材质：玻璃
Glass

罗马从公元前8世纪初在意大利半岛中部兴起，历经罗马王政时代、罗马共和国，于公元1世纪扩张成为横跨欧、亚、非的庞大帝国。罗马艺术的最高成就是土木工程和建筑，他们擅长宏伟的一切，也擅长精细的手工艺品。罗马人继承了希腊和伊特拉斯坎人喜欢贵金属和半宝石珠饰的传统，同时也延续了地中海的玻璃工艺，并将其发展成为工艺成熟、配方固定、产品量化的大型产业。因原料供应的关系，罗马很多玻璃器物和珠饰是在中东地区生产的，罗马玻璃传统在这些地方延续至拜占庭时期甚至更晚。

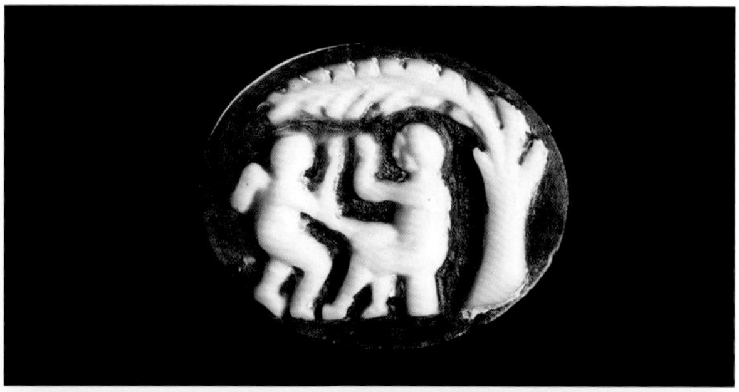

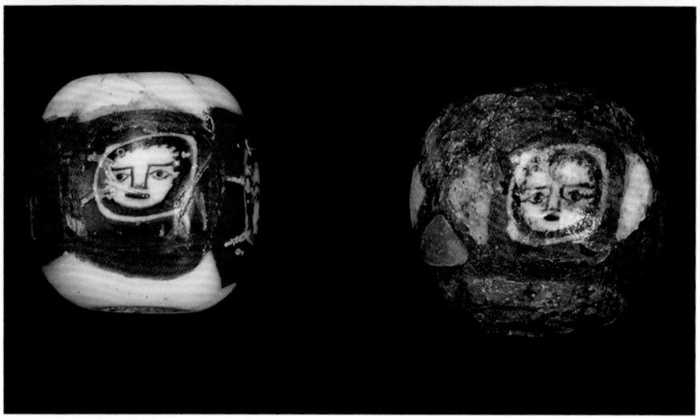

◉ 259 罗马玻璃珠饰

Glass Beads of Rome

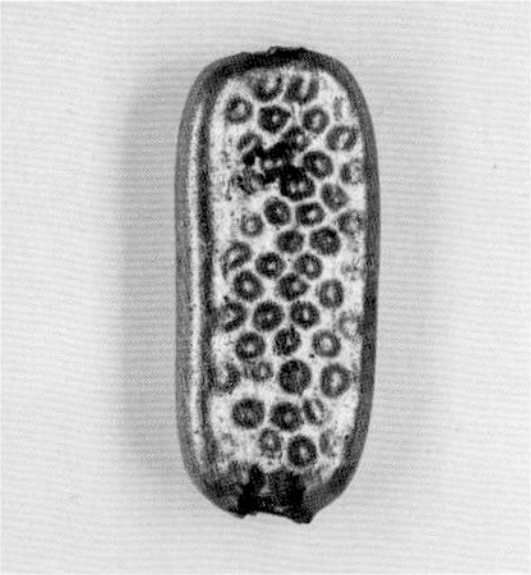

◉ 259. 罗马玻璃既可以模仿任何宝石、半宝石，也能大量产出实用器。罗马玻璃珠的形制、纹样和工艺丰富多样，其中以“马赛克”工艺制作的珠子最具特色。著名的马赛克珠有罗马人面珠、眼纹珠和金箔珠。人面珠有圆珠、扁珠和方形珠子；眼纹珠有镶嵌纹样和凸眼、角锥眼等不同形制；金箔珠是一种特殊工艺的单色珠，形制多样，有些有模铸的纹饰。此外，还有以各种花草和几何图案为题材的马赛克珠。除了马赛克珠，其他工艺和纹样的玻璃珠也变化多样，另有玻璃戒指、手镯等和其他小饰品。玻璃马赛克镶嵌件和人物肖像的金箔玻璃牌饰均以优美精致的美术风格著称。罗马人的玻璃器和玻璃珠饰遍布整个欧洲和地中海周边，其工艺技术也随成品贸易到处流传，除了西欧和地中海东岸有罗马玻璃工场，其成品和工艺的传播甚至远至中亚、东南亚、印度和中国。

类型：罗马珠饰
Ornaments of Rome

品名：罗马玻璃印戒
Glass Seal Rings of Rome
地域：罗马及行省
Rome and Provinces
年代：公元前200—公元300年
200 BC—300 AD
材质：玻璃
Glass

◉ 260. 罗马玻璃印章戒面。罗马人的玻璃戒面有两种不同的纹样工艺：凹雕（阴刻）和凸雕（减地）。这与半宝石的雕刻工艺相同，但是玻璃质地比半宝石松脆，还是需要不太一样的技艺。图①的玻璃戒面制作于公元前的罗马共和时期，是对希腊同样题材的半宝石戒面的模仿，阿波罗正斜倚在柱子旁，手里拿着弓箭，脚边放着一把七弦琴。对于人物造型和画面的表现，罗马人做得与希腊工匠一样出色。

图①

图②的不透明蓝色玻璃戒面，模铸玻璃，制作于公元1世纪，其工艺不是雕刻而是模铸，这需要预先制作玻璃模具，成品可无限复制。这枚不透明玻璃戒面的题材是罗马城起源的故事，画面上的母狼发现了被遗弃在台伯河的双胞胎兄弟——罗马城的建造者，母狼在葡萄藤下用自己的奶水喂养饥饿的兄弟俩，直到牧羊人发现并收养了这对双胞胎兄弟。

图②

图③的浮雕戒面为奥古斯都肖像戒面。模铸玻璃，可以大量复制，这样题材的戒指大多用来当成礼物赠送朋友亲人和表示对奥古斯都的支持。盖乌斯·屋大维（Gaius Julius Caesar，公元前63年—公元14年），罗马帝国第一位皇帝。他平息了罗马共和国的内战，被元老院封为“奥古斯都”，意即神圣和高贵。奥古斯都改组了罗马政府，为罗马带来了两个世纪的繁荣。

图③

类型：罗马珠饰
Ornaments of Rome

品名：罗马宝石印戒
Seal Rings with Engraved Gem of Rome
地域：罗马及行省
Rome and Provinces
年代：公元前100—公元400年
100 BC—400 AD
材质：黄金、银、青铜、玉髓、玛瑙、海蓝宝、玻璃、其他半宝石等
Gold, Silver, Bronze, Chalcedony, Agate, Aquamarine, Glass, Other Semi-precious Stone, etc.

罗马宝石印戒以贵金属镶嵌雕刻宝石——以凹雕、浮雕工艺制作，或用有天然纹样的半宝石制作。罗马对于戒指的材质在不同时期有不同的规定。提比略皇帝（Tiberius，公元前42年—公元37年）规定必须拥有一定数量财富的人才能戴黄金（镶宝石）戒指。塞维鲁皇帝（Septimius Severus，公元145—211年）则做了让步，所有罗马兵团士兵都可以戴黄金戒指。在这之前，罗马兵团士兵的戒指大多是青铜或银镶半宝石。公元1世纪，罗马自由公民都可戴上有印章图案的戒指，但他们不具有军团士兵的特殊待遇——使用黄金。自由公民戴银戒指，奴隶则戴铁戒指。一些奴隶受过良好教育并拥有一定自由，识别他身份的唯一办法是看他佩戴的戒指。实际上这事关重大，因为杀死一个罗马自由公民是犯罪，但在冲突中杀死一个奴隶则不追究。随着基督世界的降临，到查士丁尼一世（Justinianus，公元483—565年）时取消了所有限制，只要有钱就可以有任何选择。印章戒指表面上不再与社会等级有关而只与个人趣味有关，事实上它仍旧是一个人的身份标志，只是辨识的方式不那么直接而已。

◉ 261. 罗马人的印戒（Seal Rings）比希腊时期的更具标识功能。罗马人制作得最多的印章形制是镶宝石印戒和金属印戒，镶宝石印戒的工艺难度和价值相对较高。将印章宝石镶嵌在指环上方便携带又能象征身份的做法始于埃及人。罗马从公元前1世纪开始，由于对本土以外广大行省和罗马军团的管理，开始大量制作印章戒指。这种装饰效果和实用功能俱佳的印章形式成了整个欧洲的传统，后来被称为图章戒指（Signet Seals），是专门用于证明身份和显示权威的个人装饰品。

◉ 262　罗马凹雕宝石
Roman Intaglio Gems

类型：罗马珠饰
Ornaments of Rome

品名：罗马凹雕宝石
Roman Intaglio Gems
地域：罗马及行省
Rome and Provinces
年代：公元前200—公元300年
200 BC—300 AD
材质：玉髓、玛瑙、水晶、玻璃、海蓝宝、石榴石等
Chalcedony, Agate, Rock Crystal, Glass, Aquamarine, Garnet, etc.

◉ 262. 罗马凹雕宝石。凹雕宝石一般是印戒的戒面。罗马人从“希腊化”时期学习希腊人的半宝石精细工艺，事实上，直到帝国时期，罗马最好的宝石工匠大多都是希腊人。这些工匠多数从未获得留名，只有极少数的希腊宝石工匠被允许将自己的签名铭刻在作品的一角，如迪奥斯库里德斯（Dioskurides），据记载，他为奥古斯都皇帝雕刻过图章戒指。

罗马凹雕宝石早期的题材要么直接来自希腊神话，要么是罗马人自己的肖像。无论工艺精粗，罗马人的半宝石戒面雕刻从一开始就技艺娴熟，从来没有过试验和摸索的阶段，这得益于他们很早就受惠于希腊和伊特拉斯坎的传统，以至于有很长时间他们之间的作品难以区分，被称作希腊-罗马式印章。（纽约大都会艺术博物馆和大英博物馆藏）

◉ 263　卡里恩罗马军团戒面

Gems from Roman Legion in Caerleon

类型：罗马珠饰
Ornaments of Rome

品名：卡里恩罗马军团戒面
Gems from Roman Legion in Caerleon
地域：威尔士卡里恩罗马浴池
Caerleon Roman Baths, Wales
年代：公元100—300年
100—300 AD
材质：玉髓、玛瑙、水晶、玻璃、尼科洛等
Chalcedony, Agate, Rock Crystal, Glass, Nicolo, etc.

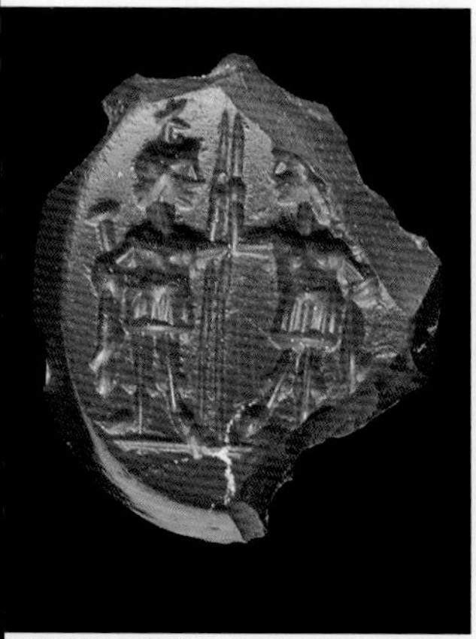

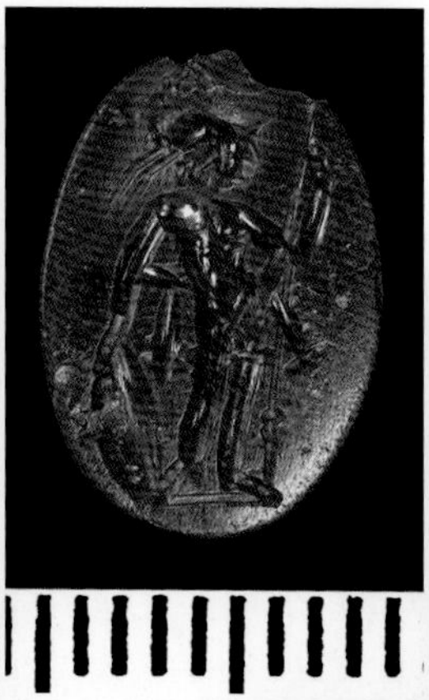

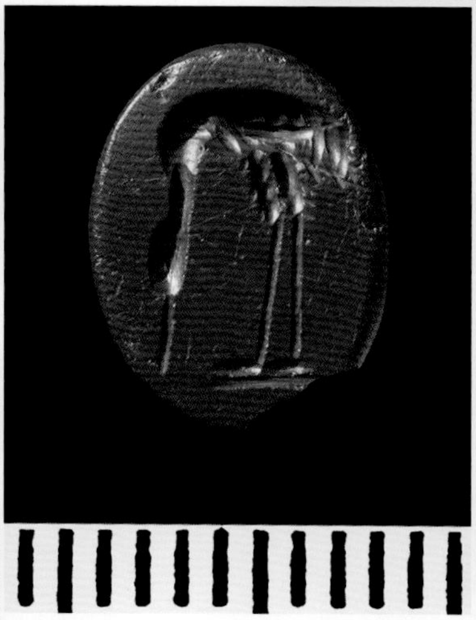

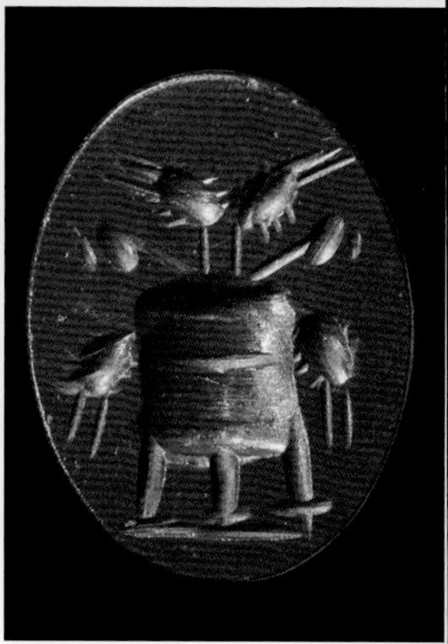

◉ 263. 威尔士卡里恩罗马驻军遗址出土的半宝石戒面。88枚半宝石雕刻戒面于1979年发现于位于威尔士东南港口城市纽波特的卡利恩的罗马驻军公共浴池的排水管内，年代大致从公元1世纪到3世纪早期。戒面的原材料大多来自塞浦路斯、埃及、印度和斯里兰卡，而切割和加工则是在位于贸易航线上的加工中心，比如亚得里亚海岸的阿奎利亚（Aquileia，罗马城市，毁于公元452年的匈奴入侵）。除了军团士官，有些戒面属于那些被允许进入浴池的平民和妇女。由于热胀冷缩，这些戒面从戒鞍脱落，流入浴池的排水管。

◉ 264　罗马尼科洛宝石
Roman Nicolo Gems

类型：罗马珠饰
Ornaments of Rome

品名：罗马尼科洛宝石
Roman Nicolo Gems
地域：罗马及行省
Rome and Provinces
年代：公元100—300年
100—300 AD
材质：缟玛瑙
Onyx

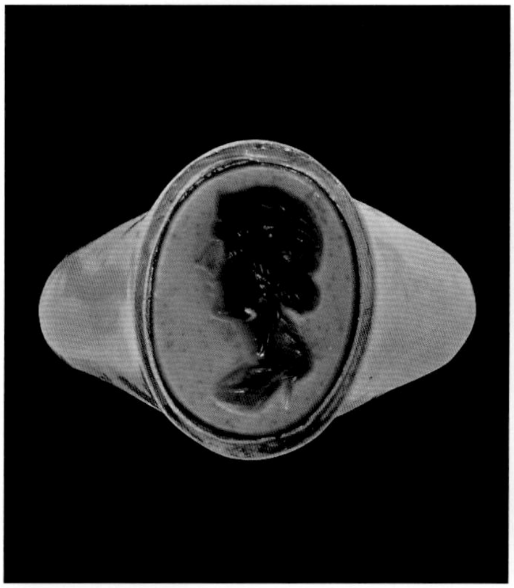
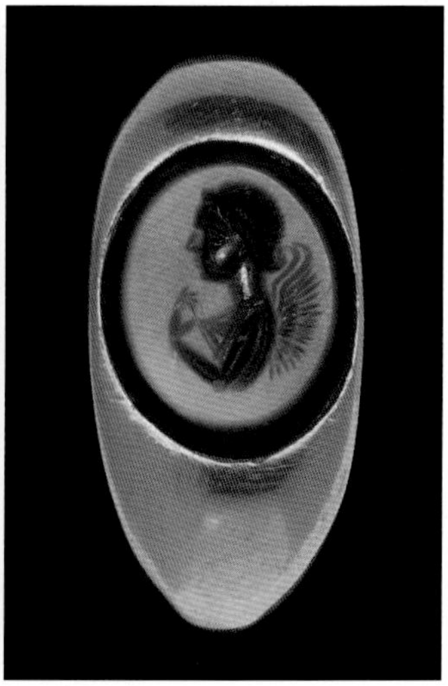
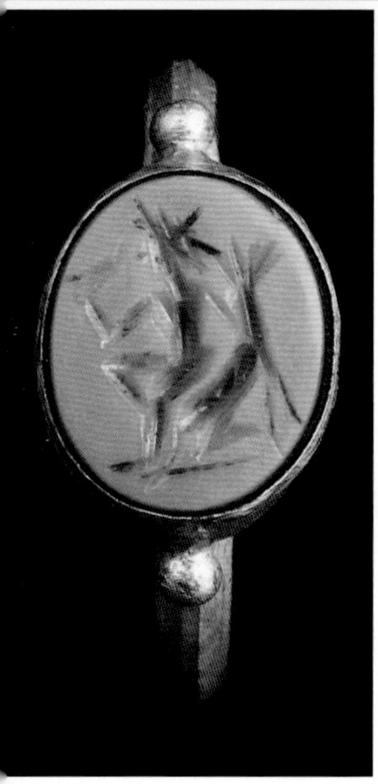

◉ 264. 罗马尼科洛（nicolo）雕刻宝石。尼科洛是一种半宝石材质而不是工艺或形制，指有蓝色或蓝灰色，与黑色分层对比的缟玛瑙（onyx）。尼科洛一般为凹雕选用的宝石，表面色层有蓝色、灰蓝色和浅灰等，通过阴刻图案显现出深色（黑色）底层，与表面色层形成对比。尼科洛的名称来源有不同说法，一般认为是意大利语“缟玛瑙小宝石”的缩写，专门指蓝黑分层的缟玛瑙。尼科洛雕刻宝石戒面曾流传至广大的地域，西亚、中亚都有出土，“萨珊的雕刻宝石”（见◉ 172）中有尼科洛戒指和戒面，萨珊精英阶层将尼科洛雕刻宝石视为珍品，斯坦因在20世纪初的中亚、中国新疆探险（见◉ 030）中发现过尼科洛雕刻宝石。我国中原地区（见◉ 036）和东南亚一些地方也都有尼科洛雕刻宝石。

◉ 265 罗马浮雕宝石
Roman Cameo

类型：罗马珠饰
Ornaments of Rome

品名：罗马浮雕宝石
Roman Cameo
地域：罗马及行省
Rome and Provinces
年代：公元前200—公元200年
200 BC—200 AD
材质：缟玛瑙、玻璃
Onyx, Glass

◉ 265. 罗马的浮雕宝石印章戒指和坠子。浮雕宝石与凹雕宝石不同，采用的不是阴刻而是减地的工艺，这种工艺在罗马帝国期间突然兴盛，其工艺难度较凹雕宝石更大。这些浮雕宝石的小印章戒指和坠子制作于公元前1世纪到公元3世纪之间，几乎整个罗马帝国时期都能见到这样的小品。由于工艺的难度和选料的特殊，使用浮雕宝石镶嵌的印章戒指的人大多是上层的罗马人或富裕的罗马公民，在罗马本土以外的多数行省并不流行。罗马浮雕宝石有很多经典作品，如藏于瑞士沙夫豪森博物馆的“沙夫豪森浮雕宝石”（Schaffhausen Cameo），其为奥古斯都皇帝立像和著名的法兰西大浮雕宝石（见◉ 267）。

◉ 266　罗马军功浮雕牌
Phalera of Roman Legion

类型：罗马珠饰
Ornaments of Rome

品名：罗马军功浮雕牌
Phalera of Roman Legion
地域：罗马及行省
Rome and Provinces
年代：公元前100—公元200年
100 BC—200 AD
材质：铁、银、青铜、玻璃、半宝石等
Iron, Silver, Bronze, Glass, Semi-precious Stone, etc.

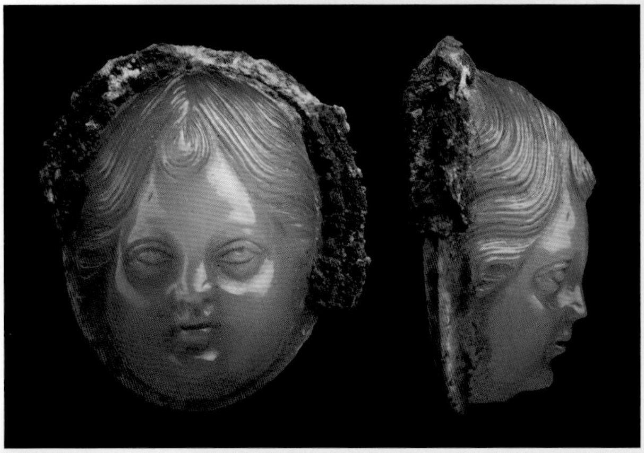
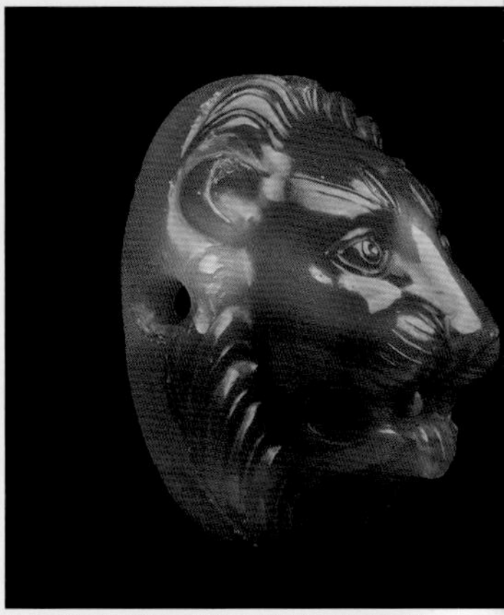

◉ 266. 罗马军团用于军阶和军功标志的浮雕牌。这种被称为军功浮雕牌（phalera）的装饰构件一般九个一组钉缝在胸甲上，可以是金属的，比如金、银、青铜等，也可以是金属镶嵌玻璃或半宝石的。罗马帝国曾大量制作模铸玻璃的浮雕牌分发给罗马军团的士官，这种装饰类似奖牌，阅兵时由获得这种胸甲的士兵穿在身上。浮雕牌也可以作为对战斗中表现杰出的整个团队的奖励，并有标准化的装饰形式。图中的蓝色玻璃浮雕牌制作于公元1世纪，镶有青铜基座，在英国东南部科尔切斯特出土。

◉ 267 法兰西大浮雕宝石

Great Cameo of France

类型：罗马珠饰

Ornaments of Rome

品名：法兰西大浮雕宝石
Great Cameo of France
地域：罗马及行省
Rome and Provinces
年代：公元23—54年
23—54 AD
材质：缟玛瑙
Onyx

◉ 267. 法兰西大浮雕宝石是一枚以罗马帝国朱利奥-克劳迪王朝（Julio-Claudian Dynasty，公元前27—公元68年，罗马帝国最初的五位皇帝）为题材的五层浮雕宝石。这件浮雕宝石制作于公元23—54年之间，条纹玛瑙，31厘米×26.5厘米，是现存最大的浮雕宝石。浮雕画面意在声明朱利奥-克劳迪王朝的合法统治和权威。画面分上、中、下三部分，最上部是包括奥古斯都在内的已经去世的家族成员，中间是在世的提比略皇帝和他的家族，最下方是罗马帝国俘虏的人。这件大浮雕宝石最初可能从拜占庭来到法兰西，法国大革命期间被盗，后在荷兰阿姆斯特丹被发现，原装的黄金镶嵌已经被剥走。（现藏法国国家图书馆）

◉ 268 罗马眼纹板珠
Roman Tablet Eye Beads

类型：罗马珠饰
Ornaments of Rome

品名：罗马眼纹板珠
Roman Tablet Eye Beads
地域：罗马及行省
Rome and Provinces
年代：公元100—300年
100—300 AD
材质：缟玛瑙、缠丝玛瑙
Onyx, Agate

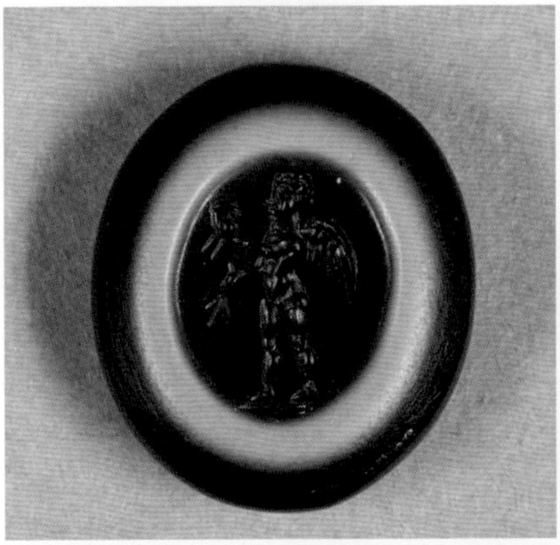
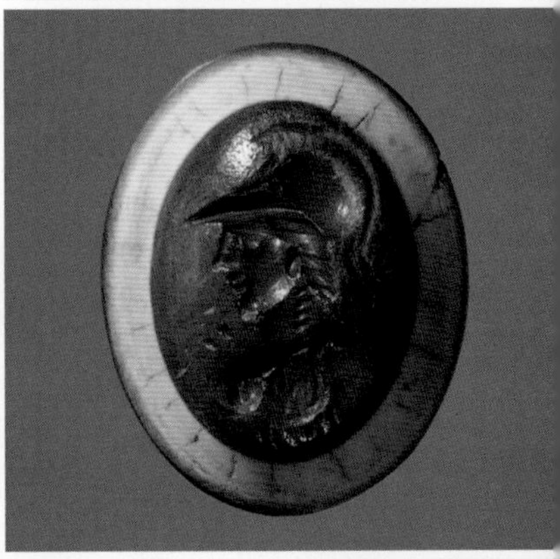
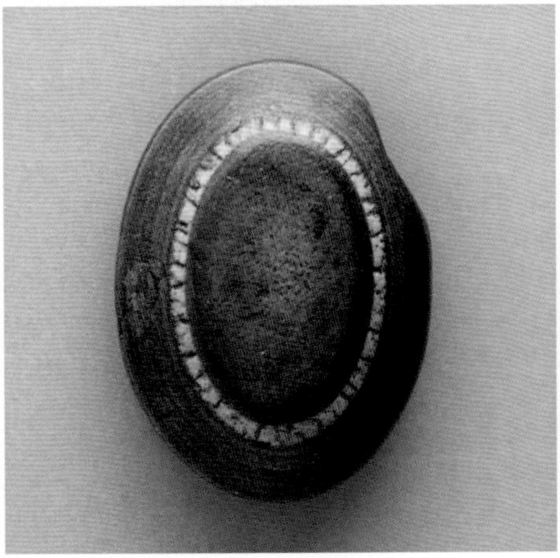

◉ 268. 罗马大量使用缟玛瑙和缠丝玛瑙制作珠子和珠饰，地中海东岸的罗马占领区和西亚、中亚经常见到眼纹板珠和同是缟玛瑙制作的苏莱曼尼珠（藏传珠饰中的药师珠，见◉ 073）。除了素面的眼纹板珠，罗马人还经常使用眼纹板珠雕刻他们自己的题材，这些板珠大多用于印戒的镶嵌和坠饰，也用于镶嵌其他器物。出土于塞尔维亚（罗马行省）的罗马山脊头盔上就镶有多枚玻璃制作的仿眼纹板珠，年代为公元4世纪罗马帝国晚期。

◉ 269 卡尼古拉海蓝宝戒指

Aquamarine Ring of Caligula

类型：罗马珠饰

Ornaments of Rome

品名：卡尼古拉海蓝宝戒指
Aquamarine Ring of Caligula
地域：罗马及行省
Rome and Provinces
年代：公元100—200年
100—200 AD
材质：海蓝宝
Aquamarine

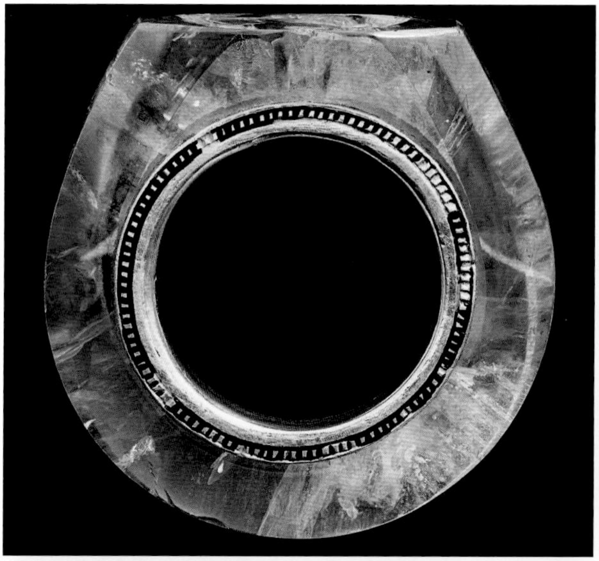

◉ 269. 卡尼古拉皇帝海蓝宝戒指。卡尼古拉戒指由一整块海蓝宝石雕刻而成，内侧有黄金内圈，戒面是一位女性肖像，被认为是卡尼古拉皇帝（Gaius Julius Caesar Augustus Germanicus，公元12—41年）的妻子卡桑尼亚。这枚戒指的收藏史可追溯到17世纪英国的显贵家族；18世纪它成为马尔堡公爵家族的著名收藏；19世纪由马尔堡七世公爵（英国前首相丘吉尔的祖父）售出；1899年这枚戒指出现在伦敦佳士得拍卖会上；1971年在伦敦苏富比拍卖会上，由于人们并不了解这枚戒指的出处，只拍了750英镑；之后戒指流入英国查尔斯王子的珠宝商沃特斯基（Wartski）手中，2019年沃特斯基仍沿用“马尔堡公爵宝石”的藏品名称，以50万英镑的价格售出。

类型：罗马珠饰
Ornaments of Rome

品名：罗马婚戒
Roman Wedding Rings
地域：罗马及行省
Rome and Provinces
年代：公元100—500年
100—500 AD
材质：黄金、青铜、银合金、玛瑙、玉髓、其他半宝石等
Gold, Bronze, Silver Alloy, Agate, Chalcedony, Other Semi-precious Stone, etc.

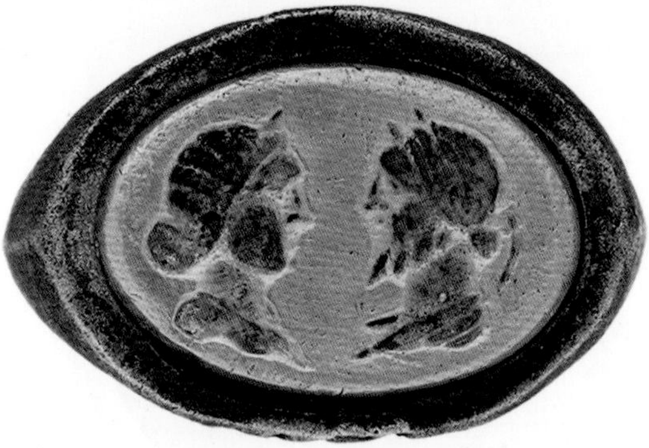

◉ 270. 罗马婚戒沿袭的是埃及和希腊的传统，但罗马人的婚姻必须符合罗马婚姻法：已婚的不能重婚；太监和因为特殊原因不能达到生理成熟的，不能结婚；任何想达成婚姻关系的人，必须得到双方父母同意；女性须年满12岁，男性须年满14岁。罗马婚戒便是婚姻关系的标志，婚戒题材也大多象征缔结关系，比如两只握在一起的手，或一对男女头像，类似现代的结婚照。到拜占庭时期（见◉ 280），夫妻头像之间又加入了耶稣形象，如《圣经》所示婚姻的神圣。

◉ 271　罗马金属印戒

Metal Seal Rings of Rome

类型：罗马珠饰

Ornaments of Rome

品名：罗马金属印戒

Metal Seal Rings of Rome

地域：罗马及行省

Rome and Provinces

年代：公元100—500年

100—500 AD

材质：黄金、青铜、银合金、铁

Gold, Bronze, Silver Alloy, Iron

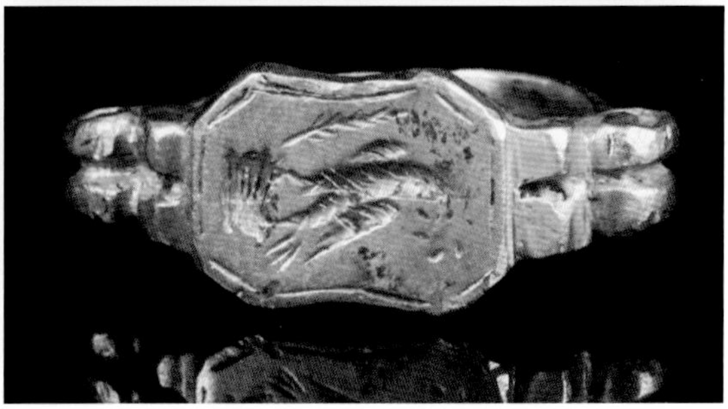

◉ 271. 罗马金属印戒是图章戒指的一种，材质最初与社会等级有关，青铜或银合金的戒指最初都是给普通自由公民佩戴，一是作为身份标识，二是护身符，三是作为图章使用，表明信用和所有权。尽管罗马帝国后来取消了材质对应身份的限制，参议院、军人、普通市民都可佩戴黄金或青铜戒指，但题材仍有所区别。一般而言，普通公民的印戒题材是代表神祇的符号、图案、文字，或动物和花卉，这些戒指有时只用于装饰和作为护身符而无印信功能，但镜像图案的印戒一定是图章戒指。而鹰（罗马军团象征）、V形臂章、星星等图案则为军人印戒题材，这些青铜印戒一般在罗马行省及其占领区出土，如色雷斯、马其顿、不列颠、叙利亚和东欧。

类型：罗马珠饰
Ornaments of Rome

品名：罗马钥匙戒指
Roman Key Rings
地域：罗马及行省
Rome and Provinces
年代：公元200—500年
200—500 AD
材质：黄金、青铜、银合金、铁
Gold, Bronze, Silver Alloy, Iron

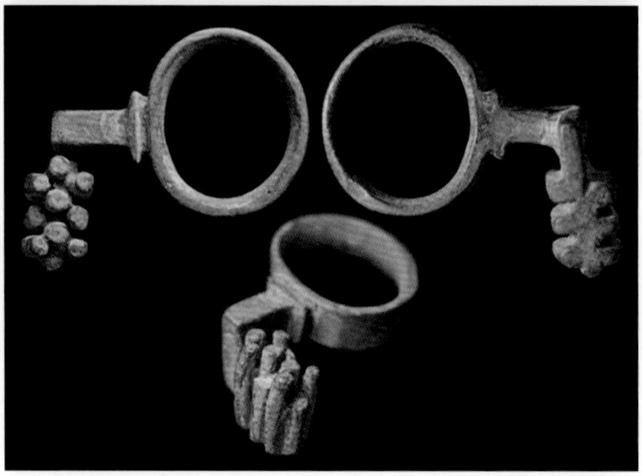

◉ 272. 罗马钥匙戒指是最具实用功能的珠饰，是指环和一把小钥匙的结合体。钥匙戒指主要针对小型锁，如珠宝盒和收藏重要文书的小型保险箱。多数罗马锁是暗锁，即锁孔内部有挡板和齿牙，只有钥匙与暗锁内部的空间部分完全契合，才能将锁打开。罗马长袍没有口袋，物主将钥匙作为戒指戴在手上可避免将钥匙丢失。钥匙戒指的材质大多是合金，富裕家庭也可使用黄金制作，无论材质如何，罗马钥匙戒指都不失为一种精巧的发明。

◉273 罗马魔法印
Roman Magic Rings

类型：罗马珠饰
Ornaments of Rome

品名：罗马魔法印
Roman Magic Rings
地域：罗马及行省
Rome and Provinces
年代：公元200—400年
200—400 AD
材质：玉髓、鸡血石、水晶、其他半宝石等
Chalcedony, Blood Stone, Rock Crystal,
Other Semi-precious Stone, etc.

◉273. “希腊-罗马世界的巫术研究”是希腊-罗马古代历史宗教研究的一个分支。希腊-罗马世界有漫长的巫术史，早期包括占星术、炼金术和其他形式的奥义知识，流行于地中海东岸和西亚周边。公元3世纪起，迷信和对巫术、魔法的崇拜弥漫于罗马人的生活，印章宝石不仅仅承担印信和权威的功能，其护身符和魔法的意义也更加被看重。带有巫术性质的题材的珠饰随之流行，如太阳神索尔（Sol）和一些异教神祇，并有希腊铭文的咒语、魔法公式或赞美诗。不同的材质也与魔法关联，不透明红玉髓被认为具有神秘学意义并有助于实施魔法，紫水晶则被认为可以消除饮酒过量的影响，而鸡血石（Heliotrope）则代表太阳神索尔。普遍意义上，罗马巫术印经常与诺斯替护身符（见◉332）等同，但两者可能起源于不同的概念和时期，尽管凭罗马晚期的雕刻宝石很难将两者区别开来。

类型：罗马珠饰
Ornaments of Roman

品名：罗马骰子
Roman Dices
地域：罗马及行省
Rome and Provinces
年代：公元100—400年
100—400 AD
材质：滑石、玻璃、费昂斯、半宝石等
Steatite, Glass, Faience, Semi-precious Stone, etc.

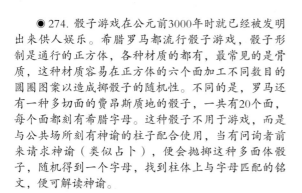

◉ 274. 骰子游戏在公元前3000年时就已经被发明出来供人娱乐。希腊罗马都流行骰子游戏，骰子形制是通行的正方体，各种材质的都有，最常见的是骨质，这种材质容易在正方体的六个面加工不同数目的圆圈图案以造成掷骰子的随机性。不同的是，罗马还有一种多切面的费昂斯质地的骰子，一共有20个面，每个面都刻有希腊字母。这种骰子不用于游戏，而是与公共场所刻有神谕的柱子配合使用，当有问询者前来请求神谕（类似占卜），便会抛掷这种多面体骰子，随机得到一个字母，找到柱体上与字母匹配的铭文，便可解读神谕。

◉ 275 盖蒂博物馆的雕刻宝石
Gemstones of J. Paul Getty Museum

类型：希腊罗马珠饰
Greek and Roman Jewelry

品名：盖蒂博物馆的雕刻宝石
Gemstones of J. Paul Getty Museum
地域：希腊、罗马
Greece and Rome
年代：公元前1500—公元200年
1500 BC—200 AD
材质：红玉髓、玛瑙、水晶、黄金等
Carnelian, Agate, Rock Crystal, Gold, etc.

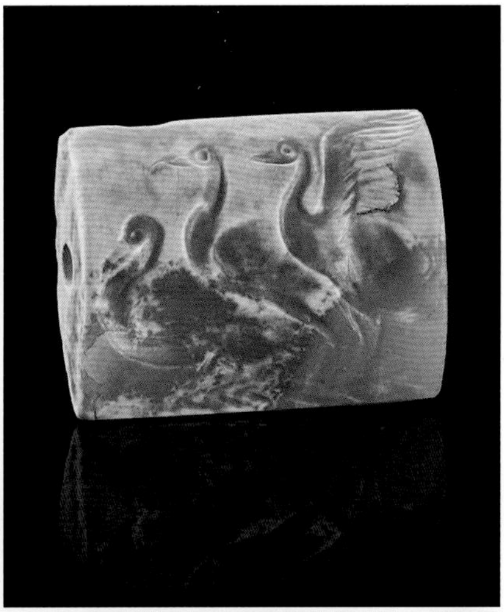

◉ 275. 2019年4月，保罗·盖蒂博物馆（J. Paul Getty Museum）在佳士得拍卖会上，从罗马艺术品交易商乔治·桑乔治（Giorgio Sangiorgi，公元1886—1965年）的藏品中，拍得一批古代雕刻宝石。桑乔治的雕刻宝石收藏绝大多数在二战前获得，均来自显赫家族和名人藏家，20世纪50年代被带到瑞士，除拍品外，其余部分仍旧保存在桑乔治的继承人手里。此次保罗·盖蒂博物馆以800万美元拍得其中17件，包括希腊、罗马、伊特拉斯坎雕刻宝石。其中最大亮点是两枚肖像，一枚为黑玉髓质的安提诺乌斯（Antinous）肖像，制作于公元130年至138年之间，原件已残，但没有影响藏品的审美和价值。安提诺乌斯19岁时在尼罗河溺水而亡，死后被罗马皇帝哈德良奉为神灵。另一枚为用罗马紫水晶刻的古希腊政治家、雄辩家狄摩西尼肖像，制作于公元前1世纪晚期，宝石上有难得一见的艺术家迪奥斯库德斯（Dioskourides of Samos）的签名。

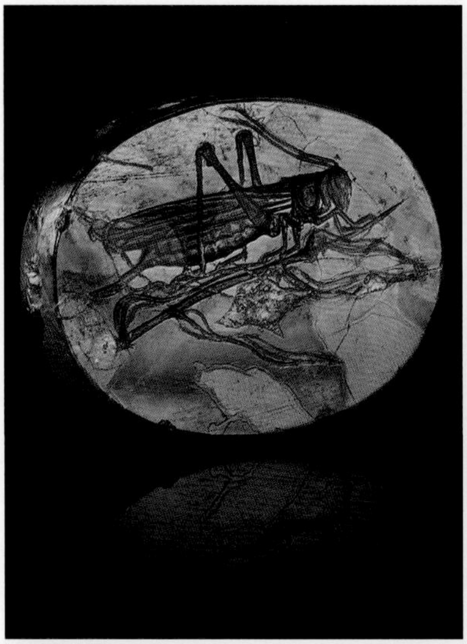

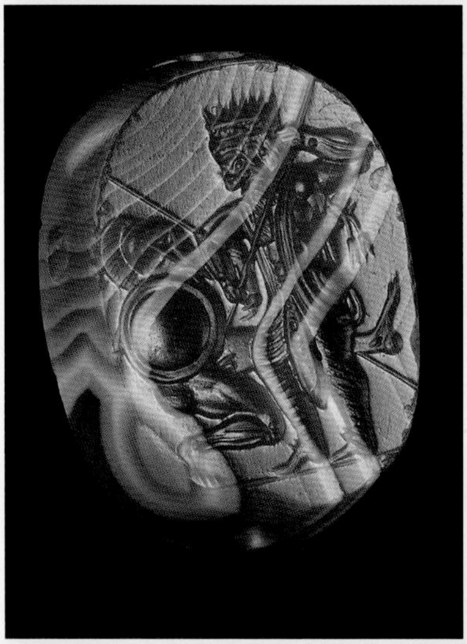

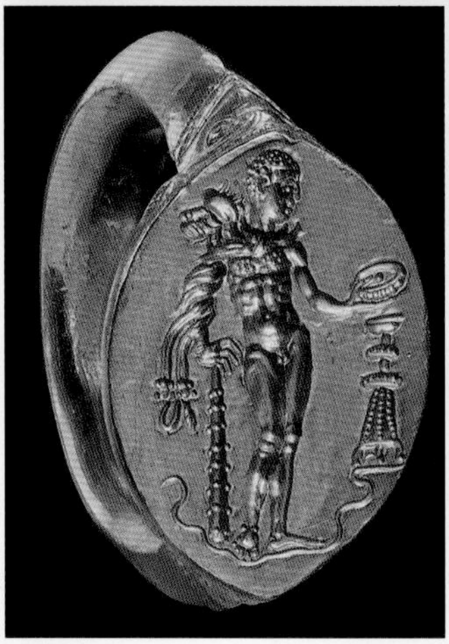

保罗·盖蒂博物馆，通常称为盖蒂博物馆，成立于1974年，位于美国加利福尼亚州洛杉矶，是一家专门的艺术博物馆，共设两个区域：盖蒂中心和盖蒂别墅。博物馆以收藏和展示20世纪前的欧洲绘画、素描、彩绘手稿、雕塑、装饰艺术和当今世界各地的摄影作品为特色。最初的盖蒂博物馆位于洛杉矶附近的太平洋帕利塞德，展示来自古希腊、罗马和伊特拉斯坎的艺术品，包括珠饰。1982年，该博物馆继承了12亿美元的遗产，成为世界上最富有的博物馆。1997年，博物馆搬到了现在的位置即洛杉矶附近的布伦特伍德的马里布博物馆，重新命名为“盖蒂别墅”，2006年进行了重新装修并向公众开放。

类型：意大利珠饰
Italian Jewelry

品名：卡斯泰拉尼的复古珠宝
Castellani Vintage Jewelry
地域：意大利
Italy
年代：公元1800—1900年
1800—1900 AD
材质：黄金、银、雕刻宝石、马赛克玻璃等
Gold, Silver, Engraved Gems, Mosaic Glass, etc.

◉ 276. 卡斯泰拉尼（Fortunato Pio Castellani，公元1794—1865年）是19世纪意大利著名的珠宝匠，卡斯泰拉尼珠宝品牌的创始人。1814年，卡斯泰拉尼在罗马开设第一家珠宝店，最初只是制作法国和英国风格的时尚珠宝。之后卡斯泰拉尼以考古出土的伊特拉斯坎珠饰为蓝本，复原古代伊特拉斯坎黄金珠饰技艺，尤其是炸珠和花丝技艺，并以凹雕宝石、浮雕宝石和微型马赛克玻璃镶嵌为构件，创作出独特的伊特拉斯坎样式的复古珠宝。卡斯泰拉尼珠宝历经三代继承人，享誉时尚界和显贵家族。1930年，最后一位卡斯泰拉尼继承人去世，按照他的遗愿，其家族藏品和重要作品全部捐献给了意大利政府。卡斯泰拉尼的作品是对古代地中海珠饰和工艺的再现，其作品本身业已成为现今许多博物馆和收藏家追捧的藏品。

类型：拜占庭珠饰
Ornaments of Byzantium

品名：拜占庭珠饰
Ornaments of Byzantium
地域：东罗马帝国
East Roman Empire
年代：公元400—1500年
400—1500 AD
材质：黄金、白银、玛瑙、珍珠、海蓝宝、石榴石、玻璃等
Gold, Silver, Agate, Pearl, Aquamarine, Garnet, Glass, etc.

公元395年，罗马帝国分裂为东西两部分，西罗马亡于476年，而幸存下来的东罗马即拜占庭（Byzantium）又延续了一千多年，于公元1453年灭于奥斯曼土耳其人。拜占庭在称为东罗马的一千多年历史中数经劫难和疆域变迁，但是作为基督教东正教的中心，其文化传统和艺术风格始终保持了自己的独特性和持久的一致性，并对周边国家产生很大的影响。

◉ 277. 拜占庭珠饰。拜占庭帝国的强盛时期曾有西亚、东欧和北非的大片土地，版图内生活着众多不同风俗和审美传统的族群，拜占庭在沿袭希腊罗马珠饰风格的基础上，融入了帝国版图内那些在西欧人眼中的东方元素。拜占庭珠饰技艺擅长金属花丝和珐琅彩，珠饰设计喜用金属镂空、镶嵌或穿缀宝石和半宝石，如海蓝宝、石榴石、珍珠、玻璃以及其他半宝石。项饰、手镯、耳环和坠饰等的整体设计都庄严对称，具有强烈的拜占庭风格。

◉277 拜占庭珠饰
Ornaments of Byzantium

◉ 278 拜占庭玻璃珠饰

Glass Ornaments of Byzantine

类型：拜占庭珠饰

Ornaments of Byzantium

品名：拜占庭玻璃珠饰

Glass Ornaments of Byzantium

地域：东罗马帝国

East Roman Empire

年代：公元400—1500年

400—1500 AD

材质：玻璃

Glass

◉ 278. 拜占庭玻璃沿袭的是罗马的工艺和传统。基督教作为国教的地位的确立，使得拜占庭玻璃器和其他工艺美术品的题材大多与宗教关联，圣像、圣迹和基督教符号是最常见的美术题材，如金箔玻璃（gold-foil glass）的圣像牌（坠饰）和工艺精巧的十字架。玻璃容器逐渐淘汰了罗马帝国时代的形制和装饰风格，并发明了玻璃灯，取代罗马传统的陶灯。不再用玻璃马赛克制作罗马人面珠（见◉ 259）一类的题材，但制作几何纹样的马赛克珠保持了数个世纪，这项技艺最远传播至印度尼西亚诸岛（见◉ 126），并延续至伊斯兰化时期。

公元10世纪，拜占庭工匠采用了阿拉伯人的“银染玻璃”（silver staining glass）技术，即用金属化合物混合黏土在器物表面描绘，然后在玻璃软化点以下的温度烧制生成图像或图案，这项技术适合用来装饰小饰品，如玻璃手镯、戒指和坠饰。玻璃砝码是另一种小巧精致的玻璃器，砝码上有模铸的希腊文以保证其权威性。拜占庭和后来的阿拉伯人都用这种小玻璃砝码来度量金银等贵金属的价值。

◉ 279　拜占庭的图章戒指

Signet Rings of Byzantium

类型：拜占庭珠饰

Ornaments of Byzantium

品名：拜占庭的图章戒指
Signet Rings of Byzantium
地域：东罗马帝国
East Roman Empire
年代：公元400—1500年
400—1500 AD
材质：黄金、银、玛瑙、海蓝宝、石榴石、玻璃等
Gold, Silver, Agate, Aquamarine, Garnet, Glass, etc.

◉ 279. 以正统基督教自居的拜占庭世界的美术深受宗教氛围的影响，从建筑到雕塑，从壁画到珠宝，印章、坠饰和图章戒指也不例外。图章戒指在拜占庭社会有重要的作用，从教会制度到民事文书，都是靠图章戒指来保证其权威性。早期的罗马基督教美术不允许表现基督本人，公元3世纪，罗马的印章戒指上出现了用十字架象征基督的符号，拜占庭将其作为传统题材一直延续下来。公元4世纪的拜占庭有了圣像的表现，由于东正教信仰三位一体的上帝，因此圣像除了表现基督本人，还有圣父、圣子和圣灵的题材，以及《圣经》故事中“基督升天”“圣母子”等题材。而刻有希腊文的图章戒指大多用于官方文书。

◉ 280　拜占庭婚戒
Wedding Rings of Byzantium

类型：拜占庭珠饰
Ornaments of Byzantium

品名：拜占庭婚戒
Wedding Rings of Byzantium
地域：东罗马帝国
East Roman Empire
年代：公元400—1500年
400—1500 AD
材质：黄金、银、玛瑙、半宝石等
Gold, Silver, Agate, Semi-precious Stone, etc.

◉ 280. 拜占庭延续了罗马婚戒（见◉ 270）的传统和法律条文，随着时间推移，婚戒越来越个性化，不仅仅是程式化的标识。许多婚戒都刻上了夫妇本人的头像或全身轮廓，尽管不是完全写实的再现，但目的是实现“没有其他婚戒与自己的是一样的”。拜占庭婚戒的图案大多采用阴刻而非模铸，并使用“乌银”、珐琅彩等工艺给图案上色。拜占庭以信仰正统基督教自居，按照《圣经》所言，婚姻是神圣的，因而许多刻有夫妇形象的婚戒上也出现了基督耶稣和十字架，以示对合法婚姻的认同和祝福。

◉ 281　拜占庭护身符

Almulets of Byzantium

类型：拜占庭珠饰
Ornaments of Byzantium

品名：拜占庭护身符
Amulets of Byzantium
地域：东罗马帝国
East Roman Empire
年代：公元400—1500年
400—1500 AD
材质：黄金、银、合金、蛇纹石、玛瑙、玻璃等
Gold, Silver, Alloy, Serpentine, Agate, Glass, etc.

◉ 281. 天使长米迦勒是拜占庭护身符最受欢迎的题材之一，通常他穿着拜占庭皇帝的长袍和铠甲。有铭文的护身符大多引用《圣经》的箴言。鸡血石一类的石头被认为与女性经血有关，用来配合女人生殖健康的题材。骑士题材也很流行，图像是骑在马上的战士制服脚下的敌人，通常认为骑士是所罗门王本人，他在犹太教和基督教中都被认为是封杀恶魔的战士，这两种宗教的驱魔仪式中都会呼唤所罗门的名字。圣乔治屠龙也是受欢迎的护身符题材，在公元9世纪到10世纪这一题材的主角是圣西奥多（Saint Theodore of Amasea），罗马天主教和拜占庭东正教都尊他为殉道者和圣战士，11世纪，圣西奥多的故事转化成了圣乔治，故事描述圣乔治杀死恶龙救下被当作供品的公主。

拜占庭的护身符大多是金属或半宝石镶嵌的坠饰，与罗马和罗马-埃及护身符一类的巫术印或带有巫术性质的珠饰类似，很多题材都是罗马晚期异教的魔法图像与基督教辟邪图案的结合，用意是保护佩戴者远离邪恶。这些坠饰制作于不同时期，早期流行圣母圣子和三位一体的题材，到公元8世纪前后开始流行天使和圣徒题材。

◉282 拜占庭十字架
Byzantine Crosses

类型：拜占庭珠饰
Ornaments of Byzantium

品名：拜占庭十字架
Byzantine Crosses
地域：东罗马帝国
East Roman Empire
年代：公元400—1500年
400—1500 AD
材质：黄金、银、玛瑙、珍珠、海蓝宝、玻璃等
Gold, Silver, Agate, Pearl, Aquamarine, Glass, etc.

◉282. 拜占庭大量制作十字架坠饰，以珠饰的形式昭示信仰的内容。十字架坠饰的工艺和造型变化丰富多样，是拜占庭世界最受推崇的珠饰形制之一。早在公元前二千纪的青铜时代，欧洲的瓮棺葬文化就已经出现合金的镂空十字架坠饰，被认为是象征太阳。基督教使用十字架图形则是象征耶稣受难，也是耶稣战胜死亡和永生的标志，并被认为具有驱邪的法力。铜合金的圣骨匣十字架在拜占庭晚期特别流行，这种十字架由两块十字架形制的浅盒合扣而成，内部可以容纳细小的供奉物。

◉283 拜占庭新月形坠
Crescent Pendants of Byzantium

类型：拜占庭珠饰
Ornaments of Byzantium

品名：拜占庭新月形坠
Crescent Pendants of Byzantium
地域：东罗马帝国
East Roman Empire
年代：公元400—1500年
400—1500 AD
材质：黄金、银、玛瑙、海蓝宝、石榴石、玻璃等
Gold, Silver, Agate, Aquamarine, Garnet, Glass, etc.

◉283. 新月作为月相，在占星术中代表月亮本身，在炼金术中则作为银的符号。新月作为珠饰主题或元素很早就出现，公元前2400年的苏美尔人就在他们的滚印上以新月符号象征月神，之后新月符号在两河流域一直流传。在希腊罗马时代，新月代表狩猎女神狄安娜，也象征童真。罗马天主教认为新月符号与圣母玛利亚有关，珠饰金饰经常有新月题材。

拜占庭则将新月和星星用作自己国家的象征，之后的奥斯曼土耳其也沿用了新月符号。新月形制在拜占庭珠饰中随处可见，项链、耳环、坠饰、冠饰都将新月作为形制和题材，并大量采用花丝和珐琅彩工艺。公元10世纪前后，包括埃及在内的中东地区伊斯兰化，但他们同样制作新月形制的珠饰，埃及法蒂玛王朝的珠饰（见◉334）很多是在拜占庭制作的，拜占庭珠饰的设计造型和工艺影响了周边各个地方。

◉ 284 拜占庭的珠饰工艺
Art Crafts of Jewelry of Byzantium

类型：拜占庭珠饰
Ornaments of Byzantium

品名：拜占庭的珠饰工艺
Art Crafts of Jewelry of Byzantium
地域：东罗马帝国
East Roman Empire
年代：公元400—1500年
400—1500 AD
材质：黄金、银、合金、玻璃、玛瑙、珍珠、海蓝宝等
Gold, Silver, Alloy, Glass, Agate, Pearl, Aquamarine, etc.

◉ 284. 拜占庭制作珠饰的工艺成熟多样，这些工艺大多来自希腊和罗马传统，尤其是贵金属工艺。除了古老传统的模铸，贵金属工艺包括空花（diatreta）、花丝（filigree）、炸珠（granulation）、乌银（niello）、珐琅（enamel）。宝石工艺主要是宝石雕刻（engraving stone），包括凹雕（intaglio）和浮雕（cameo）。玻璃工艺除了用来制作吹制容器、马赛克玻璃珠、模铸玻璃饰件，还有浮雕玻璃、凹雕玻璃和金箔玻璃。拜占庭存在的时间超过千年，由于它的宗教能量，拜占庭的艺术风格和工艺对周边及后来的伊斯兰珠饰都产生了很大影响。

十、欧洲其他地区珠饰
Jewellery of Other Region of Europe

◉ 285—◉ 314

◉ 285 保加利亚史前万字符玉坠 Swastika Jade Pendant from Bulgaria
◉ 286 瓦尔钠墓葬的金饰 Gold Ornaments from Varna Necropolis
◉ 287 卡尔纳克巨石阵的珠子 Beads from Carnac Stones
◉ 288 北欧史前琥珀珠 Amber Beads of Prehistoric Northern Europe
◉ 289 苏格兰史前煤精珠 Jet Beads of Prehistoric Scotland
◉ 290 卡拉穆波罗宝藏 Carambolo Treasure
◉ 291 阿利塞达珍宝 Aliseda Treasure
◉ 292 凯尔特人的金属饰品 Celtic Alloy Ornaments
◉ 293 金属项圈 Metal Torcs
◉ 294 色雷斯黄金宝藏 Thracian Gold Treasure
◉ 295 罗马-日耳曼博物馆的珠饰 Ornaments of Romano-Germanic Museum
◉ 296 基辅文化珠饰 Ornaments of Kiev Culture
◉ 297 日耳曼珠饰 Ornaments of Germanic
◉ 298 法兰克人珠饰 Ornaments of Franks
◉ 299 梅罗文加王朝的珠饰 Ornaments of Merovingian Dynasty
◉ 300 萨顿胡珍宝 Sutton Hoo Treasure
◉ 301 斯塔福德郡窖藏 Staffordshire Hoard
◉ 302 伦巴第人的珠饰 Ornaments of Lombards
◉ 303 中世纪的纹章学 Heraldry of the Middle Ages
◉ 304 中世纪的图章戒指 Signet Rings of the Middle Ages
◉ 305 维京人护身符 Viking Amulets
◉ 306 维京人的玻璃珠 Viking Glass Beads
◉ 307 比尔卡维京女战士墓 Birka Viking Female Warrior Tomb
◉ 308 哥特兰岛的维京宝藏 Viking Treasure of Gotland
◉ 309 希登湖黄金宝藏 Hiddensee Gold Treasure
◉ 310 文艺复兴珠饰 Renaissance Ornaments
◉ 311 浪漫主义珠饰 Romanticism Ornaments
◉ 312 维多利亚复古珠饰和哀悼首饰 Victorian Vintage Jewelry and Mourning Jewellery
◉ 313 新艺术运动珠饰 Ornaments of Art Nouveau
◉ 314 玫瑰念珠 Rosary

◉ 285　保加利亚史前万字符玉坠

Swastika Jade Pendant from Bulgaria

类型：史前欧洲珠饰

Ornaments of Prehistoric Europe

品名：保加利亚史前万字符玉坠
Swastika Jade Pendant from Bulgaria
地域：保加利亚
Bulgaria
年代：公元前6000—前5500年
6000—5500 BC
材质：软玉
Nephrite

◉ 285. 保加利亚首都索菲亚一处新石器时代的聚居点出土了一枚罕见的软玉坠饰，形制为四条蛙腿构成的万字符，长3.5厘米，宽3厘米，由硬度6.5的软玉制成，距今8000年。考古学家认为这类手工艺品属于聚居人群中的精英，代表与众不同的权威，而蛙腿和旋转的构成方式可能代表生殖和生命周期。遗址同时还发现了窑炉和陶器、磨光石器等。玉坠在一处夯土的房基下被发现，可能曾用于相关的仪式。西欧和中欧在新石器时代晚期也曾使用软玉制作磨光石斧和珠子（见◉ 287），但最终没有形成和延续玉作的传统。

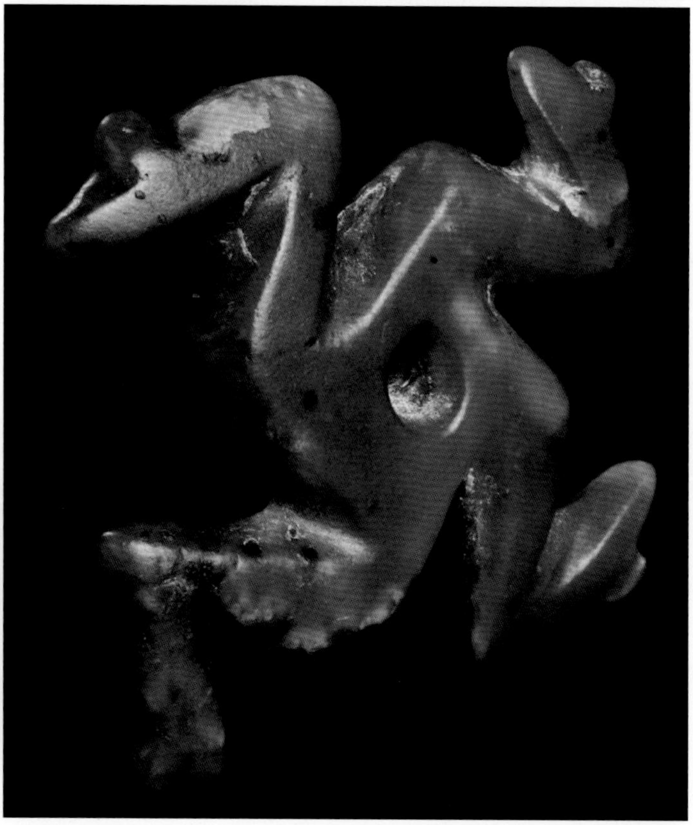

◉286 瓦尔钠墓葬的金饰

Gold Ornaments from Varna Necropolis

类型：史前欧洲珠饰

Ornaments of Prehistoric Europe

品名：瓦尔纳墓葬的金饰
Gold Ornaments from Varna Necropolis
地域：保加利亚
Bulgaria
年代：公元前4600—前4200年
4600—4200 BC
材质：黄金、合金、玛瑙等
Gold, Alloy, Agate, etc.

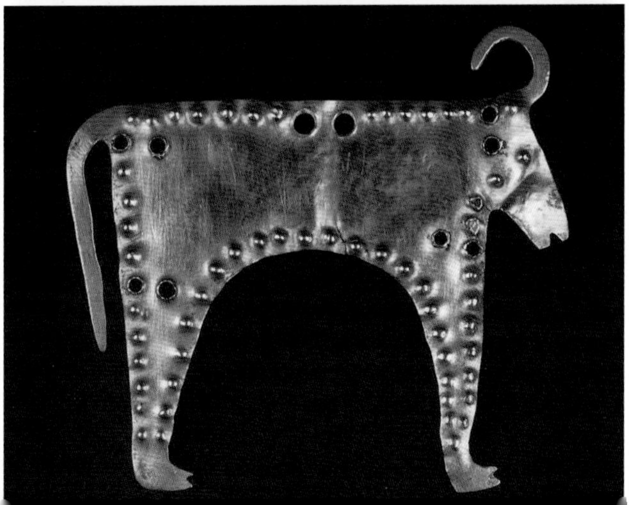

◉286. 瓦尔纳史前墓地（Varna Necropolis）位于保加利亚瓦尔纳湖附近，1972年发现了迄今世界上最早的黄金墓葬，距今6500年左右。墓地共计有294个墓葬，出土了数量可观的手工艺品，包括金器、铜合金制品、陶器（包括描金的陶器）、燧石和黑曜石刀片、珠子和海贝，一些墓葬还有陶土烧制的面具，从墓葬形式和殉葬品可识别出墓主人生前的不同阶层。其中最著名的黄金墓葬出土共计3000件金器金饰，重6千克，包括珠饰、饰片、仪式用具和丧葬用具。这些出土物现藏于瓦尔纳考古博物馆和位于保加利亚首都索菲亚的国家历史博物馆。

◉ 287　卡尔纳克巨石阵的珠子

Beads from Carnac Stones

类型：史前欧洲珠饰

Ornaments of Prehistoric Europe

品名：卡尔纳克巨石阵的珠子
Beads from Carnac Stones
地域：法国布列塔尼
Brittany, France
年代：公元前4500—前3300年
4500—3300 BC
材质：蛇纹石、软玉、磷铝石
Serpentine, Nephrite, Variscite

◉ 287. 卡尔纳克巨石阵（Carnac Stones）是位于法国西北部布列塔尼的史前遗迹，有总数超过3000块的巨石以列阵排列，距今7000年以上。公元前后这里开始出现有关巨石阵的神话和传奇，至今当地人仍然讲述巨石阵是亚瑟王的巫师梅林将罗马军团点化成石而形成的。巨石阵的墓葬中出土了各种手工艺品，包括蛇纹石制作的抛光石斧、石环（类似中国的史前玉环）和蓝色磷铝石（variscite）制作的珠子和坠子。石斧为仪式用具，研究证明石斧的玉料来自阿尔卑斯山海拔2000米以上的山峰，而磷铝石来自西班牙，现已在距离巴塞罗那20千米的一处史前矿山发现磷铝矿原料和成品珠子。卡尔纳克另有石质箭头、动物和人类牙齿以及珍珠碎片出土。类似的巨石阵和蛇纹石石斧、相同形制和材料的珠子在西南欧史前的西班牙、意大利、法国和英伦岛屿都能见到，证明这里在史前时代就有区域性的文化和贸易交流。

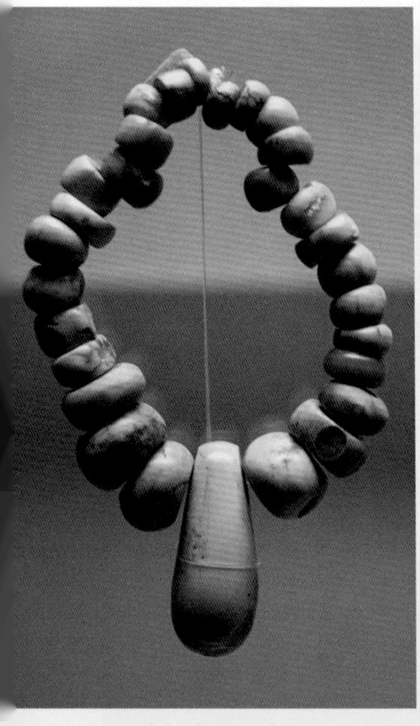

◉ 288　北欧史前琥珀珠

Amber Beads of Prehistoric Northern Europe

类型：史前欧洲珠饰

Ornaments of Prehistoric Europe

品名：北欧史前琥珀珠

Amber Beads of Prehistoric Northern Europe

地域：波罗的海及周边

The Baltic Sea and Surroundings

年代：公元前4000—前500年

4000—500 BC

材质：琥珀

Amber

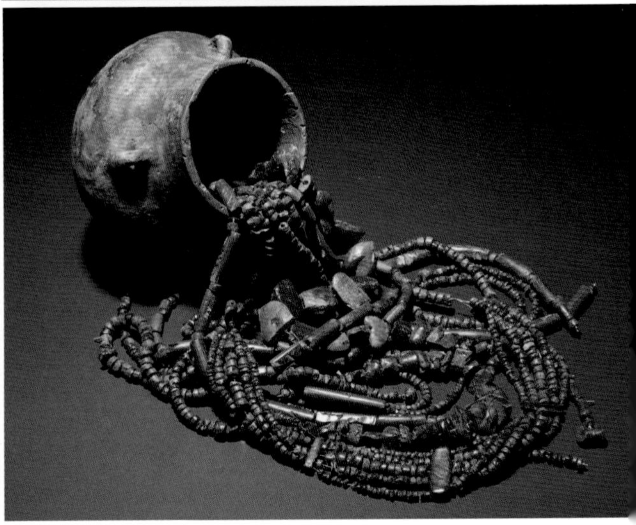

◉ 288. 北欧从史前就有制作琥珀珠饰的传统，波罗的海（Baltic Sea）出产高质量琥珀，周边地方从8000年前就开始制作琥珀珠饰，并形成区域性的琥珀贸易，有时原料和成品珠子还远达南欧，保存下来的希腊人用黄金镶嵌的琥珀项链尤其珍贵。琥珀色泽美丽，质地偏软，加工相对容易，为史前欧洲备受偏爱的珠饰材料。但琥珀为有机宝石，在多数土壤环境中都会分解，因此大部分古代琥珀、珍珠一类有机珠饰没有留存。北欧一些地方的泥沼环境却保存了许多琥珀珍宝，从丹麦到立陶宛等波罗的海周边地方，19世纪以来出土了数批质量和数量可观的史前琥珀珠饰。除了基本形制的珠子类型，还有各式坠饰，包括人形、动物造型和抽象的几何形等纹饰。这些琥珀珠饰展示了北欧史前人类的艺术审美和造型风格，以及远古那些我们无法解读的信仰。

◉ 289 苏格兰史前煤精珠

Jet Beads of Prehistoric Scotland

类型：史前欧洲珠饰

Ornaments of Prehistoric Europe

品名：苏格兰史前煤精珠

Jet Beads of Prehistoric Scotland

地域：波罗的海及周边

The Baltic Sea and Surroundings

年代：公元前2050—前1800年

2050—1800 BC

材质：煤精

Jet

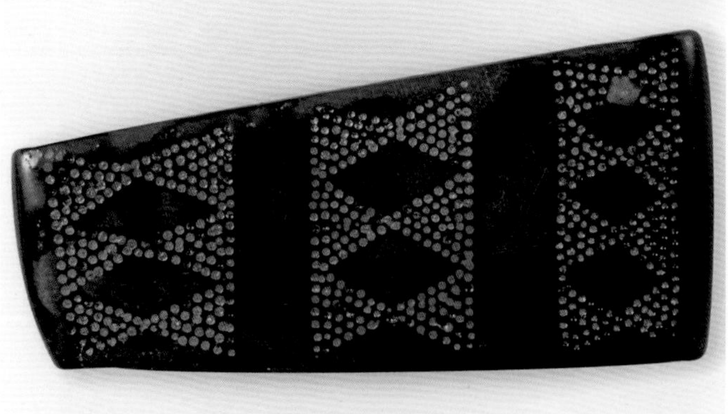

◉ 289. 煤精和珍珠、琥珀一样，是有机宝石，呈黑色，油脂光泽，容易雕刻和塑形。英伦群岛有煤精资源，史前这里的人类就开始用煤精制作珠子珠饰。煤精在土壤环境中不易保存，苏格兰几处考古遗址出土的煤精珠子珠饰相对完整，包括项链、耳饰、手镯和用于钉缝在织物上的扣饰，较完整地呈现了四千多年前煤精珠子的形制和穿缀样式。这一时期与煤精珠子伴生的还有斧头和凿子一类石器，为西欧史前磨光石器的典型器。

◉ 290　卡拉穆波罗宝藏

Carambolo Treasure

类型：伊比利亚半岛珠饰

Ornaments of Iberian Peninsula

品名：卡拉穆波罗宝藏
Carambolo Treasure
地域：西班牙
Spain
年代：公元前900—前600年
900—600 BC
材质：黄金
Gold

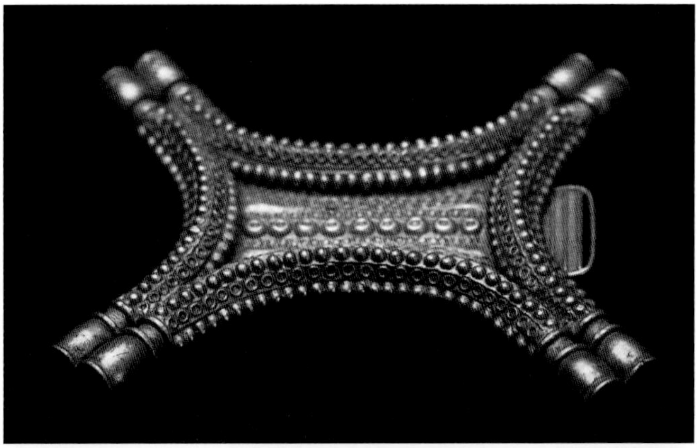

◉ 290. 卡拉穆波罗宝藏是1958年在西班牙安达卢西亚地区卡玛斯市郊的卡拉穆波罗山发现的黄金窖藏，共21件黄金饰品装在一只陶罐内，为公元前8世纪前后的金饰.由于附近出土了一尊腓尼基女神像，故推测这批宝藏属于在西班牙殖民的腓尼基人（见◉ 211），他们在希腊殖民者到来之前就已经在西班牙有多处殖民地。2018年的研究表明，这批金饰是腓尼基人的工艺品，而黄金原料来自仅20千米之遥的矿山，这解释了西班牙史前和罗马帝国时代因贵金属矿资源和海港优势被地中海各个强大势力殖民的历史。

◉ 291　阿利塞达珍宝
Aliseda Treasure

类型：伊比利亚半岛珠饰
Ornaments of Iberian Peninsula

品名：阿利塞达珍宝
Aliseda Treasure
地域：西班牙
Spain
年代：公元前650—前550年
650—550 BC
材质：黄金、红玉髓、玻璃、其他半宝石等
Gold, Carnelian, Glass, Other Semi-precious Stone, etc.

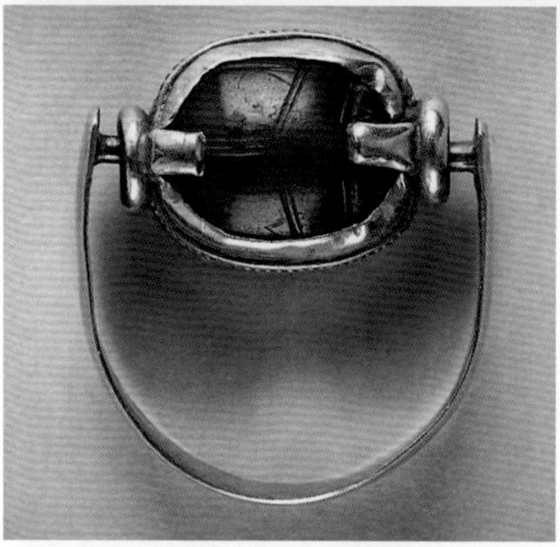

◉ 291. 阿利塞达是西班牙中西部的小镇，这里出土了一批高质量的铁器时代的黄金宝藏，被称为“阿利塞达宝藏”（Aliseda treasure）。这批黄金宝藏在1920年被两名农夫意外发现，他们原打算秘密出售，但很快被截获并收归国有，这批珍宝现藏马德里考古博物馆。这批高水平金饰的工艺和风格属于在西班牙殖民的腓尼基人，但该地域在当时不属于腓尼基殖民地，出土实物也是孤例，考古学家推测应是当地大贵族与腓尼基人之间有贸易或合作关系，由于没有文字记载和更丰富的考古资料，所以对这批宝藏的研究一直没有定论。

◉ 292　凯尔特人的金属饰品

Celtic Alloy Ornaments

类型：凯尔特人珠饰

Ornaments of Celts

品名：凯尔特人的金属饰品
Celtic Alloy Ornaments
地域：西欧、中欧
Western and Central Europe
年代：公元前1000—前500年
1000—500 BC
材质：黄金、银、青铜、半宝石等
Gold, Silver, Bronze, Semi-precious Stone, etc.

图①

图②

◉ 292. 凯尔特人（Celts）是操印欧语的部落集合体，在罗马人占领西欧英伦岛屿之前的几个世纪，欧洲是凯尔特人的欧洲。凯尔特人的形象曾令希腊人印象深刻，希腊历史学家描述他们“都是裸体战斗”，“除了手上的武器，他们不戴任何武装”。凯尔特人酷爱装饰，擅长金属工艺，尤其是武器和饰品，材料包括金、银、铜、合金等，美术造型都是风格化的。装饰图案都是几何图形，理论上讲这些图形都有其象征意义，由于没有文字记载他们早期的宗教和历史，所以很难对此做出解释。

图①为凯尔特人的别针，制作于公元前1000年前后，是早期凯尔特人常见的装饰品，兼有实用功能。圆圈图案是凯尔特人最常使用的图案，不仅出现在饰品中，还被凿刻在巨石上，其意义已经很难解释。图②为凯尔特人的黄金印戒，公元前5世纪制作，这时的凯尔特人与地中海的先进文明有了初步接触，这种冲压技术制作的戒指可能已经具有印信的功能而不仅仅是装饰。

◉ 293　金属项圈
Metal Torcs

类型：凯尔特人珠饰
Ornaments of Celts

品名：项圈
Metal Torcs
地域：西欧、中欧
Western and Central Europe
年代：公元前800—公元200年
800 BC—200 AD
材质：黄金、银、青铜等
Gold, Silver, Bronze, etc.

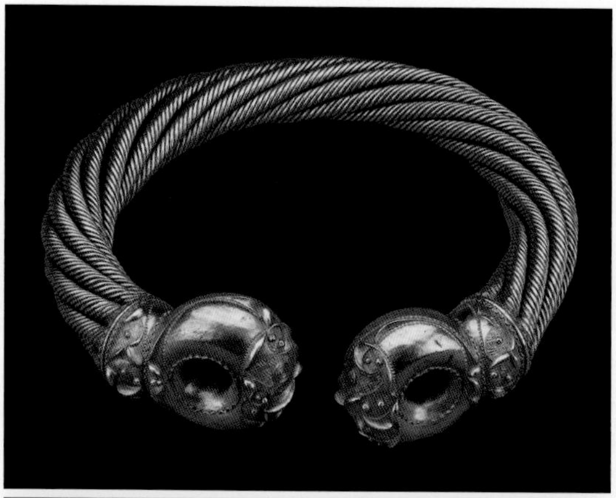

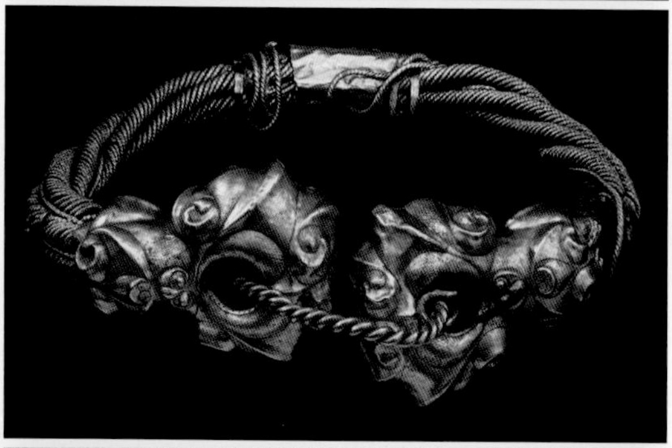

◉ 293. 项圈（torc）是用金属制作的大型开口圆环，可以是单股金属条，也可以是多股金属条绞合在一起。项圈开口一般在前端，有时也有使用榫卯或者挂钩将圆环封闭的样式。项圈似乎是为永久性佩戴而制作的，一旦戴上很少摘下来。除了早期的凯尔特人，项圈在公元前9世纪到公元3世纪的欧洲铁器时代，在斯基泰人（见◉ 228）、波斯人、伊利里亚人（铁器时代生活在欧洲的部落民族）、色雷斯人（见◉ 294）等族群中都很流行。

对凯尔特人而言，金属项圈尤为重要，是辨识佩戴者社会阶层和地位的标志，因此凯尔特人最精致的珠饰都是金属项圈。著名的凯尔特黄金窖藏有德国的格劳伯格（Glauberg）窖藏、英国的斯内蒂瑟姆（Snettisham）窖藏和西班牙的布雷拉（Burela）窖藏，其中都有不止一只的黄金项圈出土。罗马帝国崩溃之后，日耳曼部落南下，凯尔特项圈随之消失，但是维京时代（见◉ 305），银质的项圈又流行起来。

◉ 294 色雷斯黄金宝藏

Thracian Gold Treasure

类型：色雷斯珠饰

Ornaments of Thracian

品名：色雷斯黄金宝藏

Thracian Gold Treasure

地域：保加利亚

Bulgaria

年代：公元前500—前100年

500—100 BC

材质：黄金、银合金、铜合金、半宝石等

Gold, Silver Alloy, Copper Alloy, Semi-precious Stone, etc.

图294. 色雷斯人（Thracians）是铁器时代生活在东南欧的操印欧语的部落，集中在现在的保加利亚及周边。他们的北面是斯基泰人（见◉ 226），南面是希腊人，西面是凯尔特人（见◉ 292）。色雷斯人是出色的战士，他们经常为希腊和后来的罗马充当雇佣兵，著名的角斗士斯巴达克斯便是色雷斯人。保加利亚境内有丰富的色雷斯遗存，先后出土了数批色雷斯宝藏，最著名的发现是Panagyurishte Treasure，是色雷斯贵金属珠饰和器物的代表作品，其主题和美术造型有独特的色雷斯风格，而工艺和技巧明显受希腊人的强烈影响。也有相当部分作品是由希腊人制作的。区分色雷斯工匠和希腊人的作品并不难，前者美术造型拙朴概括，后者精准写实。图例中一件色雷斯王赛奥底斯三世（公元前3世纪）的青铜头像，是希腊人杰出的写实作品。

◉ 295　罗马-日耳曼博物馆的珠饰

Ornaments of Romano-Germanic Museum

类型：法兰克人珠饰

Ornaments of Franks

品名：罗马-日耳曼博物馆的珠饰
Ornaments of Romano-Germanic Museum
地域：德国
Germany
年代：公元前100—公元400年
100 BC—400 AD
材质：黄金、银、玻璃、水晶、玛瑙、玉髓、琥珀等
Gold, Silver, Glass, Crystal, Agate, Chalcedony, Amber, etc.

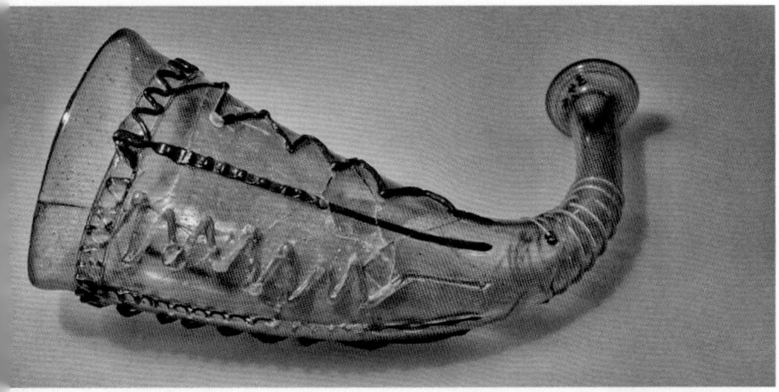

◉ 295. 罗马-日耳曼博物馆位于德国科隆大教堂一侧，是建在罗马日耳曼尼亚省首府驻地遗址上的考古博物馆。馆内藏品多为罗马征服时代的遗物，以酒神狄俄尼索斯为主题的马赛克地板、罗马碑铭和玻璃器最著名。珠饰包括项链、手镯等传统品种和罗马人必备的印章戒指，此外还有符合日耳曼习惯的胸针、带扣一类，是日耳曼人偏爱的各种金属材质和美术风格。这些珠饰的制作工艺大部分是罗马的，尤其是玻璃和贵金属工艺。博物馆将这类珠饰标注为“法兰克人（Franks）的珠宝”，“法兰克人”是对公元4世纪前后盘踞在现今法国、德国等西欧地区的日耳曼部落的统称。

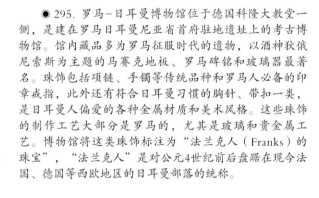

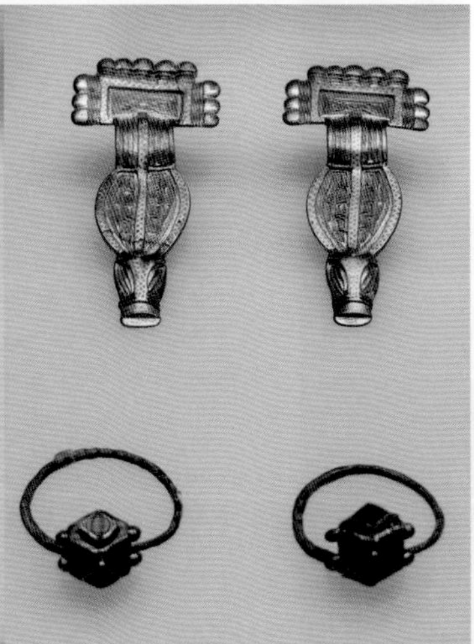

◉ 296　基辅文化珠饰

Ornaments of Kiev Culture

类型：东欧珠饰

Ornaments of Eastern Europe

品名：基辅文化珠饰
Ornaments of Kiev Culture
地域：乌克兰
Ukraine
年代：公元300—500年
300—500 AD
材质：合金
Alloy

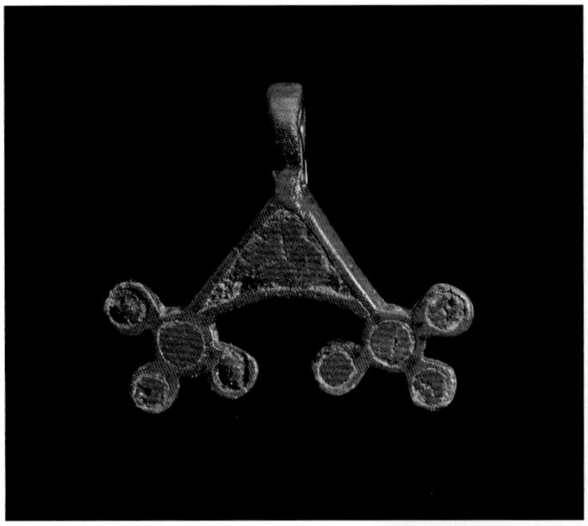

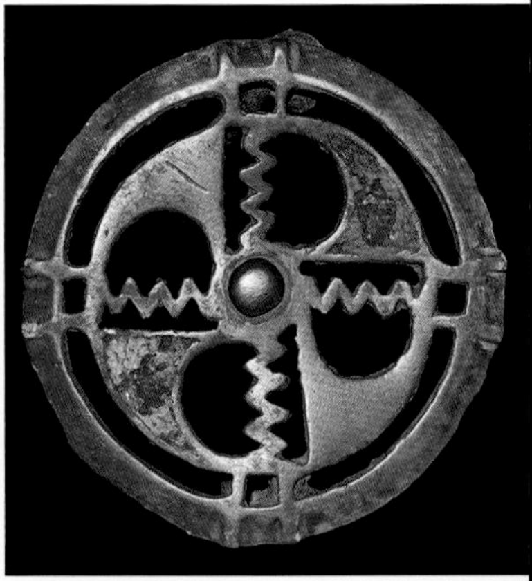

◉ 296. 基辅文化被认为是可辨识的最早的斯拉夫人考古文化，位于第聂伯河和维斯瓦河之间的河谷盆地，考古编年为公元300年至500年，以乌克兰首都基辅命名。基辅文化的聚居地集中在河岸靠近悬崖的地方，半穴式建筑，与早期的凯尔特人（见◉ 292）和日耳曼人（见◉ 297）的建筑类似。基辅文化珠饰擅长铜合金的几何造型和珐琅彩，图案简洁对称，有项链、手镯、耳环和搭扣等样式，尽管他们像所有日耳曼人一样使用合金和珐琅彩技术以及几何造型，但美术风格与其他族群迥然不同。

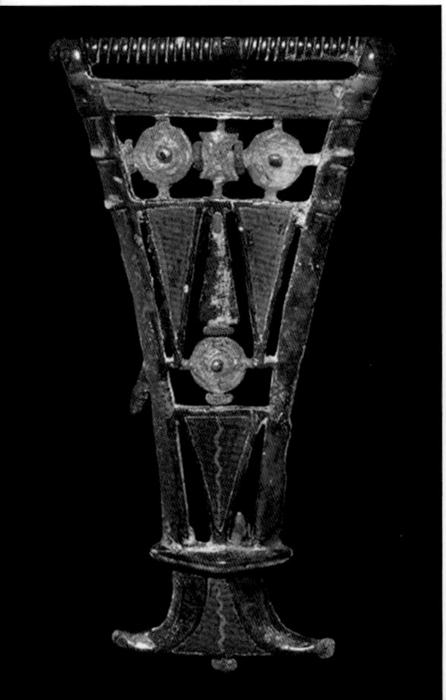

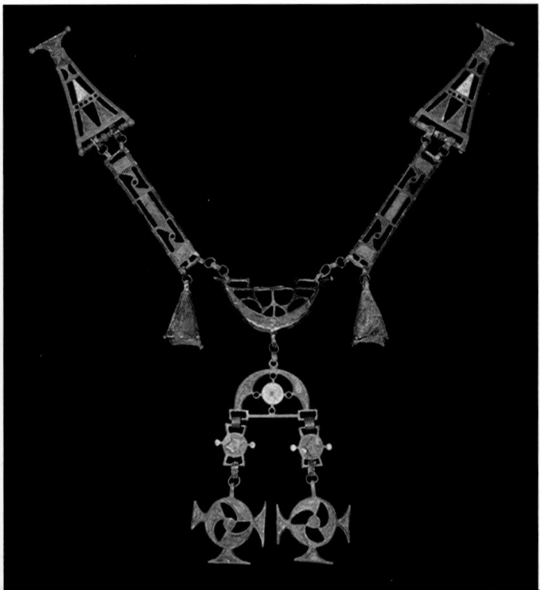

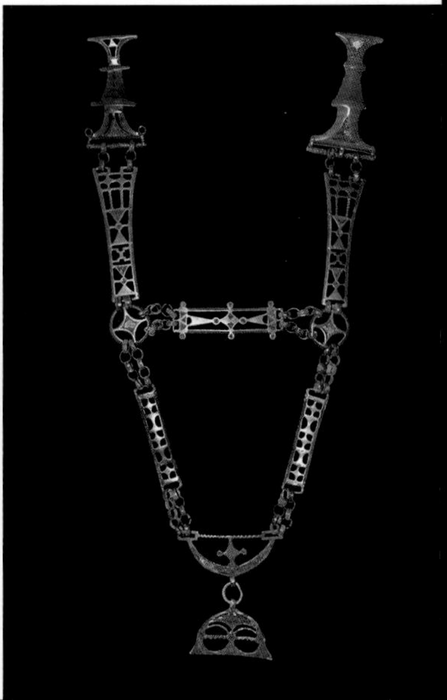

◉ 297　日耳曼珠饰

Ornaments of Germanic

类型：日耳曼珠饰
Ornaments of Germanic

品名：日耳曼珠饰
Ornaments of Germanic
地域：西欧、中欧
Western and Central Europe
年代：公元400—800年
400—800 AD
材质：黄金、银合金、青铜、玛瑙、玉髓、水晶、玻璃等
Gold, Silver Alloy, Bronze, Agate, Chalcedony, Rock Crystal, Glass, etc.

中世纪是日耳曼人的欧洲。罗马人从日耳曼地区撤离，他们留下的工程和工艺技术并没有被日耳曼人发扬光大，日耳曼人偏爱的仍然是质朴野蛮的东西。出于使用和审美的习惯，他们只喜欢金属工艺而仍然不擅长罗马人的半宝石精工，半宝石印章戒指数量因此大为减少。他们大量制作的是金属戒指，而且很可能不是用于印信的目的。动物和几何图形的母题起源于帝国行省罗马兵团的金属饰品，从5世纪开始成为日耳曼人的饰品特色。最初在罗马–不列颠流行的金属胸针上的动物形象还略显自然主义，但是不列颠岛上的盎格鲁–撒克逊工匠和北欧的斯堪的纳维亚工匠很快就将其演变成图案化的设计，之后的几个世纪，图案化的动物一直是日耳曼世界最流行的题材，持续影响到公元9世纪活跃于欧洲的维京人。

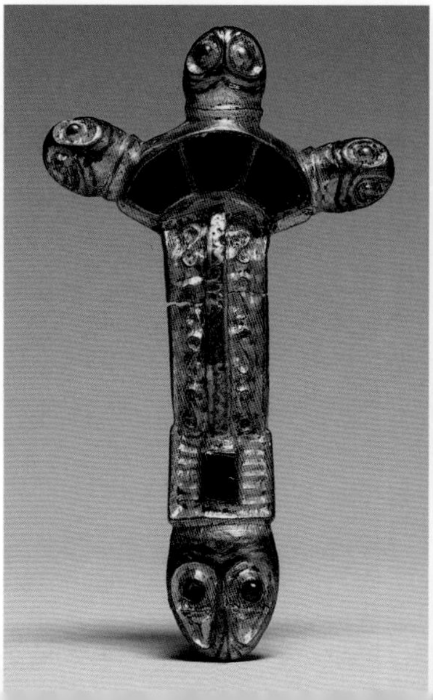

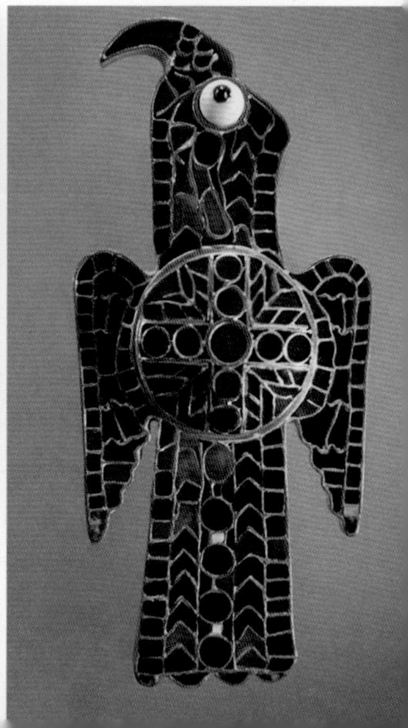

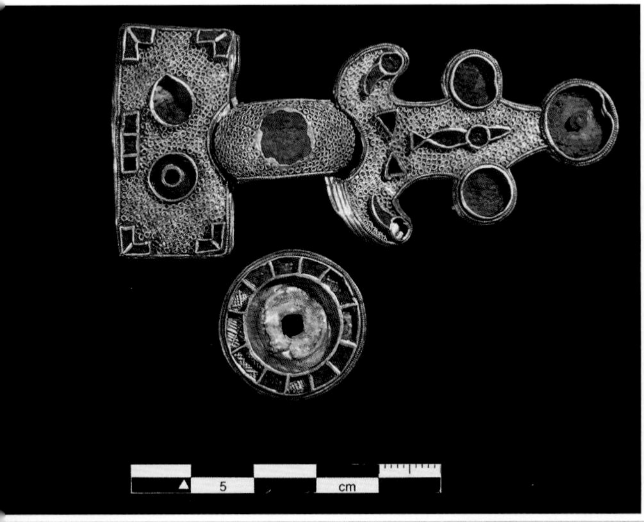

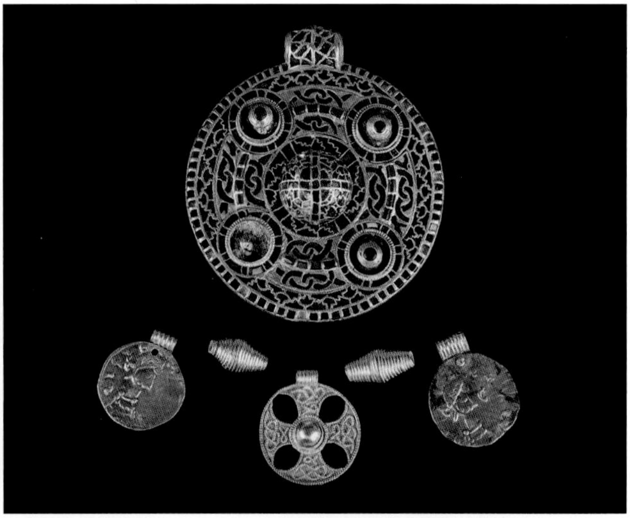

◉ 297. 日耳曼人（Germanic people）指各个操日耳曼语的部落的集合，他们在罗马帝国崩溃之后占领了罗马人在西欧和中欧留下的“真空”地带。这些部落包括西哥特人（Visigoths）、东哥特人（Ostrogoths）、法兰克人（Franks）、盎格鲁-撒克逊人（Anglo-Saxons）和伦巴第人（Lombards）。

日耳曼人珠饰。这些背景和习惯趋同的日耳曼人偏爱的珠饰样式也大致相同，包括具有实用功能的胸针、搭扣、皮带扣和其他传统珠饰样式。玻璃工艺是罗马人留在占领区的遗产，只是日耳曼人不太喜欢玻璃容器而偏爱金属容器，但是他们都喜欢玻璃珠。日耳曼珠饰是中世纪欧洲珠饰样式的典型器，这些珠饰的审美和样式与之前的希腊罗马珠饰大异其趣，他们抛弃了希腊罗马的宝石精工和细腻准确的造型，多以几何图形和抽象图案作为基本装饰元素，风格简洁有力，被称为“蛮族珠饰”。

◉ 298 法兰克人珠饰
Ornaments of Franks

类型：日耳曼珠饰
Ornaments of Germanic

品名：法兰克人的珠饰
Ornaments of Franks
地域：西欧、中欧
Western and Central Europe
年代：公元400—700年
400—700 AD
材质：黄金、合金、半宝石、玻璃
Gold, Alloy, Semi-precious Stone, Glass, etc.

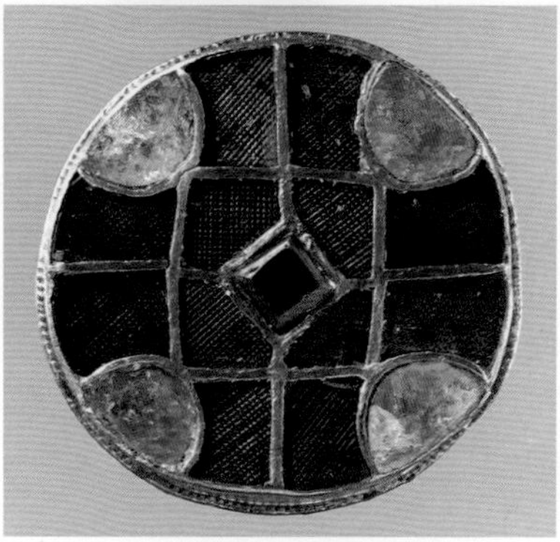

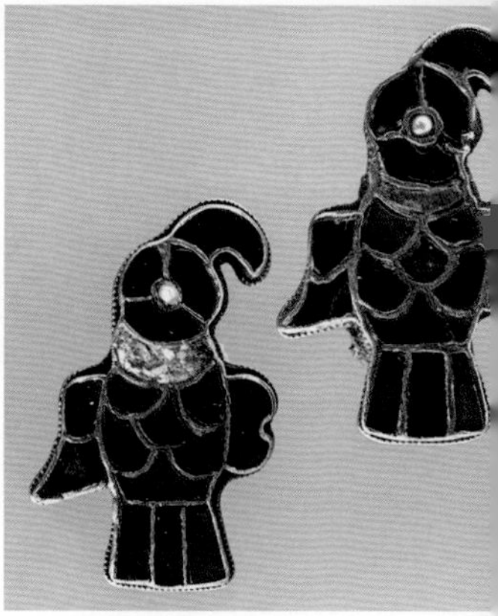

◉ 298. 法兰克人（Franks）是日耳曼人的一支，公元4世纪前后生活在莱茵河下游地区，公元3世纪的罗马文献中就已经有“法兰克人”的名称。法兰克人曾是罗马人的敌人，被罗马军团收编的法兰克人则逐渐“罗马化”。罗马帝国的崩溃留给了法兰克人和其他日耳曼部落壮大的机会，法兰克人最先崛起，他们占领了西欧大部分地方，当罗马教廷承认了他们的势力，他们便以西罗马帝国的继承者身份自居。

和所有日耳曼部落一样，法兰克人的珠饰典型器是胸针和带扣，他们的戒指大多象征地位和财富，而非具有印信的功能。他们偏爱各种金属材料和在金属上施以玻璃珐琅彩、金箔的技术，多用几何图案和风格化的动物造型，胸针形制以圆盘、弓形、S形和鸟形为典型。此外，他们也喜欢色彩艳丽的几何纹样的玻璃珠。他们不擅长半宝石精工雕刻，因而后世见到的半宝石雕刻戒指和坠饰很可能都是罗马人遗留下来的。

◉ 299 梅罗文加王朝的珠饰

Ornaments of Merovingian Dynasty

类型：日耳曼珠饰

Ornaments of Germanic

品名：梅罗文加王朝珠饰
Ornaments of Merovingian Dynasty
地域：西欧、中欧
Western and Central Europe
年代：公元500—800年
500—800 AD
材质：黄金、银合金、青铜、玻璃、玉髓等
Gold, Silver Alloy, Bronze, Glass, Chalcedony, etc.

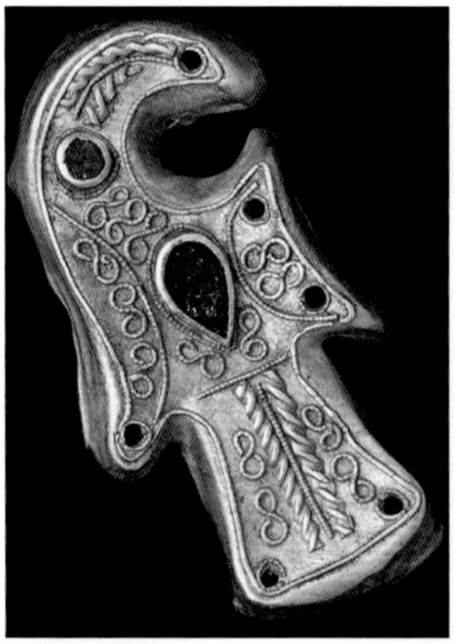

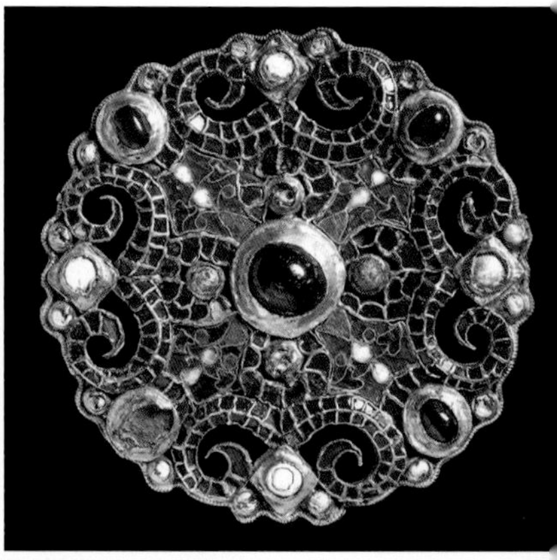

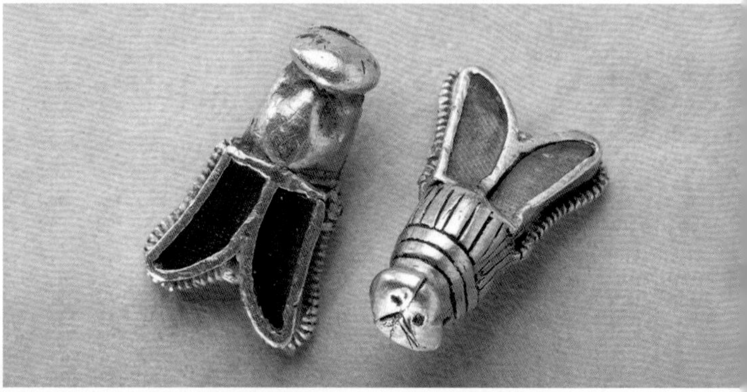

◉ 299. 梅罗文加王朝（墨洛温王朝）是从公元5世纪中期到公元751年统治高卢地区（现法国、比利时、瑞士和意大利北部等）的法兰克人家族，他们最早以“法兰克人之王”的名号出现在罗马的高卢区军队中。公元 509 年，他们统一了法兰克人部落和罗马化的高卢人（凯尔特人的一支），并击败了西哥特人（另一支日耳曼部落），征服了高卢地区，其他日耳曼部落也相继接受他们的宗主地位，梅罗文加遂成为继罗马帝国之后西欧最强大的王朝。

梅罗文加的珠饰是日耳曼珠饰样式的一种，常见的类型有胸针、带扣、别针、戒指、耳环和项链，其中以圆盘形、S形和鸟形胸针，和图案盘曲、做工精致的皮带扣为典型器。工艺喜用石榴石镶嵌，或以玻璃代替石榴石的玻璃珐琅彩，题材多以几何图形和抽象简洁的造型表现，以复合工艺呈现在同一器物上。梅罗文加最著名的珍宝是希尔德里克一世（Childeric I）的墓葬，出土了超过300件公元5世纪甚至更早的金饰和玻璃珐琅彩饰品。

◉ 300　萨顿胡珍宝

Sutton Hoo Treasure

类型：日耳曼珠饰

Ornaments of Germanic

品名：萨顿胡珍宝
Sutton Hoo Treasure
地域：英格兰
England
年代：公元600—700年
600—700 AD
材质：黄金、银合金、青铜、玻璃、半宝石等
Gold, Silver Alloy, Bronze, Glass, Semi-precious Stone, etc.

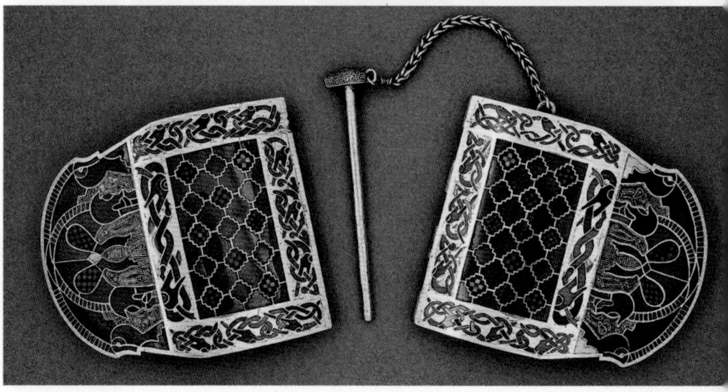

◉ 300. 萨顿胡墓地是著名的盎格鲁-撒克逊人船棺葬。盎格鲁-撒克逊人是日耳曼人的一支，从公元5世纪起生活在大不列颠群岛（英国），终止于公元11世纪的“诺曼人征服”。盎格鲁-撒克逊人有自己独特的美术风格，与其他日耳曼部落一样，他们的珠饰典型器是胸针和带扣，同样偏爱贵金属、合金、珐琅彩工艺和几何纹样。萨顿胡墓地和斯塔福德窖藏（见◉ 301）出土的珠饰是盎格鲁-撒克逊人的珠饰精品。

萨顿胡是距离北海不远的一个港口小镇，从铁器时代开始繁荣。公元410年，长期占领英伦岛的罗马人撤离之后，这里逐渐接受了盎格鲁-撒克逊人的语言和文化，即古英语的肇始。萨顿胡墓地自从1939年被发现以来，经数次发掘，成为英国最大规模的考古发掘之一。墓地船棺葬内出土了大量手工艺品，包括头盔、餐具、武器、带扣、肩扣（一种服饰实用器）、手袋和各种用于钉缝在织物或皮革的饰片，所有饰品皆设计精美、做工精致，是盎格鲁-撒克逊人手工艺的经典作品。萨顿胡头盔是这批宝藏的标志性作品，大英博物馆制作了精美的复制品以供陈列，向公众展示更加清晰精细的细节复原。萨顿胡墓地的发掘物是中世纪早期最重要的艺术品之一，揭示了英国历史上一个介于神话、传奇和文献之间的空白期。

◉ 301　斯塔福德郡窖藏
Staffordshire Hoard

类型：日耳曼珠饰
Ornaments of Germanic

品名：斯塔福德郡窖藏
Staffordshire Hoard
地域：不列颠群岛
British Isles
年代：公元600—700年
600—700 AD
材质：黄金、银合金、玻璃、半宝石等
Gold, Silver Alloy, Glass, Semi-precious Stone, etc.

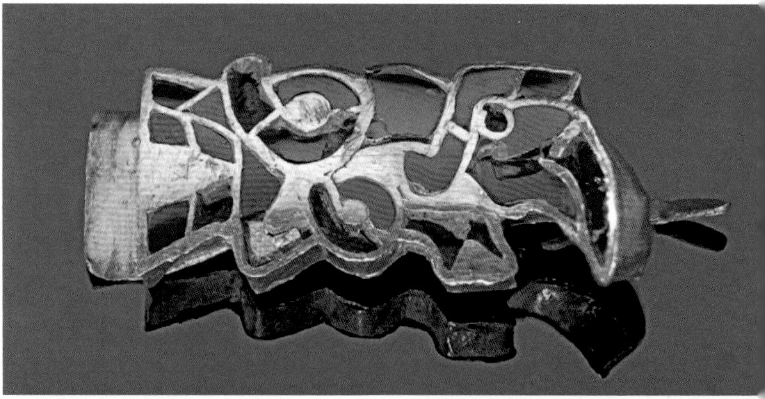

◉ 301. 斯塔福德郡窖藏位于英国斯塔福德郡一个小村庄，是迄今最大的盎格鲁-撒克逊黄金窖藏，出土金银器超过3500件，共计5.1千克黄金，1.4千克银饰和大约3500件石榴石珐琅珠饰。这批珍宝没有女性珠饰，几乎全是与军事有关的男性饰品和实用器，包括剑饰、头盔饰件、盾牌饰件、胸甲饰件、男用戒指、胸针、肩扣、带扣等。这批宝藏制作于公元6至7世纪，大约在7世纪秘密埋藏，整批饰品显示了高水平的设计和制作工艺。2009年由伯明翰博物馆和美术馆、斯塔福德郡的陶瓷博物馆联手以超过3亿英镑的价格购得，后向公众展示。

◉ 302 伦巴第人的珠饰
Ornaments of Lombards

类型：日耳曼珠饰
Ornaments of Germanic

品名：伦巴第人的珠饰
Ornaments of Lombards
地域：意大利
Italy
年代：公元568—774年
568—774 AD
材质：黄金、银、玻璃、半宝石等
Gold, Silver, Glass, Semi-precious Stone, etc.

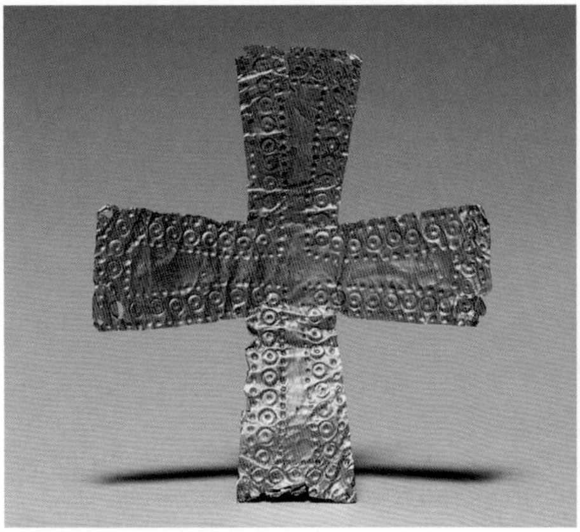

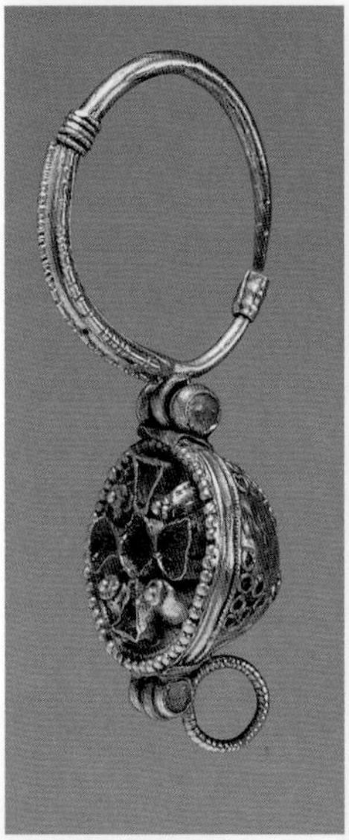

◉ 302. 伦巴第人是日耳曼人的一支，于公元568年—774年统治意大利半岛的大部分地方。和其他日耳曼部落一样，他们最早也居住在北欧寒冷地区，公元5世纪罗马帝国崩溃之后，他们分批南下，将欧洲变成了日耳曼人的欧洲。伦巴第从一个小部落逐渐成长为强大的军事力量，并征服意大利半岛，直到11世纪被诺曼人取代。

伦巴第人的珠饰仍然是日耳曼样式，典型器是具有实用功能的胸针、带扣和武器装饰。胸针与其他日耳曼部落流行的形制和纹样相似，形制以圆盘形、弓形、S形和鸟形为主，纹样为珐琅彩镶嵌石榴石或玻璃的几何图形。伦巴第比较有特色的珠饰形制是一种所谓“篮子”坠子的耳环，工艺有錾花、镶嵌、珐琅彩、花丝和炸珠。

◉ 303　中世纪的纹章学

Heraldry of the Middle Ages

类型：中世纪的纹章学
Heraldry of the Middle Ages

品名：中世纪的纹章学
Heraldry of the Middle Ages
地域：欧洲
Europe
年代：公元500—1500年
500—1500 AD

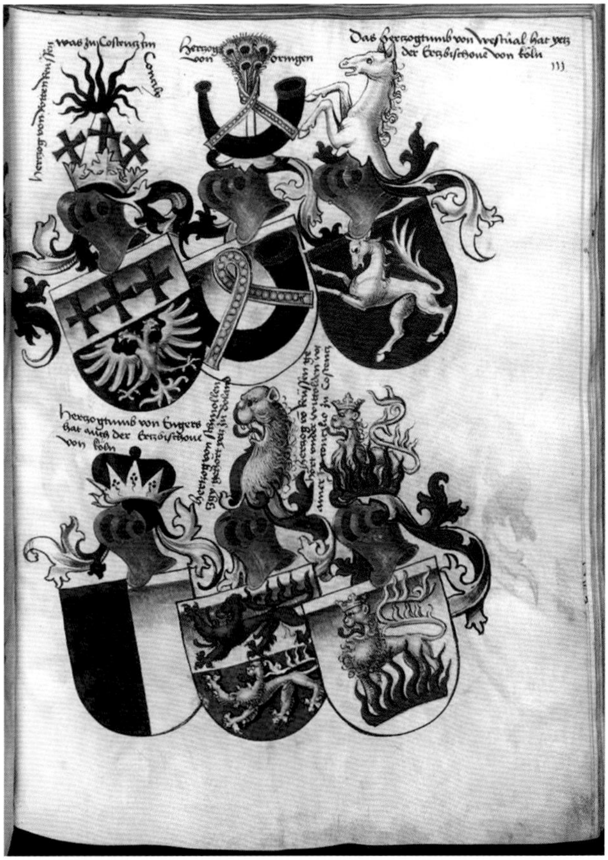

纹章（coat of arms，也称盾形纹章）是中世纪在战斗中发展起来的身份识别的标志，它最初是盾牌或战袍上专门的图形，用于保护持有盾牌或穿着这种战袍的传令官，让他们在战斗中更易被识别。这种标示办法很快发展成专门的规定，色彩和图形本身具有通识性，其意义指向明确的规定。比如金色代表宽容和丰饶，蓝色代表忠诚和真理，红色代表刚毅和高尚，紫色代表君权和公正等。图形的规定也颇为具体，狮子代表勇气，老虎代表凶猛，乌鸦代表恬静的生活等。12世纪，纹章学（heraldry）在德国形成，很快传到英国和欧洲其他地方。纹章学实际上是一套视觉语言，并有自己规范的语法，纹章学也被称为“短语史”，它的图形中的各种元素都通过规定的语法被识别。由于纹章佩戴者来自封建领地和贵族家族，因此盾形纹章只跟家族和血缘有关而与团队或集体无关。中世纪的图章戒指（见◉ 304）大都以家族纹章和集团纹章为基础设计单元。

◉ 304　中世纪的图章戒指

Signet Rings of the Middle Ages

类型：中世纪珠饰

Ornaments of the Middle Ages

品名：中世纪的图章戒指

Signet Rings of the Middle Ages

地域：欧洲

Europe

年代：公元900—1400年

900—1400 AD

材质：黄金、银、铜鎏金、宝石等

Gold, Silver, Gilt Bronze , Precious Stone, etc.

图⑤

图⑥

中世纪欧洲的封建采邑和领主制度、教会制度、君权继承制使得戒指专门化成为必要，图章戒指便是图案和功能专门化的戒指，所代表的是具体的个人或家族，一般刻有家族徽章或代表权威的纹章，不具备佩戴徽章戒指资格的则铭刻姓名的首写字母。佩戴这样的戒指显示的是与所有权和继承权有关的权力。尽管埃及人在四千年前就开始佩戴印章戒指，罗马军团士兵也人人佩戴印章戒指，佩戴时也有从材质上区分等级的规定，但是个人身份识别的意义并不发达，那时的戒指表明的是“哪一类人”而非“哪一个人”。中世纪的图章戒指则具有独立的权威，是权力和权威的象征物。比如当教皇去世，破坏教皇的戒指是一个规定程序，这一行为象征宗座从缺，同时宣布新的教宗的选举。

图①

图②

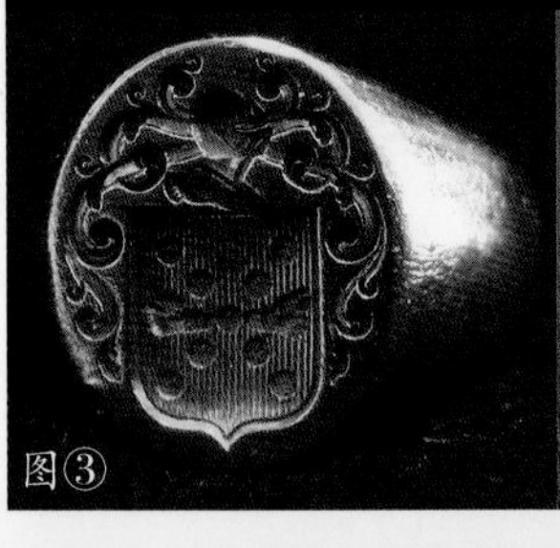

图③

图④

◉ 304. 中世纪的图章戒指。图①是拜占庭银戒指，制作于公元6世纪。戒面印刷体字母组合读作“马克所有”，这种刻个人名字的戒指大多用于个人文件、验证遗嘱、证明文件等，在拜占庭社会有非常重要的作用。图②是主教图章戒指，铜鎏金，制作于公元15世纪。戒面的百合花徽章被人为破坏过，这是主教去世后必行的仪式，表明主教位置从缺，待选下任。图③是男爵图章戒指，戒面有男爵的家族纹章和旗帜，这些符号的使用在好几个国家受到严格限制，这些限制独立于版权状态之外。图④是有家族姓氏和纹章的戒指，制作于公元14世纪，指环部分镶有红宝石。图⑤是刻有教皇“保罗二世”名字的图章戒指。图⑥是图章戒指配合蜂蜡的使用方法。

◉ 305 维京人护身符
Viking Amulets

类型：维京人珠饰
Ornaments of Vikings

品名：维京人护身符
Viking Amulets
地域：斯堪的纳维亚半岛
Scandinavian Peninsula
年代：公元800—1100年
800—1100 AD
材质：银、黄金、合金、玻璃、半宝石等
Silver, Gold, Alloy, Glass, Semi-precious Stone, etc.

维京人（Vikings）是来自北欧斯堪的纳维亚半岛的日耳曼人，活跃于公元8世纪至11世纪。他们是商人、战士、海盗和探险家，南下西欧和中欧进行贸易、袭击和抢劫，是中世纪令整个欧洲头痛的势力。记载他们早期历史的文字很缺乏，但是考古材料很丰富。维京人是无畏的战士和探险家，他们总是在寻找下一次冒险，对未知和死亡没有恐惧，他们坚信他们的神会保护他们。维京人驾着他们的小船航行在已知和未知的世界，他们在哥伦布之前的几百年就到达过美洲。

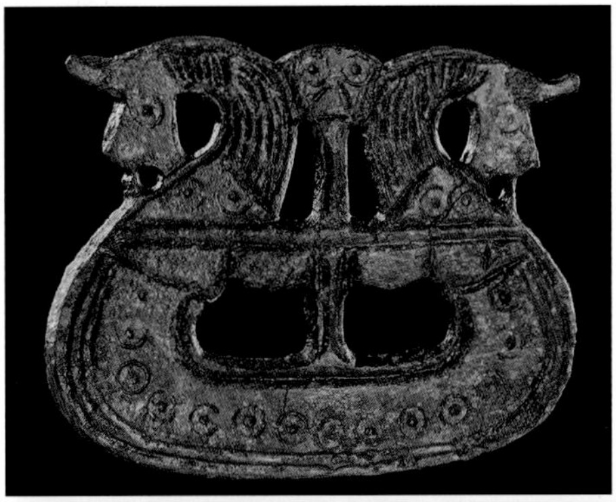

◉ 305. 护身符是维京人最偏爱的珠饰类型，与其他日耳曼民族一样，维京人也喜欢金属饰品。他们对珠饰和护身符有坚定的信念和热爱，这些护身符既保护他们远离邪恶，也给他们带来好运和财富。维京人并不十分在意护身符的材质，大量护身符都是以银、银合金和铜合金制作的，形制丰富，以圆盘形、新月形、锤形、三叶草、箭头、神祇、神兽头和镂空件为主，题材有他们的异教神，如奥丁（Odin）和他的使女瓦尔基里（Valkyrie），图案则以他们最擅长的几何纹样盘曲交织，设计复杂巧妙。维京人珠饰很少是自然主义的，美术造型都是风格化的，图案设计无论在古代还是在今天都是最好的。

◉ 306 维京人的玻璃珠
Viking Glass Beads

类型：维京人珠饰
Ornaments of Vikings

品名：维京人的玻璃珠
Viking Glass Beads
地域：丹麦、瑞典、挪威、英格兰
Denmark, Sweden, Norway, England
年代：公元800—1100年
800—1100 AD
材质：玻璃
Glass

◉ 306. 维京人和早于他们出现在西欧的日耳曼人一样喜欢玻璃珠。出土资料显示，玻璃珠大多是女性饰品，而男性则跟他们的武器和骑猎装备埋在一起，但也不乏金属饰品和饰件。维京人的玻璃珠由那些流动的工匠制作，他们从西欧进口玻璃毛料支持他们的手工，这些毛料大多是容器碎片熔炼的料块，有些甚至是从罗马占领时期的遗址中获得。工匠们从一个城镇流动到另一个城镇，为当地居民和贸易中心制作符合用户审美的玻璃珠。

从挪威到瑞典、丹麦、格陵兰岛、英格兰、苏格兰、爱尔兰等所有维京人活动的地方，都有维京玻璃珠被发现。这些玻璃珠的制作技艺仍是罗马时代留下的传统，马赛克玻璃珠保持了数个世纪的装饰和工艺特征，有些维京墓地甚至还有罗马时代和凯尔特人的玻璃珠一起出土，可见维京人对玻璃珠的热爱和珍惜。由于与阿拉伯商人的长期贸易关系，维京墓葬也经常出土伊斯兰风格的玻璃珠和金属珠子乃至来自印度的玻璃珠和半宝石珠子。

METRIC 1 2 3 4 5 6 7 8 9 10

1 2 4 5 6 7 8 10

2 4 5 6 7 8

◉ 307　比尔卡维京女战士墓

Birka Viking Female Warrior Tomb

类型：维京人珠饰

Ornaments of Vikings

品名：比尔卡维京女战士墓
Birka Viking Female Warrior Tomb
地域：瑞典比尔卡岛
Birka Island, Sweden
年代：公元900—1000年
900—1000 AD
材质：银、黄金、合金、玻璃、半宝石等
Silver, Gold, Alloy, Glass, Semi-precious Stone, etc.

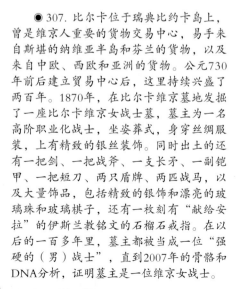

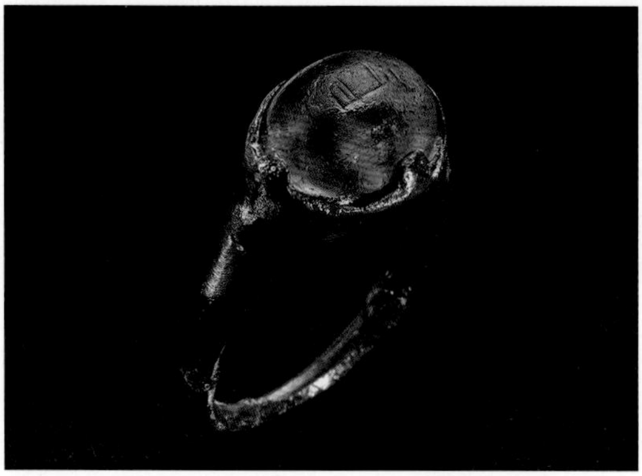

◉ 307. 比尔卡位于瑞典比约卡岛上，曾是维京人重要的货物交易中心，易手来自斯堪的纳维亚半岛和芬兰的货物，以及来自中欧、西欧和亚洲的货物。公元730年前后建立贸易中心后，这里持续兴盛了两百年。1870年，在比尔卡维京墓地发掘了一座比尔卡维京女战士墓，墓主为一名高阶职业化战士，坐姿葬式，身穿丝绸服装，上有精致的银丝装饰。同时出土的还有一把剑、一把战斧、一支长矛、一副铠甲、一把短刀、两只盾牌、两匹战马，以及大量饰品，包括精致的银饰和漂亮的玻璃珠和玻璃棋子，还有一枚刻有“献给安拉”的伊斯兰教铭文的石榴石戒指。在以后的一百多年里，墓主都被当成一位“强硬的（男）战士”，直到2007年的骨骼和DNA分析，证明墓主是一位维京女战士。

2 3 4 5 6 7 8

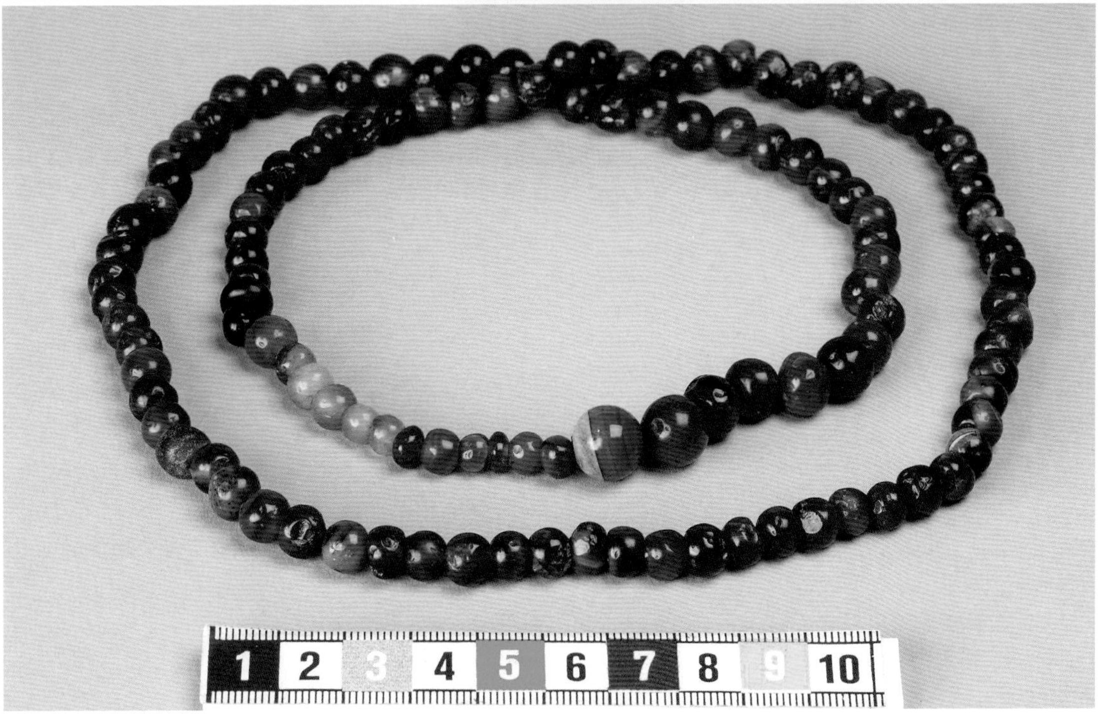
1 2 3 4 5 6 7 8 9 10

类型：维京人珠饰
Ornaments of Vikings

品名：哥特兰岛的维京宝藏
Viking Treasure of Gotland
地域：瑞典哥特兰岛
Gotland Island, Sweden
年代：公元800—900年
900—1000 AD
材质：银、黄金、合金、玻璃、半宝石等
Silver, Gold, Alloy, Glass, Semi-precious Stone, etc.

◉ 308. 哥特兰岛是瑞典最大的岛屿，是北方日耳曼部落古特人（Gutes）的故地。维京时代这里成为北欧最大的海上贸易集散地之一，来自北欧各个地方和俄罗斯以及阿拉伯世界的商人汇聚在这里，进行皮毛和白银交易。哥特兰岛发现的银饰窖藏超过西欧维京窖藏的总和，发现的阿拉伯迪拉姆银币相当于穆斯林世界出土的总和。

1999年，在哥特兰岛西北发现了世界上最大的维京银器窖藏（Spillings Hoard），出土了总共67千克的银器，包括14000枚银币，其中主要是伊斯兰银币。同时出土的还有总重20千克的青铜制品，是钉子一类实用器。另还有玻璃珠和陶器，以及铁钩铁箍之类物品出土。窖藏是使用金属探测器探得，瑞典政府最后向拥有这块土地的农民支付了30.8万美元。窖藏实际上是瑞典电视台在拍摄一部非法探测地下珍宝的电视片时意外发现的。

1 2 3 4 5 6 7 8 9 10

1 2 3 4 5 6 7 8 9 10

◉ 309 希登湖黄金宝藏

Hiddensee Gold Treasure

类型：维京人珠饰
Ornaments of Vikings

品名：希登湖黄金宝藏
Hiddensee Gold Treasure
地域：德国
Germany
年代：公元900—1000年
900—1000 AD
材质：黄金
Gold

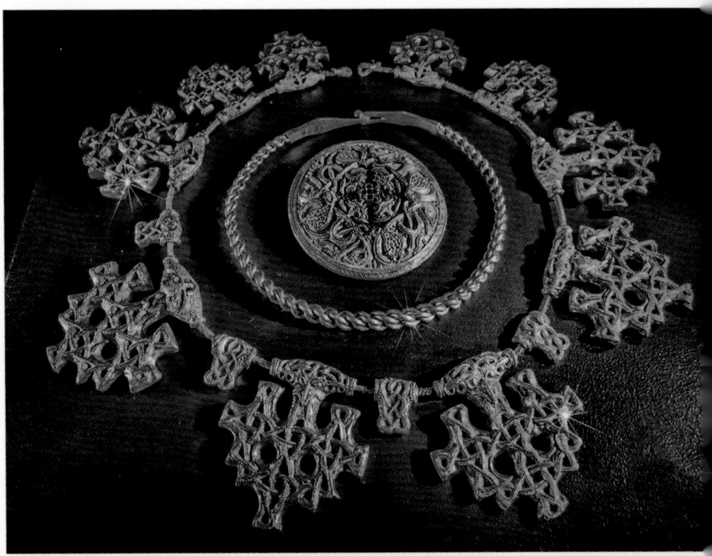

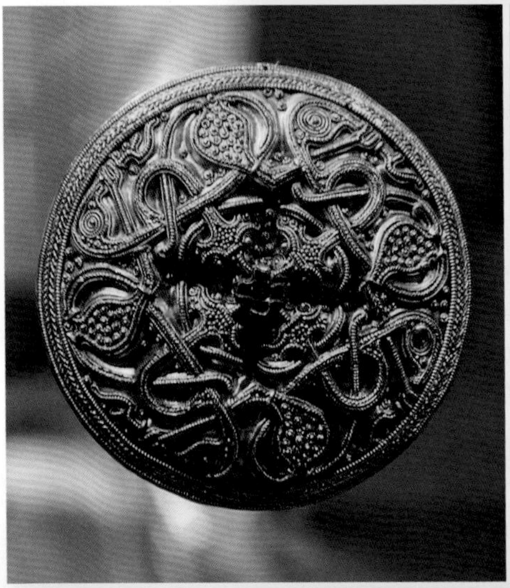

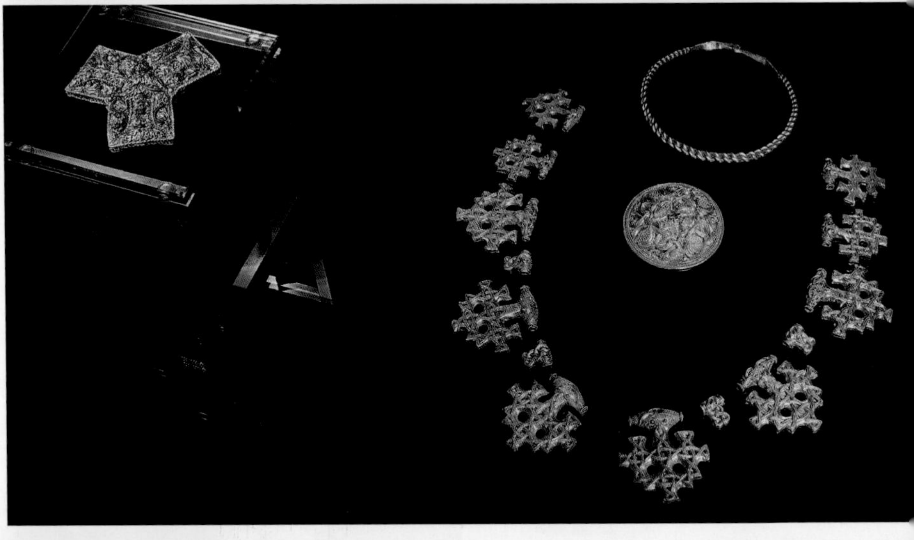

◉ 309. 希登湖黄金宝藏于1873年在靠近黑海的德国希登湖岛上被偶然发现，当时正在重建洪灾之后的希登湖岛。宝藏包括16个坠饰、1枚胸针、1支项圈，总重600克，是在德国发现的最大的维京人黄金制品窖藏。这批宝藏的年代可追溯到公元10世纪，典型的斯堪的纳维亚风格，同时有异教和基督教的符号装饰，比如雷神托尔（北欧的雷神和战神）的锤子和基督十字。推测该宝藏原属于维京王哈拉尔德。希登湖当地历史博物馆有全套复制品展出，原件藏于斯特拉尔松德文化历史博物馆并于2015年对公众开放。

◉ 310 文艺复兴珠饰
Renaissance Ornaments

类型：文艺复兴珠饰
Renaissance Ornaments

品名：齐普赛珍宝
Cheapside Hoard
地域：英国伦敦
London, England
年代：公元1600—1700年
1600—1700 AD
材质：祖母绿、托帕石、天河石、尖晶石、堇青石、金绿宝石、红宝石、青金石、绿松石、橄榄石、蛋白石、石榴石、紫水晶、珍珠、黄金等
Emerald, Topaz, Amazonite, Spinel, Iolite, Chrysoberyl, Ruby, Lapis Lazuli, Turquoise, Peridot, Opal, Garnet, Amethyst, Pearl, Gold, etc.

文艺复兴（Renaissance）是欧洲历史上由中世纪向现代转变的时期，文艺复兴的知识基础是人文主义，其主旨来源于古罗马的人文主义概念和古希腊哲学。对古代希腊罗马的再发现和对新科学新世界的探究，也影响了欧洲的珠宝设计和装饰风格。到17世纪，新知识、新探险和更多贸易路线的开通，导致更加多样的珠饰材料和异域文化进入欧洲人的视野。在这之前，黄金等贵金属一直是欧洲珠饰珠宝的首选材料，至此，各种宝石半宝石材料的应用大行其道。

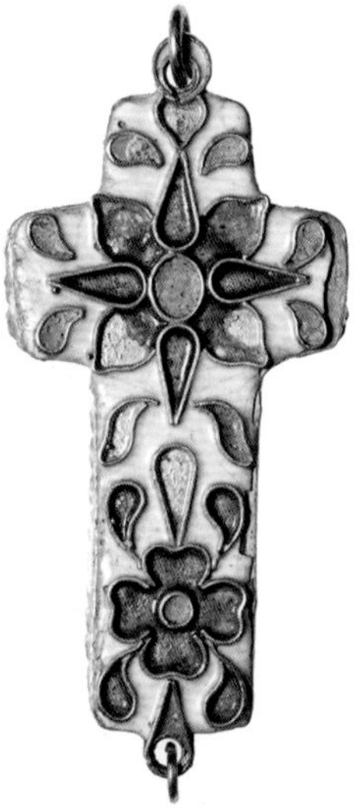

◉310 文艺复兴珠饰

Renaissance Ornaments

文艺复兴时期最为典型的珠宝样式是伦敦齐普赛珍宝窖藏，原为英联邦时期（1649—1660年）藏匿在伦敦一家珠宝行地下室，直到1912年被发现。窖藏珠宝包括哥伦比亚祖母绿、托帕石，巴西的天河石、尖晶石、堇青石，斯里兰卡的金绿宝石，印度的红宝石，阿富汗的青金石，波斯的绿松石，红海的橄榄石，波希米亚和匈牙利的蛋白石、石榴石和紫水晶。总共400多件伊丽莎白一世和詹姆斯一世时期的珠饰珠宝工艺品，包括戒指、胸针、项链、香水瓶、酒杯、钟表等，可见色彩艳丽的切割宝石、雕刻宝石镶嵌以及黄金珐琅彩装饰，是文艺复兴盛期欧洲珠饰珠宝样式和工艺的典型器的集合。

◉ 311 浪漫主义珠饰

Romanticism Ornaments

类型：浪漫主义珠饰
Romanticism Ornaments

品名：蒂凡尼、卡地亚、宝格丽
Tiffany, Cartier, Bulgari
地域：欧洲
Europe
年代：公元1800—1900年
1800—1900 AD
材质：钻石、祖母绿、红宝石、半宝石等
Diamond, Emerald, Rubiy, Semi-precious Stone, etc.

◉ 311. 这一时期诞生了几家延续至今的世界级珠宝公司和品牌。1837年，蒂凡尼珠宝公司（Tiffany & Co.）在美国成立，它为美国在珠宝设计制作领域赢得了世界级名声，电影《蒂凡尼的早餐》更使得其声名远扬。1847年，卡地亚（Cartier SA）在法国成立。1884年，宝格丽（Bulgari）在意大利诞生。他们设计制作现代珠宝，也制作复古样式，他们的珠饰珠宝至今都是珠宝设计和工艺的标杆。

浪漫主义是18世纪欧洲兴起的艺术运动，其特点是强调情感和个人主义，赞美逝去的时光和纯真的自然，钟爱中世纪多于古典时代。这一时期的审美对欧洲现代珠饰影响深远，考古学的建立和考古发现使人们更加迷恋古物，而工业革命也使得大批中产阶级成长起来并产生对奢侈品和珠饰珠宝的新的需求和审美。工业加工、廉价的合金和人造宝石应运而生，但传统精工和杰出的工匠继续保持优势，富裕阶层和显贵仍旧是珠饰忠实的顾客。珠饰珠宝实际上在这一时期拉开了两极的距离。

类型：维多利亚珠饰
Ornaments of Victorian era

品名：维多利亚复古珠饰和哀悼首饰
Victorian Vintage Jewelry and Mourning Jewellery
地域：英国
England
年代：公元1837—1901年
1837—1901 AD
材质：黄金、合金、缟玛瑙、玉髓、水晶、头发、牙齿、其他半宝石等
Gold, Alloy, Onyx, Chalcedony, Crystal, Hair, Teeth, Other Semi-precious Stone, etc.

维多利亚时代（Victorian era，1837—1901年）是英国近代史上的黄金时代，政治、经济、科学、技术和文学艺术各个领域，都被认为是大英帝国的全盛期。18世纪晚期在欧洲文学艺术领域兴起的浪漫主义运动（见◉ 311）对珠宝服饰的审美和设计产生了深远的影响，维多利亚时代的装饰风尚盛行复古风潮，珠宝服饰华丽柔美。在工业革命浪潮中，合金的使用、半宝石的开发、人造合成材料的运用、杰出的工匠和设计、技术和艺术的结合，成就了具有维多利亚时代审美特征和设计风格的珠宝。

在工业革命浪潮中出现了各种新技术，许多新奇的珠宝设计理念被引入，浮雕宝石、胸针、吊坠、手镯、耳环、围巾扣等各种漂亮精致的小玩意大肆风行。具有浪漫主义气息的“哀悼珠宝”便起源于维多利亚女王时代的英国，人们采集死去的亲人的头发或牙齿，制作成戒指、胸针、坠饰或其他形式的珠饰，佩戴哀悼珠宝以表达对逝去的爱人和亲人的哀思。

◉ 312. 复古珠宝是维多利亚珠饰的一种，英国人在两河流域及世界其他地方的考古发掘中揭示的那些遥远的古老文明背景下的艺术品，激发了英国人的浪漫想象和审美热情。两河流域和希腊罗马那些带有眼睛纹饰和黑白条纹的珠饰（马眼板珠和药师珠）给予了珠宝设计师灵感，他们采用苏格兰进口的黑白条纹玛瑙制作出符合维多利亚时代审美风尚的珠宝首饰，这些首饰样式是英国人对两河流域古代文明艺术品的致敬。

类型：新艺术运动珠饰
Ornaments of Art Nouveau

品名：新艺术运动珠饰
Jewelry of Art Nouveau
地域：欧洲
Europe
年代：公元1800—1900年
1800—1900 AD
材质：玻璃
Glass

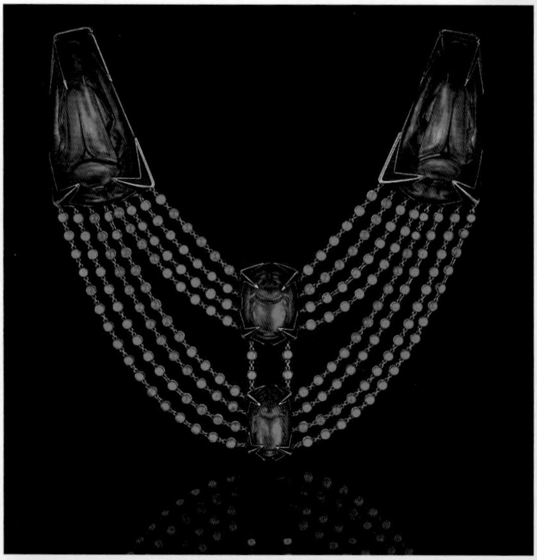

◉313. 新艺术运动是19世纪末在欧洲兴起的装饰艺术运动，是对学院主义和折中主义的反思，珠饰珠宝则提倡不对称设计和动感，选择现代材料和工艺，强调色彩的运用。新艺术运动珠宝具有鲜明的风格特点，其设计创意和工艺制作比材料选择和应用更加重要。珠宝设计的领军人物被认为是巴黎的勒内·拉利克（René Lalique），他曾为卡地亚和宝诗龙（Boucheron）设计产品，之后开设了自己的珠宝公司。当时最常用的珠宝技艺是珐琅彩，包括錾胎珐琅、镶嵌珐琅、掐丝珐琅、玻璃珐琅等细工，母题则是线条优雅的植物和动物，如兰花、鸢尾花、紫罗兰、藤蔓、天鹅、孔雀、蛇、蜻蜓，还有传说中的精灵或仙女。

◉ 314　玫瑰念珠

Rosary

类型：念珠

Prayer Beads

品名：玫瑰念珠

Rosary

地域：欧洲

Europe

年代：中世纪—近代

Middle Ages–Early Modern

材质：玻璃、木头、半宝石等

Stone, Wood, Semi-precious Stone, etc.

◉ 314. 玫瑰念珠是念颂“玫瑰经”的记数工具。“玫瑰经”一词来源于拉丁语“Rosarium”，意为“玫瑰花冠”，比喻连串的祷文如玫瑰馨香，敬献于天主与圣母身前，是中世纪隐修院修士最重要的或唱或咏的诗词。玫瑰经源起于以色列达味圣王所作的150首圣咏，也称“圣母圣咏”。起初，为了方便记录念颂的次数，用一个小袋子装入150颗小石子，用以记数。由于石子和袋子既难携带又易丢失，于是改成用一条小绳索打上150个小结。后来，再演变成用一根绳索串150个小木珠。又因为玫瑰经是由“欢喜、痛苦、荣福”三部分组成，每组可分开诵念，所以记录念颂的念珠便由50粒小珠子组成一组，10粒为一端，每端以一粒较大的珠子作为开始。每端念10遍，一组念50遍，三组共念150遍。到15世纪，已经有各种普通和珍贵材质制作的玫瑰经念珠。

十一、古埃及珠饰
Jewellery of Ancient Egypt

◉ 315—◉ 334

类型：埃及史前珠饰
Beads of Pre-Dynastic Egypt

品名：埃及巴达里和涅伽达文化珠饰
Beads from Badarian Culture and Naqada Culture
地域：北非埃及
Egypt, North Africa
年代：公元前5000—前3000年
5000—3000 BC
材质：滑石上釉、贝壳、橄榄石、石英、青金石、红玉髓等
Glazed Steatite, Shell, Olivine, Quartz, Lapis Lazuli, Carnelian, etc.

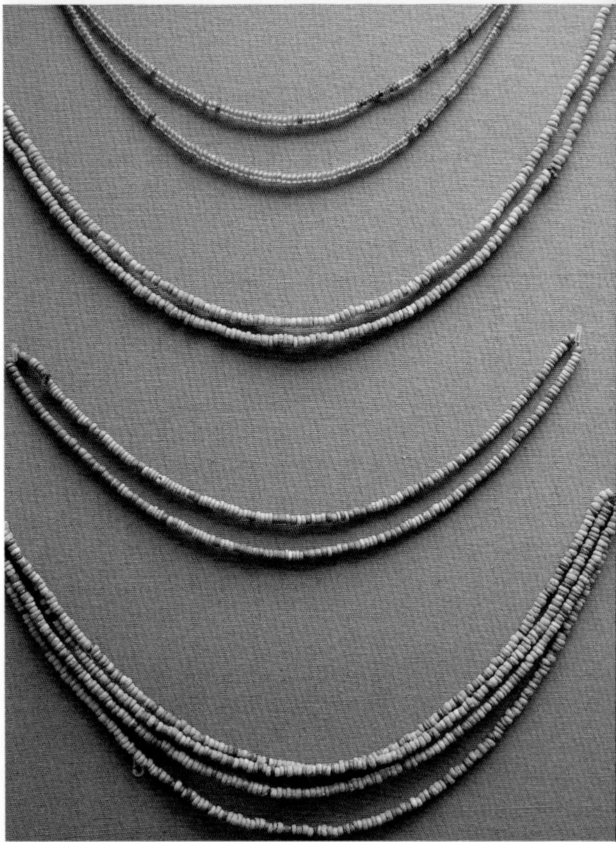

埃及和两河流域是世界上最早发生城市文明的地方。埃及从公元前3100年第一位国王美尼斯（Menes）统一埃及，到公元4世纪末狄奥多西皇帝永久性关闭埃及神庙和禁止仪式，在长达3500年的时间里，埃及维持了统一持久的艺术风貌，从永恒伫立的法老雕像到细小精致的指环和珠子都显现出庄严的神性。对于远去的岁月，3500年仿佛是一瞬间的事，尤其是对于那些已经消失的文明而言。由此及彼想想，中华文明从青铜时期的商代到用上计算机的今天，仍然“活着”，这样的时间跨度是惊人的。

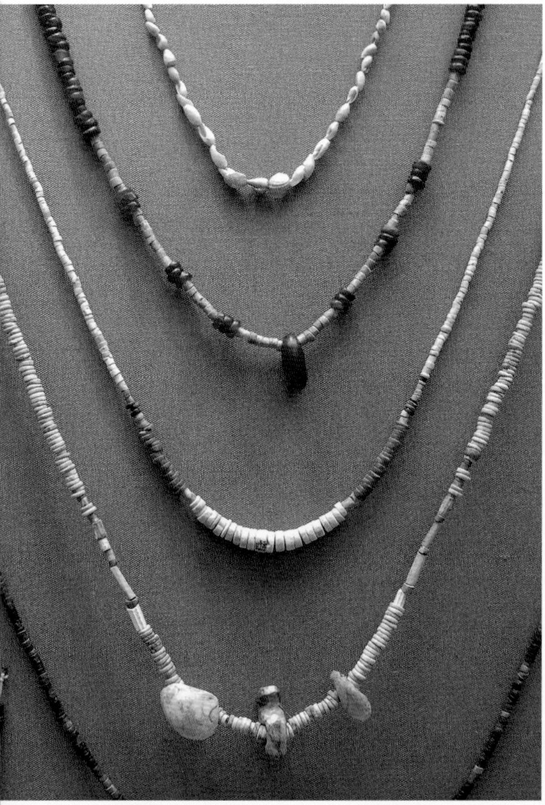
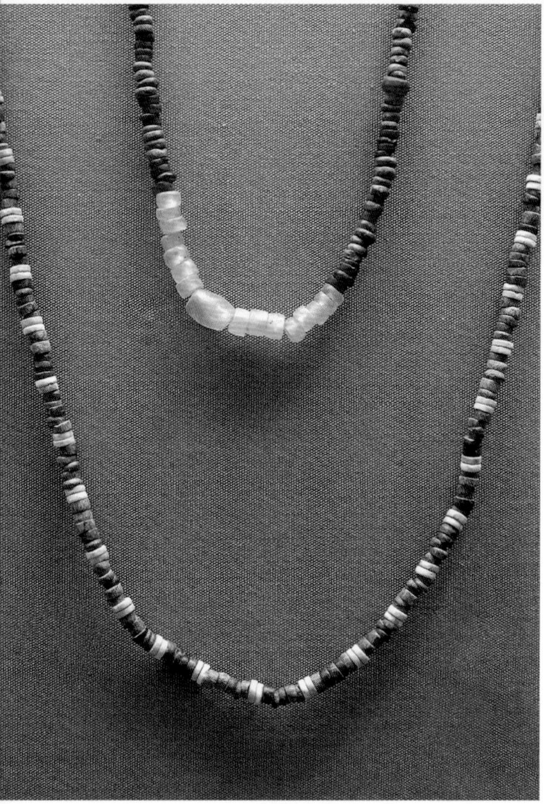

◉ 315. 埃及的史前文化可追溯到公元前6000年，著名的有巴达里文化（Badarian culture）和涅伽达文化（Naqada culture）。巴达里文化已经出现了滑石上釉的细小的珠子，釉色为蓝色或绿色，刻意模仿绿松石一类的半宝石。涅伽达文化出土的珠子和珠串材质和形制更加多样，包括硬度相对不高的贝壳和橄榄石珠子和各式坠子。到涅伽达文化二期至三期（公元前3600年—公元前3000年）已经有摩斯硬度高达6.5的玛瑙珠，且珠子很可能经过加色处理。青金石珠的出土表明已经存在从阿富汗途经伊朗、两河流域和中东的长途贸易。巴达里和涅伽达文化是埃及文明热爱珠子珠饰的先声，埃及在公元前3100年第一位国王统一之后的几千年时间里，保持了统一的艺术风貌和热爱珠饰的传统，是古代世界名副其实的珠子王国。

类型：埃及珠饰
Egyptian Ornaments

品名：埃及费昂斯
Egyptian Faience
地域：北非埃及
Egypt, North Africa
年代：公元前3000—公元100年
3000 BC—100 AD
材质：费昂斯
Faience

◉ 316. 埃及费昂斯是人类最早的人工合成材料之一，采用的是一种表面玻化的石英砂烧结技术。至少在5000年前，埃及人就已经开始实践费昂斯工艺，6000年前就已经有滑石上釉的珠子（见◉ 315）。目前发现的早期的费昂斯都是珠子，到埃及第十八王朝时期，各种小型容器和无实用价值的小摆件、小饰件琳琅满目。值得一提的是，埃及费昂斯区别于后来的锡釉陶器（Tin-glazed pottery），前者是以石英砂烧制，后者为陶胎上釉，主要用来制作器皿。同样的，埃及费昂斯也区别于公元前13世纪（或者更早）在地中海东岸流行的玻璃，当时埃及也开始制作玻璃，但从未取代费昂斯。费昂斯是表面玻化的石英砂黏结物，比玻璃多孔和疏松，性质更接近陶，而玻璃更像是凝固的液态，致密而透明。费昂斯工艺在古埃及使用的时间超过四千年，在古代世界流传广泛，从埃及本土到地中海东岸、美索不达米亚平原、印度河谷并远至中国，在古代欧洲曾到达过苏格兰。

类型：埃及珠饰
Egyptian Ornaments

品名：埃及早期的滚印
Egyptian Cylinder Seals
地域：北非埃及
Egypt, North Africa
年代：公元前3100—前2700年
3100—2700 BC
材质：贝壳、软石、滑石、黄金等
Shell, Soft Stone, Steatite, Gold, etc.

◉ 317. 埃及最著名的印章形制是圣甲虫印，这种形制是埃及人的发明。但埃及人最早制作的印章并非圣甲虫印，而是跟两河流域一样的滚印。埃及滚印的出土资料时间大致可以从公元前3100年美尼斯统一埃及开始。埃及文字的产生较两河流域苏美尔人的楔形文字稍晚，制作这种形制短小的滚印无疑来自苏美尔人的影响，从公元前3100年到公元前2700年，这种滚印形制持续影响了埃及和叙利亚，但埃及人所用的题材是他们自己的，包括铭刻他们的象形文字。

类型：埃及珠饰
Egyptian Ornaments

品名：埃及早期的平印
Egyptian Stamp Seals
地域：北非埃及
Egypt, North Africa
年代：公元前3000—前300年
3000—300 BC
材质：贝壳、软石、玛瑙、玉髓等
Shell, Soft Stone, Agate, Chalcedony, etc.

◉ 318. 埃及在大量制作圣甲虫印的同时，也制作其他形制的平印，除了方形、圆形和菱形等常见的几何形，也制作动物形制的平印，如小刺猬和松鼠一类，另有一些特殊形制的平印，如多面体印珠，印珠的每个平面都有印文或图案。从古王国时期（公元前2686年—公元前2181年）开始平印就一直伴随圣甲虫印出现，虽然不是埃及人最钟爱的印章形制，但是在古埃及几千年制作印珠的历史中没有中断过。

类型：埃及珠饰
Egyptian Ornaments

品名：埃及圣甲虫印
Egyptian Scarab Seals
地域：北非埃及
Egypt, North Africa
年代：公元前2000—前300年
2000—300 BC
材质：费昂斯、玛瑙、玉髓等
Faience, Agate, Chalcedony, etc.

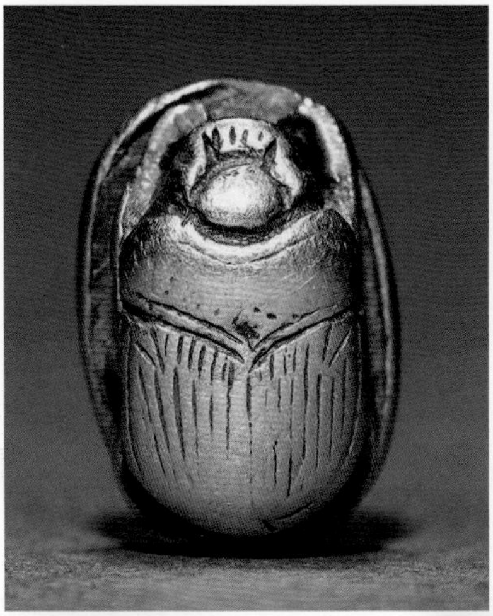

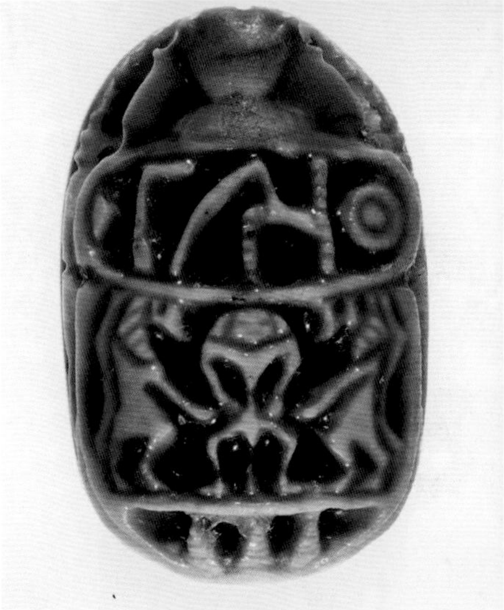

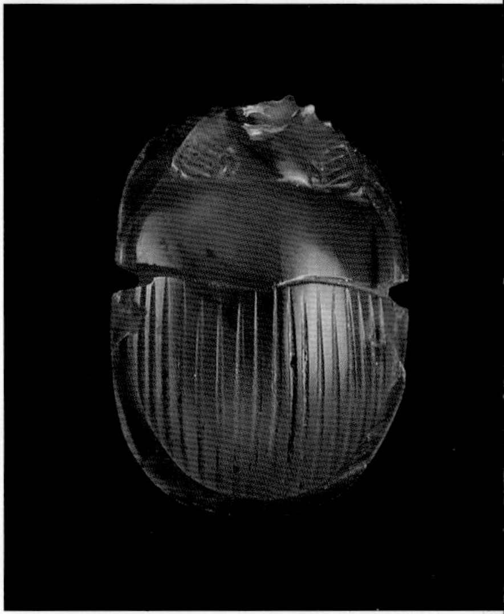

◉ 319. 圣甲虫形制的印章最早出现在埃及古王国时期，在中王国时期（公元前2000年）就已经很流行，然而古埃及人对圣甲虫的崇拜发生得很早，在埃及出土的史前陶罐里就有实物的甲虫标本，它们在墓葬中与死者埋在一起，可能代表与永生有关的信仰。这种形制的出现无疑与日神凯布里（Khepri）有关，他是长着甲虫头和人身的神，代表日出和晨曦，也代表新生。圣甲虫形制在埃及享有崇高的赞誉，在几千年的王朝更迭中都是最受欢迎的印章和珠饰形制。圣甲虫印的数量及其铭文和图案设计，也为考古学家和历史学家提供了可贵的研究古代世界的第一手资料。

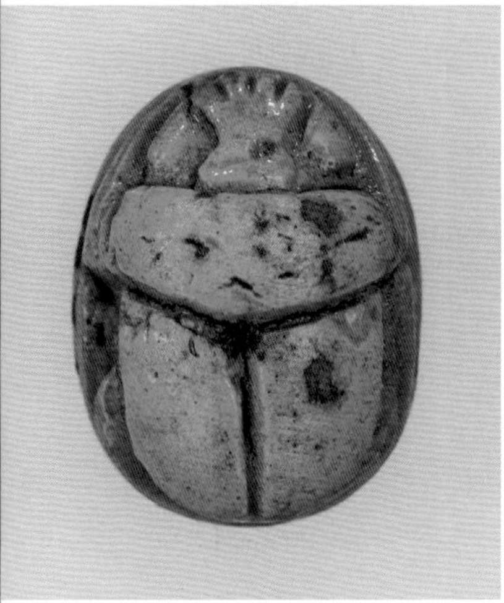

在长达数千年的历史中，圣甲虫印的形制基本保持一致，但是功能在不同时代略有不同。护身符是其主要功能，同时用于个人信用和所有权的确认，并作为主要的珠宝题材。一些圣甲虫印的制作明显是出于政治和外交的目的，用来纪念和宣传王室的成就和权威。在新王国时代早期，心脏圣甲虫（见◉ 320）成为保护木乃伊的护身符能量。

至少在青铜时代中期（公元前1500年前后），地中海周边和中东已经开始从埃及进口圣甲虫印，不久黎凡特地区（见◉ 209）开始制作自己的圣甲虫印，到铁器时代，伊特拉斯坎人和希腊人也都开始制作自己的圣甲虫印。

类型：埃及珠饰
Egyptian Ornaments

品名：心脏圣甲虫
Heart Scarabs
地域：北非埃及
Egypt, North Africa
年代：公元前2000—前300年
2000—300 BC
材质：费昂斯、玛瑙、玉髓等
Faience, Agate, Chalcedony, etc.

◉ 320. 心脏圣甲虫是有特殊意义和功能的圣甲虫，用于放置在死者胸部，在死者被木乃伊化期间不会被移走。古埃及人将心脏视为灵魂的居所，是思想、记忆和情感的中心，因此被视为人体最重要的器官，也是一个人能否进入来世的关键。在制作木乃伊时，与其他内脏不同的是，心脏不会被取出身体另行保存，而是留在胸腔内。心脏圣甲虫是保护心脏的护身符，一般比印章和装饰用圣甲虫体量大，在木乃伊的制作过程中被放置在死者胸腔内，与死者一起包裹在裹布里面，以确保死者的智慧和品格不会随着肉体的死亡而消失。图例中的心脏圣甲虫制作于埃及十八王朝和十九王朝，有费昂斯工艺的圣甲虫，也有使用蛇纹矿和硬度较高的玉髓制作。圣甲虫腹部的铭文摘自《死亡之书》，以确保死者顺利通过冥府的裁决。

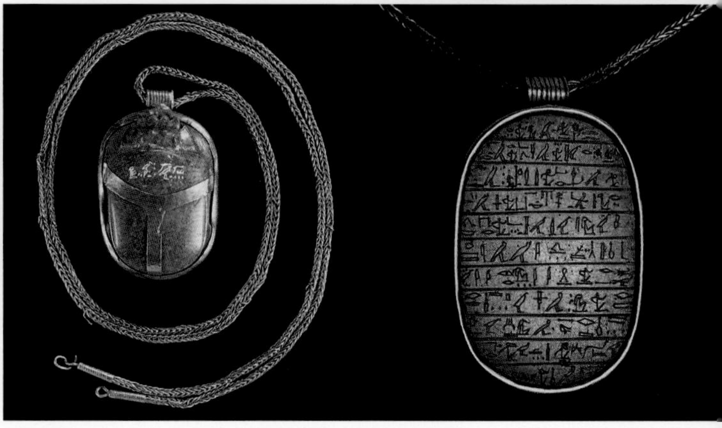

类型：埃及珠饰
Egyptian Ornaments

品名：埃及项饰
Egyptian Necklaces
地域：北非埃及
Egypt, North Africa
年代：公元前3100—前300年
3000—300 BC
材质：费昂斯、玛瑙、玉髓等
Faience, Agate, Chalcedony, etc.

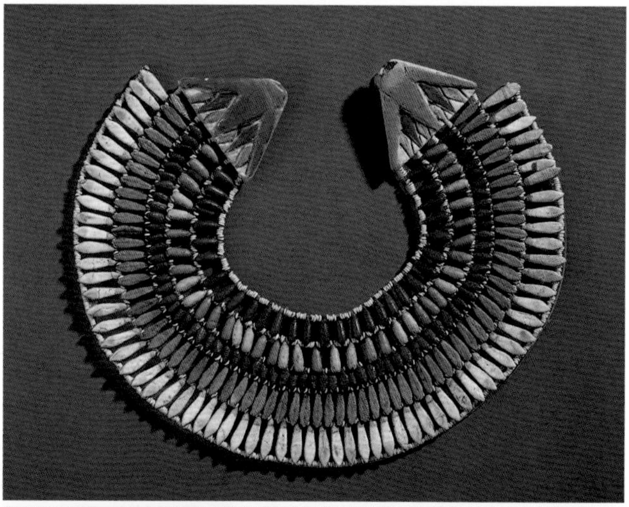

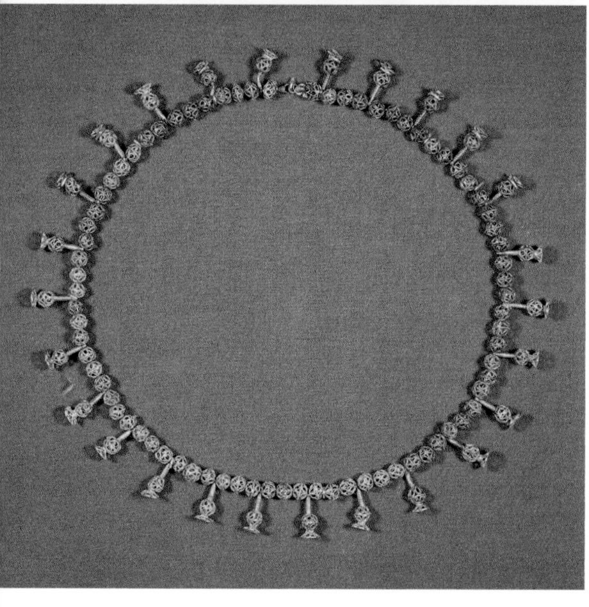

◉ 321. 埃及项饰有固定的样式，除了常见的项链（Necklace），还有牌饰（Pectoral）和领圈（Collar），其中领圈是最典型的样式，材质、题材和穿缀方式复杂多变，体量和外观隆重华丽，是埃及王室贵族无论男女都日常佩戴的珠饰。埃及项饰出土资料最多的是费昂斯项圈，这种人工合成材料可以模仿不同材质和制作成任何一种形制，色彩丰富而艳丽，理论上可以无限复制，但实际上由于技术控制的因素，费昂斯很可能只有少数阶层可以拥有，也是他们制作领圈最理想的材料。牌饰是大型的坠饰，题材有国王和神祇的组合，以及圣甲虫一类受欢迎的护身符题材，饰以埃及人偏爱的花饰和其他母题，庄严对称。牌饰以图坦卡蒙墓出土的牌饰（见◉ 326）最为华丽，主要采用宝石镶嵌和珐琅彩技术，是古代世界珠饰设计和制作的经典作品。

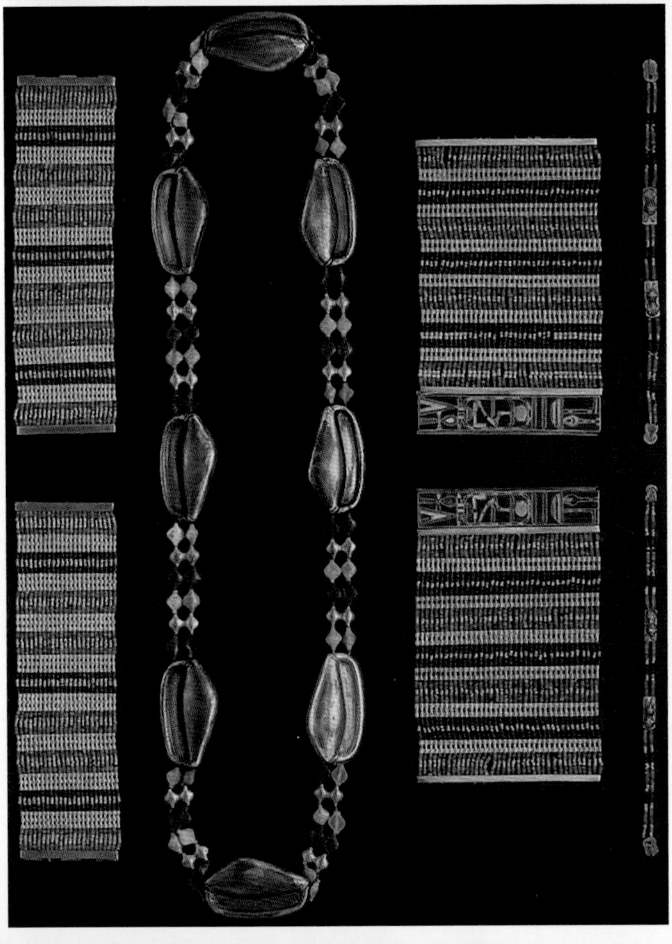

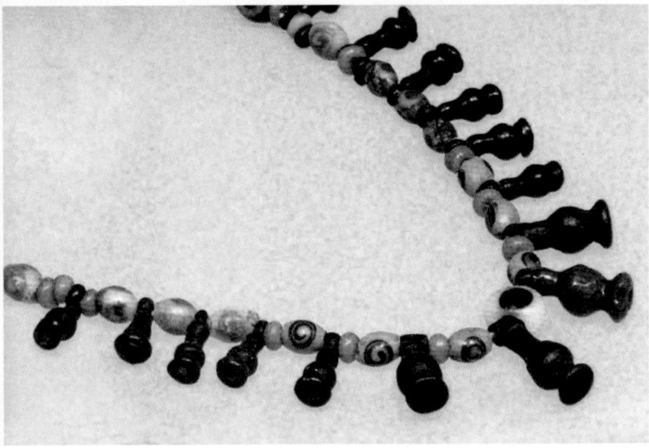

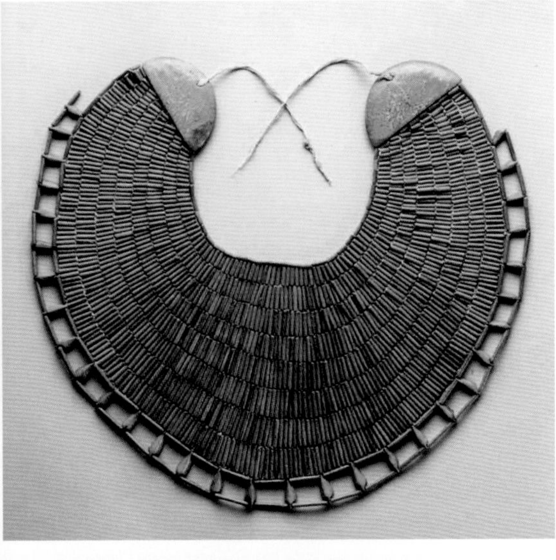

类型：埃及珠饰
Egyptian Ornaments

品名：埃及的植物项饰
Egyptian Herb Necklaces
地域：北非埃及
Egypt, North Africa
年代：公元前1800—前1700年
1800—1700 BC
材质：橄榄叶、矢车菊、茄属浆果、罂粟、费昂斯等
Olive Leaves, Cornflower, Nightshade Berries, Poppy, Faience, etc.

◉ 322. 埃及的项饰除了选择半宝石材质和费昂斯，也选择干燥后的植物制作。目前发现最完整的植物项饰来自图坦卡蒙墓。项饰使用了干燥的花瓣、花朵、树叶、浆果和蓝色的费昂斯珠，植物包括橄榄叶、矢车菊、茄属浆果和罂粟，穿缀起来，订缝在莎草纸上，用亚麻带子作系绳，构成一件具有形式美感的古埃及典型样式的项饰。图坦卡蒙墓的植物项饰可能在葬礼上以某种方式佩戴和使用，葬礼结束后一同放入陶罐里密封，盖子上有图坦卡蒙的封印。这些植物项饰上的植物可能具有象征性，或者有某些药用功能，以保护木乃伊或死者在去来世的旅程。由于气候干燥炎热，使用干燥植物制作珠饰的习惯在北非很可能一直存在，只是植物容易腐败分解，保存下来的实物资料有限，但北非一些地方至今仍然有使用植物和香料制作珠饰的习俗。

类型：埃及珠饰
Egyptian Ornaments

品名：埃及印戒
Egyptian Seal Rings
地域：北非埃及
Egypt, North Africa
年代：公元前2000—前200年
2000—200 BC
材质：玛瑙、玉髓、费昂斯、黄金等
Agate, Chalcedony, Faience, Gold, etc.

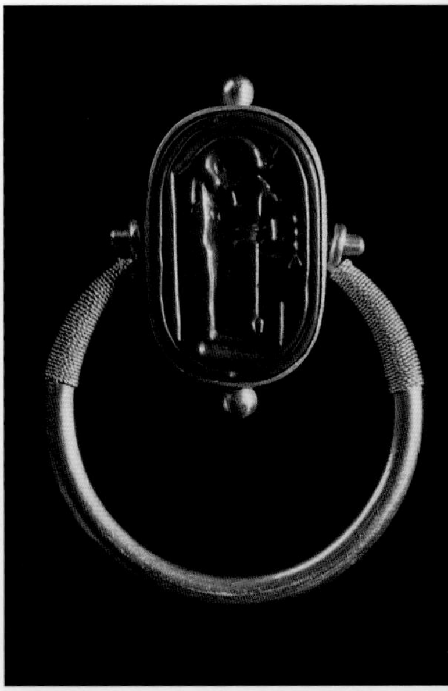

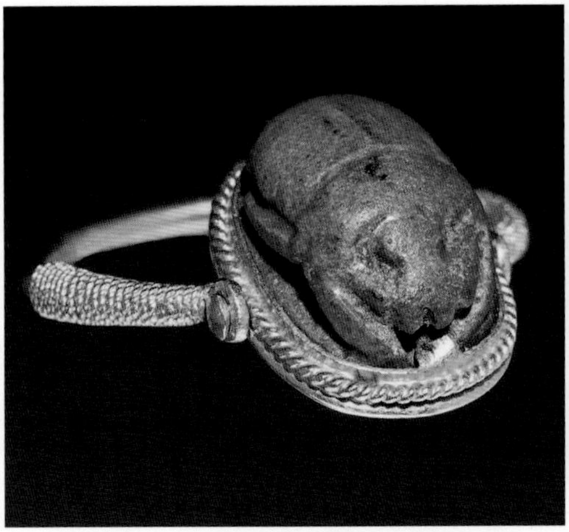

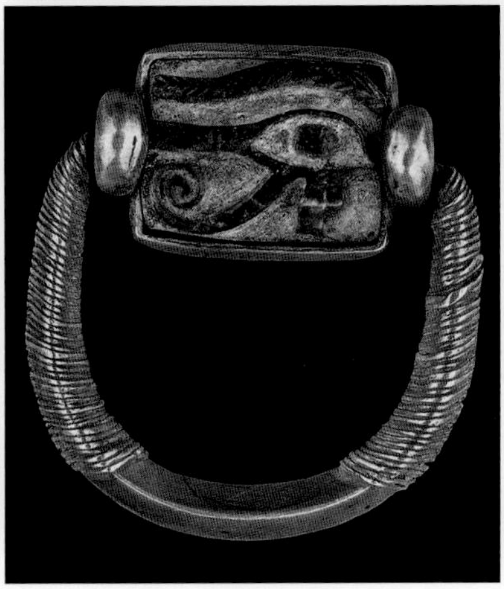

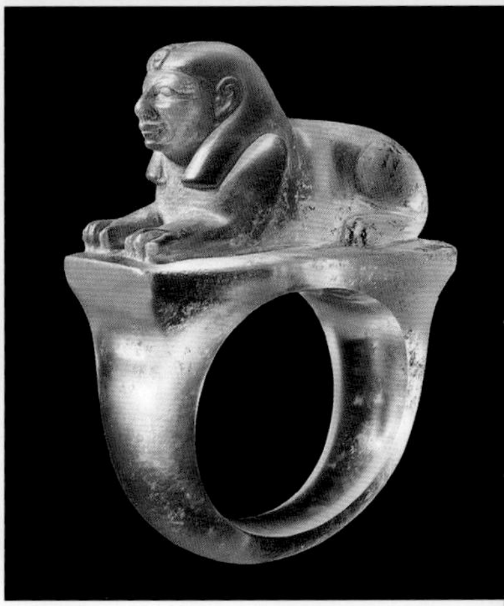

◉323. 古埃及珠饰样式丰富，戒指印章最早可能出现在埃及，埃及人将圣甲虫一类的平印和护身符镶嵌在戒指上，既方便携带使用，又具有装饰性。埃及的印戒款式和制作工艺都很丰富，很多款式作为经典在地中海流行，一种可两面翻转的戒指样式被后来的腓尼基人（见◉211）和希腊人采用，在商业活动中实用且美观。除了具有印信功能的圣甲虫和荷鲁斯之眼一类护身符题材的戒指，埃及人也制作单纯出于装饰目的的题材，尤其是动物题材，从骏马、鳄鱼之类的大型动物，到猫、松鼠和青蛙等小动物，这些题材可能本身也包含意义和象征，但是它们的美术造型和制作工艺都更强调埃及人生活情趣的一面。

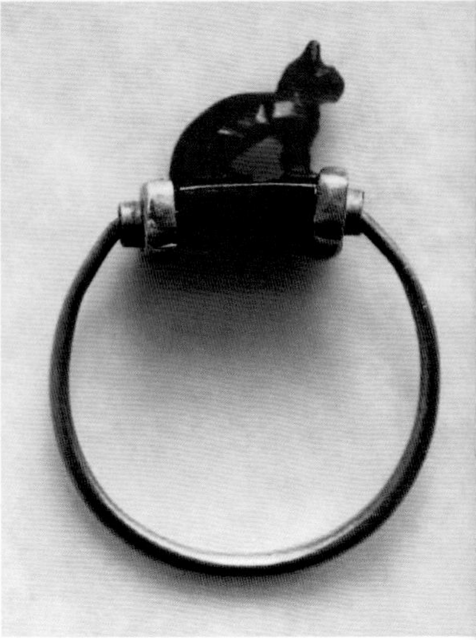

类型：埃及珠饰
Egyptian Ornaments

品名：埃及十八王朝珠饰
Ornaments of Eighteenth Dynasty
地域：北非埃及
Egypt, North Africa
年代：公元前1550—前1292年
1550—1292 BC
材质：黄金、合金、玛瑙、玉髓、费昂斯等
Gold, Alloy, Agate, Chalcedony, Faience, etc.

◉ 324. 埃及第十八王朝是埃及新王国时期的第一个王朝，也称为图特摩斯王朝，是古埃及历史上的鼎盛时期。埃及著名的几位法老均出现在该王朝，包括四位图特摩斯法老、女法老哈特谢普苏特、“另类”法老阿肯那顿和他的妻子纳芙蒂蒂，其中图坦卡蒙及其墓葬（见◉ 326）成为古埃及文明标志性的图像和象征。第十八王朝国力强盛，建筑和艺术品成果丰硕，存世量可观，宏大如纪念性建筑，细小如珠饰小件，这些留存下来的实物是研究古埃及历史文化最可靠、最直观的第一手资料。

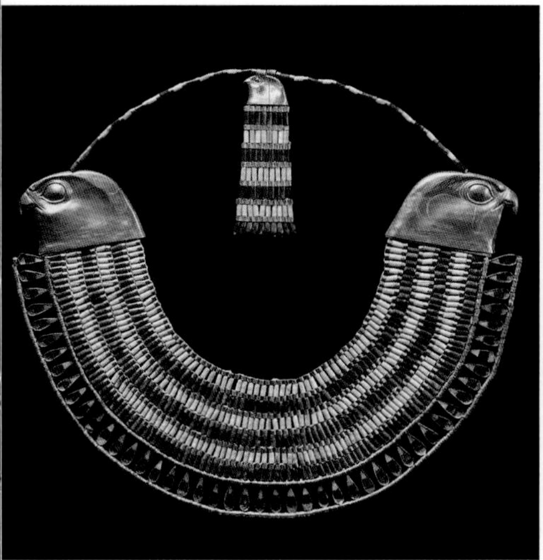

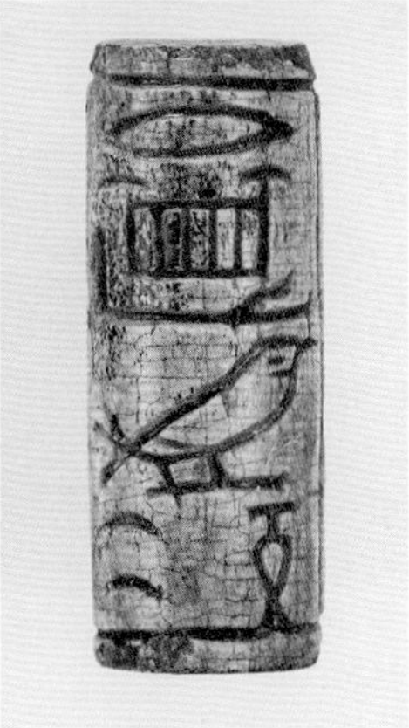

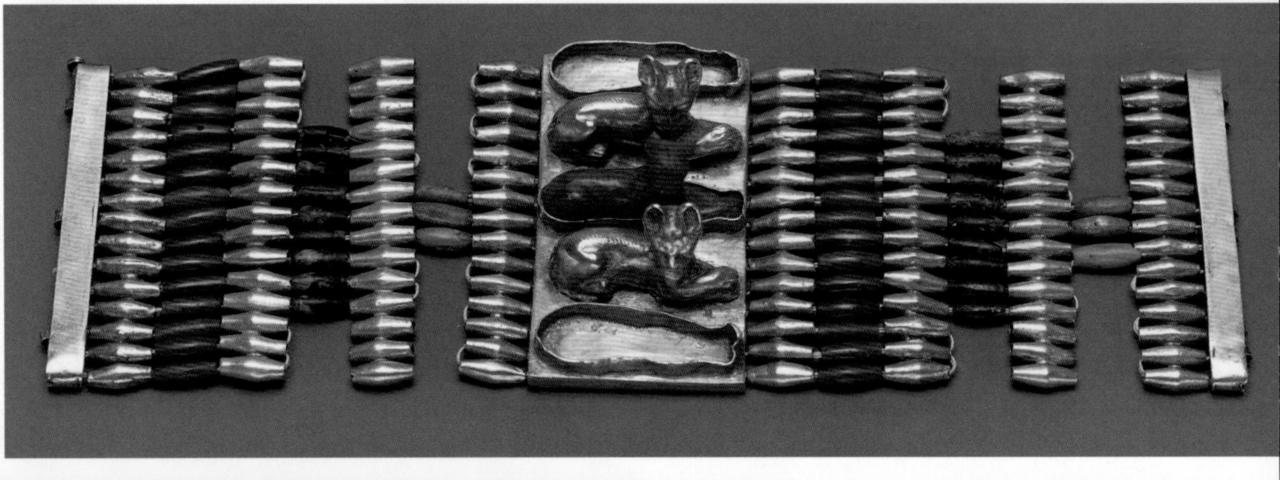

类型：埃及珠饰
Egyptian Ornaments

品名：阿肯那顿王朝的珠饰
Ornaments of Akhenaten' Reign
地域：北非埃及
Egypt, North Africa
年代：公元前1351—前1334年
1351—1334 BC
材质：黄金、合金、费昂斯、玛瑙、玉髓等
Gold, Alloy, Faience, Agate, Chalcedony, etc.

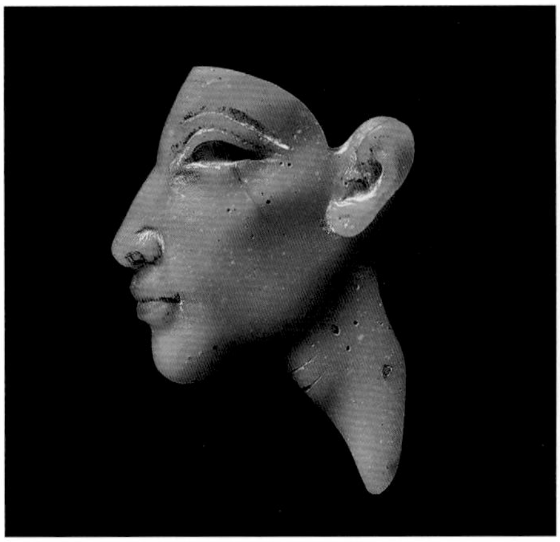

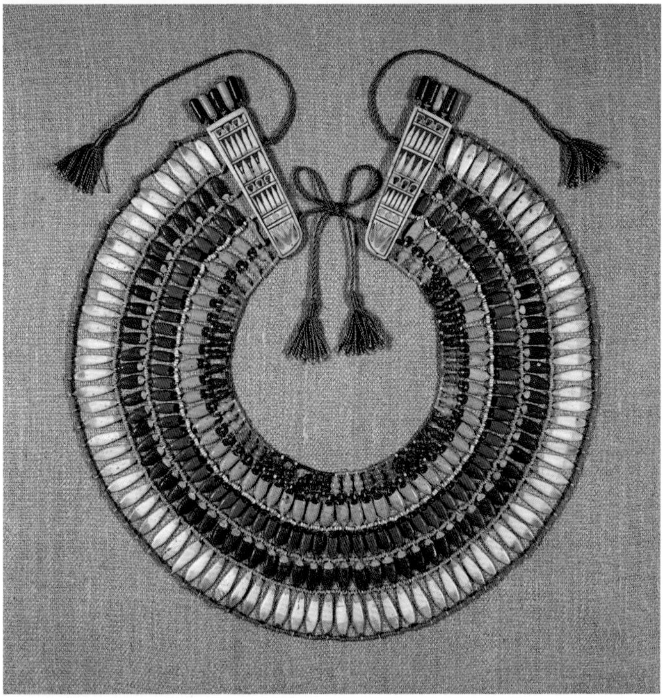

◉ 325. 阿肯那顿是埃及第十八王朝的第十位法老，在位仅十七年，却是埃及历史上具有标志性的法老形象，被定义为众多埃及法老中少见的异类。阿肯那顿试图放弃埃及传统上对多神的崇拜，而只崇拜太阳神阿托恩，但他的主张遭到普遍反对。在艺术上，阿肯那顿一改传统艺术造型特别是人物造型程式化的庄严完美，而追求一种个性的写实和夸张、动感和姿态。这一时期的雕塑和绘画人物都是头颅微微昂起，身体纤细，四肢修长，画面场景丰富，被称为阿玛尔纳艺术（Amarna Art）。比阿肯那顿更著名的是他的妻子纳芙蒂蒂，她的半身像一改埃及数千年来程式化的、无人物个性的美术表现手法，肩披花瓣、费昂斯珠穿缀的项链，头戴造型夸张的发冠，妆容和姿态极具现代感，无论她本人还是阿肯那顿法老都因独具个性的美术造型被铭记。

类型：埃及珠饰
Egyptian Ornaments

品名：图坦卡蒙的珠宝饰物
Tutankhamun' Jewellery
地域：北非埃及
Egypt, North Africa
年代：公元前1342—前1325年
1342—1325 BC
材质：黄金、合金、费昂斯、玛瑙、玉髓等
Gold, Alloy, Faience, Agate, Chalcedony, etc.

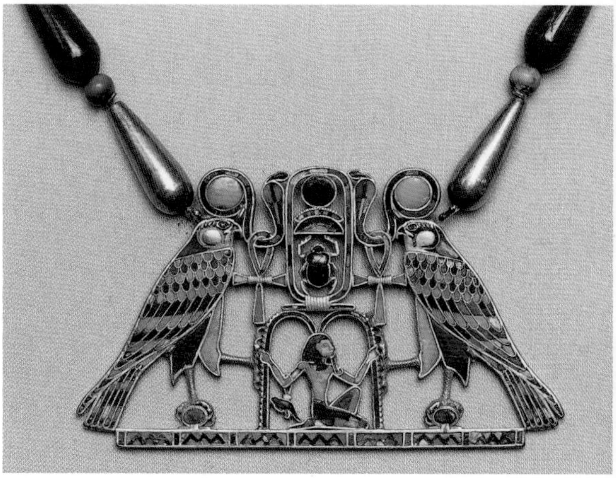

◉ 326. 图坦卡蒙是埃及第十八王朝最后一位君王。图坦卡蒙墓是埃及考古最轰动的发现，以其大量精美奢华的随葬品和珠饰闻名。图坦卡蒙墓位于著名的“帝王谷”，1922年由英国考古学家霍华德·卡特（Howard Carter, 1874—1939）发现并主持发掘，考古队总共花了八年时间才将墓室完全清空。墓内出土的家具、乐器、雕像、香膏瓶、莲花碗等陈设，以及墓室壁画和棺椁装饰，无一不精美绝伦，而最具标志性的美术风格是图坦卡蒙面具和他奢华华美的珠饰，这些珠饰直到今天，从设计到制作都一再被复制和给予后人灵感。图坦卡蒙的父亲是阿肯那顿（见◉ 325），有一种观点认为其母亲是其父的姐姐，即他的姑妈，埃及王室一直以兄妹通婚保持王室血统纯正。

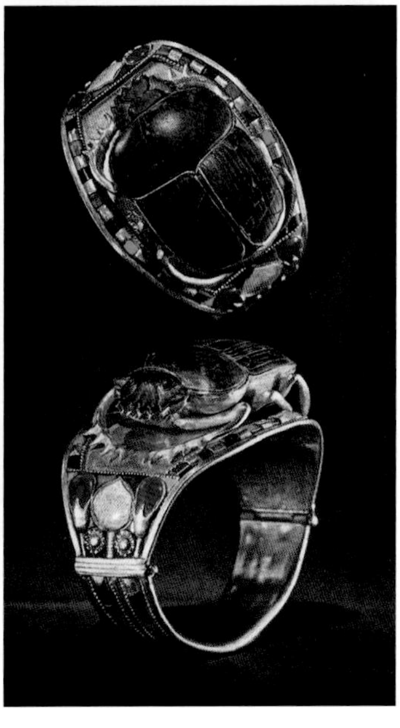

类型：埃及珠饰
Egyptian Ornaments

品名：图坦卡蒙金面具
Gold Mask of Tutankhamun
地域：北非埃及
Egypt, North Africa
年代：公元前1342—前1325年
1342—1325 BC
材质：黄金、合金、费昂斯、玛瑙、玉髓等
Gold, Alloy, Faience, Agate, Chalcedony, etc.

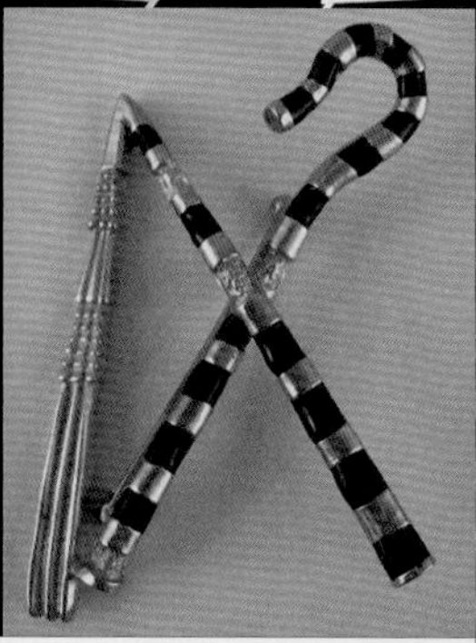

◉ 327. 图坦卡蒙的金面具指图坦卡蒙棺椁外部装饰的金面具，已经成为古埃及文化和美术的标志性图像。金面具以黄金镶嵌青金石、绿松石、玛瑙和费昂斯等，装饰有埃及最常见的几种文化和宗教符号。图坦卡蒙额头上并列的眼镜蛇和秃鹫被称为“Nebty”，字面意思“两位女士”，其中秃鹫代表上埃及的守护女神，眼镜蛇代表下埃及的守护女神，她们并列而立代表法老对上下埃及至高无上的统治权。图坦卡蒙头上横条状的头饰称为“Nemyss”，是一种折叠成规定样式的亚麻头巾，专门用于法老在仪式性场合佩戴，现代社会一些哲学性的精神实践者在举行某种特定仪式时也佩戴这种头巾。最后是法老双手交叉执于胸前的连枷和弯钩，它们的组合象征法老的统治手段，连枷代表惩罚性的灾难，弯钩原属于牧羊神，作为法老手执的权杖组合之一，被认为是权利的象征。图坦卡蒙棺椁内部覆盖木乃伊的黄金面具同样精美华丽，采用同样的造型和工艺制作，背部另有长篇埃及铭文。

◉ 328 埃及的神祇护身符
Egyptian Amulet with Deities

类型：埃及珠饰
Egyptian Ornaments

品名：埃及的神祇护身符
Egyptian Amulet with Deities
地域：北非埃及
Egypt, North Africa
年代：公元前1500—前1200年
1500—1200 BC
材质：黄金、合金、费昂斯、玛瑙、玉髓等
Gold, Alloy, Faience, Agate, Chalcedony, etc.

埃及文献中有超过1400位神祇，很多都无法追溯他们的起源，有时候也很难定义哪些是神，哪些是人或者与神有关的人，但流传不衰的神祇仍然数量可观。埃及人围绕这些神祇形成了独特的宗教和信仰，并将他们的信仰以美术形式表现和铭记。最受追捧的神祇经常出现在埃及珠饰题材中，他们构成一个完整的谱系并各司其职，被人们认为拥有保护或驱逐的法力。

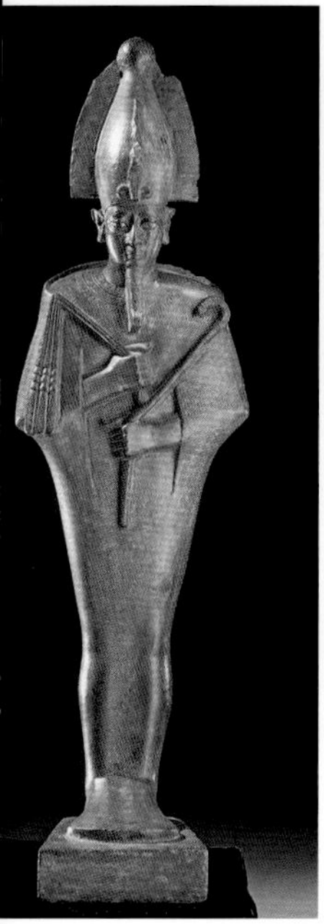

◉ 328. 埃及护身符上的神祇。拉（Ra）是古埃及太阳神，主要代表正午的太阳，其意义为光明、温暖和成长，他显身为长着猎鹰头颅的男人，日轮置于他的头上。

喜神贝斯（Bes）是家庭尤其是母亲和孩子的保护者，他矮小的身体支撑着巨大的头颅和夸张的面部，有着狮子的后腿，是古埃及最受欢迎的护身符题材之一。

阿努比斯（Anubis）是亡灵引导之神并掌管木乃伊的制作，他有时显身为半豺半人，有时则完全显身为豺狼，他的形象经常出现在葬礼、木乃伊制作和墓室环境中。

奥西里斯（Osiris）为冥神，他显身为戴着白色阿提夫王冠（Atef Crown）的人形，他绿色的皮肤代表再生。

阿蒙（Amun）是创造之神，他也是自己的创造物，他显身为戴着羽毛高冠的人形，左手执半月形刀于胸前，右手拿着重生十字架，发辫样式的胡子是阿蒙的另一标志，有时他与太阳神拉融合显身为太阳神鹰头的人形。

伊西斯（Isis）是大地女神，显身为头戴王座的女性，她与冥神奥西里斯生下了天空之神和战神荷鲁斯。埃及人相信尼罗河水是奥西里斯被其兄弟谋杀后伊西斯悲伤的眼泪。她哺育幼儿荷鲁斯的图像是埃及最具法力的护身符之一，因为法老被视为荷鲁斯在人间的化身，成人后的荷鲁斯显身为鹰头人形，头戴法老的双重王冠。

类型：埃及珠饰
Egyptian Ornaments

品名：埃及的符号护身符
Egyptian Amulet with Symbols
地域：北非埃及
Egypt, North Africa
年代：公元前1500—前1200年
1500—1200 BC
材质：黄金、合金、费昂斯、玛瑙、玉髓等
Gold, Alloy, Faience, Agate, Chalcedony, etc.

埃及的符号护身符。除了神祇题材的护身符，埃及人也大量制作符号护身符，这些符号与具体的意义和象征关联，有些代表神祇，有些是古老的象征符号，对埃及人而言，所有这些符号都是日常的一部分，它们随处可见，从建筑到珠饰，无时不在保护信仰者。

◉ 329. 心脏（Heart）是古埃及重要的文化符号，埃及人视心脏为灵魂的居所，将这种形制用于制作珠子、坠子、印章和葬礼用具。

重生十字架（Ankh，也称生命之符）的起源已经无法追溯，这种符号代表重生，经常出现在墓葬壁画中和手执这种符号的法老雕像中，也被制作成单独的护身符。

伊西斯结（Tyet或Isis knot），是女神伊西斯的象征，有时也被看成生命之符（Ankh），是伊西斯腰带上绳结的形状。埃及人经常使用暗红色的玉髓或费昂斯制作这种护身符，一些学者推测其象征伊西斯之血和女性魔法。

节德柱（Djed pillar）是冥神奥西里斯的脊椎骨，也被看成是没有树叶的棕榈树干，象征稳定和恒心。

沙（Sa）是另一种常见的护身符，它的起源也很难追溯，埃及人将其视为保护的符号，无论对身前或是死后都具有同样的魔法。这些各种材质的护身符大多制作于公元前1500年前后，是除圣甲虫和荷鲁斯的眼睛之外经常出现的象征符号。

◉ 330 荷鲁斯之眼
Eye of Horus

类型：埃及珠饰
Egyptian Ornaments

品名：荷鲁斯之眼
Eye of Horus
地域：北非埃及
Egypt, North Africa
年代：公元前1500—前100年
1500—100 BC
材质：玛瑙、玉髓、费昂斯等
Agate, Chalcedony, Faience, etc.

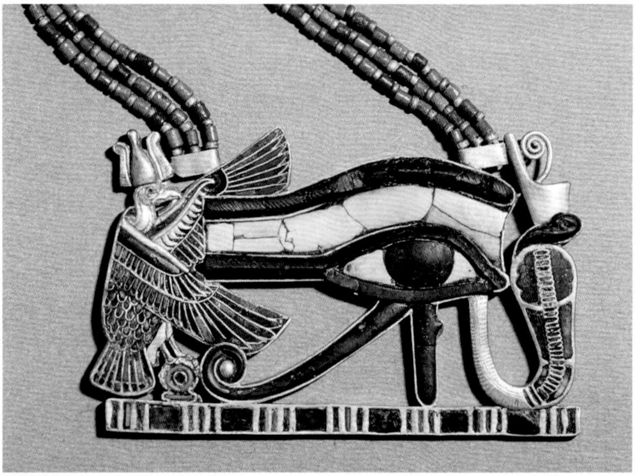

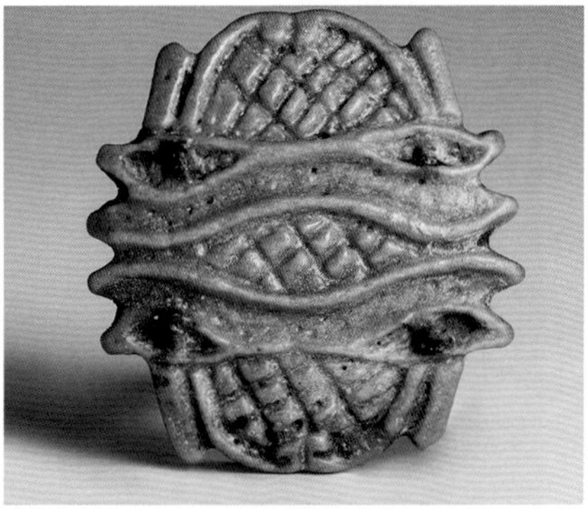

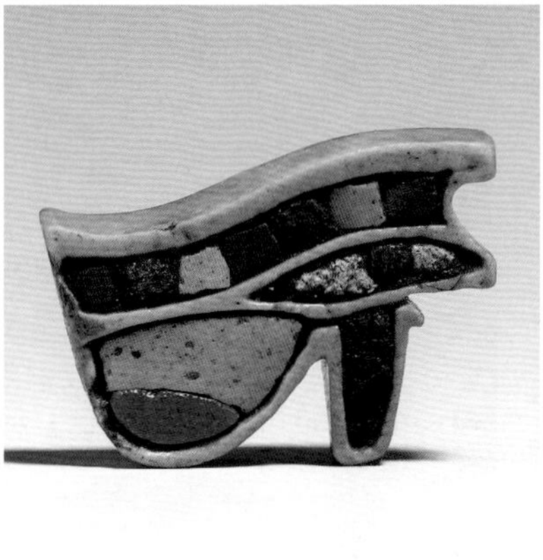

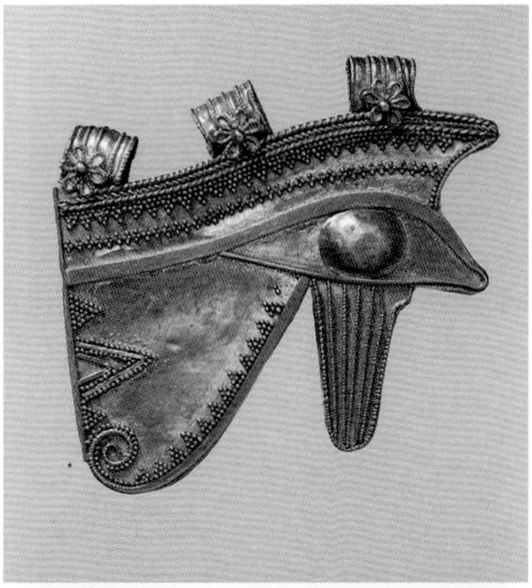

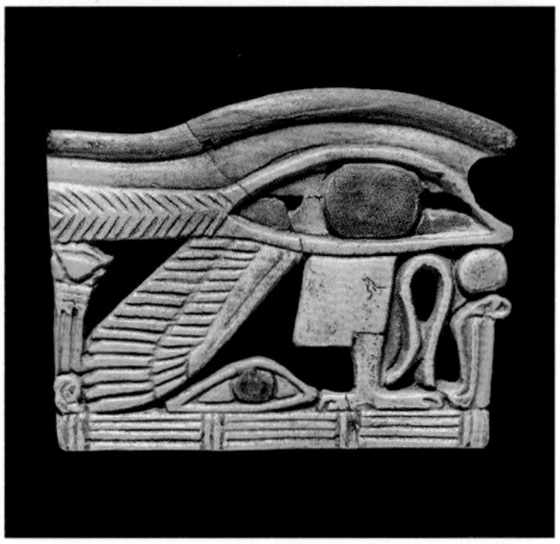

◉ 330. 荷鲁斯之眼是古埃及最受欢迎的护身符题材，也称维阿杰特之眼（Wedjat eyes），从埃及前王朝时期到罗马化埃及时期，超过3500年的时间里它一直受到崇拜。荷鲁斯是埃及最古老的神祇之一，是大地女神伊西斯和冥神奥西里斯的儿子，他被视为天空之神和战神，他在为其父复仇的战斗中失去一只眼睛，但很快得到重生的眼睛，因而荷鲁斯的眼睛也象征力量、健康和光明，是埃及人最推崇的护身符号之一。荷鲁斯之眼在埃及几千年的手工艺品制作中，以固定的造型和不同的材质被表现，其中以图坦卡蒙王墓出土的荷鲁斯之眼最为华丽夺目。

类型：埃及珠饰
Egyptian Ornaments

品名：托勒密王朝的雕刻宝石和印戒
Engarved Gems and Seal Rings of the Ptolemaic Dynasty
地域：北非埃及
Egypt, North Africa
年代：公元前305—前30年
305—30 BC
材质：玛瑙、玉髓、费昂斯等
Agate, Chalcedony, Faience, etc.

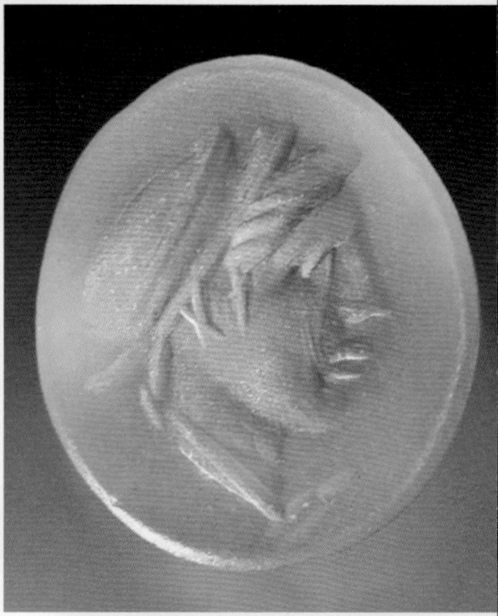

◉ 331. 埃及托勒密王朝时期的雕刻宝石和印章戒指。埃及于公元前6世纪被波斯帝国占领，但仍旧保持了传统的美术风貌。公元前332年，亚历山大的旧将托勒密接手埃及，开启了三百年的埃及托勒密王朝。有个性的、写实的人物肖像是埃及在托勒密王朝之前的印章题材中几乎没有过的，托勒密王朝的统治阶层成长于希腊文化背景，他们把希腊式的写实的艺术品带到了埃及，但希腊艺术在很大程度上并没有融进埃及文化，这些小戒指小印章都是希腊人自己制作的，它们只是出现在埃及，并且很可能只在统治阶层流行。图例中的蓝宝石戒面制作于公元前2世纪，肖像为头戴胜利女神花冠的托勒密王妃。黄金戒面为托勒密国王肖像，有时戴着埃及法老的双重王冠，肩披埃及传统的胸甲式项链，俨然一位埃及法老，有时戴着希腊式花冠，是典型的“希腊化”造型。其他凹雕宝石和浮雕宝石均为托勒密王后和王子肖像。

类型：埃及珠饰
Egyptian Ornaments

品名：诺斯替教护身符
Gnosticism Amulets
地域：埃及和地中海东岸
Egypt and Eastern Mediterranean
年代：公元100—300年
100—300 AD
材质：玛瑙、玉髓、费昂斯等
Agate, Chalcedony, Faience, etc.

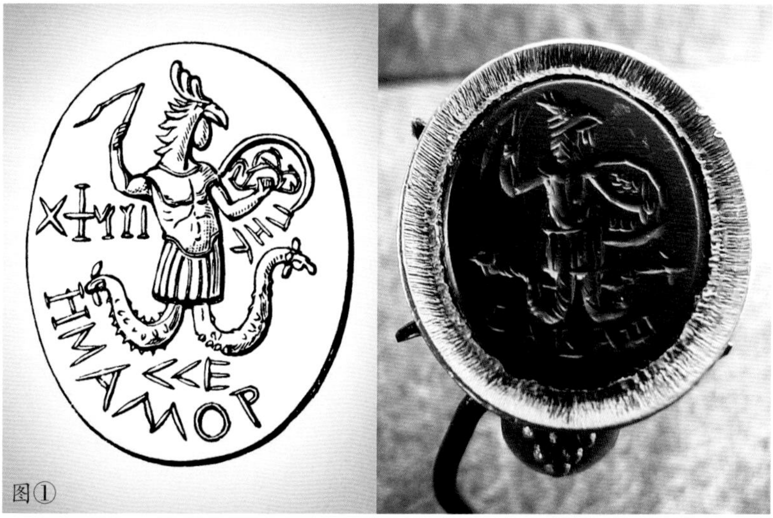

图①

图②

◉ 332. 诺斯替教的咒语护身符于公元1世纪流行于古代地中海东岸，是诺斯替教信仰的物化形式。诺斯替教专注于神秘的精神实践，其具体化的符号是用半宝石制作的护身符，被称为阿布雷克斯（Abraxas）。阿布雷克斯的概念很可能起源于古老的埃及，是善恶的同一体，既是神也是魔。这一概念被早期实践诺斯替教的犹太人采用，其名字在诺斯替教的解释中为“圆满”，也称为“盛境”。阿布雷克斯的形象具有善恶同体的特征，他有公鸡的头颅，人形身体，蛇形双腿，手持盾牌和长鞭。这一形象与诺斯替教咒语一同构成神秘的画面，与我们所知的其他印章铭文和图案全然有别。罗马占领时期，诺斯替教信仰和阿布雷克斯护身符雕刻宝石和其他带有魔法和迷信元素的珠饰遍布罗马世界。

图①为阿布雷克斯形象的白描图。图②为公元1世纪玉髓制作的诺斯替护身符，一面为一只巨蟒正在吞食自己的尾巴以形成一个圆环，圆环内部是埃及圣甲虫和诺斯替教魔咒；另一面是埃及的保护神侏儒潘泰克斯（Pataikos），他站在两只鳄鱼背上，两边分别是大地女神伊西斯和死亡女神奈芙蒂斯，爱神哈索尔展开双翼站在上方，整个图像组合具有护身符的魔力。

类型：埃及珠饰
Egyptian Ornaments

品名：罗马—埃及玻璃珠
Roman Egypt Glass Beads
地域：北非埃及
Egypt, North Africa
年代：公元前30—公元619年
30 BC—619 AD
材质：玻璃
Glass

罗马玻璃容器和玻璃珠的制作工艺和装饰都有明显的罗马风格，容器以吹制技术为主，玻璃珠则以马赛克玻璃珠、眼纹玻璃珠为典型。罗马玻璃工艺随着罗马帝国版图的扩大得到广泛的传播，其制作中心位于埃及的绿洲地区和中东其他地区的几个港口城市。埃及在公元后的科普特文化时期（Coptic）一直保持制作罗马玻璃，直到中世纪的拜占庭统治时期。中东的玻璃制作则延续到更晚。

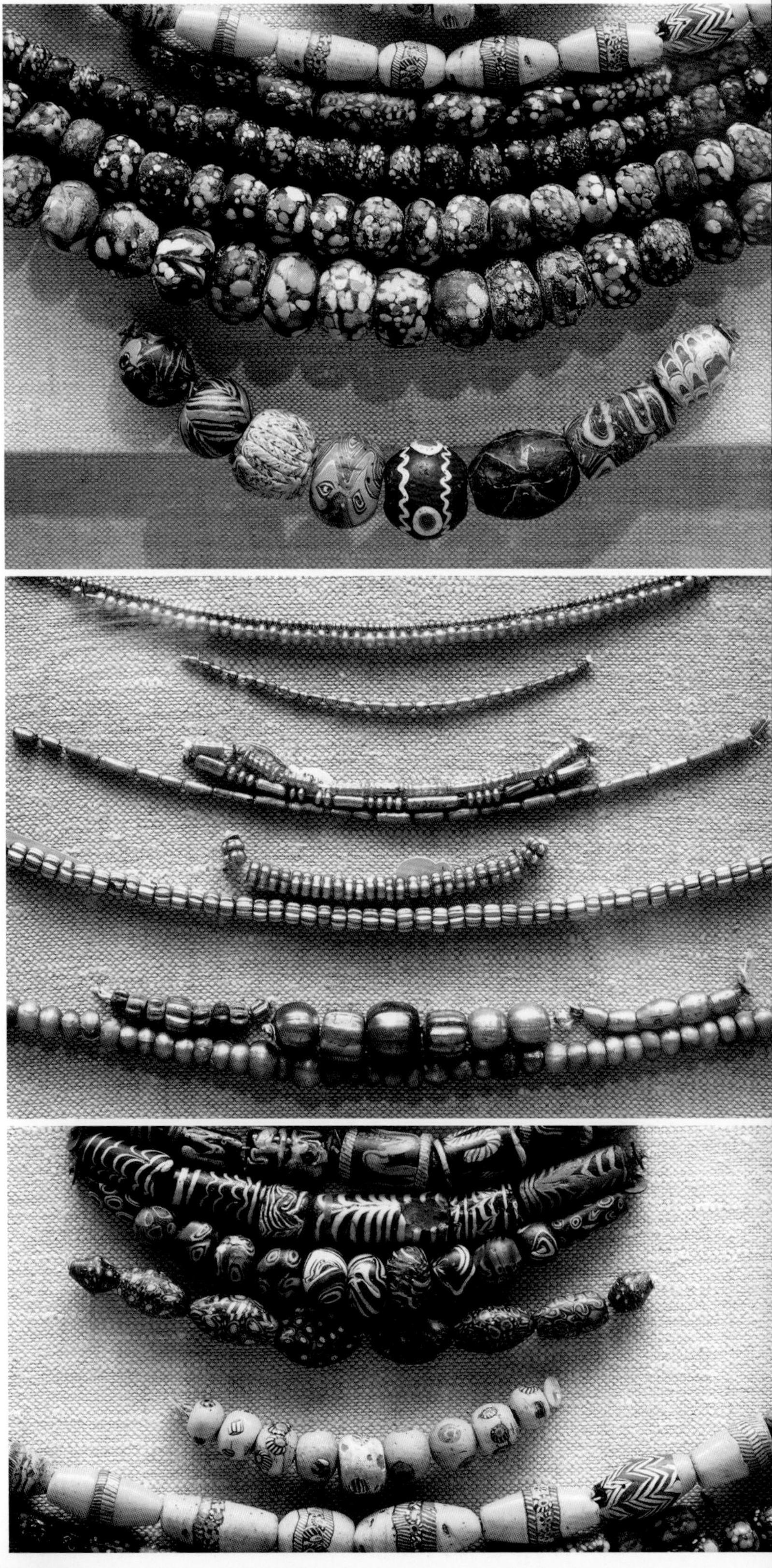

◉ 333. 费昂斯一直是埃及的传统工艺，至少公元前三千纪就开始费昂斯的制作，但没有证据表明埃及在公元前16世纪的新王国之前使用过玻璃工艺。公元前16世纪到公元前15世纪，以希腊迈锡尼为代表的玻璃工艺在地中海兴起，也开始在埃及成为另一项制作珠饰的技术，埃及制作了大量精美的玻璃饰件。埃及保持了玻璃小件和费昂斯珠饰同时制作的历史，直到托勒密王朝时期。至罗马占领时期，罗马的玻璃工艺和装饰风格开始成为主导产品，罗马样式的玻璃制品和珠饰逐渐代替埃及本土的费昂斯。

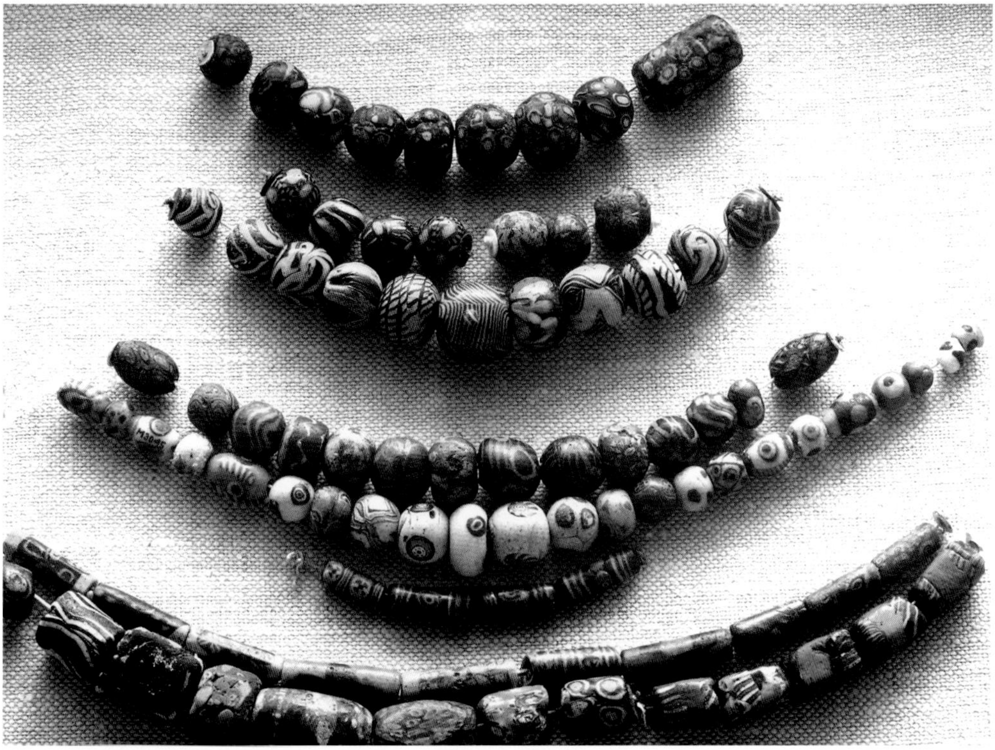

类型：埃及珠饰
Egyptian Ornaments

品名：法蒂玛珠饰
Jewelry of Fatimid Caliphate
地域：北非埃及
Egypt, North Africa
年代：公元909—1171年
909—1171 AD
材质：黄金、景泰蓝、半宝石等
Gold, Cloisonne, Semi-precious Stone, etc.

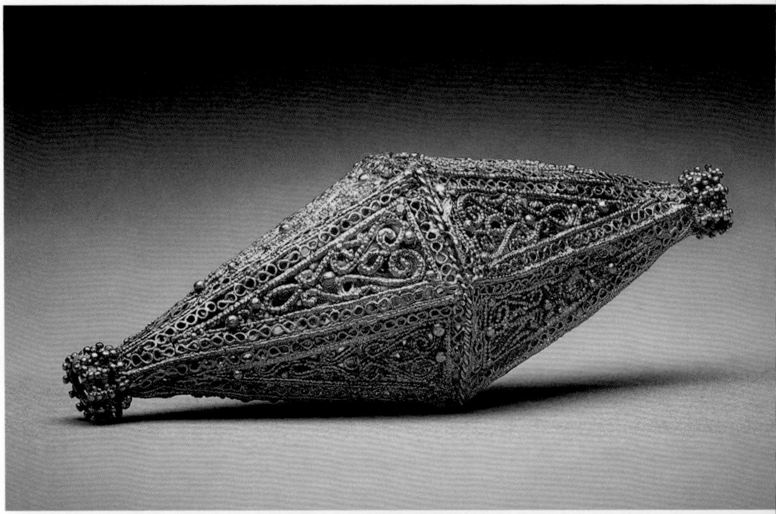

法蒂玛王朝的珠饰以金饰最为引人注目，王朝保持了对苏丹金矿长期的控制权，王室和精英阶层均以金饰为尚。黄金花丝是最受欢迎技艺，珠子珠饰均以花丝和焊接制作繁复的花草和鸟类图案，并以景泰蓝（Cloisonne，掐丝珐琅）技艺施加色彩和装饰。半月形和新月是最常见的耳饰和坠饰形制。这些珠饰有很大部分可能是在拜占庭制作的，与塞尔柱珠饰（见◉ 173）齐名。

◉ 334. 公元7世纪，阿拉伯帝国从拜占庭手里夺取埃及，埃及逐步阿拉伯化，伊斯兰美术取代了罗马和拜占庭时期的美术风格。法蒂玛王朝为伊斯兰什叶派哈里发帝国，他们声称是先知穆罕默德的女儿法蒂玛的后人，从公元10世纪初统治整个北非，包括马格里布、埃及、苏丹，以及欧洲的西西里岛，亚洲的黎凡特地区，包括叙利亚、黎巴嫩、约旦和巴勒斯坦，其中埃及是其政治中心。

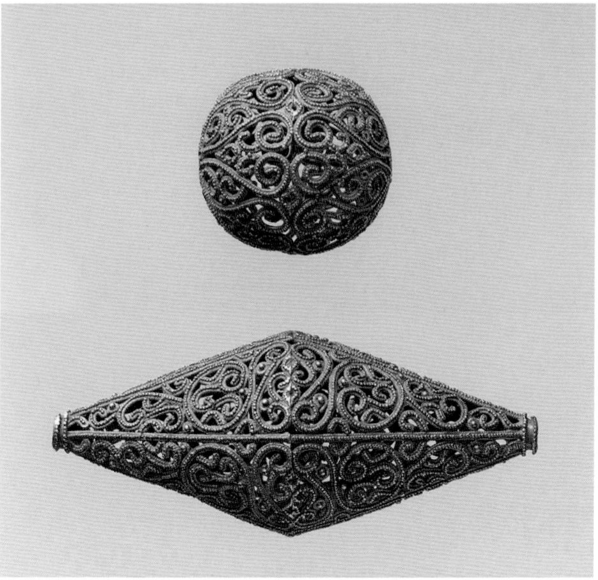

十二、非洲其他地区珠饰
Jewellery of Other Region of Africa

◉ 335—◉ 374

◉335 最早的珠子

The Earliest Beads

类型：最早的珠子

The Earliest Beads

品名：南非布隆博斯洞穴的珠子

Beads from Blombos, South Africa

地域：南非

South Africa

年代：约100000—72000年前

About 100000—72000 Years Ago

材质：贝壳

Shell

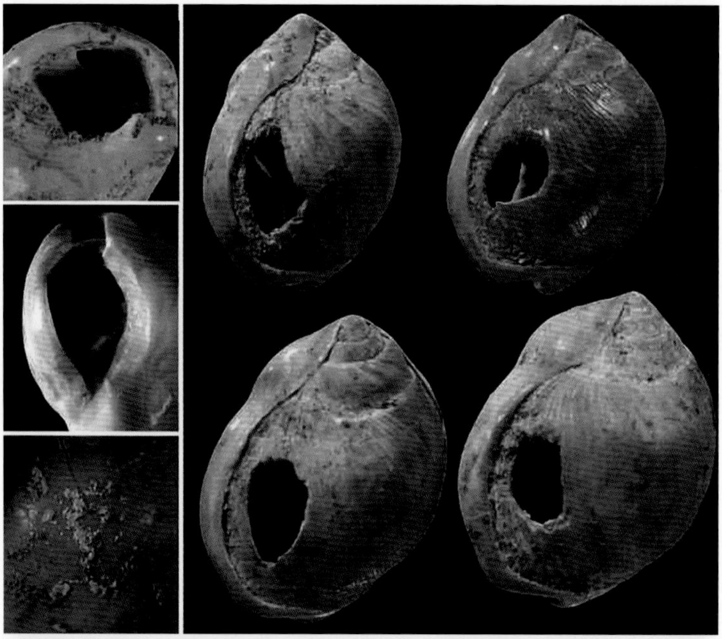

◉335. 据2004年4月的美国《科学》杂志报道，在南非布隆博斯（Blombos）一个可以俯瞰印度洋的洞穴里，发现了大约7.5万年以前石器时代的贝珠，它们有着人工穿孔，是迄今最古老的装饰品。同时出土的还有旧石器时代的打制石器和刻画过的骨头，它们是人类早期的工具和手工艺品。最近，《科学》杂志又报道了三枚来自十万年前的贝壳珠饰，它们分别来自以色列和阿尔及利亚，比布隆博斯洞穴的贝壳珠饰又提前了2.5万年，制造这些贝壳珠饰的人是否是现代智人的祖先，还有争议。制作珠子是人类抽象思维的物化，它表明人类已经能够使用符号来表示意义，即把空泛的符号与特定的意义联系起来，然后用于某种信仰或者身份的区别，进入文明社会以后则成了社会等级的辨识和象征，或者是作为护身符等其他多种功能。

◉ 336　肯尼亚史前大墓地的珠子

Beads from Nomadic Necropolises, Kenya

类型：东非珠饰
Ornaments of East Africa

品名：肯尼亚史前墓地的珠子
Beads from Nomadic Necropolis, Kenya
地域：肯尼亚
Kenya
年代：公元前3000年
3000 BC
材质：天河石、玛瑙、玉髓、软石等
Amazonite, Agate, Chalcedony, Soft Stone, etc.

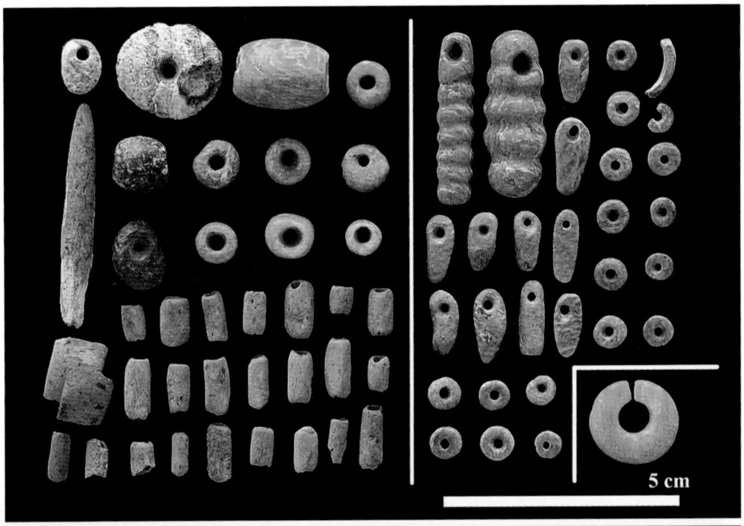

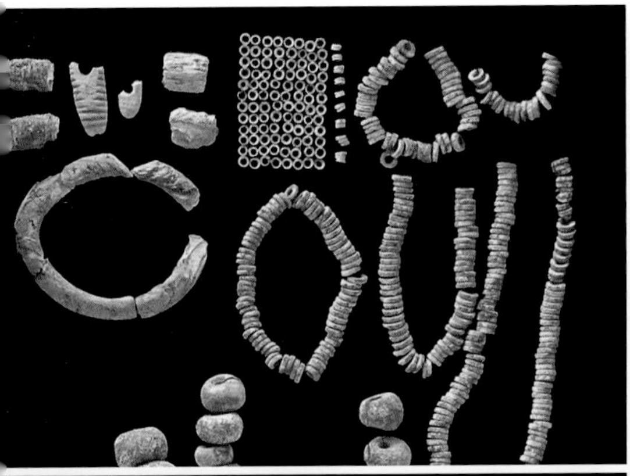

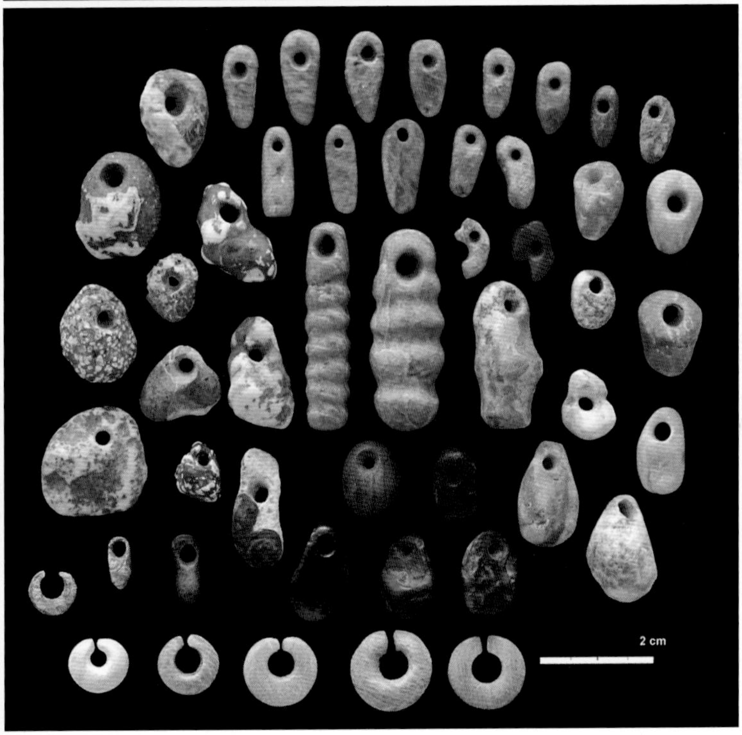

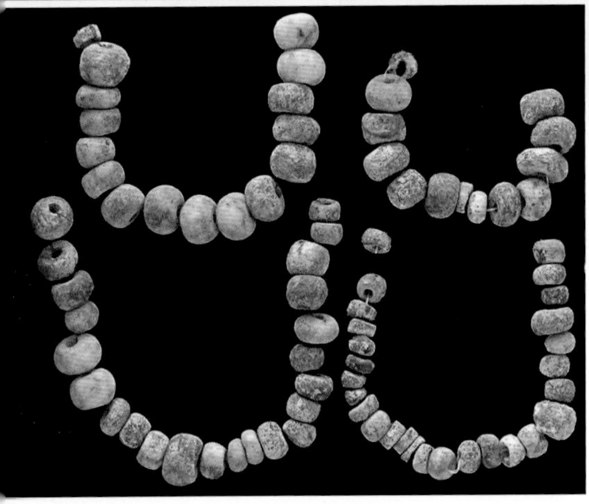

◉ 336. 在肯尼亚西北部的图尔卡纳湖附近，考古学家发现了一处大约5000年前的大型墓地，由史前的游耕族群建造。墓地有一个直径约30米的平台，由巨大的石柱标记，平台中央的大坑内有共计580具骨骸，均有珠饰陪葬。这些骨骸的埋葬和陪葬方式没有明显的阶层分别。墓地可能持续使用了数百年，有天河石、红玉髓珠等多种材质的珠子、坠子和耳饰出土，有些珠子形制有刻意的造型和表面做工。

类型：西非珠饰
Ornaments of West Africa

品名：马里提莱姆希谷地考古遗址的珠子
Beads of Tilemsi Valley, Mali
地域：马里
Mali
年代：公元前2200—前1360年
2200—1360 BC
材质：玛瑙、玉髓
Agate, Chalcedony

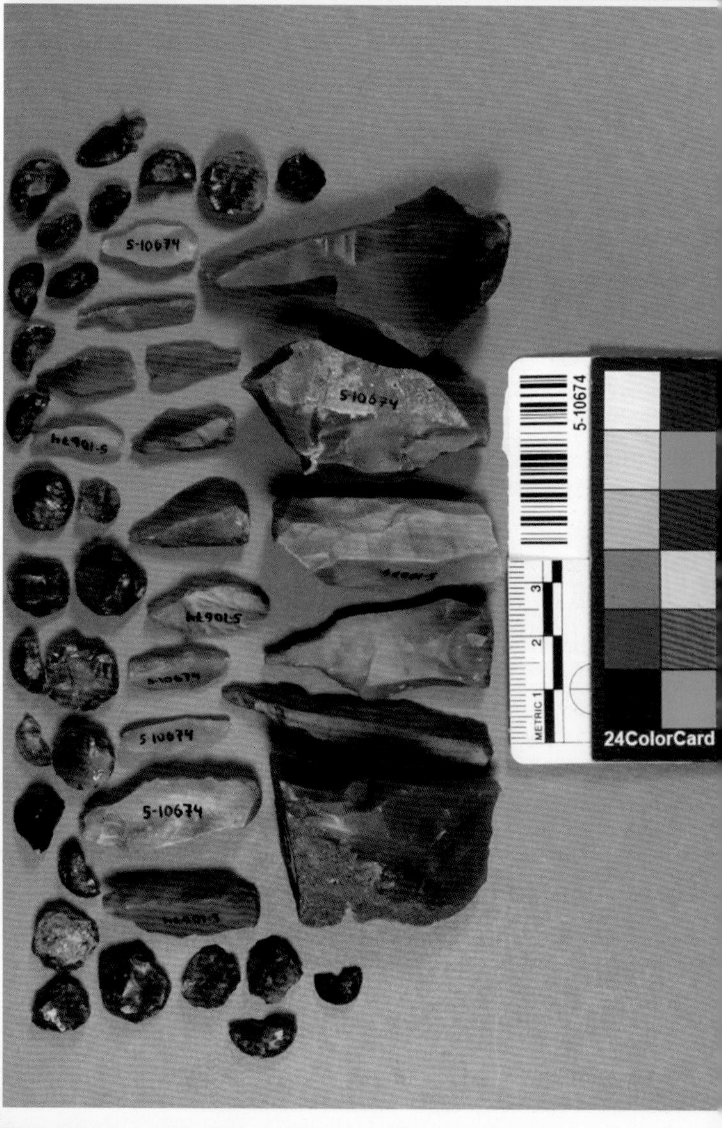

◉ 337. 马里位于西非内陆，从古代便是连接北非和西北非海岸到撒哈拉内陆的贸易中转站。提莱姆希谷地考古遗址位于马里东部，1952年和1972年，法国考古学家和美国加州大学考古学家分别对该遗址进行了数次发掘，出土人体骨骸和其他伴生物，如珠子、打制石器、骨器和一些制作珠子的玛瑙玉髓毛坯，经碳14测定年代为公元前2200年—公元前1360年。出土物现藏于加州大学赫斯特人类学博物馆，是难得的研究西非史前文化的标型器。

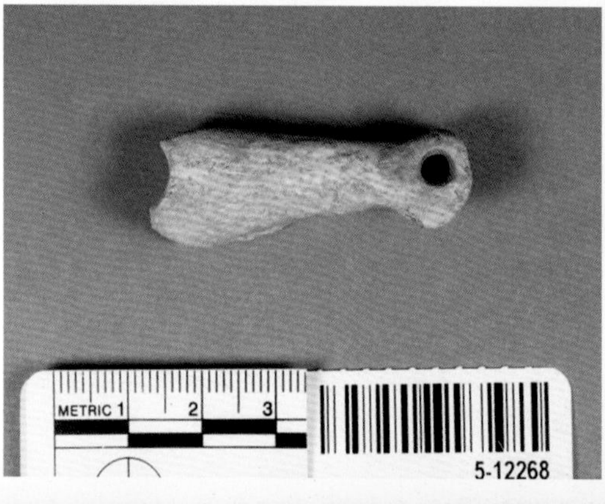

◉ 338　杰内-杰诺的古珠
Beads from Djenné -Djenno

类型：西非珠饰
Ornaments of West Africa

品名：杰内-杰诺的古珠
Beads from Djenné -Djenno
地域：马里
Mali
年代：公元前300—公元900年
300 BC—900 AD
材质：天河石、玛瑙、玉髓、石英、贝壳等
Amazonite, Agate, Chalcedony, Quartz, Shell, etc.

◉ 338. 杰内-杰诺（Djenné-Djenno）是位于西非马里尼日尔河谷地的一处古代遗址，被联合国教科文组织列为“世界文化遗产”。这里从公元前300年甚至更早就已经存在类似贸易城邦的聚居地，主要从事连接北非海岸和撒哈拉内陆的贸易中转。遗址面积超过330平方千米，有永久性的泥砖建筑、农作物种植和家畜蓄养的遗痕。考古学家推测这里至少在腓尼基人在北非海岸殖民（公元前1000年）时，就与迦太基（腓尼基人在北非的殖民城市）这样的大型城邦保持密切的贸易往来。类似杰内-杰诺的古代贸易聚居地在史前就分散在西非和西北非各处，它们一直是连接沿海和撒哈拉内陆地区的绿洲。

从20世纪开始，西非几处类似杰内-杰诺的古代遗址大量出土（非正式）各种材质和形制的珠子，红玉髓和玛瑙珠在西非特别是马里的出土量可观，由形制和打孔方式可观察到史前“研磨孔”、金属钻具造成的“对打孔”、铁质工具发明后的所谓“直孔”。西非的正式考古资料缺乏，没有完整的珠子的考古编年比照，这些珠子和其他材质的珠子一样很难有明确的断代，被笼统地称为“西非古珠”。这些珠子最典型的有红玉髓珠子、石英类珠子、天河石珠和管，其中石英类珠子质地半透明，形制以扁珠和直筒型珠子居多，同样有研磨孔和直孔的区别。与其他珠子一样，一般认为打孔方式的变化是由不同年代的工具和打孔方式造成的。

◉ 339　马里的腓尼基眼纹玻璃珠

Glass Eye Beads of Phoenician from Mali

类型：西非珠饰

Ornaments of West Africa

品名：马里的眼纹玻璃珠
Glass Eye Beads of Phoenician from Mali
地域：马里
Mali
年代：公元前700—前500年
700—500 BC
材质：玻璃
Glass

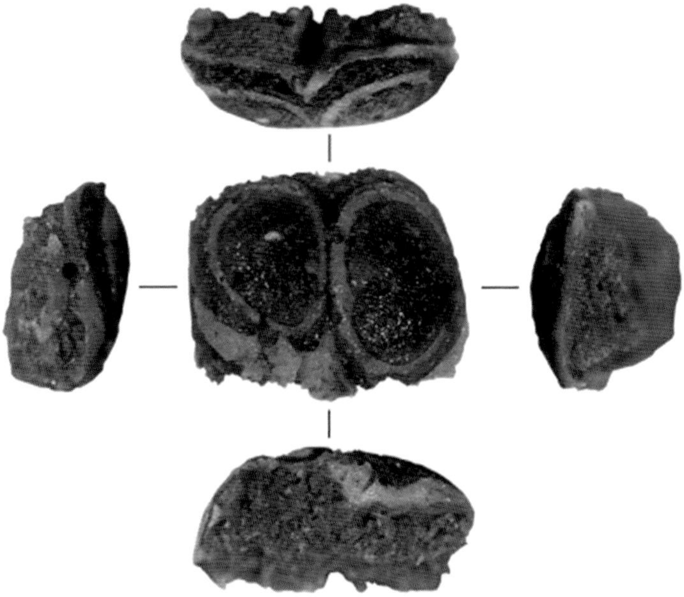

色彩艳丽的玻璃珠一直是非洲人钟爱的贸易品，历史上由于本土相对缺乏玻璃制作工艺，玻璃珠在非洲历史上不同时期都享有货币硬通的地位，佩戴玻璃珠就是财富的象征。现在为数不多的考古资料证实，西非民间挖掘的玻璃珠和半宝石珠，年代较早的可到公元前，大致相当于西方考古的铁器时代，晚一些的可到中世纪即阿拉伯伊斯兰化时期，最后是“非洲贸易珠”（见◉ 375），而现今非洲本土仍在制作“再生玻璃珠”（见◉ 396）。

◉ 339. 2019年第24辑《考古科学杂志》发布了在马里一处考古遗址（Nin-Bèrè 3 settlement site）出土公元前7世纪至5世纪的眼纹玻璃珠的消息，珠子的形制、装饰和工艺与腓尼基眼纹玻璃珠相同，是迄今在撒哈拉地区发现的最早的玻璃珠，同时也提供了西非在古代与北非迦太基的腓尼基人贸易交往的证据。西非至今（民间）出土为数不少的眼纹玻璃珠和其他单色玻璃珠，坊间一般认为它们是从中东跨越撒哈拉沙漠到达西非的，年代不超过7世纪西北非伊斯兰化之后阿拉伯人控制商路的时期，这种认识可能与文化割裂有关。实际情况是，非洲早在公元前就开始大量进口来自地中海东岸的玻璃珠和远至印度的半宝石珠子。

◉ 340　毛里塔尼亚的天河石珠

Amazonite Beads from Mauritania

类型：西非珠饰
Ornaments of West Africa

品名：毛里塔尼亚天河石珠
Amazonite Beads from Mauritania
地域：毛里塔尼亚、马里、摩洛哥
Mauritania, Mali, Morocco
年代：公元前300—公元900年
300 BC—900 AD
材质：天河石
Amazonite

◉ 340. 毛里塔尼亚和马里、摩洛哥等西非和西北非都有天河石珠出土，年代与杰内-杰诺的古珠（见◉ 338）大致相同。这类珠子的孔道表明其古老的打孔方式，孔道一般呈圆锥形，开口为喇叭口，两端对打孔，在珠子内部贯穿。珠子可能是在西非本地制作的，原料来自撒哈拉中心地带的提贝斯提山脉（Tibesti Mountains），这里的天河石矿藏支持了西非乃至东非（见◉ 334）长期制作天河石珠的传统。从马里到毛里塔尼亚和摩洛哥，当地人佩戴出土的天河石古珠，也贩售给古珠爱好者。

◉ 341　马里的蓝色玻璃珠
Blue Glass Beads from Mali

类型：西非珠饰
Ornaments of West Africa

品名：马里蓝色玻璃珠
Blue Glass Beads from Mali
地域：马里
Mali
年代：公元1000年
1000 AD
材质：玻璃
Glass

马里历史上不同时期曾存在过强大的帝国，早期有加纳帝国（公元300—1100年），之后是马里帝国（公元1235—1670年），都因黄金、盐和奴隶贸易而繁荣。玻璃珠在西非的贸易中一直不可或缺，经常充当货币硬通。一般认为珠子是从中东（如埃及）跨越撒哈拉沙漠来到马里，埃及和中东从公元前1世纪罗马占领后便开始生产罗马玻璃，工艺和制作一直延续到中世纪的拜占庭。比照印度和东南亚的“印度—太平洋珠”（见◉ 143），马里出土的所谓尼娜玻璃珠不管是来自罗马—埃及（见◉ 333）还是来自海上贸易，年代都应该大致在公元前后或者更晚。

◉ 341. 马里出土的蓝色玻璃珠在当地被称为尼娜玻璃珠（Nila glass beads），大多从马里的杰内－杰诺（见◉ 338）出土。尼娜是蓝色的意思，目前杰内—杰诺没有正式考古资料表明其原产地和具体年代，但尼日利亚的伊莱古城有类似的蓝色玻璃珠的考古出土记录（见◉ 343）。珠子个体偏小，有深蓝、湖蓝和绿等色彩，由于长期埋藏于沙漠环境中，有些珠子表面有白色灰皮。

◉ 342 马里的陶珠

Clay Beads of Mali

类型：西非珠饰

Ornaments of West Africa

品名：马里陶珠

Clay Beads of Mali

地域：马里

Mali

年代：公元1000年—近代

1000 AD to Early Modern

材质：黏土

Clay

◉ 342．马里的陶珠和陶质纺轮大多从杰内-杰诺（见◉ 338）出土，这类珠子在撒哈拉地区一直有出土，一些陶珠是纺锤坠（锭盘），一些单纯用于装饰。沙漠环境很难区分考古地层，珠子很难断代，一般认为小颗粒的陶珠和陶管是曾经出现在马里和尼日利亚的松海帝国（Songhai Empire）时期制作的，年代大约在15世纪和16世纪。陶珠的装饰纹样丰富漂亮、质朴率真，同样得到古珠藏家的喜爱。一些研究民间美术和装饰纹样的研究者还曾对马里出土的陶质纺轮上的纹样做过搜集整理。

类型：西非珠饰
Ornaments of West Africa

品名：尼日利亚的玻璃珠
Glass Beads of Nigeria
地域：尼日利亚
Nigeria
年代：约公元1000年
About 1000 AD
材质：玻璃
Glass

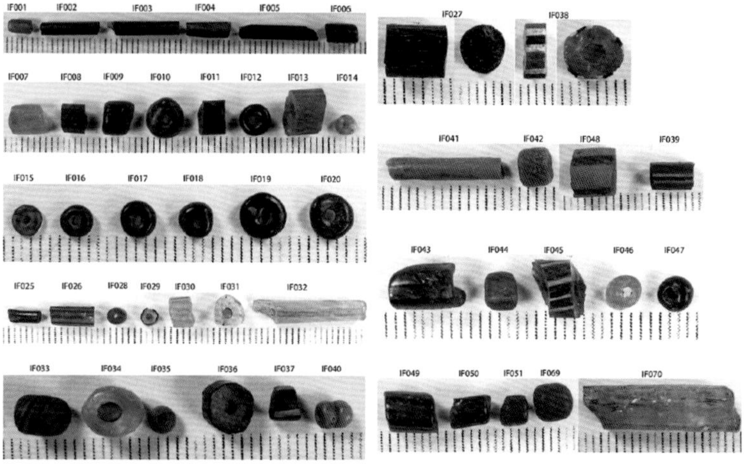

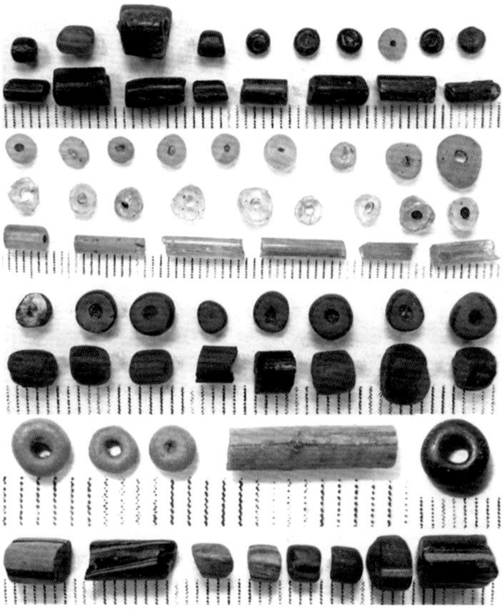

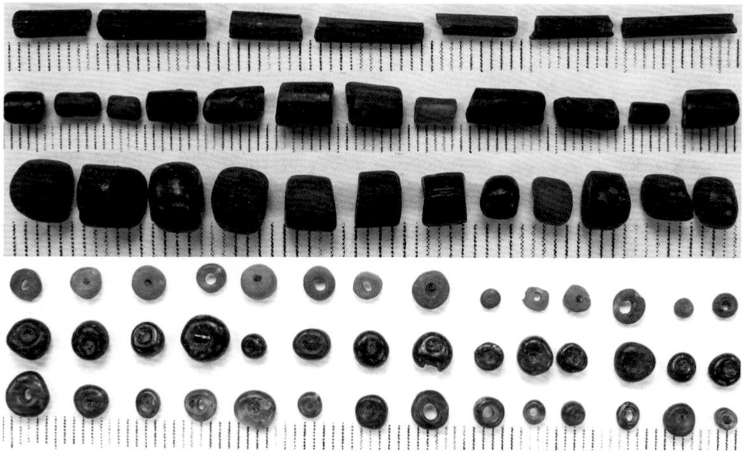

◉ 343. 最近在尼日利亚西南的伊莱古城（Ile-Ife）出土了一批玻璃窖藏，有超过一万三千枚不同色彩的玻璃珠出土，同时伴随制作玻璃珠的工具、玻璃料块和大量陶片。研究人员认为这批玻璃珠的年代在10世纪—12世纪。玻璃珠是当地制作的，这意味着西非本土曾经有过当地的玻璃作坊。珠子以蓝色居多，另有黄色、红色、绿色等颜色和表面有直线装饰的珠子和小管。工艺为热拉玻璃（drawn glass）技术，这项技术在印度从公元前后就开始实践并一直在使用。研究者认为尼日利亚的这批拉制玻璃珠是在本土制作而非印度的舶来品。

◉ 344　贝宁古国的珠饰
Ornaments of Benin Kingdom

类型：西非珠饰
Ornaments of West Africa

品名：贝宁古国的珠饰
Ornaments of Benin Kingdom
地域：尼日利亚
Nigeria
年代：公元1100—1800年
1100—1800 AD
材质：黄金、青铜、象牙等
Gold, Bronze, Ivory, etc.

贝宁古国是欧洲殖民前的西非古国，位于现尼日利亚南部（非现在的贝宁共和国）。贝宁古国从11世纪起就是西非最富裕发达的古国之一，直到1897年沦为英国殖民附庸国。贝宁古国留存下来的艺术品和手工艺品折射了曾经的繁荣。贝宁工匠擅长青铜工艺，大型青铜牌饰和青铜雕像是让西方殖民者叹为观止的作品，珠饰中的象牙和青铜手镯是贝宁珠饰的典型器，形制夸张、装饰隆重，整体造型和纹饰都不同寻常。

◉ 344. 在贝宁古国，白色的象牙被认为是净化精神的仪式的象征，象牙既是财富也是贸易品，早期与葡萄牙冒险家和商人的象牙贸易曾使贝宁获得巨大的利益。除了作为王室圣物的大型青铜牌饰，象牙坠饰和手镯是贝宁最具标志性的手工艺品。图例中的象牙人像坠饰被认为是16世纪早期贝宁国王以其母亲为范本制作的，可能在纪念他母亲的仪式上佩戴，直到现在尼日利亚人仍旧在一些纪念仪式或“精神净化”仪式上佩戴类似的坠饰。青铜雕像和手镯同样是贝宁王国的财富、信仰和审美的体现。

◉ 345　马蓬古布韦的黄金犀牛

Gold Rhinoceros of Mapungubwe

类型：南非珠饰

Ornaments of South Africa

品名：马蓬古布韦古国的黄金犀牛
Gold Rhinoceros of Mapungubwe
地域：津巴布韦
Zimbabwe
年代：约公元1200年
1200 AD
材质：黄金
Gold

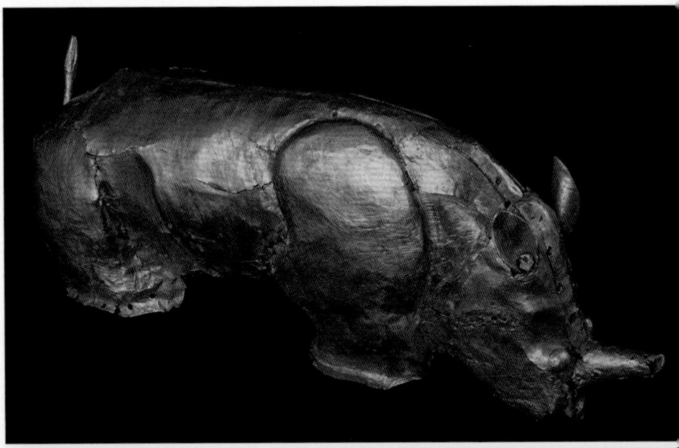

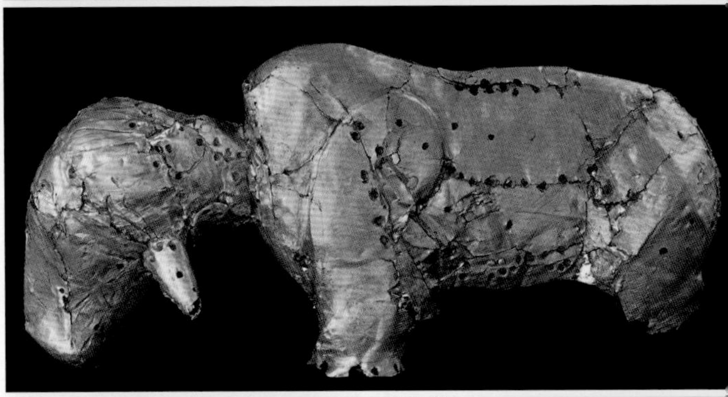

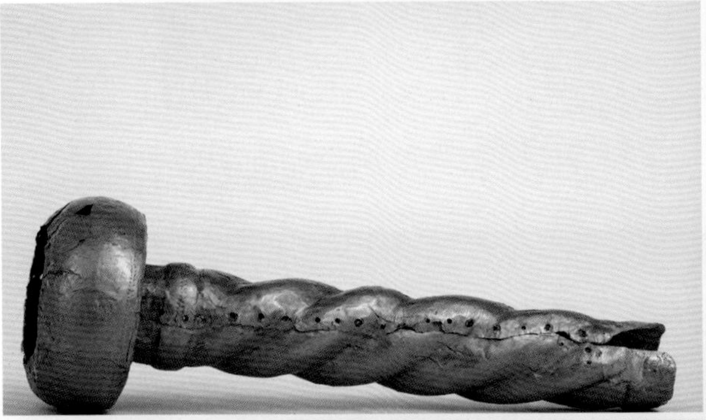

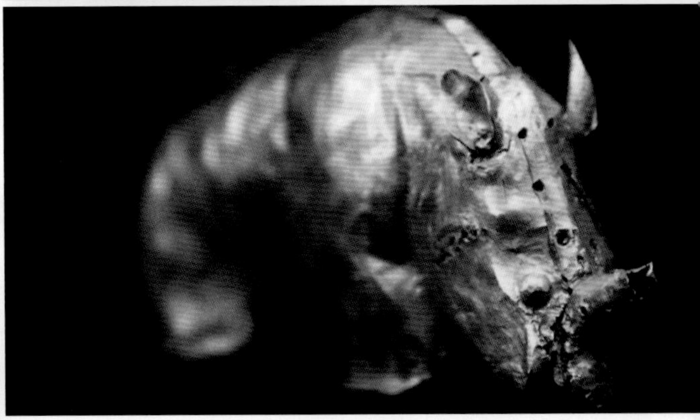

◉ 345. 马蓬古布韦（公元1075—1220年）是位于津巴布韦南部的中世纪古国，主要从事与东非海岸的黄金长途贸易，也贩卖动物皮毛和象牙，以换取来自异域的玻璃珠等当地稀缺的奢侈品。马蓬古布韦虽然只存在了145年，但是得黄金资源之利，有不少黄金制品和珠饰流传下来，从王室墓地出土的一件木质胎体、外覆金箔的黄金犀牛成为其文化象征，同时出土的还有金碗、黄金珠饰和其他饰品。

◉346 阿坎人金饰
Gold Ornaments of Akans

类型：西非珠饰
Ornaments of West Africa

品名：阿坎人金饰
Gold Ornaments of Akans
地域：加纳
Ghana
年代：公元1200—近代
1200 AD to Early Modern
材质：黄金
Gold

阿坎族是加纳的主体民族，他们是几支大部落的合集，公元11世纪开始从撒哈拉沙漠地带移民到黄金海岸（加纳），并有大批人口生活在象牙海岸共和国（现今的科特迪瓦共和国）。阿坎人曾有几支强大的部落建立过主导黄金海岸及周边的帝国，其中阿莎提帝国（见◉ 348）繁荣一时，直到西方殖民时期被英国占领。阿坎文化和习俗也散布在美洲，西方殖民时期从黄金海岸贩运至美洲的黑奴中，有百分之十是阿坎人。

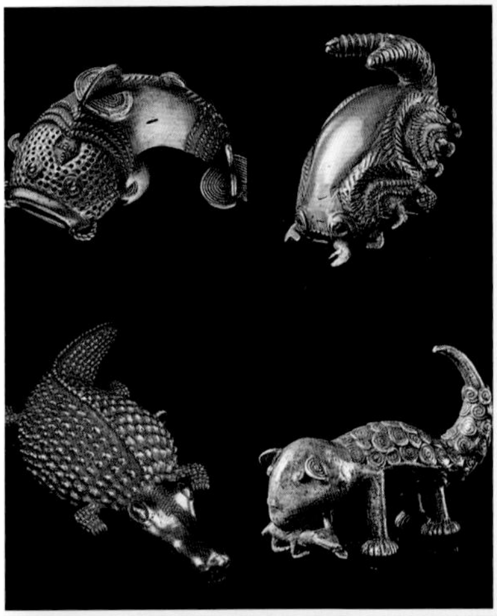

◉ 346. 金饰是阿坎人的传统佩饰，也是他们最大的资源。阿坎人采用模铸和失蜡法工艺，擅长动物造型和几何纹饰。金饰的造型生动夸张，形制丰富多变，如动物造型的大型戒指、圆盘形制的“灵魂清洗者”胸饰、各种形制和纹饰的金珠穿缀的项链、抽象的动物造型的手镯等，均为阿坎金饰的典型器。由于历史上频繁的黄金交易，阿坎人也发展出独特的黄金砝码的美术造型和风格（见◉ 347）。

◉ 347　阿坎黄金砝码
Akan Goldweights

类型：西非珠饰
Ornaments of West Africa

品名：阿坎黄金砝码
Akan Goldweights
地域：加纳
Ghana
年代：公元1400—1900年
1400—1900 AD
材质：黄铜、合金
Brass, Alloy

黄金砝码是使用黄铜或其他铜合金铸造的、用来称黄金重量的砝码，特别是用来衡量金粉的重量。在西非使用硬币和纸币之前，金粉一直充当货币。在长达数百年的黄金交易中，占据非洲最大黄金资源的阿坎人创造和发展出了独特的黄金砝码美术造型和风格。这些造型各异、形制丰富的砝码不仅是与商业和财富息息相关的实用器，也是加纳乃至西非文化、信仰和社会生活的缩影。据估计，现在存世的西非黄金砝码至少有三百万枚，西方各大博物馆和私人藏家都将阿坎人的黄金砝码列为收藏主题，黄金砝码就是民族志、美术史乃至更多学科研究的第一手资料。

◉ 347. 阿坎人制作黄金砝码最早可追溯到公元1400年，早期的砝码大多是几何造型，动物、人物和其他题材出现在公元1600年前后。这些砝码包含着故事、事件、谜语、隐喻和行为准则，学者基于对黄金砝码的题材和相关的口头传说的研究，复原了阿坎人的历史、社会生活、行为准则、信仰和价值观。

类型：西非珠饰
Ornaments of West Africa

品名：阿莎提帝国的金饰
Gold Ornaments of Ashanti Empire
地域：加纳
Ghana
年代：公元1670—1957年
1670—1957 AD
材质：黄金、合金
Gold, Alloy

阿莎提人是阿坎人（见◉ 346）的一支，他们曾建立过一个庞大的阿莎提帝国，长期统治加纳及其邻国。黄金是阿莎提人最大的资源，在加纳甚至有以“阿莎提”命名的黄金矿藏带。早期的欧洲探险者报道他们看见阿莎提人广泛使用黄金的情况，如金线纺织成织物、金箔锤鍱成家具装饰等，更多是各种珠饰金饰。在美洲发现黄金之前，18世纪的加纳黄金是欧洲和伊斯兰黄金市场的主要来源。1874年，英国人在与阿莎提人的战争中取得胜利，成为阿莎提王国和黄金海岸的殖民统治者。1935年，阿莎提自治，1957年在脱离英国后与加纳建立了国家联盟。

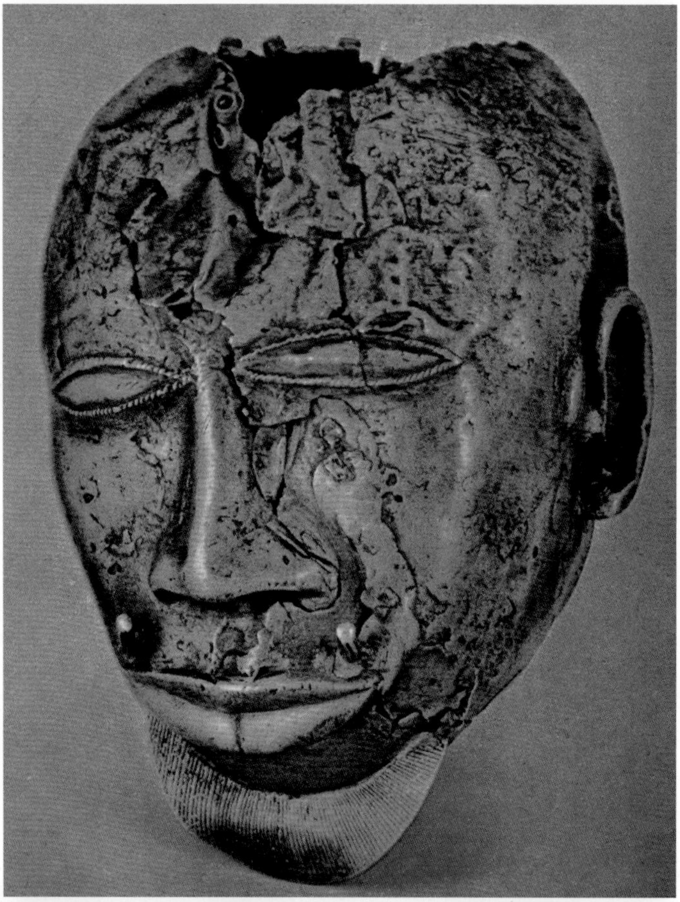

◉ 348. 阿莎提人在17世纪发展出了成熟精细的失蜡法，与浇铸黄金不同的是，失蜡法只能一模一铸，因而成品珠饰都是唯一的。今天仍有阿莎提工匠使用失蜡法制作黄铜、青铜或其他合金珠子珠饰来仿制早期的金饰，而纯金的珠饰只能在博物馆和王室收藏中见到。黄金凳子是阿莎提国王统治的象征，国王金面具则是阿莎提金饰的优秀作品。金饰典型器还有宫廷高级侍从佩戴的“灵魂清洗者徽章”——一种有纹饰的圆盘。此外就是各种造型的金珠金饰，除了几何纹饰，以各种动物造型最为生动。

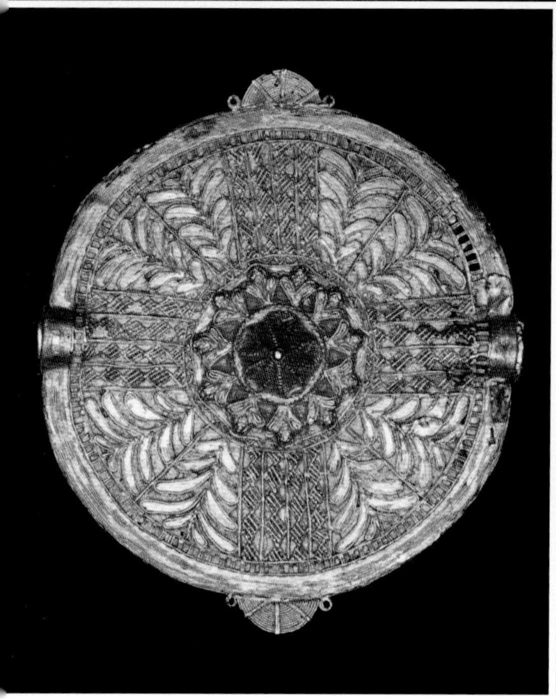

◉ 349　阿莎提话语者权杖
Ashanti Linguist Staff

类型：西非珠饰
Ornaments of West Africa

品名：阿莎提话语者权杖
Ashanti Linguist Staff
地域：加纳
Ghana
年代：公元1670—1957年
1670—1957 AD
材质：黄金、合金
Gold, Alloy

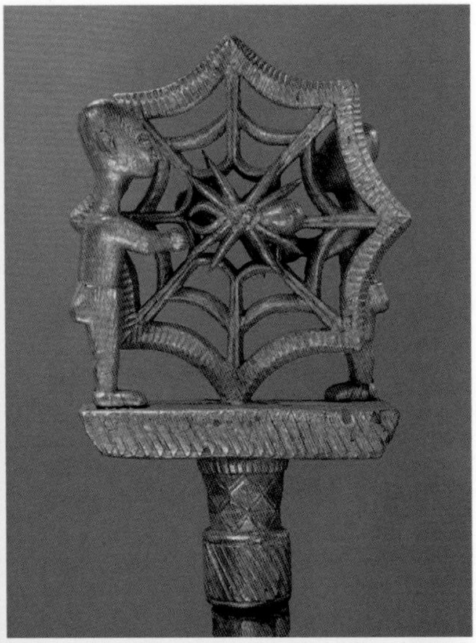

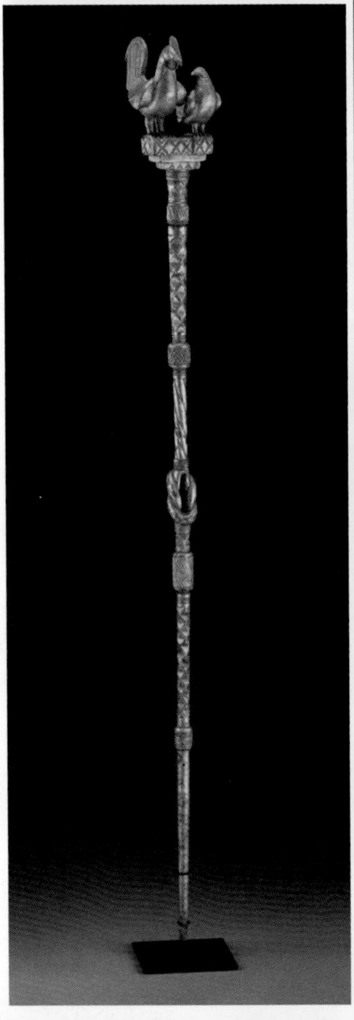

◉ 349. 阿莎提话语者权杖代表王室的高阶官员，相当于国王或首领的国师和智囊团，他们的职责包括调解、司法辩护、政治问题排除，以及王室历史的保存和解释，此外，更重要的是外交事务，包括代表王室和国家发言，以及传递来访者给国王的信息和国王给予来访者的回馈。这些传递不仅是简单的翻译，还带着诗意和隐喻，因而话语者本人被视为一位博学善辩的语言学家，他所持有的黄金权杖被称为“话语者权杖”。

话语者权杖的题材一般包含一个徽章式的图案或具体的物件和人物，整个图像陈述一句阿莎提谚语或格言，比如人物攀爬树木的图像在阿莎提谚语中意思是“谁爬上一棵好树，谁就会被推（得更高）”，这个谚语表明一位统治者的意图是好的和公平的，他就会得到人民的支持。在阿莎提社会，有无数这样的谚语和格言来隐喻各种事件和真理，这些谚语被大量运用在他们的美术题材中，不仅是话语者权杖，黄金砝码和各种珠饰也都包含不同的谚语和格言。

◉ 350 手镯钱

Manilla Money

类型：西非珠饰

Ornaments of West Africa

品名：手镯钱

Manilla Money

地域：西非

West Africa

年代：公元1400—1900年

1400—1900 AD

材质：青铜、铜合金

Bronze, Copper Alloy

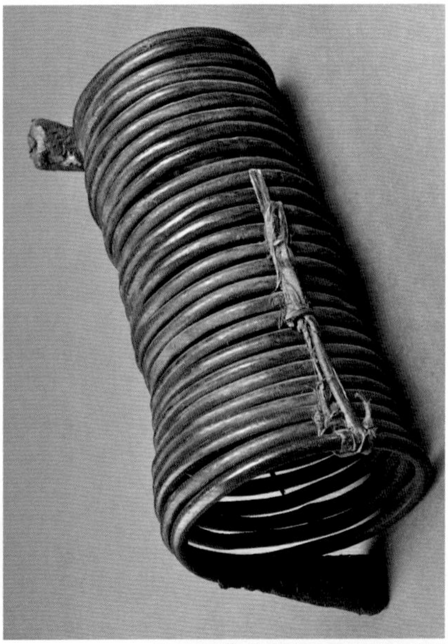

◉ 350. 手镯钱音译“马尼拉钱”，是曾经通行于西非的一种货币形式，通常由青铜或红铜制成，在设计、尺寸和重量上都变化丰富。手镯钱起源于西方殖民时期（16世纪）之前，很可能是在西非与葡萄牙帝国早期的贸易中产生的。手镯钱在西非通行了数个世纪，既作为货币也作为装饰，甚至贝宁王室的青铜壁挂（见◉ 344）上也以手镯钱作为装饰题材，表明它在西非社会生活中的重要作用，直到20世纪40年代末手镯钱才终止使用。在现代流行文化中特别是影视和文学，它们总是与大西洋奴隶贸易联系在一起。据说“马尼拉”这个名字来源于西班牙语，意思是“手镯”，在葡萄牙语中意为“手环”。

类型：西非珠饰
Ornaments of West Africa

品名：铝土矿珠
Bauxite Beads
地域：西非
West Africa
年代：近代
Early Modern
材质：铝土矿
Bauxite

◉351. 这种珠子也称"阿波珠"（Abo），是西非珠商对这种直筒型的铝土矿珠子的称谓。"阿波"为西非豪萨族语发音，指风化的红色的火山岩土壤，是一种主要由铝氧化物组成的黏土状集合体，氧化铁的含量使它呈现出红色，非洲大部分地表覆盖这种红色土壤。铝土矿珠是在非洲本土手工制作的，充满浓郁的非洲乡村风格，近几十年由非洲珠商和西方藏家将它们从非洲引入西方古珠市场。

◉ 352　失蜡法黄铜珠
Brass Lost-wax Cast Beads

类型：西非珠饰
Ornaments of West Africa

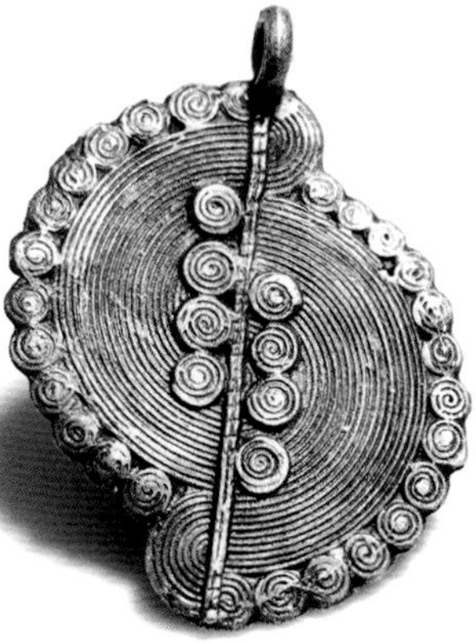

品名：失蜡法黄铜珠
Brass Lost-wax Cast Beads
地域：加纳、科特迪瓦
Ghana and Ivory Coast
年代：近代至现代
Early Modern to Contemporary
材质：黄铜
Brass

◉ 352. 黄铜是铜和锌的合金，最早由罗马人发明。黄铜虽然价格不高，但是加工难度大于其他很多金属，因而从古至今黄铜并不是普遍使用的制作珠子的材料。但是黄铜珠和黄铜制作的其他手工艺品如黄金砝码（见◉ 347），在非洲尤其是西非的加纳和象牙海岸共和国（现今的科特迪瓦共和国）、中非的喀麦隆等地一直都深受欢迎。非洲人喜爱黄铜那种类似黄金的色泽，历史上他们拥有悠久的工艺传统，尤其是加纳这样以黄金为最大资源和财富的地方，在逐渐失去黄金资源优势之后，黄铜是最好的替代品。从近代至现代，加纳工匠一直在使用传统中制作黄金饰品所采用的失蜡法来制作黄铜珠子珠饰，具有浓郁的西非美术风格。

◉ 353 毛里塔尼亚的贝壳珠饰
Shell Ornaments from Mauritania

类型：西非珠饰
Ornaments of West Africa

品名：毛里塔尼亚的贝壳珠饰
Shell Ornaments from Mauritania
地域：毛里塔尼亚、摩洛哥
Mauritania, Morocco
年代：近代
Early Modern
材质：贝壳、鸵鸟蛋壳
Shell, Ostrich Eggshell

◉ 353. 贝壳从远古就是制作珠子的材料，人类最早的珠子就是非洲布隆博斯洞穴发现的贝壳珠（见◉ 335）。非洲各地至今仍旧喜欢使用牙骨类和贝类等有机材料制作珠子珠饰，在这些材料表面打磨、雕刻、染色等都相对容易。除了鸵鸟蛋壳和贝壳，牛骨也是经常用以制作珠子珠饰的材料。在非洲，西部沿海大多使用蛤蜊壳制作珠子，再往内陆，人们使用大蜗牛壳制作珠子和坠子，而东非的肯尼亚和南部非洲则使用鸵鸟蛋壳。对于个体较大的贝壳，一般先将其底部面积较大的部分切割成规矩的形状，剩下的锥形顶部是毛里塔尼亚和摩洛哥的柏柏尔人喜欢的珠饰，他们在贝壳的表面施加纹饰等，既作为项饰也作为头饰。

类型：图阿雷格珠饰
Ornaments of Tuareg

品名：图阿雷格人的珠饰
Ornaments of Tuareg
地域：西北非
Northwest Africa
年代：近代
Early Modern
材质：银合金、皮革、玻璃、玛瑙、贝壳、琥珀、其他半宝石等
Silver Alloy, Leather, Glass, Agate, Shell, Amber, Other Semi-precious Stone, etc.

和所有游牧民族一样，图阿雷格人热爱珠子，珠饰和服饰有强烈的风格化特征，他们全身所有的珠饰坠饰都具有辟邪的护身符性质。图阿雷格工匠属于特殊的种群，他们大多依附于贵族和部落首领，只与其他工匠通婚，例如铁匠、珠宝匠、木匠和皮匠等。图阿雷格的珠饰样式及象征意义十分丰富，包括项链、坠饰、发饰、戒指、耳环、手镯、腰带、钱包等，每一种样式都具有各自的护身功能、符号象征和标识不同部落或族群的作用，这些珠饰既是一套完整的视觉语言，也是一部活着的历史。

◉ 354. 图阿雷格人是大型的柏柏尔人联盟，他们游牧在广阔的撒哈拉沙漠，几乎覆盖撒哈拉中部和西部，包括利比亚、阿尔及利亚、尼日尔、马里等国家。图阿雷格人是古代利比亚人的后裔，即希腊历史学家希罗多德记录的加拉曼特王国。图阿雷格人大多是游牧民，两千多年来，他们经营着穿越撒哈拉沙漠的商队贸易，通过五条沙漠贸易路线，将撒哈拉沙漠南部边缘的城市与北非海岸（地中海）连接起来。

◉ 355　图阿雷格吉利包

Gris-gris Tcherots of Tuareg

类型：图阿雷格珠饰

Ornaments of Tuareg

品名：图阿雷格吉利包
Gris-gris Tcherots of Tuareg
地域：西北非
Northwest Africa
年代：近代
Early Modern
材质：银合金、黄铜、皮革、玻璃、半宝石等
Silver Alloy, Brass, Leather, Glass, Semi-precious Stone, etc.

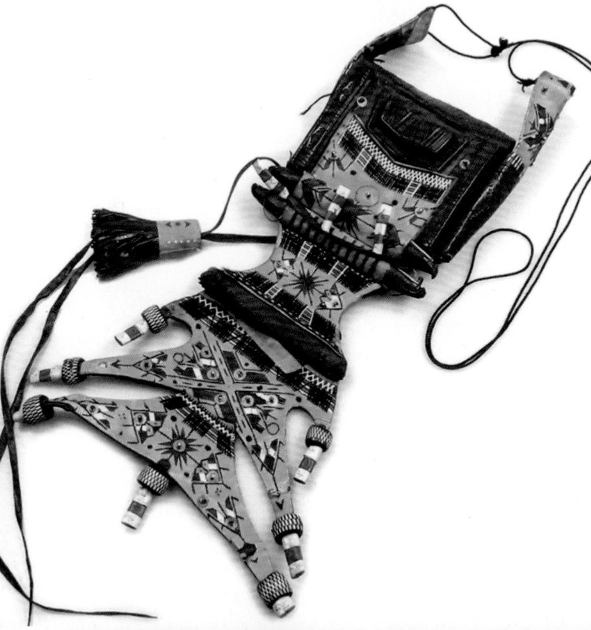

◉ 355. 图阿雷格吉利包（Gris-gris，Grigri或Tcherot）是一种“伏都”（Voodoo）护身符。伏都巫术起源西非，是古老的传统民间宗教，相信万物有灵和可操作性巫术。图阿雷格人的吉利包为皮质小包，表面订缝有金属制的护身符或者一面刻有《古兰经》箴言的金属牌饰，内藏有符咒的纸片或《古兰经》箴言，以及钥匙和其他重要的小物件。图阿雷格人信仰伊斯兰教，教义反对迷信和巫术，因而他们不操作伏都巫术，但相信护身符的法力，即保护佩戴者远离邪恶并带来好运。在西非和西北非，一些部落还将佩戴吉利包视作节育的方法。

在图阿雷格语中，Tcherot的字面意思是“字母”“消息”或“写东西的纸”。Tcherot一词在尼日尔使用，在阿尔及利亚则被称为“Taraout”，在马里被称为“Takarde”，在毛里塔尼亚和摩洛哥被称为“Kitab”。图阿雷格吉利包有金属的、皮革的，或者两者结合的，很多还穿系了贸易珠以增加美感。

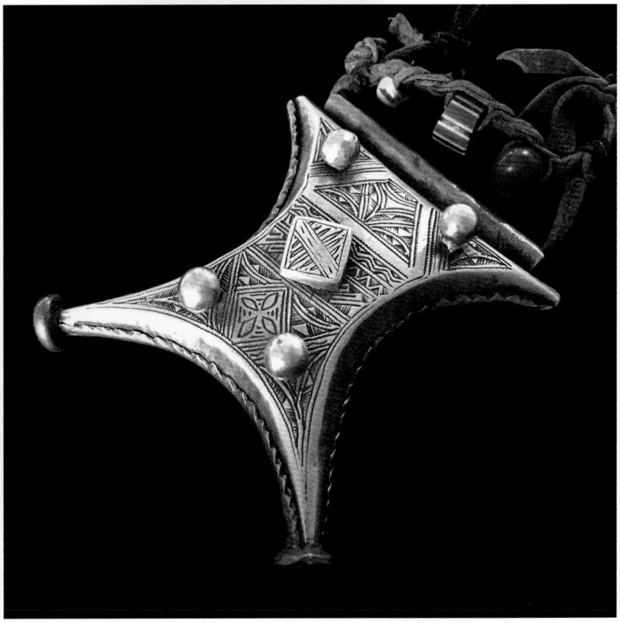

类型：图阿雷格珠饰
Ornaments of Tuareg

品名：图阿雷格皮包
Leather Bags of Tuareg
地域：西北非
Northwest Africa
年代：近代
Early Modern
材质：皮革、银合金、铜合金、玻璃、木头、织物、半宝石等
Leather, Silver Alloy, Copper Alloy, Glass, Wood, Fabric, Semi-precious Stone, etc.

◉ 356. 装饰华丽的图阿雷格皮包（当地名称Ettabu）是用来存放重要物件和《古兰经》的。图阿雷格人有对细节审美和几何对称的苛求，皮包的装饰风格与其他珠饰一致。从剪裁、刺绣、缝纫，到手工染色、图案装饰、饰片和珠子，无不让人联想到图阿雷格人游牧、流浪、商旅时自由的天性。一件精心设计和装饰的皮包会长期跟随主人，就像图阿雷格人随身携带的珠子和护身符一样，是他们的全部财富和人生经历。

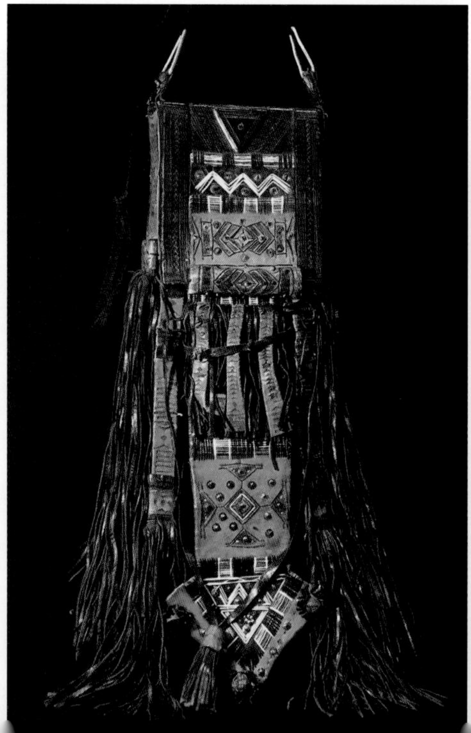

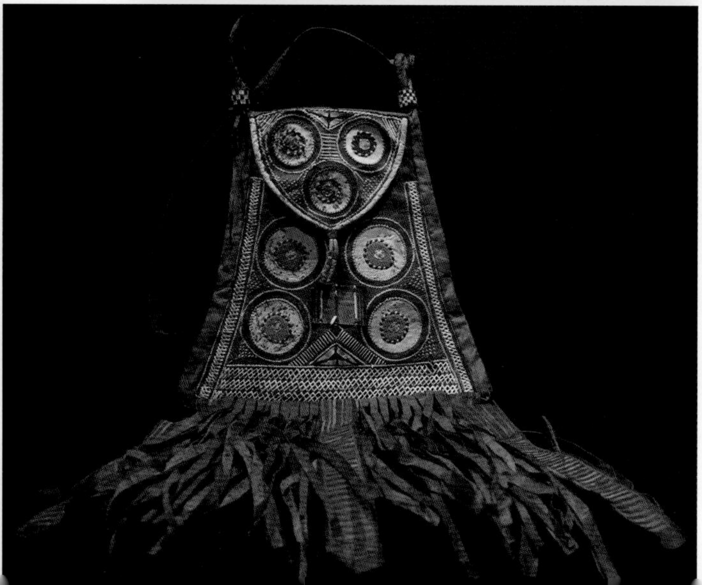

◉ 357 图阿雷格箭头护身符
Tanfouk/ Talhakimt Charms of Tuareg

类型：图阿雷格珠饰
Ornaments of Tuareg

品名：图阿雷格的箭头护身符
Tanfouk/ Talhakimt Charms of Tuareg
地域：西北非
Northwest Africa
年代：近代
Early Modern
材质：玻璃、玛瑙、银、塑料合金等
Glass, Agate, Silver, Plastic Alloy, etc.

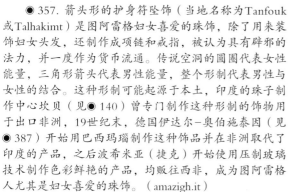

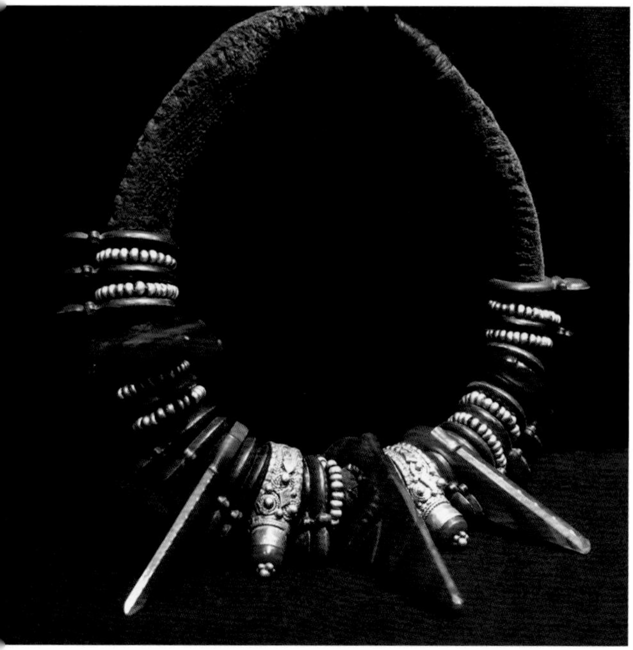

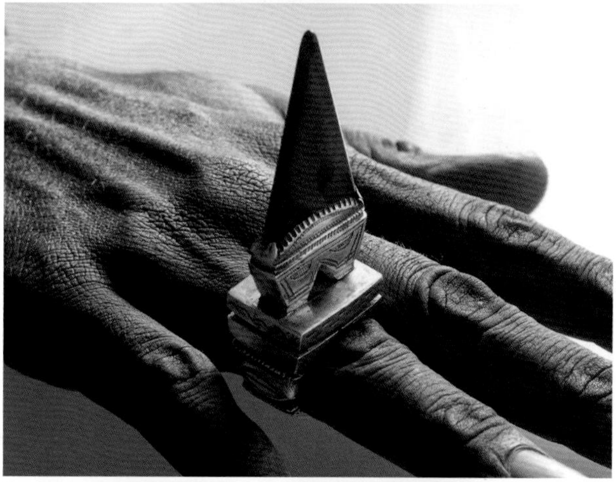

◉ 357. 箭头形的护身符坠饰（当地名称为Tanfouk或Talhakimt）是图阿雷格妇女喜爱的珠饰，除了用来装饰妇女头发，还制作成项链和戒指，被认为具有辟邪的法力，并一度作为货币流通。传说空洞的圆圈代表女性能量，三角形箭头代表男性能量，整个形制代表男性与女性的结合。这种形制可能起源于本土，印度的珠子制作中心坎贝（见◉ 140）曾专门制作这种形制的饰物用于出口非洲，19世纪末，德国伊达尔–奥伯施泰因（见◉ 387）开始用巴西玛瑙制作这种饰品并在非洲取代了印度的产品，之后波希米亚（捷克）开始使用压制玻璃技术制作色彩鲜艳的产品，均贩往西非，成为图阿雷格人尤其是妇女喜爱的珠饰。（amazigh.it）

类型：图阿雷格珠饰
Ornaments of Tuareg

品名：图阿雷格头巾坠
Veilweight of Tuareg
地域：西北非
Northwest Africa
年代：近代
Early Modern
材质：黄铜、红铜、银、皮革等
Brass, Copper, Silver, Leather, etc.

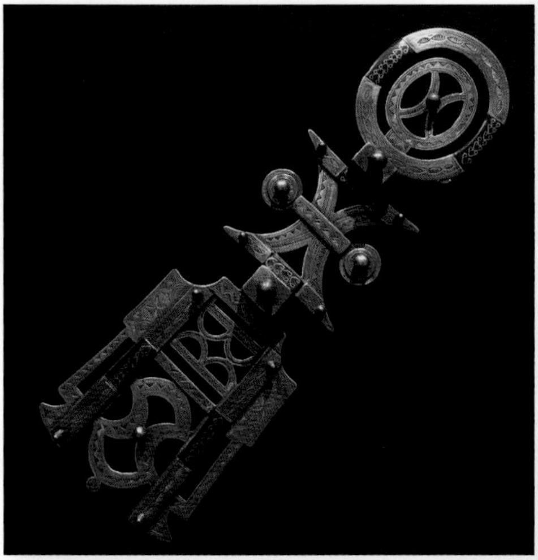

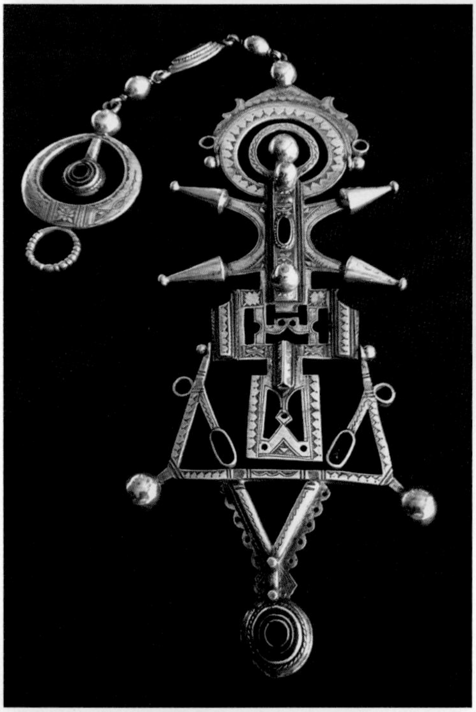

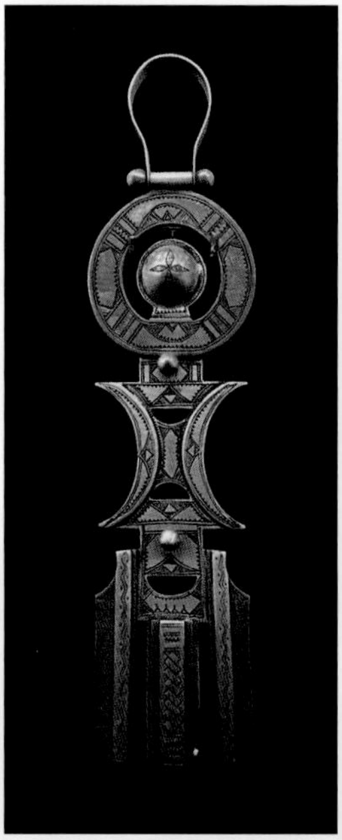

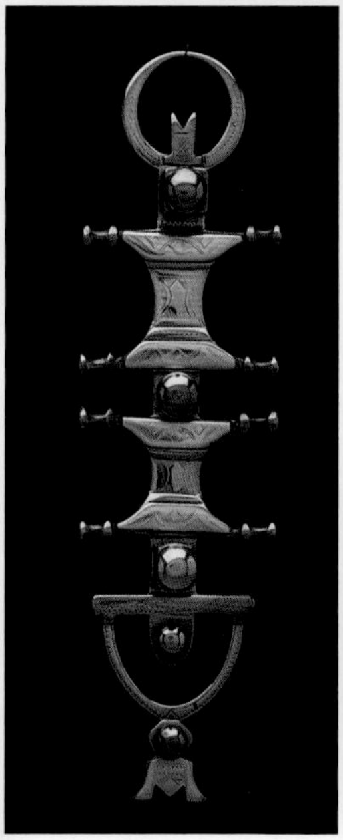

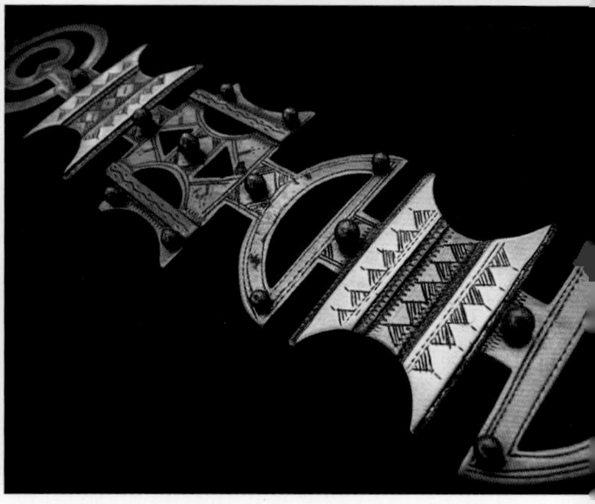

◉ 358. 这种造型独特的金属坠饰（当地名称Asru N 'swul）是用来平衡图阿雷格妇女的头巾的，在马里尤其流行。传统上图阿雷格女性不戴面纱，而图阿雷格男人戴面纱，女性只戴遮挡风沙的头巾。这类坠饰做工都比较精致，美术造型是图阿雷格一贯的几何对称，有些坠饰的造型与图阿雷格人当作传家宝的挂锁钥匙相似，或者就是来源于古老的传家宝钥匙造型，当今天不再使用传统挂锁，漂亮的钥匙造型便以坠饰的形式保存下来。面纱坠做工的精粗、造型的复杂程度、装饰的繁简，多少反映了主人的个人财富和社会地位。

类型：图阿雷格珠饰
Ornaments of Tuareg

品名：图阿雷格的法蒂玛之手
Khomissar of Tuareg
地域：西北非
Northwest Africa
年代：近代
Early Modern
材质：银、银合金、贝壳、皮革、织物等
Silver, Silver Alloy, Shell, Leather, Fabric, etc.

◉ 359. 图阿雷格人的“法蒂玛之手”（Hand of Fatima）护身符（当地名称Khomissar）有抽象和具象两种表现手法。具象的法蒂玛之手是整个伊斯兰世界的珠饰符号，阿拉伯语称为“汉萨”（Hamsa），因伊斯兰教先知穆罕默德的女儿法蒂玛而得名，被认为是法蒂玛的右手，有驱邪的法力。图阿雷格人偏爱抽象造型的“法蒂玛之手”，以五只代表手指的菱形构成，材质以银合金、贝壳（如砗磲）居多，有些订缝在皮质基底上，金属的则大多刻有图阿雷格几何纹饰。（amazigh.it）

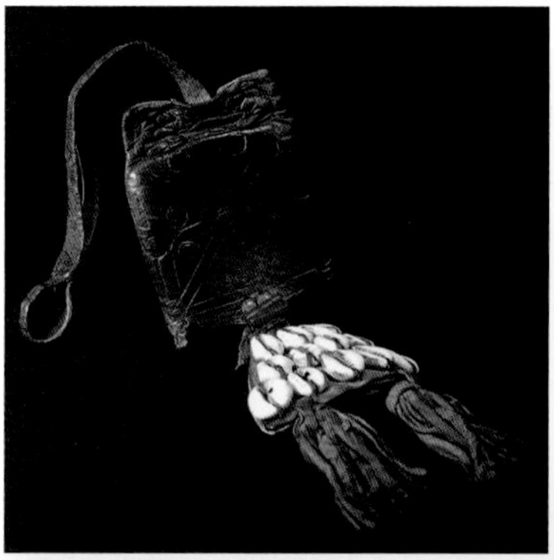

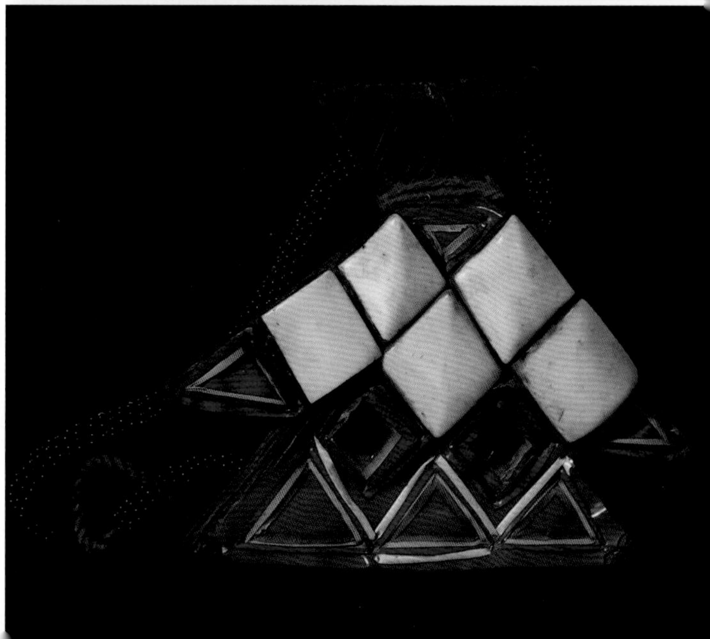

类型：图阿雷格珠饰
Ornaments of Tuareg

品名：图阿雷格的塔拉胸坠
Tera Pendants of Tuareg
地域：西北非
Northwest Africa
年代：近代
Early Modern
材质：银、银合金等
Silver, Silver Alloy, etc.

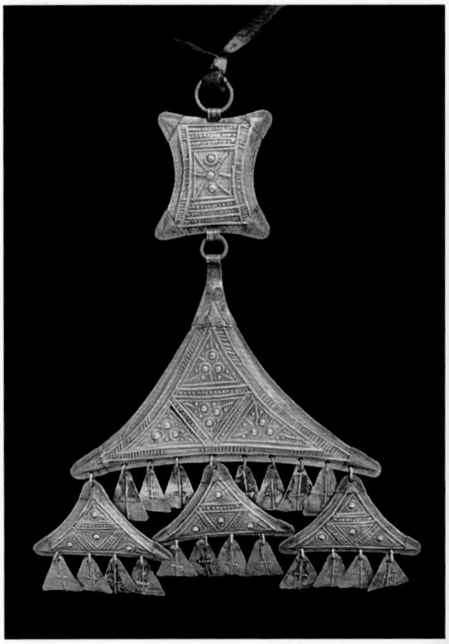

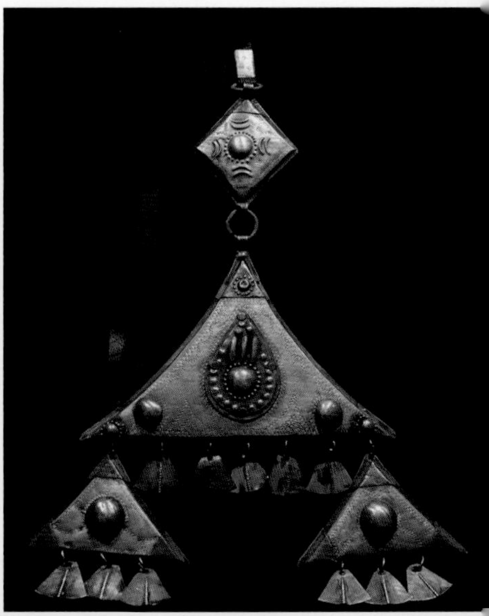

◉ 360. 塔拉（Tera，复数Teraout）是图阿雷格大型坠饰，由几组大小不一的三角形牌饰构成，一般在节日和婚礼上悬挂在胸前，从脖子垂到腰间，是霍加尔山脉地区（Hoggar Mountains，位于撒哈拉中部，现阿尔及利亚境内）的妇女最喜欢的珠饰样式。塔拉以银、银合金和其他各种金属片制作，包括铜、铁和铝，表面有浮雕和凹雕图案，均为对称的几何纹样，是典型的图阿雷格美术风格，具有规则变化的节奏美感。

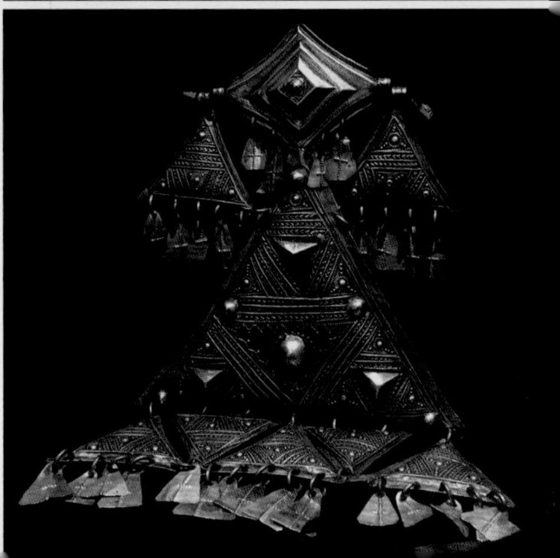

◉ 361 图阿雷格的贝拉护身符

Bellah Amulet of Tuareg

类型：图阿雷格珠饰
Ornaments of Tuareg

品名：图阿雷格的贝拉护身符
Bellah Amulet of Tuareg
地域：西北非
Northwest Africa
年代：近代
Early Modern
材质：银、银合金、皮革、织物等
Silver, Silver Alloy, Leather, Fabric, etc.

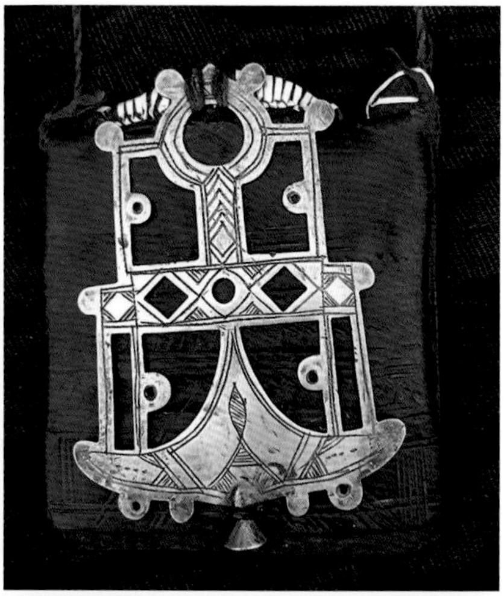

◉ 361. 贝拉是图阿雷格部落，大多生活在现在的尼日尔和马里，他们有苏丹血统。贝拉部落的人以前是图阿雷格人的奴隶，主要从事饲养。图阿雷格人联盟通过袭击西非南部的社区来获得奴隶和贡品，把俘虏作为战利品在市场上出售。奴隶在当地居住在不同的区域，有不同的称谓，戴不一样的珠饰和护身符，尽管他们最终融入图阿雷格人的习俗。贝拉护身符以银或银合金制作，有固定的设计和可辨识的样式，一般订缝在皮包上，与图阿雷格吉利包（见◉ 355）的功能相同。20世纪初，法国殖民政府理论上禁止了图阿雷格的奴隶制度，但在图阿雷格社会，奴隶身份是出生便继承的，贝拉后裔仍旧是不同的种群，并以珠饰和护身符样式标识。

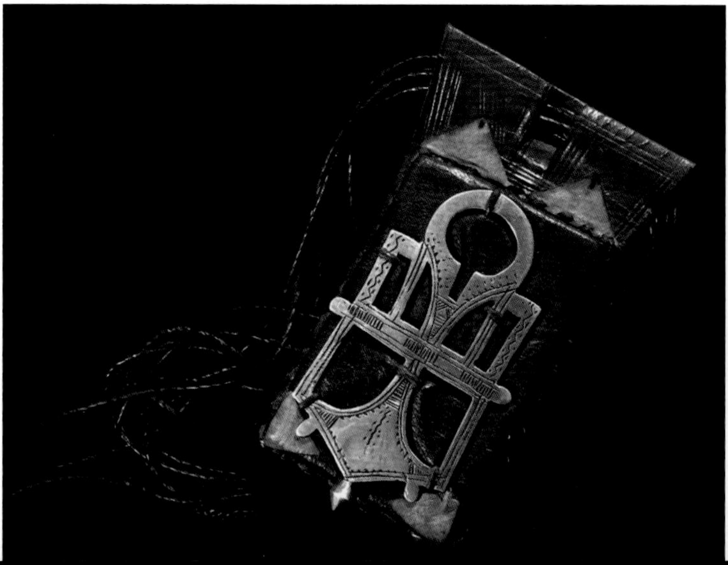

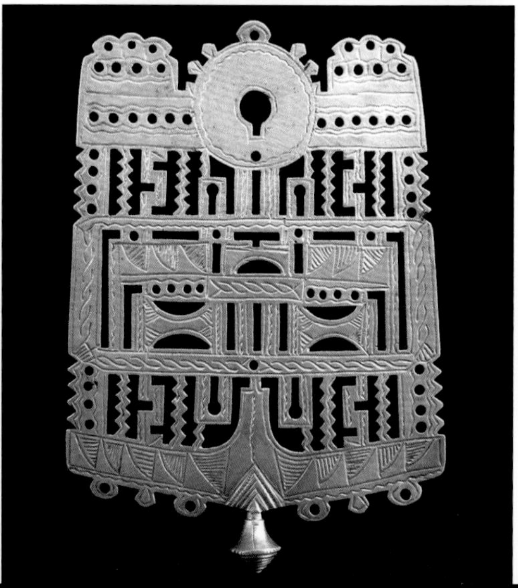

◉ 362 图阿雷格十字
Crosses of Tuareg

类型：图阿雷格珠饰
Ornaments of Tuareg

品名：图阿雷格十字
Crosses of Tuareg
地域：西北非
Northwest Africa
年代：近代
Early Modern
材质：银、银合金、玛瑙、木头等
Silver, Silver Alloy, Agate, Wood, etc.

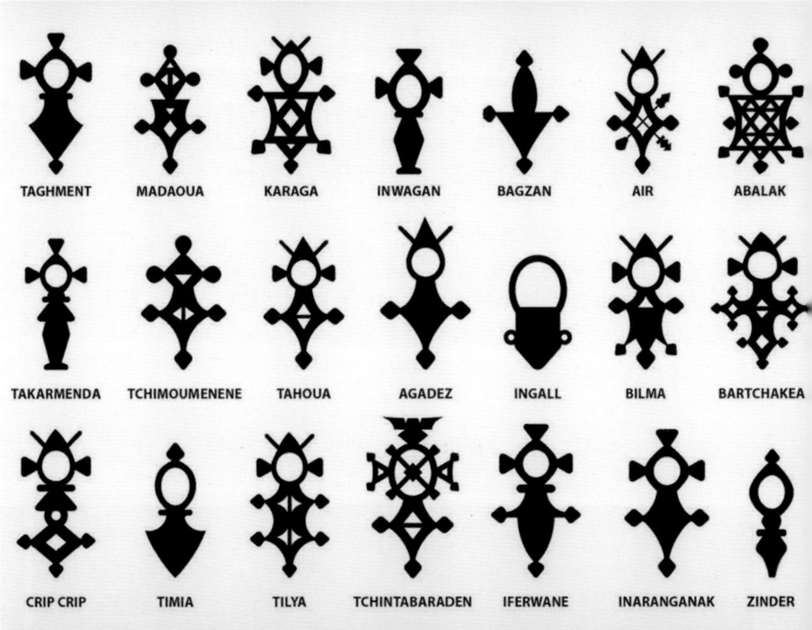

◉ 362. 图阿雷格人的十字形护身符与基督教和基督教十字架没有关联，“图阿雷格十字”是西方人的叫法。在图阿雷格人眼里，十字形是向四周延伸的四臂，称为Tanaghilt。图阿雷格十字的形制和装饰变化丰富，最基本的有21种形制变化，每一种形制与某一氏族关联。形制均以十字形的中轴线对称展开，饰以点和线构成的几何纹样。图阿雷格人相信在他们荒芜酷热的沙漠中存在着引诱旅人的邪灵，护身符是每一个图阿雷格人，无论男女老幼都必须佩戴的，作用如皮革吉利包（见◉ 355）、银十字护身符、法蒂玛之手（见◉ 359）等。

传统上，十字护身符必须严格用银或银合金制成，白银是安拉（伊斯兰教唯一真神）的金属，而黄金被认为是恶魔的金属，先知穆罕默德曾禁止信徒佩戴黄金。今天的图阿雷格工匠仍旧采用古老的手工技艺制作十字护身符。除了银合金，图阿雷格人也佩戴塑料和木头制成的十字护身符。十字护身符会由父亲传给儿子，上面写着：“我给你世界的四个角落，因为不知道你将死在哪里。”

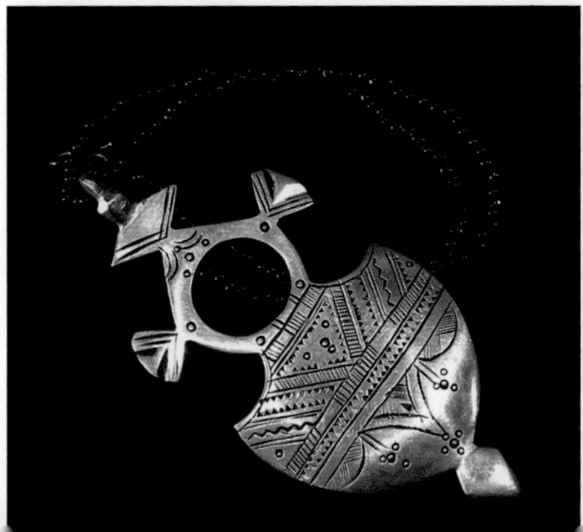

◉ 363 柏柏尔人珠饰
Ornaments of Berbers

类型：北非珠饰
Ornaments of North Africa

品名：柏柏尔人珠饰
Ornaments of Berbers
地域：摩洛哥、利比亚、阿尔及利亚
Morocco, Libya, Algeria
年代：近代
Early Modern
材质：银、银合金、黄铜、珊瑚、珍珠、琥珀、硬币等
Silver, Silver Alloy, Brass, Coral, Pearl, Amber, Coins, etc.

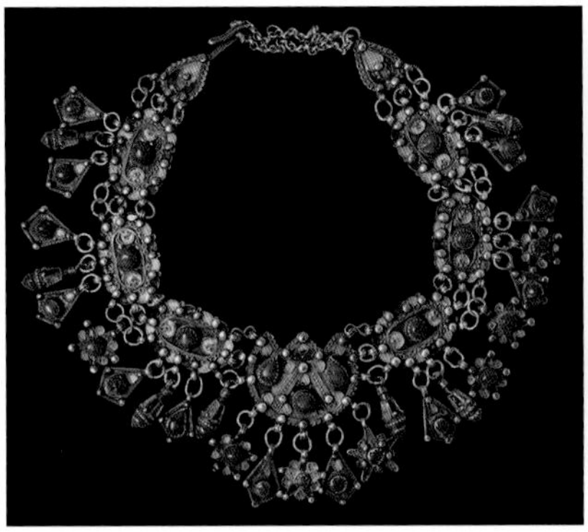

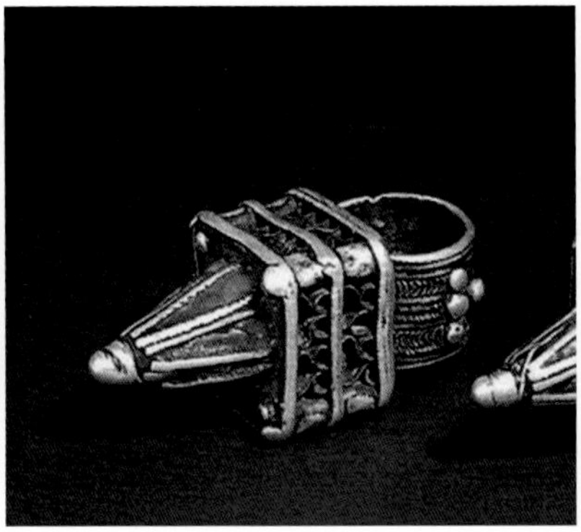

◉ 363. 柏柏尔人是北非原住民，从远古就生活在北非幅员辽阔的地带，包括现在的摩洛哥、利比亚、突尼斯、阿尔及利亚和西非部分地方。“柏柏尔”是古希腊人对他们的称谓，即“野蛮人”（罗马人也用这个称谓称所有莱茵河以北的日耳曼人）。公元7世纪，伊斯兰阿拉伯人大量涌入北非，现今的柏柏尔人是与阿拉伯人混血的后裔。受到伊斯兰教文化冲击的柏柏尔人仍旧保留了许多古老的传统文化、审美和习俗，这些古老传统造就了柏柏尔人强烈的民族认同和辨识度极高的美术风格，柏柏尔人珠饰就是最外化和显著的体现。

柏柏尔人有超过两千年的珠饰传统。公元7世纪，伊斯兰教传入，教义禁止佩戴金饰，允许佩戴朴素的银饰。柏柏尔人偏爱银饰的另一个原因是摩洛哥有丰富的银矿资源，银饰和珐琅彩是柏柏尔人珠饰的工艺特征。摩洛哥的犹太人是最好的银匠，他们把技艺传授给了柏柏尔人。柏柏尔珠饰样式变化多样，有项链、护身符、头饰、胸针、耳环、手镯、戒指、节日和婚庆套装等，其符号象征丰富，几乎每种护身符和每个纹饰都有各自的象征和解释。现代社会的柏柏尔人开始佩戴黄金首饰，而婚庆和节日庆典上的传统首饰也不再像以前那样作为传家宝传世，而大多是租用人造首饰。

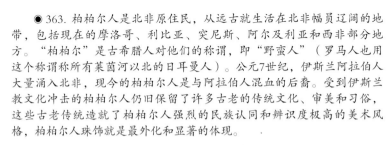

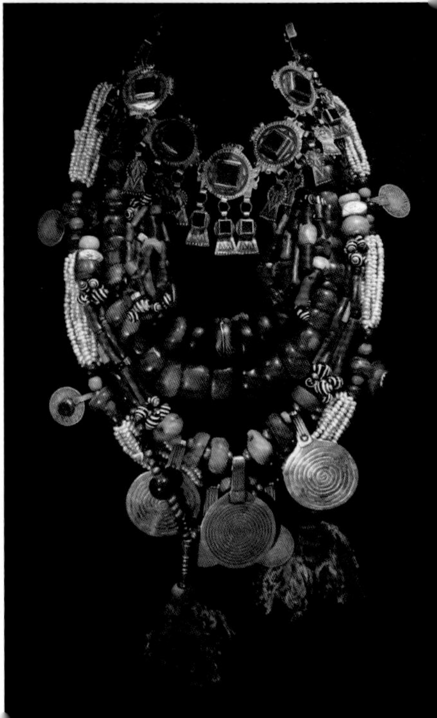

类型：北非珠饰
Ornaments of North Africa

品名：柏柏尔人的胸针
Fibulas of Berbers
地域：摩洛哥
Morocco
年代：近代
Early Modern
材质：银、银合金、珊瑚、玻璃、其他半宝石等
Silver, Silver Alloy, Coral, Glass, Other Semi-precious Stone, etc.

◉ 364. 柏柏尔胸针在过去一直是女性佩戴的饰品和实用件，也是最重要的珠饰之一。柏柏尔妇女无论日常生活还是节日、婚庆等场合，都佩戴胸针，这种固定织物（斗篷）的实用件在两千年前由罗马人传入北非。柏柏尔人用金属链子将左右两只胸针连接起来，并在链子上悬挂各种护身符，如汉萨（法蒂玛之手）、丰产珠、箴言盒、硬币等，形成隆重的珠饰套装（Jewelry set）。套装上的各种造型有不同的意义，倒三角象征女性生殖力，几何形的帐篷象征家庭，蛋形的大型珠子（见◉ 365）象征丰产，各个不同地域的柏柏尔人可能对此还有不同的解释。

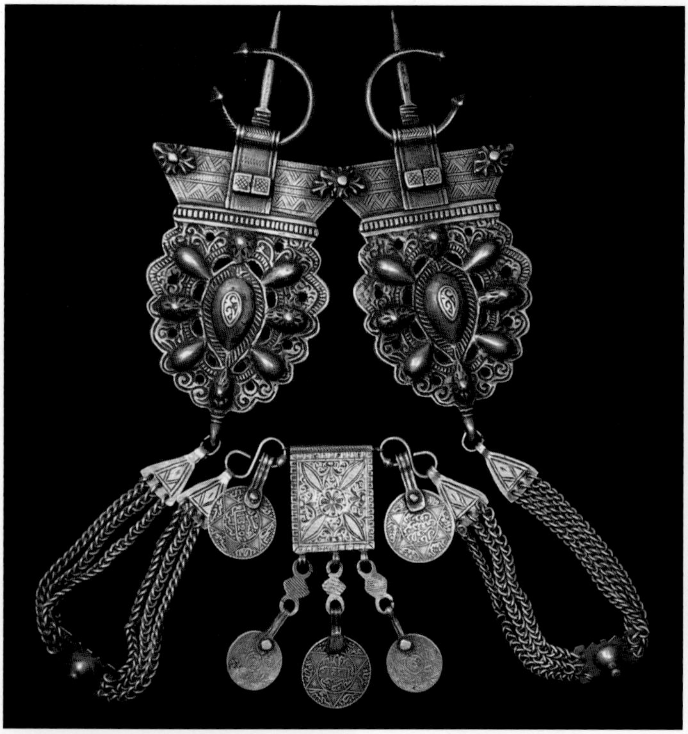

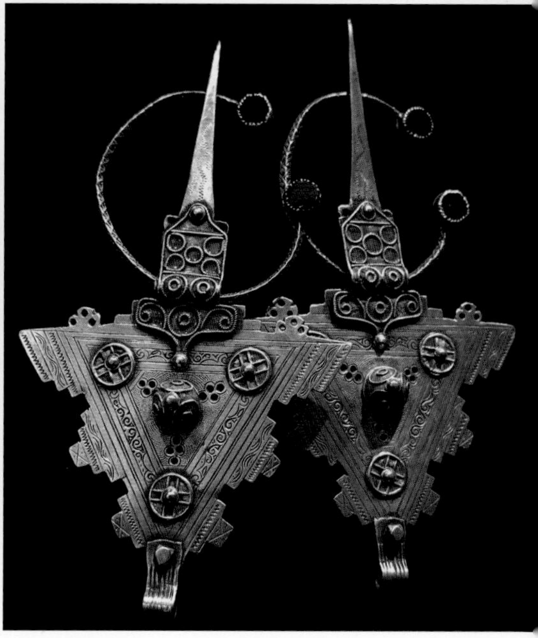

类型：北非珠饰
Ornaments of North Africa

品名：柏柏尔人的丰产珠
Tagmouts of Berbers
地域：摩洛哥
Morocco
年代：近代
Early Modern
材质：银、银合金等
Silver, Silver Alloy, etc.

◉ 365. 丰产珠是摩洛哥的柏柏尔妇女喜欢佩戴的大型珠子，当地人称为Tagmout，字面意思为“蛋”。珠子表面有银花丝和珐琅彩装饰，一般作为主题穿缀在项链的中心位置，搭配有珊瑚、绿松石、琥珀、玻璃珠以及其他半宝石珠。几乎每一位柏柏尔女性都会佩戴这种样式的项链，因为中心位置的大型珠子是丰产的象征。

◉ 366 柏柏尔人的箴言盒
Kitab Prayer Amulet of Berbers

类型：北非珠饰
Ornaments of North Africa

品名：柏柏尔人的箴言盒
Kitab Prayer Amulet of Berbers
地域：摩洛哥
Morocco
年代：近代
Early Modern
材质：银、银合金、硬币、玻璃、织物、半宝石等
Silver, Silver Alloy, Coins, Glass, Fabric, Semi-precious Stone, etc.

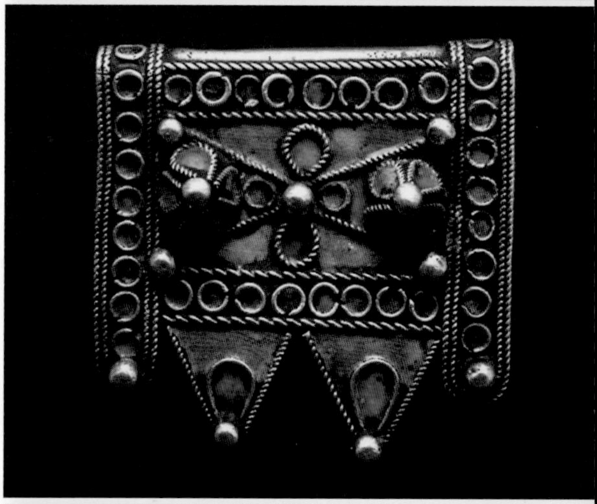

◉ 366. 箴言盒（Prayer box）是整个伊斯兰世界都流行的珠饰样式，不同地域有不同的形制和装饰风格，由于文化背景、风俗和语言的不同，也有各自不同的称谓，但都用来保存《古兰经》引文和箴言并随身佩戴。柏柏尔人的箴言盒“kitab”在阿拉伯语中是“书”的意思，指《古兰经》，与图阿雷格人的吉利包（见◉ 355）类似。除了宗教箴言，也存放带巫术的咒语之类，盒子尺寸不一，可作为珠饰主题，也可作为构件。方形的箴言盒是较为传统的样式，而下端有四只或三只支撑物的箴言盒代表柏柏尔人居住的帐篷，是家和家庭的象征。

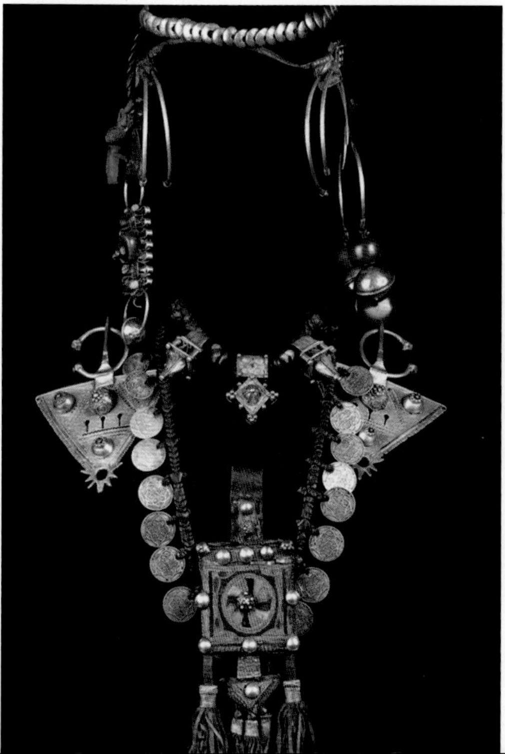

◉ 367 柏柏尔人的法蒂玛之手

Hamsas of Berbers

类型：北非珠饰

Ornaments of North Africa

品名：柏柏尔人的法蒂玛之手

Hamsas of Berbers

地域：摩洛哥

Morocco

年代：近代

Early Modern

材质：银、银合金等

Silver, Silver Alloy, etc.

◉ 367. 与图阿雷格人抽象的法蒂玛之手（见◉ 359）不同，柏柏尔人的法蒂玛之手是传统样式，即具象的手掌。法蒂玛之手也称“汉萨”，阿拉伯语“五”的意思，即五只手指。汉萨在中东地区十分流行，穆斯林和犹太人都相信汉萨对佩戴者有辟邪和保护的法力，尤其是针对“邪恶眼”的辟邪作用。一些学者认为汉萨的形制来自古埃及或者北非迦太基（腓尼基人的殖民城邦），在长期的流传中被不断赋予新的内容和传说，比如穆斯林将其尊为先知穆罕默德的女儿法蒂玛的右手。柏柏尔人信仰伊斯兰教，他们将汉萨制作成护身符佩戴在身，也制作成大一些的挂件悬挂在墙上，以保护家宅和家人远离邪恶，摩洛哥至今还保持这样的习惯。（amazigh.it）

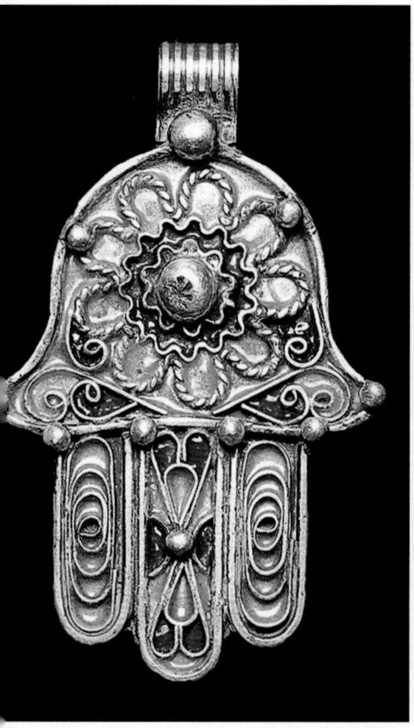

◉ 368 柏柏尔人十字
Crosses of Berbers

类型：北非珠饰
Ornaments of North Africa

品名：柏柏尔人十字
Crosses of Berbers
地域：摩洛哥
Morocco
年代：近代
Early Modern
材质：银、银合金等
Silver, Silver Alloy, etc.

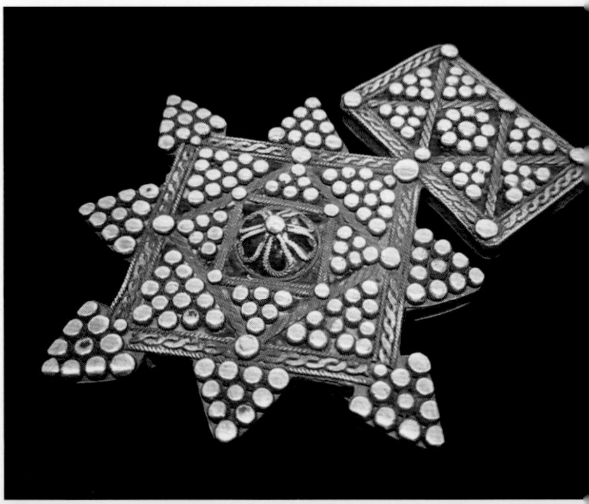

◉ 368. 柏柏尔人十字（当地名称Boghdad）有固定的美术造型、装饰风格和工艺特征，花丝和珐琅彩是柏柏尔人擅长的珠饰工艺，造型和几何纹饰对称设计，顶部有横向的中空管用来穿系。与图阿雷格人一样，他们的十字形坠饰与基督教十字架没有关联，而是伊斯兰教背景下，融合了传统习俗和信仰的护身符。（amazigh.it）

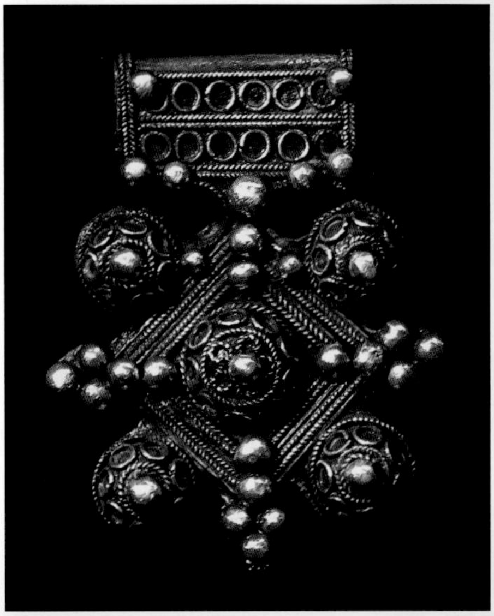

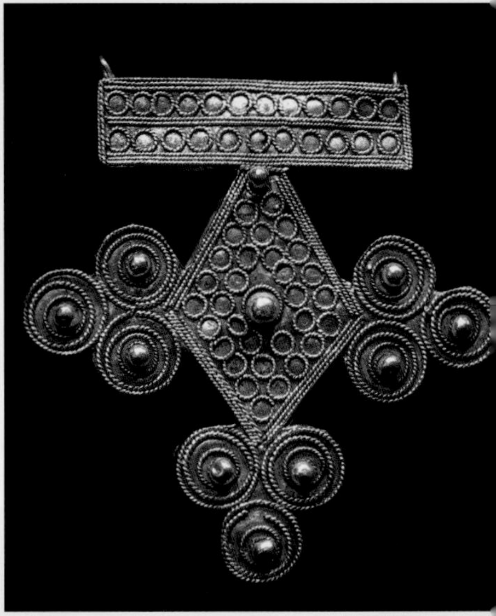

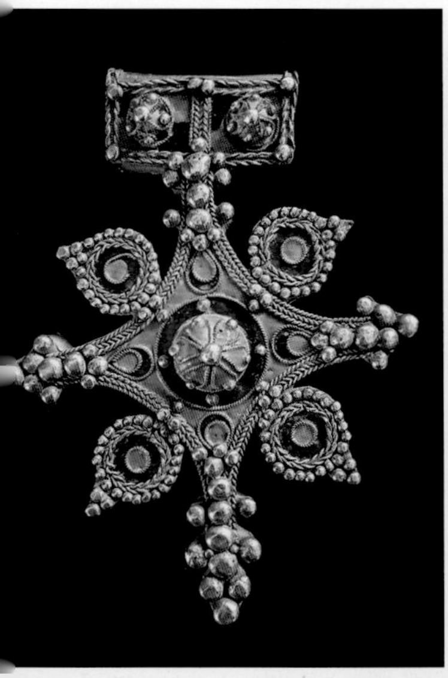

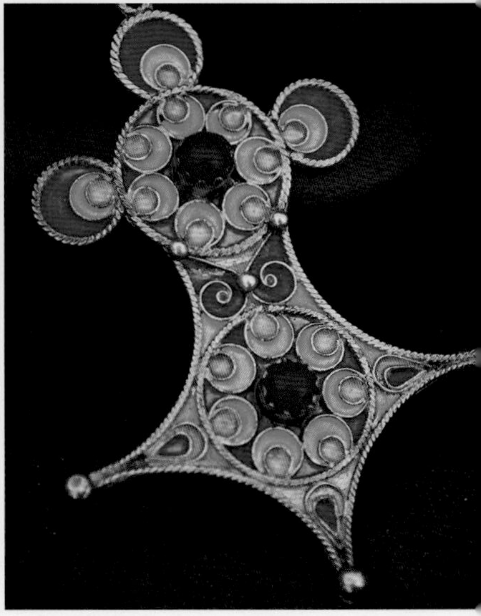

◉ 369　香膏珠
Scented Paste Beads

类型：北非珠饰
Ornaments of North Africa

品名：香膏珠
Scented Paste Beads
地域：突尼斯、摩洛哥、阿尔及利亚
Tunisia, Morocco, Algeria
年代：近代至现代
Early Modern to Contemporary
材质：丁香、檀香木、沉香、藏红花、阿拉伯树胶、玫瑰香水、香粉等
Cloves,Rosewood, Agarwood, Saffron, Acacia Gum, Rosewater, Incense Powder, etc.

◉ 369. 香膏珠是北非柏柏尔妇女喜爱的珠饰。公元7世纪，阿拉伯人带着伊斯兰教进入北非，族群的混血、宗教的渗入和文化的融合，产生了北非独特的习俗和风情。在突尼斯和摩洛哥，女性偏爱一种香膏珠（当地名称Shkhab），珠子以香料和树胶混合制成，有各种形制，可穿缀成项链，也可穿缀成大型的背带式珠串缠绕在身上，在女性的日常活动中散发香味。这种习俗在北非伊斯兰世界由来已久，最早可能来自埃及。

香膏珠的配方一般有丁香、檀香木、沉香、藏红花、阿拉伯树胶、玫瑰香水和香粉，调和成膏泥状，用模具做成预期的形状，阴干或风干即可待用，可与银珠银饰、珍珠、珊瑚、琥珀等质地稍软的有机宝石搭配穿缀。制作香膏珠被认为是比较私密的女性手工艺，已婚妇女制作香膏珠穿戴在身的目的是为了吸引丈夫。

◉370 埃塞俄比亚十字

Crosses of Ethiopian

类型：东非珠饰

Ornaments of East Africa

品名：埃塞俄比亚十字架
Crosses of Ethiopian
地域：埃塞俄比亚
Ethiopia
年代：近代
Early Modern
材质：铝合金、铜合金、银等
Aluminum Alloy, Copper Alloy, Silver, etc.

◉ 370. 与伊斯兰教背景的图阿雷格人十字形护身符（见◉ 362）不同的是，埃塞俄比亚的十字架是基督教科普特人留下来的传统。科普特人是公元1世纪皈依基督教的埃及人后裔，公元7世纪阿拉伯人征服埃及后，科普特人曾长期受到迫害，埃塞俄比亚的科普特人很大部分是早期来自埃及的移民，他们保持了自己的信仰并创造各种与信仰有关的珠饰。十字架有大型的仪式用具和随身的坠饰两种，当现代的非洲珠子商人把这些珠饰和十字架带到西方时，它们很快成了收藏家和设计师都喜爱的题材。

埃塞俄比亚的十字架由精心设计的小格子构成，与其他几何图案交织在一起，如三叶草、菱形等。在埃塞俄比亚语境中，格子代表永恒的生命，三叶草代表幸运是来自西方的影响。几乎没有两个埃塞俄比亚十字架在设计上是完全相同的，制作它们的工匠在造型和图案的选择上自由地运用个人品位和创造力。东非没有西非的“黄金海岸”，他们的金饰金珠相对较少，合金的珠饰更为流行，特别是铝合金这种材料廉价易得，质地轻巧、造型相对容易，但并没有影响埃塞俄比亚珠饰的审美价值。

◉ 371 库巴串珠

Beadworks of Kuba

类型：中非珠饰
Ornaments of Central Africa

品名：库巴串珠
Beadworks of Kuba
地域：刚果
Congo
年代：1900年
1900 AD
材质：玻璃珠、木头、生皮、拉菲草纤维、棉线、鸡心螺、扇贝壳、锥形螺等
Glass Bead, Wood, Hide, Raffia, Cotton, Cone Shell, Scallop Shell, Conical Shell, etc.

◉ 371. 从17世纪至19世纪，库巴人曾在现在的刚果建立过一个繁荣的库巴王国。受益于精英组成的政府和来自美洲的种植技术如玉米、烟草、木薯和豆类的种植，库巴王国迅速繁荣壮大。随之而来的是对艺术品和手工艺品的追求，库巴的织物、面具、酒具（棕榈叶酒）和占卜文化都很发达，并影响了周边部落人群的珠饰风格。

串珠（Beadwork）是库巴钟爱的珠饰技艺，以各种色彩的米珠（细小的玻璃珠）穿缀订缝成珠串、腰带、项链、手镯、耳环和面具，是最受欢迎的饰品。库巴人的珠串作品布满几何图案，这些图案和符号表达了部落的信仰，并记录了对围绕和维持着人们日常生活的自然世界的解释。这些视觉符号通过长期的沉淀得以幸存，讲述着部族古老的故事和习俗，传达着每个部落独特的人类体验。除了库巴人，西非尼日利亚的约鲁巴人（Yoruba）、东非肯尼亚的马赛人（见◉ 373）也是串珠能手，他们或擅长花草图案和人物形象，或喜爱色彩搭配，与库巴串珠的风格不同。

◉ 372　刚果的人牙项链
Human Teeth Necklace of Congo

类型：中非珠饰
Ornaments of Central Africa

品名：刚果的人牙项链
Human Teeth Necklace of Congo
地域：刚果
Congo
年代：近代
Early Modern
材质：人类牙齿、动物牙齿
Human Teeth, Animal Teeth

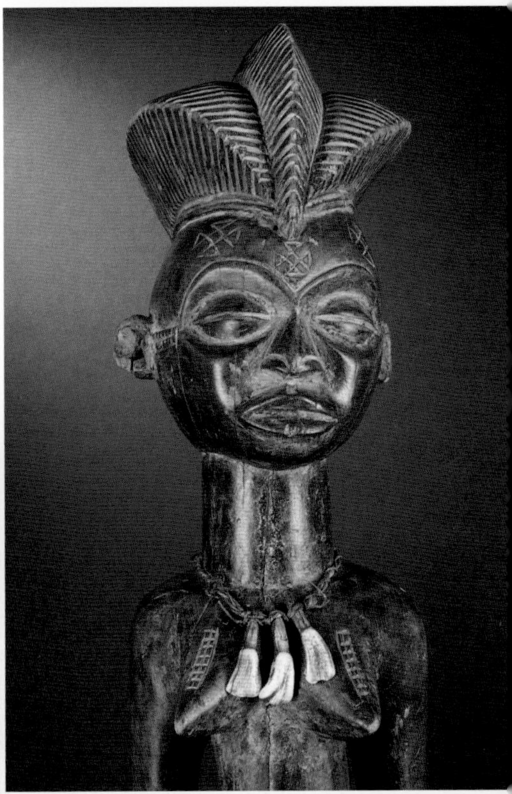

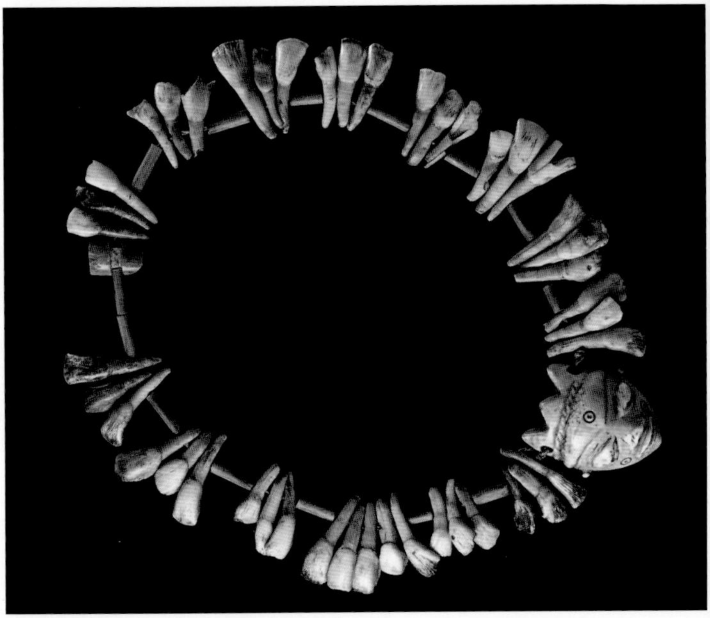

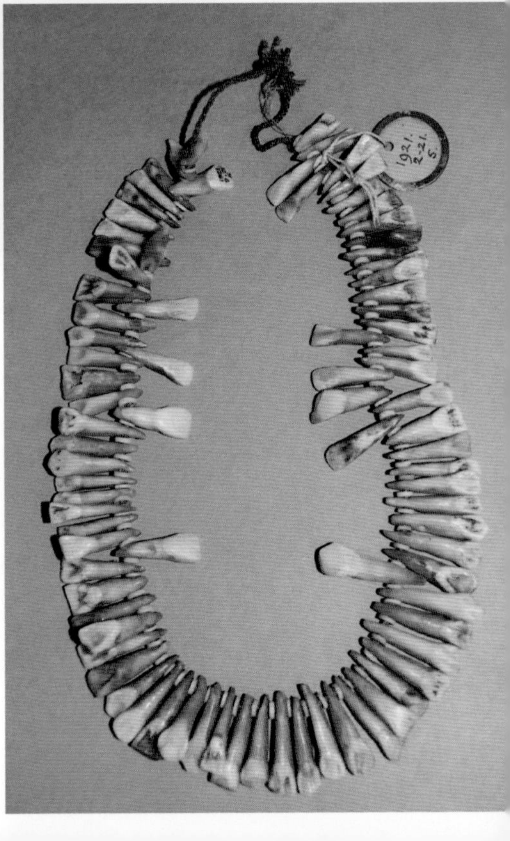

人类学家对人牙项链有合理的解释，它们用于巫术，也用于护身、纪念，或者代表勇气和勇猛。人牙制作珠饰的传统不仅限于非洲，大洋洲一些岛屿族群，比如巴布亚新几内亚直到现在仍有使用人牙制作项链的习俗，并都是巫术的性质。百年前的欧洲也曾用逝去的亲人的头发和牙齿制作珠饰（见◉ 312），以表达哀思。

◉ 372. 刚果以及非洲其他地方都有使用人牙制作项链的传统，牙齿有多种来源，有些来自战斗中被杀死的敌人的牙齿，有些来自死去的亲人，有些甚至来自去世的部落首领或国王。在刚果，当国王去世后，人们割下他的下颌，用某种方式保存并用珠子覆盖，在之后的某一时刻拔下牙齿，制作成项链。与人牙穿系在一起的还有大猩猩和鳄鱼的牙齿。

◉ 373 肯尼亚的部落珠串
Tribal Beadwork of Kenya

类型：东非珠饰
Ornaments of East Africa

品名：肯尼亚的部落珠串
Tribal Beadwork of Kenya
地域：肯尼亚
Kenya
年代：近代至现代
Early Modern to Contemporary
材质：玻璃珠、金属珠
Glass Bead, Metal Bead

传统上，部落中的男人都留长发，佩戴用串珠穿缀的胸坠，而妇女和老人则把头发剃光，佩戴又宽又厚的串珠项圈。各个部落对色彩和图案的解释不同，以马赛人为例，白色代表纯洁和健康，因为是牛奶的颜色；蓝色代表好客；黄色代表活力；黑色代表人民；红色代表勇敢。在桑布鲁部落，女性戴的项圈越多越美丽，也是她们的财富和地位的象征，少女如果戴上红色的珠串，则表示父亲已经允许女儿出嫁，婚后则佩戴沉重的黄铜耳环，每生一个儿子，便在耳环上加一枚圆环。对于所有部落，珠串都是护身符，如果一位女性不能怀孕，则会去巫师那里求一个项圈。

◉ 373. 肯尼亚生活着众多部落人群，他们有相似的衣着和珠饰风格，但又在珠饰的细节上相互区别，刻意标识出所属不同的部落。这些部落的妇女都擅长用米珠（细小的玻璃珠）穿缀出不同色彩和图案搭配的珠串，男人和女人都喜欢佩戴。马赛人（Maasai）、桑布鲁人（Samburu）、阿卡姆巴人（Akamba）、莫兰人（Morans）和南非的祖鲁人（Zulu）都是串珠能手。这些珠串用色彩、图案和穿搭方式来传达个人信息，如财富、地位、婚姻状况、年龄、有几个孩子和所属部落。

类型：东非珠饰
Ornaments of East Africa

品名：哈马尔人珠饰
Ornaments of Hamars
地域：埃塞俄比亚
Ethiopia
年代：近代至现代
Early Modern to Contemporary
材质：玻璃珠、贝壳、合金、皮革、种子、红土等
Glass Bead, Shell, Alloy, Leather, Seeds, Red Soil, etc.

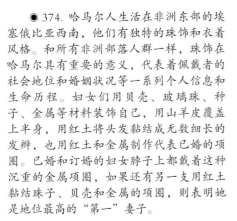

◉ 374. 哈马尔人生活在非洲东部的埃塞俄比亚西南，他们有独特的珠饰和衣着风格。和所有非洲部落人群一样，珠饰在哈马尔具有重要的意义，代表着佩戴者的社会地位和婚姻状况等一系列个人信息和生命历程。妇女们用贝壳、玻璃珠、种子、金属等材料装饰自己，用山羊皮覆盖上半身，用红土将头发黏结成无数细长的发辫，也用红土和金属制作代表已婚的项圈。已婚和订婚的妇女脖子上都戴着这种沉重的金属项圈，如果还有另一支用红土黏结珠子、贝壳和金属的项圈，则表明她是地位最高的“第一”妻子。

关于非洲

非洲，灼热的赤道、黝黑的人群、干涸的沙漠、平坦的草原、游移的大型动物群，一派野性不拘、原始本朴的景象。然而非洲的性格远不止人们想象的那样，这个色彩最丰富的大陆，地理地貌和生态环境变化多样，自然资源丰富奥藏，族群的历史和风俗变化跌宕，这片大陆——历史悠久而命运多舛。

非洲孕育了最早的人类（Homo sapiens，智人，现存唯一的人属物种），也孕育了最早的人类文明（古埃及），还发现了人类最早的珠子（布隆博斯山洞贝壳珠）。

解剖学上的现代人类出现在二十万年前的非洲，五万年前发展成为具有行为现代性（Behavioral modernity，比如抽象思维、规划、象征性行为、音乐、舞蹈、绘画等）的人类，这些人类在六万年前地球的无霜期向欧洲和亚洲扩散，在最近的冰河时代（距今一万至二万年）扩散至北美洲和大洋洲。人类从“走出非洲”到建立城市文明，用了数万年时间，而我们所谓的以“城邦国家”（City-state）为标志的人类文明的发生，迄今不到一万年。在这短短几千年里，人类的技术发明和对自然的认知以加速度进步，对自然的开发和耗用也是以加速度进行。

古老的非洲至今仍是有待我们认识和感恩的大陆，并时常给今天的人类带来启发。非洲既是现代自然科学和人文学科实地研究的宝地，也给予艺术和信仰以灵感，非洲的丰富不仅是可观的自然资源，还有不同的族群和部落社会，以及他们的社会形态、生存方式和装饰、色彩、美术造型。非洲人民从来不会对个人装饰和情感表达有半点犹豫，他们热爱色彩和装饰，珠饰的丰富、色彩的多样和装饰符号的意义，经常给予学者和热爱艺术和装饰的人们以惊喜和灵感。20世纪美国和西方社会的文学思潮和艺术流派无不对非洲注目，并将非洲作为最浪漫也最危险的元素或主题引入创作，毕加索等现代美术大师都从非洲艺术中汲取过养分。

非洲的平均海拔较高，大部分地区位于赤道周围、南北回归线之间，气候干燥炎热，地貌呈平坦高原，点缀着突兀的山峰和湖泊。非洲北部是占据整个大陆三分之一面积的撒哈拉大沙漠，只有经验最丰富的商队和冒险家可以穿越它；东北角是尼罗河三角洲，即古埃及文明发源地；北部至西北是沿地中海岸的马格里布（Maghreb）和阿特拉斯山脉（Atlas Mountains），这里是古老的游牧部落的家园；向南越过沙漠是苏丹草原，横贯非洲中部，是各种野生动物的乐园；东部高原有东非大裂谷和湖区；南部的地形地貌相对多样，山川河网，沿海低地。按照联合国对非洲的地理分区，非洲分为北非、西非、东非、中非和南部非洲（与“南非”有区别），我们对非洲珠饰和装饰艺术的描述也是按照这一分区习惯。

十三、非洲贸易珠
African Trade Beads

◉ 375—◉ 400

◉ 375 非洲贸易珠 African Trade Beads
◉ 376 非洲贸易珠样本卡片 Sample Card of African Trade Beads
◉ 377 威尼斯玻璃珠 Venetian Glass Beads
◉ 378 雪佛莱珠 Chevron Beads
◉ 379 威尼斯千花玻璃珠 Venetian Millefiori Glass Beads
◉ 380 威尼斯白心珠 Venetian White Heart Beads
◉ 381 威尼斯阿斯佩珠 Venetian A-Speo Beads
◉ 382 威尼斯热拉玻璃珠 Venetian Drawn Glass Beads
◉ 383 威尼斯的法国大使珠 Venetian French Ambassador Beads
◉ 384 威尼斯的博雷人脸珠和婚礼蛋糕珠 Venetian Baule Face Beads and Wedding Cake Beads
◉ 385 威尼斯扁珠 Venetian Tabular Beads
◉ 386 威尼斯国王珠 Venetian King Beads
◉ 387 伊达尔-奥伯施泰因的半宝石贸易珠 Semi-precious Stone Beads of Idar-Oberstein
◉ 388 非洲蜜蜡 African Amber
◉ 389 阿格雷珠 Aggrey Beads
◉ 390 希伯伦珠 Hebron Beads
◉ 391 多贡珠 Dogon Donuts
◉ 392 卡卡姆巴珠 Kakamba Beads
◉ 393 波希米亚压制玻璃珠 Bohemian Pressed Glass Beads
◉ 394 凡士林珠和俄罗斯蓝 Vaseline Beads and Russian Blue Beads
◉ 395 圣诞珠 Christmas Beads
◉ 396 再生玻璃珠 Powder Glass Beads
◉ 397 基法玻璃珠 Kiffa Glass Beads
◉ 398 博多姆珠 Bodom Beads
◉ 399 阿柯索珠 Akoso Beads
◉ 400 克洛博玻璃珠 Krobo Glass Beads

类型：非洲贸易珠
African Trade Beads

品名：非洲贸易珠
African Trade Beads
地域：非洲
Africa
年代：公元1400—1900年
1400—1900 AD
材质：玻璃、玛瑙、玉髓、黄金、合金、其他半宝石等
Glass, Agate, Chalcedony, Gold, Alloy, Other Semi-precious Stone, etc.

最初，由阿拉伯商人从印度种植园带回欧洲最抢手的香料，集中在地中海南岸的北非贸易港口，在这些地方与欧洲商人交换铁器和玻璃珠等奢侈品，再由熟悉非洲的阿拉伯商人沿着“跨撒哈拉贸易路线”进入西非，交换包括人口在内的“商品”，然后将一些西非特产运回北非港口城市与欧洲商人进行交换。当时的欧洲正值地理发现、技术发明和启蒙运动的上升期，西欧强国纷纷加入海外贸易和殖民运动。威尼斯花色丰富、技艺纯熟的玻璃珠长期占领贸易珠市场，德国的伊达尔-奥伯施泰因（见◉387）则以半宝石珠著称，这些珠子作为货币在西非通行，为西方带来大量财富。直到20世纪中叶，非洲商人开始将这些贸易珠再贩往西方，那里正兴起对古珠的收集热潮，世界因之认识了“非洲贸易珠”。

◉ 375. “非洲贸易珠”并不是非洲生产的珠子，这个名词是专门用来指16世纪到19世纪欧洲殖民扩张时期，在欧洲尤其是在威尼斯、波希米亚（捷克）、德国、法国等生产，贩往非洲用于交换黄金、象牙、宝石和奴隶的玻璃珠。这些美丽的玻璃珠呈现的并非光荣的历史，但它们是人类技术发明和贸易合作关系的侧影。

◉ 376　非洲贸易珠样本卡片

Sample Card of African Trade Beads

类型：非洲贸易珠
African Trade Beads

品名：非洲贸易珠样本卡片
Sample Card of African Trade Beads
地域：欧洲
Europe
年代：公元1800—1900年
1800—1900 AD
材质：玻璃、半宝石
Glass, Sime-precious Stone

西克贸易珠公司（J. F. Sick & Co.）由德国人西克在20世纪初创建，该公司在西非尤其是加纳非常活跃，经手数量巨大的贸易珠交易。1927年，公司从德国汉堡搬迁到荷兰，成为一家荷兰公司。这家公司在当时制作了大量珠子样本卡，供不同喜好的客户选择。目前，仅加纳大学考古博物馆就收藏了178张该公司的样本卡，并按照珠子的来源地分成7组，多数珠子来源于波希米亚（捷克）、威尼斯和法国。

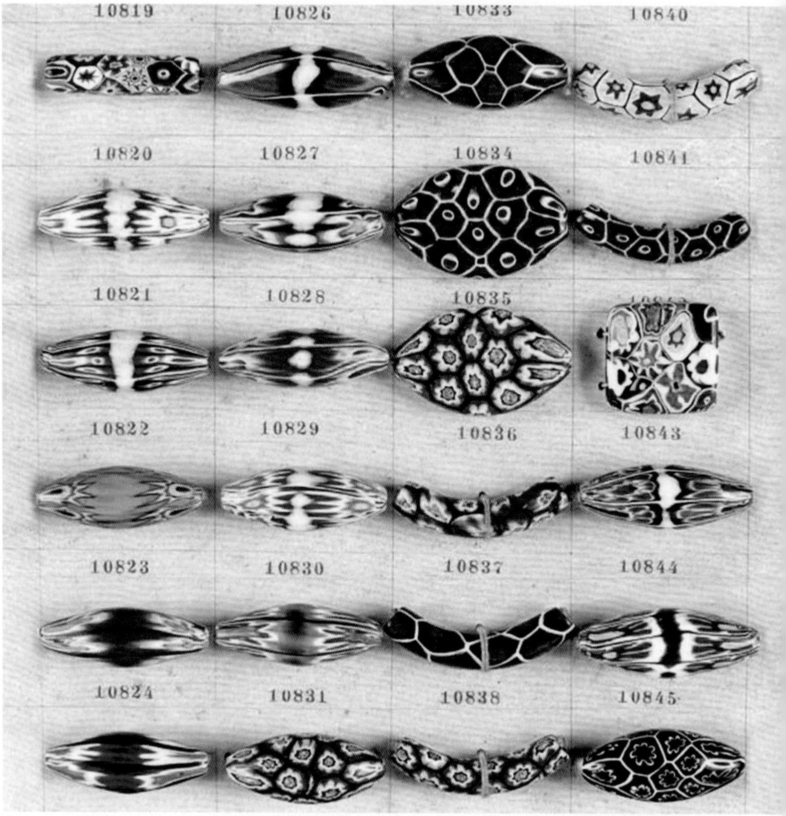

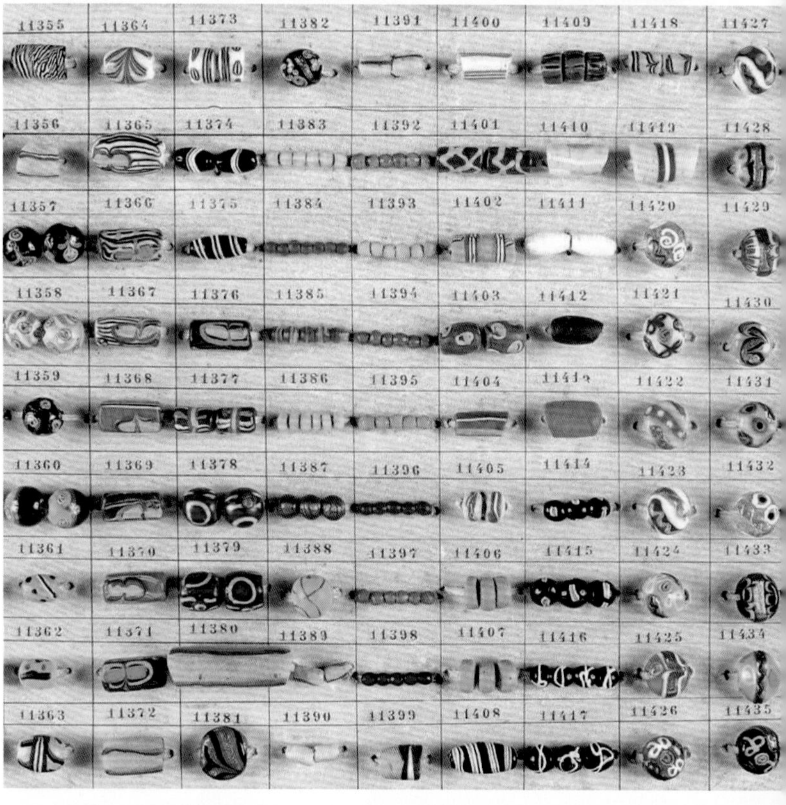

◉ 376. 贸易珠在非洲的大量需求造就了数家专门从事贸易珠进出口的经纪公司，这些公司当初为方便客户选择，制作了大量分类明确、信息准确的珠子样本卡，现在这些样本卡为研究贸易珠及相关事件和历史提供了第一手资料，为藏家追溯贸易珠的来源地提供了最可靠的依据。以伦敦的摩西·列维·列文（Moses Lewin Levin）为例，他在1839年到1913年间专门经营贸易珠生意，并收集和分类上千种贸易珠样本，其中一些样本卡收藏在伦敦维多利亚与阿尔伯特博物馆（V&A）。

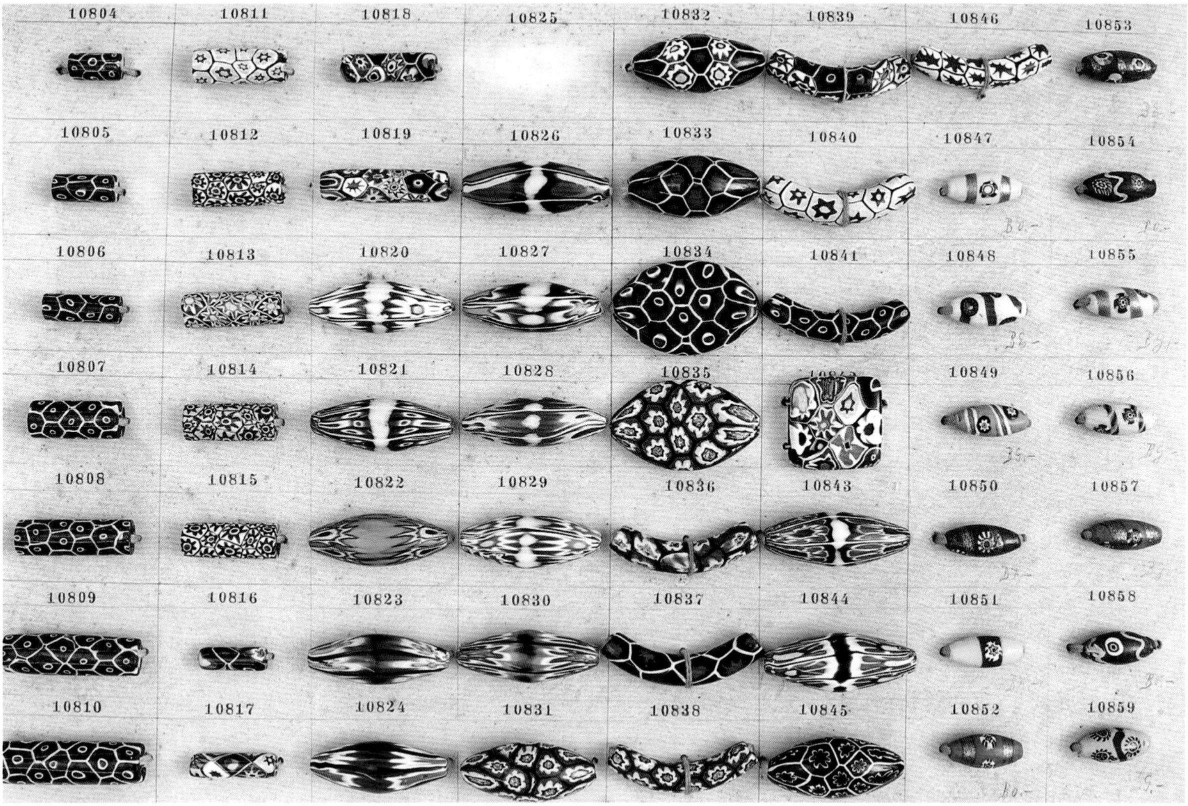
10804 10811 10818 10825 10832 10839 10846 10853
10805 10812 10819 10826 10833 10840 10847 10854
10806 10813 10820 10827 10834 10841 10848 10855
10807 10814 10821 10828 10835 10849 10856
10808 10815 10822 10829 10836 10843 10850 10857
10809 10816 10823 10830 10837 10844 10851 10858
10810 10817 10824 10831 10838 10845 10852 10859

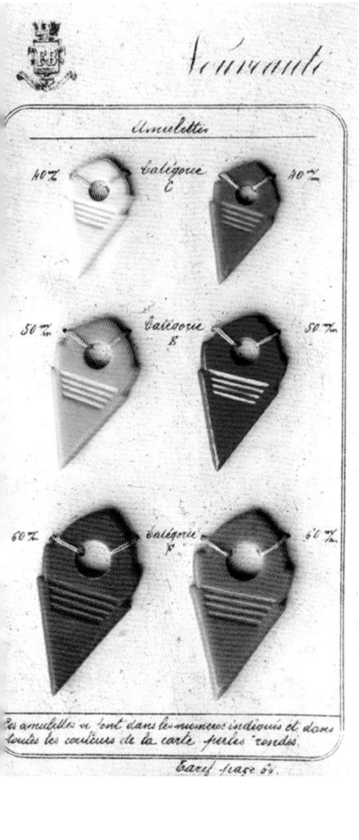
Nouveauté
Amulettes
40%
Catégorie C
40%
50%
Catégorie B
50%
60%
Catégorie
60%
Ces amulettes se font dans les numéros indiqués et dans toutes les couleurs de la carte perles rondes.
Tarif page 64

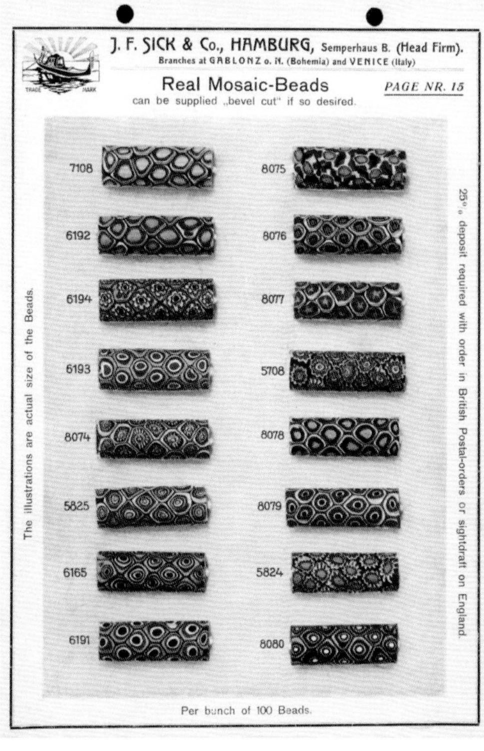
J. F. SICK & Co., HAMBURG, Semperhaus B. (Head Firm).
Branches at GABLONZ o. N. (Bohemia) and VENICE (Italy)
TRADE MARK
Real Mosaic-Beads
PAGE NR. 15
can be supplied „bevel cut" if so desired.
The illustrations are actual size of the Beads.
7108
8075
6192
8076
6194
8077
6193
5708
8074
8078
5825
8079
6165
5824
6191
8080
25% deposit required with order in British Postal-orders or sightdraft on England.
Per bunch of 100 Beads.

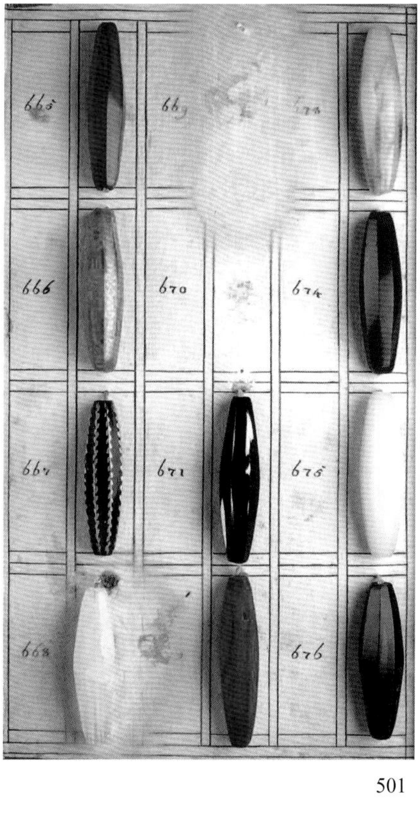
665
666
670
674
667
671
675
668
676

◉377 威尼斯玻璃珠 Venetian Glass Beads

类型：非洲贸易珠
African Trade Beads

品名：威尼斯玻璃珠
Venetian Glass Beads
地域：西非
West Africa
年代：公元1400—1900年
1400—1900 AD
材质：玻璃
Glass

◉ 377. 威尼斯的工匠擅长多种玻璃珠制作工艺，包括热拉玻璃珠（Drawn Glass Beads），如雪佛莱珠（见◉378）；灯工玻璃珠（Lampworked Glass Beads），如法国大使珠（见◉383）；马赛克玻璃珠（Mosaic Glass Beads），如千花玻璃珠（见◉379），并具有极受非洲市场欢迎的花色品种设计，这几种著名的贸易珠品种延续了几个世纪的生产制作。此外还有许多广泛流传的珠子，如荷兰瓷器珠（Venetian Dutch Delft Beads）、羽毛珠（Venetian Feather Beads）、点状的眼纹珠（Venetian Spotted Eye Beads）等，以及更多花样和设计的珠子，它们是几个世纪以来最著名的贸易珠品种，今天又成为最受西方藏家追捧的非洲贸易珠。

威尼斯玻璃是中世纪之后最著名的玻璃制作工艺和产品，其制作中心在靠近威尼斯的穆拉诺岛（Murano），无论玻璃器皿、吊灯、陈设件、珠宝和珠子，均以高质量和艺术审美著称。威尼斯也是最早从事非洲贸易珠生产的地方，并主导玻璃贸易珠市场几个世纪。随着葡萄牙人在15世纪开通海上航线并打开西非市场，威尼斯和随后的波希米亚（捷克）为全欧洲的玻璃珠贸易迎来了黄金时代，威尼斯玻璃珠作为货币在西非流通，为欧洲赚取了巨大的财富。（Africadirect.com）

◉ 378 雪佛莱珠
Chevron Beads

类型：非洲贸易珠
African Trade Beads

品名：雪佛莱珠
Chevron Beads
地域：西非
West Africa
年代：公元1400—1900年
1400—1900 AD
材质：玻璃
Glass

威尼斯雪佛莱珠子绝大多数贩往西非和美洲，在西方殖民时期是最昂贵的珠子之一，今天则是西方藏家最喜爱的贸易珠品种之一。如今雪佛莱珠在西非仍有很高的价值，它们仍然被用于标示威望和仪式庆典，有时也与死者一起埋葬。除了意大利，今天的印度、印度尼西亚、中国和美国都在生产雪佛莱珠。

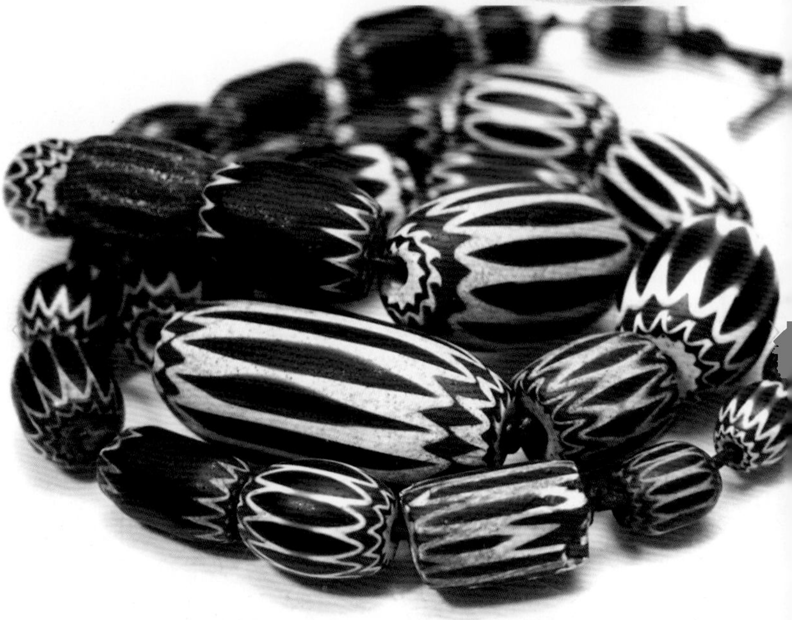

◉ 378. 雪佛莱珠是最著名的贸易珠品种之一，第一批雪佛莱珠子是在14世纪末的威尼斯穆拉诺岛制作的，横截面有七层图案，不久法国人和德国人也学会了这种玻璃珠技术。雪佛莱珠是热拉玻璃珠技术的经典例子，珠子由几层组成，这些不同色彩的玻璃层先叠成卷管，然后在加热过程中拉出预期的设计效果，在热拉成型后，两端再加工成收缩状，或者磨出角度以显示原始层的锯齿状图案。雪佛莱珠在意大利被称为“罗塞塔”或“星芒珠”，因为珠子的横截面看起来像一朵盛开的玫瑰或一颗星星。

◉379 威尼斯千花玻璃珠
Venetian Millefiori Glass Beads

类型：非洲贸易珠
African Trade Beads

品名：威尼斯千花玻璃珠
Venetian Millefiori Glass Beads
地域：西非
West Africa
年代：公元1400—1900年
1400—1900 AD
材质：玻璃
Glass

马赛克玻璃技术是古代罗马人的发明，这项技术早在两千年前就传遍了世界许多地方，且从未中断。威尼斯穆拉诺岛从15世纪开始生产独具威尼斯风格的千花玻璃珠，是在审美和技艺上对传统马赛克玻璃技术的进一步发挥。这种珠子在欧洲殖民时代成为花色变化最丰富，最受喜爱，也是最大批量的贸易珠品种，直到欧洲殖民者退出非洲。现今世界多个地方，尤其是中国、印度和东南亚一些地方都在生产千花玻璃珠。

◉ 379. 威尼斯千花玻璃珠是一种马赛克工艺的玻璃珠，是著名的非洲贸易珠品种之一。millefiori这个词是由意大利语“千”和“花”两个单词组合而成，在“千花玻璃”词组发明以前，这种技艺制作的玻璃器皿和珠子都被称为“马赛克玻璃”，“千花”的名称将这类玻璃珠与威尼斯联系在一起。（Africadirect.com）

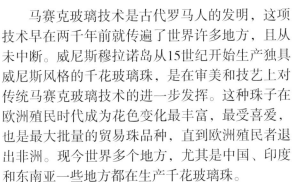

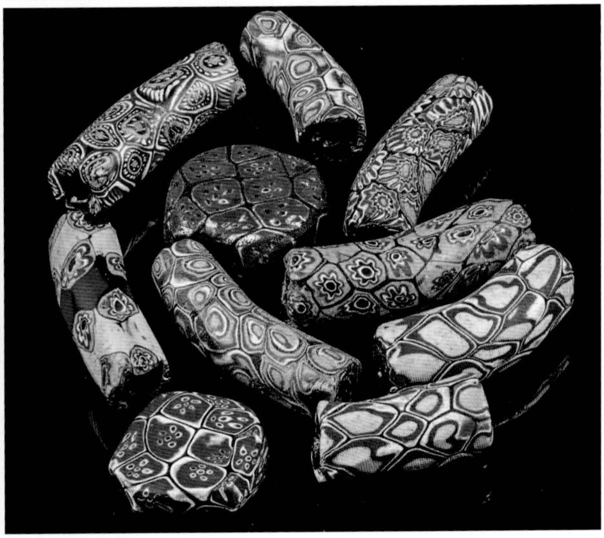

◉ 380 威尼斯白心珠
Venetian White Heart Beads

类型：非洲贸易珠
African Trade Beads

品名：威尼斯白心珠
Venetian White Heart Beads
地域：西非
West Africa
年代：公元1800—1900年
1800—1900 AD
材质：玻璃
Glass

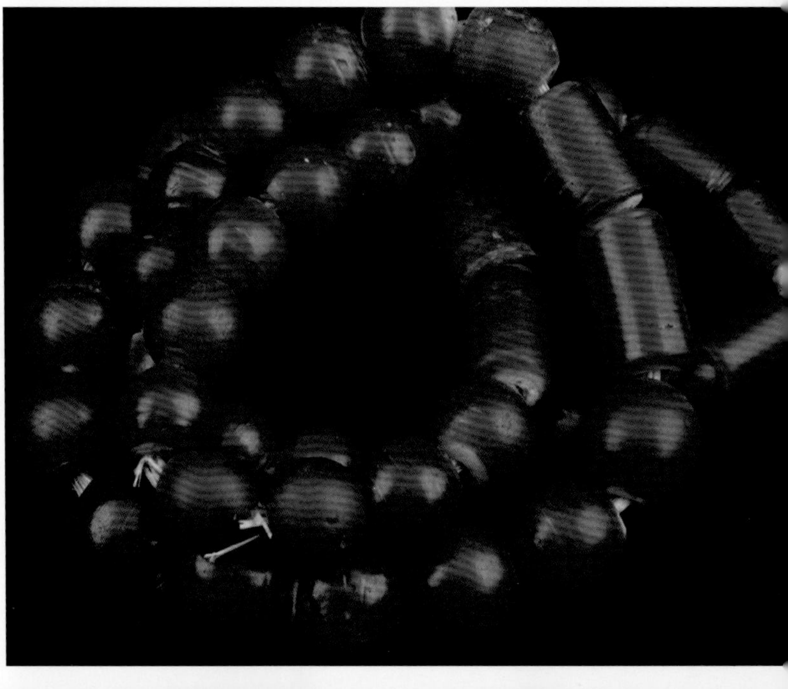

◉ 380. 白心珠是1805年至1900年间在意大利威尼斯生产的一种贸易珠，法语称为“阿勒波玛瑙”（Cornaline D’aleppo）。阿勒波为叙利亚古城，是从地中海前往中东的贸易中转站，“阿勒波玛瑙”的称谓与这种珠子在该地中转贸易有关。这种双色珠的特点是内层白色、表层红色或橙色。除了贩往西非，白心珠也是贩往美洲的贸易珠，在北美被称为“哈得孙湾珠子”。这种珠子没有威尼斯千花玻璃珠名声响亮，但工艺独特而复杂，是令藏家和研究者非常感兴趣的珠子。

◉ 381 威尼斯阿斯佩珠
Venetian A-Speo Beads

类型：非洲贸易珠
African Trade Beads

品名：威尼斯阿斯佩珠
Venetian A-Speo Beads
地域：西非
West Africa
年代：公元1600—1800年
1600—1800 AD
材质：玻璃
Glass

◉ 381. 阿斯佩珠（A-Speo Beads）采用一种热拉玻璃技术，最早由威尼斯玻璃工匠发明，是比较早期的威尼斯贸易珠，17世纪就已经在威尼斯普遍使用。阿斯佩是意大利语对这种珠子的工艺描述，这种工艺既可以制作单层的“西瓜”纹样的珠子，也可以制作像雪佛莱珠那种截面是多层色彩的珠子。早期的阿斯佩珠并不是受欢迎的贸易珠，但是这种工艺衍生出了更多更受喜爱的珠子品种，后来的威尼斯和荷兰都大量生产花色多样的热拉玻璃珠。（Africadirect.com）

类型：非洲贸易珠
African Trade Beads

品名：威尼斯热拉玻璃珠
Venetian Drawn Glass Beads
地域：西非
West Africa
年代：公元1800—1900年
1800—1900 AD
材质：玻璃
Glass

◉ 382. 热拉玻璃珠是威尼斯在19世纪开始大量生产和流行的贸易珠品种，名称即是工艺描述。考古发现证明热拉玻璃技术早在公元2世纪就已经发明，古印度曾用热拉技术制作海上贸易珠。热拉玻璃是将几束不同色彩的玻璃黏结在中间的空管外部，在热熔过程中拉制成长管。据记载，威尼斯的玻璃匠人可将玻璃管拉制到60米长，然后将管子切成小短管，再将小短管放入热砂中滚动，使得两端的边缘圆滑。珠子的尺寸取决于拉制时工匠的控制。大批量的热拉玻璃珠子以这种方式制作出来，从西方贩往非洲，20世纪70年代又从非洲回流西方。（Africadirect.com）

类型：非洲贸易珠
African Trade Beads

品名：威尼斯的法国大使珠
Venetian French Ambassador Beads
地域：西非
West Africa
年代：公元1800—1900年
1800—1900 AD
材质：玻璃
Glass

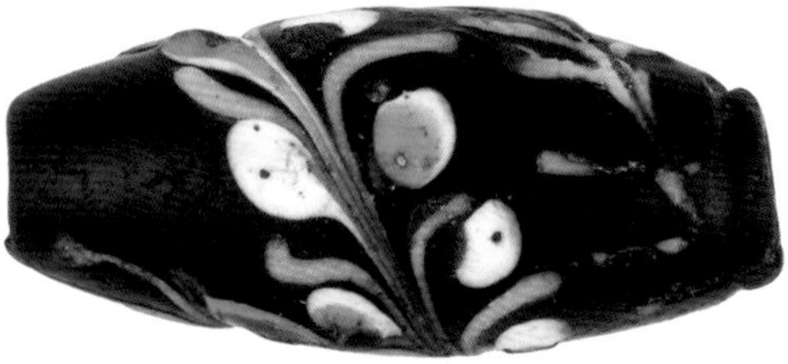

◉ 383. “法国大使珠”是采用灯工玻璃珠（Lampworked Glass Beads）技术制作的威尼斯贸易珠品种之一。珠子有相对固定的装饰纹样，即圆点组成的小花和水滴状叶子的小草，底色有黑色和白色等的变化，形制以枣核状为典型，也有圆珠。没有人准确知道这个名称的来源，很可能是当初珠商们为了贩卖珠子而夸大其词或编造的与“大使”有关的故事。但是英国维多利亚时代和爱德华七世（英国国王，1901—1910年在位）时期，伦敦的女帽制作匠人的确用这种珠子来装饰女帽。

◉ 384　威尼斯的博雷人脸珠和婚礼蛋糕珠
Venetian Baule Face Beads and Wedding Cake Beads

类型：非洲贸易珠
African Trade Beads

品名：威尼斯的博雷人脸珠和婚礼蛋糕珠
Venetian Baule Face Beads and Wedding Cake Beads
地域：西非
West Africa
年代：公元1700—1900年 博雷人脸珠；公元1800—1950年 婚礼蛋糕珠
Baule Face Beads: 1700—1900 AD
Wedding Cake Beads: 1800—1950 AD
材质：玻璃
Glass

◉ 384. 博雷人脸珠和婚礼蛋糕珠都是威尼斯的灯工玻璃珠。博雷（Baule）是阿坎人（见◉ 346）的一支，历史上从加纳黄金海岸移民到象牙海岸共和国（现今的科特迪瓦共和国），成为科特迪瓦最大的族群之一。这里在欧洲殖民时期是西非最大的黑奴交易市场之一，博雷人曾被大量贩往美洲种植园。博雷人脸珠是威尼斯玻璃珠比较早期的珠子，名称来源于博雷人的形象，是欧洲殖民者出于方便对珠子的称谓。（Africadirect.com）

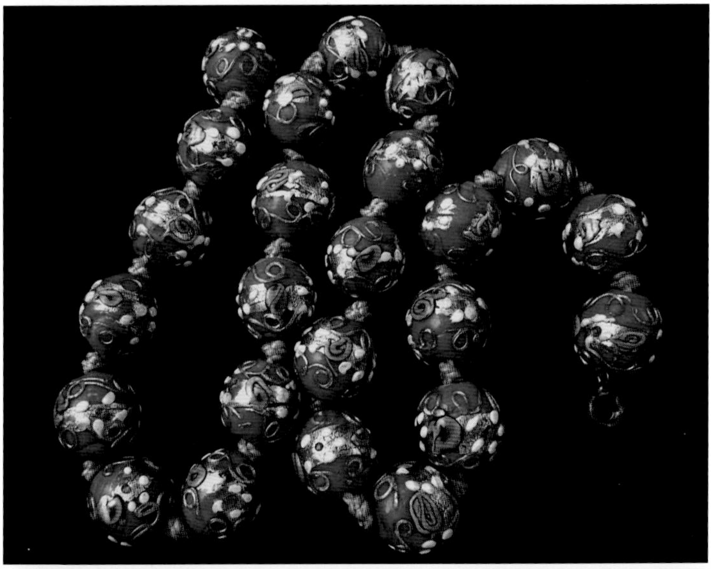

婚礼蛋糕珠又称菲奥拉多（Fiorato），意大利语“花朵”的意思，是较晚的威尼斯灯工玻璃珠，其工艺区别于同样是花朵装饰的千花玻璃珠。这种花朵装饰风格的灯工珠子出现在18世纪末，19世纪中晚期开始大量生产制作，是对当时的欧洲人关于“花语”的浪漫想象的回应，“婚礼蛋糕”的称谓正是因这种浪漫想象而命名。由于其精巧的花色设计，在非洲并不十分受欢迎，但在西方受到追捧，生产制作一直延续到20世纪。

类型：非洲贸易珠
African Trade Beads

品名：威尼斯扁珠
Venetian Tabular Beads
地域：西非
West Africa
年代：公元1700—1900年
1700—1900 AD
材质：玻璃
Glass

◉ 385. 扁珠是威尼斯贸易珠的一种形制，理论上任何工艺类型的珠子都可以制作成扁平状的珠子，就是说扁珠不是工艺类型或品种分类，而是形制分类。单独将扁珠罗列词条的原因是这种珠子并非常见的贸易珠形制，一些藏家将其作为收集主题，在这种形制下可包含多种不同的工艺类型和纹样设计。

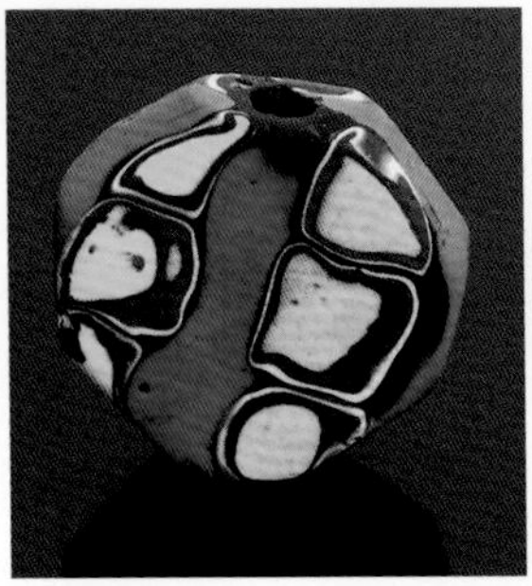
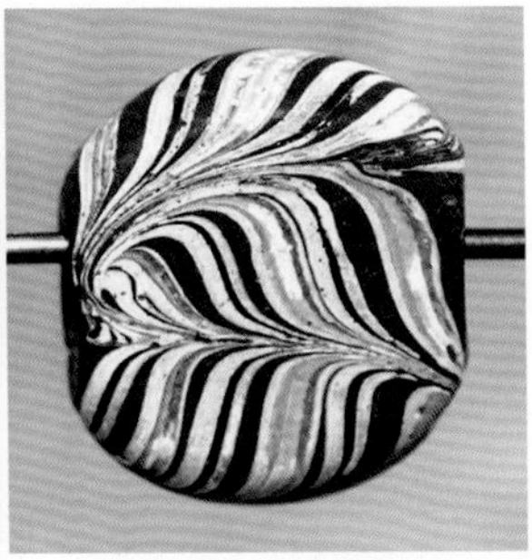

◉ 386 威尼斯国王珠

Venetian King Beads

类型：非洲贸易珠
African Trade Beads

品名：威尼斯国王珠
Venetian King Beads
地域：西非
West Africa
年代：公元1800—1900年
1800—1900 AD
材质：玻璃
Glass

◉ 386. 国王珠是威尼斯著名的灯工玻璃珠（Lampworked Glass Beads），得名据说是因为非洲酋长和首领们非常偏爱这种双锥形的玻璃珠。珠子个体一般较大，色彩以明黄、绿和黑为多见，装饰有线条纹样。国王珠于19世纪中期开始在威尼斯制作，20世纪上半叶大量贩往西非，比其他几种著名的威尼斯贸易珠出现得稍晚，但赢得了市场，黄色系列尤其受到消费者的垂青。国王珠的形制、工艺和色彩比其他品种的贸易珠更夺目，因而也受到现今的贸易珠藏家的偏爱。（Africadirect.com）

◉ 387　伊达尔-奥伯施泰因的半宝石贸易珠

Semi-precious Stone Beads of Idar-Oberstein

类型：非洲贸易珠
African Trade Beads

品名：伊达尔-奥伯施泰因的半宝石贸易珠
Semi-precious Stone Beads of Idar-Oberstein
地域：西非
West Africa
年代：公元1800—1950年
1800—1950 AD
材质：玛瑙、玉髓
Agate, Chalcedony

从19世纪早期到20世纪中期这不到两百年的时间里，只有三万居民的德国伊达尔-奥伯施泰因总共生产了超过一亿件玛瑙珠饰，其中绝大部分贩往非洲。其时正值欧洲在非洲进行大规模殖民，产自伊达尔-奥伯施泰因的玛瑙珠饰和威尼斯千花玻璃珠、捷克仿宝石玻璃珠、德国单色玻璃珠等工业化、批量化的珠子被大量贩往非洲，换取黄金、奴隶等，因而伊达尔-奥伯施泰因的当地居民称他们的珠子为“Negergeld”——黑人钱。随着欧洲人在非洲殖民势力的衰退和与印度、泰国宝石及半宝石加工业的竞争日趋紧张，伊达尔-奥伯施泰因的半宝石贸易需求和加工逐渐萎缩。

◉ 387. 伊达尔-奥伯施泰因（Idar-Oberstein）是位于德国西部靠近法国边境的一个小镇，这里半宝石矿藏丰富，从15世纪开始就成为半宝石和宝石加工制作的中心。18世纪，当地矿藏资源逐渐枯竭，19世纪初，一些世代以开采和加工玛瑙为业的德国移民在巴西发现了玛瑙原矿，伊达尔-奥伯施泰因转而使用从巴西进口的玛瑙进行加工，工业再度复兴。

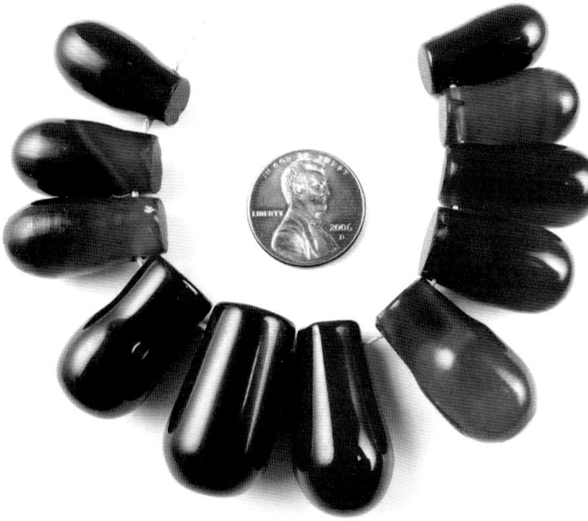
LIBERTY
2006

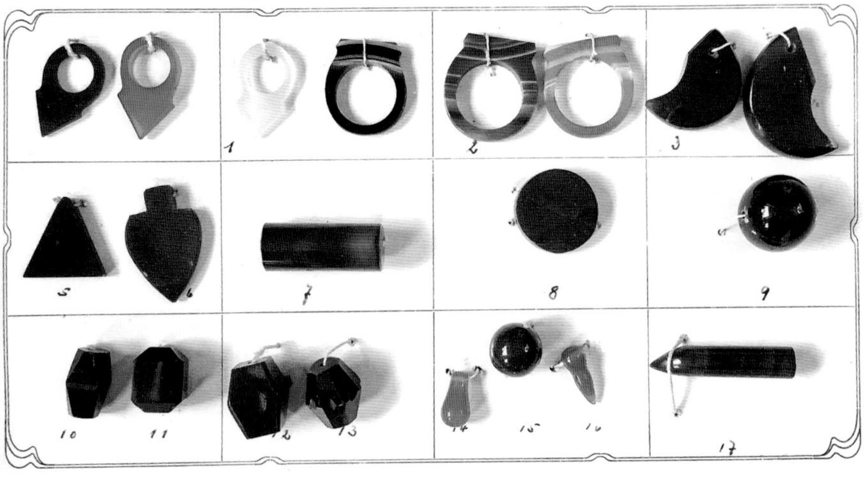
1
2
3
5
6
7
8
9
10
11
12
13
14
15
16
17

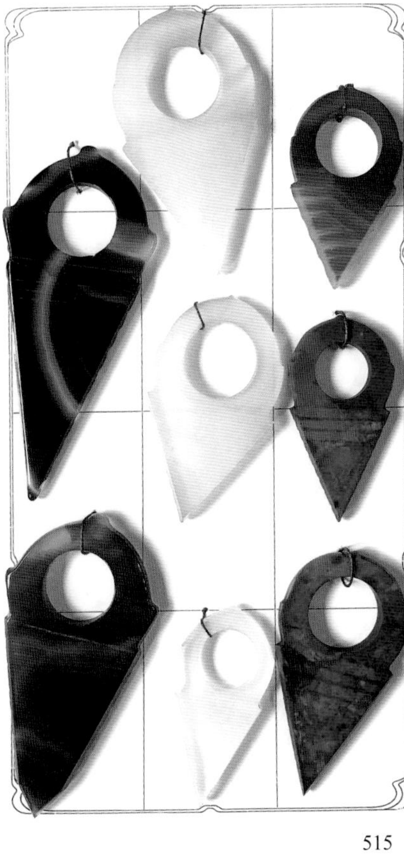

◉ 388　非洲蜜蜡
African Amber

类型：非洲贸易珠
African Trade Beads

品名：非洲蜜蜡
African Amber
地域：西非、北非
West Africa, North Africa
年代：公元1800—1900年
1800—1900 AD
材质：合成蜜蜡
Phenolic Amber

非洲蜜蜡（也叫柯巴琥珀）在马里、毛里塔尼亚、摩洛哥和苏丹最受欢迎。这些珠子还被雕刻成不同的形状，有些表面还雕刻了纹饰，具有很强的符号象征和审美情趣，马里的妇女甚至把这种珠子当成一种投资。这些珠子与银饰和其他珠饰构件穿缀在一起长期佩戴，经过家族传承，有些珠子甚至用黄铜、铜丝和银线精心修复过，以证明它们对主人的价值和重要性，也不失一种时间流逝和质朴天成的美感，在西方藏家中尤其受到喜爱。

◉ 388. 非洲蜜蜡、雪佛莱珠和千花玻璃珠，是最著名的非洲贸易珠品种。所谓非洲蜜蜡是一种合成蜜蜡，并非天然琥珀，实际成分是酚醛树脂（Phenolic amber）。其工艺为酚醛热熔固化树脂，也叫“胶木”，这种技术在1909年被发明人注册了专利。以这种技术制作的非洲蜜蜡在19世纪就大量进入非洲市场，多数是在德国生产的。

◉ 389 阿格雷珠
Aggrey Beads

类型：非洲贸易珠
African Trade Beads

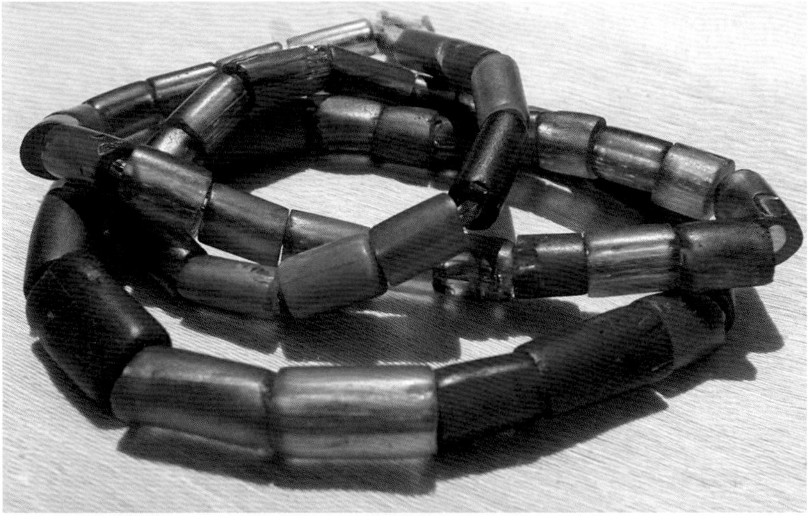

品名：阿格雷珠
Aggrey Beads
地域：西非
West Africa
年代：公元1400—1900年
1400—1900 AD
材质：玻璃
Glass

◉ 389. 阿格雷珠是用热拉玻璃技术制作的小管珠，半透明的蓝色和绿色，有些带荧光，有些表面有树纹肌理，经常在马里、布基纳法索、加纳和尼日利亚被发现。阿格雷珠的原产地一直有争议，中东可能是最早制作这种珠子的地方，可追溯到公元900年，珠子沿着尼日尔河的“跨撒哈拉贸易路线”进入西非各地。15世纪葡萄牙人到达西非海岸时，已经发现阿格雷珠在当地充当货币。欧洲殖民时代的阿格雷珠可能是在德国生产的，这些珠子原本呈透明或半透明，为了模仿早期来自中东的阿格雷珠和出于审美习惯，非洲当地人加入某种配方将珠子重新烹煮过，以呈现不透明的、有变化的浅蓝色或绿色。

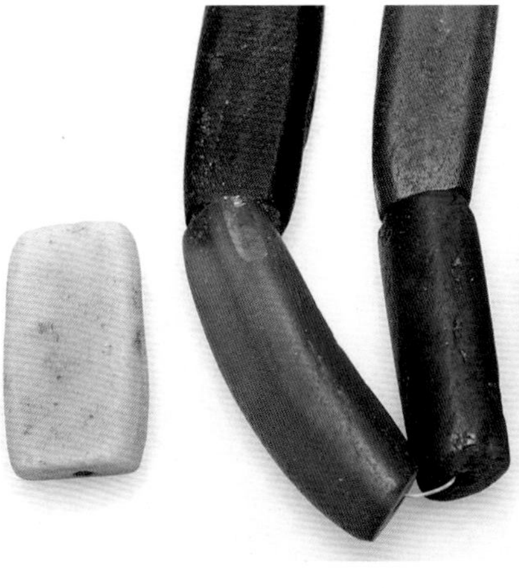

类型：非洲贸易珠
African Trade Beads

品名：希伯伦珠
Hebron Beads
地域：非洲
Africa
年代：公元1400—1900年
1400—1900 AD
材质：玻璃
Glass

◉ 390. 希伯伦珠也称为卡诺珠（Kano Beads），是一种起源于巴勒斯坦圣城希伯伦的贸易珠，这座城市悠久而迷人的玻璃制造史可以追溯到公元前1世纪。希伯伦最早生产专门用于非洲贸易的珠子是在18世纪，英国探险家威廉·乔治·布朗曾在他的日记中记录这种珠子，提到珠子的原料中有死海的盐和来自特定地方的沙子，因而造成珠子表面粗粝的纹理。这些珠子特别受到尼日利亚的卡诺部落的欢迎，他们都认为又大又重的珠子象征着财富和社会地位，珠子也因此得名“卡诺珠”。

◉ 391 多贡珠
Dogon Donuts

类型：非洲贸易珠
African Trade Beads

品名：多贡环形珠
Dogon Donuts
地域：西非
West Africa
年代：公元1800—1900年
1800—1900 AD
材质：玻璃
Glass

◉ 391. 多贡珠是单色玻璃珠，蓝色和半透明的白色比较常见，也有其他颜色。形制以线圈最为典型，也有略扁的圆珠。多贡珠是在荷兰阿姆斯特丹制造的，最初用于城市里花园的马赛克装饰。19世纪，在非洲部落对贸易珠需求增加的刺激下，玻璃制造商开始大量生产这种小甜甜圈样式的珠子，用来当作交换物品。多贡珠大多贩往马里和加纳（黄金海岸），在当地与部落首领交换奴隶、毛皮和香料。珠子因在马里的多贡地区最受欢迎而得名“多贡珠”，西方藏家则将这种线圈形制的珠子称为“多贡甜甜圈”。

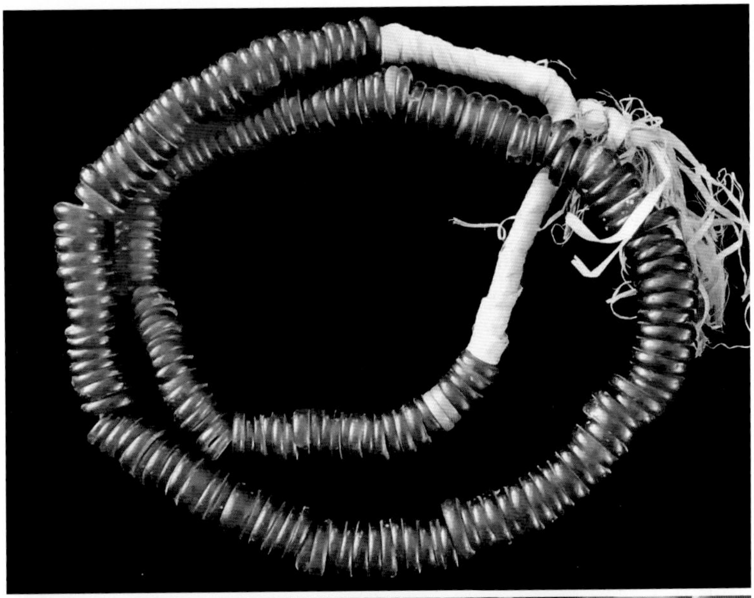

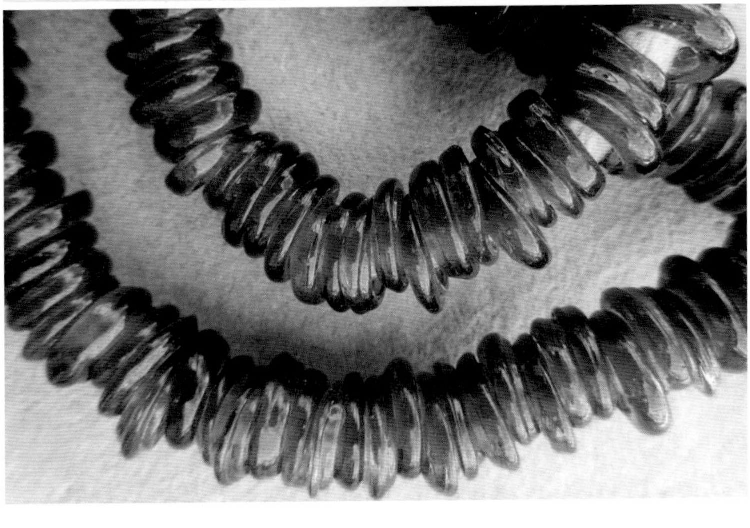

◉ 392　卡卡姆巴珠
Kakamba Beads

类型：非洲贸易珠
African Trade Beads

品名：卡卡姆巴珠
Kakamba Beads
地域：刚果
Congo
年代：公元1800—1900年
1800—1900 AD
材质：玻璃
Glass

◉ 392. 普罗塞珠又称卡卡姆巴珠，得名于1840年英国普罗塞（Prosser）兄弟发明的“普罗塞”技术，用于制作纽扣。工艺过程包括在压力下将“冷糊”成型，然后烧制。法国人意识到这种技术可以用来制作珠子，于是在19世纪50年代买下了这项技术。起初的制作并不顺利，因为“冷糊”配方没有延展性。经过实验，法国人发现加入牛奶可使“冷糊”的延展性极大提高，并产生一种与瓷器相似的光泽。最终这种珠子在法国布里亚雷的工厂大规模生产，供欧洲商人用于非洲贸易。珠子在中非刚果的卡卡姆巴特别受欢迎，因此得名“卡卡姆巴普罗塞珠子”。

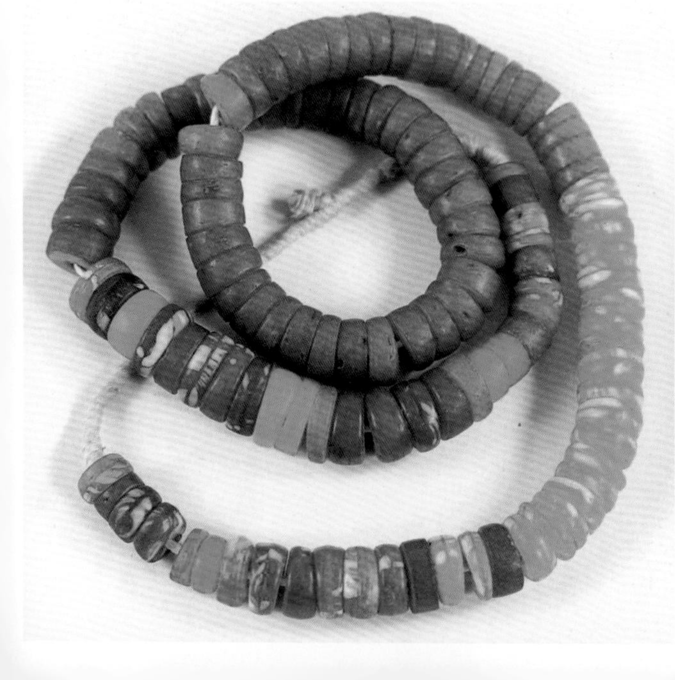

◉ 393 波希米亚压制玻璃珠
Bohemian Pressed Glass Beads

类型：非洲贸易珠
African Trade Beads

品名：波希米亚压制玻璃珠
Bohemian Pressed Glass Beads
地域：西非
West Africa
年代：公元1800—1900年
1800—1900 AD
材质：玻璃
Glass

◉ 393. 捷克的波希米亚玻璃工业专门生产模制珠子，即压制玻璃珠。最初只是批量生产圆珠，在西方殖民时代发展成仿宝石和半宝石、贝壳和其他珠子的复制品。代理商被派往非洲和中东，带回当地人喜爱的珠子样品以供复制。在波希米亚生产的各种仿宝石和流行的珠子的复制品被探险家、企业家和殖民列强的代表带去非洲，成为贸易品的重要组成部分。这些珠子有仿宝石的单色珠，如“凡士林珠”（见◉ 394）；有仿玛瑙纹样的水滴形珠；有带切面的“俄罗斯蓝”；还有北非图阿雷格人喜欢的箭头形坠子（见◉ 357）；等等。

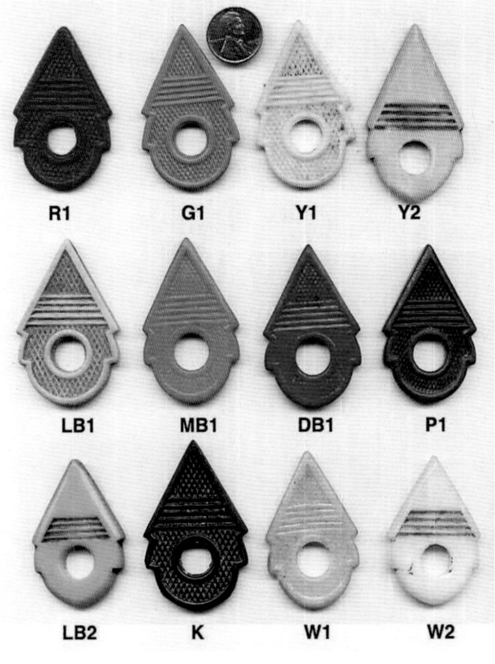

◉ 394 凡士林珠和俄罗斯蓝
Vaseline Beads and Russian Blue Beads

类型：非洲贸易珠
African Trade Beads

品名：凡士林珠和俄罗斯蓝
Vaseline Beads and Russian Blue Beads
地域：西非
West Africa
年代：公元1800—1950年
1800—1950 AD
材质：玻璃
Glass

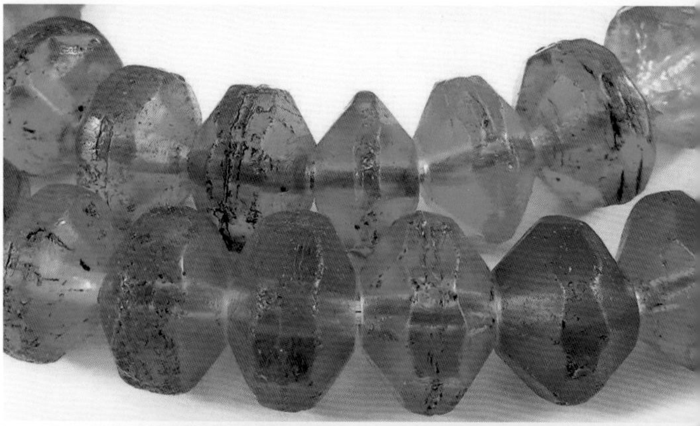

◉ 394. 凡士林珠和俄罗斯蓝是捷克生产的贸易珠，原产于19世纪末20世纪初的波希米亚（现捷克）。“凡士林”名字来源于珠子独特的半透明、类似凡士林的质感。珠子最初是出于仿宝石和半宝石的目的，因而大多是带切面的形制。凡士林珠也被称为“铀玻璃珠”，因为配方中有少量的铀元素，这可以影响珠子的颜色和质地。

俄罗斯蓝（Russian blue）则是专门针对深蓝色珠子的命名，凡士林珠有俄罗斯蓝，其他形制和工艺配方的珠子也有俄罗斯蓝，比如切面珠和长管珠。这种色彩的珠子在欧洲殖民时期的非洲和美洲都很受欢迎。

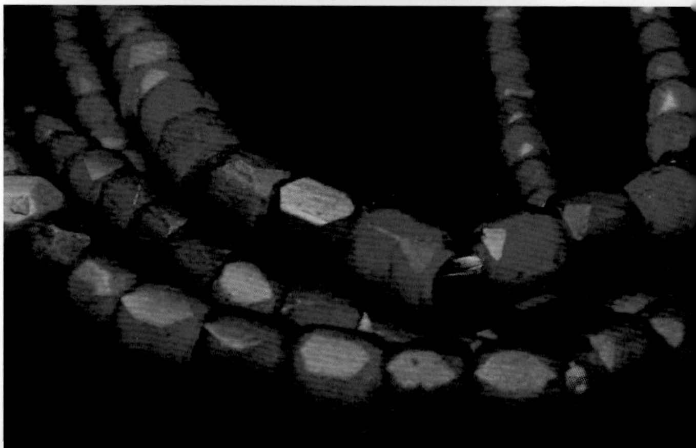

◉ 395 圣诞珠
Christmas Beads

类型：非洲贸易珠
African Trade Beads

品名：圣诞珠
Christmas Beads
地域：中非、东非
Central Africa, East Africa
年代：公元1800—1950年
1800—1950 AD
材质：玻璃
Glass

◉ 395. 圣诞珠的得名可能是因为珠子明亮和丰富的色彩引起了人们对圣诞节时的快乐和庆祝的联想。圣诞珠的个体较小，色彩丰富艳丽，有单色珠也有带条纹的珠子。珠子大多在波希米亚（捷克）生产，20世纪开始大量出现在非洲，尤其是刚果等中非和东非国家。当20世纪后半叶，西方兴起古董珠子搜集热的时候，这些珠子混合一些年代更早的威尼斯珠子回流欧洲和美国。其时，捷克、德国、法国等地方的玻璃珠工厂大多关闭，威尼斯保持低产量的精品玻璃制作，而当今批量化的玻璃珠生产地在印度和中国。

◉ 396 再生玻璃珠

Powder Glass Beads

类型：西非珠饰

Ornaments of West Africa

品名：再生玻璃珠
Powder Glass Beads
地域：西非
West Africa
年代：近代至现代
Early Modern to Contemporary
材质：粉末玻璃
Powder Glass

◉ 396. 再生玻璃珠（粉末玻璃珠）是一种以回收玻璃制成粉末、以模成型或手工成型的全手工玻璃珠，珠子的表面纹样也都是手工绘制。非洲最早的再生玻璃珠是在南非马普古布韦的考古发掘中发现的，可追溯到公元970年至1000年之间。现在再生玻璃珠的制作集中在西非，特别是在加纳，这项传统工艺始自欧洲在非洲的殖民时代或者更早，18世纪就有欧洲人记录西非妇女制作再生玻璃珠的工艺过程。制作再生玻璃珠的大多是阿莎提（见◉ 348）妇女和克鲁布工匠。珠子在加纳社会中仍然扮演着重要的角色，无论是在出生、成年、婚姻，还是死亡的仪式中，珠子都是必不可少的仪礼用品，而不仅仅有装饰的目的。著名的再生玻璃珠品种有基法玻璃珠（见◉ 397）、博多姆珠（见◉ 398）等。

◉ 397 基法玻璃珠
Kiffa Glass Beads

类型：西非珠饰
Ornaments of West Africa

品名：基法玻璃珠
Kiffa Glass Beads
地域：毛里塔尼亚
Mauritania
年代：近代
Early Modern
材质：粉末玻璃
Powder Glass

◉ 397. 基法珠是最著名的再生玻璃珠品种，名字来自毛里塔尼亚城市基法。法国民族学家莫尼（R.Mauny）于1949年在这里第一次记录了基法珠及其工艺制作。毛里塔尼亚妇女是制作基法珠的能手，珠子是通过湿芯技术制造的，首先将玻璃制成粉末，与黏合剂混合，如唾液和稀释的阿拉伯胶，珠子以手工成型而不使用模具；再用玻璃粉末与黏合剂制成混合剂，然后用尖头工具蘸取混合剂在珠子表面绘制纹样装饰；最后把珠子放在小型容器（通常是沙丁鱼罐头盒）中以明火烧制。基法珠代表了手工珠子制作技巧和独创性的较高水平，即使用最简单的材料和工具，也能制造最漂亮独特的珠子。

◉ 398 博多姆珠
Bodom Beads

类型：西非珠饰
Ornaments of West Africa

品名：博多姆珠
Bodom Beads
地域：加纳
Ghana
年代：近代
Early Modern
材质：粉末玻璃
Powder Glass

◉ 398. 博多姆珠是加纳最有价值的再生玻璃珠之一，最早可以追溯到19世纪，是加纳的阿莎提人制作的手工珠子。珠子一般个体较大，通常是黄色的外层包裹着黑色的内芯，形制大多呈中鼓的双锥形，表面有菱形图案或眼睛纹样装饰，黄色底色居多，也有白色、红色、蓝色和黑色的底色。博多姆珠和所有非洲的珠子珠饰一样，被赋予了魔法的力量，在加纳受到特别推崇，在西方藏家眼里也别具魅力。

类型：西非珠饰
Ornaments of West Africa

品名：阿柯索珠
Akoso Beads
地域：加纳
Ghana
年代：近代
Early Modern
材质：粉末玻璃
Powder Glass

◉ 399. 阿柯索珠和博多姆珠（见◉ 398）一样，在西非是一种价值很高的再生玻璃珠，同样是在加纳制作，最早可以追溯到19世纪。阿柯索珠与博多姆珠的制作技艺不同，个体相对较小，没有黑色内芯，通常是圆柱形，表面装饰的图案比博多姆珠更多样，如交叉的环、条纹、斑点、眼睛纹样，底色多是黄色，也有绿色、蓝色等色彩。加纳这类再生玻璃珠因其纯手工技艺、古朴装饰和风格化特征，在当地和西方藏家中都享有盛誉。

◉ 400　克洛博玻璃珠
Krobo Glass Beads

类型：中非珠饰
Ornaments of Central Africa

品名：克洛博玻璃珠
Krobo Glass Beads
地域：加纳
Ghana
年代：近代至现代
Early Modern to Contemporary
材质：回收玻璃、陶土
Recycling Glass, Clay

◉ 400. 克洛博玻璃珠是用回收玻璃，有时也使用陶土制作的手工珠子，是将玻璃粉末填入模具，制作表面彩绘然后烧制而成。模具是陶土制成，一面模板有多个凹坑排列，每个凹坑可容纳一个珠子，每个凹坑底部有一个小坑用来固定木薯叶茎，再填入陶土或玻璃粉末制作的黏糊，当烧制模具时，木薯叶茎会被烧掉，留下预留的珠子孔道。克洛博人是加纳的少数民族，主要从事农业，他们用回收玻璃制作珠子的历史很悠久，著名的阿柯索珠（见◉ 399）是他们早期制作的。现在的克洛博人仍在用回收玻璃制作珠子，除了用模具制作再生粉末玻璃珠和陶珠，还引入了缠绕技法和该地区特有的其他技术。克洛博珠子用于当地节日庆典佩戴，也是手工贸易品，制作珠子的手工作坊已经成为加纳的旅游景点。

十四、美洲、大洋洲珠饰
Jewellery of America and Oceania

◉ 401—◉ 420

◉ 401 前哥伦比亚时期 Pre-Columbian Era
◉ 402 波弗蒂角湾的动物形珠 Poverty Point Zoomorphic Beads
◉ 403 阿纳萨奇珠子 Anasazi Beads
◉ 404 密西西比文化的珠饰 Ornaments of Mississippian Culture
◉ 405 斯皮罗土丘遗址的贝壳珠饰 Shell Ornaments of Spiro Mounds Site
◉ 406 印第安人的熊爪项链 Native American Bear Claw Necklace
◉ 407 奥尔梅克人玉饰 Jade Ornaments of Olmec
◉ 408 玛雅玉珠饰 Jade Ornaments of Maya
◉ 409 哥斯达黎加的珠饰和陶印 Beads and Clay Seals of Costa Rica
◉ 410 阿兹特克陶质平印 Clay Stamps of Aztec
◉ 411 阿兹特克金饰 Gold Jewelry of Aztec
◉ 412 米斯特克人金饰 Gold Ornament of Mixtec
◉ 413 巴拿马的黄金酋长墓 Golden Ornaments of Panama Chiefdom Tomb
◉ 414 泰荣纳金饰 Gold Ornaments of Tairona
◉ 415 莫切人耳塞 Ear-Plugs of Moche
◉ 416 西潘王墓 Tomb of Lord of Sipán
◉ 417 印加帝国的珠饰 Ornaments of Inca Empire
◉ 418 毛利人的始祖玉坠 Jade Pendants of Maori
◉ 419 澳大利亚原住民的母贝坠饰 Shell Pendants of Australia Aboriginal
◉ 420 巴布亚新几内亚的海贝珠饰 Shell Bead Necklaces of Papua New Guinea

类型：美洲珠饰
American Ornaments

品名：前哥伦比亚时期
Pre-Columbian Era
地域：美洲
America
年代：前哥伦比亚时期
Pre-Columbian Era
材质：黄金、玉、绿松石、其他半宝石等
Gold, Jade, Turquoise, Other Semi-precious Stone, etc.

◉ 401. 前哥伦比亚时期是美洲大陆的一个大的历史分期，以公元1492年哥伦布发现美洲为分界线、始于之前美洲石器时代的各个分期。在前哥伦比亚时期的美洲，从北美到中美洲再到南美，曾有过许多定居文明和文化，如奥尔梅克、玛雅、阿兹特克和印加王国等，早在四千年前这里就出现了城市，拥有市民、纪念性建筑、土木工程、历法、宗教、复杂的社会等级和艺术品。农业和许多农作物的种植出现得更早，玉米、西红柿、土豆等农作物都源自美洲本土。在第一批欧洲永久殖民者和非洲奴隶到来（16世纪末到17世纪初）之前，许多本土文明已经消失，而另一些则最终灭于殖民者。但是美洲本土文化仍留存下来一些地表遗存、手工艺品，如中美洲的大型金字塔、奥尔梅克的巨型石雕、玛雅玉器和陶器、阿兹特克和泰荣纳金饰、印加山城等，它们揭示了曾经繁荣而灿烂的过去。

◉ 402　波弗蒂角湾的动物形珠

Poverty Point Zoomorphic Beads

类型：北美珠饰
Ornaments of North America

品名：波弗蒂角湾的动物形珠
Poverty Point Zoomorphic Beads
地域：美国东部
Eastern United States
年代：公元前1730—前1350年
1730—1350 BC
材质：细石、半宝石
Fine Stone, Semi-precious Stone

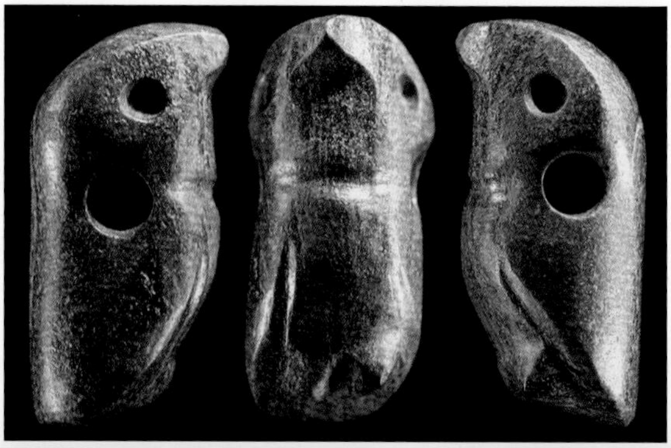

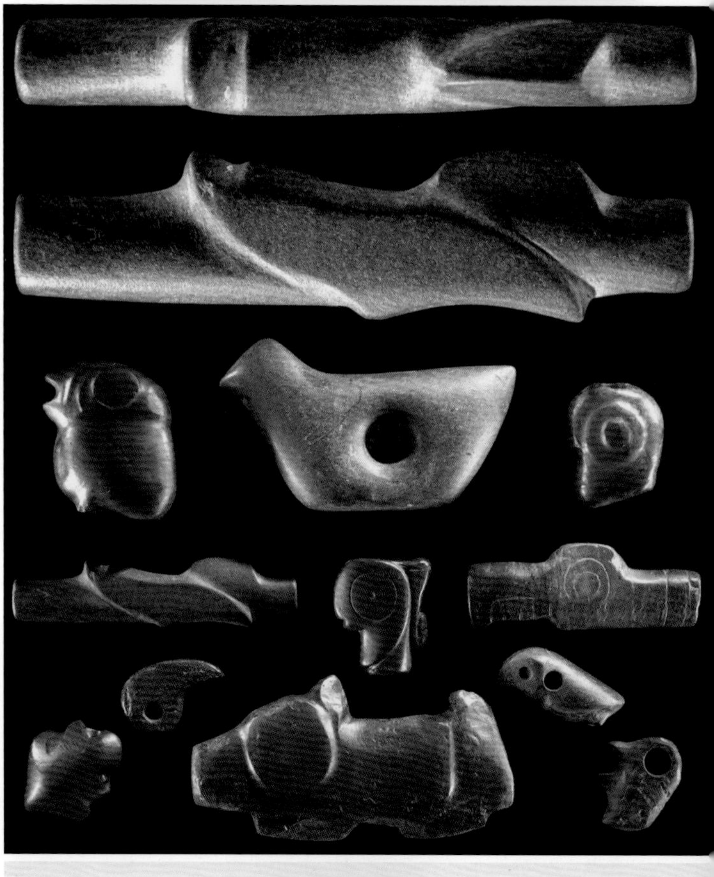

◉ 402. 波弗蒂角湾文化是古代美洲原住民的文化，他们从公元前1730年到公元前1350年居住在北美密西西比河下游和墨西哥湾沿岸的部分地区，目前已经发现了100多个属于这种土墩建筑文化（Mound-builder culture）的遗址，这些遗址作为节点构成一个庞大的贸易网络，遍布现在美国东部大部分地区。波弗蒂角湾文化的先民制作大量动物形珠子坠子，比如蝉、蝗虫、猫头鹰、熊、松鼠、兔子、狗和青蛙等，造型程式化和风格化。这些珠子用细石制作，表面经过雕刻和细腻的抛光，由规模化的珠饰作坊制作，此外还大量制作陶质珠子和类似小雕像一样的坠饰。

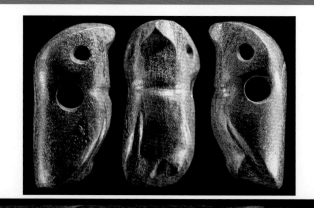

◉ 403　阿纳萨奇珠子

Anasazi Beads

类型：北美珠饰

Ornaments of North America

品名：古普韦布洛人珠子

Ancestral Puebloans beads

地域：美国西南部

Southwestern United States

年代：公元800—1500年

800—1500 AD

材质：绿松石、贝壳等

Turquoise, Shell, etc.

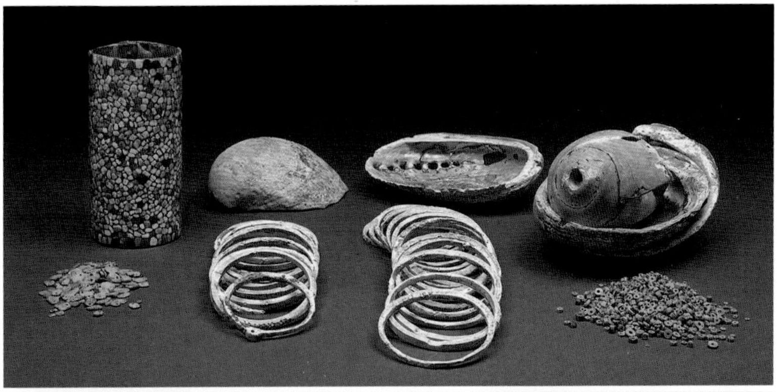

◉ 403. 古普韦布洛人（Ancestral Puebloans）文化是古老的美洲原住民文化，最早出现在公元前，到公元9世纪横跨今天美国的西南部，出于方便，现在也称其为阿纳萨奇（Anasazi）。他们最具创造性的居住环境是悬崖民居，联合国教科文组织已将三处古普韦布洛人遗址认定为世界遗产，包括梅萨维德国家公园、查科文化国家历史公园和陶斯普埃布洛。阿纳萨奇人擅长陶器制作和装饰，以简洁漂亮的几何纹样闻名。得亚利桑那州的绿松石富矿之利，他们制作大量绿松石珠和小雕件，海贝和砗磲也是他们偏爱的材料，这些珠子珠饰成为后来北美原住民印第安人长期的传统，直到现在亚利桑那州的绿松石仍以“美国蓝松”著称于世。

◉ 404 密西西比文化的珠饰
Ornaments of Mississippian Culture

类型：北美珠饰
Ornaments of North America

品名：密西西比文化的珠饰
Ornaments of Mississippian Culture
地域：美国
United States
年代：公元800—1600年
800—1600 AD
材质：玉髓、玛瑙、黑曜石、贝壳等
Chalcedony, Agate, Obsidian, Shell, etc.

◉ 404. 密西西比文化是古代美洲原住民文化，地域覆盖今天的美国中西部、东部和东南部，在公元800年到1600年蓬勃发展。密西西比文化以大型土墩为纪念性建筑，其功能包括祀神、纪念、献祭和墓葬，以此为中心形成定居点，将一系列松散的贸易网络和卫星聚落点连接在一起。手工艺品主要有陶器、箭头和工具，珠饰以雕刻贝壳坠饰最具特色，也制作黄金和青铜牌饰。著名的遗址有卡霍基亚（Cahokia）、天使土丘（Angel Mounds）、帕金遗址（The Parkin Site）、斯皮罗土丘（见◉ 405）等，均出土数以万计的箭头和贝壳珠饰。

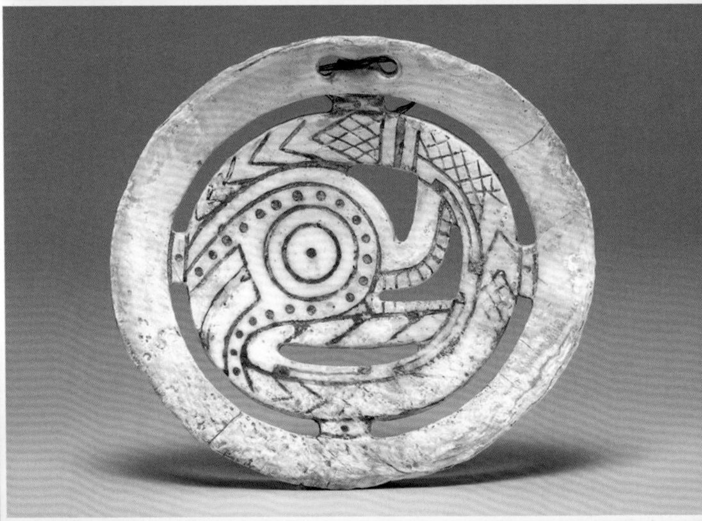

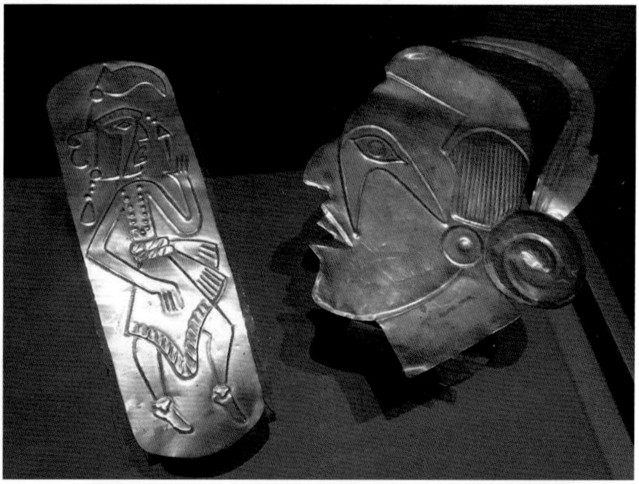

◉ 405　斯皮罗土丘遗址的贝壳珠饰

Shell Ornaments of Spiro Mounds Site

类型：北美珠饰

Ornaments of North America

品名：斯皮罗土丘遗址的贝壳珠饰
Shell Ornaments of Spiro Mounds Site
地域：美国俄克拉何马州
Oklahoma, USA
年代：公元900—1450年
900—1450 AD
材质：海螺
Whelk Shell

◉ 405. 斯皮罗土丘是密西西比文化最著名的遗址之一，位于现俄克拉何马州东部。20世纪30年代美国大萧条时期，寻宝者买下了当地的斯皮罗土丘，挖掘出大量前哥伦比亚时期的手工艺品，在土壤环境中保存下来的织物和羽毛制品非常珍贵，还有大量海螺制作的珠子、饰品和实用器。此外，最具价值的是贝雕坠饰和领饰（Gorget），为研究北美原住民文化提供了直观的美术图像和材料工艺。这些古物大部分被卖给欧洲藏家，一部分得以回归当地博物馆，另一些下落不明。

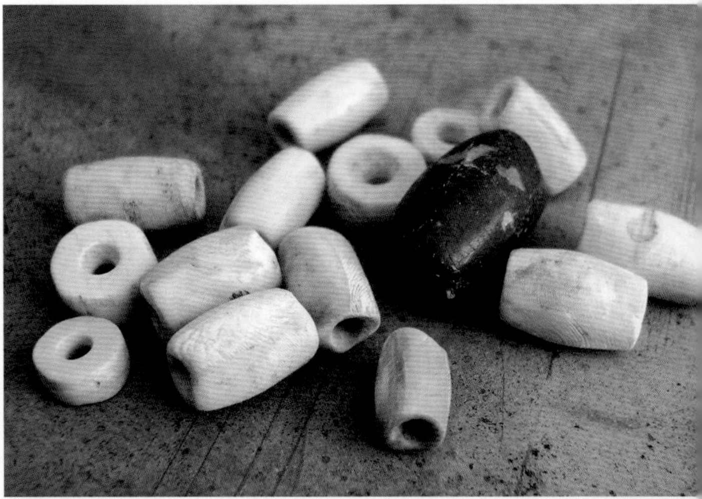

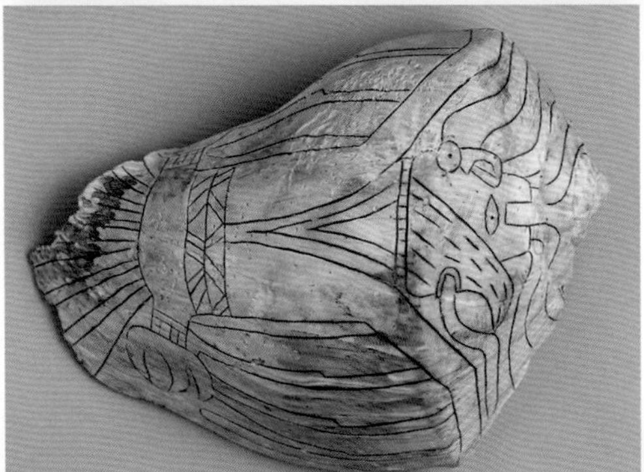

类型：北美珠饰
Ornaments of North America

品名：印第安人的熊爪项链
Native American Bear Claw Necklace
地域：北美洲
North America
年代：近代
Early Modern
材质：玻璃、海贝、动物牙齿等
Glass, Shell, Animal Teeth, etc.

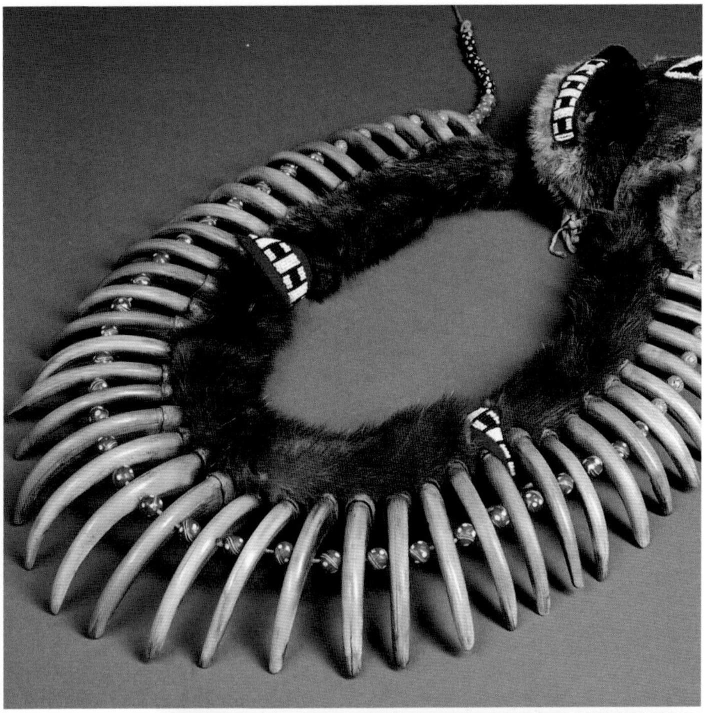

◉406. “印第安人”是欧洲殖民者对北美原住民的称谓，他们的祖先至少在一万五千年前就经由白令海峡从亚洲到达美洲，随后在美洲各处形成不同的族群并发展出各种文化。珠饰作为一种社会标识和信仰的表达形式，在印度安人的社会生活中占有重要地位。美洲印第安人是一个具有深刻精神内涵的民族，他们通过象征符号将自己的历史、思想、观念和梦想代代相传。珠饰是他们最重要的象征物之一，除了使用北美著名的亚利桑那州绿松石和贝壳类材质，印第安人更偏爱野兽牙骨，特别是体型巨大的灰熊和黑熊的牙骨，既象征好兆头也传达威望。印第安人相信熊有精神力量，佩戴熊爪项链对印第安人意味着被保护、勇气、权威和健康。保存下来的近代的印第安人牙骨项链往往和欧洲舶来的玻璃珠穿缀在一起，既传达印第安人的信仰内容，也是一段历史的写照。

◉ 407　奥尔梅克人玉饰

Jade Ornaments of Olmec

类型：中美洲珠饰
Mesoamerican Ornaments

品名：奥尔梅克人玉饰
Jade Ornaments of Olmec
地域：墨西哥
Mexico
年代：公元前1600—前400年
1600—400 BC
材质：硬玉、玄武岩、绿石
Jadeite, Gasalt, Breenstone

◉ 407. 奥尔梅克是已知最早的中美洲文明，公元前2500年开始兴起，从公元前1600年至公元前400年在现今的墨西哥盛极一时。奥尔梅克有辨识度极高的美术风格，美术造型即是其文化的标志性图像。奥尔梅克人有高超的美术造型能力，擅长用玄武岩和绿石制作大型人面石雕，也擅长用硬度很高的玉料制作珠饰，包括坠饰和器物。自然主义的美术造型准确又刻意夸张，以人面坠饰最具特点，个体一般在2至10厘米高，造型准确、做工精致、抛光细腻，是奥尔梅克玉石器的典型器。

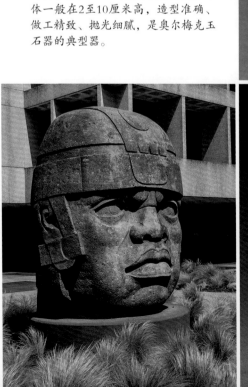

类型：中美洲珠饰
Mesoamerican Ornaments

品名：玛雅人的玉珠饰
Jade Ornaments of Maya
地域：墨西哥
Mexico
年代：公元前500—公元1600年
500 BC—1600 AD
材质：硬玉、玄武岩等
Jadeite, Basalt, etc.

◉ 408. 玛雅文明拥有辨识度极高的美术风格，玛雅艺术是玛雅文化、宗教和宇宙观的物化形式。玛雅文明于公元前500年在中美洲兴起，覆盖中美洲东部和东南部，包括现在的墨西哥、危地马拉和伯利兹，直到16世纪末消失于西班牙殖民。玛雅以他们的金字塔、壁画、石雕像、历法轮、木雕、织物、陶器和玉器闻名。玛雅有自己的文字，没有金属工具，但是他们选择硬度极高的硬玉（翡翠），以精湛的技艺和充满想象力的美术手法制作了大量精美绝伦的玉器，包括腰带饰板、耳轴（耳饰）、坠饰、珠子、面具和仪礼用具如斧形器等。和中美洲多数古代文化不同的是，玛雅人的黄金饰品不多，这可能与资源控制有关。

◉ 408 玛雅玉珠饰
Jade Ornaments of Maya

◉ 409 哥斯达黎加的珠饰和陶印
Beads and Clay Seals of Costa Rica

类型：中美洲珠饰
Mesoamerican Ornaments

品名：哥斯达黎加的珠饰和陶印
Beads and Clay Sealss of Costa Rica
地域：哥斯达黎加
Costa Rica
年代：公元400—1500年
400—1500 AD
材质：陶、黄金、硬玉、石英、玉髓、蛋白石、蛇纹石等
Clay, Gold, Jadeite, Quartz, Chalcedony, Opal, Serpentine, etc.

◉ 409. 哥斯达黎加在西班牙语中意为"富裕的海岸"，这里被认为是中美洲原住民文化与南美安第斯文化的中间地带。一万年前这里就有人类居住，五千年前开始农业耕种。公元前后，哥斯达黎加出现以宗教领袖或萨满领导的等级社会，建立了有组织的社会分工和资源控制。公元5世纪，这里出现专业的玉饰和其他半宝石珠饰的制作，硬玉（翡翠）、石英、玉髓、蛋白石、蛇纹石都成为珠饰材料，造型怪异的人形或生物形金饰也大量出现，美术风格与巴拿马（见◉ 413）的原住民文化接近。与珠饰同时出现的还有几何纹样的陶质滚印和平印，这些陶印有各种尺寸，普遍认为是用于织物或人体装饰。1502年，哥伦布到达哥斯达黎加东部海岸，看到当地人佩戴了大量的黄金珠宝，自此哥斯达黎加沦为西班牙殖民地。1821年哥斯达黎加宣告独立，1848年成立哥斯达黎加共和国。

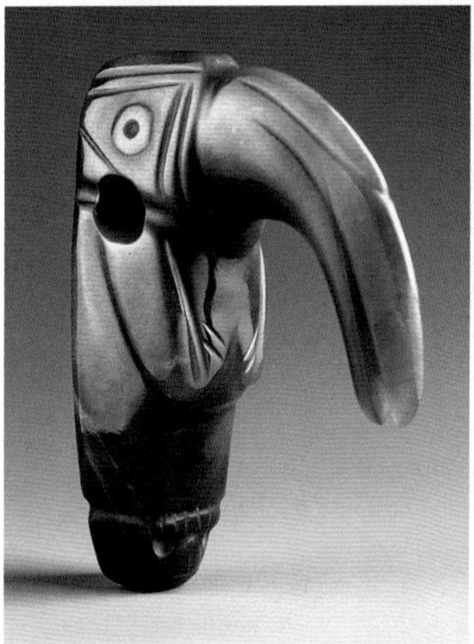

◉ 410　阿兹特克陶质平印
Clay Stamps of Aztec

类型：中美洲珠饰
Mesoamerican Ornaments

品名：阿兹特克陶印
Clay Stamps of Aztec
地域：墨西哥中部
Central Mexico
年代：公元1000—1500年
1000—1500 AD
材质：陶
Clay

◉ 410. 陶印在阿兹特克使用广泛，以平印居多，有些尺寸超过20厘米，可能是用于在织物上印压图案。在中美洲各地的发掘中，考古学家经常发现各种图案的陶质印章，上面有残留的颜料，以红、蓝、黄、黑色为主。这些陶印的尺寸从几厘米到十几厘米不等，有扁平的、圆柱形的（滚印）和圆锥形的，除了陶质，也有少数石质的。平印一般有小把手或称印钮，滚印有孔，孔内可以穿一根棍子作为轴心，通过滚动来印压图案。常见的图案设计包括几何纹样、花、蜥蜴、蛇、鸟、蝴蝶等，还有想象中的生物。

◉411 阿兹特克金饰
Gold Jewelry of Aztec

类型：中美洲珠饰
Mesoamerican Ornaments

品名：阿兹特克金饰
Gold Jewelry of Aztec
地域：墨西哥中部
Central Mexico
年代：公元1300—1521年
1300—1521 AD
材质：黄金、合金、硬玉等
Gold, Alloy, Jadeite, etc.

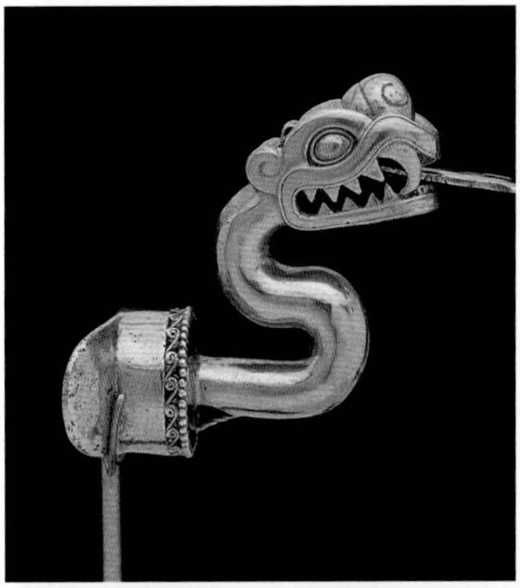

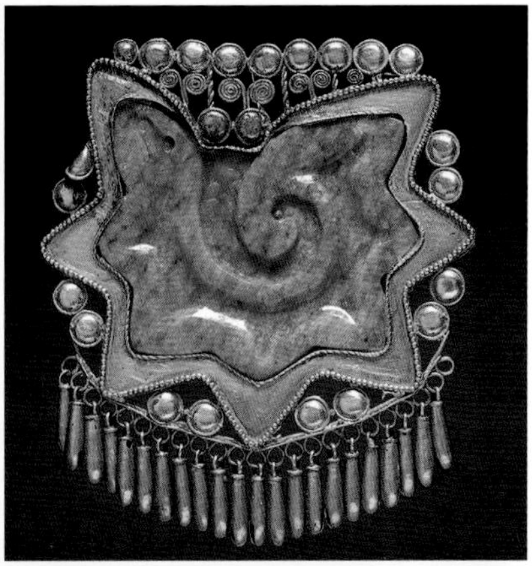

阿兹特克珠饰用玉也用黄金制作。珠饰对于阿兹特克贵族和武士尤其重要，他们是由身上的黄金、珠饰和凉鞋来显示阶层的。军事成就尤其被阿兹特克人重视，他们的帝国扩张由野心和信仰推动，通过战争来维持社会秩序。珠饰样式除了项饰、耳饰、发饰，还有一种被称为“Labret”的唇饰，是在下唇下方打小孔后插入饰品，是佩戴人的身份标识。黄金在阿兹特克人的信仰中被认为是神的排泄物，与太阳的能量有关，阿兹特克的统治者和贵族才可佩戴黄金饰品。西班牙殖民者科尔特斯（Hernán Cortés）曾搜集大量阿兹特克金饰，然而几乎所有黄金手工艺品都被熔化，制作成金锭以便于运输和贸易，只有极少数阿兹特克金饰保留下来。

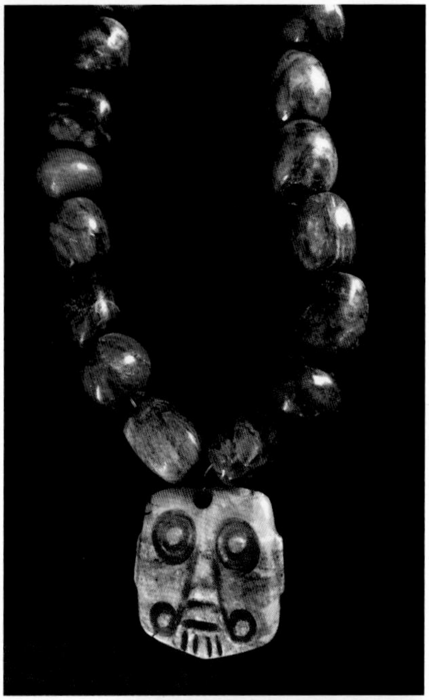

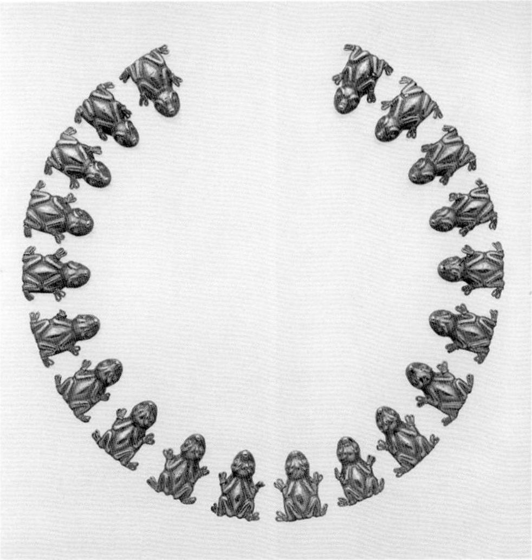

◉ 411. 阿兹特克（Aztec）是从1300年到1521年盛行于墨西哥中部的美洲本土文化，以城邦和部族联盟组成庞大的帝国，美术和宗教都具有中美洲普遍的文化特征。阿兹特克人有发达的贸易网络，充足的粮食生产可供大量人口从事贸易和手工业。妇女用龙舌兰纤维和棉花织布；匠人则制作陶器、乐器、黑曜石和燧石工具，以及珠饰、羽毛制品等奢侈品。

◉412 米斯特克人金饰
Gold Ornament of Mixtec

类型：中美洲珠饰
Mesoamerican Ornaments

品名：米斯特克人金饰
Gold Ornament of Mixtec
地域：墨西哥中部
Central Mexico
年代：公元1000—1500年
1000—1500 AD
材质：黄金、绿松石、其他半宝石等
Gold, Turquoise, Other Semi-precious Stone, etc.

◉ 412. 米斯特克人（Mixtec）是居住在墨西哥中部的中美洲原住民，他们曾在公元11世纪建立过一个庞大的王国，有宏伟的都市。与所有中美洲的本土王国一样，他们于16世纪末灭于西班牙人的征服。米斯特克人的美术风格和珠饰与阿兹特克人的（见◉ 411）接近，造型怪谲，富有想象力，他们的美术即是宇宙观的呈现。米斯特克工匠在中美洲享有盛誉，他们擅长木雕、石雕，可制作精细的失蜡法金饰，也使用合金，还制作玉器和玉珠饰。在阿兹特克帝国鼎盛时期，米斯特克人曾向阿兹特克进贡，贡品包括金饰和奴隶。西班牙人殖民时期，米斯特克人曾奋力抵抗，但最终被西班牙人征服。

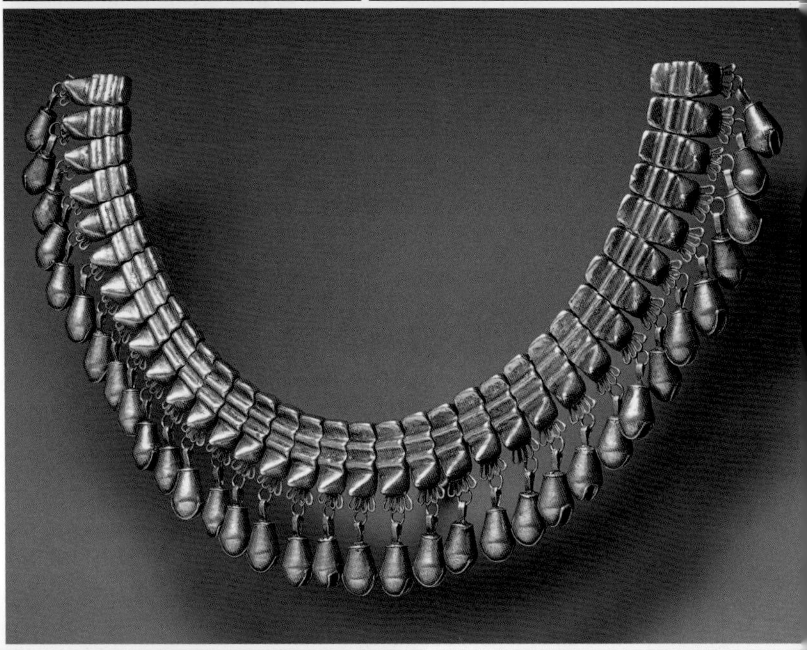
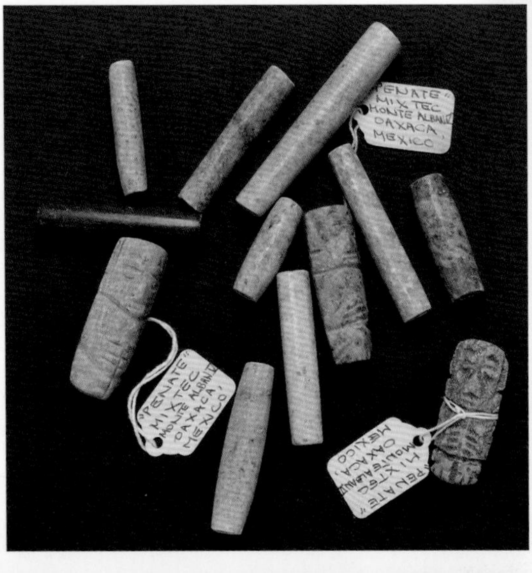

◉413 巴拿马的黄金酋长墓

Golden Ornaments of Panama Chiefdom Tomb

类型：中美洲珠饰

Mesoamerican Ornaments

品名：巴拿马的黄金酋长墓
Golden Ornaments of Panama Chiefdom Tomb
地域：巴拿马
Panama
年代：公元400—900年
400—900 AD
材质：黄金、半宝石等
Gold, Semi-precious Stone, etc.

◉ 413. 2011年，考古学家在巴拿马发掘了一处前哥伦比亚时期的墓葬群，墓葬内有武器、黄金饰品和不止一具人体遗骸，年代可追溯到公元400年到900年之间，这段时期正是玛雅文明（见◉ 408）的顶峰时期。对古墓的分析表明，墓葬所属的社会遵循一种酋长制的等级制度，其中一位酋长的遗体上面覆盖着压花金胸甲、手镯和腰带等金饰，以及2000多颗珠子，这些珠子穿系成腰带的一部分。在酋长的周围，有25具殉葬的尸体。其他墓葬同样有墓主、殉葬人牲、大量金饰和珠子。

◉414 泰荣纳金饰
Gold Ornaments of Tairona

类型：南美珠饰
Ornaments of South America

品名：泰荣纳金饰
Gold Ornaments of Tairona
地域：哥伦比亚
Columbia
年代：公元300—1200年
300—1200 AD
材质：黄金、银、合金、玉髓、硬玉、其他半宝石等
Gold, Silver, Alloy, Chalcedony, Jadeite, Other Semi-precious Stone, etc.

◉ 414. 泰荣纳（Tairona）在本土语言中意为“美洲豹的儿子”，是位于南美洲哥伦比亚的前哥伦比亚时代原住民酋长制文化，从公元4世纪持续到13世纪初。泰荣纳使用石头建造梯田平台、房屋地基、楼梯、下水道、坟墓和桥梁，有相当专业化的手工艺社区制作陶器和珠饰等。泰荣纳以其独特的金工闻名，金饰在泰荣纳社会可能不仅是精英阶层佩戴。金饰样式包括吊坠、唇饰、鼻饰、项链、耳环和其他饰品，其中以坠饰最具特点，其美术造型怪异诡谲，工艺细节丰富，令人印象深刻。泰荣纳金工擅长失蜡法，材料实际上多是金、银、铜的合金。除了金饰，泰荣纳也制作大量半宝石珠子和珠饰，材料包括石英、玉髓、硬玉以及其他半宝石。泰荣纳金饰和玛雅玉饰曾为墨西哥著名女画家弗里达·卡罗（Frida Kahlo）所钟爱。

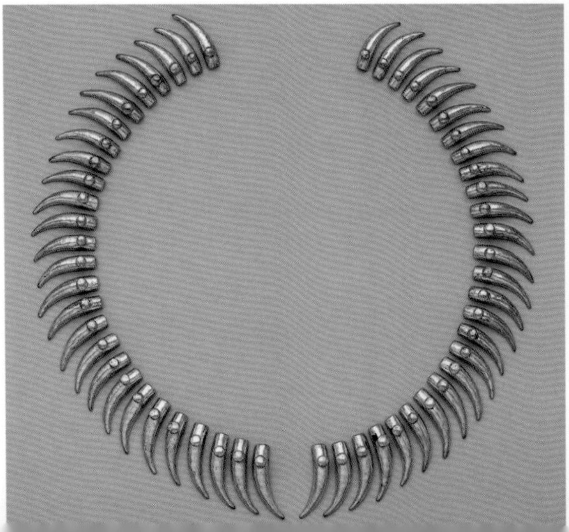

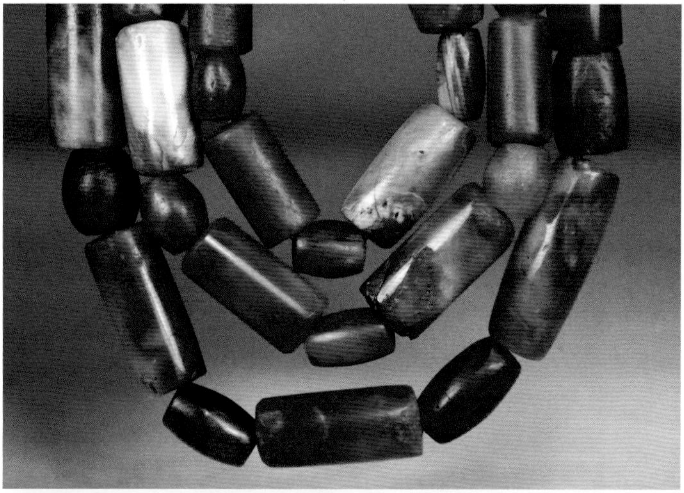

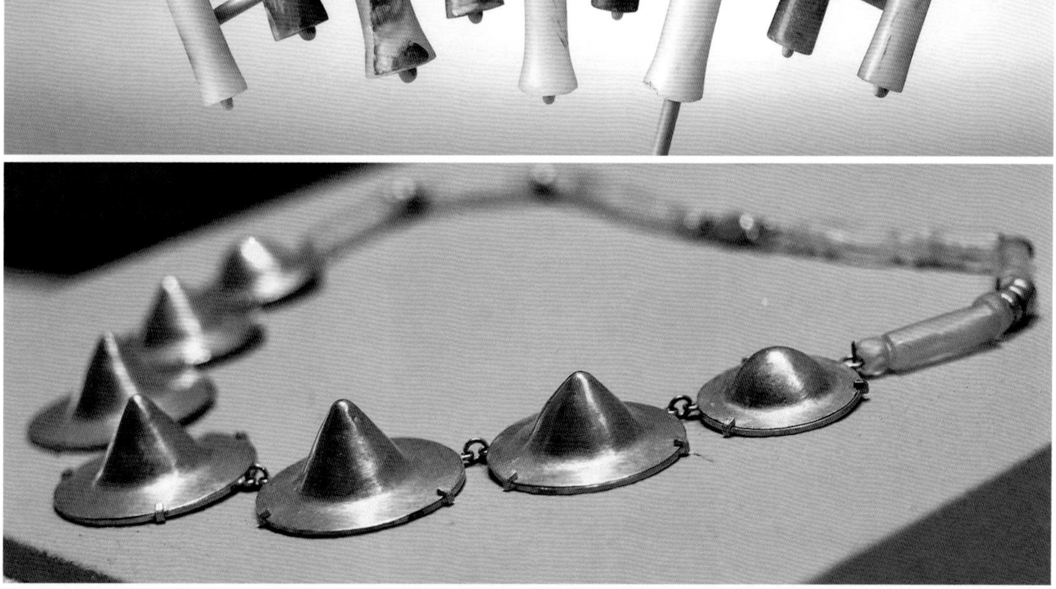

◉415 莫切人耳塞
Ear-Plugs of Moche

类型：南美珠饰
Ornaments of South America

品名：莫切人耳塞
Ear-Plugs of Moche
地域：秘鲁北部
Northern Peru
年代：公元100—700年
100—700 AD
材质：黄金、银、铜合金、绿松石、贝壳、其他半宝石等
Gold, Silver, Copper Alloy, Turquoise, Shell, Other Semi-precious Stone, etc.

◉ 415. 莫切人（Moche）文化是由公元100年至700年生活在秘鲁北部海岸的各个大型部族组成的文化共同体，有大型建筑、陶器和珠饰存世。莫切社会以农业为基础，擅长陶器和金饰制作，并以手工艺品表达他们的生活和宗教。陶器造型大多是人物和头像，生动写实。珠饰纹样描绘狩猎、捕鱼、战斗、祭祀、仪式等场景，细节丰富，场面生动。珠饰样式有项链、坠饰、鼻饰、发饰等，以黄金镶嵌绿松石的耳塞最具特点。耳塞以木头耳钉支撑一只圆盘，上面以绿松石、母贝和其他半宝石镶嵌人物、神祇或想象中的生物，每只耳塞都是完整独立的小型马赛克作品。耳塞一般为男性饰品，用来标识社会地位和代表力量。

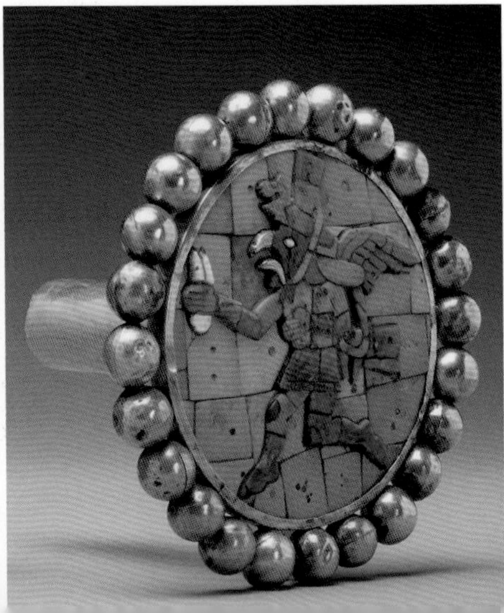

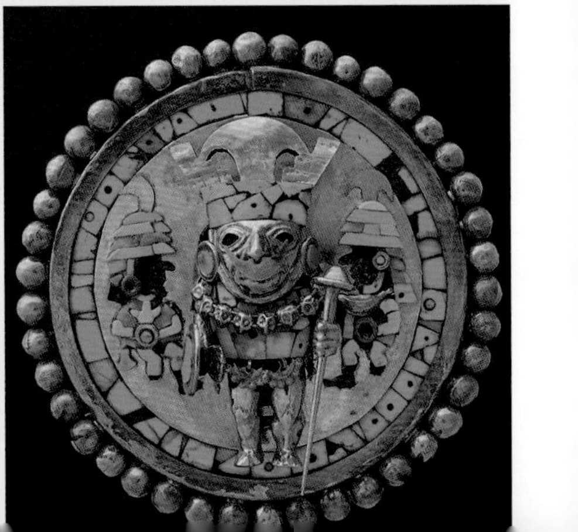

类型：南美珠饰
Ornaments of South America

品名：西潘王墓
Tomb of Lord of Sip á n
地域：秘鲁
Peru
年代：公元300—600年
300—600 AD
材质：黄金、银、铜合金、绿松石、贝壳、其他半宝石等
Gold, Silver, Copper Alloy, Turquoise, Shell, Other Semi-precious Stone, etc.

◉416. 西潘王墓是生活在秘鲁北部海岸的莫切人（见◉415）首领墓葬。1987年考古学家在秘鲁的西潘镇发掘了一座大型墓葬，墓主被称为西潘王（Lord of Sipán）。该墓葬保存完好，是南美洲最重要的考古发现之一。西潘王室陵墓博物馆建在遗址附近的兰巴耶克，用以保存和展示墓葬文物。西潘王墓出土数量可观的珠饰和金饰，包括头饰、面具、胸饰、项链、鼻环、耳环和其他物品，珠饰材质包括金、银、铜和各种半宝石，珠饰样式和制作工艺代表莫切人的最高水平和当时的珠饰风格。

◉417 印加帝国的珠饰
Ornaments of Inca Empire

类型：南美珠饰
Ornaments of South America

品名：印加帝国珠饰
Ornaments of Inca Empire
地域：秘鲁
Peru
年代：公元1200—1570年
1200—1570 AD
材质：黄金、银、合金、绿松石、玉髓、贝壳、其他半宝石等
Gold, Silver, Copper Alloy, Turquoise, Shell, Other Semi-precious Stone, etc.

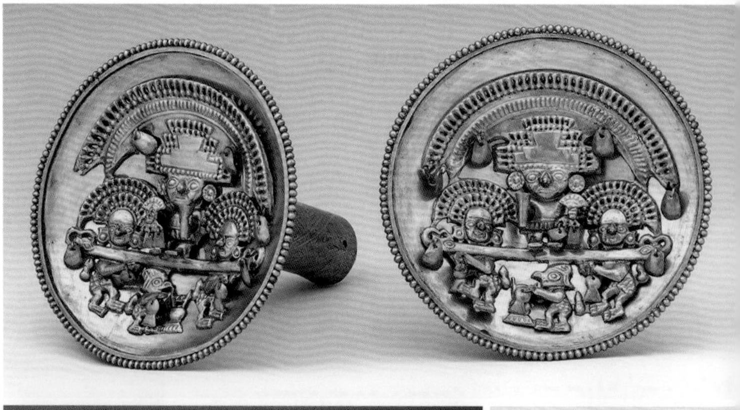

◉ 417. 印加帝国是前哥伦比亚时期美洲最后的帝国，帝国的文化、政治和军事中心位于库斯科。马丘比丘（Machu Picchu）是印加帝国最著名的山地城市。印加文明起源于12世纪末期的秘鲁高地，以安第斯山脉为中心，绵延5500千米。印加王室被奉为“太阳之子”，王室以兄妹婚保证血统纯正。印加帝国留下大量物质文化遗存，如大型建筑、城址和武器、陶器、织物，美术造型和工艺工巧独树一帜。珠饰以金饰著称，但保存下来的实物不多。16世纪中期，西班牙人占领印加全境，据传印加最后的王室珍宝在逃亡中被掩埋，而几乎其他所有印加帝国的金银制品和金饰都被征服者熔化，运回西班牙。

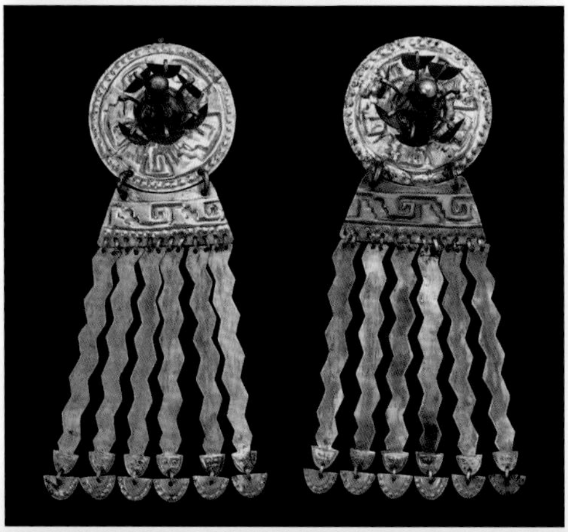

◉418 毛利人的始祖玉坠
Jade Pendants of Maori

类型：大洋洲珠饰
Ornaments of Oceania

品名：毛利人的始祖玉坠
Jade Pendants of Maori
地域：新西兰
New Zealand
年代：公元1500—1800年
1500—1800 AD
材质：绿玉
Pounamu

毛利人是新西兰的原住民波利尼西亚人的支系之一。他们在1320年到1350年之间分批从太平洋中南部的波利尼西亚群岛航行至新西兰并定居下来，在与世隔绝的几个世纪里，这些移民发展出他们自己独特的文化。毛利人使用一种本土的绿色软玉制作坠饰。玉器在毛利文化中有重要的作用，从一代人传给另一代人，经历数代传承的玉饰被认为是一种蕴藏着能量的宝藏。

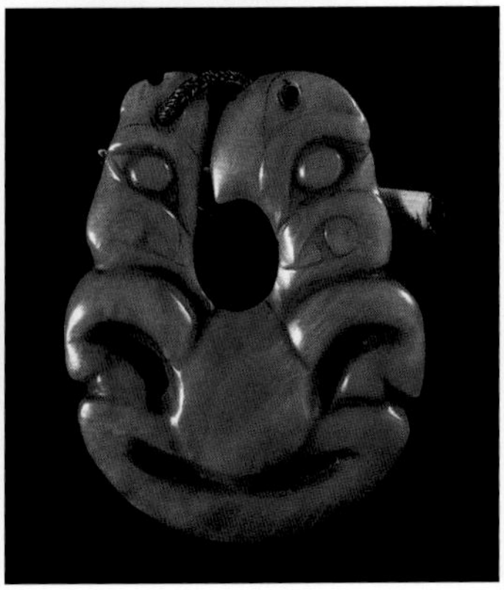

◉418. 在贸易中，玉饰经常作为礼物呈现给签署重要协议的双方。毛利人用玉制作饰品和工具，饰品有坠饰、耳饰、发饰和胸针，形制多样并有各自的寓意，有口头传说中的始祖（Hei-tiki）玉坠、代表好运和安全的鱼钩（Hei-matau）。有些小型工具不再具有实用价值，便被当成了玉坠，如玉斧和小凿子。毛利人是世界上少数几个使用绿玉制作珠饰的族群，他们的玉器造型独特、工艺精细，并保有本土文化的寓意。

◉419　澳大利亚原住民的母贝坠饰

Shell Pendants of Australia Aboriginal

类型：澳大利亚珠饰
Ornaments of Australia

品名：澳大利亚原住民母贝坠饰
Riji（Shell Pendants of Australia Aboriginal）
地域：澳大利亚西北部
Northwest Australia
年代：近代至现代
Early Modern to Contemporary
材质：母贝
Pearl Shell

◉419. 澳大利亚西北沿海的原住民认为母贝的闪光与水、雨、闪电有关，用母贝制作的饰品是仪式上的重要物品，并在澳大利亚西北部、中部和南部广阔的内陆贸易路线上用于物物交换。男子在仪式上佩戴刻有图案的母贝坠饰，称为Riji或Jakuli，图案的阴刻线内填充混合了树脂的赭石或木炭颜料，以使纹饰显现，这些纹饰分别代表不同的寓意和象征，原住民都能辨识。大型贝壳戴在腰带上，而小贝壳则戴在脖子上作为坠饰。澳大利亚的当代原住民艺术家仍在制作母贝坠饰，雕刻传统的几何图形或具象图案以保持文化习俗，这些图案和纹样是澳大利亚原住民对沿海环境和部族历史的认知和记录。

◉ 420 巴布亚新几内亚的海贝珠饰

Shell Bead Necklaces of Papua New Guinea

类型：大洋洲珠饰

Ornaments of Oceania

品名：巴布亚新几内亚的海贝珠饰

Shell Bead Necklaces of Papua New Guinea

地域：巴布亚新几内亚

Papua New Guinea

年代：近代至现代

Early Modern and Contemporar

材质：海贝、牙齿、骨、木头、羽毛、植物纤维、玻璃珠等

Shell, Teeth, Bone, Wood,Feather, Plant Fiber, Glass Bead, etc.

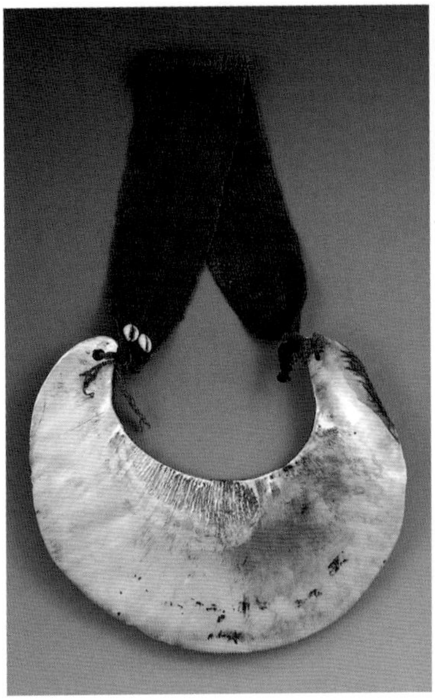

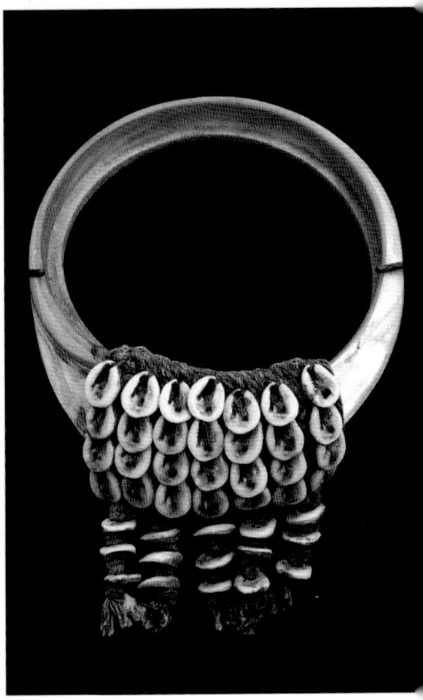

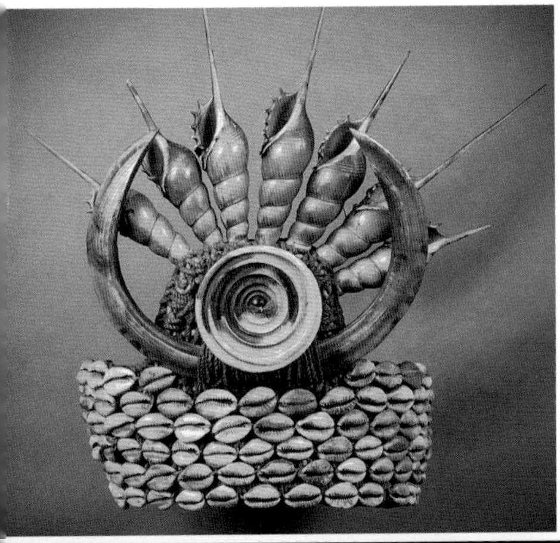

◉ 420. 巴布亚新几内亚是南太平洋西部的岛国，面积为大洋洲第二大国家。考古证据表明人类在4.5万年前就已到达巴布亚新几内亚，公元前7000年就有农业耕种，并独立驯化和种植了许多动植物品种。巴布亚新几内亚原住民热爱自然、崇尚装饰，丰富的海洋和热带资源为他们提供多样选择，从植物到动物再到海洋生物，都是他们的珠饰材料，以海贝、植物纤维和动物牙齿等材料编织的项链最能表达他们与自然的关系。这些珠饰在日常生活中标识个人身份、象征财富，在仪式庆典上彰显个人魅力，在贸易中充当等价交换物和礼物。

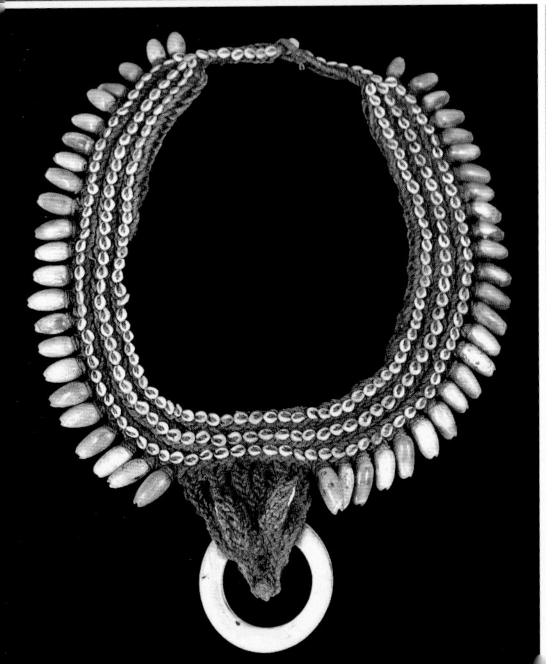

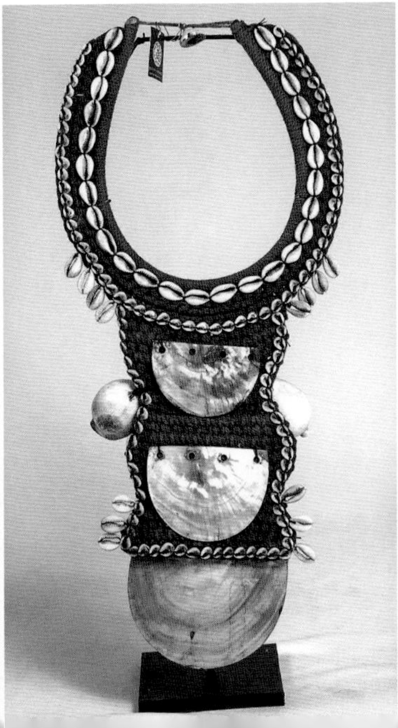

◎

后记 Postscript

这本书的写作从拟定大纲到脱稿，前后五个月。但是写一本类似“口袋书”或“古珠字典”的想法由来已久，从动笔到最终完成420个词条，文、图合计59万字。能够在短时间内完成，得益于我之前出版的三本书，《中国古代珠子》、《珠子的故事——从地中海到印度河谷文明的印章珠》和《喜马拉雅天珠》。我在已有的写作基础上重新撷取要点、编辑词条、组织语言和表达重点，我希望得出的结果对古珠古物爱好者尤其是初学者有实际的帮助。对于我之前的书中未曾涉及的非洲（除埃及）和美洲的珠饰，我花了更多时间和精力重新学习，我希望我的读者在使用和阅读这本书的时候，也获得刷新自己知识的机会。

和以往的后记一样，感言必不可少，虽然已经多次提及那些一直帮助和支持我的人，但是每次都是发自内心并愈加感到我的幸运。我的编辑李钟全以他不疾不徐、恰到好处的节奏，安排我的写作选题和截稿时间，在给我最大的写作自由的同时，调度好编辑出版过程中的各个环节和细节，如果没有他的通盘考虑就没有最终的出版。我多年的师友骆阳能先生一直无偿给予我帮助和协作，从未多言。近些年我的一些读者也加入了帮助我的队伍，他们很多是新生代的藏家和古物商人，虽然他们大都声称是读着我的书成长的，但事实是，我从他们那里学到的往往比我教给他们的更多。

在以往的前言、后记中，我很少提及我的研究生导师卢丁教授，他是我从入学到毕业再到如今，一直在学术和学科态度乃至价值观方面影响我的人，他的谦和、博学、思考和对待学问的态度一直激励着我。来自我的学妹学弟们的赞誉让我在感到骄傲的同时又自觉惶恐，我竟以一个学人的本色态度赢得了他们的尊敬。我的研究生同门师妹李钰在顾及本职教学的同时，帮我翻译了书中部分词条名称和基础信息，并以她的专业背景完善和校正了书中的疏漏和不当之处。韩牧哲博士则在专业和信息来源方面给予我诸多建议并提供帮助。我以前在四川大学的老师徐彬无偿给我设计了书籍封面，并请她先生题字。随着这些年国内藏家和珠商的国际影响力扩大，泰国、缅甸、巴基斯坦、印度和阿富汗的藏家都为这本书提供了帮助。在此，一并感谢以上所有人的慷慨支持。我的幸运远不止以上的罗列，我始终相信，没有功利心的学习和热爱让我走到今天，就像我书中贯穿始终的珠子背后隐藏的意义——护佑佩戴者。而我的幸运是叠加的。

朱晓丽

二〇二一年三月

于成都

◎ 附录一 摩斯硬度表 Appendix 1 Mohs Hardness Scale

摩斯硬度是表示矿物硬度的一种标准，1822年由德国矿物学家弗雷德里克·摩斯（Friedrich Mohs，1773—1839）提出，硬度值越大，材质越硬。这些硬度值是经由互相磨损来判断的，是相对的关系，而不是呈线性比例（不能说硬度6的物质比硬度2的物质硬3倍）。

硬度	代表物
1	滑石（Talc）、石墨（Graphite）
1.5	皮肤（Skin）、砒霜（Arsenic）
2	石膏（Gypsum）、硫黄（Sulphur）
2—3	冰块（Ice）
2.5	指甲（Nail）、琥珀（Amber）、象牙（Ivory）
2.5—3	黄金（Pure gold）、银（Silver）、铝（Aluminium）
3	方解石（Calcite）、铜（Copper）、珍珠（Pearl）
3.5	贝壳（Shell）、大理石（Marble）
4	萤石（Fluorite）
4—4.5	珀金（Platinum）
4—5	铁（Iron）
5	磷灰石（Apatite）
5.5	玻璃（Glass）、不锈钢（Stainless steel）、绿松石（Turquoise）
6	正长石（Orthoclase）、坦桑石（Tanzanite）
6—7	牙齿（Teeth）
6—6.5	软玉（Nephrite，如新疆和田玉）
6.5	黄铁矿（Iron pyrite）
6.5—7	硬玉（Jadeite，如缅甸翡翠或翠玉）
7	石英（Quartz）、玛瑙（Agate）、紫水晶（Amethyst）
7.5	电气石（Tourmaline）、锆石（Zircon）
8	黄玉（Topaz）、尖晶石（Spinel）
8.5	金绿柱石（Chrysoberyl）
9	刚玉（Corudum）、铬（Chromite）、钨钢（Tungsten steel）
9.25	莫桑宝石 （Moissanite）
10	钻石（Diamond）
大于10	聚合钻石纳米棒（Aggregated diamond nanorod, ADNR）

C. 阿德尔. 中亚文明史，第六卷：走向现代文明：19世纪中叶至20世纪末. 吴强，许勤华，译. 北京：中国对外翻译出版公司，2013.

阿德尔，哈比卜. 中亚文明史，第五卷：对照鲜明的发展：16世纪至19世纪中叶. 蓝琪，译. 北京：中国对外翻译出版公司，2006.

阿西莫夫，博斯沃思. 中亚文明史，第四卷（上）：辉煌时代：公元750年至15世纪末——历史、社会和经济背景. 华涛，译. 北京：中国对外翻译出版公司，2010.

博斯沃思，阿西莫夫. 中亚文明史，第四卷（下）：辉煌时代：公元750年至15世纪末——文明的成就. 刘迎胜，译. 北京：中国对外翻译出版公司，2010.

伯希和，等. 伯希和西域探险记. 耿昇，译. 北京：人民出版社，2011.

丹尼，马松. 中亚文明史，第一卷：文明的曙光：远古时代至公元前700年. 芮传明，译. 北京：中国对外翻译出版公司，2002.

干福熹. 丝绸之路上的古代玻璃研究——2004年乌鲁木齐中国北方古玻璃研讨会和2005年上海国际玻璃考古研讨会论文集. 上海：复旦大学出版社，2007.

格鲁塞. 草原帝国. 蓝琪，译. 北京：商务印书馆，1998.

古方. 中国出土玉器全集（1—15册）. 北京：科学出版社，2005.

关善明. 中国古代玻璃. 香港中文大学文物馆，2001.

国家文物局. 中国重要考古发现. 北京：文物出版社，2001—2007.

哈尔马塔. 中亚文明史，第二卷：定居与游牧文明的发展：前700年至250年. 徐文堪，译. 北京：中国对外翻译出版公司，2002.

李特文斯基. 中亚文明史，第三卷：文明的交会：公元250年至750年. 马小鹤，译. 北京：中国对外翻译出版公司，2003.

辽宁省文物考古研究所，中国考古学研究会. 东北亚考古学研究——中日合作研究报告书. 北京：文物出版社，1997.

林东广. 西藏天珠. 藏传佛教文物，2001

鲁保罗. 西域的历史与文明. 耿昇，译. 北京：人民出版社，2012.

JAMEY D, ALLEN. 藏珠之乐. 张宏实，张文文，编译. 台北：淑馨出版社，2000.

JAMEY D, ALLEN. 藏珠之乐Ⅱ. 张宏实，张文文，编译. 台北：淑馨出版社，2000.

马苏第. 黄金草原. 耿昇，译. 西宁：青海人民出版社，1998.

南京市博物馆. 南京文物考古新发现：南京历史文化新探二. 南京：江苏人民出版社，2006.

沈从文. 中国古代服饰研究. 上海：上海书店出版社，2005.

斯坦因. 西域考古记. 向达，译. 北京：商务印书馆，2013.

斯坦因. 沿着古代中亚的道路：斯坦因哈佛大学讲座. 巫新华，译. 桂林：广西师范大学出版社，2008.

杨伯达. 中国玉器全集（1—3册）. 石家庄：河北美术出版社，2005.

杨建芳师生古玉研究会. 玉文化论丛1. 北京：文物出版社，2006.

张宏实. 法相庄严・管窥天珠. 台北：淑馨出版社，1993.

朱晓丽. 喜马拉雅天珠. 南宁：广西美术出版社，2017.

朱晓丽. 中国古代珠子. 南宁：广西美术出版社，2010.

朱晓丽. 珠子的故事——从地中海到印度河谷文明的印章珠. 南宁：广西美术出版社，2013.

图书在版编目（CIP）数据

古珠诠释 / 朱晓丽著. —南宁：广西美术出版社，2021.4（2023.7重印）
ISBN 978-7-5494-2369-9

Ⅰ.①古… Ⅱ.①朱… Ⅲ.①首饰—介绍—中国—古代 Ⅳ.①TS934.3 ②G262.3

中国版本图书馆CIP数据核字（2021）第071949号

古珠诠释

GUZHU QUANSHI

朱晓丽　著

出 版 人　陈　明
策划编辑　覃　祎
责任编辑　覃　祎
封面设计　徐　彬
封面题字　林　彬
责任校对　肖丽新　陈小英
责任印制　黄庆云　莫明杰
出版发行　广西美术出版社
社　　址　广西南宁市望园路9号
邮　　编　530023
网　　址　www.gxmscbs.com
制　　版　广西朗博文化发展有限公司
印　　刷　雅昌文化（集团）有限公司
开　　本　787 mm × 1092 mm　1/16
印　　张　35.5
字　　数　500千字
版　　次　2021年5月第1版
印　　次　2023年7月第4次印刷
书　　号　ISBN 978-7-5494-2369-9
定　　价　380.00元